"十二五"普通高等教育本科国家级规划教材

普通高等教育"十一五"国家级规划教材

理论力学（第3版）

李俊峰　张　雄　编著

Li Junfeng　Zhang Xiong

清华大学出版社

北京

内容简介

本书以牛顿力学和分析力学为两条并行主线贯穿整个课程，以微积分、线性代数以及物理课的力学部分为基础，重点介绍理论力学特点的基础内容，重点讲授动力学内容和分析力学方法，并从多种不同的角度讲解基本概念、基本公式和基本方法。全书共分为运动学、静力学、动力学和动力学专题四篇。

本书可作为高等院校机械、土建、水利、航空和力学等专业的理论力学或工程力学课程教材，也可供有关技术人员作为自学用书。

图书在版编目(CIP)数据

理论力学/李俊峰，张雄编著.—3 版.—北京：清华大学出版社，2021.9（2024.12 重印）
ISBN 978-7-302-58772-9

Ⅰ.①理⋯　Ⅱ.①李⋯　②张⋯　Ⅲ.①理论力学－高等学校－教材　Ⅳ.①O31

中国版本图书馆 CIP 数据核字(2021)第 143956 号

责任编辑：佟丽霞
封面设计：傅瑞学
责任校对：王淑云
责任印制：丛怀宇

出版发行：清华大学出版社
　　　　　网　　　址：https://www.tup.com.cn, https://www.wqxuetang.com
　　　　　地　　　址：北京清华大学学研大厦 A 座　　　　邮　　编：100084
　　　　　社 总 机：010-83470000　　　　　　　　　　　邮　　购：010-62786544
　　　　　投稿与读者服务：010-62776969, c-service@tup.tsinghua.edu.cn
　　　　　质量反馈：010-62772015, zhiliang@tup.tsinghua.edu.cn
印 装 者：三河市龙大印装有限公司
经　　销：全国新华书店
开　　本：185mm×260mm　　　**印　张：**30　　　**字　数：**767 千字
版　　次：2001 年 8 月第 1 版　2021 年 9 月第 3 版　　**印　次：**2024 年 12 月第 5 次印刷
定　　价：84.00 元

产品编号：094191-02

第 3 版前言

根据 20 年来本书第 1 版和第 2 版在清华大学和其他大学的使用情况，第 3 版涵盖前 2 版的教学基本内容，沿用第 2 版的体系框架，在以下几个方面进行了调整、扩充：

1. 教学内容叙述细节梳理、调整，便于教师教学使用，便于学生独立阅读。

2. 增加了新编习题，梳理调整了原有习题，便于教师布置作业，便于学生在复习或自学过程中练习、测试。

3. 增加了理论力学课程体系总结和综合训练（附录 C）。

4. 增加了利用 MATLAB 求解理论力学问题（附录 D）。

5. 增加了供学生课外阅读的 13 篇短文（附录 E）。

6. 增加了索引，便于快速查找相关知识点。

根据清华大学 2001 年以来的教学实践，讲授本书前 8 章大约需要 64 学时，讲授前 11 章大约需要 80 学时。

参加第 3 版编写工作的有张雄、蒋方华、杜建镔、高云峰、邱信明、宝音贺西和李俊峰，具体分工如下：张雄负责本次修订工作组织、全书统稿、全书叙述梳理调整和索引；蒋方华负责全书习题的调整、补充，也提供了新编习题；杜建镔负责编写课程体系总结和综合训练（附录 C.2 ~ C.5）；高云峰负责编写利用 MATLAB 求解理论力学问题（附录 D）；邱信明负责编写课外阅读（附录 E）；宝音贺西提供了新编习题；李俊峰负责本次修订工作组织、书稿最终审读，撰写了理论力学发展简史和课程体系总结（附录 C.1）。另外，理论力学教学团队的郑丽丽、任革学、刘岩和赵治华等多次参加讨论。

清华大学理论力学教研组

2021 年 5 月于清华园

第 2 版前言

根据 8 年来在清华大学和其他院校的使用情况，本书第 2 版与第 1 版相比有较大调整，主要体现在以下几个方面。

1. 改编后的几何静力学 (第 4 章)，与运动学 (第 1 章～第 3 章)、分析静力学 (第 5 章) 相互独立，顺序可以交换。读者可以有多种阅读方案，例如：

(1) 运动学 → 分析静力学 → 几何静力学 → 动力学 →⋯⋯ (本书第 1 版的编排顺序)

(2) 运动学 → 几何静力学 → 分析静力学 → 动力学 →⋯⋯ (本书第 2 版的编排顺序)

(3) 几何静力学 → 运动学 → 动力学 → 分析静力学 →⋯⋯ (其他理论力学教材的编排顺序)

(4) 几何静力学 → 运动学 → 分析静力学 → 动力学 →⋯⋯

2. 近年来，很多高校设立了以培养优秀拔尖人才为目标的各种实验班或实验学院，例如清华大学的钱学森力学班。针对这些学生的理论力学教学，在深度和广度上都有更高的要求。为了满足这类需求，我们在第 1 版的基础上增加了 8.5.2、8.5.3、9.3、9.4.2、9.4.3 节和第 12 章。

3. 在第 I 篇运动学中，刚体运动学和复合运动分开单独成章，速度分析和加速度分析都分成独立小节。如果读者想单独阅读本书的分析力学内容 (第 5 章、第 8 章、第 12 章)，加速度分析的 2.3.4、3.1.4、3.2.2 节不是必需的。

4. 每章都有简短的内容提要，概括本章主要内容以及阅读本章所需的基础。

5. 在一些章的习题之前，增加了概念题。

6. 多数章节都增加了例题。

根据清华大学 2001 — 2008 年的教学实践，讲授本书前 8 章大约需要 64 学时，讲授前 11 章大约需要 80 学时。

参加本书第 2 版编写工作的有李俊峰和张雄，具体分工如下：李俊峰负责编写前言、绪论、第 4 章、第 5 章、第 8 章、第 9 章、第 10 章和第 12 章，张雄负责第 1 章、第 2 章、第 3 章、第 6 章、第 7 章、第 11 章、附录 A 和附录 B，全书由张雄负责统稿。

清华大学理论力学教研组

2010 年 6 月于清华园

第 1 版前言

本书是作者在近几年研究教学改革基础上，结合清华大学理论力学教研组的教学经验写成的。编写这套《理论力学》教材主要目的是为了适应当前国内教学改革的需要，用较少的时间讲授理论力学的基本内容，希望能够既节省授课学时，又不降低课程的基本要求。在编写中作者遵循如下 4 个原则：(1) 以牛顿力学和分析力学为两条并行的主线贯穿整套教材，内容完整、结构紧凑、叙述严谨、逻辑性强；(2) 以微积分、线性代数以及物理课的力学部分为基础，重点介绍最有理论力学课程特点的基础内容；(3) 重点讲授动力学内容和分析力学方法，因为它们在理论和应用方面都更有价值，内容也更丰富；(4) 从多种不同的角度讲解基本概念、基本公式和基本方法，既有严格的数学证明，又有形象直观的物理解释。

本套教材包括主教材 ——《理论力学》、学生学习指导书 ——《理论力学辅导与习题集》、教师教学参考书 ——《理论力学 (教师参考书)》和一张供课堂使用的教学多媒体光盘。

本书为《理论力学》主教材，分 4 篇共 12 章。

第 I 篇是运动学，包括两章。第 1 章是点的运动学，介绍点的运动的矢量描述法、直角坐标描述法、自然坐标描述法、极坐标描述法以及球坐标描述法。第 2 章是刚体运动和复合运动，包括刚体一般运动、定点运动、平面运动、点的复合运动和刚体复合运动。这一章首先介绍如何用矢量和矩阵描述刚体的一般运动，推导出一般运动的速度和加速度公式，引入角速度和角加速度概念；然后介绍在定点运动和平面运动中如何具体应用这些公式求解刚体运动学问题，并通过例题介绍了几种常用的处理平面运动问题的方法；最后介绍了复合运动的思想和方法，引入相对导数的概念。在点的复合运动部分给出了最一般情况下点的速度和加速度合成公式，例题包括了牵连运动为平动、定轴转动以及平面运动的情况。在刚体复合运动部分给出了最一般情况下刚体角速度和角加速度合成公式，例题包括了绕平行轴的定轴转动合成、绕相交轴的定轴转动合成的情况。

第 II 篇讲述动力学的基本原理及其在静力学中的应用。第 3 章讲述牛顿定律和达朗贝尔 - 拉格朗日原理 (动力学普遍方程) 以及相关的基本概念，如约束及其分类、约束反力与受力分析、虚位移、虚功与理想约束等。本书将牛顿定律和达朗贝尔 - 拉格朗日原理作为经典力学的两个独立的基石。牛顿定律是在天文观测的基础上归纳总结出来的，可以用实验来验证，我们这里将它们当作无须证明的公理看待；达朗贝尔 - 拉格朗日原理是分析力学的基本原理之一，在处理相同的力学问题时，它和牛顿定律是等价的。第 4 章介绍虚位移原理及其广义坐标形式和势能形式在平衡问题中的应用。第 5 章是刚体静力学 (也称几何静力学) 内容。首先由达朗贝尔 - 拉格朗日原理给出力系等效与简化的条件，在此基础上研究力系简化这一动力学问题，进而探讨力系平衡 (或刚体平衡) 这一静力学问题；然后介绍刚体平衡方程的推广应用，包括考虑摩擦的平衡问题、刚体系平衡问题、桁架内力求解等；最后介绍了动静法，动静法是用静力学的思想和方法求解动力学问题, 不需要动力学的知识做基础 (这也是可以在静力学之后、动力学普遍定理之前介绍动静法的原因)。

第 III 篇介绍动力学的基本内容, 包括动力学普遍定理和拉格朗日方程。第 6 章利用牛顿定律推导了质点系动量定理、动量矩定理, 作为这些基本定理和方程的应用, 介绍了刚体平面运动微分方程和碰撞问题。第 7 章从牛顿定律推导了质点系动能定理和功率方程, 并通过例题介绍了动力学普遍定理在刚体平面运动动力学中的综合应用。第 8 章从达朗贝尔 - 拉格朗日原理出发推导了第二类拉格朗日方程, 介绍了拉格朗日方程首次积分 (包括广义能量积分和广义动量积分) 以及拉格朗日方程的应用。

第 IV 篇是动力学专题, 介绍了质点系相对非惯性参考系的动力学、变质量质点系动力学、机械振动基础、三维刚体动力学基础等。这些内容是质点系动力学基本定理的应用或推广。

书中介绍的一些扩展性知识采用楷体字, 如果整个章节属于扩展内容, 则在标题前加 * 号, 有兴趣的读者可以选择阅读。

《理论力学辅导与习题集》分章总结归纳基本概念、基本定理及其应用技巧, 配有大量例题和习题供学生参考和练习。每章均包括 8 个部分:"内容摘要"总结本章的主要内容,"基本要求"分别提出需要一般了解、重点掌握和熟练应用的各项内容,"典型例题"给出解题的基本思路、方法和常用技巧,"讨论"是对基本概念、解题方法的深入与扩展,"疑难解答"用问答形式分析学生常见的疑难问题, 并给出相关背景知识,"常见错误"对学生作业中的常见错误给出提示与分析,"趣味问题"利用理论力学知识分析或解释生活中常见的趣味力学问题,"习题"包括各种类型的习题, 覆盖本章的基本要求。另外还配有少量需要利用计算机求解的习题, 并在书中介绍了用计算机求解理论力学问题的基本方法、算法和常用程序。《理论力学 (教师参考书)》力求为教师提供全面详尽的教学参考。为了方便广大教师的课堂教学, 我们特别制作了与本套教材配套使用的教学多媒体光盘, 其中包括清华大学理论力学教师讲课所用的全套 PowerPoint 文件, 内含大量三维动画、图片、录像等素材, 有助于加深学生对基本概念的理解。授课教师可以在教学中直接使用这些材料, 也可以根据实际教学情况很方便地对光盘内容进行修改和提高。

参加本书编写工作的有李俊峰、张雄、任革学和高云峰, 具体分工如下: 总体框架、前言、绪论、第 1~5 章和全书统稿由李俊峰负责, 第 6~8 章由张雄负责, 第 9~10 章由任革学、李俊峰负责, 第 11~12 章由任革学、张雄负责, 全书的习题和答案由高云峰负责。

清华大学工程力学系贾书惠教授、李万琼教授、陆明万教授、薛克宗教授参与了课程体系和内容讨论。徐晓云同学参加了文字、图表编辑工作。编者在此感谢他们的支持。

为了配合本教材使用, 我们还出版了"理论力学教学资源库", 其中包括 3 套可相对独立使用的电子产品——《理论力学试题库》《理论力学多媒体素材库》《理论力学网络辅助教学管理系统》。

清华大学理论力学教研组

2001 年 3 月于清华园

目录

绪论

　　力学是研究物质机械运动规律的科学。机械运动包括静止、移动、转动、振动、流动和变形等，是物质最基本的运动。

　　力学始终与人类的生产活动、天文观测紧密联系在一起，其发展史可以上溯到公元前。可以说，力学发展既受改进生产工具、工艺需求的牵引，也受人类渴望探索自然界客观规律 (如天体的运动规律) 的驱动。早期的力学体系以积累知识和资料为特征，主要包括静力学知识和天文观测资料，直到牛顿才使人们对力学有了最一般的认识。牛顿的《自然哲学的数学原理》(1687年) 标志着经典力学理论体系基本建立。此体系在后来的 200 多年里逐步完善，这一时期的主要代表著作包括：达朗贝尔的《论动力学》(1743 年)、欧拉的《刚体运动理论》(1765 年)、拉格朗日的《分析力学》(1788 年)、拉普拉斯的《天体力学》(1799 – 1825 年)、哈密顿的《论动力学中的一个普遍方法》(1834 年)、哈密顿的《再论动力学中的一个普遍方法》(1835 年)、李雅普诺夫的《运动稳定性一般问题》(1892 年)。从这些代表作可以看出，在这个时期，力学家、物理学家、天文学家、数学家基本上是同一批人。事实上，直到 1900 年以前，力学是同数学、天文学、物理学不可分割的。从这个意义上讲，力学属于基础学科。在 20 世纪，航空航天是与力学关系最为密切，也最具代表性的领域。力学的发展使航空航天成为可能，航空航天技术的需要又刺激和推动了新的力学问题的研究。另外，力学也是机械、土木、水利、建筑、车辆等工程技术的基础。

　　经典力学的内容非常丰富，理论力学课程选取了其中有重要理论意义和应用价值的基础内容 (涉及牛顿、达朗贝尔、欧拉、拉格朗日和哈密顿的理论)，同时介绍处理力学问题的基本方法[①]。基于经典力学与数学、物理不分家的客观事实，学习理论力学的学生必须熟练掌握必要的数学工具，包括几何 (牛顿力学的主要工具)、数学分析 (分析力学的主要工具)，同时还要清楚数学符号、公式所对应的物理意义。

　　理论力学研究的对象不是具体的实际物体，而是它们的简化模型，包括质点、质点系和刚体。任何实际物体都可以看成是由无穷多质点构成的系统，我们称为质点系，质点系是实际物体的最具一般性的力学模型。质点是只有质量，没有大小的物体。刚体是一个特殊的质点系，刚体内任何两个质点之间的距离始终保持不变，也就是说刚体在任何情况下都不变形。任何实际物体在受到外力或温度变化时都会变形，因此质点和刚体只是实际物体的近似简化模型。利用简化模型研究问题，可以降低问题的复杂度和难度，但是任何模型都不能精确地代替实际对象。选用什么样的模型，既要看研究对象，又要看研究内容和计算精度的要求。如果将实际物体用某种力学模型代替，不会导致定性分析结果改变，也不会导致定量计算结果超出问题的精度要

　　[①]研究力学问题有两种方法，一个是以牛顿定律为出发点，研究的物理量多为矢量，经常借助几何学的工具，因此牛顿力学也称矢量力学或者几何力学；另一个是分析力学，以力学变分原理为出发点，研究的物理量多为标量，经常借助数学分析的工具。

求，则可以用这种力学模型来简化实际物体。例如，在研究飞机的飞行轨迹时，飞机自身的尺寸与飞机的飞行轨迹相比完全可以忽略不计，可以将飞机简化为质点。在研究飞机的飞行姿态时，可以把飞机当作刚体。另外，飞机在空中飞行时，机翼的弹性变形和空气的升力相互作用，可能导致机翼的强烈振动。研究这种问题时就要把飞机当作弹性体。

处理力学问题通常包括力学建模、数学建模、方程求解与分析等几个步骤 (如下图所示)。力学建模是指把一个工程 (或自然) 对象抽象 (简化) 成适当的力学模型，如质点、刚体和弹性体等。这样的抽象 (简化) 需要对工程 (或自然) 对象和各种力学模型的特点都有较全面深入的理解。学习理论力学的同学显然无法胜任，因此力学建模无法包含在理论力学课程之中。数学建模是指利用基本的力学原理建立描述各种力学模型的数学方程，包括代数方程、常微分方程、偏微分方程、差分方程等。理论力学的核心任务是利用牛顿力学原理和分析力学原理建立质点、质点系和刚体运动的微分方程，通常是常微分方程。常微分方程的求解和分析是数学课的内容，在理论力学中也不是重点。为了便于学习，本书附录B简单地总结了二阶常微分方程的解法。

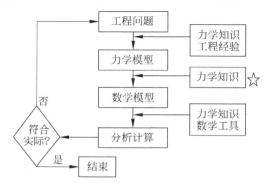

第 I 篇

运 动 学

运动学研究物体机械运动的几何性质 (轨迹、运动方程、速度和加速度等)，而不考虑运动产生和变化的原因，仅从几何观点分析物体如何运动，以及确立合适的方法描述运动。因此，**运动学是研究物体运动的几何性质的学科**。

运动学的首要任务是建立物体坐标随时间的变化规律，通常称为建立**运动方程**。此外，还要确定**速度**、**加速度**等运动学量，并分析物体的运动规律。运动学是动力学的基础，并在工程中有独立的应用。例如，在机器与机构的设计中，需要使用运动学方法分析机构的运动特性。

运动学有两种不同的研究方法：**几何法和解析法**。解析法从建立运动方程出发，通过求导得到速度和加速度，适用于研究运动的全过程，也便于计算机求解。几何法建立各瞬时描述运动的矢径、速度、加速度等矢量之间的几何关系，适用于研究某一特殊瞬时的运动性质，形象直观，也便于作定性分析。

为了描述物体的运动，必须首先选取另外一个物体作为**参考体**。在参考体上固连一个由不共面的三条相交线组成的标架，它可代表参考体，称为**参考系**。例如，为了描述汽车的运动，可以在地面上安置一个固连标架，它的三条轴分别沿着当地的经线、纬线和天顶，称为**地球参考系**。参考物总是一个尺寸有限的物体，而与之固连的参考系可以延伸到空间的无限远处，因此参考系是与参考物固连的整个三维空间。地球参考系可以用来研究

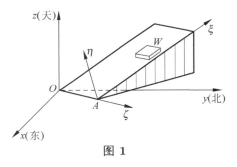

图 1

汽车的运动，也可以用来研究离地球很远很远的一个行星的运动。参考系是参考物的推广，它可能是某个具体参考物的延拓，有时可能只有参考系，没有真实参考物。例如，在研究卫星的运动时经常用**地心参考系**，它的原点位于地心，三条轴指向三个恒星。但是并不存在一个与该参考系固连的真实的参考物，地球本身在这个参考系中绕着一根固定轴旋转。在一般工程技术问题中，如不特别声明，总是选用地球参考系。

参考系和坐标系是两个不同的概念。参考系选定了，物体的运动就确定了，然后在参考系中安置一定的坐标系，就可以具体地描述物体的运动了。在同一个参考系中可以安置许多不同的坐标系，在不同的坐标系中对物体的同一运动的描述会不同。例如，为了描述某个固定斜面上一个滑块的运动，我们选取地球参考系。可以建立如图1所示的坐标系 $Oxyz$ 和 $A\xi\eta\zeta$，在这两个坐标系中写出物体 W 的运动轨迹显然是不同的，但它们所描述的运动是同一个。如果在一个参考系中只用一个坐标系，我们可以不加区分参考系和坐标系。比如，平动系既是平动参考系的简称，也是平动坐标系的简称。

　　为了从数学上描述物体的运动，必须首先选定一组能完全确定物体位置的参数。例如，当描述自由质点的运动时，可以用它在直角坐标系中的三个坐标 x, y, z 来表示。但是，有时利用其他一些参量来描述物体的运动可能更方便。例如，当用雷达测量某飞行目标的位置时，雷达可以直接给出目标的方位角 φ、余仰角 θ 和距离 r，用这三个参量来描述飞行目标的运动将会更方便，如图2所示。又如，当描述点的圆周运动时，采用连线 OM 与水平线的夹角 φ 一个参量就可以完全描述该点的运动，如图3所示。

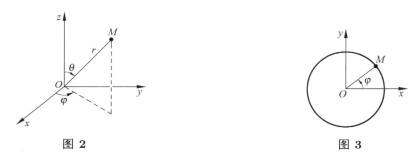

图 2　　　　　　　　　　　　　　　　　　　　图 3

　　多个质点组成的系统称为**质点系**，简称**质系**。在任一瞬时，各质点的位置的总和称为系统的**位形**。如果质系在空间的位置不受任何限制，则称为**自由质系**。自由质系中每个质点都可以占据空间的任何位置，不受任何预先给定的限制。如果质系中的一些质点的位置受到预先给定的强制性限制，则称为**非自由质系**，这些强制性限制称为**约束**。对于非自由质系，各质点的位置相互间不独立，必须满足约束，此时如果仍然使用各质点的直角坐标来描述质系的位形是不方便的。例如，图4所示的曲柄滑块机构是由曲柄、连杆及滑块 3 个刚体组成的非自由质系，采用角坐标 φ 就可以完全确定它的位形。

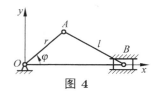

图 4

　　我们把能够唯一确定质系位形的独立参数称为**广义坐标**，而这些参数的数目则反映了质系能够自由运动的程度，称为系统的**自由度**[①]。自由质点具有 3 个自由度，可以将直角坐标 x, y, z 或球坐标 r, θ, φ 选为广义坐标；而曲柄滑块机构只有 1 个自由度，可以将曲柄转角 φ 选为广义坐标。系统的自由度数是确定的，而广义坐标的选取则可能有不同的方案。选择恰当的广义坐标可以简化描述质系运动的复杂程度。

———————————
[①] 关于自由度的准确定义请参见5.4节。

第 1 章

点的运动学

内容提要　点的运动学是研究一般物体运动的基础，它研究点相对于某一参考系的几何位置随时间的变化规律，包括点的运动方程、运动轨迹、速度和加速度。描述点的运动的方法有矢量描述法、直角坐标描述法、自然坐标描述法、极坐标描述法和曲线坐标描述法等。在学习本章以前，学生需要掌握矢量代数和矢量分析（见附录A.1和A.2）的知识。

1.1　矢量描述法

在理论推导时，我们总是希望所得到的结果不依赖于坐标系的选取，能适用于各种不同的坐标系。因此通常先用矢量表示出各种量之间的关系，在求解具体问题时，再选用合适的坐标系。

研究质点 P 相对某参考系的运动，可以在这个参考系中选一个固定点 O，从 O 点引向 P 点的矢量：

$$\boldsymbol{r} = \boldsymbol{r}(t) \tag{1-1}$$

称为 P 点相对 O 点的**位置矢量**，简称**矢径**。P 点的位置随时间连续变化，相应的 $\boldsymbol{r}(t)$ 就是一个时间的连续矢量函数。我们称式(1-1)为 P 点的**矢量形式的运动方程**。对于确定的时刻 t，运动方程给出了 P 点在空间的位置，因此点的运动方程完全确定了它的运动规律。随着时间的变化，矢径 $\boldsymbol{r}(t)$ 的末端在空间中划出一条空间曲线，叫做**矢端曲线**，如图1-1所示。这条曲线正是 P 点的运动轨迹。假设由时刻 t 到 $t + \Delta t$，点沿着运动轨迹从 P 运动到 P'（如图1-2所示），相应的矢径由 $\boldsymbol{r}$ 变为 $\boldsymbol{r} + \Delta \boldsymbol{r}$，那么矢量 $\Delta \boldsymbol{r}$ 就是该点在时间间隔 Δt 内的位移。在这段时间内点的平均速度是

$$\boldsymbol{v}^* = \frac{\Delta \boldsymbol{r}}{\Delta t}$$

时间间隔的大小不同，得到的平均速度的大小和方向也不同，因此用平均速度不能准确地刻画点的运动状态。为了得到点的位置变化的精确描述，令 $\Delta t \to 0$，平均速度的极限

$$\boldsymbol{v} = \lim_{\Delta t \to 0} \frac{\Delta \boldsymbol{r}}{\Delta t} = \dot{\boldsymbol{r}} \tag{1-2}$$

称为点的**瞬时速度**，简称**速度**，它等于矢径对时间的一阶导数。速度是矢量，其方向沿着矢量 $\Delta \boldsymbol{r}$ 的极限方向，即沿着运动轨迹的切线。在国际单位制中速度的单位为米每秒 (m/s)。

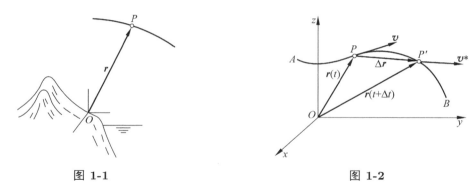

图 1-1   图 1-2

速度也是时间的矢量函数，我们可以类似地定义点的**平均加速度**，即在时间间隔 Δt 内速度的平均变化率。如果速度随时间连续变化，我们可以类似地定义点的**瞬时加速度**，简称**加速度**，即

$$a = \lim_{\Delta t \to 0} \frac{\Delta v}{\Delta t} = \dot{v} = \ddot{r} \tag{1-3}$$

在国际单位制中加速度的单位为米每二次方秒（$\mathrm{m/s^2}$）。

思考题 $\dot{r}$ 和 $\dot{r}$，$\dot{v}$ 和 $\dot{v}$ 是否相同？它们的物理意义分别是什么？

1.2 直角坐标描述法

式(1-2)和式(1-3)给出了矢径、速度和加速度三者之间的关系，和坐标系的选择无关。在求解具体问题时，需要选用具体的坐标系。最简单而又最常用的是直角坐标系。

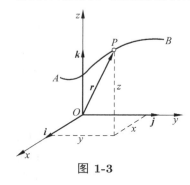

图 1-3

设 $Oxyz$ 是固定的直角坐标系，i，j 和 k 分别是坐标轴 Ox，Oy 和 Oz 的正向单位矢量 (如图1-3所示)，称为**基矢量**，它们是大小和方向都不变的常矢量。矢径 $r(t)$ 可以由 3 个标量函数 $x(t)$，$y(t)$ 和 $z(t)$（即 P 点的坐标）给出：

$$r(t) = x(t)i + y(t)j + z(t)k \tag{1-4}$$

因此，点的**直角坐标形式的运动方程**为

$$x = x(t), \quad y = y(t), \quad z = z(t) \tag{1-5}$$

知道了点的运动方程式(1-5)，就可以完全确定任一瞬时点的位置。式(1-5)实际上也是点的轨迹的参数方程，从中消去时间 t 可得到点的轨迹方程。

根据式(1-2)，P 点的速度为

$$v(t) = v_x i + v_y j + v_z k \tag{1-6}$$

其中

$$v_x = \dot{x}, \quad v_y = \dot{y}, \quad v_z = \dot{z} \tag{1-7}$$

分别是速度 $\boldsymbol{v}(t)$ 在坐标轴 Ox，Oy 和 Oz 上的投影，即**速度 $\boldsymbol{v}(t)$ 在各坐标轴上的投影等于点的各对应坐标对时间的一阶导数**。速度的大小及它与三个坐标轴夹角的方向余弦分别为

$$v = \sqrt{v_x^2 + v_y^2 + v_z^2}$$

$$\cos(\boldsymbol{v}, \boldsymbol{i}) = \frac{v_x}{v}, \quad \cos(\boldsymbol{v}, \boldsymbol{j}) = \frac{v_y}{v}, \quad \cos(\boldsymbol{v}, \boldsymbol{k}) = \frac{v_z}{v}$$

根据式(1-3)，P 点的加速度为

$$\boldsymbol{a}(t) = a_x\boldsymbol{i} + a_y\boldsymbol{j} + a_z\boldsymbol{k} \tag{1-8}$$

其中

$$a_x = \ddot{x}, \quad a_y = \ddot{y}, \quad a_z = \ddot{z} \tag{1-9}$$

分别是加速度 $\boldsymbol{a}(t)$ 在坐标轴 Ox，Oy 和 Oz 上的投影，即**加速度 $\boldsymbol{a}(t)$ 在各坐标轴的投影等于点的各对应坐标对时间的二阶导数**。加速度的大小及它与三个坐标轴夹角的方向余弦分别为

$$a = \sqrt{a_x^2 + a_y^2 + a_z^2}$$

$$\cos(\boldsymbol{a}, \boldsymbol{i}) = \frac{a_x}{a}, \quad \cos(\boldsymbol{a}, \boldsymbol{j}) = \frac{a_y}{a}, \quad \cos(\boldsymbol{a}, \boldsymbol{k}) = \frac{a_z}{a}$$

例 1-1　设梯子的两个端点 A 和 B 分别沿着墙和地面滑动，如图1-4所示。梯子和地面夹角 $\varphi(t)$ 是时间的已知函数，求梯子上 M 点的运动轨迹、速度和加速度。

解　欲求 M 点的运动轨迹，可以先写出它的直角坐标形式的运动方程，然后从运动方程中消去参数，得到轨迹方程。为此，建立如图1-4所示的直角坐标系，M 点的运动方程为

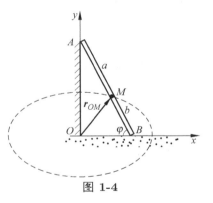

图 1-4

$$x = a\cos\varphi, \quad y = b\sin\varphi \tag{1-10}$$

在以上两式中消除参数 φ，得到 M 点的轨迹方程：

$$\frac{x^2}{a^2} + \frac{y^2}{b^2} = 1, \quad x \geqslant 0, y \geqslant 0 \tag{a}$$

这是以 O 点为中心的四分之一椭圆。

M 点的速度为

$$\boldsymbol{v} = \dot{x}\boldsymbol{i} + \dot{y}\boldsymbol{j} = -a\dot{\varphi}\sin\varphi\boldsymbol{i} + b\dot{\varphi}\cos\varphi\boldsymbol{j}$$

M 点的加速度为

$$\boldsymbol{a} = \ddot{x}\boldsymbol{i} + \ddot{y}\boldsymbol{j} = -a(\ddot{\varphi}\sin\varphi + \dot{\varphi}^2\cos\varphi)\boldsymbol{i} + b(\ddot{\varphi}\cos\varphi - \dot{\varphi}^2\sin\varphi)\boldsymbol{j}$$

讨论　由式(a)可知，当 $a = b = l$ 时，M 点的运动轨迹是以 O 为圆心、以 l 为半径的四分之一圆周。M 点的速度为 $\boldsymbol{v} = l\dot{\varphi}(-\sin\varphi\boldsymbol{i} + \cos\varphi\boldsymbol{j})$，矢径为 $\boldsymbol{r}_{OM} = l(\cos\varphi\boldsymbol{i} + \sin\varphi\boldsymbol{j})$。由于

$\boldsymbol{v} \cdot \boldsymbol{r}_{OM} = 0$，$M$ 点的速度始终垂直于 $\overrightarrow{OM}$。如果 $\ddot{\varphi} = 0$，则 M 点的加速度为 $\boldsymbol{a} = -\dot{\varphi}^2 \boldsymbol{r}_{OM}$，方向指向 O 点。事实上，此时 M 点作匀速圆周运动，其速度方向沿圆周切线方向，大小为 $v = l\dot{\varphi}$，加速度指向圆心（向心加速度），大小为 $a = l\dot{\varphi}^2$。

    例 1-2 半径为 R 的车轮沿直线轨道作无滑动滚动（称为纯滚动），如图1-5所示。设车轮保持在同一竖直平面内运动，且轮心的速度大小为 u，加速度大小为 a，试分析车轮边缘点 M 的运动。

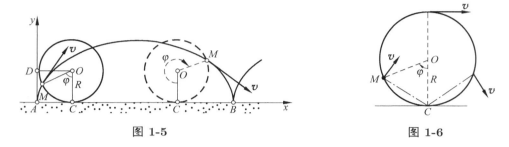

         图 1-5   **图 1-6**

    解 取车轮所在平面为 Axy 平面，直线轨道为 x 轴，如图1-5所示。设 M 点为车轮边缘上的任意一点，在初始时刻 M 点与坐标原点 A 重合。又设任意时刻车轮边缘上与地面接触的点为 C，则当车轮转过一个角度 φ 后，轮心的坐标为

$$x_O = AC = R\varphi, \quad y_O = R$$

轮心的运动轨迹是直线，因此轮心的速度和加速度方向都沿着 x 轴：

$$\boldsymbol{v}_O = \dot{x}_O \boldsymbol{i} = R\dot{\varphi}\boldsymbol{i} = u\boldsymbol{i}$$

$$\boldsymbol{a}_O = \ddot{x}_O \boldsymbol{i} = R\ddot{\varphi}\boldsymbol{i} = a\boldsymbol{i}$$

由此可以求出

$$\dot{\varphi} = \frac{u}{R}, \quad \ddot{\varphi} = \frac{a}{R}$$

M 点的坐标为

$$x = AC - OM\sin\varphi = R(\varphi - \sin\varphi)$$

$$y = OC - OM\cos\varphi = R(1 - \cos\varphi)$$

这是旋轮线的参数方程，因此 M 点的运动轨迹是旋轮线。M 点的矢径为

$$\boldsymbol{r}_{AM} = x\boldsymbol{i} + y\boldsymbol{j} = R(\varphi - \sin\varphi)\boldsymbol{i} + R(1 - \cos\varphi)\boldsymbol{j}$$

M 点的速度为

$$\boldsymbol{v} = \dot{x}\boldsymbol{i} + \dot{y}\boldsymbol{j} = R\dot{\varphi}(1 - \cos\varphi)\boldsymbol{i} + R\dot{\varphi}\sin\varphi\boldsymbol{j}$$

$$= u(1 - \cos\varphi)\boldsymbol{i} + u\sin\varphi\boldsymbol{j}$$

可以看出，当 M 点与地面接触（即 $\varphi = 2k\pi$）时，M 点速度为零，也就是说 M 点与地面没有相对滑动，这是纯滚动的一个重要特征。当 M 点位于轮子最高点（即 $\varphi = (2k+1)\pi$）时，

M 点速度大小为 $2u$，方向与轮心速度方向一致。由于

$$\boldsymbol{r}_{CM} = \boldsymbol{r}_{AM} - \boldsymbol{r}_{AC} = -R\sin\varphi\boldsymbol{i} + R(1 - \cos\varphi)\boldsymbol{j}$$

故有 $\boldsymbol{v} \cdot \boldsymbol{r}_{CM} = 0$，即 M 点的速度始终垂直于 CM。M 点在任意时刻的速度大小为

$$v = \sqrt{\dot{x}^2 + \dot{y}^2} = \left| 2R\dot{\varphi}\sin\frac{\varphi}{2} \right| = |r_{CM}\dot{\varphi}|$$

可见，纯滚动圆盘边缘上各点的速度分布和圆盘在该瞬时绕 C 点作瞬时定轴转动时的速度分布完全一样，如图1-6所示。

M 点的加速度为

$$\boldsymbol{a} = \ddot{x}\boldsymbol{i} + \ddot{y}\boldsymbol{j} = R[\ddot{\varphi}(1 - \cos\varphi) + \dot{\varphi}^2\sin\varphi]\boldsymbol{i} + R(\ddot{\varphi}\sin\varphi + \dot{\varphi}^2\cos\varphi)\boldsymbol{j}$$
$$= \left[a(1 - \cos\varphi) + \frac{u^2}{R}\sin\varphi \right]\boldsymbol{i} + \left(a\sin\varphi + \frac{u^2}{R}\cos\varphi \right)\boldsymbol{j}$$

当 M 点与地面接触（即 $\varphi = 2k\pi$）时，M 点加速度的大小为 u^2/R，方向指向轮心，这是纯滚动的另外一个重要特征。事实上，在 M 点与地面接触前后瞬时，其速度从竖直向下变为竖直向上，因此 M 点与地面接触的瞬时，其加速度方向必然竖直向上。

思考题　如果轮心的速度为常数（即 $a = 0$），M 点的加速度 $\boldsymbol{a} = \dfrac{u^2}{R}(\sin\varphi\boldsymbol{i} + \cos\varphi\boldsymbol{j})$，即 M 点加速度的大小为 $\dfrac{u^2}{R}$，方向始终指向轮心。这和将轮心固定而 M 点绕轮心作等速圆周运动时的情况完全相同。请读者思考这是为什么。

1.3　自然坐标描述法

对受约束的非自由质点 P，如果已知其运动轨迹，只要知道其沿轨迹的运动规律即可确定 P 点的运动。在轨迹曲线上任取一点作为原点，并规定一个方向为正向，则 P 点的每个位置都与从原点到该位置的弧长 s 一一对应。弧长 s 称为点 M 在轨迹上的**弧坐标**。如果 $s = s(t)$ 是时间的已知函数，则它完全确定了 P 点的运动。这样的描述点的运动的方法称为自然坐标法，并称

$$s = s(t) \tag{1-11}$$

为点的弧坐标形式的运动方程。

P 点的矢径可以写成如下的复合函数形式：

$$\boldsymbol{r} = \boldsymbol{r}(s(t)) \tag{1-12}$$

点 P 的速度为

$$\boldsymbol{v}(t) = \frac{\mathrm{d}\boldsymbol{r}}{\mathrm{d}t} = \frac{\mathrm{d}\boldsymbol{r}}{\mathrm{d}s}\frac{\mathrm{d}s}{\mathrm{d}t} = \dot{s}\boldsymbol{\tau} \tag{1-13}$$

其中 $\boldsymbol{\tau}(s) = \dfrac{\mathrm{d}\boldsymbol{r}}{\mathrm{d}s} = \lim\limits_{\Delta s \to 0}\dfrac{\Delta\boldsymbol{r}}{\Delta s}$。由图1-7可知，矢量 $\boldsymbol{\tau}(s)$ 的方向沿着曲线在 P 点的切线方向（即当 $\Delta s \to 0$ 时 $\Delta\boldsymbol{r}$ 的极限方向），大小为

$$\left|\frac{\mathrm{d}\boldsymbol{r}}{\mathrm{d}s}\right| = \lim_{\Delta s \to 0}\left|\frac{\Delta \boldsymbol{r}}{\Delta s}\right| = 1 \qquad (1\text{-}14)$$

因此，矢量 $\boldsymbol{\tau}(s)$ 称为**切向单位矢量**。可见，**速度的大小等于点的弧坐标对时间的一阶导数的绝对值，方向沿轨迹的切线**。

将式(1-13)对时间求导，得到点 P 的加速度为

$$\boldsymbol{a}(t) = \ddot{s}\boldsymbol{\tau} + \dot{s}\dot{\boldsymbol{\tau}} \qquad (1\text{-}15)$$

可见，加速度由两部分组成，第一项是由于速度大小变化而产生的加速度，其方向沿着轨迹的切线（与速度方向相同），称为**切向加速度**，记作 $\boldsymbol{a}_\tau = \ddot{s}\boldsymbol{\tau}$。第二项则是由于速度方向变化而产生的加速度，它可以写成

$$\dot{s}\dot{\boldsymbol{\tau}} = \dot{s}\frac{\mathrm{d}\boldsymbol{\tau}}{\mathrm{d}s}\frac{\mathrm{d}s}{\mathrm{d}t} = \dot{s}^2\frac{\mathrm{d}\boldsymbol{\tau}}{\mathrm{d}s} \qquad (1\text{-}16)$$

首先讨论 $\dfrac{\mathrm{d}\boldsymbol{\tau}}{\mathrm{d}s}$ 的方向。设 P 和 P' 处的切向单位矢量分别是 $\boldsymbol{\tau}$ 和 $\boldsymbol{\tau}'$，它们之间的夹角为 $\Delta\theta$，如图1-8所示。当 Δs 趋于零时，矢量 $\boldsymbol{\tau}$，$\boldsymbol{\tau}'$ 和 $\Delta\boldsymbol{\tau}$ 组成的平面的极限位置，称为曲线在 P 点的**密切平面**，$\boldsymbol{\tau}$ 和 $\dfrac{\mathrm{d}\boldsymbol{\tau}}{\mathrm{d}s}$ 都在这个平面内，如图1-8所示。矢量 $\dfrac{\mathrm{d}\boldsymbol{\tau}}{\mathrm{d}s}$ 垂直于切线 $\boldsymbol{\tau}$，且指向曲线内凹的一侧，这个方向称为**主法线**方向，其单位矢量记为 $\boldsymbol{n}$。同时垂直于切线和主法线的方向叫做**副法线**方向，其单位矢量记作 $\boldsymbol{b}$，如图1-9所示。$\boldsymbol{\tau}$，$\boldsymbol{n}$ 和 $\boldsymbol{b}$ 构成右手直角坐标系，称为**自然坐标系**。

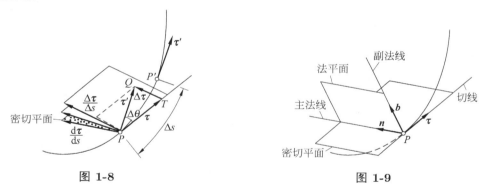

图 1-8　　　　　　　　　　　　　　图 1-9

再看 $\dfrac{\mathrm{d}\boldsymbol{\tau}}{\mathrm{d}s}$ 的大小。利用极限的概念，从图1-8可以看出

$$\left|\frac{\mathrm{d}\boldsymbol{\tau}}{\mathrm{d}s}\right| = \lim_{\Delta s \to 0}\left|\frac{\Delta\boldsymbol{\tau}}{\Delta s}\right| = \lim_{\Delta s \to 0}\left|\frac{2\sin\dfrac{\Delta\theta}{2}}{\Delta s}\right| = \lim_{\Delta s \to 0}\left|\frac{\Delta\theta}{\Delta s}\right| = \left|\frac{\mathrm{d}\theta}{\mathrm{d}s}\right|$$

式中，$|\mathrm{d}\theta/\mathrm{d}s|$ 是曲线上 P 点的**曲率**，它的倒数为**曲率半径**，记为 ρ。曲率半径是曲线弯曲程度的度量，曲率半径越小，曲线"弯得越厉害"。直线是"一点都不弯的"曲线，它的曲率半径是无穷大。圆周上各点的曲率半径都等于圆的半径。

综上所述，可得

$$\frac{\mathrm{d}\boldsymbol{\tau}}{\mathrm{d}s} = \frac{1}{\rho}\boldsymbol{n} \qquad (1\text{-}17)$$

因此，式(1-15)的第二项沿主法线方向，称为**法向加速度**，记为 $\boldsymbol{a}_\mathrm{n} = \dfrac{\dot{s}^2}{\rho}\boldsymbol{n}$。

最后得到自然坐标描述中加速度的表达式：

$$\boldsymbol{a} = \ddot{s}\boldsymbol{\tau} + \frac{\dot{s}^2}{\rho}\boldsymbol{n} \tag{1-18}$$

加速度的大小

$$a = \sqrt{\ddot{s}^2 + \frac{\dot{s}^4}{\rho^2}}$$

综上所述，切向加速度沿着轨迹的切线，反映了点的速度大小对时间的变化率；法向加速度沿着轨迹的主法线，指向曲率中心，反映了点的速度方向改变的快慢程度。

下面讨论几个特殊的例子。

(1) **直线运动**：点的速度大小变化，方向不变（即 $\dot{\boldsymbol{\tau}} = 0$），所以加速度为 $\boldsymbol{a} = \boldsymbol{a}_\tau = \ddot{s}\boldsymbol{\tau}$。

(2) **匀速曲线运动**：点的速度大小不变（即 $\ddot{s} = 0$），只有方向变化，因此加速度只有法向分量，即 $\boldsymbol{a} = \boldsymbol{a}_\mathrm{n} = \dfrac{\dot{s}^2}{\rho}\boldsymbol{n}$。

(3) **圆周运动**：设 P 点沿着一个半径为 R 的圆周运动，O 为圆心，如图1-10所示。设任意时刻线段 OP 与过 O 点某固定直线的夹角为 $\varphi(t)$，则点 P 的弧坐标形式的运动方程为 $s = R\varphi(t)$。点 P 的速度为 $\boldsymbol{v} = \dot{s}\boldsymbol{\tau} = R\dot{\varphi}\boldsymbol{\tau}$，加速度为 $\boldsymbol{a} = \ddot{s}\boldsymbol{\tau} + \dfrac{\dot{s}^2}{R}\boldsymbol{n} = R\ddot{\varphi}\boldsymbol{\tau} + R\dot{\varphi}^2\boldsymbol{n}$，其中法向加速度也就是向心加速度。当 P 点作等速圆周运动时，切向加速度为零。

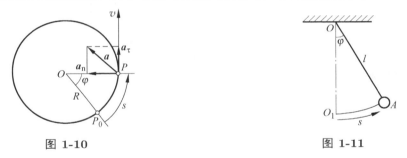

图 1-10   图 1-11

例 1-3 单摆的运动规律为 $\varphi = \varphi_0 \sin \omega t$，$\omega$ 为常数，$OA = l$，如图1-11所示。求摆锤 A 的速度和加速度。

解 以 O_1 点为弧坐标原点，取其正向与 φ 的正向（图1-11）一致。A 点的运动方程为

$$s = l\varphi = l\varphi_0 \sin \omega t$$

A 点的速度和加速度分别为

$$\boldsymbol{v} = \dot{s}\boldsymbol{\tau} = l\varphi_0\omega \cos \omega t \boldsymbol{\tau}$$

$$\boldsymbol{a} = \ddot{s}\boldsymbol{\tau} + \frac{\dot{s}^2}{l}\boldsymbol{n} = l\varphi_0\omega^2(-\sin \omega t \boldsymbol{\tau} + \varphi_0 \cos^2 \omega t \boldsymbol{n})$$

例 1-4 半径为 R 的轮子沿直线轨道在同一竖直平面内纯滚动，轮心速度 u 为常数。求当轮子边缘点 M 到达最高处时其运动轨迹的曲率半径。

解 由法向加速度公式 $a_\mathrm{n} = \dfrac{\dot{s}^2}{\rho}$ 可知，如果能求得 M 点的法向加速度的大小 a_n 和速度的大小 v，则轨迹的曲率半径为 $\rho = \dfrac{v^2}{a_\mathrm{n}}$。

例1-2已经给出了轮子边缘点 M 的速度和加速度表达式：

$$\boldsymbol{v} = u(1 - \cos\varphi)\boldsymbol{i} + u\sin\varphi\boldsymbol{j}$$

$$\boldsymbol{a} = \frac{u^2}{R}\sin\varphi\boldsymbol{i} + \frac{u^2}{R}\cos\varphi\boldsymbol{j}$$

当 M 点到达最高处（即 $\varphi = (2k+1)\pi$）时，其速度和加速度分别为 $\boldsymbol{v} = 2u\boldsymbol{i}$ 和 $\boldsymbol{a} = -\dfrac{u^2}{R}\boldsymbol{j}$，因此速度的大小为 $v = 2u$，法向加速度的大小为 $a_{\mathrm{n}} = u^2/R$。运动轨迹的曲率半径为

$$\rho = \frac{v^2}{a_{\mathrm{n}}} = 4R$$

讨论　本例中只要求边缘点 M 到达最高处时其运动轨迹的曲率半径，此时速度和法向加速度的大小容易求得。如果要求边缘点 M 在任意位置处时其运动轨迹的曲率半径，则需要将速度和加速度从直角坐标系中变换到自然坐标系中。假如已知点的运动方程 $x = x(t)$，$y = y(t)$，$z = z(t)$，则点 M 在任意位置时运动轨迹的切向单位矢量 $\boldsymbol{\tau}$ 可由下式得到：

$$\boldsymbol{\tau} = \frac{\boldsymbol{v}}{v} = \frac{\dot{x}\boldsymbol{i} + \dot{y}\boldsymbol{j} + \dot{z}\boldsymbol{k}}{\sqrt{\dot{x}^2 + \dot{y}^2 + \dot{z}^2}}$$

切向加速度的大小可以通过将加速度 $\boldsymbol{a}$ 向轨迹的切线方向上投影得到，即

$$a_{\tau} = \boldsymbol{a} \cdot \boldsymbol{\tau} = \frac{\ddot{x}\dot{x} + \ddot{y}\dot{y} + \ddot{z}\dot{z}}{\sqrt{\dot{x}^2 + \dot{y}^2 + \dot{z}^2}}$$

法向加速度的大小为

$$a_{\mathrm{n}} = \sqrt{a^2 - a_{\tau}^2}$$

最终可由 $\rho = \dfrac{v^2}{a_{\mathrm{n}}}$ 得到轨迹的曲率半径 ρ。

1.4　极坐标描述法

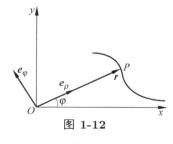

图 1-12

设 P 点沿着平面曲线运动，它在任意时刻的位置可以由极坐标

$$\rho = \rho(t), \quad \varphi = \varphi(t) \tag{1-19}$$

确定，如图1-12所示。图中 $\boldsymbol{e}_\rho$ 是**径向单位矢量**，方向与矢径一致。$\boldsymbol{e}_\varphi$ 是**横向单位矢量**，方向与 $\boldsymbol{e}_\rho$ 垂直，并指向 φ 角增加的方向。式(1-19)为点的极坐标形式的运动方程。

点 P 的矢径可以写作

$$\boldsymbol{r}(t) = \rho(t)\boldsymbol{e}_\rho(t) \tag{1-20}$$

径向基矢量 $\boldsymbol{e}_\rho$ 和横向基矢量 $\boldsymbol{e}_\varphi$ 可以在直角坐标系中表示为

$$\boldsymbol{e}_\rho = \cos\varphi\boldsymbol{i} + \sin\varphi\boldsymbol{j} \tag{1-21}$$

$$\boldsymbol{e}_\varphi = -\sin\varphi\boldsymbol{i} + \cos\varphi\boldsymbol{j} \tag{1-22}$$

将基矢量对时间求导，得

$$\dot{\boldsymbol{e}}_\rho = -\dot{\varphi}\sin\varphi\boldsymbol{i} + \dot{\varphi}\cos\varphi\boldsymbol{j} = \dot{\varphi}\boldsymbol{e}_\varphi \tag{1-23}$$

$$\dot{\boldsymbol{e}}_\varphi = -\dot{\varphi}\cos\varphi\boldsymbol{i} - \dot{\varphi}\sin\varphi\boldsymbol{j} = -\dot{\varphi}\boldsymbol{e}_\rho \tag{1-24}$$

即基矢量 $\boldsymbol{e}_\rho$，$\boldsymbol{e}_\varphi$ 的导数与基矢量本身垂直，大小等于基矢量转动的角速度。任何基矢量的导数均具有此性质。

思考题　如何根据基矢量端点作圆周运动的特点直接得到关系式(1-23)和式(1-24)？

将 P 点的矢径(1-20)对时间求导，并利用关系式(1-23) 和式(1-24)，得到 P 点的速度为

$$\boldsymbol{v}(t) = \dot{\boldsymbol{r}}(t) = \dot{\rho}\boldsymbol{e}_\rho + \rho\dot{\boldsymbol{e}}_\rho = \dot{\rho}\boldsymbol{e}_\rho + \rho\dot{\varphi}\boldsymbol{e}_\varphi \tag{1-25}$$

速度在径向和横向的分量 $\boldsymbol{v}_\rho = \dot{\rho}\boldsymbol{e}_\rho$ 和 $\boldsymbol{v}_\varphi = \rho\dot{\varphi}\boldsymbol{e}_\varphi$ 分别称为**径向速度**和**横向速度**。

将式(1-25)对时间求导，并利用关系式(1-23)和(1-24)得到点 P 的加速度

$$\boldsymbol{a}(t) = \dot{\boldsymbol{v}}(t) = (\ddot{\rho} - \rho\dot{\varphi}^2)\boldsymbol{e}_\rho + (2\dot{\rho}\dot{\varphi} + \rho\ddot{\varphi})\boldsymbol{e}_\varphi$$

$$= (\ddot{\rho} - \rho\dot{\varphi}^2)\boldsymbol{e}_\rho + \frac{1}{\rho}\frac{\mathrm{d}}{\mathrm{d}t}(\rho^2\dot{\varphi})\boldsymbol{e}_\varphi \tag{1-26}$$

加速度在径向和横向的分量 $\boldsymbol{a}_\rho = (\ddot{\rho} - \rho\dot{\varphi}^2)\boldsymbol{e}_\rho$ 和 $\boldsymbol{a}_\varphi = (2\dot{\rho}\dot{\varphi} + \rho\ddot{\varphi})\boldsymbol{e}_\varphi = \frac{1}{\rho}\frac{\mathrm{d}}{\mathrm{d}t}(\rho^2\dot{\varphi})\boldsymbol{e}_\varphi$ 分别称为**径向加速度**和**横向加速度**。注意径向和法向、横向和切向之间的区别。

例 1-5　已知点的运动方程是 $\rho = e(1-\cos\omega t)$，$\varphi = \omega t$，其中 e,ω 均为常数，求当 $t = \pi/2\omega$ 瞬时点的速度和加速度。

解　直接利用式(1-25)可以得到点在任意时刻的速度

$$\boldsymbol{v} = \dot{\rho}\boldsymbol{e}_\rho + \rho\dot{\varphi}\boldsymbol{e}_\varphi = e\omega\sin\omega t\boldsymbol{e}_\rho + \rho\omega\boldsymbol{e}_\varphi$$

将 $t = \pi/2\omega$ 代入上式得到此瞬时的速度

$$\boldsymbol{v} = e\omega(\boldsymbol{e}_\rho + \boldsymbol{e}_\varphi)$$

径向加速度的大小为

$$a_\rho = \ddot{\rho} - \rho\dot{\varphi}^2 = (e\cos\omega t - \rho)\omega^2$$

横向加速度的大小为

$$a_\varphi = 2\dot{\rho}\dot{\varphi} + \rho\ddot{\varphi} = 2e\omega^2\sin\omega t$$

将 $t = \pi/2\omega$ 代入上面两式中可得此瞬时点的加速度为

$$\boldsymbol{a} = -e\omega^2\boldsymbol{e}_\rho + 2e\omega^2\boldsymbol{e}_\varphi$$

例 1-6　根据开普勒定律，行星沿着椭圆形轨道绕太阳运动，运动方程为 $\rho = \dfrac{p}{1 + e\cos\varphi}$ $(0 \leqslant e \leqslant 1,\ p > 0)$，在行星运动过程中从太阳到行星的矢径所扫过的面积与时间成正比，或者说面积速度始终保持是常数，即 $\rho^2\dot{\varphi} = C$。试求行星的加速度。

解 由 $\rho^2\dot{\varphi} = C$ 知，$a_\varphi = \dfrac{1}{\rho}\dfrac{\mathrm{d}}{\mathrm{d}t}(\rho^2\dot{\varphi}) = 0$，即加速度横向分量为零，加速度的方向沿着径向。下面计算径向加速度的大小

$$a_\rho = \ddot{\rho} - \rho\dot{\varphi}^2$$

利用 $\rho^2\dot{\varphi} = C$ 可得

$$a_\rho = \ddot{\rho} - C^2/\rho^3 \tag{a}$$

因此求径向加速度的主要问题是求 $\ddot{\rho}$。我们将行星的运动方程（即椭圆方程）写成

$$\frac{p}{\rho} = 1 + e\cos\varphi \tag{b}$$

将上式两边对时间 t 求导得

$$-\frac{p}{\rho^2}\dot{\rho} = -e\dot{\varphi}\sin\varphi$$

将 $\rho^2\dot{\varphi} = C$ 代入得

$$\dot{\rho} = \frac{Ce}{p}\sin\varphi$$

将上式对时间 t 求导一次，并再次利用 $\rho^2\dot{\varphi} = C$ 得

$$\ddot{\rho} = \frac{Ce}{p}\dot{\varphi}\cos\varphi = \frac{C^2 e}{p\rho^2}\cos\varphi$$

最后将上式代入式(a)，并利用关系式(b)，得

$$a_\rho = \frac{C^2}{p\rho^2}\left(e\cos\varphi - \frac{p}{\rho}\right) = -\frac{C^2}{p\rho^2}$$

即行星的加速度始终指向太阳 (坐标原点)，其大小与 ρ^2 成反比。

* 1.5 曲线坐标描述法

在一般情况下，一个点在三维空间中的位置可以选三个独立参量 q_1, q_2, q_3 来描述，我们称这三个参量为点的**曲线坐标**。点的矢径就是曲线坐标的函数，即

$$\boldsymbol{r} = \boldsymbol{r}(q_1(t), q_2(t), q_3(t)) = x\boldsymbol{i} + y\boldsymbol{j} + z\boldsymbol{k}$$

利用隐函数的求导法则可得点的速度为

$$\boldsymbol{v} = \dot{\boldsymbol{r}} = \sum_{i=1}^{3}\frac{\partial\boldsymbol{r}}{\partial q_i}\dot{q}_i \tag{1-27}$$

式中

$$\frac{\partial\boldsymbol{r}}{\partial q_i} = \frac{\partial x}{\partial q_i}\boldsymbol{i} + \frac{\partial y}{\partial q_i}\boldsymbol{j} + \frac{\partial z}{\partial q_i}\boldsymbol{k} = H_i\boldsymbol{e}_i \quad (i = 1, 2, 3)$$

其中

$$H_i = \left|\frac{\partial\boldsymbol{r}}{\partial q_i}\right| = \sqrt{\left(\frac{\partial x}{\partial q_i}\right)^2 + \left(\frac{\partial y}{\partial q_i}\right)^2 + \left(\frac{\partial z}{\partial q_i}\right)^2}$$

为矢量 $\partial \boldsymbol{r}/\partial q_i$ 的大小（也称为**拉梅系数**），

$$\boldsymbol{e}_i = \frac{1}{H_i}\frac{\partial \boldsymbol{r}}{\partial q_i},$$

为矢量 $\partial \boldsymbol{r}/\partial q_i$ 的单位矢量。如果 $\boldsymbol{e}_i$ $(i=1,2,3)$ 是相互垂直的（如柱坐标系和球坐标系），则点的速度和加速度可以分别写为

$$\boldsymbol{v} = \sum_{i=1}^{3} v_{q_i}\boldsymbol{e}_i \tag{1-28}$$

$$\boldsymbol{a} = \sum_{i=1}^{3} a_{q_i}\boldsymbol{e}_i \tag{1-29}$$

式中

$$v_{q_i} = \dot{\boldsymbol{r}}\cdot\boldsymbol{e}_i = H_i\dot{q}_i \tag{1-30}$$

$$a_{q_i} = \boldsymbol{a}\cdot\boldsymbol{e}_i = \frac{1}{H_i}\left(\frac{\mathrm{d}\boldsymbol{v}}{\mathrm{d}t}\cdot\frac{\partial \boldsymbol{r}}{\partial q_i}\right) = \frac{1}{H_i}\left[\frac{\mathrm{d}}{\mathrm{d}t}\left(\boldsymbol{v}\cdot\frac{\partial \boldsymbol{r}}{\partial q_i}\right) - \boldsymbol{v}\cdot\frac{\mathrm{d}}{\mathrm{d}t}\left(\frac{\partial \boldsymbol{r}}{\partial q_i}\right)\right] \tag{1-31}$$

将矢量 $\partial \boldsymbol{r}/\partial q_i$ 对时间求导，得

$$\frac{\mathrm{d}}{\mathrm{d}t}\left(\frac{\partial \boldsymbol{r}}{\partial q_i}\right) = \frac{\partial^2 \boldsymbol{r}}{\partial q_i \partial q_1}\dot{q}_1 + \frac{\partial^2 \boldsymbol{r}}{\partial q_i \partial q_2}\dot{q}_2 + \frac{\partial^2 \boldsymbol{r}}{\partial q_i \partial q_3}\dot{q}_3 \tag{1-32}$$

由式(1-27)可得

$$\frac{\partial \boldsymbol{v}}{\partial q_i} = \frac{\partial^2 \boldsymbol{r}}{\partial q_i \partial q_1}\dot{q}_1 + \frac{\partial^2 \boldsymbol{r}}{\partial q_i \partial q_2}\dot{q}_2 + \frac{\partial^2 \boldsymbol{r}}{\partial q_i \partial q_3}\dot{q}_3 \tag{1-33}$$

因为 $\boldsymbol{r}$ 是关于 q_1, q_2, q_3 的连续二阶可微函数，可以交换对 $q_k(k=1,2,3)$ 和 q_i 的微分顺序，于是由式 (1-32)和式(1-33)得

$$\frac{\mathrm{d}}{\mathrm{d}t}\left(\frac{\partial \boldsymbol{r}}{\partial q_i}\right) = \frac{\partial \boldsymbol{v}}{\partial q_i} \tag{1-34}$$

将式 (1-27)两端对 $\dot{q}_i$ 求偏导，得

$$\frac{\partial \boldsymbol{r}}{\partial q_i} = \frac{\partial \boldsymbol{v}}{\partial \dot{q}_i} \tag{1-35}$$

利用式 (1-34) 和式(1-35)，等式 (1-31) 可以写成

$$a_{q_i} = \frac{1}{H_i}\left[\frac{\mathrm{d}}{\mathrm{d}t}\left(\boldsymbol{v}\cdot\frac{\partial \boldsymbol{v}}{\partial \dot{q}_i}\right) - \boldsymbol{v}\cdot\frac{\partial \boldsymbol{v}}{\partial q_i}\right]$$

如果引入 $T = v^2/2$，则 a_{q_i} 的表达式最终可以写成

$$a_{q_i} = \frac{1}{H_i}\left(\frac{\mathrm{d}}{\mathrm{d}t}\frac{\partial T}{\partial \dot{q}_i} - \frac{\partial T}{\partial q_i}\right) \qquad (i=1,2,3) \tag{1-36}$$

下面利用这些公式给出柱坐标形式的速度和加速度公式。柱坐标是一种常见的曲线坐标。在柱坐标中，点 P 的位置由三个独立变量 $(\rho,\ \varphi,\ z)$ 确定，例如，为了确定飞机 P 的位置（如图1-13所示），ρ 是雷达站 O 到飞机的水平距离，即 O 到 P' 的距离，φ 是飞机的方位角（$0°$ 代表东向，$90°$ 代表北向），z 是飞机的高度。柱坐标与直角坐标之间的关系是

$$x = \rho\cos\varphi, \quad y = \rho\sin\varphi, \quad z = z$$

相应于柱坐标的三个拉梅系数为

$$H_\rho = 1, \quad H_\varphi = \rho, \quad H_z = 1$$

于是，点 P 的三个速度分量为

$$v_\rho = \dot\rho, \quad v_\varphi = \rho\dot\varphi, \quad v_z = \dot z$$

由此计算得

$$T = \frac{1}{2}(\dot\rho^2 + \rho^2\dot\varphi^2 + \dot z^2)$$

点 P 的三个加速度分量为

$$a_\rho = \ddot\rho - \rho\dot\varphi^2, \quad a_\varphi = 2\dot\rho\dot\varphi + \rho\ddot\varphi, \quad a_z = \ddot z$$

可以看出，对应坐标 ρ 和 φ 的速度和加速度表达式与公式(1-25)和(1-26)完全一致。

球坐标也是一种常见的曲线坐标。在球坐标中，点 P 的位置由三个独立变量 (r, θ, φ) 确定，例如，为了确定飞机 P 的位置（如图1-14所示），r 是雷达站 O 到飞机的距离，θ 是 OP 与 z 轴夹角，即余仰角，φ 是 OP 在 Oxy 平面上的投影 OP' 与 Ox 轴的夹角，即方位角。球坐标与直角坐标之间的关系是

$$x = r\sin\theta\cos\varphi, \quad y = r\sin\theta\sin\varphi, \quad z = r\cos\theta$$

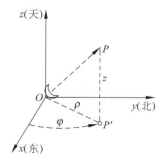

图 1-13

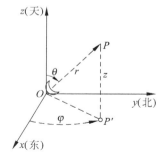

图 1-14

相应于球坐标的三个拉梅系数为

$$H_r = 1, \quad H_\theta = r, \quad H_\varphi = r\sin\theta$$

于是，点 P 的三个速度分量为

$$v_r = \dot r, \quad v_\theta = r\dot\theta, \quad v_\varphi = r\dot\varphi\sin\theta$$

由此得

$$T = \frac{1}{2}(\dot r^2 + r^2\dot\theta^2 + r^2\dot\varphi^2\sin^2\theta)$$

点 P 的三个加速度分量为

$$a_r = \ddot r - r\dot\theta^2 - r\dot\varphi^2\sin^2\theta$$
$$a_\theta = r\ddot\theta + 2\dot r\dot\theta - r\dot\varphi^2\sin\theta\cos\theta$$
$$a_\varphi = r\ddot\varphi\sin\theta + 2\dot r\dot\varphi\sin\theta + 2r\dot\theta\dot\varphi\cos\theta$$

本章小结

　　点的运动学是今后研究质点系（包括刚体）运动的基础，主要任务是通过点的运动方程、速度和加速度来研究运动的几何性质。刻画点运动的常用方法有矢量描述法、直角坐标描述法、自然坐标描述法和曲线坐标（如柱坐标和球坐标等）描述法等。矢量描述法同时包含了物理量的大小与方向信息，所得结果与坐标系的选择无关，反映了物理规律的客观性，主要用于理论推导。直角坐标法将点的空间曲线运动分解为三个直线运动，尤其适合描述那些在三个方向上的加速度可以独立确定的点的运动问题，如子弹的飞行。自然坐标法沿运动轨迹的切线和法线方向来描述点的运动，物理概念清晰，特别适合描述点沿已知轨道的运动，如描述在路面上行驶的汽车的运动。在某些问题中，点的运动或产生该运动的力可以用该点到某一个固定点之间的距离和极角来表示，此时宜用极坐标描述。例如，卫星受到的地球引力始终指向地球，其绕地球的运动宜采用极坐标描述。

　　表1-1给出了不同描述法对应的运动方程、速度和加速度表达式。

表 1-1

描述法	运动方程	速度	加速度
矢量	$\boldsymbol{r} = \boldsymbol{r}(t)$	$\boldsymbol{v} = \dot{\boldsymbol{r}}$	$\boldsymbol{a} = \dot{\boldsymbol{v}} = \ddot{\boldsymbol{r}}$
自然坐标	$s = s(t)$	$\boldsymbol{v} = \dot{s}\boldsymbol{\tau}$	$\boldsymbol{a} = \ddot{s}\boldsymbol{\tau} + \dfrac{\dot{s}^2}{\rho}\boldsymbol{n}$
直角坐标	$x = x(t)$ $y = y(t)$ $z = z(t)$	$v_x = \dot{x}$ $v_y = \dot{y}$ $v_z = \dot{z}$	$a_x = \ddot{x}$ $a_y = \ddot{y}$ $a_z = \ddot{z}$
柱坐标	$\rho = \rho(t)$ $\varphi = \varphi(t)$ $z = z(t)$	$v_\rho = \dot{\rho}$ $v_\varphi = \rho\dot{\varphi}$ $v_z = \dot{z}$	$a_\rho = \ddot{\rho} - \rho\dot{\varphi}^2$ $a_\varphi = 2\dot{\rho}\dot{\varphi} + \rho\ddot{\varphi}$ $a_z = \ddot{z}$
球坐标	$r = r(t)$ $\theta = \theta(t)$ $\varphi = \varphi(t)$	$v_r = \dot{r}$ $v_\theta = r\dot{\theta}$ $v_\varphi = r\dot{\varphi}\sin\theta$	$a_r = \ddot{r} - r\dot{\theta}^2 - r\dot{\varphi}^2\sin^2\theta$ $a_\theta = r\ddot{\theta} + 2\dot{r}\dot{\theta} - r\dot{\varphi}^2\sin\theta\cos\theta$ $a_\varphi = r\ddot{\varphi}\sin\theta + 2\dot{r}\dot{\varphi}\sin\theta + 2r\dot{\theta}\dot{\varphi}\cos\theta$

概念题

1-1　下面的说法是否正确？

(1)　点的速度是该点相对参考系原点的矢径对时间的导数，而加速度是速度对时间的导数。

(2)　若点的法向加速度为零，则该点轨迹的曲率必为零。

(3)　圆轮沿直线轨道作纯滚动，只要轮心作匀速运动，则轮缘上任意一点的加速度的方向均指向轮心。

1-2　$\dot{\boldsymbol{v}}$，$|\dot{\boldsymbol{v}}|$ 和 $\dot{v}$，$\dot{\boldsymbol{r}}$，$|\dot{\boldsymbol{r}}|$ 和 $\dot{r}$ 是否相同？

1-3　切向加速度和法向加速度的物理意义有何不同？

1-4　点在作曲线运动时，如果其加速度 $\boldsymbol{a}$ 是恒矢量，是否说明该点作匀变速率运动？

1-5 什么情况下点的切向加速度等于零? 什么情况下点的法向加速度等于零?

1-6 点 M 沿螺线自外向内运动, 如果它走过的弧长 s 与时间 t 的一次方成正比, 则点的加速度是越来越大还是越来越小? 点运动的越来越快, 还是越来越慢?

习题

1-1 一个质点的矢径 r 随时间的变化规律为 $r = r_0 + (\cos t)c$, 其中 r_0 和 c 都是常矢量。试分析质点的运动轨迹和速度变化规律。

1-2 质量为 m 的航天器相对地心的矢径为 r, 在地心引力作用下, 航天器运动的加速度为 $\ddot{r} = -\frac{\mu}{r^3}r$, 其中 μ 为常数。求航天器的角动量 h、机械能 E、拉普拉斯矢量 $A = \dot{r} \times (r \times \dot{r}) - \mu\frac{r}{r}$ 的变化率。

1-3 图示曲线规尺的杆长 $OA = AB = 200\text{mm}$, 而 $CD = DE = AC = AE = 50\text{mm}$。如果 OA 绕 O 轴转动的规律是 $\varphi = \pi t/5$, 初始时 $t = 0$, 求尺上 D 点的运动方程和轨迹。

1-4 图示 AB 杆长为 l, 绕 B 点按 $\varphi = \omega t$ 的规律转动。与杆连接的滑块按 $s = a + b\sin\omega t$ 的规律沿水平方向作简谐振动, 其中 a, b, ω 为常数, 求 A 点的轨迹。

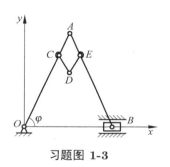

习题图 1-3

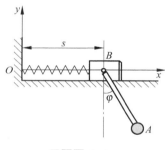

习题图 1-4

1-5 半径为 r 的半圆形凸轮以等速 v_0 在水平面上滑动, 如图所示, 求当 $\theta = 30°$ 瞬时顶杆上升的速度大小与加速度大小 (杆与凸轮的接触点为 M)。

1-6 半径为 R 的圆弧与 AB 墙相切, 在圆心 O 处有一光源, 点 M 从切点 C 处开始以均匀的圆周速度 v_0 沿圆弧运动, 如图所示。求 M 点在墙上的影子 M' 的速度大小与加速度大小。

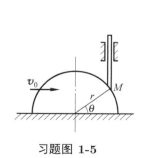

习题图 1-5

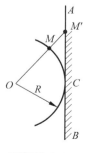

习题图 1-6

1-7 图示机构中, 已知 $OO_1 = l$, $\varphi = \omega_0 t$, 其中 ω_0 为常数, D 是十字形导槽, 求当 $\varphi = 30°$ 时 D 点的速度大小与加速度大小。

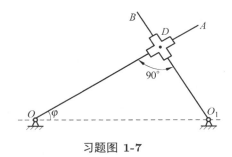

习题图 1-7

1-8　小车 A 与 B 以绳索相连，如图所示。A 车高出 B 车 1.5m。小车 A 以匀速 $v_A = 0.4$m/s 前进而拉动 B 车，设开始时 $BC = l_0 = 4.5$m。求 5s 后小车 B 的速度大小与加速度大小。

1-9　点 M 沿半径为 r 的圆弧运动，该点的速度 v 在直径 AB 方向上的投影 u 是常数。求点 M 的速度和加速度大小关于 r，u，φ 的表达式。

习题图 1-8　　　　　　　　　　　　　习题图 1-9

1-10　一个点沿着半径为 R 的圆周运动，任一瞬时，该点的切向加速度大小都与法向加速度大小相等，初速度为 v_0。求走完第一圈所需的时间，并求回到出发点瞬时，该点的速度大小、切向加速度大小和法向加速度大小。

1-11　若点在平面内运动，其运动方程为 $x = x(t)$，$y = y(t)$，证明运动轨迹的曲率半径为 $\rho = (\dot{x}^2 + \dot{y}^2)^{3/2}/|\dot{x}\ddot{y} - \dot{y}\ddot{x}|$，切向加速度大小为 $a_\tau = (\dot{x}\ddot{x} + \dot{y}\ddot{y})/\sqrt{\dot{x}^2 + \dot{y}^2}$，法向加速度大小为 $a_n = |\dot{x}\ddot{y} - \ddot{x}\dot{y}|/\sqrt{\dot{x}^2 + \dot{y}^2}$。

1-12　设摇杆 AB 绕 A 轴按 $\varphi = \omega t$ 的规律转动，$\omega = \pi/10$rad/s。滑块 B 在固定的圆形滑槽内滑动，又可在摇杆 AB 的直线滑道内滑动。已知圆槽半径 $R = 10$cm，试选 O_1 为原点，用自然坐标法建立滑块 B 的运动方程，并求 B 的速度、加速度。

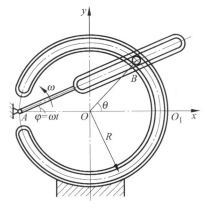

习题图 1-12

1-13　已知 M 点的运动规律为 $\boldsymbol{r} = (7t)\boldsymbol{i} + (3 + t^2)\boldsymbol{j} + (t^3/3)\boldsymbol{k}$，式中 t 以 s 记，r 以 m 记。

求 $t = 3\mathrm{s}$ 时 M 点的速度、切向加速度大小、法向加速度大小。

1-14　OA 杆绕 O 轴转动时，可在杆上滑动的销钉 P 被限制在抛物线 $\rho = 2b/(1 + \cos\varphi)$ 上运动，若 $\varphi = \omega t$（ω 为常值），求在 $\varphi = 0°$ 和 $\varphi = 90°$ 时，P 点的速度和加速度。

1-15　图示螺线画规中，杆 QQ' 和曲柄 OA 铰接，并穿过可绕 B 轴转动的套筒。已知转角 $\varphi = \omega t$（ω 为常数），$BO = AO = a$，$AM = b$。试求点 M 的极坐标形式的运动方程、轨迹方程，以及点 M 的速度大小和加速度大小。

1-16　杆 AB 长为 L，M 在 AB 杆上，AM 长为 b。A 端以匀速 v_A 沿直线导轨 CD 运动，杆 AB 始终穿过套筒 O，套筒与导轨相距为 a。取 O 为极点，试用极坐标 ρ，φ 表示 M 点的速度大小和加速度大小。

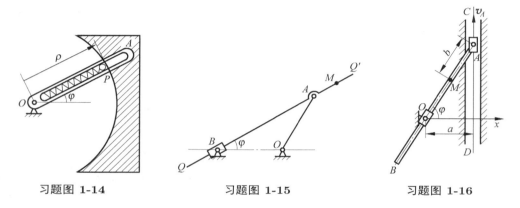

习题图 1-14　　　　　　　　习题图 1-15　　　　　　　　习题图 1-16

1-17　已知 M 点以等速率 $v = 20\mathrm{m/s}$ 沿圆柱螺旋运动，圆柱半径 $r = 0.5\mathrm{m}$，螺距 $p = 0.2\mathrm{m}$，试用柱坐标表示 M 点的速度、加速度。

1-18　点 M 沿球面 $x^2 + y^2 + z^2 = R^2$ 与柱面 $(x - R/2)^2 + y^2 = R^2/4$ 的交线运动，该点的球坐标形式的运动方程为 $r = R$，$\varphi = kt/2$，$\theta = kt/2$，求该点的加速度大小以及它在球坐标上的三个分量。

1-19　一点沿着缠在轮胎形圆环面上的螺旋线按如下规律运动：$r = R = \mathrm{const}$，$\psi = \omega t$，$\varphi = kt$。求该点的速度和加速度在圆环面坐标系各轴上的分量（ω 和 k 都为常数）。

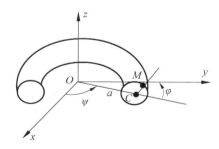

习题图 1-19

第 2 章

刚体运动学

内容提要 刚体的运动可以分为平动、定轴转动、平面运动、定点运动和一般运动。本章讲述了描述刚体一般运动的方法——矢量 - 矩阵描述法，并在此基础上讨论了刚体的定轴转动、定点运动和平面一般运动。在学习本章以前，学生需要掌握矢量运算的矩阵表示方法和坐标变换 (见附录A.3和A.4) 的知识。

2.1 刚体的运动形式

　　刚体的运动可以分为平动、定轴转动、平面运动、定点运动和一般运动。在运动过程中，如果刚体上任一条直线始终与其初始位置平行 (即方位始终不变)，则称刚体作平行移动，简称**平动**。例如图2-1中的 AB 刚体在运动过程中始终保持为水平，其上任意一条直线均平行于其初始位置，即 AB 刚体作平动。平动刚体上各点的轨迹形状相同，同一瞬时各点的速度和加速度完全相同，刚体上任何一点的运动均可代表刚体上其他各点的运动，因此刚体的平动可以归结为一个点的运动，用点的运动学方法来描述。

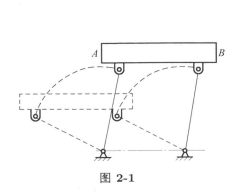

图 2-1

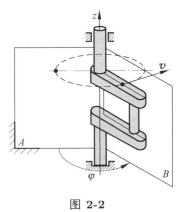

图 2-2

　　如果在运动过程中，刚体或者其延拓部分上有且只有一条直线始终固定不动，则称刚体绕**定轴转动**，该固定直线称为轴线或转轴。例如，图2-2中 z 轴在刚体运动过程中始终固定不动，刚体绕 z 轴定轴转动，z 轴为转轴。刚体定轴转动时，不在轴线上的各点均作圆周运动，圆周所在平面垂直于转轴，圆心均在轴线上，半径为点到转轴的距离。

　　如果刚体上的所有点始终在平行于某个固定参考平面的平面内运动，则称刚体作**平面运动**。

刚体作平面运动时,其上任何一点到固定参考平面的距离始终保持不变。例如,在图2-3所示的行星齿轮机构中,齿轮 A 的所有点始终在固定平面内运动,因此齿轮 A 作平面运动。

图 2-3　　　　　　　　　　　　　　图 2-4

如果在运动过程中,刚体或其延拓部分上存在且只存在一点始终固定不动,则称刚体绕**定点运动**。例如,图2-4所示的陀螺绕自身的 ON 轴转动,而 ON 轴又绕固定轴 Oz 转动。在陀螺的运动过程中,其上 O 点始终不动,因此陀螺作定点运动。

刚体在空间中自由运动时,称为刚体作**一般运动**。例如乒乓球在空中的运动即为一般运动。

刚体的平动和定轴转动称为刚体的基本运动。它不可分解,是刚体运动的最简单形态,刚体的复杂运动均可分解成若干基本运动的合成。

2.2　刚体运动的矢量-矩阵描述

2.2.1　刚体的运动方程

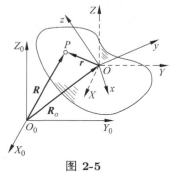

图 2-5

设刚体在参考系 $O_0X_0Y_0Z_0$ 中运动,如图2-5所示。为了定量地描述刚体的运动,可在刚体上任一点 O 处建立一个和刚体固定连接的直角坐标系 $Oxyz$,称为**固连坐标系**。O 点称为**基点**,它相对于 O_0 点的矢径记为 $\boldsymbol{R}_O$。固连坐标系 $Oxyz$ 的运动完全代表了刚体的运动,因此可以将描述刚体的运动问题转化为描述固连坐标系 $Oxyz$ 的运动问题。

固连坐标系 (刚体) 在参考系 $O_0X_0Y_0Z_0$ 中的位置可以用基点 O 的位置和固连坐标系 $Oxyz$ 相对于参考系 $O_0X_0Y_0Z_0$ 的方位来描述。为了便于描述固连坐标系 $Oxyz$ 相对于参考系 $O_0X_0Y_0Z_0$ 的方位,在基点 O 建立一个坐标系 $OXYZ$,其坐标轴始终和参考系 $O_0X_0Y_0Z_0$ 的坐标轴保持平行。坐标系 $OXYZ$ 作平动,称为**平动坐标系**。固连坐标系 $Oxyz$ 相对于平动坐标系 $OXYZ$ 的方位和它相对于参考系 $O_0X_0Y_0Z_0$ 的方位完全相同,可以用固连坐标系 $Oxyz$ 相对于平动坐标系 $OXYZ$ 的**方向余弦矩阵** (也称为**坐标变换矩阵**或**过渡矩阵**) $\boldsymbol{A}$ 来描述,见附录A.4。因此,**固连坐标系 $Oxyz$ (刚体) 相对于参考系 $O_0X_0Y_0Z_0$ 的运动可以用基点 O 相对于 O_0 点的矢径 $\boldsymbol{R}_O$ 和固连坐标系 $Oxyz$ 关于平动坐标系 $OXYZ$ 的方向余弦矩阵 $\boldsymbol{A}$ 描述**,即刚体的运动方程可以写成

$$\boldsymbol{R}_O = \boldsymbol{R}_O(t), \quad \boldsymbol{A} = \boldsymbol{A}(t) \tag{2-1}$$

这两个式子称为刚体的**矢量-矩阵形式的运动方程**。可见，**刚体一般运动可以分解为刚体随基点的平动和相对基点平动参考系的定点运动**，矢量 $\boldsymbol{R}_O$ 描述了刚体随基点的平动，矩阵 $\boldsymbol{A}$ 描述了刚体相对基点平动参考系的定点运动。

方向余弦矩阵

$$\boldsymbol{A} = \begin{bmatrix} a_{11} & a_{12} & a_{13} \\ a_{21} & a_{22} & a_{23} \\ a_{31} & a_{32} & a_{33} \end{bmatrix}$$

是正交矩阵，满足条件

$$\boldsymbol{A}\,\boldsymbol{A}^{\mathrm{T}} = \boldsymbol{I}, \quad \boldsymbol{A}^{\mathrm{T}} = \boldsymbol{A}^{-1} \tag{2-2}$$

其中 $\boldsymbol{I}$ 为单位矩阵。由 $\boldsymbol{A}\,\boldsymbol{A}^{\mathrm{T}} = (\boldsymbol{A}\,\boldsymbol{A}^{\mathrm{T}})^{\mathrm{T}}$ 可知，矩阵 $\boldsymbol{A}\,\boldsymbol{A}^{\mathrm{T}}$ 是对称矩阵，因此式(2-2)中的 9 个标量方程中只有 6 个是独立的，它们是

$$\begin{cases} a_{11}^2 + a_{12}^2 + a_{13}^2 = 1 \\ a_{21}^2 + a_{22}^2 + a_{23}^2 = 1 \\ a_{31}^2 + a_{32}^2 + a_{33}^2 = 1 \\ a_{11}a_{21} + a_{12}a_{22} + a_{13}a_{23} = 0 \\ a_{11}a_{31} + a_{12}a_{32} + a_{13}a_{33} = 0 \\ a_{21}a_{31} + a_{22}a_{32} + a_{23}a_{33} = 0 \end{cases} \tag{2-3}$$

可见，方向余弦矩阵 $\boldsymbol{A}$ 的 9 个元素并不是全部独立的，而是要满足由式(2-3)给出的 6 个约束方程，真正独立的元素只有 3 个。因此，**确定自由刚体的运动只需要 6 个参数**，其中 3 个参数描述刚体基点 O 的运动，另外 3 个参数描述刚体相对于参考系 $O_0X_0Y_0Z_0$ 的方位。

刚体做定点运动时，取定点为基点，有 $\boldsymbol{R}_O = \boldsymbol{0}$，则刚体的运动可以用方向余弦矩阵 $\boldsymbol{A}$ 描述，因此描述刚体定点运动只需要 3 个参数。刚体作平面运动时，各点的 z 坐标不变，向量 $\boldsymbol{R}_O$ 变为二维矢量，矩阵 $\boldsymbol{A}$ 变为平面坐标系之间的变换矩阵，它只与刚体绕 z 轴转过的角度有关，因此确定刚体平面运动只需要 3 个参数。刚体做定轴转动时，将基点取在转轴上，有 $\boldsymbol{R}_O = \boldsymbol{0}$，矩阵 $\boldsymbol{A}$ 只与刚体绕转轴转过的角度有关，因此确定刚体定轴转动只需要 1 个参数。刚体平动时，刚体的方位不变，方向余弦矩阵 $\boldsymbol{A}$ 变为单位阵，因此确定刚体在空间中的平动只需要 3 个参数，确定刚体在平面内的平动只需要 2 个参数。

2.2.2　刚体上任意点的速度和加速度

刚体上任意 P 点相对于 O_0 的矢径为

$$\boldsymbol{R} = \boldsymbol{R}_O + \boldsymbol{r} \tag{2-4}$$

其中 $\boldsymbol{R}_O$ 为基点 O 相对于 O_0 的矢径，$\boldsymbol{r}$ 为 P 点相对于基点 O 的矢径。将矢量 $\boldsymbol{R}$，$\boldsymbol{R}_O$ 和 $\boldsymbol{r}$ 在坐标系 $O_0X_0Y_0Z_0$ 中的坐标阵 (参见附录A.4) 分别记为 $\underline{\boldsymbol{R}}$，$\underline{\boldsymbol{R}}_O$ 和 $\underline{\boldsymbol{r}}$，将矢量 $\boldsymbol{r}$ 在固连坐标系 $Oxyz$ 中的坐标阵记为 $\underline{\boldsymbol{\rho}}$。列阵 $\underline{\boldsymbol{r}}$ 和 $\underline{\boldsymbol{\rho}}$ 分别为矢量 $\boldsymbol{r}$ 在不同坐标系中的坐标阵，因此它们之间满足坐标转换关系

$$\underline{\boldsymbol{r}} = \boldsymbol{A}\,\underline{\boldsymbol{\rho}} \tag{2-5}$$

其中 A 是固连系 $Oxyz$ 关于平动系 $OXYZ$ 的方向余弦矩阵 (见附录A.4)，它将矢量在固连系 $Oxyz$ 中的坐标阵变换成在平动系 $OXYZ$ 中的坐标阵。在式(2-5)两边同时左乘矩阵 A^{T}，并利用式(2-2)，得

$$\underline{\rho} = A^{\mathrm{T}} \underline{r} \tag{2-6}$$

将式(2-4)写成在参考系 $O_0 X_0 Y_0 Z_0$ 中的坐标阵 (见附录A.3) 形式，并利用式(2-5)，得

$$\underline{R} = \underline{R}_O + \underline{r} = \underline{R}_O + A\,\underline{\rho} \tag{2-7}$$

坐标阵 $\underline{\rho}$ 的三个分量是 P 点在固连系 $Oxyz$ 中的坐标，它们在刚体的运动过程中保持不变，是常数矩阵。式(2-7)是刚体中 P 点的运动方程。

将式(2-7)对时间求导，并利用式(2-6)，同时考虑到 $\underline{\rho}$ 为常数矩阵，即 $\underline{\dot{\rho}} = 0$，得

$$\underline{\dot{R}} = \underline{\dot{R}}_O + A\underline{\dot{\rho}} = \underline{\dot{R}}_O + \dot{A}\,A^{\mathrm{T}}\underline{r} \tag{2-8}$$

式中 $\underline{\dot{R}}$ 和 $\underline{\dot{R}}_O$ 分别为 P 点的速度 $\dot{R}$ 和基点 O 的速度 $\dot{R}_O$ 在参考系 $O_0 X_0 Y_0 Z_0$ 中的坐标阵。

下面讨论矩阵 $\dot{A}\,A^{\mathrm{T}}$。将式(2-2)两边对时间求导，得

$$\frac{\mathrm{d}}{\mathrm{d}t}(A\,A^{\mathrm{T}}) = \dot{A}\,A^{\mathrm{T}} + A\,\dot{A}^{\mathrm{T}} = \dot{A}\,A^{\mathrm{T}} + (\dot{A}\,A^{\mathrm{T}})^{\mathrm{T}} = 0 \tag{2-9}$$

即

$$\dot{A}\,A^{\mathrm{T}} = -(\dot{A}\,A^{\mathrm{T}})^{\mathrm{T}} \tag{2-10}$$

可见矩阵 $\dot{A}\,A^{\mathrm{T}}$ 是反对称矩阵，它只有三个元素是独立的，且其对角元素均为零。不妨将矩阵 $\dot{A}\,A^{\mathrm{T}}$ 写成下面的形式：

$$\dot{A}\,A^{\mathrm{T}} = \begin{bmatrix} 0 & -\omega_z & \omega_y \\ \omega_z & 0 & -\omega_x \\ -\omega_y & \omega_x & 0 \end{bmatrix} \tag{2-11}$$

则矩阵 $\dot{A}\,A^{\mathrm{T}}$ 是由 $\omega_x, \omega_y, \omega_z$ 组成的矢量 $\boldsymbol{\omega} = \omega_x \boldsymbol{i} + \omega_y \boldsymbol{j} + \omega_z \boldsymbol{k}$ 的坐标方阵 (见附录A.3)，即

$$\dot{A}\,A^{\mathrm{T}} = \tilde{\underline{\omega}} \tag{2-12}$$

坐标方阵 $\tilde{\underline{\omega}}$ 是三阶反对称矩阵，其行列式为零，即 $|\tilde{\underline{\omega}}| = 0$，详见附录A.3 的证明。

将式(2-12)代入式(2-8)，得

$$\underline{\dot{R}} = \underline{\dot{R}}_O + \tilde{\underline{\omega}}\,\underline{r} \tag{2-13}$$

由表A-1可知，列阵 $\tilde{\underline{\omega}}\,\underline{r}$ 实际上是矢量 $\boldsymbol{\omega} \times \boldsymbol{r}$ 在参考系 $O_0 X_0 Y_0 Z_0$ 中的坐标阵，因此式(2-13)是矢量运算式

$$\dot{R} = \dot{R}_O + \boldsymbol{\omega} \times \boldsymbol{r} \tag{2-14}$$

的坐标阵运算形式。根据定义，矢量 $\dot{R}$ 是刚体上任意点 P 的速度 $\boldsymbol{v}$，$\dot{R}_O$ 是基点 O 的速度 $\boldsymbol{v}_O$，因此可得到 P 点的速度为

$$\boldsymbol{v} = \boldsymbol{v}_O + \boldsymbol{\omega} \times \boldsymbol{r} \tag{2-15}$$

矢量 $\boldsymbol{\omega}$ 是用矩阵 A 定义的，而矩阵 A 描述了固连系 $Oxyz$ (即刚体) 相对于基点平动系 $OXYZ$ 的转动，因此矢量 $\boldsymbol{\omega}$ 反映了刚体转动的速度。当刚体平动时，$A = I$，$\dot{A} = 0$，$\boldsymbol{\omega} = \boldsymbol{0}$。

矢量 $\boldsymbol{\omega}$ 不依赖于基点的选择,并且可以证明是唯一的,因此它被称为刚体相对于基点平动参考系的**角速度矢量**,简称**角速度**。在国际单位制中,角速度的单位为弧度每秒 (rad/s)。

思考题 "某个点的角速度"的提法是否恰当?为什么?

讨论 我们对角速度的认识是逐渐变化的。在中学物理中认为角速度是标量,用来描述质点的圆周运动。在大学物理中通常也是认为角速度是标量,用来描述质点圆周运动和刚体定轴转动。从上述引入角速度的过程可以看出,用矩阵才能准确描述刚体转动的一般情形。事实上,刚体的角速度是二阶张量[①],可以用来描述刚体的任意运动。张量的运算比矢量要复杂得多。由于在理论力学课程中大部分物理量都是矢量,只涉及这一个张量[②],又由于角速度张量是反对称的,9 个分量中有 3 个恒为零,另外 6 个中只有 3 个独立,恰好可以拼凑成一个列阵,因此在理论力学中通常把角速度当作矢量。这样就不必介绍张量运算,而是使用读者熟悉的矢量运算。需要说明的是,如果一个物理量是矢量,必须满足 3 个条件:① 有大小、有方向;② 加法符合平行四边形法则;③ 物理规律不依赖于坐标系的选取。可以证明,刚体角速度不满足第 3 个条件。不过,只要不进行左手坐标系和右手坐标系之间的变换,将角速度当作矢量就不会有问题[③]。

对比式(2-4)和式(2-14)可知,刚体上任意点 P 相对于基点 O 的矢径 $\boldsymbol{r}$ 对时间的导数为

$$\dot{\boldsymbol{r}} = \boldsymbol{\omega} \times \boldsymbol{r} \tag{2-16}$$

式中 $\dot{\boldsymbol{r}}$ 实际上是 P 点相对于基点平动系 $OXYZ$ 的相对速度。式(2-15)表明,**刚体上任意点 P 的速度等于基点的速度与 P 点相对于基点平动系的相对速度的矢量和**。这个结论以后我们还会多次用到。

下面讨论刚体上任意两点 A 和 B 的速度在这两点连线 AB 上的投影 (如图2-6所示) 之间的关系。以 A 点为基点,B 点的速度可以写为

$$\boldsymbol{v}_B = \boldsymbol{v}_A + \boldsymbol{\omega} \times \boldsymbol{r}_{AB} \tag{2-17}$$

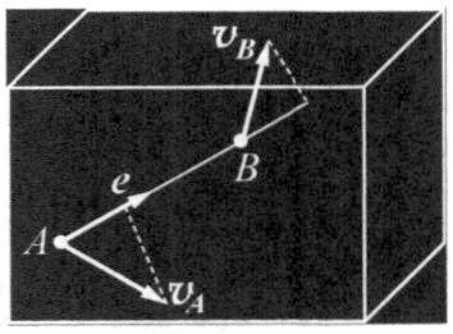

图 2-6

上式右端第 2 项和 AB 连线垂直。在上式两端同时点乘以 AB 方向的单位矢量 $\boldsymbol{e}$,得

$$\boldsymbol{v}_B \cdot \boldsymbol{e} = \boldsymbol{v}_A \cdot \boldsymbol{e} \tag{2-18}$$

式(2-18)表明,**刚体上任意两点的速度在这两点连线上的投影相等**,这就是刚体运动的**速度投影定理**。

思考题 如何从物理概念上理解刚体运动的速度投影定理?刚体上任意两点的加速度在这两点连线上的投影是否相等?为什么?

将式(2-15)对时间求导,并考虑到式(2-16),可得到 P 点的加速度

$$\boldsymbol{a} = \boldsymbol{a}_O + \boldsymbol{\varepsilon} \times \boldsymbol{r} + \boldsymbol{\omega} \times (\boldsymbol{\omega} \times \boldsymbol{r}) \tag{2-19}$$

[①]标量可以看作零阶张量,矢量可以看作一阶张量。
[②]在第 9 章描述刚体质量特性时也需要用到惯性张量,其在坐标系中的投影就是惯性矩阵。
[③]朱照宣,等. 理论力学(上册). 北京:北京大学出版社,1982:203。

其中 $\varepsilon = \dot{\omega}$ 是刚体相对于基点平动参考系的**角加速度矢量**，简称为**角加速度**。同样地，刚体的角加速度也和基点的选择无关，它反映了刚体角速度的变化率。在国际单位制中，角加速度的单位为弧度每二次方秒 $(\mathrm{rad/s^2})$。式(2-19)表明，**刚体上任意点 P 的加速度等于基点的加速度与点 P 相对于基点平动系的相对加速度的矢量和**。

2.2.3　刚体定轴转动

下面讨论刚体的定轴转动。当刚体绕定轴转动时，刚体内任意一点都做圆周运动，圆心在固定轴上，圆周所在平面与固定轴垂直。

将基点 O 取在刚体的固定轴上，并将固定轴取为固连系的 Oz 轴和平动系的 OZ 轴，于是方向余弦矩阵 $\boldsymbol{A}$ （见式(A-49)）为

$$\boldsymbol{A} = \begin{bmatrix} \cos\varphi & -\sin\varphi & 0 \\ \sin\varphi & \cos\varphi & 0 \\ 0 & 0 & 1 \end{bmatrix} \tag{2-20}$$

其中 φ 是坐标轴 OX 与 Ox 之间的夹角，即刚体转动的角度。可以验证

$$\dot{\boldsymbol{A}}\,\boldsymbol{A}^{\mathrm{T}} = \begin{bmatrix} 0 & -\dot{\varphi} & 0 \\ \dot{\varphi} & 0 & 0 \\ 0 & 0 & 0 \end{bmatrix} \tag{2-21}$$

比较式(2-11)和式(2-21)可以看出，定轴转动刚体的角速度 $\boldsymbol{\omega}$ 在固定参考系 $O_0 X_0 Y_0 Z_0$ 中的列阵是

$$\underline{\boldsymbol{\omega}} = \begin{bmatrix} 0 & 0 & \dot{\varphi} \end{bmatrix}^{\mathrm{T}} \tag{2-22}$$

写成矢量的形式为

$$\boldsymbol{\omega} = \dot{\varphi}\boldsymbol{k} \tag{2-23}$$

将式(2-23)和式(2-22)对时间求导，得到刚体的角加速度 $\boldsymbol{\varepsilon}$ 及其在固定参考系 $O_0 X_0 Y_0 Z_0$ 中的列阵为

$$\boldsymbol{\varepsilon} = \ddot{\varphi}\boldsymbol{k} \tag{2-24}$$

$$\underline{\boldsymbol{\varepsilon}} = \begin{bmatrix} 0 & 0 & \ddot{\varphi} \end{bmatrix}^{\mathrm{T}} \tag{2-25}$$

可见，刚体定轴转动时，角速度和角加速度都沿着转轴的方向，它们的大小就是刚体转动角度对时间的一阶和二阶导数。

由于基点取在刚体的固定轴上 (即 $\boldsymbol{v}_O = \boldsymbol{a}_O = 0$)，故由式(2-15)和式(2-19)可知刚体上任意点 P 的速度和加速度为

$$\boldsymbol{v} = \boldsymbol{\omega} \times \boldsymbol{r} = \rho\dot{\varphi}\boldsymbol{\tau} \tag{2-26}$$

$$\boldsymbol{a} = \boldsymbol{\varepsilon} \times \boldsymbol{r} + \boldsymbol{\omega} \times (\boldsymbol{\omega} \times \boldsymbol{r})$$
$$= \rho\ddot{\varphi}\boldsymbol{\tau} + \rho\dot{\varphi}^2\boldsymbol{n} \tag{2-27}$$

其中 ρ 为 P 点到转轴的距离，$\boldsymbol{\tau}$ 为过 P 点沿圆周切线方向的单位矢量，$\boldsymbol{n}$ 为过 P 点指向圆心的单位矢量，如图2-7所示。

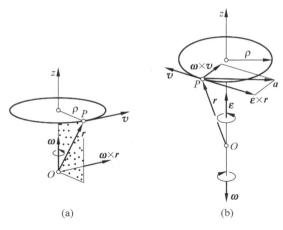

图 2-7

思考题　如何按照点的运动学来解释式(2-26)和式(2-27)?

由式(2-26)和式(2-27)可知，在刚体垂直于转动轴的截面上，同一半径上各点的速度分布呈直角三角形，而加速度分布呈锐角三角形，加速度 $\boldsymbol{a}$ 与半径的夹角 α (如图2-8所示) 的正切为

$$\tan\alpha = \frac{a_\tau}{a_n} = \frac{\varepsilon}{\omega^2} \tag{2-28}$$

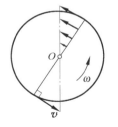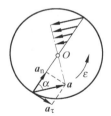

图 2-8

2.3　刚体平面运动

刚体平面运动是刚体一般运动的特例。刚体作平面运动时，刚体上所有点始终在平行于某个固定参考平面的平面内运动。

2.3.1　运动方程

考察图2-9所示的平面运动刚体，它与平行于固定参考平面 L_0 的平面 L 的截面为 S。在刚体上作一垂直于平面 L 的直线 A_1A_2 并交截面 S 于点 A。在刚体运动过程中，直线 A_1A_2 作平动，故可用点 A 的运动代表直线 A_1A_2 的运动，因此刚体的平面运动可以用截面 S 的运动来代表。一般取平面 L 通过刚体的质心。

设 O 是截面 S 上任选的一个基点，$OXYZ$ 是平动坐标系，$Oxyz$ 是固连坐标系，固连系的 Ox 轴与平动系的 OX 轴之间的夹角为 θ，如图2-9所示。基点 O 的坐标 X_O，Y_O 和角 θ 可以完全确定截面 S 相对于参考系 O_0XYZ 的位置，因此刚体的平面运动有 3 个自由度。取 X_O，

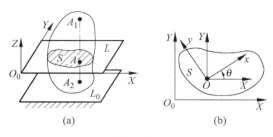

图 2-9

Y_O, θ 为广义坐标，则刚体平面运动的运动方程式为

$$X_O = X_O(t), \quad Y_O = Y_O(t), \quad \theta = \theta(t) \tag{2-29}$$

式(2-29)表明，刚体的平面运动可以分解为两种简单运动：随基点 O 的平动和绕基点平动系 OXY 的定轴转动。平面运动方程式(2-29)的前两式描述了截面随基点的平动，而第三式描述了截面绕基点平动系的定轴转动。截面上不同点 O 和 O' 的运动不同，因此图形运动的**平动部分与基点的选择有关**；但固连系的坐标轴 Ox 和 $O'x$ 之间永远是平行的，即角 θ 和基点的选择无关，所以图形运动的**转动部分与基点选择无关**。

2.3.2 刚体上任意点的速度和加速度

固连系 $Oxzy$ 关于平动系 $OXYZ$ 的方向余弦矩阵 (见附录A.4式(A-49)) 为

$$\boldsymbol{A} = \begin{bmatrix} \cos\theta & -\sin\theta & 0 \\ \sin\theta & \cos\theta & 0 \\ 0 & 0 & 1 \end{bmatrix} \tag{2-30}$$

可以验证，矩阵 $\dot{\boldsymbol{A}}\,\boldsymbol{A}^{\mathrm{T}}$ 为

$$\dot{\boldsymbol{A}}\,\boldsymbol{A}^{\mathrm{T}} = \begin{bmatrix} 0 & -\dot\theta & 0 \\ \dot\theta & 0 & 0 \\ 0 & 0 & 0 \end{bmatrix} \tag{2-31}$$

因此，截面的角速度和角加速度分别为

$$\boldsymbol{\omega} = \dot\theta\boldsymbol{k}, \quad \boldsymbol{\varepsilon} = \ddot\theta\boldsymbol{k} \tag{2-32}$$

其中 $\boldsymbol{k}$ 是 OZ 轴的单位矢量，其方向垂直纸面向外。截面的角速度和角加速度与基点的选择无关。

将式(2-32)代入式(2-15)和式(2-19)，得到截面上任意点 P 的速度和加速度：

$$\boldsymbol{v} = \boldsymbol{v}_O + \dot\theta\boldsymbol{k}\times\boldsymbol{r} \tag{2-33}$$

$$\boldsymbol{a} = \boldsymbol{a}_O + \ddot\theta\boldsymbol{k}\times\boldsymbol{r} - \dot\theta^2\boldsymbol{r} \tag{2-34}$$

其中基点 O 的速度和加速度分别为

$$\boldsymbol{v}_O = \dot{X}_O\boldsymbol{i} + \dot{Y}_O\boldsymbol{j}, \quad \boldsymbol{a}_O = \ddot{X}_O\boldsymbol{i} + \ddot{Y}_O\boldsymbol{j} \tag{2-35}$$

可见，只要已知刚体平面运动方程，就可以求得截面上各点的速度和加速度，这种方法称为**解析法**。为了了解在同一瞬时截面上各点速度之间的关系和加速度之间的关系或任一瞬时截面上各点的速度和加速度分布情况，则需要利用**几何法**。

2.3.3 速度分析

平面运动的速度分析有三种方法：**基点法、速度瞬心法**和**速度投影定理**。

1. 基点法

设已知图形上点 O 的速度 $\boldsymbol{v}_O$，图形的角速度 $\boldsymbol{\omega}$，则可选点 O 为基点，作平动坐标系 $OXYZ$，图形上任一点 P 的速度为

$$\boldsymbol{v} = \boldsymbol{v}_O + \boldsymbol{v}_{\mathrm{r}} \tag{2-36}$$

其中 $\boldsymbol{v}_O$ 为基点的速度，

$$\boldsymbol{v}_{\mathrm{r}} = \boldsymbol{\omega} \times \boldsymbol{r}, \quad v_{\mathrm{r}} = \omega r$$

为 P 点相对于基点平动系 OXY 的速度，如图2-10所示。

式(2-36)中共有 5 个可能的未知数：基点速度 $\boldsymbol{v}_O$ (大小和方向)、P 点速度 $\boldsymbol{v}$ (大小和方向) 以及角速度 $\boldsymbol{\omega}$ 的大小，但是式(2-36)对平面运动问题只能提供 2 个独立的标量方程，最多只能够解出两个未知量，这样必须已知这 5 个量中的 3 个量才能求解。例如，已知基点的速度 $\boldsymbol{v}_O$ 和角速度 $\boldsymbol{\omega}$，可求得到图形任意点 P 的速度 $\boldsymbol{v}$；已知基点的速度 $\boldsymbol{v}_O$ 和 P 点速度 $\boldsymbol{v}$ 的方向，可求出 P 点速度 $\boldsymbol{v}$ 的大小和角速度 $\boldsymbol{\omega}$ 的大小。

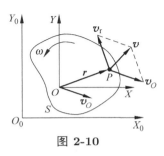

图 2-10

2. 速度投影定理

由速度投影定理可知，刚体上任意两点 A 和 B 的速度在这两点连线 AB 上的投影 (如图2-11所示) 相等，即

$$\boldsymbol{v}_B \cdot \boldsymbol{e} = \boldsymbol{v}_A \cdot \boldsymbol{e} \tag{2-37}$$

其中 $\boldsymbol{e}$ 为 AB 方向的单位矢量。

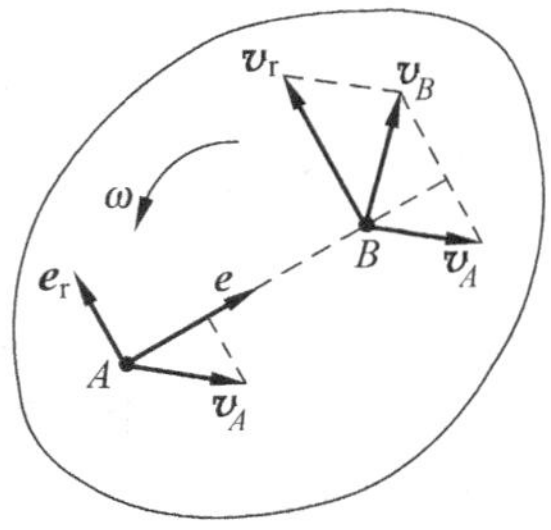

速度投影定理式(2-37)只能给出图形上任意两点速度之间的关系，由它无法求得图形的角速度。如果已知图形上任意两点 A 和 B 的速度 $\boldsymbol{v}_A$ 和 $\boldsymbol{v}_B$，可将式(2-17)向 $\boldsymbol{v}_{\mathrm{r}} = \boldsymbol{\omega} \times \boldsymbol{r}_{AB}$ 方向（与 AB 连线方向垂直）投影，得

图 2-11

$$\boldsymbol{v}_B \cdot \boldsymbol{e}_{\mathrm{r}} = \boldsymbol{v}_A \cdot \boldsymbol{e}_{\mathrm{r}} + \boldsymbol{v}_{\mathrm{r}} \cdot \boldsymbol{e}_{\mathrm{r}} \tag{2-38}$$

其中 $\boldsymbol{e}_{\mathrm{r}}$ 是 $\boldsymbol{v}_{\mathrm{r}}$ 方向的单位矢量。由于 $\boldsymbol{\omega}$ 和 $\boldsymbol{r}_{AB}$ 垂直，$\boldsymbol{e}_{\mathrm{r}}$ 和 $\boldsymbol{v}_{\mathrm{r}}$ 同向，因此 $\boldsymbol{v}_{\mathrm{r}} \cdot \boldsymbol{e}_{\mathrm{r}} = \omega r_{AB}$。由式(2-38)可解得

$$\omega = \frac{(\boldsymbol{v}_B - \boldsymbol{v}_A) \cdot \boldsymbol{e}_{\mathrm{r}}}{r_{AB}} \tag{2-39}$$

即图形的角速度等于其上任意两点间的相对速度在 $\boldsymbol{v}_{\mathrm{r}}$ 方向上的投影与两点间的距离之比。

可见，速度投影定理实质上是一种特殊的基点法，它将速度公式(2-17)向 AB 连线及其垂线方向投影，得到两个标量方程，可以分别解出 B 点的速度大小和图形的角速度。

3. 瞬心法

如果在某瞬时图形或其延拓部分上的一点 C 的速度为零，则称此点为图形在该瞬时的**瞬时速度中心**，简称**速度瞬心**，或**瞬心**。如果取速度瞬心 C 为基点，则由于 $v_C = 0$，图形上各点的速度 $v = \omega \times r$，因此在此瞬时，图形上各点速度的分布情况与图形绕瞬心 C 做定轴转动的情况完全相同，如图2-12所示。

如果在某瞬时，截面不作瞬时平动 (即 $\omega \neq 0$)，则速度瞬心总是存在且唯一的。设已知图形上点 O 的速度 v_O 和图形的角速度 ω，作直线 OP 与速度 v_O 垂直，如图2-13所示。取 O 点为基点，直线 OP 上各点的速度由两部分组成：基点速度 v_O 和各点相对于基点的速度 $v_r = \omega \times r$。已知 OP 垂直于 v_O，所以 v_O 和 v_r 平行，但方向相反。另外，v_O 的大小不变，而 v_r 呈线性分布，因此在直线 OP 上总是存在一点 C，在该点处 v_O 和 v_r 的大小相等，即 $v_C = v_O - \omega \cdot OC = 0$，所以 C 点为速度瞬心，它到基点 O 的距离 $OC = v_O/\omega$。

思考题　刚体作一般运动时，是否存在速度瞬心？为什么？（提示：刚体作一般运动时，$|\tilde{\omega}| = 0$）

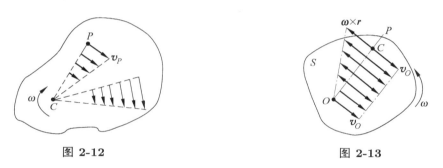

图 2-12　　　　　　　　　　　图 2-13

瞬心的位置是随时间变化的，因此每个瞬时的转动轴是不同的。根据瞬心的定义及性质，可以得到以下确定瞬心的规则：

(1) 当图形上某点的瞬时速度为零时，此点即为该瞬时的瞬心。例如，圆轮在静止轨道上作纯滚动 (见例1-2) 时，圆轮和轨道的接触点的瞬时速度为零，因此接触点为瞬心。

(2) 当已知图形上某点 A 的速度 v_A 和刚体的角速度 ω 时，可作 v_A 的垂线 AC，且 AC 两点之间的距离为 v_A/ω，C 点即为瞬心，如图2-14(a) 所示。

(3) 当已知图形上两点的速度方向时，过这两点分别作各自速度的垂线，其交点即为瞬心，如图2-14(b) 所示。如果两点速度方向平行且垂直于这两点的连线，则两速度矢量端点连线与垂线的交点为瞬心，如图2-14(c) 所示。

(4) 如果已知图形上两点的速度相等，即 $v_A = v_B$，则图形作**瞬时平动**，$\omega = 0$，图形上各点的速度相同。

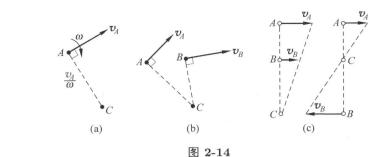

图 2-14

瞬心法将平面运动转化为定轴转动来处理，计算比较简单，只涉及标量运算。

瞬心在固定坐标系中的轨迹称为**定瞬心轨迹**，在固连坐标系中的轨迹称为**动瞬心轨迹**。例如，车轮沿着直线轨道作纯滚动时，定瞬心轨迹就是直线轨道，动瞬心轨迹是车轮的轮廓 (圆周)，如图2-15所示。显然，两条轨迹相切，且在切点处速度为零，因此平面运动也可以看成是动瞬心轨迹沿着定瞬心轨迹的纯滚动。

图 2-15

瞬心在固定坐标系中的坐标即为定瞬心轨迹的参数方程，将其中的参数 (夹角或时间) 消除后即可得到定瞬心轨迹的方程。同理，瞬心在固连坐标系中的坐标即为动瞬心轨迹的参数方程，将其中的参数消除后即可得到动瞬心轨迹的方程。

例 2-1　梯子 AB 长 l，一端靠在墙上，如图2-16所示。如梯子下端 A 以匀速 u 向右水平运动。求点 B 的速度和杆的角速度 (用 l, u 和 φ 表示)。

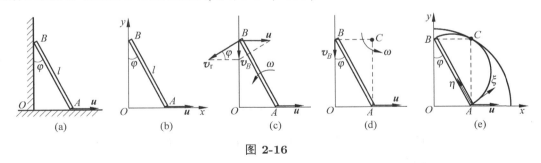

图 2-16

解法 1　基点法

建立如图2-16(b) 所示的直角坐标系 $Oxyz$，坐标轴 Ox, Oy 和 Oz 的单位矢量分别记为 $\boldsymbol{i}$, $\boldsymbol{j}$ 和 $\boldsymbol{k}$。取 A 点为基点，点 A 和 B 的速度可以分别写为 $\boldsymbol{v}_A = u\boldsymbol{i}$, $\boldsymbol{v}_B = v_B\boldsymbol{j}$，梯子绕基点 A 的角速度可以写为 $\boldsymbol{\omega} = \omega\boldsymbol{k}$。由式(2-36)可得到 B 点的速度为

$$v_B\boldsymbol{j} = u\boldsymbol{i} + \omega\boldsymbol{k} \times l(-\sin\varphi\boldsymbol{i} + \cos\varphi\boldsymbol{j})$$
$$= (u - \omega l\cos\varphi)\boldsymbol{i} - \omega l\sin\varphi\boldsymbol{j}$$

由这个矢量式可得到两个标量方程：

$$u - \omega l\cos\varphi = 0$$

$$v_B = -\omega l \sin \varphi$$

由此可解出：

$$\boldsymbol{\omega} = \frac{u}{l \cos \varphi} \boldsymbol{k}, \quad \boldsymbol{v}_B = -u \tan \varphi \boldsymbol{j}$$

可见，B 点的速度方向沿着 Oy 轴的负方向 (向下)，梯子的角速度指向 Oz 轴的正方向，即梯子逆时针旋转。

也可以利用速度矢量的几何关系来求解。用 u，v_B 和 ω 分别表示向量 $\boldsymbol{u}$，$\boldsymbol{v}_B$ 和 $\boldsymbol{\omega}$ 的大小，它们的方向如图2-16(c) 所示。由图中的几何关系可得

$$u = v_r \cos \varphi, \quad v_B = v_r \sin \varphi$$

可解得梯子绕基点 A 的角速度和 B 点的速度为

$$\omega = \frac{u}{l \cos \varphi} \quad (\circlearrowleft)$$

$$v_B = u \tan \varphi \quad (\downarrow)$$

ω 和 v_B 均大于零，说明梯子角速度和 B 点速度的方向均与图2-16(c) 中假设的方向一致。

思考题 本例用矢量的代数解法和几何解法得到的 v_B 相差一个负号，这是不是意味着有一种方法是错误的？在这两种方法中，v_B 的物理含义有何不同？为什么它们之间相差一个负号？

解法 2 瞬心法

梯子上的 A，B 两点的速度方向已知，二者的垂线交于点 C，如图2-16(d) 所示。点 C 就是梯子的瞬心，此时梯子上各点的速度分布情况与梯子绕瞬心 C 作定轴转动的情况完全相同，因此有

$$u = \omega l \cos \varphi, \quad v_B = \omega l \sin \varphi$$

由此可解得

$$\omega = \frac{u}{l \cos \varphi} \quad (\circlearrowleft)$$

$$v_B = u \tan \varphi \quad (\downarrow)$$

这里 $\omega > 0$ 说明角速度 $\boldsymbol{\omega}$ 的实际方向和图2-16(d) 中标出的 $\boldsymbol{\omega}$ 方向相同，$v_B > 0$ 说明速度 $\boldsymbol{v}_B$ 的实际方向和图2-16(d) 中标出的 $\boldsymbol{v}_B$ 方向相同。

讨论 瞬心法中求出的梯子绕瞬心 C 的角速度和基点法中求得的梯子绕基点 A 的角速度相等，反映了刚体的角速度和基点的选择无关。

为了求动瞬心轨迹和定瞬心轨迹，分别建立定坐标系 Oxy 和动坐标系 $A\xi\eta$，如图2-16(e) 所示。瞬心 C 在定系中的坐标为

$$x_C = l \sin \varphi, \quad y_C = l \cos \varphi$$

消去参数 φ 后得

$$x_C^2 + y_C^2 = l^2$$

因此定瞬心轨迹是以 O 为圆心，半径为 l 的四分之一圆周。

瞬心 C 在动系中的坐标为

$$\xi_C = l\cos\varphi\sin\varphi, \quad \eta_C = l\cos^2\varphi$$

消去参数 φ 后得

$$\xi_C^2 + \left(\eta_C - \frac{l}{2}\right)^2 = \frac{l^2}{4}$$

因此动瞬心轨迹是以杆中点为圆心，半径为 $l/2$ 的二分之一圆周。

解法 3 速度投影定理

将梯子上 A，B 两点的速度向 AB 连线投影，得

$$v_B\cos\varphi = u\sin\varphi$$

$$v_B = u\tan\varphi \quad (\downarrow)$$

再将速度关系式向 AB 连线的垂线方向投影 (参见式(2-38))，得

$$v_B\sin\varphi = -u\cos\varphi + \omega l$$

$$\omega = \frac{u}{l\cos\varphi} \quad (\circlearrowleft)$$

讨论 本例也可以采用点的运动学方法来求解。将 A 点的 x 坐标 $x_A = l\sin\varphi$ 对时间求导，考虑到 $\dot{x}_A = u$，得

$$u = l\dot{\varphi}\cos\varphi$$

$$\omega = \dot{\varphi} = \frac{u}{l\cos\varphi} \quad (\circlearrowleft)$$

再将 B 点的 y 坐标 $y_B = l\cos\varphi$ 对时间求导，得

$$v_B = \dot{y}_B = -l\dot{\varphi}\sin\varphi = -u\tan\varphi \quad (\downarrow)$$

再将 ω 和 v_B 对时间求导，可得到梯子的角加速度和 B 点的加速度：

$$\varepsilon = \dot{\omega} = \frac{u^2\sin\varphi}{l^2\cos^3\varphi} \quad (\circlearrowleft)$$

$$a_B = \dot{v}_B = \frac{u^2}{l\cos^3\varphi} \quad (\downarrow)$$

思考题 为什么 $\omega = \dot{\varphi}$ 而不是 $\omega = -\dot{\varphi}$？

例 2-2 在外啮合行星齿轮机构 (如图2-17(a) 所示) 中，杆 OA 以匀角速度 ω_1 绕固定轴 O 转动，并带动半径为 r 的动齿轮 I 在半径为 R 的固定齿轮 II 上作纯滚动。求轮缘上的点 M ($\overrightarrow{AM} \perp \overrightarrow{OA}$) 的速度。

解法 1 基点法

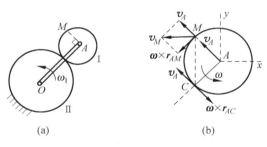

图 2-17

行星齿轮 I 作平面运动。由于齿轮 I 在固定齿轮上纯滚动，接触点 C 的速度 $v_C = 0$。A 点速度的大小为

$$v_A = (R + r)\omega_1$$

方向如图2-17(b) 所示。

取 A 点为基点。为求行星齿轮的角速度 ω，可以利用点 C 速度已知的条件。将 C 点的速度公式 $\boldsymbol{v}_C = \boldsymbol{v}_A + \boldsymbol{\omega} \times \boldsymbol{r}_{AC}$ 向 $\boldsymbol{v}_A$ 方向投影，得

$$v_C = v_A - \omega r = 0$$

可解得

$$\omega = \frac{v_A}{r} = \frac{R + r}{r}\omega_1 \quad (\circlearrowleft)$$

M 点的速度为

$$\boldsymbol{v}_M = \boldsymbol{v}_A + \boldsymbol{v}_{\mathrm{r}}$$

其中 $\boldsymbol{v}_{\mathrm{r}} = \boldsymbol{\omega} \times \boldsymbol{r}_{AM}$。由于 $v_{\mathrm{r}} = \omega r = (R + r)\omega_1$，故有

$$v_M = \sqrt{v_A^2 + v_{\mathrm{r}}^2} = \sqrt{2}(R + r)\omega_1$$

方向如图2-17(b) 所示。

解法 2 瞬心法

行星齿轮与固定齿轮的接触点 C 的速度为零，点 C 为瞬心。此时行星齿轮上各点的速度分布情况与齿轮绕瞬心 C 作定轴转动的情况完全相同，因此行星齿轮的角速度为

$$\omega = \frac{v_A}{r} = \frac{R + r}{r}\omega_1 \quad (\circlearrowleft)$$

M 点速度的大小为

$$v_M = \overline{CM} \cdot \omega = \sqrt{2}r\omega = \sqrt{2}(R + r)\omega_1, \quad \boldsymbol{v}_M \perp \overrightarrow{CM}$$

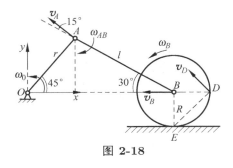

图 2-18

例 2-3 在图2-18所示的机构中，曲柄 OA 长为 r，以角速度 ω_0 作匀速转动。连杆 AB 长 $l = \sqrt{2}r$，带动滚轮 B 沿着直线轨道作纯滚动，滚轮半径 $R = r/2$。求在图示位置时，杆 AB 的角速度、滚轮的角速度及轮上 D 点的速度。

解 滚轮作纯滚动，其与地面的接触点 E 为瞬心。如果能先求出滚轮上某点的速度，就可以求出滚轮的角速度，并进而求出 D 点的速度。滚轮是由杆 AB 通过 B 点带动的，而 A 点的速度 $\boldsymbol{v}_A$ 已知，B 点的速度方向已知，因此可以通过研究 AB 杆的运动求得 B 点的速度。

取杆 AB 为研究对象，利用速度投影定理得

$$v_A \cos 15° = v_B \cos 30°$$

可解得

$$v_B = 1.115 v_A = 1.115 r \omega_0$$

$$\omega_B = \frac{v_B}{R} = 2.23 \omega_0 \quad (\circlearrowleft)$$

$$v_D = \omega_B \overline{ED} = 1.115\sqrt{2} r \omega_0$$

$\boldsymbol{v}_D$ 的方向如图2-18所示。

杆 AB 的角速度可以由式(2-39)求得

$$\omega_{AB} = \frac{v_B \sin 30° + v_A \sin 15°}{l} = 0.577 \omega_0$$

2.3.4 加速度分析

平面运动的加速度分析有两种方法：基点法和瞬心法。

1. 基点法

选图形上点 O 为基点，作平动坐标系 $OXYZ$ (如图2-19所示)，图形上任一点 P 的加速度为

$$\boldsymbol{a} = \boldsymbol{a}_O + \boldsymbol{a}_r^\tau + \boldsymbol{a}_r^n \tag{2-40}$$

其中

$$\boldsymbol{a}_r^\tau = \boldsymbol{\varepsilon} \times \boldsymbol{r}, \quad a_r^\tau = \varepsilon r \tag{2-41}$$

$$\boldsymbol{a}_r^n = \boldsymbol{\omega} \times (\boldsymbol{\omega} \times \boldsymbol{r}), \quad a_r^n = \omega^2 r \tag{2-42}$$

分别为 P 点相对基点 O 的切向加速度和法向加速度。式(2-40)共有 5 个可能的未知量：$\boldsymbol{a}$ 和 $\boldsymbol{a}_O$ 的大小和方向以及 $\boldsymbol{a}_r^\tau$ 的大小，而式(2-40)中只能给出两个独立的标量方程，因此必须已知这 5 个量中的 3 个后才能求解。具体求解时，可以将式(2-40)向适当的方向投影，应尽可能避免联立求解方程。

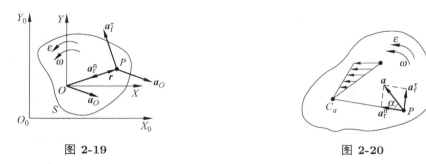

图 2-19   图 2-20

2. 瞬心法

截面上加速度为零的点 C_a 称为截面在该瞬时的**瞬时加速度中心**，简称为**加速度瞬心**。如选加速度瞬心 C_a 为基点，则图形上各点的加速度分布情况与刚体绕 C_a 作定轴转动的情况完全相同，如图2-20所示，即

$$a = a_r^\tau + a_r^n, \quad a_r^\tau = r\varepsilon, \quad a_r^n = r\omega^2 \tag{2-43}$$

$$a = r\sqrt{\varepsilon^2 + \omega^4}, \quad \tan\alpha = \frac{\varepsilon}{\omega^2} \tag{2-44}$$

加速度瞬心和速度瞬心不是同一个点。在某瞬时，速度瞬心的加速度不为零，加速度瞬心的速度也不为零。与速度瞬心不同，加速度瞬心一般来说不易确定。只有在少数情况下，才可以很方便地确定加速度瞬心。因此，在平面运动加速度分析中，一般多用基点法。

例 2-4 对例2-1中的梯子进行加速度分析，求 B 点的加速度和梯子的角加速度。

解法 1 基点法

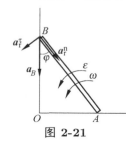

图 2-21

梯子作平面运动，其角速度 ω 已在例2-1中给出。点 A 的加速度已知，取 A 点为基点 (如图2-21所示)，有

$$a_B = a_A + a_r^\tau + a_r^n \tag{a}$$

其中 $a_A = 0$, a_r^τ 的方向已知 (垂直于 AB)，大小 $l\varepsilon$ 未知，a_r^n 的方向沿 AB，大小为 $l\omega^2$，a_B 的方向沿竖直方向，大小未知，因此共有两个未知数，可以由矢量等式(a)解出。

为了避免联立求解方程，先将式(a)向 AB 连线方向投影，有

$$a_B \cos\varphi = a_r^n = l\omega^2$$

$$a_B = \frac{l\omega^2}{\cos\varphi} = \frac{u^2}{l\cos^3\varphi} \quad (\downarrow)$$

再将式(a)向 a_r^τ 的方向投影，有

$$a_B \sin\varphi = a_r^\tau = l\varepsilon$$

$$\varepsilon = \frac{u^2 \sin\varphi}{l^2 \cos^3\varphi} \quad (\circlearrowleft)$$

解法 2 瞬心法

梯子 A 点的加速度为零，因此 A 点为加速度瞬心，梯子上各点的加速度分布情况与梯子绕 A 作定轴转动的情况完全相同，因此 B 点的加速度 $\boldsymbol{a}_B$ 与 A, B 两点连线夹角 φ 的正切为 (见式(2-44))

$$\tan\varphi = \frac{\varepsilon}{\omega^2}$$

$$\varepsilon = \omega^2 \tan\varphi = \frac{u^2 \sin\varphi}{l^2 \cos^3\varphi} \quad (\circlearrowright)$$

$$a_B = \frac{a_r^n}{\cos\varphi} = \frac{u^2}{l\cos^3\varphi} \quad (\downarrow)$$

例 2-5 半径为 R 的圆轮在竖直平面内沿直线轨道纯滚动，如图2-22所示。设轮心的速度为 $\boldsymbol{u}$，加速度为 $\boldsymbol{a}$，求此瞬时轮缘上 M 点的加速度。

解 圆轮作平面运动，轮心 O 的运动已知，取 O 点为基点，M 点的加速度为

$$\boldsymbol{a}_M = \boldsymbol{a} + \boldsymbol{a}_r^{\tau} + \boldsymbol{a}_r^{n} \tag{a}$$

其中 $a_r^{\tau} = R\varepsilon$，$a_r^n = R\omega^2$。为了求 $\boldsymbol{a}_M$，需要先求出 ε 和 ω。

圆轮与地面的接触点 C 为速度瞬心，因而有

$$\omega = \frac{u}{R} \tag{b}$$

将上式对时间求导，得

$$\varepsilon = \frac{a}{R} \tag{c}$$

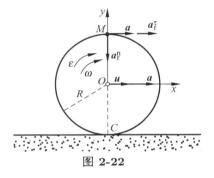

图 2-22

可见，在圆轮作纯滚动时，角速度和角加速度的大小分别等于轮心的速度大小和加速度大小除以半径。

思考题 如果圆轮沿着曲线 (例如圆弧) 轨道作纯滚动，这两个关系式是否正确？

将式(b)和式(c)代入式(a)，得到 M 点的加速度为

$$\boldsymbol{a}_M = (a + R\varepsilon)\boldsymbol{i} - R\omega^2\boldsymbol{j} = 2a\boldsymbol{i} - \frac{u^2}{R}\boldsymbol{j}$$

讨论 对于圆轮与轨道的接触点 C，$\boldsymbol{a}_r^{\tau}$ 与 $\boldsymbol{a}$ 大小相等，方向相反，因此 C 点的加速度 $\boldsymbol{a}_C = \boldsymbol{a}_r^n = -u^2/R\boldsymbol{j}$ 垂直于轨道方向。类似地可以证明，两个相对作纯滚动的物体在接触点处的相对加速度垂直于接触点的公切线。

例 2-6 求例2-3中滚轮的角加速度和轮上 D 点的加速度。

解　如图2-23所示，为了求滚轮 D 点的加速度，必须首先求出滚轮上某点的加速度和滚轮的角加速度。由于 B 点是杆 AB 和滚轮的连接点，其加速度可以通过对杆 AB 进行加速度分析得到。研究 AB 杆的运动，以 A 点为基点，B 点的加速度为

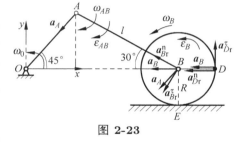

图 2-23

$$\boldsymbol{a}_B = \boldsymbol{a}_A + \boldsymbol{a}_{Br}^{\tau} + \boldsymbol{a}_{Br}^{n} \qquad (a)$$

其中 $\boldsymbol{a}_B$ 沿水平方向，大小未知；$\boldsymbol{a}_A$ 沿着 $\overrightarrow{AO}$ 方向，大小为 $a_A = r\omega_0^2$；$\boldsymbol{a}_{Br}^{\tau}$ 垂直于 AB 连线方向，大小未知；$\boldsymbol{a}_{Br}^{n}$ 沿着 $\overrightarrow{BA}$ 方向，大小 $a_{Br}^{n} = l\omega_{AB}^2$。

将式(a)向 BA 方向投影，有

$$a_B \cos 30^\circ = a_A \cos 75^\circ + a_{Br}^{n} = 0.730 r\omega_0^2$$

$$a_B = 0.843 r\omega_0^2$$

由于滚轮沿直线作纯滚动，其角加速度的大小 ε_B 等于轮心加速度的大小 a_B 除以半径 R，即

$$\varepsilon_B = \frac{a_B}{R} = 1.686\omega_0^2 \quad (\circlearrowleft)$$

研究滚轮的运动，取 B 点为基点，D 点的加速度为

$$\boldsymbol{a}_D = \boldsymbol{a}_B + \boldsymbol{a}_{Dr}^{\tau} + \boldsymbol{a}_{Dr}^{n}$$

其中 $a_{Dr}^{\tau} = R\varepsilon_B = 0.843 r\omega_0^2$，$a_{Dr}^{n} = R\omega_B^2 = 2.486 r\omega_0^2$。最终得

$$\boldsymbol{a}_D = -3.33 r\omega_0^2 \boldsymbol{i} + 0.843 r\omega_0^2 \boldsymbol{j}$$

2.4　刚体定点运动

刚体作定点运动时，刚体或其延拓部分上有一点 O 固定不动。刚体的一般运动可以分解为随基点的平动和相对于基点平动系的定点运动。

将固定点 O 取为基点，则 $\boldsymbol{v}_O = 0$，$\boldsymbol{a}_O = 0$。由式(2-15)和式(2-19)可知，定点运动刚体上任意点的速度和加速度为

$$\boldsymbol{v} = \boldsymbol{\omega} \times \boldsymbol{r} \qquad (2\text{-}45)$$

$$\boldsymbol{a} = \boldsymbol{\varepsilon} \times \boldsymbol{r} + \boldsymbol{\omega} \times (\boldsymbol{\omega} \times \boldsymbol{r})$$

$$= \boldsymbol{\varepsilon} \times \boldsymbol{r} + \boldsymbol{\omega} \times \boldsymbol{v} \qquad (2\text{-}46)$$

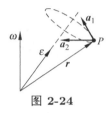

图 2-24

式(2-46)右端的第 1 项 $\boldsymbol{a}_1 = \boldsymbol{\varepsilon} \times \boldsymbol{r}$ 称为**转动加速度**，第 2 项 $\boldsymbol{a}_2 = \boldsymbol{\omega} \times (\boldsymbol{\omega} \times \boldsymbol{r})$ 称为**向轴加速度**，如图2-24所示。

思考题　转动加速度 $\boldsymbol{a}_1$ 是否等于点的切向加速度？向轴加速度 $\boldsymbol{a}_2$ 是否等于点的法向加速度？

定点运动是比较复杂的三维运动，下面分别从几何和解析的方法进行描述。

2.4.1　刚体定点运动的几何描述

具有固定点的刚体由某一位置转动到另一位置的有限角位移称为刚体的**有限转动**。

设定点运动刚体的固定点为 O，固连坐系 $Oxyz$ 的运动完全代表了该刚体的运动。刚体从某一位置转动到另一位置时，固连系 $Oxyz$ 转动到 $Ox'y'z'$ 的位置，如图2-25所示。

设坐标系 $Oxyz$ 与 $Ox'y'z'$ 之间的方向余弦矩阵为 $\boldsymbol{A}$，它至少存在一个 $\lambda = 1$ 的特征值 (见附录A.4)。将与特征值 $\lambda = 1$ 对应的特征矢量记为 $\boldsymbol{p}$，则有

$$(\boldsymbol{A} - \boldsymbol{I})\boldsymbol{p} = \boldsymbol{0} \tag{2-47}$$

即

$$\boldsymbol{A}\boldsymbol{p} = \boldsymbol{p} \tag{2-48}$$

如果将特征矢量 $\boldsymbol{p}$ 看作是固连在刚体上的矢量 $\boldsymbol{p}$ 的坐标阵，该矢量将随着刚体的转动而到达 $\boldsymbol{q}$ 的位置。刚体上的点相对于其连体坐标系的位置始终保持不变，所以矢量 $\boldsymbol{q}$ 在坐标系 $Ox'y'z'$ 中的坐标阵 $\boldsymbol{q}'$ 就等于矢量 $\boldsymbol{p}$ 在坐标系 $Oxyz$ 中的坐标阵 $\boldsymbol{p}$，即 $\boldsymbol{q}' = \boldsymbol{p}$。由坐标变换关系可知，矢量 $\boldsymbol{q}$ 在坐标系 $Oxyz$ 中的坐标阵为 $\boldsymbol{q} = \boldsymbol{A}\boldsymbol{q}' = \boldsymbol{A}\boldsymbol{p} = \boldsymbol{p}$，因此，矢量 $\boldsymbol{p}$ 和 $\boldsymbol{q}$ 在坐标系 $Oxyz$ 中的坐标阵 $\boldsymbol{p}$ 和 $\boldsymbol{q}$ 相等，即矢量 $\boldsymbol{p}$ 在刚体的转动过程中不变，这意味着矢量 $\boldsymbol{p}$ 为刚体转动的转轴。也就是说，**刚体绕定点的任意有限转动可由绕过该点的某根轴的一次有限转动实现**，这就是刚体有限转动的**欧拉定理**。

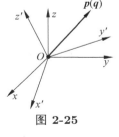

图 2-25

刚体的定点运动可以看作是一系列在时间间隔 Δt 内的有限转动。根据欧拉定理，每一个有限转动都可以等价地看成是绕过定点的某根轴的转角为 $\Delta\theta$ 的定轴转动，平均角速度的大小为 $\dfrac{\Delta\theta}{\Delta t}$。当 $\Delta t \to 0$ 时，转轴的极限位置即为刚体在瞬时 t 的**瞬时转动轴**，平均角速度的极限即为刚体在瞬时 t 的**瞬时角速度**。因此，刚体的定点运动可以看成是一系列的瞬时定轴转动，其角速度 $\boldsymbol{\omega}$ 沿着瞬时转动轴。与定轴转动不同，刚体作定点运动时，瞬时转动轴和角速度的方向都在不断变化，不存在一根固定不动的转动轴。

在某个瞬时，如果在刚体或其延拓部分上除了定点 O 以外，还能找到一个瞬时速度为零的点 C，则直线 OC 上的所有点的速度均为零，因此直线 OC 就是瞬时转动轴。此时刚体上所有点均作瞬时圆周运动，其速度的大小为 $\rho\omega$，其中 ρ 为该点到瞬时转动轴 OC 的距离。因此，如果已知刚体上某点的速度 $\boldsymbol{v}$，则可以用式(2-45) 求得刚体的角速度 $\boldsymbol{\omega}$。

在刚体定点运动的过程中，瞬时转动轴在参考空间中形成一个以定点 O 为顶点的锥面，称为**定瞬轴锥面**，简称**定锥**。各时刻的角速度矢量的端点在定瞬轴锥面上画出一个空间有向轨迹，称为**角速度矢量端图**，而角加速度 $\boldsymbol{\varepsilon} = \dot{\boldsymbol{\omega}}$ 沿着角速度矢量端图的切线方向，如图2-26所示。

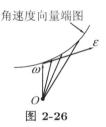

角速度向量端图

图 2-26

讨论 如果将角速度矢量的端点想象成一个质点，则该质点相对于定点 O 的矢径就是 $\boldsymbol{\omega}$，其速度为 $\dot{\boldsymbol{\omega}}$。可见，**角加速度 $\boldsymbol{\varepsilon} = \dot{\boldsymbol{\omega}}$ 可以理解为角速度矢量端点的速度**。在某些特殊问题中，利用这一物理解释来求解定点运动刚体的角加速度是很方便的。

例 2-7 正圆锥以其顶点 O 为固定点在水平面上纯滚动，如图2-27所示。圆锥的底面中心 C 点的速度大小为常数 48cm/s。已知圆锥高 $h = 4\text{cm}$，底面半径 $r = 3\text{cm}$。试求圆锥体的角速度和角加速度以及 C 点和 A 点的加速度。

解 圆锥体绕固定点 O 作定点运动。建立如图2-27所示的直角坐标系，其中 x 轴沿圆锥体与坐标面 Oxy 相接触的母线 OA。由于圆锥体在水平面上纯滚动，母线 OA 上的所有点的瞬时速度均为零，因此 OA 即为瞬时转动轴。角速度 $\boldsymbol{\omega}$ 可以表示为

$$\boldsymbol{\omega} = \omega\boldsymbol{i}$$

其中 $\boldsymbol{i}$ 是 Ox 轴的单位矢量，ω 为角速度的大小。根据已知条件有

$$\boldsymbol{v}_C = 48\boldsymbol{j}, \quad \boldsymbol{r}_{OC} = 4\left(\frac{4}{5}\boldsymbol{i} + \frac{3}{5}\boldsymbol{k}\right)$$

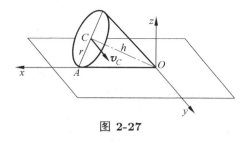

图 2-27

将以上各式代入到速度公式 $\boldsymbol{v}_C = \boldsymbol{\omega} \times \boldsymbol{r}_{OC}$ 中，并考虑到关系式(A-11)，得

$$48\boldsymbol{j} = -\frac{12}{5}\omega\boldsymbol{j}$$

可解得

$$\boldsymbol{\omega} = -20\boldsymbol{i}\,\text{rad/s}$$

圆锥体的角加速度 $\boldsymbol{\varepsilon}$ 等于角速度矢量 $\boldsymbol{\omega}$ 端点的运动速度。角速度矢量 $\boldsymbol{\omega}$ 的大小不变，可以将其看成是一个刚性杆，它始终处于平面 OCA 上。平面 OCA 在圆锥体运动过程中绕 Oz 轴做定轴转动，转动的角速度为 $\boldsymbol{\omega}' = v_C/\rho\boldsymbol{k} = 15\boldsymbol{k}\,\text{rad/s}$（其中 $\rho = 16/5\text{cm}$ 为 C 点到 Oz 轴的距离）。因此角速度矢量 $\boldsymbol{\omega}$ 绕着 Oz 轴以角速度 $\boldsymbol{\omega}'$ 作刚体定轴转动，其端点（矢径为 $\boldsymbol{\omega}$）的速度（即圆锥体的角加速度）可由式(2-26)得到

$$\boldsymbol{\varepsilon} = \boldsymbol{\omega}' \times \boldsymbol{\omega} = -300\boldsymbol{j}\,\text{rad/s}^2$$

根据式(2-46)，C 点和 A 点的加速度分别为

$$a_C = \varepsilon \times r_{OC} + \omega \times v_C = -720i\,\mathrm{cm/s}^2$$

$$a_A = \varepsilon \times r_{OA} + \omega \times v_A = 1500k\,\mathrm{cm/s}^2$$

思考题　C 点的加速度 a_C 为什么处在平行于水平面的平面内且指向 Oz 轴？A 点的加速度 a_A 为什么垂直于水平面并指向上方？直线 OA 上其他各点的加速度应指向什么方向？

例 2-8　轴 C 绕 z 轴匀角速转动，带动齿轮 A 沿定齿轮 B 滚动，如图2-28(a) 所示 (图中长度单位均为 mm)。轴 C 转动的角速度 $\omega_C = 15\,\mathrm{rad/s}$。求齿轮 A 转动的角速度和角加速度。

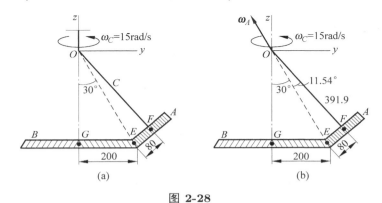

图 2-28

解　齿轮 A 绕 O 点作定点运动。齿轮 A 与定齿轮 B 的接触点 E 的瞬时速度为零，OE 为瞬时转动轴。齿轮 A 的运动可看成是绕 OE 轴的瞬时定轴转动，其绝对角速度 ω_A 沿 OE 连线，如图2-28(b) 所示。齿轮上点 F 的速度为

$$v_F = \omega_A \times r_{OF} = -\omega_A \times 391.9 \times \sin 11.54° i = -78.4\omega_A i$$

C 轴以角速度 ω_C 绕 z 轴作定轴转动，故有

$$v_F = -\omega_C \times 391.9 \times \sin 41.54° i = -260\omega_C i$$

由以上两式得

$$\omega_A = \frac{260}{78.4}\omega_C = 49.7\,\mathrm{rad/s}$$

角速度矢量 ω_A 的大小不变，可以将其看成是一个刚性杆，它跟随 C 轴以角速度 ω_C 绕 Oz 轴作定轴转动，其端点 (矢径为 ω_A) 的速度 (即齿轮的角加速度) 为

$$\varepsilon_A = \omega_C \times \omega_A = 15 \times 49.7\sin 30° i = 372.8i\,\mathrm{rad/s}^2$$

思考题　如何求齿轮 A 上任何一点的速度和加速度？

例 2-9　半径为 r 的车轮沿圆弧作纯滚动，如图2-29(a) 所示。已知轮心 E 的速度 u 的大小是常数，轮心轨道半径是 R。求车轮上最高点 B 的速度和加速度。

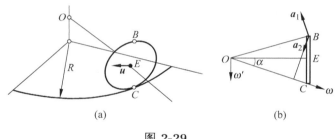

图 2-29

解 车轮绕 OE 轴转动，而 OE 轴又绕过 O 点的铅垂轴转动，因此车轮延拓部分上的 O 点固定不动，车轮绕着 O 点作定点运动。由于轮子作纯滚动，车轮与地面的接触点 C 的瞬时速度为零，因此直线 OC 为轮子的瞬时转动轴，轮子的角速度 ω 沿着直线 OC，如图2-29(b) 所示。用单位矢量 τ 表示 E 点瞬时速度的方向，根据已知条件和速度公式(2-26)，有

$$\boldsymbol{v}_E = u\boldsymbol{\tau} = \boldsymbol{\omega} \times \boldsymbol{r}_{OE} = \omega R \sin\alpha\,\boldsymbol{\tau}$$

其中 α 是 OC 与 OE 间的夹角。由上式可得轮子的角速度的大小为

$$\omega = \frac{u}{R\sin\alpha}$$

B 点的速度为

$$\boldsymbol{v}_B = \boldsymbol{\omega} \times \boldsymbol{r}_{OB} = (\omega r_{OB}\sin 2\alpha)\boldsymbol{\tau} = (2\omega R\sin\alpha)\boldsymbol{\tau} = 2u\boldsymbol{\tau}$$

思考题 如何更简便地直接求出 B 点的速度 $\boldsymbol{v}_B$？

轮子的角速度 ω 的大小是常数，因此也可以将其看成是一个刚性杆，它跟随平面 OEC 绕过 O 点的铅垂轴以角速度 $\omega' = u/R$ 作定轴转动，如图2-29(b) 所示。根据式(2-26)，刚性杆端点的速度 (即轮子的角加速度) 为

$$\boldsymbol{\varepsilon} = \boldsymbol{\omega}' \times \boldsymbol{\omega} = (\omega'\omega\cos\alpha)\boldsymbol{\tau} = \frac{u^2}{R^2\tan\alpha}\boldsymbol{\tau}$$

根据式(2-46)，B 点的加速度为

$$\boldsymbol{a}_B = \boldsymbol{a}_1 + \boldsymbol{a}_2$$

其中转动加速度 $\boldsymbol{a}_1 = \boldsymbol{\varepsilon} \times \boldsymbol{r}_{OB}$ 的大小为 $\dfrac{u^2}{R\sin\alpha}$，向轴加速度 $\boldsymbol{a}_2 = \boldsymbol{\omega} \times \boldsymbol{v}_B$ 的大小为 $\dfrac{2u^2}{R\sin\alpha}$，方向如图2-29(b) 所示。

讨论 采用几何描述方法求解刚体定点运动的步骤可以归纳为

(1) 判断刚体是否在作定点运动，并找出固定点 O；

(2) 确定瞬时转动轴：根据约束条件 (如纯滚动条件)，在刚体或其延拓部分上除定点 O 外再找一个瞬时速度为零的点 C，直线 OC 就是刚体的瞬时转动轴，角速度 ω 沿着直线 OC；

(3) 根据刚体上某点的已知速度，计算角速度 ω 的大小和指向；

(4) 根据运动过程中角速度 ω 的变化规律，分析计算角加速度 $\boldsymbol{\varepsilon} = \dot{\boldsymbol{\omega}}$；

(5) 根据题目要求，计算刚体上指定点的速度和加速度。

* 2.4.2　刚体定点运动的解析描述

刚体定点运动几何描述的关键是确定瞬时转动轴，从而将定点运动处理为是一系列的瞬时定轴转动来求解。对于一些具有特殊约束的定点运动问题，其瞬时转动轴容易确定。但在一般情况下，如卫星相对于质心平动系的定点运动，其瞬时转动轴不易确定，此时需要使用解析描述。

将固定点 O 取为基点，则 $\boldsymbol{R}_O = 0$，刚体的运动方程(2-1)变为

$$\boldsymbol{A} = \boldsymbol{A}(t) \tag{2-49}$$

这就是刚体定点运动的矩阵形式的运动方程。可见，方向余弦矩阵 $\boldsymbol{A}$ 完全描述了刚体的定点运动。

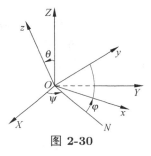

矩阵 $\boldsymbol{A}$ 只有 3 个独立的元素，应该可以用 3 个参数来代替方向余弦矩阵描述刚体的定点运动。欧拉提出用 3 个相互独立的角度来描述刚体的定点运动，这比用方向余弦矩阵中的 9 个元素再加 6 个约束方程的方法简单得多。取如图2-30所示的固定坐标系 $OXYZ$ 和固连坐标系 $Oxyz$，坐标平面 OXY 与 Oxy 的交线 ON 称为**节线**，节线与 OX 轴的夹角 ψ 称为**进动角**，Oz 轴与 OZ 轴的夹角 θ 称为**章动角**，节线与 Ox 轴的夹角 φ 称为**自转角**。这三个相互独立的角度就称为欧拉角。

图 2-30

当已知欧拉角时，可以用三次连续转动来确定刚体的方位。令刚体处于初始状态，即连体系 $Oxyz$ 与 $OXYZ$ 重合，第一次绕 OZ 转 ψ 角，再绕 ON 转 θ 角，最后绕 Oz 转 φ 角，最终到达 $Oxyz$ 位置。三次转动对应的变换矩阵分别为

$$\boldsymbol{A}_1 = \begin{bmatrix} \cos\psi & -\sin\psi & 0 \\ \sin\psi & \cos\psi & 0 \\ 0 & 0 & 1 \end{bmatrix} \tag{2-50}$$

$$\boldsymbol{A}_2 = \begin{bmatrix} 1 & 0 & 0 \\ 0 & \cos\theta & -\sin\theta \\ 0 & \sin\theta & \cos\theta \end{bmatrix} \tag{2-51}$$

$$\boldsymbol{A}_3 = \begin{bmatrix} \cos\varphi & -\sin\varphi & 0 \\ \sin\varphi & \cos\varphi & 0 \\ 0 & 0 & 1 \end{bmatrix} \tag{2-52}$$

令列阵 $\underline{r}$，$\underline{r}_1$、$\underline{r}_2$ 和 $\underline{r}_3$ 分别表示矢量 $\underline{r}$ 在 $Oxyz$ 坐标系、第一次转动后的坐标系、第二次转动后的坐标系和第三次转动后的坐标系（即 $OXYZ$ 坐标系）中的列阵，则它们之间的关系为

$$\underline{r} = \boldsymbol{A}_1\underline{r}_1, \quad \underline{r}_1 = \boldsymbol{A}_2\underline{r}_2, \quad \underline{r}_2 = \boldsymbol{A}_3\underline{r}_3 \tag{2-53}$$

故有

$$\underline{r} = \boldsymbol{A}_1\boldsymbol{A}_2\boldsymbol{A}_3\underline{r}_3 \tag{2-54}$$

因此坐标系 $Oxyz$ 关于 $OXYZ$ 的方向余弦矩阵为

$$A = A_1 A_2 A_3 \tag{2-55}$$

由于矩阵的乘法不具有可交换性，以不同的顺序转动同样三个欧拉角后得到的变换结果一般是不同的。在具体应用时，需要特别说明使用的是哪种顺序的欧拉角。我们这里讲的欧拉角转动顺序是 3-1-3，即第一次转动是绕第 3 个坐标轴，第二次转动是绕第 1 个坐标轴，第三次转动又是绕第 3 个坐标轴。

为了使三个欧拉角可以唯一确定刚体的方位，通常假设 $0 \leqslant \psi \leqslant 2\pi, 0 \leqslant \theta \leqslant \pi, 0 \leqslant \varphi \leqslant 2\pi$。当刚体绕定点运动时，欧拉角是时间的单值函数，即

$$\psi = \psi(t), \quad \theta = \theta(t), \quad \varphi = \varphi(t) \tag{2-56}$$

这三式称为刚体定点运动的**欧拉角形式的运动方程**。

将式(2-55)中的方向余弦矩阵代入式(2-12)中可得到刚体定点转动角速度在固定坐标系 $OXYZ$ 中的坐标阵：

$$\underline{\omega} = \begin{bmatrix} \omega_X \\ \omega_Y \\ \omega_Z \end{bmatrix} = \begin{bmatrix} \dot{\varphi}\sin\theta\sin\psi + \dot{\theta}\cos\psi \\ -\dot{\varphi}\sin\theta\cos\psi + \dot{\theta}\sin\psi \\ \dot{\psi} + \dot{\varphi}\cos\theta \end{bmatrix} \tag{2-57}$$

再利用变换可以得到定点转动角速度在固连坐标系 $Oxyz$ 中的坐标阵：

$$\underline{\omega}' = A^{\mathrm{T}}\underline{\omega} = \begin{bmatrix} \omega_x \\ \omega_y \\ \omega_z \end{bmatrix} = \begin{bmatrix} \dot{\psi}\sin\theta\sin\varphi + \dot{\theta}\cos\varphi \\ \dot{\psi}\sin\theta\cos\varphi - \dot{\theta}\sin\varphi \\ \dot{\varphi} + \dot{\psi}\cos\theta \end{bmatrix} \tag{2-58}$$

上式称为**欧拉运动学方程**。当已知运动方程式(2-56)时，可由上式求出刚体的角速度。

由式(2-58)可解出 $\dot{\psi}$, $\dot{\theta}$ 和 $\dot{\varphi}$：

$$\begin{bmatrix} \dot{\psi} \\ \dot{\theta} \\ \dot{\varphi} \end{bmatrix} = \begin{bmatrix} (\omega_x\sin\varphi + \omega_y\cos\varphi)/\sin\theta \\ \omega_x\cos\varphi - \omega_y\sin\varphi \\ \omega_z - (\omega_x\sin\varphi + \omega_y\cos\varphi)\cot\theta \end{bmatrix} \tag{2-59}$$

在已知角速度 ω 的情况下，通过求解微分方程(2-59)可求得运动方程 (2-56)。

欧拉运动学方程是复杂的非线性方程，且方程(2-59)在 $\theta = 0$ 和 $\theta = \pi$ 处奇异，此时无法唯一确定 ψ 和 φ，因此以欧拉角表述的运动学方程的数值形态不佳。采用欧拉四元数

$$\lambda_0 = \cos\frac{\theta}{2}, \quad \lambda_i = p_i\sin\frac{\theta}{2}, \quad i = 1, 2, 3 \tag{2-60}$$

可有效避免欧拉角的奇异性问题，且其运动学方程非线性程度低，因此常用于数值计算中。式(2-60)中，p_i 为瞬时转动轴单位矢量 p 的分量，θ 为绕瞬时转动轴的转角，详见文献 [14]。

本章小结

刚体是一个特殊的质点系，虽然有无穷多个质点，但描述自由刚体的运动只需要 6 个独立的参数。刚体的运动包括平动、定轴转动、平面运动、定点运动和一般运动等形式。

在刚体上选定基点 O 后，刚体的一般运动可以分解为随基点的平动和相对于基点平动系的定点运动，其中刚体随基点的平动可以用基点 O 相对于参考系原点 O_0 的矢径 $\boldsymbol{R}_O$ 描述，而刚体相对于基点平动系的定点运动可以用固连系关于基点平动系的方向余弦矩阵 $\underline{\boldsymbol{A}}$ 描述。因此，刚体的一般运动可以用矢量 $\boldsymbol{R}_O$ 和矩阵 $\underline{\boldsymbol{A}}$ 完全确定，这就是刚体运动的矢量 - 矩阵描述法。方向余弦矩阵 $\underline{\boldsymbol{A}}$ 是正交矩阵，它只有 3 个元素是独立的，因此确定自由刚体的运动只需要 6 个参数，其中 3 个参数描述刚体随基点 O 的平动，另外 3 个参数描述刚体相对于基点平动系的定点运动。

刚体上任一点 P 的速度和加速度分别为

$$\boldsymbol{v} = \boldsymbol{v}_O + \boldsymbol{\omega} \times \boldsymbol{r} \tag{a}$$

$$\boldsymbol{a} = \boldsymbol{a}_O + \boldsymbol{\varepsilon} \times \boldsymbol{r} + \boldsymbol{\omega} \times (\boldsymbol{\omega} \times \boldsymbol{r}) \tag{b}$$

其中 $\boldsymbol{\omega}$ 是刚体相对于基点平动系的角速度，$\boldsymbol{\varepsilon}$ 是刚体相对于基点平动参考系的角加速度，它们均和基点的选择无关。

刚体的平动、定轴转动、平面运动和定点运动都是刚体一般运动的特例，其中刚体的平动和定轴转动是刚体的基本运动形式。刚体平动时其上各点的轨迹形状相同，同一瞬时各点的速度和加速度完全相同，因此刚体的平动可以归结为基点的运动问题，可以用 3 个参数 (基点的坐标) 来描述刚体的平动。如果刚体在平面内平动，则只需要 2 个参数即可描述它的运动。

刚体定轴转动时，转轴上各点始终固定不动。刚体内任意一点都作圆周运动，圆心在固定轴上，圆周所在平面与固定轴垂直。描述刚体的定轴转动只需要 1 个参数 (刚体转动的角度 φ)，刚体的角速度和角加速度的作用线沿着转轴，其大小分别为转角 $\dot{\varphi}$ 和 $\ddot{\varphi}$。将基点取在转轴上，则 $\boldsymbol{v}_O = 0$，$\boldsymbol{a}_O = 0$，刚体上任一点 P 的速度和加速度为

$$\boldsymbol{v} = \rho\dot{\varphi}\boldsymbol{\tau} \tag{c}$$

$$\boldsymbol{a} = \rho\ddot{\varphi}\boldsymbol{\tau} + \rho\dot{\varphi}^2\boldsymbol{n} \tag{d}$$

其中 ρ 为 P 点到转轴的距离，$\boldsymbol{\tau}$ 为过 P 点沿圆周切线方向的单位矢量，$\boldsymbol{n}$ 为过 P 点指向圆心的单位矢量。

刚体作平面运动时，刚体上所有点始终在平行于某个固定参考平面的平面内运动，因此刚体的平面运动可以看作是平面图形的运动。刚体平面运动可以分解为刚体随基点的平动和相对于基点平动系的定轴转动，其中平动部分和基点的选择有关，而转动部分和基点的选择无关。描述刚体的平面运动只需要 3 个参数，其中 2 个参数 (基点的坐标) 描述刚体随基点的平动，1 个参数 (刚体的转角 φ) 描述刚体相对于基点平动系的定轴转动。刚体上任一点 P 的速度和加速度由式(a)和式(b)给出，其中角速度 $\boldsymbol{\omega}$ 和角加速度 $\boldsymbol{\varepsilon}$ 的作用线均垂直于刚体的运动平面，大小分别为 $\dot{\varphi}$ 和 $\ddot{\varphi}$。

求解平面运动的问题的主要方法有基点法、瞬心法和速度投影定理。基点法思路是将平面运动分解为平面图形跟随基点的平动和相对基点平动系的定轴转动，平面图形上任一点 P 的速度和加速度由式(a)和式(b)给出；瞬心法是将平面运动看作是刚体绕瞬心的瞬时定轴转动，平面图形上各点的速度和加速度分布规律分别和图形绕瞬时速度中心和瞬时加速度中心作定轴转动时的速度和加速度分布规律相同。瞬心的位置是不断变化的，且瞬时速度中心和瞬时加速度中心一般是不重合的。速度投影定理反映了刚体上任意两点之间的距离保持不变的特点，实质上

是一种特殊的基点法, 它将基点法中的速度公式分别向两点连线及其垂线方向投影, 得到两个标量方程。基点法是研究平面运动的基本方法, 而瞬心法比较简单方便。一般情况下, 瞬时加速度中心不易确定, 因此在加速度分析中常用基点法。

刚体的定点运动可以看成是一系列的瞬时定轴转动, 其角速度 ω 沿着瞬时转动轴。与定轴转动不同, 刚体作定点运动时, 不存在一根固定不动的转动轴, 且角速度和角加速度不重合。取固定点 O 为基点, 刚体上任一点的速度和加速度由式(a)和式(b)给出, 其中 $v_O = 0$, $a_O = 0$。

定点运动可以用 3 个参数来描述, 如欧拉角 ψ, θ, φ。当已知欧拉角随时间的变化规律时, 可以由欧拉运动学方程得到刚体的角速度。反之, 当已知刚体的角速度时, 可以通过求解微分方程得到刚体的欧拉角随时间的变化规律。

概念题

2-1 沿曲线平动的刚体上各点的速度是否相等？加速度是否相等？

2-2 车辆沿圆弧轨道拐弯时, 车厢做什么运动？

2-3 刚体定轴转动时, 角加速度 $\varepsilon > 0$ 是否表明刚体在加速转动？

2-4 刚体的平动是否一定是平面运动的特例？

2-5 下面的说法是否正确？

(1) 刚体作平动时, 其上各点的轨迹相同, 均为直线。

(2) 刚体的角速度是刚体相对参考系的转角对时间的导数, 而角加速度是角速度对时间的导数。

(3) 速度投影定理给出的刚体上两点速度间的关系只适用于作平面运动的刚体。

(4) 刚体作平面运动时, 其平面图形上任意两点的加速度在该两点连线上的投影若相等, 则该瞬时刚体的角加速度必须等于零。

(5) 刚体作平面运动时, 平面图形内两点的速度在任意轴上的投影相等。

(6) 刚体作平面运动时, 只要刚体的瞬时角速度不等于零, 则刚体的瞬时速度中心一定存在。

(7) 刚体作平面运动时, 只要刚体的瞬时角加速度不等于零, 则刚体的瞬时加速度中心一定存在。

(8) 刚体作平面运动时, 只要刚体的瞬时角速度不等于零, 则刚体的瞬时加速度中心一定存在。

(9) 刚体作平面运动时, 只要刚体的瞬时角速度和角加速度都不等于零, 则刚体的瞬时加速度中心一定存在。

(10) 刚体作定点运动时, 瞬时转动轴上所有点相对固定系的速度为零, 所以瞬时转动轴相对固定系是不动的。

(11) 刚体作定点运动时, 若其角速度向量相对刚体不动, 则相对固定参考系也不动; 反之亦然。

（12） 如果作一般运动的刚体的角速度不为零，在刚体或其延拓部分上一定存在速度等于零的点。

（13） 作定点运动的刚体的角速度就是欧拉角对时间的导数。

习题

2-1 螺旋桨式飞机的发动机在停车瞬时的角速度为 $40\pi\text{rad/s}$，转了 80 转后停止。假设螺旋桨作匀减速转动，求发动机从停车开始到停止转动所用的时间。

2-2 只考虑地球自转，求清华大学地面上一点的速度和加速度。清华大学的纬度为 $40°$，地球半径 6378km。

2-3 半径为 r 的齿轮由曲柄 OA 带动而沿半径为 R 的定齿轮滚动，曲柄则以匀角加速度 ε_0 绕定齿轮的轴 O 转动。设当 $t = 0$ 时，曲柄的角速度 $\omega_0 = 0$，且初始转角 $\varphi_0 = 0$。试以动齿轮的中心 A 为基点，求该齿轮的运动方程。

2-4 曲柄 OA 以角速度 $\omega_O = 2.5\text{rad/s}$ 绕半径为 $r_2 = 15\text{cm}$ 的固定齿轮的轴 O 转动，并带动装在曲柄 A 端的、半径为 $r_1 = 5\text{cm}$ 的齿轮运动。已知 $CE \perp BD$，求动齿轮上 A，B，C，D，E 各点的速度大小。

习题图 2-3 习题图 2-4

2-5 重物 K 利用不可伸长的线与鼓轮 L 相连，并按规律 $x = t^2\text{m}$ 沿着铅直线降落。同时，鼓轮 L 沿水平固定轨道纯滚动。已知 $AD \perp OE$，而 $OD = 2OC = 0.2\text{m}$，求当 $t = 1\text{s}$ 时鼓轮上在图示位置的 C，A，B，O，E 各点的速度大小，并求鼓轮的角速度大小。

2-6 曲柄长 $OA = 20\text{cm}$，以角速度 2rad/s 绕垂直于图面的固定轴 O 转动。在曲柄末端 A 装有半径等于 10cm 的齿轮 2，后者与定齿轮 1 处于内啮合，而齿轮 1 则与曲柄同轴。已知 $BD \perp OC$，求齿轮 2 边缘上 B，C，D，E 各点的速度大小。

2-7 根据平面运动刚体上各点速度的分布规律，判断下列平面图形上指定点的速度分布是否可能？

2-8 已知杆 AB 恒与半径为 R 的半圆台相切，A 端速度为常量，求杆的角速度 ω 与角 θ 的关系。

2-9 图示四连杆机构 $OABO_1$ 中，$OA = O_1B = \frac{1}{2}AB$，曲柄 OA 的角速度 $\omega = 3\text{rad/s}$。当 $\varphi = 90°$ 而曲柄 O_1B 重合于 OO_1 的延长线上时，求杆 AB 及曲柄 O_1B 的角速度。

2-10 图示机构中，当杆 AB 之 B 端沿铅垂墙滑下时，通过 A 端铰推动轮沿水平直线作纯滚动。如已知 A 点的速度大小为 v_A，试将 AB 杆中点 C 的速度及杆的角速度表示为 v_A 与角 θ 的函数。已知杆长为 l。

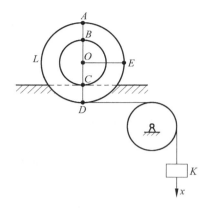

习题图 2-5

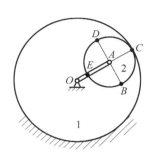

习题图 2-6

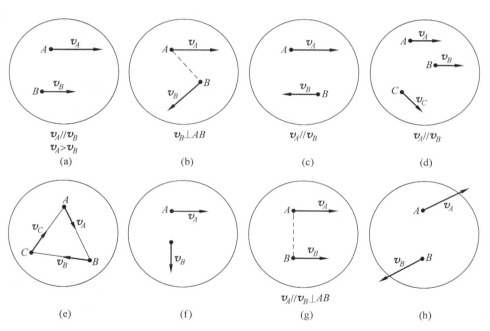

习题图 2-7

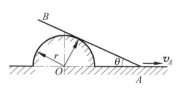

习题图 2-8

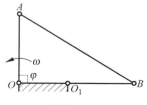

习题图 2-9

2-11 在曲柄滑块机构中，长为 r 的曲柄以匀角速度 ω_O 绕 O 轴转动，连杆长为 l。试求当曲柄转角 $\varphi = 0$ 和 $\dfrac{\pi}{2}$ 时，滑块 B 和连杆中点 M 在该瞬时的速度。

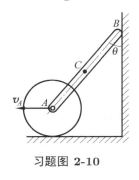

习题图 2-10

习题图 2-11

2-12 反平行四边形机构中，$AB = CD = 2a$，$AC = BD = 2c$，$a > c$。求 BD 杆的动瞬心轨迹和定瞬心轨迹。

2-13 半径是 R 的轮子沿平面纯滚动。轮心 O 以匀速 v_0 运动。长 $l = 3R$ 的杆 AB 在点 A 与轮子铰接。杆的另一端 B 沿平面滑动，求在图示位置时：(1) 杆 AB 的角速度大小及点 B 的速度大小；(2) 杆 AB 的角加速度大小及点 B 的加速度大小。

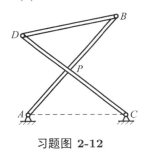

习题图 2-12

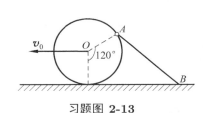

习题图 2-13

2-14 图示直杆 AB 在铅垂面内沿固定半圆柱滑下时，如果 A 端沿水平轴 x 向右运动的速度大小 v_A 为常数，试求在任意位置 θ 处：(1) 直杆 AB 运动时的动、定瞬心轨迹；(2) 直杆 AB 的角速度及其上面与圆柱接触的点 C 的速度大小；(3) 直杆 AB 的角加速度及其上面与圆柱接触的点 C 的加速度大小。

2-15 已知如图所示机构中 $AB = 19.53\text{cm}$，$v_A = 15\text{cm/s}$，$a_A = 10\text{cm/s}^2$，试求此瞬时：(1) 杆 AB 的角速度及 B 点的速度；(2) 杆 AB 的角加速度及 B 点的加速度。

2-16 半径为 10cm 的轮 B 由曲柄 OA 和连杆 AB 带动在半径为 40cm 的固定轮上作纯滚动。设 OA 长 10cm，AB 长 40cm，OA 匀速转动，角速度 $\omega = 10\text{rad/s}$。求在图示位置轮 B 滚动的角速度和角加速度。

2-17 边长是 a 的正方形 $ABCD$ 在图示平面内作平面运动。已知在图示瞬时其顶点 A，B 的加速度大小相等且等于 10cm/s^2，其方向分别沿正方形的一边。求此时正方形的瞬时加速度中心位置及其顶点 C，D 的加速度大小。

2-18 在四连杆机构中，长为 r 的曲柄 OA 以匀角速度 ω_O 转动。连杆 AB 长 $l = 4r$。设某瞬时 $\angle O_1OA = \angle O_1BA = 30°$，试求在此瞬时曲柄 O_1B 的角速度和角加速度，并求连杆中点 M 的加速度。

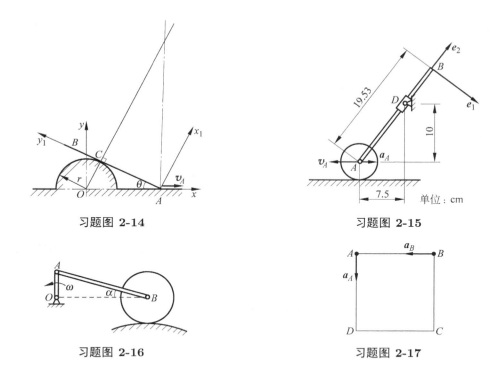

习题图 2-14　　　　　　　　　　　　　　习题图 2-15

习题图 2-16　　　　　　　　　　　　　习题图 2-17

2-19　锥齿轮 BC 在曲柄 OA 带动下沿固定的锥齿轮 CD 滚动。已知锥齿轮 BC 的节圆半径 $AB = R = 10\sqrt{2}$cm，顶角 $\angle BOC = 90°$，中心 A 的速率为常数 $v_A = 20$cm/s。求锥齿轮 BC 上的点 B，C 的速度与加速度。

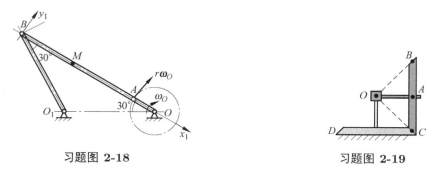

习题图 2-18　　　　　　　　　　　　习题图 2-19

2-20　半径为 10cm 的圆盘 EDF 用轴承装在曲杆 BCD 上，曲杆可绕铅垂轴 AB 转动，如图所示。已知 $BC = 7.5$cm，$CD = 5\sqrt{3}$cm，曲杆绕 AB 轴转动的角速度 $\omega = 10$rad/s，圆盘与固定水平面接触点 E 处无滑动。试求：(1) 圆盘 EDF 的角速度及角加速度；(2) 圆盘边缘上点 F 的速度及加速度。

2-21　连杆 $ABCD$ 以匀角速度 $\omega = 25$rad/s 绕 z 轴转动，带动与之固连的齿轮 I 和 II 沿固定齿轮 III 滚动，如图所示。齿轮 I 和 II 的半径均为 R，齿轮 III 的半径为 $2R$。试求齿轮 II 的角速度和角加速度。

2-22　对于给定刚体上任意不共线的三点 A_1，A_2 和 A_3，以点 A_1 为原点建立如图所示直角坐标系 $A_1 xyz$，使得 A_1，A_2 和 A_3 三个点在平面 $A_1 xy$ 上，且 x 轴由点 A_1 指向点 A_2，$\boldsymbol{r_{13}} = [r_{13x}, 0, 0]^T$，$\boldsymbol{r_2} = [r_{23x}, r_{23y}, 0]^T$。已知三点 A_1，A_2 和 A_3 的加速度分别为 $\boldsymbol{a_1}$，$\boldsymbol{a_2}$ 和

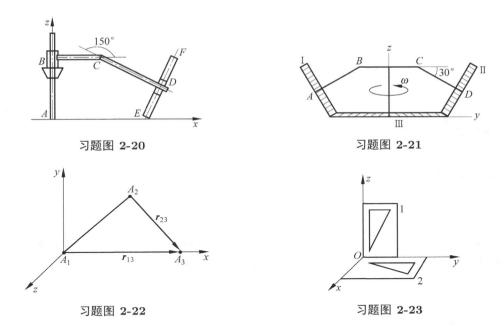

习题图 2-20

习题图 2-21

习题图 2-22

习题图 2-23

a_3，求给定刚体的角速度。

2-23 如图所示，设 $Oxyz$ 为参考坐标系，矩形板（三角形为其上的标志）可绕 O 点作定点运动。为了使矩形板从状态 1（yOz 平面内）运动到状态 2（xOy 平面内），根据刚体有限转动的欧拉定理，该转动可绕某根轴的一次转动实现。在 $Oxyz$ 坐标系中，求该转轴的单位矢量和转角的大小。

第 3 章

复合运动

内容提要 本章包括点的复合运动和刚体复合运动，分别研究点和刚体相对于不同参考系的运动之间的关系。学习本章前，学生需掌握第 1 章和第 2 章的知识。

3.1 点的复合运动

第 2 章研究运动刚体上某点的运动规律，但工程中经常会遇到点相对于运动刚体在运动的情况，也就是需要研究质点相对两个或两个以上参考系的运动规律。例如，牛顿定律只在惯性参考系中适用。在研究质点相对于非惯性参考系的运动时，只有转换到惯性参考系中才能使用牛顿定律，这就涉及从一个参考系到另一个参考系的运动转换问题。又如，考察图3-1所示的沿直线匀速平动的飞机，其螺旋桨相对于飞机作匀角速定轴转动，我们来分析螺旋桨上的一点 A 的运动规律。从飞机上观察，点 A 作匀速圆周运动，其运动轨迹是一个圆。而如果从地面上观察，点 A 的运动轨迹则是一个螺旋线。因此需要研究点 A 相对于飞机和地面两个参考系的运动及其之间的关系。点的**复合运动理论研究点相对不同参考系运动之间的关系。**

图 3-1

由于涉及两个参考系，我们可以把第一个参考系称为**动参考系**，而把第二个参考系称为**定参考系**。将所研究的点称为**动点**。将动点相对于定参考系的运动称为**绝对运动**，将动点相对于动参考系的运动称为**相对运动**，将动参考系相对于定参考系的运动称为**牵连运动**。点的复合运动理论将点的绝对运动分解为点的相对运动和动参考系的牵连运动。显然，点的绝对运动和相对运动均属于点的运动，可以用第 1 章的方法来描述，而动系的牵连运动是刚体的运动，需要用第 2 章的方法来描述。

动参考系和定参考系的选取是人为的，可以根据具体问题的需要人为选取。"动"和"定"是相对的，在图3-1所示的例子中，也可以将飞机取为定参考系，而将地面取为动参考系。选取不同的动、定参考系只会影响计算过程的繁简，不会影响最终计算结果。在应用点的复合运动理论时，动点、动系和定系的选取需要一定的技巧。恰当地选取动点、动系和定系可以大大简化求解过程。一般情况下，我们均选取地面为定参考系。

点的复合运动问题可分为两大类：**运动合成问题** (已知点的相对运动和动系的牵连运动，求点的绝对运动) 和**运动分解问题** (已知点的绝对运动，求点的相对运动或动系的牵连运动)。

3.1.1 运动方程

考察动点 P 相对于动系 $Oxyz$ 和定系 O_0XYZ 的运动，如图3-2所示。动点 P 的绝对运动的运动方程为

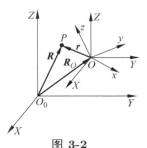

图 **3-2**

$$X = X(t), \quad Y = Y(t), \quad Z = Z(t) \tag{3-1}$$

动点 P 的相对运动的运动方程为

$$x = x(t), \quad y = y(t), \quad z = z(t) \tag{3-2}$$

牵连运动是动系相对于定系的运动，其运动方程由动系原点的矢径 $\boldsymbol{R}_O$ 和动系到定系的变换矩阵 (方向余弦矩阵) $\boldsymbol{A}$ 给出，即

$$\boldsymbol{R}_O = \boldsymbol{R}_O(t), \quad \boldsymbol{A} = \boldsymbol{A}(t) \tag{3-3}$$

由图3-2可知，动点 P 相对于定系原点的矢径为

$$\boldsymbol{R} = \boldsymbol{R}_O + \boldsymbol{r} \tag{3-4}$$

上式在定参考系中的列阵形式为

$$\underline{\boldsymbol{R}} = \underline{\boldsymbol{R}}_O + \underline{\boldsymbol{r}} = \underline{\boldsymbol{R}}_O + \boldsymbol{A}\underline{\boldsymbol{\rho}} \tag{3-5}$$

式中

$$\underline{\boldsymbol{R}} = [X, Y, Z]^{\mathrm{T}} \tag{3-6}$$

是动点 P 相对于定系原点的矢径 $\boldsymbol{R}$ 在定系中的列阵，

$$\underline{\boldsymbol{\rho}} = [x, y, z]^{\mathrm{T}} \tag{3-7}$$

是动点 P 相对于动系原点的矢径 $\boldsymbol{r}$ 在动系中的列阵。虽然式(3-5)和式 (2-7)在形式上完全相同，但式(2-7)中的列阵 $\underline{\boldsymbol{\rho}}$ 是常数列阵，而这里动点 P 相对于动系在运动，因此式(3-5)中的列阵 $\underline{\boldsymbol{\rho}}$ 是时间的函数。

式(3-5)给出了动点 P 的绝对运动方程和相对运动方程之间的关系。对于二维问题 (如图3-3所示)，将方向余弦矩阵(2-30)代入式(3-5)可得

$$\begin{aligned} X &= X_O + x\cos\theta - y\sin\theta \\ Y &= Y_O + x\sin\theta + y\cos\theta \end{aligned} \tag{3-8}$$

例 3-1 图3-4(a) 所示的工件绕 O 以匀角速度 ω 定轴转动，刀尖沿水平方向往复运动，其运动方程为 $\xi = b\sin\omega t$。试求刀尖在工件上所刻出的轨迹。

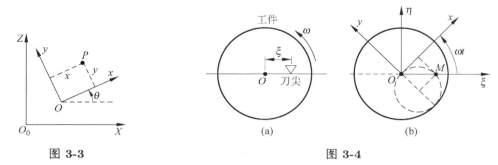

图 3-3   图 3-4

解 本题是求刀尖相对于工件的相对运动轨迹, 属于运动分解问题。取刀尖为动点 (将刀尖简化为点), 工件为动参考系, 则刀尖的绝对运动是沿水平方向的直线运动, 动系的牵连运动是绕 O 轴的定轴转动, 其角速度为 ω。

取定系 $O\xi\eta$, 动系 Oxy 与工件固连, 如图3-4(b) 所示。刀尖 M 在动系 Oxy 中的坐标为

$$x = \xi \cos \omega t = \frac{1}{2} b \sin 2\omega t$$

$$y = -\xi \sin \omega t = -\frac{1}{2} b (1 - \cos 2\omega t)$$

在以上两式中消去参数 t 即得刀尖 M 的相对运动轨迹方程

$$x^2 + \left(y + \frac{b}{2} \right)^2 = \left(\frac{b}{2} \right)^2$$

因此, 刀尖在工件上刻出了一个半径为 $b/2$ 的圆, 如图3-4(b) 所示。

3.1.2 矢量的绝对导数和相对导数

点的复合运动涉及两个或两个以上的参考系, 因此在对矢量求导时需要明确指出是对哪个参考系求导。将矢量 r 相对于定系 O_0XYZ 的时间变化率称为**绝对导数**, 记为 $\mathrm{d}r/\mathrm{d}t$, 将矢量 r 相对于动系 $Oxyz$ 的时间变化率称为**相对导数**或**局部导数**, 记为 $\tilde{\mathrm{d}}r/\mathrm{d}t$。绝对导数是将定系固定而得到的矢量 r 的时间变化率, 而相对导数则是将动系固定而得到的向量 r 的时间变化率。

如图3-2所示, 矢量 r 在动系 $Oxyz$ 中的列阵 $\underline{\rho}$ 和在定系 O_0XYZ 中的列阵 $\underline{r}$ 之间的关系为

$$\underline{r} = A(t)\underline{\rho} \tag{3-9}$$

将上式对时间求导, 并考虑到式(2-6), 得

$$\underline{\dot{r}} = \dot{A}\underline{\rho} + A\underline{\dot{\rho}} = \dot{A}A^{\mathrm{T}}\underline{r} + A\underline{\dot{\rho}} \tag{3-10}$$

由式(2-12)可知, $\dot{A}A^{\mathrm{T}}\underline{r} = \tilde{\underline{\omega}}\,\underline{r} = \underline{\omega} \times \underline{r}$。$\underline{\dot{r}}$ 是绝对导数 $\mathrm{d}r/\mathrm{d}t$ 在定系中的列阵, $\underline{\dot{\rho}}$ 是相对导数 $\tilde{\mathrm{d}}r/\mathrm{d}t$ 在动系中的列阵, 而 $A\underline{\dot{\rho}}$ 则是相对导数 $\tilde{\mathrm{d}}r/\mathrm{d}t$ 在定系中的列阵, 因此式(3-10)可以写成矢量的形式

$$\frac{\mathrm{d}r}{\mathrm{d}t} = \omega \times r + \frac{\tilde{\mathrm{d}}r}{\mathrm{d}t} \tag{3-11}$$

式中 ω 为动系相对于定系的角速度。上式给出了矢量的绝对导数和相对导数之间的关系, 即**矢量的绝对导数等于它的相对导数加上动系的角速度叉乘该矢量**。如果动参考系是平动参考系, 则因 $\omega = 0$, 绝对导数和相对导数是相等的。

矢量 r 是动点 P 相对于动系原点 O 的矢径，因此矢量 r 的绝对导数 $\mathrm{d}r/\mathrm{d}t$ 是动点 P 相对于平动参考系 $OXYZ$ 的速度，其相对导数 $\tilde{\mathrm{d}}r/\mathrm{d}t$ 是动点 P 相对于动系 $Oxyz$ 的速度。

讨论 关系式(3-11)也可以在直角坐标系中得到。矢量 r 可以在动系 $Oxyz$ 中表示为

$$r = xi + yj + zk \tag{3-12}$$

其中 i, j 和 k 是动系的基矢量。将上式求相对导数 (即在求导时将动系固定，因此基矢量 i, j 和 k 的导数为 0)，得

$$\frac{\tilde{\mathrm{d}}r}{\mathrm{d}t} = \dot{x}i + \dot{y}j + \dot{z}k \tag{3-13}$$

基矢量 i, j 和 k 可以看成是固连在动参考系 (刚体) 上的三个矢量，因此由式(2-16)可知，它们对时间的绝对导数为

$$\frac{\mathrm{d}i}{\mathrm{d}t} = \omega \times i, \quad \frac{\mathrm{d}j}{\mathrm{d}t} = \omega \times j, \quad \frac{\mathrm{d}k}{\mathrm{d}t} = \omega \times k \tag{3-14}$$

式中 ω 为动系的角速度。对式(3-12)求绝对导数，并考虑到式(3-13)和式(3-14)，得

$$\begin{aligned}
\frac{\mathrm{d}r}{\mathrm{d}t} &= \dot{x}i + \dot{y}j + \dot{z}k + \omega \times (xi + yj + zk) \\
&= \frac{\tilde{\mathrm{d}}r}{\mathrm{d}t} + \omega \times r
\end{aligned} \tag{3-15}$$

3.1.3 速度合成定理

将式(3-4)两边在定系中对时间求导，得到动点 P 的**绝对速度**

$$v = v_O + \frac{\mathrm{d}r}{\mathrm{d}t} = v_O + \omega \times r + \frac{\tilde{\mathrm{d}}r}{\mathrm{d}t} \tag{3-16}$$

$$= v_e + v_r \tag{3-17}$$

式中

$$v_r = \frac{\tilde{\mathrm{d}}r}{\mathrm{d}t} \tag{3-18}$$

为动点 P 相对于动系的**相对速度**，

$$v_e = v_O + \omega \times r \tag{3-19}$$

为动系中在给定瞬时和动点 P 相重合的点的瞬时速度，称为**牵连速度**。上式表明，**在任一瞬时，动点 P 的绝对速度为其相对速度和牵连速度之矢量和**。

将动系中在给定瞬时和动点 P 相重合的点称为**牵连点**，其矢径也为 r。**牵连速度 v_e 是牵连点 (而不是动点 P 自身) 的速度**，它可以看成是在该瞬时将动点 P 固连在动参考系 (刚体) 上，跟随动参考刚体一起运动时所具有的速度，即受动参考刚体的拖带或牵连而产生的速度。由于动点的相对运动，在不同瞬时牵连点是动系上不同的点。

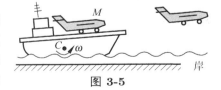

图 3-5

思考题 如图3-5所示，飞机沿以角速度 ω 作纵摇运动的舰船的甲板飞行。以舰船为动系，试分别分析飞机在飞出甲板前和飞出甲板后的牵连速度。当飞机离开舰船后，飞机有无牵连速度？

例 3-2 已知直管以等角速度 ω 绕定轴 O 转动，质点 P 以等速度 u 沿管轴线运动，如图3-6(a) 所示。初始时刻管处于水平位置，$\overline{OP} = R/3$。求 $\overline{OP} = R/3$ 和 $OP = R$ 时，质点 P 相对于地面的速度。

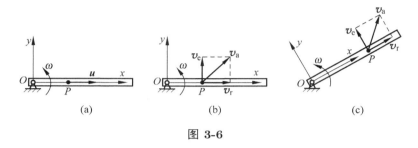

图 **3-6**

解 取 P 点为动点，管为动系 (在其上固连动坐标系 Oxy)，地面为定系。动点的相对运动为沿管轴线的直线运动，牵连运动为绕 O 轴的定轴转动。因此，动点的相对速度沿管轴线方向，大小为 u；牵连速度垂直于管轴线方向，大小为 $\overline{OP} \cdot \omega$；绝对速度为相对速度和牵连速度的合成。

当 $\overline{OP} = R/3$ 时，管处于水平位置，相对速度和牵连速度分别为 (如图3-6(b) 所示)

$$\boldsymbol{v}_{\mathrm{r}} = u\boldsymbol{i}, \quad \boldsymbol{v}_{\mathrm{e}} = \frac{R}{3}\omega\boldsymbol{j}$$

式中 $\boldsymbol{i}$ 和 $\boldsymbol{j}$ 为动坐标系 Oxy 的基矢量。

由速度合成定理可得动点的绝对速度为

$$\boldsymbol{v}_{\mathrm{a}} = \boldsymbol{v}_{\mathrm{e}} + \boldsymbol{v}_{\mathrm{r}} = u\boldsymbol{i} + \frac{R}{3}\omega\boldsymbol{j}$$

当 $\overline{OP} = R$ 时，管处于图3-6(c) 所示的位置。相对速度和牵连速度分别为

$$\boldsymbol{v}_{\mathrm{r}} = u\boldsymbol{i}, \quad \boldsymbol{v}_{\mathrm{e}} = R\omega\boldsymbol{j} \tag{3-20}$$

绝对速度为

$$\boldsymbol{v}_{\mathrm{a}} = \boldsymbol{v}_{\mathrm{e}} + \boldsymbol{v}_{\mathrm{r}} = u\boldsymbol{i} + R\omega\boldsymbol{j}$$

讨论 本例将速度表示在动坐标系中，因此绝对速度的表达式非常简洁。也可以将速度表示在定坐标系中，此时绝对速度的表达式中将会出现管和水平轴之间夹角的正弦和余弦，形式较为复杂。

思考题 本例是否有更简洁的求解方法？

例 3-3 如图3-7(a) 所示的正弦机构中，曲柄 $OA = l$，角速度 ω 为常数。在图示瞬时 $\theta = 30°$，求此时连杆 BCD 的速度。

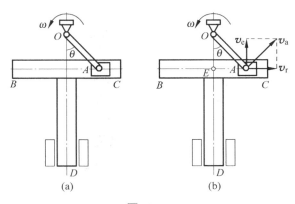

图 3-7

解 滑块 A 相对于连杆 BCD 沿滑槽运动，因此取滑块 A 为动点，连杆 BCD 为动系。相对运动为沿滑槽的直线运动，相对速度 $\boldsymbol{v}_\mathrm{r}$ 沿水平方向，大小未知；绝对运动为以 O 为圆心、l 为半径的圆周运动，绝对速度 $\boldsymbol{v}_\mathrm{a}$ 与 OA 垂直，大小为 $v_\mathrm{a} = \omega l$；牵连运动为连杆 BCD 沿铅垂方向的平动，牵连速度沿铅垂方向，大小未知，如图3-7(b) 所示。

连杆 BCD 做平动，其上所有点的速度均相等，因此求连杆 BCD 的速度实际上就是求牵连速度。由图3-7(b) 可知

$$v_{BCD} = v_\mathrm{e} = v_\mathrm{a} \sin\theta = \frac{1}{2}\omega l$$

讨论 本例也可以用解析法求解。以 O 点为原点，建立坐标系 Oxy，其中 Oy 轴指向下方。连杆 BCD 上的点 E 的 y 坐标为

$$y_E = l\cos\theta$$

连杆 BCD 的速度为

$$v_{BCD} = \dot{y}_E = -l\dot{\theta}\sin\theta = -\frac{1}{2}\omega l$$

式中 $\dot{\theta} = \omega$，负号表示速度 v_{BCD} 沿着 y 轴的负方向，即铅垂向上。

解析法通过对运动方程求导而得到点的速度和加速度的时间历程，因而适用于分析研究运动的全过程。点的复合运动理论 (几何法) 可以避免求导等复杂的数学推导，而直接求得给定瞬时的速度与加速度。这种方法比较形象直观，因此经常在工程中使用。

思考题 在本例中，是否可以取当 $\theta = 0$ 时连杆 BCD 上和滑块 A 相接触的点为动点，取曲柄 OA 为动系？此时相对运动的轨迹是什么？

例 3-4 在如图3-8(a) 所示的凸轮顶杆机构中，半径为 R 的凸轮以 ω 绕 O 轴作等角速转动，带动顶杆在铅垂方向上运动。已知 O 轴到凸轮圆心 C 的距离为 e，求当 $\angle OCA = 90°$ 时，AB 杆的速度。

解 选顶杆上的点 A 为动点，动系 Oxy 与偏心轮固连，如图3-8(b) 所示。动点 A 的绝对运动是沿铅垂方向的直线运动，绝对速度沿铅垂方向，大小未知。动点 A 距动系中 C 点的距离保持不变，因此相对运动是以 C 为圆心的圆，相对速度与凸轮相切，大小未知。牵连运动是以 O 为轴的定轴转动，因此牵连速度与 OA 连线垂直，大小为 $v_\mathrm{e} = \overline{OA}\cdot\omega = \sqrt{R^2 + e^2}\cdot\omega$。

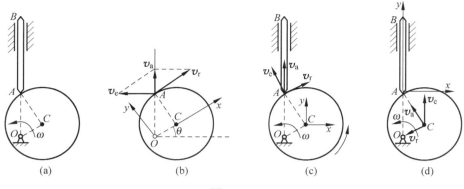

图 3-8

顶杆作平动，其上各点的速度均相同，因此顶杆的速度等于动点 A 的绝对速度，即

$$v_{\mathrm{a}} = v_{\mathrm{e}} \tan \theta = \frac{e}{R} \omega \sqrt{R^2 + e^2}$$

动点 A 的相对速度为

$$v_{\mathrm{r}} = \frac{v_{\mathrm{e}}}{\cos \theta} = \omega \frac{R^2 + e^2}{R}$$

思考题　本例是否可以采用解析法求解？如何求解？

讨论　动点和动系的选取是人为的，恰当地选取动点和动系可以大大简化求解过程。本例也可以采用不同的动点和动系。例如，可以将平动坐标系 Cxy 取为动系，如图3-8(c) 所示。动点 A 距动系 Cxy 中 C 点的距离保持不变，因此相对运动仍然是以 C 为圆心的圆，相对速度与凸轮相切。牵连运动为平动，动系中各点的速度相同，因此牵连速度等于动系原点 C 的速度，与 OC 连线垂直，大小为 $v_{\mathrm{e}} = \omega e$。

也可以将凸轮的圆心 C 取为动点，而将顶杆取为动系，如图3-8(d) 所示。动点的绝对运动是以 O 点为圆心的圆，绝对速度垂直于 OC 连线，大小为 $v_{\mathrm{a}} = \omega e$。动点 C 距动系 A 点的距离保持不变，因此相对运动是以 A 点为圆心的圆，相对速度垂直于 AC 连线，大小未知。牵连运动为沿铅垂方向的平动，牵连速度沿铅垂方向，大小未知。

动点和动系应选在不同刚体上，且动点的相对轨迹应尽量简单或直观。

3.1.4　加速度合成定理

将速度公式(3-16)对时间求绝对导数，得

$$\boldsymbol{a} = \boldsymbol{a}_O + \boldsymbol{\varepsilon} \times \boldsymbol{r} + \boldsymbol{\omega} \times \frac{\mathrm{d}\boldsymbol{r}}{\mathrm{d}t} + \frac{\mathrm{d}}{\mathrm{d}t}\frac{\tilde{\mathrm{d}}\boldsymbol{r}}{\mathrm{d}t} \tag{3-21}$$

上式最后一项是相对速度 $\tilde{\mathrm{d}}\boldsymbol{r}/\mathrm{d}t$ 的绝对导数，由绝对导数和相对导数之间的关系式(3-11)可得

$$\frac{\mathrm{d}}{\mathrm{d}t}\frac{\tilde{\mathrm{d}}\boldsymbol{r}}{\mathrm{d}t} = \frac{\tilde{\mathrm{d}}^2\boldsymbol{r}}{\mathrm{d}t^2} + \boldsymbol{\omega} \times \frac{\tilde{\mathrm{d}}\boldsymbol{r}}{\mathrm{d}t} \tag{3-22}$$

将式(3-11)和式(3-22)代入式(3-21)，得

$$a = a_O + \varepsilon \times r + \omega \times \left(\frac{\tilde{\mathrm{d}}r}{\mathrm{d}t} + \omega \times r\right) + \omega \times \frac{\tilde{\mathrm{d}}r}{\mathrm{d}t} + \frac{\tilde{\mathrm{d}}^2 r}{\mathrm{d}t^2}$$

$$= a_O + \varepsilon \times r + \omega \times (\omega \times r) + \frac{\tilde{\mathrm{d}}^2 r}{\mathrm{d}t^2} + 2\omega \times v_r$$

$$= a_e + a_r + a_C \tag{3-23}$$

其中

$$a_e = a_O + \varepsilon \times r + \omega \times (\omega \times r) \tag{3-24}$$

为动系中在给定瞬时和动点 P 相重合的点 (即牵连点) 相对于定系的瞬时加速度，称为**牵连加速度**，

$$a_r = \frac{\tilde{\mathrm{d}}^2 r}{\mathrm{d}t^2} \tag{3-25}$$

为动点的相对速度相对于动系的变化率，即**相对加速度**，

$$a_C = 2\omega \times v_r \tag{3-26}$$

称为**科里奥利加速度**，简称科氏加速度。因此，**绝对加速度等于牵连加速度、相对加速度和科氏加速度的矢量和**。

牵连加速度 a_e 是牵连点的加速度，它可以看成是在该瞬时将 P 点固连在动参考系 (刚体) 上，跟随动参考刚体一起运动时所具有的加速度，即受动参考刚体的拖带或牵连而产生的加速度。由式(3-23)可以看出，科氏加速度的来源有两部分：由相对运动引起的牵连速度的附加变化率 $\omega \times v_r$ 和由牵连运动引起的相对速度的附加变化率 $\omega \times v_r$。因此，**科氏加速度是牵连运动与相对运动相互影响而产生的**。

例 3-5 一根直管 OP 在 Oxy 平面内绕 O 转动，其运动方程为 $\varphi = \varphi(t)$。一小球 M 在管内沿 OP 运动，其相对运动方程为 $\rho = \rho(t)$。求 M 点相对于地面的速度和加速度。

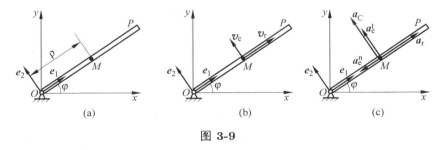

图 3-9

解 取小球 M 为动点，将动系固连在直管上，其基矢量分别为 e_ρ 和 e_φ，如图3-9所示。相对运动为沿管的直线运动，相对速度和相对加速度分别为

$$v_r = \dot{\rho} e_\rho, \quad a_r = \ddot{\rho} e_\rho$$

牵连运动为绕 O 轴的定轴转动，牵连速度和牵连加速度分别为

$$v_e = \rho\dot{\varphi} e_\varphi, \quad a_e = -\rho\dot{\varphi}^2 e_\rho + \rho\ddot{\varphi} e_\varphi$$

科氏加速度为

$$\boldsymbol{a}_C = 2\boldsymbol{\omega} \times \boldsymbol{v}_r = 2\dot{\rho}\dot{\varphi}\boldsymbol{e}_\varphi$$

速度和加速度分别如图3-9(b) 和 (c) 所示。由速度合成定理和加速度合成定理可得到点 M 的绝对速度和绝对加速度为

$$\boldsymbol{v} = \boldsymbol{v}_e + \boldsymbol{v}_r = \dot{\rho}\boldsymbol{e}_\rho + \rho\dot{\varphi}\boldsymbol{e}_\varphi$$

$$\boldsymbol{a} = \boldsymbol{a}_e + \boldsymbol{a}_r + \boldsymbol{a}_C = (\ddot{\rho} - \rho\dot{\varphi}^2)\boldsymbol{e}_\rho + (\rho\ddot{\varphi} + 2\dot{\rho}\dot{\varphi})\boldsymbol{e}_\varphi$$

以上结果和第 1 章用极坐标描述得到的结果式(1-25)及式(1-26)完全一致。

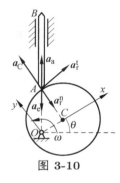

图 3-10

例 3-6　求例3-4中当 $\angle OCA = 90°$ 时，AB 杆的加速度。

解　取 A 点为动点，将动系 Oxy 固连在凸轮上，如图3-10所示。A 点的绝对运动为铅垂方向的直线运动，绝对加速度沿铅垂方向，大小未知。相对运动为以 C 点为圆心的圆周运动，相对加速度由切向分量 $\boldsymbol{a}_r^t$ 和向心分量 $\boldsymbol{a}_r^n$ 组成，其中 $\boldsymbol{a}_r^t$ 沿凸轮的切线方向，大小未知，$\boldsymbol{a}_r^n$ 指向 C 点，大小为 $a_r^n = v_r^2/R$。牵连运动为绕 O 轴的匀角速定轴转动，牵连加速度 $\boldsymbol{a}_e$ 只有向心分量，大小为 $\overline{OA}\omega^2 = \sqrt{R^2 + e^2}\,\omega^2$。科氏加速度 $\boldsymbol{a}_C$ 垂直于相对速度 $\boldsymbol{v}_r$，大小为 $a_C = 2\omega v_r = 2(R^2 + e^2)\omega^2/R$。$AB$ 杆平动，其上各点加速度均相等，因此 AB 杆的加速度就等于点 A 的绝对加速度，即

$$\boldsymbol{a}_{AB} = \boldsymbol{a}_a = \boldsymbol{a}_e + \boldsymbol{a}_r^n + \boldsymbol{a}_r^t + \boldsymbol{a}_C$$

上式有两个未知数：绝对加速度 $\boldsymbol{a}_a$ 的大小和相对加速度切向分量 $\boldsymbol{a}_r^t$ 的大小。将上式向与 $\boldsymbol{a}_r^t$ 垂直的方向 (如 $\boldsymbol{a}_C$ 方向) 投影，可以直接求出绝对加速度

$$a_a \cos\theta = -a_e \cos\theta - a_r^n + a_C$$

其中 $\cos\theta = R/\sqrt{R^2 + e^2}$，故

$$a_a = -\frac{e^4}{R^4}\sqrt{R^2 + e^2}\,\omega^2$$

例 3-7　一曲柄摇臂机构中，曲柄 OA 以 ω_0 作等角速度转动，滑套 C 可沿 DB 滑动，短杆 AC 则与 C 固连且垂直于滑套。求图3-11(a) 所示位置时，DB 的角速度和角加速度。已知 $OA = AC = l$，$\angle AOC = \angle ADC = 30°$。

解　取 A 为动点，BD 杆为动系。A 点的绝对运动为以 O 为圆心的匀速圆周运动，绝对速度 $\boldsymbol{v}_A$ 与 OA 垂直，大小为 $v_A = l\omega_0$。绝对加速度 $\boldsymbol{a}_A$ 指向 O 点，大小为 $a_A = \omega_0^2 l$。A 点距 BD 杆的距离保持不变，因此相对运动为平行于 BD 杆的直线运动，相对速度 $\boldsymbol{v}_r$ 和相对加速度 $\boldsymbol{a}_r$ 均沿 BD 杆方向，大小未知。牵连运动为绕 D 轴的定轴转动，牵连速度 $\boldsymbol{v}_e$ 垂直于 AD，大小为 $v_e = \overline{AD}\omega_{BD} = 2l\omega_{BD}$。牵连加速度 $\boldsymbol{a}_e$ 包含切向分量 $\boldsymbol{a}_e^t$ 和向心分量 $\boldsymbol{a}_e^n$，其中切向分量的大小为 $a_e^t = \overline{AD}\varepsilon_{BD} = 2l\varepsilon_{BD}$，法向分量的大小为 $a_e^n = \overline{AD}\omega_{BD}^2 = 2l\omega_{BD}^2$。科氏加速度 $\boldsymbol{a}_C$ 与相对速度垂直，大小为 $a_C = 2\omega_{BD}v_r$。速度和加速度分别如图3-11(b) 和 (c) 所示。在图示瞬时，绝对速度、相对速度和牵连速度组成等边三角形，故有

$$v_e = v_r = v_A = l\omega_0$$

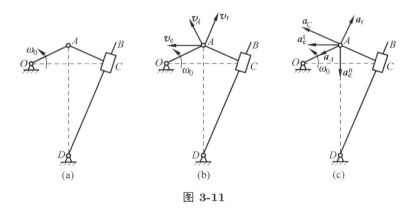

图 3-11

BD 杆的角速度为

$$\omega_{BD} = \frac{v_e}{2l} = \frac{\omega_0}{2}$$

将加速度合成公式

$$\boldsymbol{a}_A = \boldsymbol{a}_e^n + \boldsymbol{a}_e^t + \boldsymbol{a}_r + \boldsymbol{a}_C$$

向与相对加速度 $\boldsymbol{a}_r$ 垂直的方向 (如 $\boldsymbol{a}_C$ 方向) 投影，可消去未知的相对加速度 $\boldsymbol{a}_r$，直接得到 BD 杆的角加速度

$$l\omega_0^2 \cos 60^\circ = -2l\omega_{BD}^2 \cos 60^\circ + 2l\varepsilon_{BD} \cos 30^\circ + 2\omega_{BD}v_r$$

故得

$$\varepsilon_{BD} = -\frac{\sqrt{3}}{12}\omega_0^2$$

思考题 是否可以将滑套 C 取为动点？此时绝对速度和绝对加速度应如何确定？

例 3-8 如图3-12所示，半径为 r 的圆轮在水平桌面上作直线纯滚动，轮心速度 v_O 的大小为常数。一摇杆与桌面铰接，并靠在圆轮上。当摇杆与桌面夹角等于 60° 时，试求摇杆 BA 的角速度和角加速度。

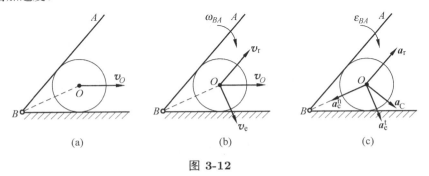

图 3-12

解 取 O 点为动点，BA 杆为动系。绝对运动为水平方向的直线运动，绝对速度沿水平方向，大小为常数 v_O，因此绝对加速度为零。O 点距动系 BA 的距离保持不变，相对运动为平行于 BA 的直线运动，相对速度 $\boldsymbol{v}_r$ 和相对加速度 $\boldsymbol{a}_r$ 均平行于 BA，大小未知。牵连运动为 BA 杆绕 B 轴的定轴转动，牵连速度 $\boldsymbol{v}_e$ 垂直于 BO 连线，大小为 $v_e = \overline{BO}\omega_{BA} = 2r\omega_{BA}$。牵连加速度

a_e 包含切向分量 a_e^t 和向心分量 a_e^n，其中切向分量的大小为 $a_e^t = \overline{BO}\varepsilon_{BA} = 2r\varepsilon_{BA}$，法向分量的大小为 $a_e^n = \overline{BO}\omega_{BA}^2 = 2r\omega_{BA}^2$。科氏加速度 a_C 与相对速度 v_r 垂直，大小为 $a_C = 2\omega_{BA}v_r$。

当摇杆与桌面夹角等于 $60°$ 时，绝对速度 v_O、相对速度 v_r 和牵连速度 v_e 组成等边三角形，因此

$$v_e = v_r = v_O$$

故有

$$\omega_{BA} = \frac{v_e}{2r} = \frac{v_O}{2r}$$

将加速度合成公式

$$a_O = a_e^n + a_e^t + a_r + a_C$$

向科氏加速度 a_C 方向投影，可消去相对加速度 a_r 而直接解出 BA 杆的角加速度

$$0 = -a_e^n \cos 60° + a_e^t \cos 30° + a_C$$

$$\varepsilon_{BA} = -\frac{\sqrt{3}v_O^2}{4r^2}$$

思考题　本例是否可以采用解析法求解？如何求解？

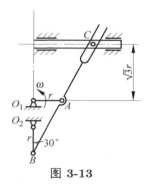

图 3-13

例 3-9　已知图3-13所示机构中 O_1A 杆的角速度为 ω，角加速度为零。试以 r 和 ω 表示图示瞬时水平杆的速度和加速度。

解　水平杆作平动，因此只需求 C 点的速度和加速度。取 C 点为动点，动坐标系与杆 BAC 固连。C 点的绝对运动是沿水平方向的直线运动，设绝对速度和加速度为

$$v = vi, \quad a = ai$$

相对运动是沿 BAC 杆的直线运动，设相对速度和加速度为

$$v_r = v_r(\sin 30°i + \cos 30°j)$$

$$a_r = a_r(\sin 30°i + \cos 30°j)$$

牵连运动比较复杂，因为 BAC 杆作平面运动。由于 A 点的速度和加速度可以求出

$$v_A = \omega rj, \quad a_A = -\omega^2 ri,$$

以 A 点为基点，C 点的牵连速度和牵连加速度为

$$v_e = v_A + \omega_{AB}k \times r_{AC}$$

$$a_e = a_A + \varepsilon_{AB}k \times r_{AC} - \omega_{AB}^2 r_{AC}$$

其中

$$r_{AC} = ri + \sqrt{3}rj$$

BAC 杆的角速度和角加速度也是未知的, 可利用 B 点将它们求出来。B 点的速度可以写成

$$v_B \boldsymbol{i} = \boldsymbol{v}_A + \omega_{AB} \boldsymbol{k} \times \boldsymbol{r}_{AB}$$

其中

$$\boldsymbol{r}_{AB} = -r\boldsymbol{i} - \sqrt{3}r\boldsymbol{j}$$

由此可以求出

$$\omega_{AB} = \omega, \quad v_B = \sqrt{3}\omega r$$

B 点的加速度可以写成

$$a_{Bt}\boldsymbol{i} + \frac{v_B^2}{r}\boldsymbol{j} = \boldsymbol{a}_A + \varepsilon_{AB}\boldsymbol{k} \times \boldsymbol{r}_{AB} - \omega_{AB}^2 \boldsymbol{r}_{AB}$$

将此式向 $\boldsymbol{j}$ 方向投影得

$$3\omega^2 r = -\varepsilon_{AB} r + \sqrt{3}\omega^2 r$$

解出

$$\varepsilon_{AB} = (\sqrt{3} - 3)\omega^2$$

现在我们可以求出牵连速度和牵连加速度

$$\boldsymbol{v}_{\mathrm{e}} = \omega r(-\sqrt{3}\boldsymbol{i} + 2\boldsymbol{j})$$
$$\boldsymbol{a}_{\mathrm{e}} = \omega^2 r[(-5 + 3\sqrt{3})\boldsymbol{i} - 3\boldsymbol{j}]$$

利用速度合成公式有

$$v\boldsymbol{i} = \boldsymbol{v}_{\mathrm{e}} + v_{\mathrm{r}}(\sin 30°\boldsymbol{i} + \cos 30°\boldsymbol{j})$$

由此可以求出

$$v = -5\sqrt{3}\omega r/3, \quad v_{\mathrm{r}} = -4\sqrt{3}\omega r/3$$

在加速度合成公式中还要用到科氏加速度, 可由其定义求出

$$\boldsymbol{a}_{\mathrm{C}} = 2\omega_{AB}\boldsymbol{k} \times \boldsymbol{v}_{\mathrm{r}} = 4\omega^2 r(3\boldsymbol{i} - \sqrt{3}\boldsymbol{j})/3$$

最后利用加速度合成公式有

$$a\boldsymbol{i} = \boldsymbol{a}_{\mathrm{e}} + \boldsymbol{a}_{\mathrm{r}} + \boldsymbol{a}_{\mathrm{C}}$$

由此可以解出

$$a_{\mathrm{r}} = \left(2\sqrt{3} + \frac{8}{3}\right)\omega^2 r, \quad a = \left(4\sqrt{3} + \frac{1}{3}\right)\omega^2 r$$

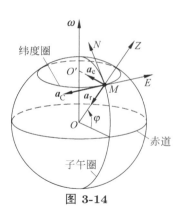

图 3-14

例 3-10　火车以 u 匀速自南向北沿子午线行驶。考虑地球自转，求火车在北纬 φ 处的加速度。

解　为考虑地球自转，取地心坐标系为定系，它的原点在地心，三根轴分别指向三颗恒星。取火车 M 为动点，将动系 $MENZ$ 固连在地球上，如图3-14所示。动系 $MENZ$ 称为**地理坐标系**，其三个轴分别指向东、北和天空，因此也称为**东北天坐标系**。火车的相对运动为沿子午线的圆周运动，相对速度 $\boldsymbol{v}_\mathrm{r}$ 与子午线相切，大小为 u，相对加速度 $\boldsymbol{a}_\mathrm{r} = -u^2/R \boldsymbol{e}_Z$。牵连运动为地球以角速度 $\boldsymbol{\omega}$ 的定轴转动，牵连加速度 $\boldsymbol{a}_\mathrm{e}$ 指向 O'，大小为 $a_\mathrm{e} = \overline{O'M} \cdot \omega^2 = R\cos\varphi\,\omega^2$。科氏加速度 $\boldsymbol{a}_\mathrm{C} = 2\boldsymbol{\omega}\times\boldsymbol{v}_\mathrm{r} = -2\omega u \sin\phi\,\boldsymbol{e}_E$。由加速度合成定理可得到火车的绝对加速度为

$$\boldsymbol{a}_\mathrm{a} = -2\omega u \sin\phi\,\boldsymbol{e}_E + R\cos\phi\sin\phi\,\omega^2\boldsymbol{e}_N - \left(R\cos^2\phi\,\omega^2 + \frac{u^2}{R}\right)\boldsymbol{e}_Z \tag{3-27}$$

其中 $\boldsymbol{e}_E$，$\boldsymbol{e}_N$ 和 $\boldsymbol{e}_Z$ 为地理坐标系的基矢量。

3.2　刚体复合运动

图 3-15

　　　　刚体复合运动研究刚体相对不同参考系的运动之间的关系。例如，如图3-15所示的自行车轮绕其轴作定轴转动，而该轴又绕铅垂轴作定轴转动，因此需要研究车轮相对于其轴和地面这两个参考系的运动之间的关系。

　　　　刚体一般运动可以分解为随基点的平动和相对基点平动参考系的定点运动，而基点的速度和加速度可以利用点的复合运动理论求得，因此刚体复合运动的核心问题是刚体的角速度和角加速度的合成。

3.2.1　角速度合成

考察如图3-16所示的刚体的运动。刚体相对动系 $Oxyz$ 以角速度 $\boldsymbol{\omega}_\mathrm{r}$ 作定点运动，而动系 $Oxyz$ 又相对于定系 $OXYZ$ 以角速度 $\boldsymbol{\omega}_\mathrm{e}$ 作定点运动。相对运动为刚体相对于动系的定点运动，相对角速度为 $\boldsymbol{\omega}_\mathrm{r}$。牵连运动为动系相对于定系的定点运动，牵连角速度为 $\boldsymbol{\omega}_\mathrm{e}$。绝对运动为刚体相对于定系的运动，绝对角速度为 $\boldsymbol{\omega}$。

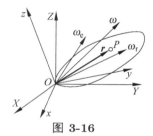

　　　　为了研究绝对角速度、相对角速度和牵连角速度之间的关系，取刚体上任意一点 P 为动点，其矢径为 $\boldsymbol{r}$，如图3-16所示。由于刚体作定点运动，P 的相对速度、牵连速度和绝对速度分别为

$$\boldsymbol{v}_\mathrm{r} = \boldsymbol{\omega}_\mathrm{r}\times\boldsymbol{r}, \quad \boldsymbol{v}_\mathrm{e} = \boldsymbol{\omega}_\mathrm{e}\times\boldsymbol{r}, \quad \boldsymbol{v} = \boldsymbol{\omega}\times\boldsymbol{r} \tag{3-28}$$

图 3-16　根据点的复合运动理论的速度合成定理得

$$\boldsymbol{\omega}\times\boldsymbol{r} = (\boldsymbol{\omega}_\mathrm{e} + \boldsymbol{\omega}_\mathrm{r})\times\boldsymbol{r} \tag{3-29}$$

点 P 是刚体上的任意点，故式(3-29)对任意的 r 都成立，由此得

$$\boldsymbol{\omega} = \boldsymbol{\omega}_e + \boldsymbol{\omega}_r \tag{3-30}$$

即刚体的**绝对角速度等于相对角速度和牵连角速度的矢量和**。这一结论是从牵连运动和相对运动都是定点运动这一特例得到的，但可以证明，式(3-30)对牵连运动和相对运动均为一般运动的情况也成立。

另外，角速度合成公式(3-30)还可以推广到多个运动合成的情况：刚体相对于坐标系 $Ox_1y_1z_1$ 运动 (其角速度为 $\boldsymbol{\omega}_1$)，坐标系 $Ox_1y_1z_1$ 相对于坐标系 $Ox_2y_2z_2$ 运动 (其角速度为 $\boldsymbol{\omega}_2$)，坐标系 $Ox_{n-1}y_{n-1}z_{n-1}$ 相对于坐标系 $Ox_ny_nz_n$ 运动 (其角速度为 $\boldsymbol{\omega}_n$)，则刚体相对于坐标系 $Ox_ny_nz_n$ 运动的角速度为

$$\boldsymbol{\omega} = \sum_{i=1}^{n} \boldsymbol{\omega}_i \tag{3-31}$$

例 3-11　图3-17所示机构中，三个齿轮互相啮合，并用一曲柄相连，轮子中心在同一直线上。已知定轮 0 与动轮 2 的半径相等，曲柄的绝对角速度为 ω_3，求动轮 2 的绝对角速度 ω_2。

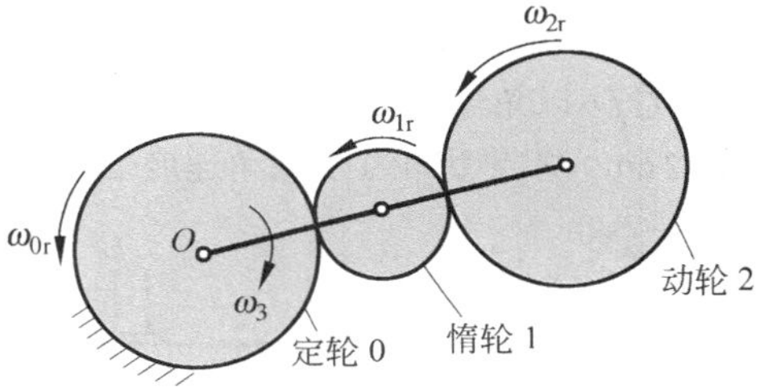

图 3-17

解　取曲柄为动系，则牵连角速度 $\omega_e = \omega_3$。三个齿轮的相对运动均为定轴转动，其相对速度分别记为 ω_{0r}，ω_{1r} 和 ω_{2r}，均以逆时针转向为正，如图3-17所示。齿轮 0 固定，其角速度 $\omega_0 = \omega_e + \omega_{0r} = 0$，故有 $\omega_{0r} = -\omega_e$。

齿轮间相互啮合，啮合点处的相对速度相等，可得

$$r_0\omega_{0r} = -r_1\omega_{1r} = r_2\omega_{2r}$$

因此得

$$\omega_{2r} = \frac{r_0}{r_2}\omega_{0r} = \omega_{0r} = -\omega_e$$

根据角速度合成公式可得齿轮 2 的绝对角速度

$$\omega_2 = \omega_e + \omega_{2r} = 0$$

即动轮 2 作平动。

讨论　齿轮 2 作平面运动，因此本题也可以用刚体运动学的方法求解。由式(2-39)可知，齿轮 2 的角速度等于其上任意两点间的相对速度在两点连线的垂线上的投影与两点间的距离之比。

杆 OC 作定轴转动，因此有（如图3-18所示）

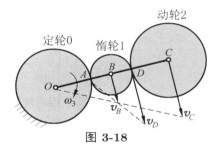

图 **3-18**

$$v_B = (r_0 + r_1)\omega_3$$

$$v_C = (r_0 + 2r_1 + r_2)\omega_3 = 2v_B$$

惰轮 1 沿定轮 0 纯滚动，A 点为惰轮 1 的瞬心，因此惰轮 1 上 D 点的速度为

$$v_D = 2v_B = 2(r_1 + r_0)\omega_3 = v_C$$

动轮 2 和惰轮 1 啮合，两轮在啮合点 D 的速度相等。可见，动轮 2 上 C 点和 D 点的速度相同，相对速度为 0，因此有

$$\omega_2 = 0$$

例 3-12　差速传动轮系如图3-19(a) 所示。当锥齿轮 I 和 II 绕 CD 轴线分别以 $\omega_1 = 5\,\mathrm{rad/s}$ 和 $\omega_2 = 3\,\mathrm{rad/s}$ 作等角速转动，锥齿轮 III 将绕 O 点作定点运动，并带动曲柄 IV 绕轴线 CD 以角速度 ω_4 转动。已知锥齿轮 I 和 II 的半径均为 $R = 7\,\mathrm{cm}$，锥齿轮 III 的半径为 $r = 2\,\mathrm{cm}$。求锥齿轮 III 的角速度 ω_3 和曲柄 IV 的角速度 ω_4。

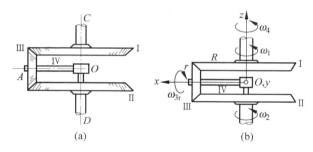

图 **3-19**

解　将动坐标系 $Oxyz$ 与曲柄 IV 固连（如图3-19(b) 所示），牵连角速度为 $\boldsymbol{\omega}_e = \omega_4 \boldsymbol{k}$。各齿轮均相对动坐标系作定轴转动，齿轮 I 和齿轮 II 的相对角速度分别为

$$\omega_{1r} = \omega_1 - \omega_4, \quad \omega_{2r} = \omega_2 - \omega_4$$

三个齿轮相互啮合，啮合点的相对速度相等，故有

$$R\omega_{1r} = -r\omega_{3r}, \quad R\omega_{2r} = r\omega_{3r}$$

由以上两个关系式得

$$\omega_{1r} = -\omega_{2r}, \quad \omega_{3r} = \frac{R}{r}\omega_{2r} = \frac{R}{r}(\omega_2 - \omega_4)$$

因此有

$$\boldsymbol{\omega}_4 = \frac{1}{2}(\omega_1 + \omega_2)\boldsymbol{k} = 4\boldsymbol{k}\,\mathrm{rad/s}$$

$$\boldsymbol{\omega}_3 = \boldsymbol{\omega}_e + \boldsymbol{\omega}_{3r} = -3.5\boldsymbol{i} + 4\boldsymbol{k}\,\mathrm{rad/s}$$

3.2.2　角加速度合成

将式(3-30)相对于定系对时间求导，可得刚体的绝对角加速度为

$$\varepsilon = \frac{\mathrm{d}}{\mathrm{d}t}(\boldsymbol{\omega}_{\mathrm{e}} + \boldsymbol{\omega}_{\mathrm{r}}) \tag{3-32}$$

上式右端第 1 项 $\mathrm{d}\boldsymbol{\omega}_{\mathrm{e}}/\mathrm{d}t$ 是动系的角速度 $\boldsymbol{\omega}_{\mathrm{e}}$ 相对于定系的时间变化率，也就是牵连角加速度 $\boldsymbol{\varepsilon}_{\mathrm{e}}$；右端第 2 项 $\mathrm{d}\boldsymbol{\omega}_{\mathrm{r}}/\mathrm{d}t$ 是刚体的相对角速度 $\boldsymbol{\omega}_{\mathrm{r}}$ 相对于定系的时间变化率，它并不是刚体的相对角加速度 $\boldsymbol{\varepsilon}_{\mathrm{r}} = \tilde{\mathrm{d}}\boldsymbol{\omega}_{\mathrm{r}}/\mathrm{d}t$。利用绝对导数与相对导数之间的关系，有

$$\frac{\mathrm{d}\boldsymbol{\omega}_{\mathrm{r}}}{\mathrm{d}t} = \frac{\tilde{\mathrm{d}}\boldsymbol{\omega}_{\mathrm{r}}}{\mathrm{d}t} + \boldsymbol{\omega}_{\mathrm{e}} \times \boldsymbol{\omega}_{\mathrm{r}} \tag{3-33}$$

将式(3-33)代入式(3-32)，得到刚体复合运动的角加速度合成公式

$$\boldsymbol{\varepsilon} = \boldsymbol{\varepsilon}_{\mathrm{e}} + \boldsymbol{\varepsilon}_{\mathrm{r}} + \boldsymbol{\omega}_{\mathrm{e}} \times \boldsymbol{\omega}_{\mathrm{r}} \tag{3-34}$$

下面讨论两种特殊情况。

(1)　相对运动和牵连运动都是常角速度的定轴转动，此时相对角加速度和牵连角加速度均为零，角加速度合成公式(3-34)简化为

$$\boldsymbol{\varepsilon} = \boldsymbol{\omega}_{\mathrm{e}} \times \boldsymbol{\omega}_{\mathrm{r}} \tag{3-35}$$

(2)　相对运动和牵连运动都是定轴转动，且两个转动轴平行，此时 $\boldsymbol{\omega}_{\mathrm{e}} \times \boldsymbol{\omega}_{\mathrm{r}} = \boldsymbol{0}$，角速度合成公式和角加速度合成公式均可以简化为标量形式

$$\omega = \omega_{\mathrm{e}} + \omega_{\mathrm{r}} \tag{3-36}$$

$$\varepsilon = \varepsilon_{\mathrm{e}} + \varepsilon_{\mathrm{r}} \tag{3-37}$$

例 3-13　轴 C 绕 z 轴匀角速转动，带动齿轮 A 沿定齿轮 B 滚动，如图3-20(a) 所示 (图中长度单位均为 mm)。轴 C 转动的角速度 $\omega_C = 15\,\mathrm{rad/s}$。求齿轮 A 转动的角速度和角加速度。

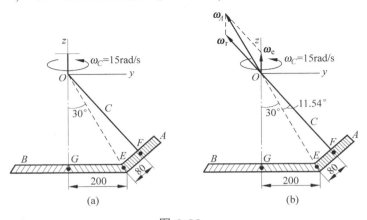

图 **3-20**

解　将动系固连在轴 C 上，则可将齿轮 A 的运动分解为齿轮相对于轴 C 的定轴转动 (相对运动) 和轴 C 绕 z 的定轴转动 (牵连运动) 的合成。牵连角速度为 $\boldsymbol{\omega}_{\mathrm{e}} = \omega_C \boldsymbol{k} = 15\boldsymbol{k}\,\mathrm{rad/s}$，相

对角速度 $\boldsymbol{\omega}_{\mathrm{r}}$ 和绝对角速度 $\boldsymbol{\omega}_A$ 分别沿轴 C 和 OE 连线，大小未知，如图3-20(b) 所示。由角速度合成公式，得

$$\boldsymbol{\omega}_A = \boldsymbol{\omega}_{\mathrm{e}} + \boldsymbol{\omega}_{\mathrm{r}}$$

由正弦定理得

$$\frac{\omega_{\mathrm{e}}}{\sin 11.54°} = \frac{\omega_{\mathrm{r}}}{\sin 30°} = \frac{\omega_A}{\sin 41.54°} \tag{3-38}$$

可解得

$$\omega_A = 49.7\,\mathrm{rad/s}$$

$$\omega_{\mathrm{r}} = 37.5\,\mathrm{rad/s}$$

牵连运动和相对运动都是常角速度的定轴转动，因此有 $\varepsilon_{\mathrm{e}} = 0$，$\varepsilon_{\mathrm{r}} = 0$。由角加速度合成公式可得齿轮 A 的角加速度为

$$\boldsymbol{\varepsilon}_A = \boldsymbol{\omega}_{\mathrm{e}} \times \boldsymbol{\omega}_{\mathrm{r}} = 15 \times 37.5 \times \sin 41.54°\boldsymbol{i} = 373.0\boldsymbol{i}\,\mathrm{rad/s^2} \tag{3-39}$$

思考题 例2-8得到的齿轮 A 的角加速度为 $\boldsymbol{\varepsilon}_A = \boldsymbol{\omega}_{\mathrm{e}} \times \boldsymbol{\omega}_A$，和这里得到的结果 $\boldsymbol{\varepsilon}_A = \boldsymbol{\omega}_{\mathrm{e}} \times \boldsymbol{\omega}_{\mathrm{r}}$ 不同。为什么？

例 3-14 半径为 r 的车轮沿圆弧作纯滚动，如图3-21(a) 所示，已知轮心 E 的速度是常数 u，轮心轨道半径是 R。求车轮上最高点 B 的速度和加速度。

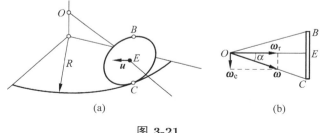

(a)　　　　　　　(b)

图 3-21

解 车轮绕 O 点作定点运动。取轴 OE 为动系，则车轮的相对运动是绕 OE 轴的定轴转动，相对角速度 $\boldsymbol{\omega}_{\mathrm{r}}$ 沿 OE 轴。牵连运动是动系绕竖直轴的定轴转动，牵连角速度 $\boldsymbol{\omega}_{\mathrm{e}}$ 沿竖直轴，其大小可由轮心的速度求得，即

$$\omega_{\mathrm{e}} = \frac{u}{R}$$

车轮上 C 点的瞬时速度为零，因此 OC 为车轮的瞬时转动轴，车轮的绝对角速度 $\boldsymbol{\omega}$ 沿 OC，如图3-21(b) 所示。根据角速度合成公式 $\boldsymbol{\omega} = \boldsymbol{\omega}_{\mathrm{e}} + \boldsymbol{\omega}_{\mathrm{r}}$ 和几何关系，得

$$\omega = \frac{\omega_{\mathrm{e}}}{\sin \alpha}, \quad \omega_{\mathrm{r}} = \omega \cos \alpha$$

牵连运动和相对运动均是常角速度的定轴转动，因此有 $\varepsilon_{\mathrm{e}} = 0$，$\varepsilon_{\mathrm{r}} = 0$。由角加速度合成公式，可得车轮的绝对角加速度

$$\boldsymbol{\varepsilon} = \boldsymbol{\omega}_{\mathrm{e}} \times \boldsymbol{\omega}_{\mathrm{r}} = \omega_{\mathrm{e}}\omega_{\mathrm{r}}\boldsymbol{\tau} = \omega^2 \sin \alpha \cos \alpha\, \boldsymbol{\tau} \tag{3-40}$$

其中 $\boldsymbol{\tau}$ 是沿着 E 点速度方向的单位矢量。

求出车轮的角速度和角加速度后，直接利用定点运动的速度公式(2-45)和加速度公式(2-46)可求出 B 点的速度和加速度，这里就不再具体写出了。

例 3-15 马达转子安装于框架之内，框架绕固定铅垂轴以角速度 ω_1 匀角速转动，转子绕其自身的中心轴以角速度 ω_2 匀角速转动，中心轴与水平线的夹角为 α，如图3-22(a) 所示。求转子的角速度 $\boldsymbol{\omega}$ 和角加速度 $\boldsymbol{\varepsilon}$ 以及转子上 C 点的速度 $\boldsymbol{v}_C$ 和加速度 $\boldsymbol{a}_C$。

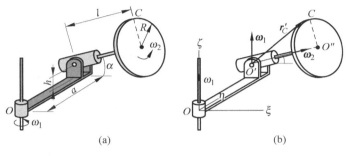

图 3-22

解 转子作空间一般运动。将动系 $O\xi\eta\zeta$ 固结在框架上 (如图3-22(b) 所示)，转子的相对运动为绕自身中心轴的定轴转动，相对角速度为

$$\boldsymbol{\omega}_{\mathrm{r}} = \boldsymbol{\omega}_2 = \omega_2(\cos\alpha\boldsymbol{i} + \sin\alpha\boldsymbol{k})$$

牵连运动为框架绕固定铅垂轴的定轴转动，牵连角速度为

$$\boldsymbol{\omega}_{\mathrm{e}} = \omega_1\boldsymbol{k}$$

由角速度合成公式可得转子的绝对角速度为

$$\boldsymbol{\omega} = \boldsymbol{\omega}_{\mathrm{e}} + \boldsymbol{\omega}_{\mathrm{r}} = \omega_2\cos\alpha\boldsymbol{i} + (\omega_2\sin\alpha + \omega_1)\boldsymbol{k}$$

牵连运动和相对运动均是常角速度的定轴转动，因此有 $\varepsilon_{\mathrm{e}} = 0$，$\varepsilon_{\mathrm{r}} = 0$。由角加速度合成公式，可得转子的绝对角加速度

$$\boldsymbol{\varepsilon} = \boldsymbol{\omega}_{\mathrm{e}} \times \boldsymbol{\omega}_{\mathrm{r}} = \omega_1\omega_2\cos\alpha\boldsymbol{j}$$

转子做一般运动，取 O' 为基点，利用基点法可以求得 C 点的速度和加速度，这里不再赘述。

本章小结

复合运动方法是处理复杂运动时常用的。点的复合运动可以看成是刚体运动和点相对刚体运动的合成。当刚体作平动时，就是大学物理中的运动合成分解问题。当刚体不作平动 (如作定轴转动或平面运动) 时，复合运动就复杂多了。首先是牵连速度和牵连加速度必须利用刚体运动学知识求解，其次加速度中可能出现科氏加速度项。本章讲述的方法和速度、加速度合成公式适用于刚体作任何运动的情况。

刚体复合运动可以看成是两个刚体运动的合成。由于刚体的一般运动可以分解为随基点的平动和绕基点平动系的定点运动，而基点的速度和加速度可以利用点的复合运动求得，因此刚体复合运动的核心问题是刚体角速度合成和角加速度合成。无论相对运动和牵连运动是何种运动，刚体的绝对角速度均为 $\boldsymbol{\omega} = \boldsymbol{\omega}_{\mathrm{e}} + \boldsymbol{\omega}_{\mathrm{r}}$，绝对角加速度均为 $\boldsymbol{\varepsilon} = \boldsymbol{\varepsilon}_{\mathrm{e}} + \boldsymbol{\varepsilon}_{\mathrm{r}} + \boldsymbol{\omega}_{\mathrm{e}} \times \boldsymbol{\omega}_{\mathrm{r}}$。

概念题

下面的说法是否正确？

(1) 相对加速度等于相对速度对时间的导数，这种说法是否正确？

(2) 在复合运动问题中，相对加速度是相对速度对时间的绝对导数。

(3) 在复合运动问题中，定参考系可以是相对地面运动的，而动参考系可以是相对地面静止不动的。

(4) 在刚体上爬行的小虫的科氏加速度为 $\boldsymbol{a}_{\mathrm{C}} = 2\boldsymbol{\omega} \times \boldsymbol{v}_{\mathrm{r}}$，其中 $\boldsymbol{\omega}$ 为刚体的角速度，$\boldsymbol{v}_{\mathrm{r}}$ 为小虫相对刚体的速度。

(5) 在刚体复合运动中，角速度合成公式为 $\boldsymbol{\omega} = \boldsymbol{\omega}_{\mathrm{e}} + \boldsymbol{\omega}_{\mathrm{r}} + \boldsymbol{\omega}_{\mathrm{e}} \times \boldsymbol{\omega}_{\mathrm{r}}$。

(6) 在点的复合运动中，牵连加速度等于牵连速度对时间的导数减去科氏加速度。

习题

3-1 记录装置的鼓轮以匀角速度 ω_0 转动，鼓轮的半径为 r，自动记录笔沿铅垂方向按规律 $y = a\sin(\omega_1 t)$ 运动。求笔在纸带上所画出曲线的方程。

3-2 转式起重机绕轴 O_1O_2 以匀角速度 ω_1 转动，重物 A 借助缠绕在滑轮 B 上的绳子上升，半径为 r 的滑轮 B 以匀角速度 ω_2 转动。已知起重机臂长 d，求重物在水平面 Oxy 上的绝对运动轨迹，其中 O 在 O_1O_2 上，x 轴从 O 指向重物的初始位置。

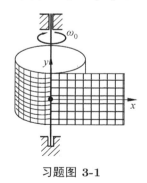

习题图 3-1

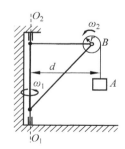

习题图 3-2

3-3 双摆的末端同时作两个相互垂直的简谐运动，且振动频率相等，但振幅、相角都不同。设振动方程分别是 $x = a\sin(\omega t + \alpha)$，$y = b\sin(\omega t + \beta)$，求双摆末端的复合运动轨迹方程。

3-4 质点 A 和 B 分别以半径 1m 和 2m 在 OXY 平面上同时从 X 轴（坐标都为正）出发，绕 O 点以角速度 1rad/s 和 0.35rad/s 作同向的匀速圆周运动。建立一个动系 Oxy，x 轴的

正向从 O 指向 A，y 轴的正向指向 A 的速度方向。求：(1) 矢量 $\overrightarrow{OB}$ 在定系 OXY 中的导数的表达式；(2) 矢量 $\overrightarrow{OB}$ 在动系 Oxy 中的导数的表达式；(3)B 在动系 Axy 中的相对速度。

3-5　在地心惯性直角坐标系 $OXYZ$ 中，O 为地心，OXY 是地球的赤道平面，OX 轴指向春分点，OZ 轴指向北极，$OXYZ$ 为右手坐标系。一颗处于极轨的航天器，其轨道平面在 OXZ 平面内，在地心惯性系中以匀速率 v 绕地心作圆周运动，航天器与地心的距离为 R，航天器的实时位置可以用纬度 $\varphi(t)$ 表示，地球以常角速度 ω_e 绕 OZ 轴自转。试以 R，v，ω_e，φ 表示航天器在旋转地球中的：(1) 速度；(2) 加速度。

3-6　A，B 两船各自以匀速 v_A 和 v_B 分别沿直线航行，如图所示。B 船上的观察者记录下两船的距离 r 和夹角 φ。试证明 $\ddot{\varphi} = -2\dot{r}\dot{\varphi}/r$，$\ddot{r} = r\dot{\varphi}^2$。

3-7　凸轮以匀速 v_0 自右向左移动，对于连体坐标系 Oxy，凸轮外形曲线方程为 $y = f(x)$。直杆 AB 长 l，一端铰接于定点 A，另一端 B 搁在凸轮上。若要求杆以匀角速度 ω_0 转动，求凸轮外形曲线方程。

3-8　如图所示，摇杆机构的杆 AB 以等速 u 向上运动，初始瞬时摇杆 OC 水平。摇杆长 $OC = a$，距离 $OD = l$。求 $\varphi = 45°$ 时，点 C 的速度大小。

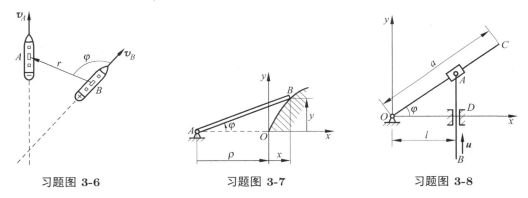

习题图 3-6　　　习题图 3-7　　　习题图 3-8

3-9　已知直角弯杆 OBC 的角速度 $\omega = 0.5\,\mathrm{rad/s}$，$OB = 0.1\mathrm{m}$；求 $\varphi = 60°$ 时，小环 M 的绝对速度大小和绝对加速度大小。

3-10　图示小环 M 套在按抛物线 $y^2 = 180x$ 弯曲的金属丝和沿轴 Ox 以匀速 $v = 40\mathrm{mm/s}$ 移动的铅垂杆 AB 上。求当杆 AB 与抛物线顶点 O 相距 80mm 时，小环 M 的绝对速度、加速度大小，以及相对杆 OA 的速度、加速度大小。

3-11　已知轮 C 半径为 R，其角速度 ω 为常量。求 $\varphi = 60°$ 时，O_1A 杆的角速度和角加速度。

3-12　图示倾角 $\varphi = 30°$ 的尖劈以匀速 $u = 200\mathrm{mm/s}$ 沿水平面向右运动，使杆 OB 绕 O 轴转动，$r = 200\sqrt{3}\mathrm{mm}$。求当 $\theta = \varphi$ 时，杆 OB 的角速度和角加速度。

3-13　图示十字形滑块 K 连接固定杆 AB 和与 AB 垂直的杆 CD。滑块 D 按方程 $AD = s = 80[5 + 4\sin(0.5t)]\mathrm{mm}$ 运动。设 $\alpha = 60°$，试求 $t = \pi/3\mathrm{s}$ 时，滑块 K 相对 CD 杆的加速度大小和绝对加速度大小。

3-14　图示机构中，主动件的角速度或速度已经标明，欲求从动件的速度或角速度，试选择动点和动系，分析牵连、相对、绝对运动，并按图示位置分析牵连、相对、绝对速度。

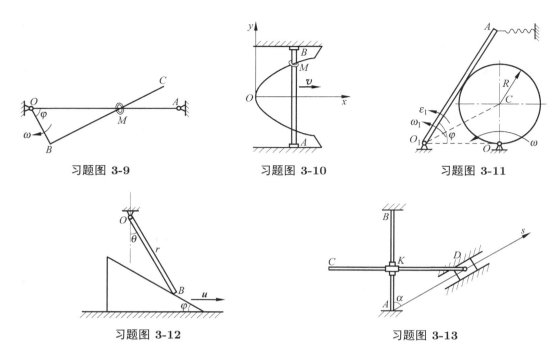

习题图 3-9　　　　　习题图 3-10　　　　　习题图 3-11

习题图 3-12　　　　　　　习题图 3-13

3-15　已知 OA 杆以匀角速度 $\omega_e = \omega$ 逆时针转动，圆盘 B 相对 OA 杆以 $\omega_r = 4\omega$ 作顺时针纯滚动，圆盘半径为 r，$OP = 3r$。求圆盘中心 B 的速度大小。

3-16　已知轮 C 半径为 R，偏心距为 e，角速度 ω 为常量。求 $\theta = 0°$ 时，平顶杆 AB 的速度。

3-17　小环 M 同时与半径为 r 的两圆环如图相交，圆 O' 固定，圆环 O 绕其圆周上一点 A 以匀角速度 ω 转动。求当 A，O，O' 位于同一直线时两圆环交点 M 的：(1) 速度大小；(2) 加速度大小。

3-18　图示半径为 $r = 12\text{cm}$ 的半圆环可在水平面上滑动，AB 为固定铅垂直杆，小环 M 套在半圆环与直杆上，某瞬时半圆环平动的速度 $v_0 = 30\text{cm/s}$，加速度 $a_0 = 3\text{ cm/s}^2$，且 $\theta = 60°$，求此瞬时小环的：(1) 速度大小；(2) 加速度大小。

3-19　曲柄 OA 长为 l，绕 O 轴以等角速度 ω_1 转动，其 A 端装有一圆盘，半径为 R，圆盘绕着销轴 A 以常角速度 ω_2 相对曲柄 OA 转动，试求图示位置中，在 OA 延长线上的 E 点的：(1) 速度大小；(2) 加速度大小。

3-20　图示机构中，小环 M 套在直角曲杆 O_1AB 上，同时还套在半径为 r 的半圆环上，$O_1A = (\sqrt{3}/2)\,r$，当半圆环以水平速度 v_0、水平加速度 a_0 行至图示位置时，$AM = 1.5r$，曲杆绕 O_1 轴转动的角速度为 ω_1，角加速度为零，试求此瞬时小环 M 的：(1) 速度大小；(2) 加速度大小。

3-21　杆 AB 在滑槽内向右运动，杆 CD 绕 C 点以匀角速度 ω 转动，小环 M 套在两杆上，当两杆垂直的瞬时，杆 AB 的速度为 v_0，加速度为 a_0，C，M 间长度为 L，求小环 M 的：(1) 速度大小；(2) 加速度大小。

3-22　杆 O_1A 绕 O_1 轴以等角速度 ω_1 转动，连杆一端的滑块 B 以等速 v_0 沿滑槽运动，AB 长为 l，试求图示瞬时 AB 杆的：(1) 角速度；(2) 角加速度。

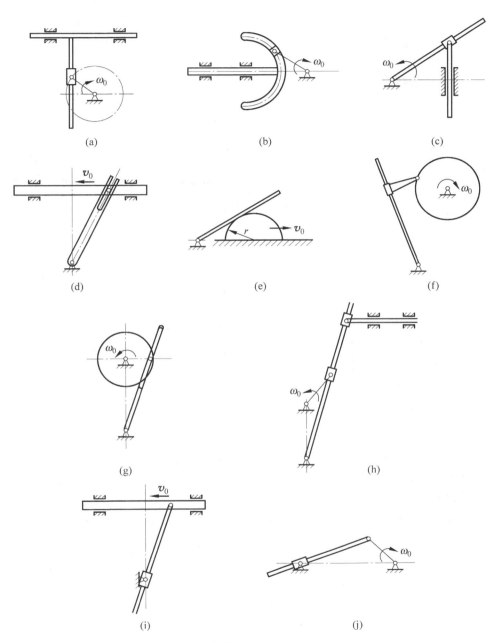

习题图 **3-14**

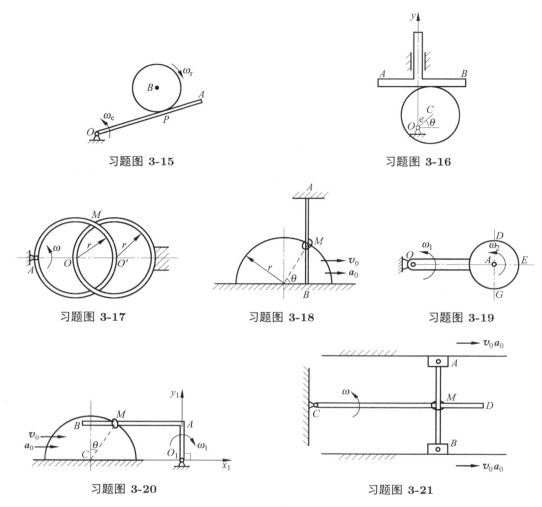

习题图 3-15

习题图 3-16

习题图 3-17

习题图 3-18

习题图 3-19

习题图 3-20

习题图 3-21

3-23　OA 杆以等角速度 ω_0 绕 O 轴转动，半径为 r 的滚轮在 OA 杆上作纯滚动，已知 $O_1B = \sqrt{3}r$，图示瞬时 O，B 在同一水平线上，O_1B 在铅垂位置，$\angle AOB = 30°$，求在此瞬时：(1) O_1B 杆的角速度、滚轮的角速度、滚轮上 P 点的速度；(2) O_1B 杆的角加速度、滚轮的角加速度、滚轮上 P 点的加速度。

3-24　图示为航空燃气涡轮发动机中的减速装置，由定轴传动齿轮 I，经过一组啮合于固定内齿轮 III 的行星齿轮组 II，来携带系杆 IV 转动，而系杆与螺旋桨相固连。已知各齿轮的齿数分别是 z_1，z_2 和 z_3。设齿轮 I 固连在涡轮机转轴上，角速度为 ω_1，方向如图所示。试求系杆 IV 的角速度 (即螺旋桨的角速度)ω_4。

3-25　曲柄 OA 绕固定齿轮中心 O 轴转动，在曲柄上安装一个双联齿轮和一个小齿轮，如图所示。已知曲柄转速 $n_0 = 30\text{r/min}$，固定齿轮齿数 $z_0 = 60$，双联齿轮齿数 $z_1 = 40$ 和 $z_2 = 50$，小齿轮齿数 $z_3 = 25$。求小齿轮的转速和转向。

3-26　使砂轮高速转动的装置如下：杆 IV 借手柄以角速度 ω_4 绕 O_1 轴转动，在杆的另一端 O_2 轴上活动地套一半径为 r_2 的轮 II；当手柄转动时，轮 II 在半径为 r_3 的固定外圆上只滚不滑，同时带动半径为 r_1 的轮 I 只滚不滑地转动；轮 I 是活动地套在 O_1 轴上并与砂轮相固接，如图所示。如固定外圆的半径 r_3 为已知，问欲使 $\omega_1/\omega_4 = 12$，r_1 的值应为多少？

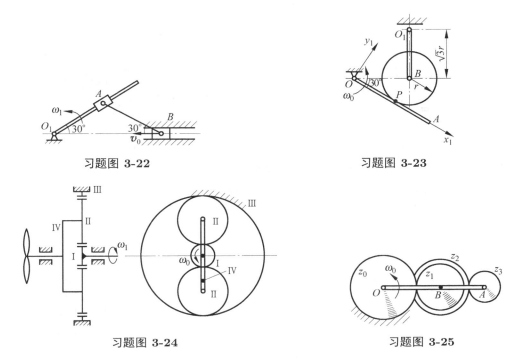

习题图 3-22　　　　　　　　　　　　　习题图 3-23

习题图 3-24　　　　　　　　　　　　　习题图 3-25

3-27　曲柄 III 连接定齿轮 I 的 O_1 轴和行星齿轮 II 的 O_2 轴，齿轮的啮合可为外啮合 (图 (a))，也可为内啮合 (图 (b))。曲柄 III 以角速度 ω_3 绕 O_1 轴转动。如齿轮半径分别为 r_1 和 r_2，求齿轮 II 的绝对角速度 ω_2 和其相对曲柄的角速度 ω_{23}。

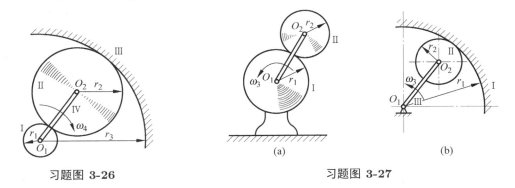

习题图 3-26　　　　　　　　　　　　　(a)　　　　　　　　(b)
　　　　　　　　　　　　　　　　　　　　　　习题图 3-27

3-28　行星减速齿轮系如图所示。齿轮 I 固定在机器外壳上，齿轮 IV 是中心轮，作定轴转动。行星轮 II 及 III 固结一体，可绕系杆 H 上的轴 O_2 转动，系杆 H 又绕固定轴转动。设各齿轮的齿数分别为 $z_1 = 20$，$z_2 = 22$，$z_3 = 21$，$z_4 = 21$；试求传动比 $i = \omega_{\text{IV}}/\omega_H$ 之值。

3-29　十字叉联轴节如图所示，若此时十字叉 CD 臂在水平面内，AB 臂与铅垂平面相重合。已知主动轴的角速度为 ω_1，试求从动轴的角速度 ω_2 及十字叉头的角速度 ω。

3-30　图示为锥齿轮传动机构，各轮的半径为 $r_1 = 250\text{mm}$，$r_2 = 200\text{mm}$，$r_3 = 100\text{mm}$，$r_4 = 150\text{mm}$。主动轴 I 的角速度为 $\omega_{\text{I}} = 60\text{rad/s}$，又知轮 1 的角速度 $\omega_1 = 80\text{rad/s}$，求从动轴 II 的角速度 ω_{II} 及齿轮 3 的绝对角速度 ω_3。

3-31　差动齿轮构造如图所示，曲柄 III 可绕固定轴 AB 转动，在曲柄上活动地套一行星齿轮 IV，此行星齿轮由两个半径各为 $r_1 = 5\text{cm}$，$r_2 = 2\text{cm}$ 的锥齿轮牢固地叠合而成，两锥齿

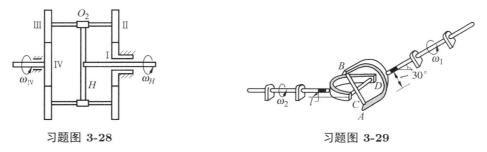

习题图 3-28   习题图 3-29

轮又分别与半径为 $R_1 = 10\text{cm}$ 和 $R_2 = 5\text{cm}$ 的两个锥齿轮 I 和 II 啮合；齿轮 I 和 II 可绕 AB 轴转动，但不与曲柄相连。今两齿轮 I 和 II 的角速度分别为 $\omega_1 = 4.5\text{rad/s}$ 及 $\omega_2 = 9\text{rad/s}$，且 转向相同，求曲柄 III 的角速度 ω_3 及行星齿轮对于曲柄的相对角速度 ω_{43}。

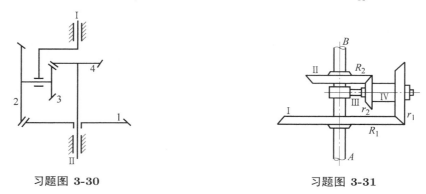

习题图 3-30   习题图 3-31

3-32   正方形框架以 2r/min 绕轴 AB 转动。圆盘以 2r/min 绕着与框架对角线相重合的轴 BC 转动。求此圆盘的绝对角速度和角加速度。

3-33   在图示传动装置中，半径为 R 的主动齿轮以匀角速度 ω_0 作逆时针方向转动，而长为 $3R$ 的曲柄以同样的角速度绕 O 轴作顺时针方向转动。M 点位于半径为 R 的从动齿轮上，在 垂直于曲柄的直径的末端。试用基点法和复合运动两种方法求 M 点的速度大小和加速度大小。

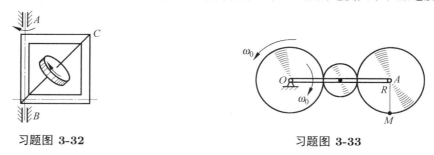

习题图 3-32   习题图 3-33

3-34   在圆周轮传动装置中，半径为 R 的主动齿轮以大小为 ω_0 的角速度和大小为 ε_0 的角 加速度作逆时针转向的转动，长为 $3R$ 的曲柄以同样的角速度和角加速度绕其轴顺时针转向 的转动，M 点位于半径为 R 的从动齿轮上，且在垂直于曲柄的直径末端，如图所示，求 M 点 的速度和加速度。

3-35   图示曲柄 OA 以等角速度 ω_0 绕固定齿轮 I 的轴 O 匀速转动，同时在 A 端装有另 一同样大小的齿轮 II，两齿轮用链条相连接。如曲柄长 $OA = l$，求动齿轮 II 的角速度和角加 速度及其上任一点 M 的速度大小和加速度大小。

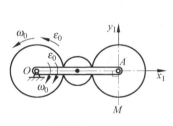

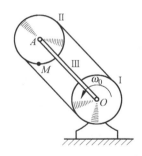

习题图 **3-34**   习题图 **3-35**

3-36 图示差速传动装置中, 两圆盘 AB 和 DE 的中心活套在同一转动轴上, 此两圆盘紧压轮子 MN, 其转动轴 HI 和两圆盘的转动轴垂直。已知轮子与两圆盘切点的速度各为 $v_1 = 3\mathrm{m/s}$ 和 $v_2 = 4\mathrm{m/s}$, 轮子半径 $r = 5\mathrm{cm}$, $HI = 0.25\mathrm{m}$, 求: (1) 轮子 MN 中心 H 的速度大小, (2) 轮子 MN 绕 HI 转动的角速度大小, (3) 轮子 MN 的绝对角速度和绝对角加速度。

3-37 图示圆盘以 ω_3 绕 z_3 轴转动, 支架 AB 以 ω_2 绕 x_2 轴转动, 系统以 ω_1 绕固定轴 y_1 转动; ω_1, ω_2 和 ω_3 均为常数。求在图示位置时圆盘的角速度 $\boldsymbol{\omega}$ 与角加速度 $\boldsymbol{\varepsilon}$, 圆盘最高点 D 的速度 $\boldsymbol{v}_D$ 与加速度 $\boldsymbol{a}_D$。

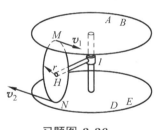

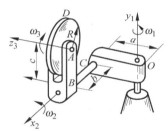

习题图 **3-36**   习题图 **3-37**

3-38 马达转子安装于框架之内, 框架绕固定铅垂轴以角速度 $\omega_1 = \pi/3\mathrm{rad/s}$ 转动, 转子绕其自身的中心轴以角速度 $\omega_2 = 10\pi\mathrm{rad/s}$ 转动, 转子半径 $R = 60\mathrm{mm}$, 中心轴与水平线的夹角为 $36.87°$, 试求转子的绝对角速度 $\boldsymbol{\omega}_\mathrm{a}$ 和绝对角加速度 $\boldsymbol{\varepsilon}_\mathrm{a}$; 转子上 C 点的速度 $\boldsymbol{v}_C$ 和加速度 $\boldsymbol{a}_C$。

3-39 电风扇转轴的仰角为 $30°$, 叶片以转速 $n = 900\mathrm{r/min}$ 转动, 同时绕铅垂轴以角速度 $\omega = \sin(\pi t/5)\mathrm{rad/s}$ 来回摆动。试将叶片的绝对角速度和绝对角加速度的大小 ω_a 和 ε_a 表示为时间的函数。

3-40 已知圆盘绕 CD 轴转动的角速度恒为 $\omega_1 = 5\mathrm{rad/s}$, 支架角速度恒为 $\omega_2 = 3\mathrm{rad/s}$, 求圆盘的角速度和角加速度。

3-41 圆盘绕杆 AB 以角速度 $\Omega = 100\mathrm{rad/s}$ 转动, AB 杆及框架则绕铅垂轴以角速度 $\omega = 10\mathrm{rad/s}$ 转动。已知 $R = 140\mathrm{mm}$, 当 $\theta = 90°$, $\dot{\theta} = 2.5\mathrm{rad/s}$, $\ddot{\theta} = 0$ 时, 试求圆盘上两相互垂直半径端点 C 点及 D 点的速度和加速度。

3-42 已知卫星角速度恒为 $\omega = 0.5\mathrm{rad/s}$, 电池板绕 y 轴转动的角速度恒为 $\dot{\theta} = 0.25\mathrm{rad/s}$, 求 $\theta = 30°$ 时, 电池板的绝对角加速度 ε_a 和板上 A 点的绝对加速度 $\boldsymbol{a}_A$。

3-43 图示陀螺仪绕外环轴转动的角速度为 $\dot{\alpha}$, 角加速度为 $\ddot{\alpha}$; 绕内环轴转动的角速度为 $\dot{\beta}$, 角加速度为 $\ddot{\beta}$; 转子自转的角速度为 $\dot{\varphi}$, 角加速度为 $\ddot{\varphi}$。试写出陀螺转子角速度 $\boldsymbol{\omega}$ 及角加

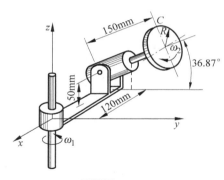

习题图 **3-38**

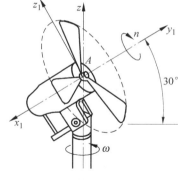

习题图 **3-39**

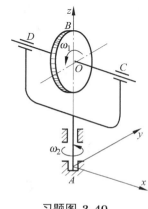

习题图 **3-40**

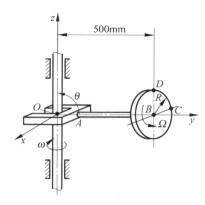

习题图 **3-41**

速度 ε 的公式。

3-44　已知机器人手臂 OA 在铅垂面内位置如图所示，分别在下列条件下：

(1) $OA = 0.8\text{m}$，$s(t) = 0.2t^2\text{m}$，$\varphi(t) = \dfrac{\pi}{2}\sin\dfrac{\pi}{6}t\,\text{rad}$；

(2) $OA = 0.8\text{m}$，$s(t) = 0.2\text{m}$，$\varphi(t) = \dfrac{\pi}{3}\text{rad}$，$\psi(t) = \dfrac{\pi}{6}t^2\text{rad}$；

(3) $OA = 0.8\text{m}$，$s(t) = 0.2\text{m}$，$s_1(t) = 0.1t^2\text{m}$，$\varphi(t) = \dfrac{\pi}{6}\cos\pi t\,\text{rad}$。

求 $t = 1\text{s}$ 时，手腕处 B 点在该瞬时的绝对速度大小 v_B 和绝对加速度大小 a_B。

3-45　图示圆盘半径 $R = 0.4\text{m}$，以匀角速度 $\omega_1 = 20\text{rad/s}$ 绕 AB 臂上 O 轴转动，AB 臂又以匀角速度 $\omega_2 = 5\text{rad/s}$ 绕 z 轴转动，$L = 1.2\text{m}$。求在图示位置时，圆盘铅垂直径端点 C 的加速度。

3-46　如图所示，机械臂臂长 $AB = BC = CD = a$，初始时刻 AB 与 X 轴平行，BC 与 Y 轴平行，CD 与 Z 轴平行。AB 绕 Z 轴旋转，角速度大小为 ω，方向为 Z 轴正方向；BC 绕 AB 旋转，相对于 AB 的角速度大小为 ω，方向始终为 AB 指向；CD 绕 BC 旋转，相对于 BC 的角速度大小为 ω，方向始终为 BC 指向（即始终保持 Z 轴 $\perp AB$，$AB \perp BC$，$BC \perp CD$ 的几何关系）。求：(1) 初始时刻，D 点的速度与加速度；(2) $t = \pi/(2\omega)$ 时，D 点的速度与加速度。

3-47　A，B 两个点的运动均满足约束方程组 f_1: $x^2 + y^2 = 1$ 和 f_2: $y = z$，它们的速度大小始终为 $v = 1$，初始时刻在图示坐标系中的位置分别为 $(\sqrt{2}/2,\ \sqrt{2}/2,\ \sqrt{2}/2)$ 和 $(-\sqrt{2}/2,$

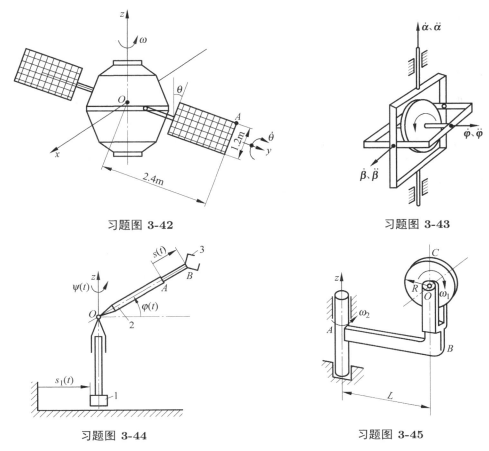

习题图 **3-42**

习题图 **3-43**

习题图 **3-44**

习题图 **3-45**

$\sqrt{2}/2, \sqrt{2}/2)$，运动方向如图所示。以点 A 运动的自然坐标系为动系，求初始时刻点 B 的牵连加速度和科氏加速度。

3-48 如图所示机构中，A，C 为柱铰，AB 杆在 yz 平面内运动，CD 杆在 xy 平行平面内运动。已知 C 点坐标为 $(a, a, -a)$，由 AB 杆推动 CD 杆运动，图示瞬时 AB 沿负 z 轴方向，AB 杆的角速度为 $\boldsymbol{\omega} = -\omega\boldsymbol{i}$，角加速度为 $\boldsymbol{\varepsilon} = -\varepsilon\boldsymbol{i}$。求此时：(1) 两杆接触点 E 的加速度；(2) CD 杆的角加速度；(3) A 点相对于 CD 杆的加速度。

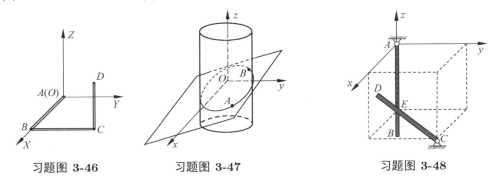

习题图 **3-46**   习题图 **3-47**   习题图 **3-48**

3-49 质点 P 以匀速率 $v = \sqrt{2}$ 沿曲线运动，在柱坐标系中曲线满足方程 $\rho = \cos\varphi$ 和 $z = t$。求 $t = 1, \varphi = -\pi/2$ 时：(1) 点 P 自然坐标系的角速度和角加速度；(2) 坐标系的原点 O 相对于点 P 自然坐标系的速度和加速度；(3) 点 P 在自然坐标系中的切向和法向加速度。

3-50 如图所示，底面半径为 r 的小圆锥相对于底面半径为 R 的大圆锥作纯滚动。已知小圆锥底面圆心的相对速度为 v，两者顶点重合，且顶角均为直角。大圆锥在惯性系中绕 OX 轴正向以角速度 ω 运动，试求：(1) 小圆锥在惯性系中的角速度、角加速度；(2) 小圆锥上 B 点在惯性系中的加速度。

3-51 如图所示，动轮 2 在定轮 1 上作纯滚动，定轮 1 的半径为 $2R$，动轮 2 的半径为 R，动轮 2 与 1 用曲柄 OA 相连，OA 旋转的角速度为 ω，角加速度为 ε，BC 杆在 B 点与地面铰接，并靠在动轮 2 上。当曲柄 OA 运动到竖直位置时，动轮 2 的圆心与 B 点位于同一水平线，且 $\theta = 30°$。试求在该瞬时：(1) BC 杆的角速度和动轮 2 的角速度；(2) BC 杆的角加速度和动轮 2 的角加速度。

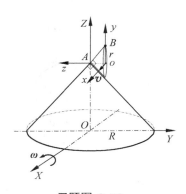

习题图 3-50

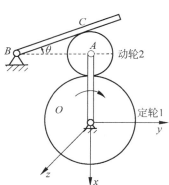

习题图 3-51

第 II 篇

静 力 学

　　静力学研究物体（质点系）在力系作用下平衡的规律。利用牛顿力学方法研究静力学的内容，称为**几何静力学**或者**刚体静力学**；利用分析力学方法研究静力学的内容，称为**分析静力学**。**力系**是指作用在物体上的一组力，可以是有限个力，也可以是无穷多个力。物体（质点系）在某个时刻 t_0 **静止**是指所有质点在该时刻的速度都等于零，即 $v_i(t_0) = 0 (i = 1, 2, \cdots)$。如果在闭区间 $t_0 \leqslant t \leqslant t_1$ 内所有质点的速度都为零，即 $v_i(t) = 0 (i = 1, 2, \cdots)$，则从 t_0 时刻到 t_1 时刻该物体（质点系）**保持静止**。显然，在区间 $t_0 \leqslant t < t_1$ 内所有质点的加速度都为零，即 $a_i(t) = 0 (i = 1, 2, \cdots)$。根据惯性参考系的定义和伽利略相对性原理（见第 6 章），物体相对惯性参考系作匀速直线运动，可以归结为物体相对某个惯性参考系静止。**平衡状态**是指物体（质点系）相对惯性参考系保持静止的状态，是一种特殊的运动状态。需要指出的是，t_1 可以趋于无穷。

　　如果在静止的物体（质点系）上作用一个力系，物体依然保持静止，我们称该力系是**平衡力系**。静力学的主要任务是在已知物体（质点系）静止的前提下，研究平衡力系应满足的条件，这些条件通常用方程（有些情况下用不等式）表示，称为**平衡方程**。对于一般的质点系，其平衡方程可以由虚位移原理给出，也称静力学普遍方程。这部分内容属于分析静力学。对于刚体，其平衡方程可以由虚位移原理给出，也可以由刚体动力学方程（见第 9 章）给出，又可以从静力学公理推演得到。这部分内容属于几何静力学。

　　需要读者特别注意的是，有人喜欢将"平衡状态"、"平衡力系"这两个不同的概念都简称"平衡"，这就会混淆两个概念，产生"刚体匀角速定轴是不是平衡"之类的困惑。

　　通常，在静力学中还讨论力系等效与简化问题，但这本质上是一个动力学问题，等效与简化的条件只能在动力学范畴内得到，力系等效与简化在动力学中也是非常重要的。**简化**是指在等效的前提下用一组简单的力系代替原来的力系。对于一般的质点系，其力系等效的充分必要条件可以由达朗贝尔-拉格朗日原理（见第 8 章）给出。这部分内容属于分析静力学。对于刚体，其力系等效条件可以由达朗贝尔-拉格朗日原理给出，也可以由刚体动力学方程（见第 9 章）给出，又可以从静力学公理出发逐步推导出来。这部分内容属于几何静力学。

　　从静力学公理出发，研究刚体静力学的方法，其特点是静力学自成体系，可以独立于运动学和动力学，需要很多的讲授时间。这种方法在 20 世纪 30 年代至 50 年代的苏联教材中广泛使用，当时也被引入我国，对我国的理论力学教学和教材都产生了深远的影响，但是在 20 世纪 90 年代以后的俄罗斯教材中已经较少使用了。

　　考虑到理论力学的发展趋势并结合我国的国情，本书采用的方法是，在第 4 章几何静力学中以待证明的定理为出发点，研究刚体平衡、力系的等效与简化等问题，而该定理将在本书后面分别用分析力学原理和刚体动力学给出严格的证明。这种方法实际上是将静力学看作动力学的特例。

第 4 章

几何静力学

内容提要 本章讲述力系的主矢量与主矩、等效与简化、受力分析等概念和方法，这些内容对于静力学和动力学都是非常重要的。本章还介绍研究刚体平衡、考虑摩擦的平衡、刚体系和变形体平衡的方法，这些方法有非常重要的工程应用价值。在学习本章以前，学生需要掌握矢量代数和矢量分析（见附录A.1和A.2）的知识，以及物理课程中关于力和力矩的基本知识。本章内容与前 3 章的运动学内容是相互独立的，初学者阅读本书既可以从第 1 章开始，也可以从本章开始。

4.1 力系的主矢量与主矩

力是一个物体对另一个物体的作用，是产生和改变运动的原因。力可以是超距离的，如地球对物体的引力（重力）、电磁力，也可以是接触而产生的，如地面对汽车的支撑力和摩擦力。确定力需要大小、方向和作用点，即力的三个要素。在国际单位制中，力的单位是牛顿，记为 N（1N=1kg·m/s^2）。力是矢量，作用点相同的力可以用平行四边形法则合成。如果我们的研究对象是质点，则不必强调力的作用点（如中学物理）。

我们将作用在同一个物体上的多个力称为**力系**。力系的主矢量和主矩是研究刚体动力学和静力学的两个重要的物理量。

4.1.1 力系的主矢量

将力系 $\boldsymbol{F}_1, \boldsymbol{F}_2, \cdots, \boldsymbol{F}_n$ 中的所有力的矢量和

$$\boldsymbol{R} = \sum_{i=1}^{n} \boldsymbol{F}_i \tag{4-1}$$

称为力系的**主矢量**。

设 F_{ix}, F_{iy}, F_{iz} 是 $\boldsymbol{F}_i$ 在直角坐标系 $Oxyz$ 中的分量，R_x, R_y, R_z 是主矢量 $\boldsymbol{R}$ 在直角坐标系 $Oxyz$ 中的分量，则

$$R_x = \sum_{i=1}^{n} F_{ix}, \qquad R_y = \sum_{i=1}^{n} F_{iy}, \qquad R_z = \sum_{i=1}^{n} F_{iz}$$

主矢量的大小为

$$R = \sqrt{R_x^2 + R_y^2 + R_z^2}$$

需要指出的是，主矢量与物理课程中讲的合力完全不同。合力是指作用在同一个质点上的各个力的矢量和，而主矢量是作用点可以不同（即作用在不同质点上）的各个力之矢量和。主矢量只有大小和方向，没有作用点和作用线。

作用在质点 P_i 上力 $\boldsymbol{F}_i$ 可以写成质点系内部各个质点作用在该质点的合**内力** $\boldsymbol{F}_i^{(\mathrm{i})}$ 与质点系外部作用在该质点的合**外力** $\boldsymbol{F}_i^{(\mathrm{e})}$ 之和，即

$$\boldsymbol{F}_i = \boldsymbol{F}_i^{(\mathrm{i})} + \boldsymbol{F}_i^{(\mathrm{e})} \quad (i = 1, 2, \cdots, n) \tag{4-2}$$

根据牛顿第三定律，两个质点的作用力和反作用力大小相等、方向相反。将式(4-2)代入式(4-1)，则质点系内部的各个质点的相互作用力相互抵消，于是可得

$$\boldsymbol{R} = \sum_{i=1}^{n} \boldsymbol{F}_i = \sum_{i=1}^{n} \boldsymbol{F}_i^{(\mathrm{e})} = \boldsymbol{R}^{(\mathrm{e})} \tag{4-3}$$

即力系的主矢量等于外力系的主矢量。

4.1.2　力对点的矩和力对轴的矩

为了表征力对绕定点转动刚体的作用效应，引入**力对点的矩**（简称为**力矩**）。力 $\boldsymbol{F}$ 对 O 点的矩定义为

$$\boldsymbol{m}_O(\boldsymbol{F}) = \boldsymbol{r} \times \boldsymbol{F} \tag{4-4}$$

其中 $\boldsymbol{r}$ 是力 $\boldsymbol{F}$ 的作用点 A 相对 O 点的矢径，点 O 称为 **矩心**。由矢量积的性质可知，力对点的矩的大小等于力的大小乘以力臂 d（从 O 点到力 $\boldsymbol{F}$ 作用线的距离），方向沿着 O 点和力 $\boldsymbol{F}$ 作用线所在平面的法线，如图4-1所示。从力矩矢量顶端看，力产生逆时针"转动"。力矩的国际单位是牛顿·米，记为 N·m。

力对点的矩 $\boldsymbol{m}_O(\boldsymbol{F})$ 可以在直角坐系 $Oxyz$ 中表示为

$$\boldsymbol{m}_O(\boldsymbol{F}) = \begin{vmatrix} \boldsymbol{i} & \boldsymbol{j} & \boldsymbol{k} \\ x & y & z \\ F_x & F_y & F_z \end{vmatrix}$$

$$= (yF_z - zF_y)\boldsymbol{i} + (zF_x - xF_z)\boldsymbol{j} + (xF_y - yF_x)\boldsymbol{k} \tag{4-5}$$

因此力矩 $\boldsymbol{m}_O(\boldsymbol{F})$ 在三个坐标轴上的投影分别为

$$m_{Ox} = yF_z - zF_y \tag{4-6}$$

$$m_{Oy} = zF_x - xF_z \tag{4-7}$$

$$m_{Oz} = xF_y - yF_x \tag{4-8}$$

为了表征力对绕定轴转动刚体的作用效应，我们定义力对轴的矩。设绕固定轴 z 转动的刚体受力 $\boldsymbol{F}$ 作用，将力 $\boldsymbol{F}$ 分解为沿 z 轴和垂直于 z 轴的平面 Oxy 的分量 $\boldsymbol{F}_z$ 和 $\boldsymbol{F}_{xy}$，如图4-2所示。$\boldsymbol{F}_z$ 不影响刚体绕 z 轴的转动，但 $\boldsymbol{F}_{xy}$ 会使刚体产生绕 z 轴的转动趋势，该趋势的方向和

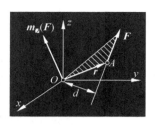

图 4-1

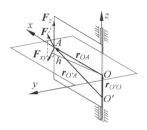

图 4-2

强弱取决于 $\boldsymbol{F}_{xy}$ 对 O 点的矩。因此将力 $\boldsymbol{F}$ 在与 z 轴垂直的平面 Oxy 上的投影 $\boldsymbol{F}_{xy}$ 对该轴与平面交点 O 之矩定义为力 $\boldsymbol{F}$ 对 z 轴的矩，即

$$m_z(\boldsymbol{F}) = \boldsymbol{m}_O(\boldsymbol{F}_{xy}) \cdot \boldsymbol{k} = \pm F_{xy}h \tag{4-9}$$

式中正号表示 $m_z(\boldsymbol{F})$ 和 z 轴同向，负号表示和 z 轴反向。力 $\boldsymbol{F}_z$ 对 O 点的矩 $\boldsymbol{m}_O(\boldsymbol{F}_z)$ 与 z 轴垂直，有 $\boldsymbol{m}_O(\boldsymbol{F}_z) \cdot \boldsymbol{k} = 0$；轴上任一点 O' 的矢径 $\boldsymbol{r}_{O'O}$ 与 z 轴平行，有 $(\boldsymbol{r}_{O'O} \times \boldsymbol{F}) \cdot \boldsymbol{k} = 0$。因此式(4-9)可进一步写为

$$m_z(\boldsymbol{F}) = \boldsymbol{m}_O(\boldsymbol{F}) \cdot \boldsymbol{k} = [(\boldsymbol{r}_{O'O} + \boldsymbol{r}_{OA}) \times \boldsymbol{F}] \cdot \boldsymbol{k} = \boldsymbol{m}_{O'}(\boldsymbol{F}) \cdot \boldsymbol{k} \tag{4-10}$$

可见，力对轴的矩等于力对该轴上任意点的矩在该轴上的投影，即

$$m_x(\boldsymbol{F}) = m_{Ox} \tag{4-11}$$

$$m_y(\boldsymbol{F}) = m_{Oy} \tag{4-12}$$

$$m_z(\boldsymbol{F}) = m_{Oz} \tag{4-13}$$

可以验证，当力 $\boldsymbol{F}$ 与 z 轴平行或相交时，即力与轴共面时，力对该轴的矩等于零。

4.1.3 力系的主矩

将力系 $\boldsymbol{F}_1, \boldsymbol{F}_2, \cdots, \boldsymbol{F}_n$ 中所有力对 O 点之矩的矢量和

$$\boldsymbol{M}_O = \sum_{i=1}^{n} \boldsymbol{m}_O(\boldsymbol{F}_i) = \sum_{i=1}^{n} \boldsymbol{r}_i \times \boldsymbol{F}_i \tag{4-14}$$

称为力系对点 O 的**主矩**。根据牛顿第三定律，两个质点的作用力和反作用力大小相等、方向相反。将式(4-2)代入式(4-14)，则质点系内部的各个质点的相互作用力相互抵消，于是可得，力系的主矩等于外力系的主矩，即

$$\boldsymbol{M}_O = \boldsymbol{M}_O^{(e)}$$

今后我们不再区分 $\boldsymbol{R}$ 和 $\boldsymbol{R}^{(e)}$，$\boldsymbol{M}_O$ 和 $\boldsymbol{M}_O^{(e)}$。

设 x_i, y_i, z_i 是矢径 $\boldsymbol{r}_i$ 在直角坐标系 $Oxyz$ 中的分量，则 $\boldsymbol{M}_O$ 分别在这 3 个坐标轴 Ox, Oy, Oz 上的投影

$$M_x = \sum_{i=1}^{n} (y_i F_{iz} - z_i F_{iy})$$

$$M_y = \sum_{i=1}^{n} (z_i F_{ix} - x_i F_{iz})$$

$$M_z = \sum_{i=1}^{n}(x_i F_{iy} - y_i F_{ix})$$

恰好就是力系中所有力 $\boldsymbol{F}_i(i = 1, 2, \cdots, n)$ 对 Ox, Oy, Oz 轴之矩的代数和。主矩的大小为

$$M_O = \sqrt{M_x^2 + M_y^2 + M_z^2}$$

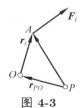

图 4-3

同一个力系对不同点的主矩是不同的，即主矩与矩心有关。设 P 是不同于 O 的点 (如图4-3所示)，则有以下关系式：

$$
\begin{aligned}
\boldsymbol{M}_P &= \sum_{i=1}^{n}(\boldsymbol{r}_{PO} + \boldsymbol{r}_i) \times \boldsymbol{F}_i \\
&= \sum_{i=1}^{n} \boldsymbol{r}_i \times \boldsymbol{F}_i + \boldsymbol{r}_{PO} \times \sum_{i=1}^{n} \boldsymbol{F}_i \\
&= \boldsymbol{M}_O + \boldsymbol{r}_{PO} \times \boldsymbol{R} \\
&= \boldsymbol{M}_O + \boldsymbol{R} \times \boldsymbol{r}_{OP}
\end{aligned}
$$

即

$$\boldsymbol{M}_P = \boldsymbol{M}_O + \boldsymbol{R} \times \boldsymbol{r}_{OP} \tag{4-15}$$

可以发现，这个关系式类似于运动学中刚体上两点速度的关系式，只需用 $\boldsymbol{M}$ 和 $\boldsymbol{R}$ 分别置换 $\boldsymbol{v}$ 和 $\boldsymbol{\omega}$。

在式(4-15)两边点乘主矢量 $\boldsymbol{R}$，可知 $\boldsymbol{M}_P \cdot \boldsymbol{R} = \boldsymbol{M}_O \cdot \boldsymbol{R}$，即 $\boldsymbol{M}_O \cdot \boldsymbol{R}$ 与矩心无关，称为力系的**第二不变量**。主矢量 $\boldsymbol{R}$ 也与矩心无关，称为力系的**第一不变量**。

讨论　可以证明有类似于速度投影定理的结论：*力系对空间任意两点的主矩在通过该两点的连线上的投影相等。*

例 4-1　在边长为 a 的正方体顶点 O, F, C 和 E 上作用有 4 个大小都等于 P 的力，方向如图4-4所示。求此力系的主矢量、对 O 点和 B 点的主矩。

解　取如图4-4所示的坐标系 $Oxyz$，并设坐标轴 Ox, Oy, Oz 的单位矢量为 $\boldsymbol{i}, \boldsymbol{j}, \boldsymbol{k}$，则

$$
\begin{aligned}
\boldsymbol{P}_1 &= P(\frac{\sqrt{2}}{2}\boldsymbol{i} + \frac{\sqrt{2}}{2}\boldsymbol{j}) \\
\boldsymbol{P}_2 &= P(-\frac{\sqrt{2}}{2}\boldsymbol{i} + \frac{\sqrt{2}}{2}\boldsymbol{j}) \\
\boldsymbol{P}_3 &= P(-\frac{\sqrt{2}}{2}\boldsymbol{j} + \frac{\sqrt{2}}{2}\boldsymbol{k}) \\
\boldsymbol{P}_4 &= P(\frac{\sqrt{2}}{2}\boldsymbol{j} + \frac{\sqrt{2}}{2}\boldsymbol{k})
\end{aligned}
$$

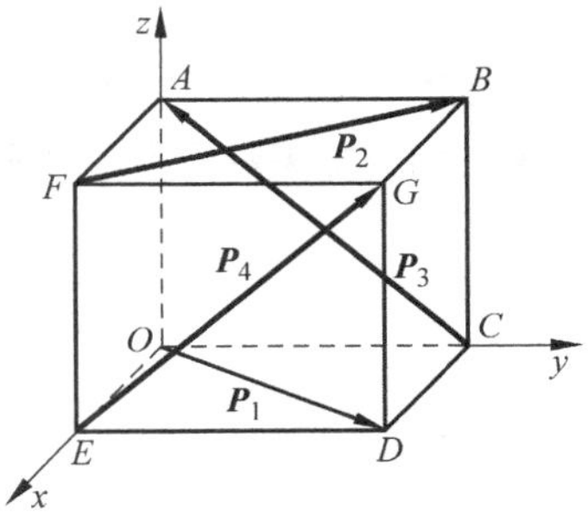

图 4-4

由主矢量的定义式(4-1)可得

$$\boldsymbol{R} = \sqrt{2}P(\boldsymbol{j} + \boldsymbol{k})$$

根据主矩的定义式(4-14)可得

$$\boldsymbol{M}_O = \boldsymbol{r}_{OF} \times \boldsymbol{P}_2 + \boldsymbol{r}_{OC} \times \boldsymbol{P}_3 + \boldsymbol{r}_{OE} \times \boldsymbol{P}_4$$

由几何关系知

$$\boldsymbol{r}_{OF} = a(\boldsymbol{i} + \boldsymbol{k}), \quad \boldsymbol{r}_{OC} = a\boldsymbol{j}, \quad \boldsymbol{r}_{OE} = a\boldsymbol{i}$$

代入上式计算得

$$\boldsymbol{M}_O = \sqrt{2}Pa(-\boldsymbol{j} + \boldsymbol{k})$$

根据力系对不同点主矩的关系式(4-15)可得

$$\boldsymbol{M}_B = \boldsymbol{M}_O + \boldsymbol{r}_{BO} \times \boldsymbol{R}$$

由于 $\boldsymbol{R}$ 平行于 $\boldsymbol{r}_{BO}$，它们的叉积等于零，故

$$\boldsymbol{M}_B = \boldsymbol{M}_O = \sqrt{2}Pa(-\boldsymbol{j} + \boldsymbol{k})$$

4.2 力系的等效与简化

在大学物理课程中我们已经知道，力对质点的作用效应是使其产生加速度。质点的位置和速度构成其运动状态，力的作用使质点的运动状态发生改变（见第 6 章）。力对物体的作用效应可以分为外效应和内效应，外效应改变物体的整体运动状态（质心位置和速度、方位和角速度），内效应使物体变形和产生应力（材料力学会介绍应力的概念）。如果我们用质点系模型代替物体，则内、外效应都归结为各个质点的运动状态改变。我们将质点系中所有质点的运动状态之集合作为质点系的运动状态，则力系对质点系的作用效应是改变其运动状态。

4.2.1 力系的等效

如果作用在同一个质点系上的两个力系相互替代而不影响质点系的运动状态的改变，则称这两个**力系等效**。

本节仅研究作用在刚体上的力系等效与简化，我们以下面的**力系等效定理**为基础进行讨论。我们将在第 8 章和第 9 章中，分别用两种方法给出这个定理的严格证明。

定理 4-1 作用在刚体上的两个力系 $\boldsymbol{F}_1, \boldsymbol{F}_2, \cdots, \boldsymbol{F}_k$ 和 $\boldsymbol{F}_1^*, \boldsymbol{F}_2^*, \cdots, \boldsymbol{F}_l^*$ 等效的充分必要条件是它们的主矢量相等，对同一点的主矩相等，即

$$\sum_{i=1}^{k} \boldsymbol{F}_i = \sum_{j=1}^{l} \boldsymbol{F}_j^*, \quad \sum_{i=1}^{k} \boldsymbol{r}_i \times \boldsymbol{F}_i = \sum_{j=1}^{l} \boldsymbol{r}_j \times \boldsymbol{F}_j^*$$

由这个定理立即可以得到下面两个推论。

推论 4-1 作用在刚体上的力可以沿着其作用线在刚体上滑移而不改变作用效应，但不能平行于作用线在刚体上平移。

这个推论很容易由定理直接得到。我们考虑由一个作用在刚体上的力 $\boldsymbol{F}$ 构成的力系，其主矢量 $\boldsymbol{R}$ 的大小、方向与力 $\boldsymbol{F}$ 的大小、方向完全一致。设 $\boldsymbol{F}$ 作用在刚体上 A 点，如图4-5(a) 所

示。将力 F 在刚体上沿着作用线滑移后，得到一个新的力 F'，其大小、方向、作用线都与原来的力 F 一致，只是作用点变成了 B 点，如图4-5(b) 所示。显然，这两个力系的主矢量完全相等，而且对同一个点（例如 O 点）之矩也完全相等，因此等效。如果将 F 平行于作用线在刚体上平移到 O 点得到 F''，如图 4-5(c) 所示，显然 F 和 F'' 对 O 点的主矩不相等，因此它们不等效。

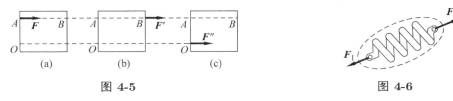

图 4-5　　　　　　　　　　　　　　　　　图 4-6

这个推论给出的作用在刚体上力的特性称为**可传性**。需要指出的是，力的可传性只适用于单个刚体，不适用于变形体。例如，如图4-6所示一根弹簧在两端受拉力作用时会伸长，如果这两个力沿着弹簧传到另一端成为压力，弹簧会被压缩。这是截然不同的作用效应。如果我们定义起始点固定的矢量为**固定矢量**，起始点可以沿着作用线滑移的矢量为**滑移矢量**，起始点可以任意变化的矢量为**自由矢量**，则作用在变形体上的力是固定矢量，作用在刚体上的力是滑移矢量，而力系的主矢量是自由矢量。

讨论　我们还可以检验已经学过的其他矢量是哪一种。例如，力系的主矩、力对点之矩、位移、速度、加速度等都是固定矢量，刚体的角速度、角加速度等都是自由矢量。

例 4-2　在直角楔的棱边上作用两个力 F_1 和 F_2，如图4-7所示，它们与力 F_1^* 和 F_2^* 等效。已知力 F_1，F_2 和 F_1^* 的大小与相应的棱边长度成正比，求力 F_2^*。

解　如果 a, b 为棱边 OA, AB 的长度，f 为比例系数，则

$$F_1 = fa, \quad F_2 = fa\sin\alpha, \quad F_1^* = fb$$

建立坐标系 $Oxyz$ 如图4-7所示，力系 (F_1, F_2) 的主矢量和对 O 点的主矩在该坐标系中的分量为

$$R_x = 0, \quad R_y = fa\cos\alpha, \quad R_z = 2fa\sin\alpha$$

$$M_x = fa^2\sin\alpha\cos\alpha, \quad M_y = -fab\sin\alpha, \quad M_z = 0$$

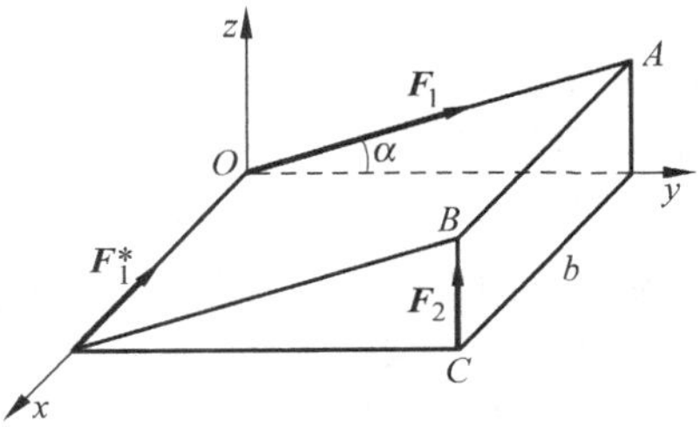

设力 F_2^* 的分量为 $F_{2x}^*, F_{2y}^*, F_{2z}^*$，其作用点坐标为 x, y, z。力系 (F_1^*, F_2^*) 的主矢量和主矩在该坐标系中的分量为

$$R_x^* = -fb + F_{2x}^*, \quad R_y^* = F_{2y}^*, \quad R_z^* = F_{2z}^*,$$

$$M_x^* = yF_{2z}^* - zF_{2y}^*, \quad M_y^* = zF_{2x}^* - xF_{2z}^*, \quad M_z^* = xF_{2y}^* - yF_{2x}^*$$

由等效力系 (F_1, F_2) 和 (F_1^*, F_2^*) 的主矢量相等的 3 个方程可以求得 F_2^* 的分量：

$$F_{2x}^* = fb, \quad F_{2y}^* = fa\cos\alpha, \quad F_{2z}^* = 2fa\sin\alpha$$

图 4-7

这就给出了 F_2^* 的方向和大小，其中大小为

$$F_2^* = \sqrt{F_{2x}^{*2} + F_{2y}^{*2} + F_{2z}^{*2}}$$

根据两个力系的主矩相等，简化后可得力 F_2^* 的作用点 x, y, z 满足的方程：

$$2y \sin \alpha - z \cos \alpha = a \sin \alpha \cos \alpha, \quad 2ax \sin \alpha - bz = ab \sin \alpha, \quad ax \cos \alpha - by = 0$$

这些方程不是确定力 F_2^* 的作用点，而是作用线：

$$\frac{2x - b}{b} = \frac{2y - a \cos \alpha}{a \cos \alpha} = \frac{z}{a \sin \alpha}$$

力 F_2^* 的作用线经过楔顶点 B 和楔底面对角线的交点。

4.2.2 力系的简化

下面我们讨论作用在刚体上的力系简化。**力系简化**是指用更简单的等效力系来代替原力系。首先介绍几个简单的力系：零力系、一个力、力偶、力螺旋。

零力系是指能使刚体保持原运动状态不变的力系，也叫**平衡力系**。如果刚体初始时刻静止，则会保持静止状态。零力系显然是一种最简单的力系，其主矢量和对任意点的主矩都为零。一个力构成的力系也是最简单的，其主矢量不为零，对作用线上任意点的主矩为零。

力偶是指大小相等、方向相反、作用线平行但不重合的一对力构成的力系，如图4-8所示的 $(F, -F)$。力偶对任意点 O 的主矩等于

$$M_O = r_1 \times F + r_2 \times (-F) = (r_1 - r_2) \times F$$

其中 $r_1 - r_2$ 是与矩心 O 无关的矢量。因此，力偶对任意点的主矩都相同，与矩心选择无关，是一个自由矢量，我们称之为**力偶矩**。力偶矩是确定力偶作用效应的物理量，只要保持力偶矩的大小和方向不变，力偶可以在一个刚体上任意旋转、滑移和平移。力偶矩的大小等于其中一个力的大小乘以作用线之间的距离，一定不等于零，所以力偶不可能等效于零力系。又由于力偶的主矢量等于零，力偶也不可能等效于一个力。由此可见，力偶已经是最简单的力系了。由多个力偶组成的力偶系的主矢量为零，因此和一个力偶等效。

对于一个力和一个力偶构成的力系，如果力偶矩的方向与力的作用线平行，则称该力系为**力螺旋**，力的作用线称为力螺旋的中心轴。例如拧螺丝时手加在改锥上的就是力螺旋，如图4-9所示。若力和力偶矩同向，则称为**右手力螺旋**，反之称为**左手力螺旋**。例如，钻头上受到的切削阻力系为右手力螺旋，而空气作用在螺旋桨上的推进力和阻力偶为左手力螺旋。因为力螺旋的主矢量不为零，对任意点的主矩也不可能等于零，所以力螺旋不能简化为一个力或者一个力偶。显然，力螺旋可以沿着其中心轴移动，而不改变对刚体的作用效应。

根据力系等效定理，我们可以得到下面的**泊松定理**。

定理 4-2 作用在刚体上的任意力系等效于由一个力和一个力偶构成的力系，这个力的作用线通过刚体上的某个点 O，其大小、方向与原力系的主矢量的大小、方向相同，这个力偶的力偶矩等于原力系对 O 点的主矩。

这个定理中提到的 O 点称为**简化中心**。显然，选取不同的简化中心，新力系中力的作用线可能不同，力偶矩也可能不同。

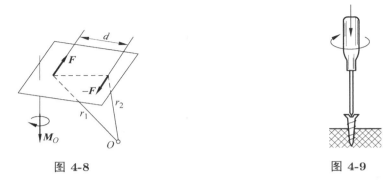

图 4-8   图 4-9

前面我们曾经指出,作用在刚体上的力平行于其作用线在刚体上平移将会改变作用效应。根据泊松定理,我们可以得到如下推论。

推论 4-2 **可以将作用在刚体上的力平行于其作用线在刚体上平移,同时附加一个力偶,其力偶矩等于原来的力对新作用点的矩。**

这个推论也称作**力的平移定理**。

例 4-3   力 $\boldsymbol{F}$ 作用在刚体上 $A(2,2,2)$ 点,其分量为 $F_x = 1$, $F_y = -2$, $F_z = 3$。不改变力的作用效应,试将其搬移到新的作用点 $B(-1,4,2)$。

解   力 $\boldsymbol{F}$ 对 B 点之矩的分量为 $M_x = -6$, $M_y = -9$, $M_z = -4$。于是,搬移的结果变为力 $\boldsymbol{F}$ 和一个力偶,力偶矩大小等于 $M = \sqrt{133}$,力偶矩的方向与坐标轴 Ox, Oy, Oz 夹角的余弦为

$$-\frac{6}{\sqrt{133}}, \qquad -\frac{9}{\sqrt{133}}, \qquad -\frac{4}{\sqrt{133}}$$

根据泊松定理,任何作用在刚体上的力系都可以简化为上述四种简单力系之一。在详细讨论各类力系简化之前,我们先推广一个重要的概念。在前一节我们曾经指出,合力是作用在同一个质点上的各个力按平行四边形法则计算的矢量和。现在我们将合力的概念推广为:如果力系等效于一个力,则该力称为力系的**合力**,称该力系有合力。

由泊松定理可知,任意力系均可以简化为过任意点 O 的一个力和一个力偶。根据力系的第二不变量可以将力系简化分为 $\boldsymbol{R} \cdot \boldsymbol{M}_O = 0$ 和 $\boldsymbol{R} \cdot \boldsymbol{M}_O \neq 0$ 两大类,其中第一大类又可以细分为 $\boldsymbol{R} \neq 0, \boldsymbol{M}_O = 0$;$\boldsymbol{R} \neq 0, \boldsymbol{M}_O \neq 0$ 但 $\boldsymbol{R} \perp \boldsymbol{M}_O$;$\boldsymbol{R} = 0, \boldsymbol{M}_O \neq 0$ 和 $\boldsymbol{R} = 0, \boldsymbol{M}_O = 0$ 等四种情况,详见表4-1所示。下面分别讨论这五种情况的力系简化结果。

(1) $\boldsymbol{R} \neq 0, \boldsymbol{M}_O = 0$:此时力系可简化为通过简化中心 O 的合力,其大小和方向由主矢量 $\boldsymbol{R}$ 确定。例如,**汇交力系**可以简化为一个作用线过交点 O 的力。如果点 O 不在刚体上,我们可以认为点 O 位于一个无质量杆的一端,杆的另一端固结于刚体,这样就可以认为点 O 是刚体上的点。

(2) $\boldsymbol{R} \neq 0, \boldsymbol{M}_O \neq 0$ 但 $\boldsymbol{R} \perp \boldsymbol{M}_O$:将力 $\boldsymbol{R}$ 沿垂直于 $\boldsymbol{R}$ 的方向平移至 P 点,为保证力系等效,需要附加力偶 $\boldsymbol{M}_O' = \boldsymbol{r}_{PO} \times \boldsymbol{R}$,如图4-10所示。力偶 $\boldsymbol{M}_O'$ 和 $\boldsymbol{M}_O$ 平行,因此当

$$\boldsymbol{r}_{OP} \times \boldsymbol{R} = \boldsymbol{M}_O$$

时,$\boldsymbol{M}_O' + \boldsymbol{M}_O = 0$,即力系可以简化为作用线过 P 点的一个合力。用 $\boldsymbol{R}$ 叉乘上式两端,并

利用式(A-15)和条件 $\boldsymbol{R}\cdot\boldsymbol{r}_{OP}=0$，可得

$$\boldsymbol{r}_{OP}=\frac{\boldsymbol{R}\times\boldsymbol{M}_O}{R^2} \tag{4-16}$$

图 4-10　　　　　　　　　　　　图 4-11

(3) $\boldsymbol{R}=0,\ \boldsymbol{M}_O\neq 0$：此时力系简化为一个力偶，简化结果与简化中心无关。

(4) $\boldsymbol{R}=0,\ \boldsymbol{M}_O=0$：此时力系简化为零力系，即平衡力系。

(5) $\boldsymbol{R}\cdot\boldsymbol{M}_O\neq 0$：此时主矢量 $\boldsymbol{R}$ 和主矩 $\boldsymbol{M}_O$ 均不等于零，且相互之间也不垂直。将 $\boldsymbol{M}_O$ 分解为与 $\boldsymbol{R}$ 平行的分量 $\boldsymbol{M}'$ 和与 $\boldsymbol{R}$ 垂直的分量 $\boldsymbol{M}''$，如图4-11所示。力 $\boldsymbol{R}$ 和力偶 $\boldsymbol{M}''$ 可以进一步简化为过 P 点的合力，其矢径 $\boldsymbol{r}_{OP}$ 由式(4-16)确定。将力偶 $\boldsymbol{M}'$ 也平移至 P 点，最终得到一作用线过 P 点的一个力螺旋 $(\boldsymbol{R},\boldsymbol{M}')$，其中

$$\boldsymbol{M}'=\frac{\boldsymbol{M}_O\cdot\boldsymbol{R}}{R^2}\boldsymbol{R}=p\boldsymbol{R}$$

式中 $p=(\boldsymbol{M}_O\cdot\boldsymbol{R})/R^2$ 称为**螺旋参数**。

表4-1给出了作用在刚体上的力系简化的各种可能情况。

表 4-1

	第二不变量	第一不变量	主矩 $\boldsymbol{M}_O$	简化结果
1	$\boldsymbol{R}\cdot\boldsymbol{M}_O=0$	$\boldsymbol{R}\neq 0$	$\boldsymbol{M}_O=0$	合力
2			$\boldsymbol{M}_O\neq 0$	
3		$\boldsymbol{R}=0$	$\boldsymbol{M}_O\neq 0$	力偶
4			$\boldsymbol{M}_O=0$	平衡力系
5	$\boldsymbol{R}\cdot\boldsymbol{M}_O\neq 0$	$\boldsymbol{R}\neq 0$	$\boldsymbol{M}_O\neq 0$	力螺旋

例 4-4　已知立方体的边长为 a，在其上作用有五个力，大小分别为 $P_1=P_2=P_3=P$，$P_4=P_5=\sqrt{2}P$，方向如图4-12(a) 所示。求该力系的简化结果。

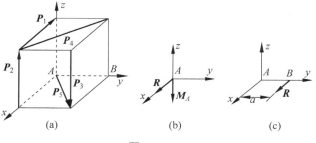

(a)　　　　　　(b)　　　　　　(c)

图 4-12

解　取 A 点为简化中心，力系的主矢量和主矩分别为

$$\boldsymbol{R} = \sum_{i=1}^{5} \boldsymbol{P}_i = P\boldsymbol{i} \tag{4-17}$$

$$\boldsymbol{M}_A = \sum_{i=1}^{5} \boldsymbol{r}_i \times \boldsymbol{P}_i = -Pa\boldsymbol{k} \tag{4-18}$$

式中 $\boldsymbol{r}_i$ 为从 A 点指向力 $\boldsymbol{P}_i$ 作用点的矢径。由于主矢量和主矩垂直 (如图 4-12(b) 所示)，力系可以进一步简化为一个合力，其作用线和点 A 之间的距离为

$$d = \frac{M_A}{R} = a$$

即力系最终简化为过 B 点的一个合力，如图4-12(c) 所示。

例 4-5　在刚体上作用有力系：$F_1 = 1\text{N}$，方向沿着 Oz 轴，$F_2 = 1\text{N}$，方向平行于 Oy 轴，如图4-13 所示。已知 $OA = 1\text{m}$，试将这个力系简化为最简单的形式。如果在 O 点再作用第三个力 $\boldsymbol{F}_3$，求可以将这三个力简化为合力的最小力 $\boldsymbol{F}_3$。

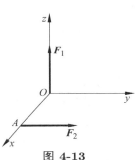

图 **4-13**

解　主矢量和主矩分别为

$$\boldsymbol{R} = \boldsymbol{j} + \boldsymbol{k}, \quad \boldsymbol{M}_O = \boldsymbol{k}$$

因为 $\boldsymbol{M}_O \cdot \boldsymbol{R} \neq 0$，力系 $(\boldsymbol{F}_1, \boldsymbol{F}_2)$ 可以简化为力螺旋。螺旋参数为

$$p = \frac{\boldsymbol{M}_O \cdot \boldsymbol{R}}{R^2} = \frac{1}{2}$$

因此力螺旋的力偶矩为

$$\boldsymbol{M} = p\boldsymbol{R} = \frac{1}{2}(\boldsymbol{j} + \boldsymbol{k})$$

其作用线过点 P，该点的矢径为

$$\boldsymbol{r}_{OP} = \frac{\boldsymbol{R} \times \boldsymbol{M}_O}{R^2} = \frac{1}{2}\boldsymbol{i}$$

即力螺旋的中心轴通过线段 OA 的中点，垂直于 Ox 轴，与 Oy 和 Oz 轴成 $\pi/4$ 角。

如果在坐标原点作用力 $\boldsymbol{F}_3$，设 $\boldsymbol{F}_3 = X\boldsymbol{i} + Y\boldsymbol{j} + Z\boldsymbol{k}$，则对 O 点的主矩与原力系相同，而主矢量变为 $\boldsymbol{R} = X\boldsymbol{i} + (Y+1)\boldsymbol{j} + (Z+1)\boldsymbol{k}$。由新力系可以简化为合力的条件 $\boldsymbol{M}_O \cdot \boldsymbol{R} = Z+1 = 0$，即 $Z = -1$。因此力 $\boldsymbol{F}_3 = (X, Y, -1)^{\mathrm{T}}$，其中的 X, Y 是任意的。当 $X = Y = 0$ 时，$F_3 = \sqrt{X^2 + Y^2 + 1}$ 有最小值。由此可得 $\boldsymbol{F}_3 = -\boldsymbol{F}_1$。

下面讨论两种特殊力系的简化：平面力系和平行力系。

1. 平面力系

平面力系是指作用线共面的力系。主矢量等于零的平面力系可以简化成一个力偶，主矢量不等于零的平面力系因其主矢量和主矩垂直而可以简化成一个合力。任取一点 O，如果平面力系对 O 点的主矩 $\boldsymbol{M}_O = 0$，则该力系的合力的作用线过 O 点，其大小、方向与主矢量 $\boldsymbol{R}$ 相同；如果对 O 点的主矩 $\boldsymbol{M}_O \neq 0$，我们另选一个点 P 使得 $\boldsymbol{r}_{OP} = (\boldsymbol{R} \times \boldsymbol{M}_O)/R^2$，利用式(4-15)可得

$$\boldsymbol{M}_P = \boldsymbol{M}_O + \boldsymbol{R} \times \boldsymbol{r}_{OP} = 0$$

故该力系的合力作用线过 P 点，其大小、方向与主矢量 $\boldsymbol{R}$ 相同。

讨论 设一个平面力系作用在刚体上，各个力按比例画出矢量，依次首尾相接，构成一个封闭多边形。虽然这个力系的主矢量为零，但不等效于零力系，即不平衡。它等效于一个力偶，其力偶矩的方向垂直于力系所在平面，大小等于多边形面积的 2 倍。

假设 O 点位于 n 边形内，将 O 点与各个多边形顶点相连，得到 n 个三角形。每个力对 O 点之矩的大小等于相应三角形面积的 2 倍。由于各个力对 O 点之矩的方向都相同，力系对 O 点主矩的大小为各个三角形面积之和的 2 倍，即等于 n 边形面积的 2 倍。因此力偶矩的大小也等于多边形面积的 2 倍。

显然，这个力系对刚体的作用，就像转动汽车方向盘一样，使刚体发生转动。

2. 平行力系

平行力系是指作用线相互平行的力构成的力系，其中各个力的方向可以相同或者相反。主矢量为零的平行力系可以简化为一个力偶，主矢量不等于零的平行力系因主矢量和主矩垂直而可以简化成一个合力。任取一点 O，如果平行力系对点 O 的主矩 $\boldsymbol{M}_O = 0$，则该力系的合力的作用线过点 O，其大小、方向与主矢量 $\boldsymbol{R}$ 相同；如果对点 O 的主矩 $\boldsymbol{M}_O \neq 0$，我们另选一个点 P 使得 $\boldsymbol{r}_{OP} = (\boldsymbol{R} \times \boldsymbol{M}_O)/R^2$，利用式(4-15)可得

$$\boldsymbol{M}_P = \boldsymbol{M}_O + \boldsymbol{R} \times \boldsymbol{r}_{OP} = 0$$

故该力系的合力作用线过 P 点，其大小、方向与主矢量 $\boldsymbol{R}$ 相同。

如果力系由两个方向相同的力 $\boldsymbol{F}_1$ 和 $\boldsymbol{F}_2$ 组成，其作用点分别为 A 和 B，我们在 AB 连线上取一点 C，使得 $F_1|AC| = F_2|BC|$，显然力系对 C 点的主矩等于零，也就是说合力的作用点一定经过 C 点，如图4-14(a) 所示。对于两个方向相反的力组成的平行力系，只要它们大小不相等，也可以用类似的方法找到 C 点，不同的是这时 C 点将落在 AB 的外侧，如图4-14(b) 所示。

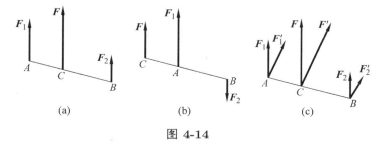

图 4-14

如果将力 $\boldsymbol{F}_1$ 和 $\boldsymbol{F}_2$ 转过一个角度成为 $\boldsymbol{F}'_1$ 和 $\boldsymbol{F}'_2$，但大小不变，则不难看出合力仍然过 C 点，如图4-14(c) 所示。对于主矢量不为零的平行力系，如果各个力的作用点固定、大小固定但方向任意变动时，其合力都经过 C 点，我们就称 C 点是这个平行力系的中心。下面给出**平行力系中心**的计算公式。

设平行力系由 n 个力 $\boldsymbol{F}_1, \boldsymbol{F}_2, \cdots, \boldsymbol{F}_n$ 构成，并且主矢量不为零。我们将各力作用线的单位矢量记为 $\boldsymbol{e}$，则有

$$\boldsymbol{R} = \sum_{i=1}^n \boldsymbol{F}_i = \left(\sum_{i=1}^n F_i\right) \boldsymbol{e}$$

由主矢量不为零可知

$$\sum_{i=1}^n F_i \neq 0$$

假设 $\boldsymbol{F}_1, \boldsymbol{F}_2, \cdots, \boldsymbol{F}_n$ 作用点的矢径分别为 $\boldsymbol{r}_1, \boldsymbol{r}_2, \cdots, \boldsymbol{r}_n$，而该平行力系中心的矢径为 $\boldsymbol{r}_C$，则有

$$\boldsymbol{r}_C \times \left(\sum_{i=1}^{n} F_i \right) \boldsymbol{e} = \sum_{i=1}^{n} (\boldsymbol{r}_i \times F_i \boldsymbol{e})$$

两边叉乘单位矢量 $\boldsymbol{e}$ 得

$$\boldsymbol{r}_C \times \left(\sum_{i=1}^{n} F_i \right) \boldsymbol{e} \times \boldsymbol{e} = \sum_{i=1}^{n} (\boldsymbol{r}_i \times F_i \boldsymbol{e}) \times \boldsymbol{e}$$

利用矢量三重积的公式可得

$$[\boldsymbol{r}_C - (\boldsymbol{e} \cdot \boldsymbol{r}_C)\boldsymbol{e}] \left(\sum_{i=1}^{n} F_i \right) = \sum_{i=1}^{n} [F_i \boldsymbol{r}_i - F_i (\boldsymbol{e} \cdot \boldsymbol{r}_i)\boldsymbol{e}]$$

整理得

$$\boldsymbol{r}_C \left(\sum_{i=1}^{n} F_i \right) - \sum_{i=1}^{n} F_i \boldsymbol{r}_i = \left[\boldsymbol{e} \cdot \left(\boldsymbol{r}_C \sum_{i=1}^{n} F_i - \sum_{i=1}^{n} F_i \boldsymbol{r}_i \right) \right] \boldsymbol{e}$$

这个等式说明，如果矢量

$$\boldsymbol{r}_C \left(\sum_{i=1}^{n} F_i \right) - \sum_{i=1}^{n} F_i \boldsymbol{r}_i$$

不为零，则它总是沿着 $\boldsymbol{e}$ 方向。又由于单位矢量 $\boldsymbol{e}$ 任意改变方向时上面等式都成立，而方程左端与 $\boldsymbol{e}$ 无关，因此一定有

$$\boldsymbol{r}_C \left(\sum_{i=1}^{n} F_i \right) - \sum_{i=1}^{n} F_i \boldsymbol{r}_i = \boldsymbol{0}$$

即

$$\boldsymbol{r}_C = \frac{\sum\limits_{i=1}^{n} F_i \boldsymbol{r}_i}{\sum\limits_{i=1}^{n} F_i} \tag{4-19}$$

　　作用在刚体上的地球引力，是作用在刚体的所有质点上的分布力系，每个力都是从质点指向地球中心的，因此这是汇交力系，有合力。这个合力就称为**重力**，重力的作用点就称为刚体的**重心**。在大学物理课程中已经提到过，对于尺寸不十分大的物体，它的重心和质心重合，但是没有给出证明。我们下面根据力系等效给出证明。

　　首先回顾一下质心的定义。我们考虑质点系 $P_i(i = 1, 2, \cdots, n)$。设 m_i 是质点 P_i 的质量，$\boldsymbol{r}_i$ 是质点 P_i 相对某个坐标系 $Oxyz$ 原点的矢径。系统的**质心**是指空间中的几何点 C，其矢径为

$$\boldsymbol{r}_C = \frac{\sum\limits_{i=1}^{n} m_i \boldsymbol{r}_i}{\sum\limits_{i=1}^{n} m_i} \tag{4-20}$$

如果计算连续体（例如刚体）的质心，只需将上式中的求和号都变成积分号，将有限求和运算变为在连续体（刚体）区域内的定积分运算。在本课程后面还有推导，也都是先针对离散质点系进行，采用求和记号，而对于连续体，只需进行数学符号的替换。

由于物体的尺寸 l（例如取为 1 米来计算）远远小于地球半径 R_e（约 6378 千米），因此作用在地球表面物体上的分布力系中各个力作用线之间的夹角不超过

$$2\arcsin\left(\frac{l}{2R_e}\right) \approx 0.0005°$$

可以近似地看成是平行力系，根据平行力系中心的计算式(4-19)，并令 $F_i = m_i g_i$，可得重心公式如下

$$\boldsymbol{r}_C = \frac{\sum\limits_{i=1}^{n} m_i g_i \boldsymbol{r}_i}{\sum\limits_{i=1}^{n} m_i g_i} \tag{4-21}$$

其中 g_i 是重力加速度的大小。如果物体的体积不十分大，各个质点所处位置的重力加速度的大小都是相等的，即 $g_i = g = \text{const}$（对于 1 米尺寸的物体，这种误差约为 10^{-5}）。这样在式(4-21)的分子和分母中约去 g，就得到式(4-20)了。

由于这里用到的力系等效仅适用于作用在刚体上的力系，重心公式用来计算刚体重心时，误差主要来自当作平行力系对待和认为重力加速度大小都相等；而用来计算变形体重心时，物体的变形也会引入一定的误差。

如果刚体是均质的，其重心、质心都与几何形心一致。另外，需要指出的是，物体的重心不一定在物体上，例如均质圆环的重心就不在圆环上，而在它的圆心上。

例 4-6　试求图4-15(a) 所示均质面积重心的位置。设 $FG = DE = EF = 20\text{cm}$，$AL = BH = 30\text{cm}$，$AB = 40\text{cm}$。

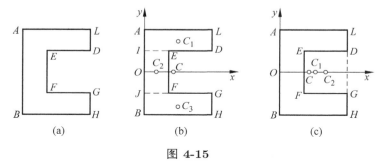

(a)　　　　　　　(b)　　　　　　　(c)

图 4-15

解　可以用两种方法求解。

分割法：将这个图形分割成三个长方形 $ALDI$，$IEFJ$ 和 $JGHB$，并取直角坐标系 Oxy，坐标原点位于线段 IJ 的中点，如图4-15(b) 所示。这三个矩形的面积分别为

$$S_1 = 300\text{cm}^2, \quad S_2 = 200\text{cm}^2, \quad S_3 = 300\text{cm}^2$$

它们的形心 C_1，C_2 和 C_3 分别在

$$x_1 = 15\text{cm}, \quad y_1 = 15\text{cm}$$
$$x_2 = 5\text{cm}, \quad y_2 = 0$$
$$x_3 = 15\text{cm}, \quad y_3 = -15\text{cm}$$

均匀分布在所求图形上的重力等效于作用在这三个矩形形心上的、大小与矩形面积成正比的三个力。这三个同方向的力构成一个新的平行力系，它们的中心就是我们要求的重心。利用

式(4-20)可求得重心 C 的位置为

$$x_C = \frac{S_1 x_1 + S_2 x_2 + S_3 x_3}{S_1 + S_2 + S_3} = 12.5\text{cm}$$

$$y_C = \frac{S_1 y_1 + S_2 y_2 + S_3 y_3}{S_1 + S_2 + S_3} = 0$$

负面积法：将图形看成是从大矩形 $ALHB$ 中挖去小矩形 $EDGF$，如图4-15(c) 所示。大矩形和小矩形的面积分别为

$$S_1 = 1200\text{cm}^2, \quad S_2 = 400\text{cm}^2$$

它们的形心 C_1 和 C_2 分别位于

$$x_1 = 15\text{cm}, \quad y_1 = 0$$
$$x_2 = 20\text{cm}, \quad y_2 = 0$$

均匀分布在所求图形上的重力等效于作用在这两个矩形形心上的、大小与矩形面积成正比的两个力。这两个方向相反的力构成一个新的平行力系，它们的中心 C 就是我们要求的重心。利用式(4-20)可求得重心 C 的位置为

$$x_C = \frac{S_1 x_1 - S_2 x_2}{S_1 - S_2} = 12.5\text{cm}$$

而 $y_C = 0$ 是显然的。

例 4-7 求如图4-16(a) 所示的分布平行力系 $q(x)(0 \leqslant x \leqslant l)$ 的简化结果。

解 取 O 点为简化中心，简化结果为一个力 $\boldsymbol{R}$ 和力偶 $\boldsymbol{M}_O$，其大小分别为

$$R = \int_0^l \mathrm{d}R = \int_0^l q(x)\mathrm{d}x$$
$$M_O = \int_0^l x\mathrm{d}R = \int_0^l xq(x)\mathrm{d}x$$

由于 $\boldsymbol{R}$ 和 $\boldsymbol{M}_O$ 垂直，它们可以进一步被简化为一个合力，其作用线距 O 点的距离为

$$d = \frac{M_O}{R} = \frac{\displaystyle\int_0^l xq(x)\mathrm{d}x}{\displaystyle\int_0^l q(x)\mathrm{d}x} \tag{4-22}$$

对于如图4-16(b) 所示的均布平行力系，简化结果为一个合力，其大小为 $R = ql$，作用线距 O 的距离为 $d = l/2$；对于如图4-16(c) 所示的三角形分布力系，简化结果为一个合力，其大小为 $R = q_0 l/2$，作用线距 O 的距离为 $d = 2l/3$。

思考题 请分析梯形分布力系 $q(x) = q_1 + (q_2 - q_1)x/l\ (0 \leqslant x \leqslant l)$ 的简化结果。

例 4-8 储油罐阀门 AB 板的一端由铰链 A 支撑，如图4-17(a) 所示。已知油的密度为水的 0.9 倍，阀门宽度为 $b = 0.75\text{m}$，$d = 3\text{m}$，求油对阀门压力的合力大小以及合力作用点（称为**压力中心**）。

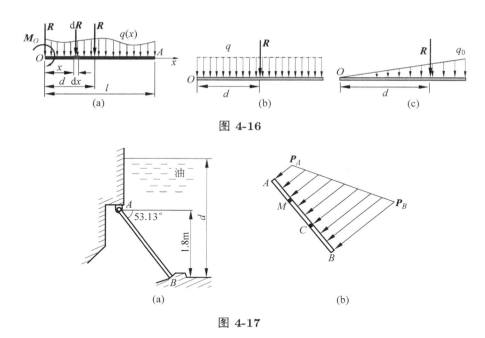

图 4-16

图 4-17

解　我们知道在深度为 h 处液体的压强为

$$p = p_0 + \rho g h$$

其中 ρ 为液体的密度，p_0 为大气压强，g 为重力加速度的大小。考虑到阀门板的两侧的大气压力相互抵消，由此 A 点和 B 点的净压强分别为 $p_A = 1.2\rho g$ 和 $p_B = 3\rho g$。AB 板上任意点 M 的净压强为

$$p = \left(1.2 + \frac{1.8x}{l}\right)\rho g$$

其中 $x = |AM|$，$l = |AB| = 1.8/\sin 53.13°$。整个 AB 板受到分布力的作用，如图4-17(b) 所示，这些分布力的合力大小为

$$R = \int_0^l pb\mathrm{d}x = \left(1.2 + \frac{1.8}{2}\right)\rho g b l = 31.26\text{N}$$

设合力的作用点为 AB 板上的 C 点，则有

$$R|AC| = \int_0^l pbx\mathrm{d}x = \left(0.6 + \frac{1.8}{3}\right)\rho g b l^2$$

解出

$$|AC| = 1.286\text{m}$$

4.3　受力分析

　　在求解力学问题时，首先要弄清楚研究对象受了哪些力的作用，以及这些力的作用点和方向，这个分析过程就是物体的**受力分析**。受力分析不仅是解决静力学问题的关键步骤，也是解决动力学问题的关键步骤。受力分析的第一步就是要确定分析的对象。实际问题中总是有好几个物体相互联结在一起，必须明确哪一个物体（或者物体的哪个部分）是我们的研究对象。其

次需要作一个**受力图**，图中包括研究对象和所有作用于它的外力。在本课程常见的力中，除了重力和给定的已知力以外，都是与研究对象接触的物体给它的作用力。这些接触的物体可能会限制研究对象的空间位置和速度，这种限制称为**约束**。比如单摆的摆锤受到绳的约束，摆锤到悬挂点的距离不能超过绳长。

按照牛顿力学的观点，力是改变物体运动的唯一原因。约束限制了物体的运动，因此约束可以被人为地解除并用力来代替。我们将解除约束后加在研究对象上的这种力称为**约束力**，也称为**约束反力**或者**反力**。例如，可以认为摆锤不受摆绳的约束，而是受到一个作用在摆锤上的沿着绳子方向的反力。一般来说，约束反力与约束的性质、研究对象的运动及其所受的其他力相关。本章介绍几何静力学内容，就是按照牛顿力学的观点处理约束，即总是解除约束并代之以反力。在下一章介绍分析静力学时我们就不用这种方法处理约束。

作用在物体上的外力，如果它与约束无关，例如重力，则称为**主动力**，有时也称为**载荷**，例如建筑结构受到的风载。一般来说，当主动力不存在时，则相应的有些约束力也不存在，但是约束力不会影响主动力。可见，约束力带有被动的性质。

下面介绍几种常见的典型约束的反力。由于约束的形式和机理千差万别，给出用反力代替约束的一般原则是非常困难的，但是有一些常见的约束，根据约束的具体实现形式，可以分析出约束反力的特点。

1. **柔性约束**：提供约束的是绳索、胶带或链条等柔性物体。这种约束只能提供拉力，因此可以确定其约束力的作用线必沿着绳索、胶带或链条的轴线，并具有拉力的指向。如图4-18(a)中绳索 BC 对 AB 杆的约束力是拉力 T （如图4-18(b) 所示），作用线沿着 BC 直线。

2. **刚性约束**：提供约束的物体是刚体，常见的刚性约束有以下几种。

1）**光滑曲面**

刚性的光滑曲面限制物体沿着曲面法向的运动，因此约束力为沿接触面公法线的支撑力 N，如图4-19所示。

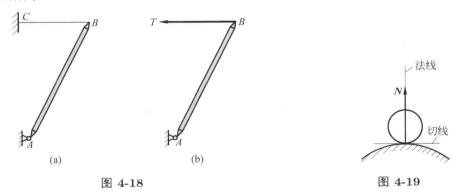

图 4-18　　　　　　　　　　　　　　　　图 4-19

2）**粗糙曲面**

粗糙曲面除了提供沿着公法线方向的支撑反力以外，还有沿着切线方向的摩擦力。摩擦力的指向取决于相对运动速度方向，相对速度为零时取决于相对加速度方向。有关摩擦的其他内容将在 4.5 节介绍。

3）**光滑柱铰**

光滑柱铰提供的约束力是通过柱铰中心轴的支撑力，例如，图4-20(a) 所示桥梁的左端就是一固定的铰链支座，简称支座。支座的固定部分和活动部分（与被约束物体固连）各有相同的圆孔，中间穿以圆柱销钉。活动部分只能绕销钉的轴线定轴转动。显然，销钉与活动部分可以在销钉柱面的任意一条母线上接触，由于光滑曲面约束力沿着公法线，光滑柱铰约束力的作用线必通过圆孔的中心，如图4-20(b) 所示。在实际情况下，销钉与活动部分接触不是销钉柱面的一条母线，可能是一个面，这样约束力就是一个分布力系。这个分布力系中所有力的作用线都经过圆孔中心，是一个汇交力系，有合力。合力作用线也经过圆孔中心。约束力的大小和方向都是未知的。为便于计算，通常把约束力分解为水平分量 R_x（或 X）和垂直分量 R_y（或 Y），如图4-20(c) 所示。在图4-20(d) 中用简化符号图表示铰支座。

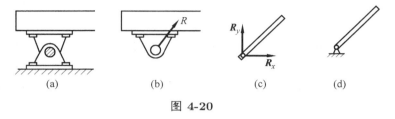

图 4-20

常见的柱铰还有轴承和辊轴等。辊轴的简化符号图如图4-21所示。

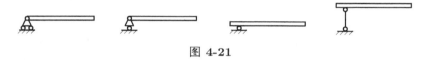

图 4-21

4）光滑球铰

球铰的结构如图4-22所示，杆端为球形，它被约束在一固定的球窝中，球和球窝半径近似相等，球心是固定不动的，杆只能绕球心作定点运动。与光滑柱铰类似，光滑球铰的约束反力必然通过球心。通常也可以用 X, Y, Z 表示它的三个方向的分力。

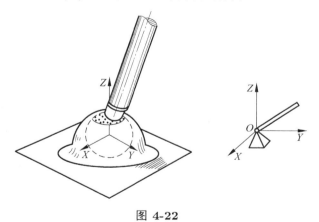

图 4-22

读者在学理论力学之前可能已经学过一些力学知识，对受力分析也不陌生。但是需要特别注意的是，中学物理课程中常称研究对象为"物体"，但实际上是当作质点。例如，对沿着斜面运动的物体进行受力分析、画受力图时，重力、斜面支撑力和摩擦力的作用点都画在物体质心上。这种画受力图的方式，在理论力学中就是完全错误的！理论力学的研究对象是一般质点系和刚体，"物体"应该当作刚体（或变形体），受力分析时不能认为所有力的作用线都通过物体的质心。对于这个例子，只有重力的作用点在质心，斜面支撑力和摩擦力都是分布力系，可以根据力系等效进行简化，简化结果是两个集中力，但是它们的作用线一般是不通过物体质心的。

在学习理论力学过程中，读者会发现，看似相同的内容，但在中学物理与本课程中有很大区别，比如角速度、画受力图。这正是学生感到学习理论力学困难的原因之一，需要读者特别注意。

下面看几个受力分析的例子。

例 4-9 重量为 W_1 的匀质圆盘放置在粗糙的斜面上，并用柔绳系在中心，绳的另一端绕过滑轮系一重量为 W_2 的重物，滑轮重量为 W_3，如图4-23(a) 所示。绳子的重量可略去不计。试作出圆盘、重物和滑轮的受力图。

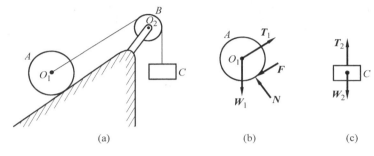

图 4-23

解

(1) 将圆盘从约束中分离出来，使它成为隔离体。在圆盘的中心点 O_1 受到重力 W_1 的作用和绳子的拉力 T_1 作用。在圆盘与斜面的接触点受到支持力和摩擦力的作用。受力图如图4-23(b) 所示。

(2) 将重物 C 从约束中分离出来，使它成为隔离体。在质心处受到重力 W_2 的作用，在悬挂点受到绳子的拉力 T_2 作用。受力图如图4-23(c) 所示。

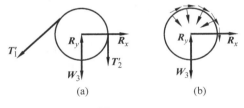

图 4-24

(3) 将滑轮和与其接触的一段绳子作为一个整体当作研究对象，从约束中分离出来成为隔离体。滑轮的轮心处受到重力 W_3 和轴承约束力作用，约束反力可分解成水平和垂直的两个分力 R_x 和 R_y。绳子的拉力 T'_1 和 T'_2 分别与 T_1 和 T_2 互为作用力和反作用力。受力图如图4-24(a) 所示。

(4) 如果将滑轮作为研究对象，轮心处受力情况与（3）相同，但绳子对滑轮的约束反力应该是压力和摩擦力，它们都是分布力，其中分布压力的方向都指向轮心，分布摩擦力沿着轮的切线。受力图如图4-24(b) 所示。当然，分布压力可以简化为合力，作用线通过滑轮中心。

讨论 一般情况下 T_1 和 T_2 的大小不相等。在滑轮和绳子都静止的情况下这两个力大小相等；如果滑轮等速转动，则只有在忽略绳子质量情况下这两个力大小相等；如果滑轮转动角加速度不为零，则只有在忽略滑轮和绳子质量情况下这两个力大小相等。

例 4-10 如图4-25(a) 所示，梯子的两部分 AB 和 AC 在点 A 铰接，又在 D 和 E 两点用

水平绳连接。梯子放在光滑水平面上，若其自重不计，在 AB 的中点 H 处作用一铅垂载荷 P，试分别作出绳子 DE 和梯子的 AB，AC 部分以及整个系统的受力图。

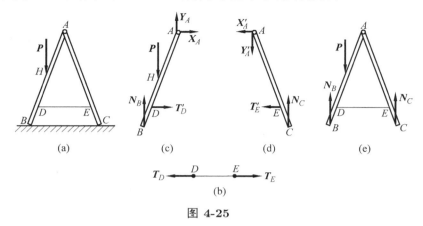

图 4-25

解

(1) 将绳子从梯子上分离出来，绳子的两端 D 和 E 分别受到梯子对它的拉力 T_D 和 T_E 的作用，其受力图如图4-25(b) 所示。

(2) 将梯子 AB 部分从系统中分离出来而成为自由体。它在 H 处受到载荷 P 的作用，在铰链 A 处受到 AC 部分对它的约束反力，由于大小与方向都是未知的，因而分解成水平与垂直方向的两个分力 X_A 和 Y_A。在点 D 处受到绳子对它的拉力 T'_D（与 T_D 互为作用力和反作用力）的作用。在 B 点受到光滑地面对它的法向反力 N_B 的作用。受力图如图4-25(c) 所示。

(3) 将梯子 AC 部分从系统中分离出来而成为自由体。在铰链 A 处受到 AB 部分对它的约束反力，分解成水平与垂直方向的两个分力 X'_A 和 Y'_A（分别与 X_A 和 Y_A 互为作用力和反作用力）。在 E 点处受到绳子对它的拉力 T'_E（与 T'_D 互为作用力和反作用力）的作用。在 C 点受到光滑地面对它的法向反力 N_C 的作用。受力图如图4-25(d) 所示。

(4) 当我们以整个系统作为研究对象时，铰 A 处的相互作用力是内力，在受力图上没有画出来，如图4-25(e) 所示。

从这几个例子可以看到，受力分析时要考虑力系简化。

4.4 力系的平衡

我们已经知道，如果作用在刚体上的全部力构成的力系等效于平衡力系（即零力系），且刚体初始静止，则刚体将继续保持静止状态。因此，刚体平衡条件就是作用在刚体上的力系 $F_1, F_2, \cdots, F_n$ 是平衡力系，即

$$R = \sum_{i=1}^{n} F_i = 0, \quad M_O = \sum_{i=1}^{n} r_i \times F_i = 0 \tag{4-23}$$

这就是**刚体平衡方程**，也是作用在刚体上的一般空间力系是平衡力系的方程。今后我们可以不用区分"刚体平衡方程"和"力系平衡方程"。由于力系的主矢量和主矩都与内力无关，因此上式中 $F_i (i = 1, 2, \cdots, n)$ 是作用在刚体上的全部外力，不包含刚体内部质点之间的内力。

4.4.1 一般力系的平衡方程

式(4-23)中的两个矢量形式的刚体平衡方程也可以写成如下 6 个标量等式：

$$R_x = \sum_{i=1}^{n} F_{ix} = 0 \tag{4-24}$$

$$R_y = \sum_{i=1}^{n} F_{iy} = 0 \tag{4-25}$$

$$R_z = \sum_{i=1}^{n} F_{iz} = 0 \tag{4-26}$$

$$M_x = \sum_{i=1}^{n} (y_i F_{iz} - z_i F_{iy}) = 0 \tag{4-27}$$

$$M_y = \sum_{i=1}^{n} (z_i F_{ix} - x_i F_{iz}) = 0 \tag{4-28}$$

$$M_z = \sum_{i=1}^{n} (x_i F_{iy} - y_i F_{ix}) = 0 \tag{4-29}$$

对于一般空间力系，这 6 个平衡方程是相互独立的。

对于空间汇交力系，由于力系有合力，取汇交点为 O，则方程(4-27)～(4-29)是恒等式，方程(4-24)～(4-26)是 3 个独立的方程。

对于平行力系，这 6 个平衡方程中有 3 个是独立的。不妨假设力系垂直于 Oxy 平面，则 $F_{ix} = F_{iy} = 0$，由此可知，方程(4-24)、(4-25)和(4-29)都是恒等式，而方程(4-26)～(4-28)是独立的方程。

对于一般平面力系，这 6 个平衡方程中有 3 个是独立的。不妨假设力系位于 Oxy 平面内，则由 $F_{iz} = 0$ 和 $z_i = 0$ 可知，方程 (4-26)～(4-28)都是恒等式，而方程(4-24)、(4-25)和(4-29)是独立的方程。

对于平面汇交力系，这 6 个平衡方程中只有 2 个是独立的。由于力系有合力，取汇交点为 O，不妨假设力系位于 Oxy 平面内，则由于 $F_{iz} = 0$ 可知，方程(4-26)～(4-29)都是恒等式，而方程(4-24)和(4-25)是独立的方程。

对于平面平行力系，这 6 个平衡方程中只有 2 个是独立的。不妨假设力系平行于 Ox 轴并位于 Oxy 平面内，则由 $F_{iy} = F_{iz} = 0$ 和 $z_i = 0$ 可知，方程(4-25)～(4-28)都是恒等式，而方程(4-24)和(4-29)是独立的方程。

如果作用在刚体上的外力只有两个，且使刚体保持平衡，则根据主矢量为零可知它们大小相等、方向相反、作用线平行，再根据主矩为零可知，它们作用线重合。就是说，作用在刚体上的两个力平衡的充分必要条件是：这两个力大小相等、方向相反，且作用在同一直线上。这就是所谓的**二力平衡条件**，在静力学公理体系中是作为无须证明的公理给出的，在我们这里以刚体平衡条件的特例形式简单地推导得出。

例 4-11　重量为 P 的均匀等腰三角形板 $ABC(AC = BC)$ 的顶点靠在三个坐标平面上，点 C 和点 O 用细绳 CO 连接，如图4-26所示。已知距离 a，b，c 和 $\angle COy = \pi/4$。求绳的拉力 T 和 A，B，C 三点的约束反力 X，Y，Z。

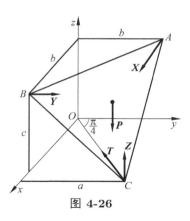

图 4-26

解　在板上有 5 个力作用：重力、绳的拉力和 A，B，C 三点的约束反力。由于没有摩擦，后 3 个约束反力垂直于坐标平面，如图4-26所示。由几何关系不难得到板重心的坐标：

$$\frac{a+b}{3}, \quad \frac{a+b}{3}, \quad \frac{2c}{3}$$

标准形式的刚体平衡方程给出 6 个关于 4 个未知数 X，Y，Z，T 的线性方程组：

$$R_x = -T\frac{\sqrt{2}}{2} + X = 0$$

$$R_y = -T\frac{\sqrt{2}}{2} + Y = 0$$

$$R_z = Z - P = 0$$

$$M_x = Za - Yc - \frac{1}{3}P(a+b) = 0$$

$$M_y = -Za + Xc + \frac{1}{3}P(a+b) = 0$$

$$M_z = Yb - Xb = 0$$

解方程得

$$X = Y = \frac{2a-b}{3c}P, \quad Z = P, \quad T = \frac{\sqrt{2}(2a-b)}{3c}P$$

例 4-12　正方形板 $ABCD$ 由六根直杆支撑于水平位置，若在 A 点沿 AD 作用有水平的力 P，尺寸如图4-27(a) 所示，不计板重和杆重，试求各杆对板的约束力（已知杆对板的约束力作用线沿着杆）。

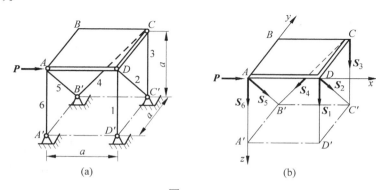

图 4-27

解　板的受力图如图4-27(b) 所示，我们先假设各杆约束力均为拉力，如果计算结果是负号，则应是压力。设坐标系 $Axyz$ 的 Ax 轴沿着 AD 方向，Ay 轴沿着 AB 方向，Az 轴沿着 $A'A$

方向，则可以写出平衡方程

$$R_x = P - S_4 \cos 45° = 0$$
$$R_y = (S_2 + S_5) \cos 45° = 0$$
$$R_z = -[S_1 + S_3 + S_6 + (S_2 + S_4 + S_5) \cos 45°] = 0$$
$$M_x = -a(S_3 + S_4 \cos 45°) = 0$$
$$M_y = a[S_1 + S_3 + (S_2 + S_4) \cos 45°] = 0$$
$$M_z = a(S_2 + S_4) \cos 45° = 0$$

解联立方程得出各杆约束力为

$$S_1 = P, \quad S_2 = -\sqrt{2}P, \quad S_3 = -P$$
$$S_4 = \sqrt{2}P, \quad S_5 = \sqrt{2}P, \quad S_6 = -P$$

注意：在求解上面的方程组时，选择好的求解顺序，可以做到每个方程只包含一个未解出的未知数。

在静力学中研究平衡问题时，如果独立的平衡方程数和未知数一样多，则称为**静定**问题，比如上面的例题就是静定问题。如果独立的平衡方程数少于未知数，则称此问题是**静不定**（或**超静定**）问题。比如在上面例题中，如果在 B 和 B' 之间增加一个杆，则未知数就变为 7 个，但独立的平衡方程还是 6 个，这就变成了超静定问题。在理论力学中一般只研究静定问题。

超静定问题中独立的平衡方程数目少于未知量的数目，这是否意味着这个问题没有解或者有无穷多个解呢？对于上面的例题，如果在 B 和 B' 之间增加一个杆，是不是这 7 个杆的内力是随意的或者没有办法确定呢？当然不是，这只能说明我们无法利用刚体平衡方程求出 7 个杆的内力，将来在材料力学和弹性力学课程中，读者可以学到如何利用变形协调方程求解这类问题。在这个例子中，如果在 B 和 B' 之间增加一个杆，我们可以将这 7 根杆看作弹性的，可以适当地伸长或压缩。我们还将正方形当作刚体，那么这 7 根杆的伸缩量之间必须满足一个协调关系（方程），才能保证正方形板不变形。它们的伸缩量与它们对板的约束力成比例，比例系数是与材料特性相关的常数。这样，协调方程就可以转换为 7 个约束力之间的关系式，这就是第 7 个独立的方程。由此可以求解这个超静定问题。

有些超静定问题能够用刚体平衡方程求解出其中的部分未知数，而另一部分未知数不能求出，只能给出它们的关系式，如它们之和（参见第118页和第124页的讨论）。

方程(4-24)～(4-29)是一般空间力系平衡方程的基本形式，其中包括三个力矩形式的方程，称为三力矩式的平衡方程，也可以类似地给出四力矩式、五力矩式和六力矩式的平衡方程。下面以定理的形式给出。

定理 4-3　设 P 点在坐标系 $Oxyz$ 中的坐标为 x_P, y_P, z_P，如果 $x_P \neq 0$ 或者 $y_P \neq 0$，则一般空间力系平衡的充分必要条件是

$$R_x = 0$$
$$R_y = 0$$
$$M_{Px} = 0 \quad (y_P \neq 0) \quad 或 \quad M_{Py} = 0 \quad (x_P \neq 0)$$
$$M_{Ox} = 0$$
$$M_{Oy} = 0$$
$$M_{Oz} = 0$$

这就是一般空间力系的四力矩式平衡方程。

证 必要性显然，我们只需证明充分性。根据力系对不同点的主矩关系式(4-15)有

$$\boldsymbol{M}_P = \boldsymbol{M}_O + \boldsymbol{R} \times \boldsymbol{r}_{OP} = \boldsymbol{R} \times \boldsymbol{r}_{OP}$$

写成分量形式就是

$$M_{Px} = z_P R_y - y_P R_z$$
$$M_{Py} = x_P R_z - z_P R_x$$
$$M_{Pz} = y_P R_x - x_P R_y$$

利用

$$R_x = 0$$
$$R_y = 0$$

可得

$$M_{Px} = -y_P R_z$$
$$M_{Py} = x_P R_z$$
$$M_{Pz} = 0$$

在 $x_P \neq 0$ 的情况下，由 $M_{Py} = 0$ 可得 $R_z = 0$；而在 $y_P \neq 0$ 的情况下，由 $M_{Px} = 0$ 可得 $R_z = 0$。可见，由四力矩式导出了三力矩式，定理得证。

定理 4-4　设 P 点在坐标系 $Oxyz$ 中的坐标为 x_P, y_P, z_P，如果 $x_P \neq 0$，则一般空间力系平衡的充分必要条件是

$$R_x = 0$$
$$M_{Py} = 0$$
$$M_{Pz} = 0$$
$$M_{Ox} = 0$$
$$M_{Oy} = 0$$
$$M_{Oz} = 0$$

这就是一般空间力系的五力矩式平衡方程。

证 必要性显然，我们只需证明充分性。根据力系对不同点的主矩关系式(4-15)有

$$\boldsymbol{M}_P = \boldsymbol{M}_O + \boldsymbol{R} \times \boldsymbol{r}_{OP} = \boldsymbol{R} \times \boldsymbol{r}_{OP}$$

写成分量形式就是

$$M_{Px} = z_P R_y - y_P R_z$$
$$M_{Py} = x_P R_z - z_P R_x$$
$$M_{Pz} = y_P R_x - x_P R_y$$

利用 $R_x = 0$ 可得

$$M_{Px} = z_P R_y - y_P R_z$$
$$M_{Py} = x_P R_z$$
$$M_{Pz} = -x_P R_y$$

在 $x_P \neq 0$ 的情况下，由 $M_{Py} = 0$ 可得 $R_z = 0$，由 $M_{Pz} = 0$ 可得 $R_y = 0$。可见，由五力矩式导出了三力矩式，定理得证。

定理 4-5 设 P 点和 Q 点在坐标系 $Oxyz$ 中的坐标分别为 x_P, y_P, z_P 和 x_Q, y_Q, z_Q，如果 $x_P = y_P = 0, z_P \neq 0$，$y_Q \neq 0, z_Q = 0$ 或 $x_Q \neq 0, z_Q = 0$，则一般空间力系平衡的充分必要条件是

$$M_{Px} = 0$$
$$M_{Py} = 0$$
$$M_{Qx} = 0 \quad (y_Q \neq 0, z_Q = 0) \quad \text{或} \quad M_{Qy} = 0 \quad (x_Q \neq 0, z_Q = 0)$$
$$M_{Ox} = 0$$
$$M_{Oy} = 0$$
$$M_{Oz} = 0$$

这就是一般空间力系的六力矩式平衡方程。

证 必要性显然，我们只需证明充分性。根据力系对不同点的主矩关系式(4-15)有

$$\boldsymbol{M}_P = \boldsymbol{M}_O + \boldsymbol{R} \times \boldsymbol{r}_{OP} = \boldsymbol{R} \times \boldsymbol{r}_{OP}$$

写成分量形式就是

$$M_{Px} = z_P R_y - y_P R_z$$
$$M_{Py} = x_P R_z - z_P R_x$$
$$M_{Pz} = y_P R_x - x_P R_y$$

利用 $x_P = y_P = 0, z_P \neq 0$ 可得

$$M_{Px} = z_P R_y$$
$$M_{Py} = -z_P R_x$$
$$M_{Pz} = 0$$

由 $M_{Px} = 0$ 可得 $R_y = 0$，由 $M_{Py} = 0$ 可得 $R_x = 0$。

对于 Q 点有

$$M_{Qx} = z_Q R_y - y_Q R_z$$
$$M_{Qy} = x_Q R_z - z_Q R_x$$
$$M_{Qz} = y_Q R_x - x_Q R_y$$

利用 $R_x = R_y = 0$ 可得

$$M_{Qx} = -y_Q R_z$$
$$M_{Qy} = x_Q R_z$$
$$M_{Qz} = 0$$

在 $y_Q \neq 0, z_Q = 0$ 的情况下，由 $M_{Qx} = 0$ 可得 $R_z = 0$；而在 $x_Q \neq 0, z_Q = 0$ 的情况下，由 $M_{Qy} = 0$ 可得 $R_z = 0$。可见，由六力矩式导出了三力矩式，定理得证。

下面我们写出例4-12的四力矩式、五力矩式和六力矩式。

四力矩式：

$$R_x = P - S_4 \cos 45° = 0$$
$$R_y = (S_2 + S_5) \cos 45° = 0$$
$$M_{Dy} = -a(S_5 \cos 45° + S_6) = 0$$
$$M_{Ax} = -a(S_3 + S_4 \cos 45°) = 0$$
$$M_{Ay} = a[S_1 + S_3 + (S_2 + S_4) \cos 45°] = 0$$
$$M_{Az} = a(S_2 + S_4) \cos 45° = 0$$

五力矩式：

$$R_x = P - S_4 \cos 45° = 0$$
$$M_{Dy} = -a(S_5 \cos 45° + S_6) = 0$$
$$M_{Dz} = a(S_4 - S_5) \cos 45° = 0$$
$$M_{Ax} = -a(S_3 + S_4 \cos 45°) = 0$$
$$M_{Ay} = a[S_1 + S_3 + (S_2 + S_4) \cos 45°] = 0$$
$$M_{Az} = a(S_2 + S_4) \cos 45° = 0$$

六力矩式：

$$M_{Dx} = -a(S_3 + S_4 \cos 45°) = 0$$
$$M_{Dy} = -a(S_5 \cos 45° + S_6) = 0$$
$$M_{Bx} = -a(S_1 + S_2 \cos 45° + S_3) = 0$$
$$M_{Ax} = -a(S_3 + S_4 \cos 45°) = 0$$
$$M_{Ay} = a[S_1 + S_3 + (S_2 + S_4) \cos 45°] = 0$$
$$M_{Az} = a(S_2 + S_4) \cos 45° = 0$$

4.4.2   平面力系的平衡方程

平面力系的平衡方程是指平面力系作用下的刚体平衡方程，是方程(4-23)或者方程(4-24)～(4-29)的特殊情况。对于一般平面力系，这 6 个平衡方程中有 3 个是独立的。如果力系位于 Oxy 平面内，方程 (4-26)～(4-28)都是恒等式，而方程(4-24)、(4-25)和(4-29)是独立的方程。这三个独立的方程是平面力系平衡方程的基本形式，因为其中有一个是力矩形式的，就称为一力矩式的平衡方程，为了叙述方便，我们将它们重新写在下面。

$$R_x = \sum_{i=1}^{n} F_{ix} = 0 \tag{4-30}$$

$$R_y = \sum_{i=1}^{n} F_{iy} = 0 \tag{4-31}$$

$$M_z = \sum_{i=1}^{n} (x_i F_{iy} - y_i F_{ix}) = 0 \tag{4-32}$$

平面力系平衡方程除了基本形式（一力矩式），还有另外两种常用的形式：二力矩式和三力矩式，下面我们以定理的形式给出。

定理 4-6 设 A，B 是 Oxy 平面上任选两点，再取一个与直线 AB 不垂直的单位向量 e，在 Oxy 平面内的力系 $F_1, F_2, \cdots, F_n$ 平衡的充分必要条件是

$$M_{Az} = 0, \quad M_{Bz} = 0, \quad \sum_{i=1}^{n} F_{ie} = 0 \tag{4-33}$$

其中 F_{ie} 是 F_i 在 e 方向的投影。这三个方程也称为平面力系的二力矩式平衡方程。

证 必要性也是显然的，下面证充分性。根据 $M_{Az} = 0$，力系可以简化成过 A 点的合力 F^*。我们用反证法证明 $F^* = 0$。假设 $F^* \neq 0$，则根据 $M_{Bz} = 0$ 和 $M_{Bz} = |r_{BA} \times F^*|$ 可知 F^* 的作用线必然与 AB 共线。又因为

$$\sum_{i=1}^{n} F_{ie} = 0$$

因此 F^* 只能沿着垂直于 e 的方向。但是定理条件是 e 和 AB 不垂直，这个矛盾说明 $F^* = 0$，定理得证。

定理 4-7 设 A，B，C 是 Oxy 平面上任选不共线的三个点，在 Oxy 平面内的力系 $F_1, F_2, \cdots, F_n$ 平衡的充分必要条件是

$$M_{Az} = 0, \quad M_{Bz} = 0, \quad M_{Cz} = 0 \tag{4-34}$$

这三个方程也称为平面力系的三力矩式平衡方程。

证 必要性也是显然的，下面证充分性。根据 $M_{Az} = 0$，力系可以简化成过 A 点的合力 F^*。我们用反证法证明 $F^* = 0$。假设 $F^* \neq 0$，则根据 $M_{Bz} = 0$ 和 $M_{Bz} = |r_{BA} \times F^*|$ 可知 F^* 的作用线必然与 AB 共线。同理，F^* 的作用线必然与 AC 共线。这与 A，B，C 不共线矛盾。这个矛盾说明 $F^* = 0$，定理得证。

在平面力系平衡问题中，还经常用到**三力平衡条件**，我们也以定理形式给出。

定理 4-8 设平衡力系只包含三个力 F_1，F_2，F_3，如果其中两个力作用线相交，则三个力构成平面汇交力系。

证 假设 F_1，F_2 的作用线相交于 O 点，根据 $R = 0$ 可得

$$F_3 = -(F_1 + F_2)$$

因此，F_3 的作用线一定位于 F_1，F_2 所确定的平面内。根据 $M_O = r_3 \times F_3$ 和 $M_O = 0$ 可知，F_3 的作用线也通过 O 点。定理得证。

例 4-13 长为 l 的均质细杆放置在两个互相垂直的光滑斜面上，其中一个斜面的倾角为 θ，如图4-28(a) 所示，求平衡时细杆的倾角 φ。

解 以 AB 杆为研究对象，画出受力图如图4-28(b) 所示。这是三力平衡问题，重力的作用线必然通过墙对杆的约束反力 N_A 与 N_B 的交点 O，由几何关系知

$$OA \sin\theta = \frac{l}{2}\cos\varphi$$

和

$$OA = l\sin(\theta + \varphi)$$

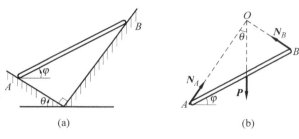

图 4-28

因此有

$$l \sin(\theta + \varphi) \sin \theta = \frac{l}{2} \cos \varphi$$

由此可解出

$$\tan \varphi = \cot 2\theta$$

进而求得

$$\varphi = 90° - 2\theta$$

例 4-14　车间用的悬臂式简易起重机可简化为如图4-29(a) 所示的结构。AB 是吊车梁,BC 是钢索,A 端支承可简化为铰链支座。设电葫芦和提升重物共重 $P = 5\text{kN}$,已知 $\theta = 25°$,$a = 2\text{m}$,$l = 2.5\text{m}$,吊车梁的自重可略去不计。求钢索 BC 和铰 A 的约束力。

解　载荷和约束力都作用在吊车梁上,选择吊车梁为研究对象,可以求出约束力。先分析吊车梁所受的力。主动力 $\boldsymbol{P}$ 的作用在 D 点,B 点受钢索的约束,约束力 $\boldsymbol{T}_B$ 的作用线沿着 BC,且为拉力。根据三力平衡条件,铰 A 的约束力 $\boldsymbol{R}_A$ 必通过 $\boldsymbol{P}$ 与 $\boldsymbol{T}_B$ 的交点 O。吊车梁的受力图如图4-29(b) 所示。

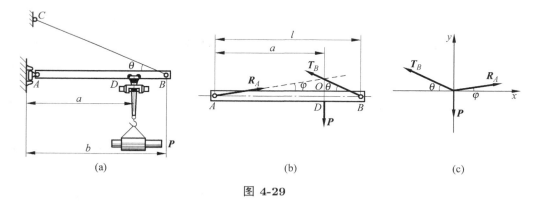

图 4-29

取直角坐标系 Oxy,如图4-29(c) 所示。列出平衡方程:

$$R_A \cos \varphi - T_B \cos \theta = 0$$

$$-P + R_A \sin \varphi + T_B \sin \theta = 0$$

式中角 φ 可由图中的几何关系

$$\tan \varphi = \frac{OD}{AD} = \frac{BD \tan \theta}{AD} = \frac{l-a}{a} \tan \theta$$

求得。解平衡方程可得

$$R_A = 8.63\text{kN}, \quad T_B = 9.46\text{kN}$$

例 4-15 半径为 R 的半球形碗内搁一根均匀的筷子 AB，如图4-30(a) 所示。筷子长为 $2l$（假设 $2R > l > \sqrt{6}R/3$），且为光滑接触。求筷子平衡时的倾角 α。

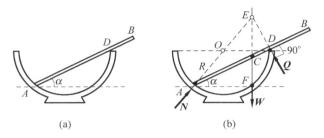

图 4-30

解 确定筷子为研究对象，作受力分析。在 A 端，碗对它的约束反力 $\boldsymbol{N}$ 垂直于碗面，即沿半径 AO。在碗边 D 处对筷子有约束反力 $\boldsymbol{Q}$，垂直于 AB。在筷子的重心 C 处（即 AB 的中点）有重力 $\boldsymbol{W}$，垂直向下。由 $\boldsymbol{N}, \boldsymbol{Q}, \boldsymbol{W}$ 三个力组成一个平衡力系。根据三力平衡的条件，$\boldsymbol{W}$ 的作用线必须经过 $\boldsymbol{Q}$ 和 $\boldsymbol{N}$ 的交点 E，如图4-30(b) 所示。

因为 $\angle ADE$ 是直角，所以 E 一定在圆周上，即 $|AE| = 2R$。因为 $\angle OAD = \angle ODA = \alpha$，所以

$$l\cos\alpha = |AF| = 2R\cos 2\alpha$$

由此解得

$$\alpha = \arccos\left[\frac{l}{8R} \pm \sqrt{\left(\frac{l}{8R}\right)^2 + \frac{1}{2}}\right]$$

经过一系列数学运算以后，得到了结果。一般来说，还不能说解题任务已经全部完成了，因为我们解的是力学问题，而不是数学问题。还应该把数学的运算结果回到力学问题中加以讨论。在 α 的表达式中，根号外的正负号应该是怎样取？应该取正号，因为 $0 < \alpha < 90°$。由图4-30(a) 可知，必须有 $l < 2R$。同时 l 又不能太小，因为由图4-29(b) 可知，必须有 $|AD| < |AB|$，即 $2R\cos\alpha < 2l$，将 $\cos\alpha$ 的表达式代入，即得 $l > \sqrt{6}R/3$。合起来必须有条件 $2R > l > \sqrt{6}R/3$。

例 4-16 边长均为 $2l$ 的均质直角尺放在桌子的边缘上，如图4-31(a) 所示。设 $AB = a = 0.4l$，求平衡时的角 α 以及桌子对直尺的约束反力。

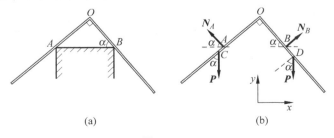

图 4-31

解 首先进行受力分析，受力图和坐标轴方向如图4-31(b) 所示。本题可以有以下多种解法。

解法 1 列出一力矩式的平衡方程

$$R_x = N_B \sin\alpha - N_A \cos\alpha = 0$$
$$R_y = N_B \cos\alpha + N_A \sin\alpha - 2P = 0$$
$$M_{Oz} = -N_A a \sin\alpha + N_B a \cos\alpha + Pl\sin\alpha - Pl\cos\alpha = 0$$

从这三个方程可解出:

$$\alpha = \alpha_1 = \frac{\pi}{4}, \quad N_A = N_B = \sqrt{2}P$$

$$\alpha = \alpha_2 = \frac{1}{2}\arcsin\frac{9}{16}, \quad N_A = \frac{P}{2}\sqrt{\frac{16-5\sqrt{7}}{2}}, \quad N_B = \frac{P}{2}\sqrt{\frac{16+5\sqrt{7}}{2}}$$

解法 2 列出两力矩式的平衡方程

$$R_x = N_B \sin\alpha - N_A \cos\alpha = 0$$
$$M_{Az} = N_B a \cos\alpha + P(l - a\sin\alpha)\sin\alpha - P[(l - a\cos\alpha)\cos\alpha + a] = 0$$
$$M_{Bz} = -N_A a \sin\alpha + P[(l - a\sin\alpha)\sin\alpha + a] - P(l - a\cos\alpha)\cos\alpha = 0$$

从这三个方程可以解出 α, N_A, N_B。

解法 3 列出三力矩式的平衡方程

$$M_{Oz} = -N_A a \sin\alpha + N_B a \cos\alpha + Pl\sin\alpha - Pl\cos\alpha$$
$$M_{Az} = N_B a \cos\alpha + P(l - a\sin\alpha)\sin\alpha - P[(l - a\cos\alpha)\cos\alpha + a] = 0$$
$$M_{Bz} = -N_A a \sin\alpha + P[(l - a\sin\alpha)\sin\alpha + a] - P(l - a\cos\alpha)\cos\alpha = 0$$

从这三个方程可以解出 α, N_A, N_B。

4.5 考虑摩擦的平衡问题

摩擦有很多种,常见的有**干摩擦(滑动摩擦)**、**黏性摩擦**和**滚动摩阻**等,它们的力学机理和性质是不同的。本课程不涉及摩擦的机理,主要介绍如何利用摩擦的性质研究含干摩擦的动力学(包括静力学)问题。在本小节的最后还将介绍一下滚动摩阻。

摩擦力的大小与主动力有关。例如木块放在粗糙水平桌面上,如果主动力垂直桌面压木块,摩擦力是零;如果主动力水平作用,就会有摩擦力阻碍木块运动。水平推力越大,摩擦力也变得越大以保持木块平衡。但是摩擦力有一个上限,当水平力大过某个值,摩擦力达到最大值,木块将开始运动。这个摩擦力的最大值称为最大静摩擦力,记为 $F_{\max}$。根据库仑定律:$F_{\max} = \mu N$,其中 μ 称为摩擦系数,它只依赖于物体和约束面的材料性质。N 是约束面的法向反力的大小。

有摩擦力的平衡问题中,摩擦力应满足不等式

$$F \leqslant \mu N \tag{4-35}$$

桌面作用在木块上的约束反力包括摩擦力 $\boldsymbol{F}$ 和法向约束反力 $\boldsymbol{N}$,它们的合力 $\boldsymbol{R}$ 称为**全约束反力**或**全反力**。当摩擦力达到最大静摩擦力时,全反力 $\boldsymbol{R}$ 和约束面法向的夹角称为**摩擦角**,记为 θ_{m}。以约束面法向为中心轴,以 $2\theta_{\mathrm{m}}$ 为顶角的正圆锥叫做**摩擦锥**,如图4-32所示。

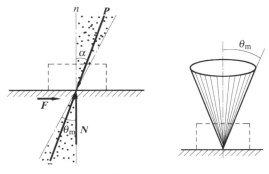

图 4-32

容易发现摩擦系数与摩擦角的关系为

$$\mu = \tan\theta_{\mathrm{m}} \tag{4-36}$$

利用式(4-35)和(4-36)可以得到两个有用的结论，下面以定理形式给出。

定理 4-9　在含摩擦的平衡问题中，摩擦面的全约束反力 $\boldsymbol{R}$ 的作用线一定位于摩擦锥内。

证　设全约束反力 $\boldsymbol{R}$ 与法向的夹角为 α，法向约束反力大小为 N，摩擦力大小为 F，则平衡时有

$$\tan\alpha = \frac{F}{N} \leqslant \frac{\mu N}{N}$$

即

$$\tan\alpha \leqslant \mu$$

利用(4-36)可得 $\alpha \leqslant \theta_{\mathrm{m}}$，结论得证。

定理 4-10　有摩擦的平衡问题中，平衡的充分必要条件是主动力作用线在摩擦锥内且方向指向接触点。

证　必要性根据定理 4-9 和二力平衡条件立刻可以得到。下面证充分性。设主动力 $\boldsymbol{P}$ 与法向的夹角为 α，法向约束反力大小为 N，摩擦力大小为 F。约束限制了物体沿法向的运动，即 $P\cos\alpha = N$，主动力沿切向分量满足下面关系

$$P\sin\alpha = P\cos\alpha\tan\alpha = N\tan\alpha \leqslant N\tan\theta_{\mathrm{m}}$$

即

$$P\sin\alpha \leqslant F_{\max}$$

因此物体处于平衡状态。

这个定理说明，如果主动力作用线落在摩擦锥之内且方向指向接触点，则无论主动力有多大，都不能使物体运动。这种现象叫做**摩擦自锁**。

在求解考虑摩擦的平衡问题时，受力图中多了摩擦力，因此除静力学平衡方程外还要补充摩擦力条件(4-35)。式(4-35)是一个不等式，因此所得结果是一个范围，在求解时即可直接求解不等式方程，也可在临界情况下求解等式，再根据物理意义确定解的取值范围。

例 4-17　设一物块放在粗糙斜面上，如图4-33所示。斜面与物块间的摩擦系数为 μ，问平衡时 α 应满足什么条件？

解 列出沿着斜面和垂直斜面方向的平衡方程

$$N = P\cos\alpha, \quad F = P\sin\alpha$$

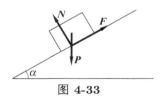

图 4-33

由于平衡时有

$$F \leqslant \mu N$$

再利用摩擦角的定义，有

$$\tan\alpha \leqslant \tan\theta_{\mathrm{m}}$$

可见，平衡时 $\alpha \leqslant \theta_{\mathrm{m}}$，即主动力 P 在摩擦锥内。

从这个例子可以看出，只要斜面的倾斜角小于摩擦角，无论物块多么重都能保持平衡，这就是摩擦自锁。斜面倾斜角等于摩擦角是临界情况。利用这个结果我们可以粗略估算出沙堆的倾角应该等于沙粒之间的摩擦角（图4-34）。这是因为如果倾角小于摩擦角，沙粒将停留在沙堆斜面上使倾角升高，直到倾角达到摩擦角。沙粒不能停留在倾角大于摩擦角的斜面上，一定会沿着斜面滑落，因此倾角不可能大于摩擦角。

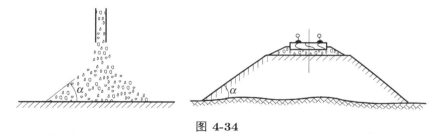

图 4-34

螺旋器械相当于在圆柱上缠绕的斜面。图4-35(a) 所示的螺旋夹紧器中，具有阴螺纹的框架相当于斜面，具有阳螺纹的螺杆相当于在斜面上滑动的物块，载荷相当于物块的重量，如图4-35(b) 所示。如果螺纹升角小于摩擦角，无论载荷多大，螺杆都可以在任意位置保持静止，即摩擦自锁，类似地还有螺旋千斤顶，如图4-36所示。

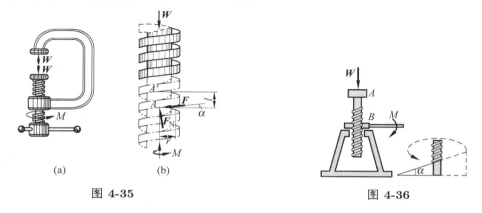

(a)   (b)

图 4-35   图 4-36

例 4-18 上例中，若 $\alpha > \theta_{\mathrm{m}}$，则主动力 P 落在锥外，物体不平衡。需加一个水平力 Q 使物体平衡。求力 Q 的大小。

解法 1 首先列出沿着斜面和垂直斜面方向的平衡方程

$$Q\cos\alpha - F - P\sin\alpha = 0$$
$$N - P\cos\alpha - Q\sin\alpha = 0$$

解出

$$F = Q\cos\alpha - P\sin\alpha$$
$$N = P\cos\alpha + Q\sin\alpha$$

平衡时摩擦力应满足

$$-\mu N \leqslant F \leqslant \mu N$$

即

$$-\mu(P\cos\alpha + Q\sin\alpha) \leqslant F \leqslant \mu(P\cos\alpha + Q\sin\alpha)$$

左边不等式可以变化成

$$P(\sin\alpha - \mu\cos\alpha) \leqslant Q(\cos\alpha + \mu\sin\alpha)$$

右边不等式可以变化成

$$Q(\cos\alpha - \mu\sin\alpha) \leqslant P(\sin\alpha + \mu\cos\alpha)$$

容易发现，当 $\mu \geqslant \cot\alpha$ 时，也就是说 $\alpha \geqslant \arctan\mu > 45°$ 时，这个不等式左端小于或等于零，不等式自然满足，因此推力的大小 Q 只有下限而没有上限。当 $\mu < \cot\alpha$ 时，得出推力的大小 Q 应满足的条件

$$\frac{P(\sin\alpha - \mu\cos\alpha)}{\cos\alpha + \mu\sin\alpha} \leqslant Q \leqslant \frac{P(\sin\alpha + \mu\cos\alpha)}{\cos\alpha - \mu\sin\alpha}$$

再利用摩擦系数与摩擦角的关系可得

$$\tan(\alpha - \theta_{\mathrm{m}}) \leqslant \frac{Q}{P} \leqslant \tan(\alpha + \theta_{\mathrm{m}})$$

解法 2 设 Q 与 P 的合力为 S，它与 P 的夹角为 β，如图4-37所示，则

$$\tan\beta = \frac{Q}{P}$$

由几何关系知 S 与 N 的夹角为 $\beta - \alpha$。平衡时这个夹角一定不超过摩擦角，即

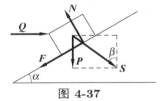

图 4-37

$$|\beta - \alpha| \leqslant \theta_{\mathrm{m}}$$

亦即

$$0 < \alpha - \theta_{\mathrm{m}} \leqslant \beta \leqslant \alpha + \theta_{\mathrm{m}}$$

当 $\alpha + \theta_{\mathrm{m}} < 90°$ 时，即当 $\mu < \cot\alpha$ 时，由上式可得

$$\tan(\alpha - \theta_{\mathrm{m}}) \leqslant \frac{Q}{P} \leqslant \tan(\alpha + \theta_{\mathrm{m}})$$

当 $\alpha + \theta_{\mathrm{m}} \geqslant 90°$ 时，即当 $\mu \geqslant \cot\alpha$ 时，由于 $\beta < 90°$，因此 $\beta \leqslant \alpha + \theta_{\mathrm{m}}$ 是恒成立的，可以取消。这时对 Q 只有下限而没有上限。

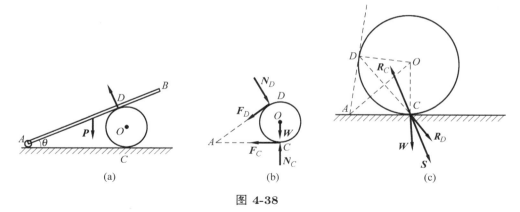

图 4-38

例 4-19　长为 $2l$ 的均质杆 AB 搁在半径为 r 的均质圆柱体上，杆与圆柱轴互相垂直，杆与圆柱重心在同一竖直平面内，如图4-38(a) 所示。点 A 为光滑铰支座，其余接触处的摩擦系数均为 μ。求平衡时杆与水平面夹角 θ 的最大值。

解　本题的特点是在多个点有摩擦，任何一点的摩擦力达到最大静摩擦都会破坏平衡。一般来说，应该首先判断哪个点最先达到最大静摩擦。

以柱为研究对象，其受力图如图4-38(b) 所示。对点 O 求矩得

$$F_D r - F_C r = 0$$

由此可知 $F_D = F_C$，即 C 和 D 处的摩擦力总是相等的。本题假设这两处的摩擦系数相等，因此它们可以承受的最大静摩擦的大小取决于正压力。下面就来判断哪个点的正压力较小。

对 A 点求矩有

$$N_C |AC| - N_D |AD| - W |AC| = 0$$

由于 $|AC| = |AD|$，上式可解出

$$N_C = W + N_D$$

可见，D 点的正压力小于 C 点的正压力，D 点可以承受的最大静摩擦力比 C 点小，因此 D 点首先达到最大静摩擦。这时有

$$F_C = F_D = \mu N_D$$

列出竖直方向的平衡方程

$$N_D \cos\theta + F_D \sin\theta + W = N_C$$

将上面已经求出的 $N_C = W + N_D$ 代入得

$$\cos\theta + \mu \sin\theta = 1$$

由此式可以解出

$$\theta = 0, \quad \theta = 2\arctan\mu$$

根据题意可以判断 $\theta = 0$ 不是真正的解。

讨论　我们也可以利用摩擦角来求解这个问题。分析圆柱的受力，它受重力、C 处和 D 处的约束反力（全反力），而且重力 W 和 C 处全反力 R_C 的作用线相交于 C 点。根据三力平

衡条件，D 处的全反力 $\boldsymbol{R}_D$ 的作用线也必然通过 C 点，即沿着 DC，如图4-38(c) 所示。我们可以将 $\boldsymbol{R}_D$ 看作是作用在圆柱上的主动力，设 $\boldsymbol{W}$ 与 $\boldsymbol{R}_D$ 的合力为 $\boldsymbol{S}$，则 $\boldsymbol{S}$ 与 $\boldsymbol{R}_C$ 大小相等、方向相反、作用线重合。当 D 处摩擦力达到临界值时，即 D 点发生滑动时，DC 与 OD 的夹角等于摩擦角，这时 $\boldsymbol{S}$ 与竖直方向的夹角一定小于摩擦角，即 $\boldsymbol{S}$ 位于 C 处摩擦锥之内。因此 C 点不会发生滑动。可见，D 点先达到最大静摩擦。

在临界情况下，$\angle AOD = 90° - \angle CDO = 90° - \arctan\mu$。由此可得

$$\theta = 2\angle DAO = 2(90° - \angle AOD) = 2\arctan\mu$$

思考题 图4-39是一种夹紧装置，它能卡住绳索使之不能沿着拉力 $\boldsymbol{P}$ 的方向移动。设绳沿铅垂线，凸轮圆弧中心为 O 点，A 和 B 为光滑销钉。在图示位置时，绳索与凸轮间的静摩擦系数至少应等于多少才能保证自锁？凸轮自重可忽略。

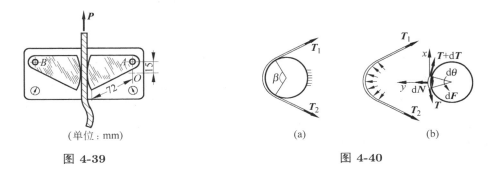

图 4-39　　　　　　　　　　　　图 4-40

例 4-20 皮带轮绕过圆柱体，两端作用有力 $\boldsymbol{T}_1$ 和 $\boldsymbol{T}_2$，已知摩擦系数为 μ，圆柱半径为 r，圆柱与皮带接触部分的张角为 β，如图4-40(a) 所示。已知 $T_1 > T_2$，求皮带不滑动情况下 T_1/T_2 的最大值。

解 我们研究与圆柱接触部分皮带的平衡，皮带和其中一个微元的受力图如图4-40(b) 所示。设微元的中心角为 $\mathrm{d}\theta$，列写微元的平衡方程

$$R_\tau = (T + \mathrm{d}T)\cos(\mathrm{d}\theta/2) - T\cos(\mathrm{d}\theta/2) - \mu\mathrm{d}N = 0$$
$$R_n = \mathrm{d}N - (T + \mathrm{d}T)\sin(\mathrm{d}\theta/2) - T\sin(\mathrm{d}\theta/2) = 0$$

由于 $\mathrm{d}\theta$ 为小量，有

$$\cos\left(\frac{\mathrm{d}\theta}{2}\right) \approx 1, \quad \sin\left(\frac{\mathrm{d}\theta}{2}\right) \approx \frac{\mathrm{d}\theta}{2}$$

因此微元平衡方程可以写成

$$R_\tau = (T + \mathrm{d}T) - T - \mu\mathrm{d}N = 0$$
$$R_n = \mathrm{d}N - (T + \mathrm{d}T)(\mathrm{d}\theta/2) - T(\mathrm{d}\theta/2) = 0$$

显然，$\mathrm{d}T(\mathrm{d}\theta/2)$ 也是高阶小量，也要略去。于是微元方程进一步写成

$$\mathrm{d}T = \mu\mathrm{d}N$$
$$\mathrm{d}N = T\mathrm{d}\theta$$

由此可得

$$\mathrm{d}T = \mu T\mathrm{d}\theta$$

为了便于积分，将这个方程变为

$$\frac{\mathrm{d}T}{T} = \mu\mathrm{d}\theta$$

两边积分

$$\int_{T_2}^{T_1} \frac{\mathrm{d}T}{T} = \int_0^\beta \mu\mathrm{d}\theta$$

可得

$$\ln\frac{T_1}{T_2} = \mu\beta$$

即

$$\frac{T_1}{T_2} = \mathrm{e}^{\mu\beta}$$

讨论　假设有一根绳子在树上绕两周，绳子的一端作用 50N 的力，设摩擦系数为 0.3，在另一端作用多大的力就可以保持绳子不滑动？

这种情况下 $\beta = 4\pi$，如果令 $T_2 = 50\text{N}$，计算得 $T_1 = 2164.67\text{N}$；如果令 $T_1 = 50\text{N}$，计算得 $T_2 = 1.15\text{N}$。所以另一端的作用力在 1.15N 到 2164.67N 之间，绳子都不会滑动。

下面介绍滚动摩阻。设有一个半径为 r 的车轮，在轮心 O 处受到铅垂力 $\boldsymbol{P}$ 和水平力 $\boldsymbol{T}$ 作用。假设车轮与路面都是完全刚性的，它们只在 A 点接触，车轮的受力图如图4-41(a) 所示。这时无论铅垂力 $\boldsymbol{P}$ 多么大、水平力 $\boldsymbol{T}$ 多么小，车轮都无法平衡，一定会发生滚动，这与我们的常识（水平拉力必须大于一定数值时车轮才开始滚动）不符。

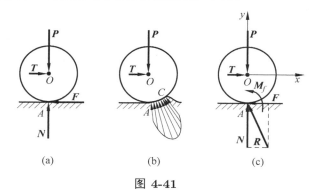

(a)　　　　　　　(b)　　　　　　　(c)

图 4-41

实际上，车轮和路面都不是绝对刚性的，路面也不是绝对平坦的，因此车轮与路面接触处不是一个点，而是一块小面积，如图4-41(b) 所示。因此路面对车轮的作用力是分布力，一般来说，这些分布力可以等效成一个反力 $\boldsymbol{R}$ 和一个力偶矩为 $\boldsymbol{M}_f$ 的力偶，如图4-41(c) 所示。这个力偶起着阻碍滚动的作用，称为**滚动摩阻**。在车轮静止时，滚动摩阻 $\boldsymbol{M}_f$ 的大小随着水平拉力 $\boldsymbol{T}$ 增大而增大，当拉力 $\boldsymbol{T}$ 达到一定值时，车轮处于滚动的临界状态，滚动摩阻 $\boldsymbol{M}_f$ 的数值也达到最大 $M_{f\max}$。实验证明

$$M_{f\max} = \delta N$$

其中 N 为法向约束反力的大小，δ 称为滚动摩阻系数，它具有长度的量纲，与材料的硬度、温度等因素有关。

4.6 刚体系的平衡

变形体是质点之间的相对距离可以变化的物体，例如弹性体、液体、气体等。变形体也是一种质系，只要理想约束的条件能满足，变形体的平衡问题仍然可以利用虚位移原理（见第 5 章）来研究。那么，能不能使用刚体平衡方程(4-23)或者方程(4-24)～(4-29)研究变形体平衡问题呢？我们以弹簧为例进行讨论。没有力系作用时，弹簧处于静止状态。如果我们在弹簧的两端施加大小相等、方向相反、作用线重合的两个力 $F_1 = -F_2$，如图4-42(a) 所示，弹簧也会发生变形。因此方程(4-23)或者方程(4-24)～(4-29)不能保证变形体处于平衡状态。但是，如果我们已知弹簧在力系作用下处于平衡状态，则我们可以断定该力系一定是平衡力系，否则弹簧将产生刚体运动（参见第 7 章的质心运动定理）。从这个例子可以看出，尽管方程(4-23)或者方程(4-24)～(4-29)不是非刚体（包括刚体系和变形体）平衡的充分条件，但却是非刚体平衡的必要条件。也就是说，已知非刚体处于平衡状态，如果把它刚化（想象成刚体），则平衡条件不变。这就是所谓的**刚化原理**，也称为**硬化原理**。这个原理可以作为定理来证明（见第 5 章），在静力学公理体系中被当作一个公理看待。事实上，这个原理是人们在常识范围内很容易接受的，比如在上面的例子中，弹簧两头受拉力，它就要变形，最后在拉伸到适当长度以后就达到平衡（弹簧不再变形，从整体看处于静止）。此时我们把弹簧"刚化"一下，也就是想象这根弹簧被一根形状相同的完全不会变形的刚体代替，当然不会使平衡状态遭到破坏。但是这种做法反过来却不对了，如果有一根不能变形的刚杆，两端受拉力处于平衡。此时我们把刚杆"软化"一下，也就是想象这根刚杆被一根橡皮绳代替，平衡马上就被破坏了。

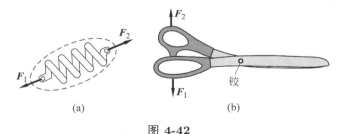

图 4-42

多刚体系统是由多个刚体组成的，也简称为**刚体系**。**多体系统**是由多个刚体和变形体组成的，其中自由度为零的称为**结构**，自由度不为零的称为**机构**。刚体系的平衡问题可以通过解除刚体间的约束，利用平衡方程(4-23)或者(4-24)～(4-29)逐个研究单个刚体；也可以利用虚位移原理（见第 5 章）研究整个刚体系。能不能使用刚体平衡方程(4-23)或者方程(4-24)～(4-29)研究刚体系的平衡问题呢？我们来看如图4-42(b) 所示的剪刀，它由两个刚体用柱铰链连接，F_1 和 F_2 分别作用在两个刚体上。如果 F_1 和 F_2 的大小相等、方向相反、作用线重合，符合刚体平衡条件，但是，剪刀这个刚体系显然不平衡。如果我们已知剪刀在某个力系作用下处于平衡状态，则我们可以断定该力系一定是平衡力系，否则剪刀整体将产生刚体运动（见第 7 章的质心运动定理）。对多体系统也有类似的结论。

因此，一般来说，刚体的平衡条件是非刚体（变形体、多刚体系统、多体系统）平衡的必要条件，但不是充分条件，解决变形体的平衡还需要考虑变形条件。刚化原理使得刚体静力学中关于平衡的一些结果，可以用于解决一些非刚体平衡问题。下面我们通过一些例子介绍如何用刚体平衡方程求解刚体系的平衡问题。

4.6.1　组合结构

例 4-21　设三铰拱由两个刚体 AC 和 BC 组成（图4-43(a)）。这两部分由铰链 C 联结起来。每一部分又用铰链和支座相联结（这种结构常用于房屋和桥梁）。已知有一竖直外力 P 作用在拱上，设三铰拱自身重量不计，尺寸如图所示。求 A 和 B 处的支座反力。

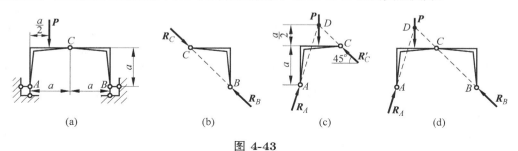

图 4-43

解法 1　将这个多体系分割成两个体，根据刚化原理，分别看作刚体来研究它们的平衡问题。先画右半拱 BC 的受力图（4-43(b)）。R_B 是支座 B 的反力，R_C 是刚体 AC 对刚体 BC 的作用力。由二力平衡条件可知，R_B 和 R_C 的作用线重合，即沿着 BC。再作左半拱 AC 的受力图（4-43(c)），图中的 R'_C 是 R_C 的反作用力，其作用线与 R_C 重合（与水平线夹角为 $45°$）。根据三力平衡条件，R_A 的作用线必须经过 R'_C 和 P 的交点 D。由几何关系就可以确定 R_A 与竖直线的夹角为 $\arctan(1/3)$。列平衡方程得

$$R_x = \frac{1}{\sqrt{10}} R_A - \frac{1}{\sqrt{2}} R'_C = 0$$

$$R_y = \frac{3}{\sqrt{10}} R_A + \frac{1}{\sqrt{2}} R'_C - P = 0$$

由此解出

$$R'_C = \frac{\sqrt{2}}{4} P, \quad R_A = \frac{\sqrt{10}}{4} P$$

另外，由于 $R_B = R_C = R'_C$，所以

$$R_B = \frac{\sqrt{2}}{4} P$$

解法 2　前几步还是和上面一样，直至分析出 R_B 与水平夹角为 $45°$。随后我们不去研究左半拱，而是把整个三铰拱作为分析对象，画出其受力图（图4-43(d)）。然后根据三力平衡的条件进行计算，最后当然得出与前面一种方法相同的计算结果。

在这个例子中，可以注意到，用后一种方法时图4-43(d) 中没有涉及 R_C，因为我们把整个三铰拱当作一个刚体看待，那么 R_C 就成了刚体自身这一部分对另一部分作用的内力。我们研究的是刚体在外力作用下的平衡问题，当然内力就不必出现。

讨论　如果右半拱也有一个力作用，则右半拱也受到三个力作用，无法确定约束反力 R_B 和 R_C 的方向。分别作用在左、右半拱上的平面力系都包含 4 个未知数，无法求解。如果以三铰拱为研究对象，也是有 4 个未知数，无法求解。这是一个超静定问题吗？

分别利用对 A 点和 B 点的力矩平衡方程，可以分别求出 A 点和 B 点约束反力的竖直方向分量。根据水平方向力平衡方程，这两处约束力的水平分量之和应该为零，但是无法确定每

个约束力水平分量的大小和指向。如果这时再考虑左或右半拱，如右半拱，则只有三个未知量：R_C 的两个分量和 R_B 的水平分量，由 $M_{Cz} = 0$ 可以求出 R_B 的水平分量。进一步可以求得 R_A 的水平分量。

可见，这是静定问题。

例 4-22 如图4-44(a) 所示，水平梁由 AC 和 CD 两部分组成，它们在 C 处用光滑铰链相连。梁的 A 端插入墙内，在 B 处用滚动支座支撑。已知梁受到的载荷有集中载荷 $P_1 = 10\mathrm{kN}$ 和 $P_2 = 20\mathrm{kN}$，还有 OC 段的均布载荷 $p = 5\mathrm{kN/m}$，BD 段的线性分布载荷在 D 端为零，在 B 处达到最大值 $q = 6\mathrm{kN/m}$。试求 A 和 B 处的约束反力。

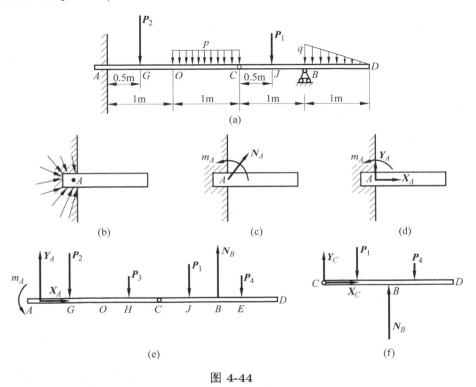

图 4-44

解 梁是变形体，根据刚化原理将它们看作刚体，首先将分布力系简化。根据平行力系的简化结论，作用在 OC 段的均布载荷可以简化为作用在 OC 中点 H 的集中载荷 $P_3 = p|OC| = 5\mathrm{kN}$，而作用在 BD 段的线性载荷可以简化为作用在 E 点的集中载荷 $P_4 = q|BD|/2 = 3\mathrm{kN}$，其中 E 到 B 的距离为 $|BE| = |BD|/3 = 1/3\mathrm{m}$。墙作用在 A 端的约束反力也是分布力（如图4-44(b) 所示），是一般平面力系。一般平面力系的简化结果是合力（主矢量不为零）或者力偶（主矢量为零）。由于约束反力的主矢量也是未知的，而且与主动力有关，我们无法判断其简化结果是合力还是力偶。因此，根据泊松定理，我们就将该力系用作用在 A 点的未知力 N_A 和未知力偶矩 m_A 代替（如图4-44(c) 所示）。对于平面力系，力偶矩 m_A 一定垂直于力系所在平面，因此仅用代数量 m_A 表示就可以了。反力 N_A 的大小和方向都未知，我们用两个未知分量 X_A 和 Y_A 表示（如图4-44(d) 所示）。

下面以整个梁为研究对象，受力图如图4-44(e)所示。列平衡方程

$$R_x = X_A = 0$$
$$R_y = Y_A + N_B - P_1 - P_2 - P_3 - P_4 = 0$$
$$M_A = m_A + N_B|AB| - P_2|AG| - P_1|AJ| - P_3|AH| - P_4|AE| = 0$$

以上 3 个方程包括 4 个未知数，无法求解。

我们选 DC 段为研究对象，受力图如图4-44(f)所示。列平衡方程

$$M_C = N_B|CB| - P_1|CJ| - P_4|CE| = 0$$

解得 $N_B = 9\text{kN}$。将这个结果代入前面 3 个方程，解得

$$m_A = 25.5\text{kN} \cdot \text{m}, \quad Y_A = 29\text{kN}, \quad X_A = 0$$

讨论 在这个例题中，如果均布载荷作用在 OJ 段，可否简化为作用在 OJ 中点的集中力？

一般来说，不能这样简化，因为力系简化的结果是针对作用在一个刚体上的力系，而 OJ 段包含两段梁。如果这样简化后计算结果也对，那也纯属巧合，没有理论根据支持。

4.6.2 桁架

在工程实际中，厂房、桥梁、起重机、油田井架、电视塔等大跨度建筑物常用桁架结构，如图4-45所示。

图 4-45

这种结构具有自重小、承载能力强、跨度大、可以充分利用材料等优点，在材料力学课程中更容易讲清楚这些优点。**桁架**是由若干直杆状构件在两端以一定的方式连接起来的结构。详细分析桁架中各个构件以及连接处的受力是非常复杂的，需要借助材料力学、弹性力学和结构力学的知识。这里我们可以根据一些假设，对桁架做适当简化之后再来分析。根据实际情况，基于引入误差小和计算偏"保守"的原则，可以对桁架作如下假设：

(1) 桁架的构件都是直的刚杆。这个假设是基本符合实际情况的，尽管实际构件不是绝对直的，也不是不变形的刚体，也不是完全不能承受垂直杆的力，但这样假设引入的计算误差非常小，计算结果对评估结构的安全性问题是偏"保守"的。

(2) 各个构件在端点以光滑铰链相连接，连接点称为**节点**。实际桁架的连接方式有焊接、铆接、榫接、螺栓连接等，如图4-46所示。这样假设引入的计算误差非常小，计算结果对评估结构的安全性问题是偏"保守"的。

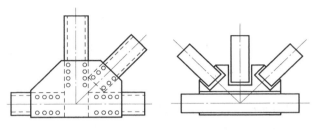

图 4-46

(3) 构件的自重不计，且支座约束反力及载荷均作用在节点上。这个假设引入的计算误差也很小，但是计算结果对评估结构的安全性问题并不是偏"保守"的。

满足以上假设的桁架称为**理想桁架**。在这些假设下，桁架的各个杆均为二力杆，杆所受的内力必须沿着杆的方向，是单纯的拉力或者压力。这里**杆的内力**是杆内各部分之间的作用力，可以用一个假想的截面将杆分成两部分来判断它们之间的相互作用，如图4-47所示。根据理想桁架求出杆的内力是实际桁架各杆内力的主要部分，一般情况下已经可以满足设计要求。如果桁架的所有杆和所有载荷都在同一个平面内，则称为**平面桁架**。图4-48所示的就是平面理想桁架，在理论力学课程中通常只研究这种桁架的分析方法，这些方法对空间理想桁架分析也适用，只是在应用上更复杂。

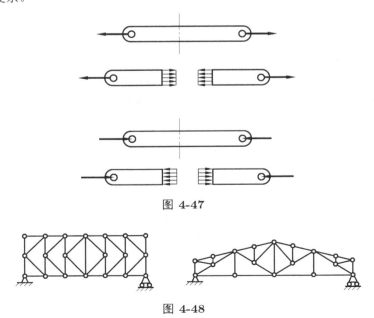

图 4-47

图 4-48

最简单的平面桁架是由 3 根杆和 3 个铰链构成的三角形。可以在这个三角形的基础上增加杆和铰链形成比较复杂的桁架。如果每次增加两根杆和一个铰链，不断扩大，最后将整个桁架用铰链与辊轴支承起来（如图4-49所示）。这样的桁架称为**简单桁架**。很容易得到简单桁架的杆数 m 和节点（铰链）数 n 之间的关系：

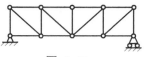

图 4-49

$$m + 3 = 2n$$

分析桁架杆件内力的方法有两种：节点法和截面法。

节点法是以节点为研究对象，作用在节点上的力系是汇交力系，对于简单桁架，每个节点上有两个未知力（杆的内力），可以通过平面汇交力系的两个平衡方程解出来。可见，简单桁架是静定结构。

截面法是用一个假想截面截出桁架的一部分（并刚化）作为研究对象，被截断杆件的内力就转变为外力，应用平面力系的平衡方程来求解。由于平面力系的平衡方程只有 3 个独立，被截断杆件不超过 3 个才能求解。

下面用两个例题来具体介绍用节点法和截面法来分析桁架。

例 4-23　求图4-50(a) 所示的桁架结构中 AC 和 BC 杆的内力。

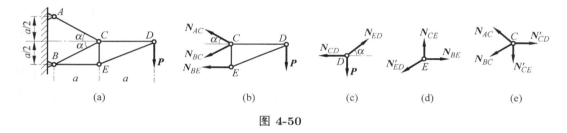

图 4-50

解法 1　（截面法）根据刚化原理，可以将该结构看成一个刚体。这个刚体处于平衡时，它的任何一部分也一定是平衡的。假设我们用一个截面截断 AC，BC，BE 杆，研究截断面右边部分（如图4-50(b) 所示）的平衡。截断后三个杆的内力变成所研究部分的外力，其作用方向沿着杆的方向，大小待求。利用 AC，BC 杆的内力作用线都通过 C 点，我们对 C 点取矩可以使平衡方程只包含一个未知数：

$$M_C = -\frac{a}{2}N_{BE} - aP = 0$$

从而解出 $N_{BE} = -2P$。

再列出竖直方向和水平方向的平衡方程

$$N_{AC}\sin\alpha - N_{BC}\sin\alpha - P = 0$$
$$-N_{AC}\cos\alpha - N_{BC}\cos\alpha - N_{BE} = 0$$

解得

$$N_{AC} = \sqrt{5}P, \quad N_{BC} = 0$$

当然，也可以对 B 点求矩先求出 AC 杆的内力，再利用平衡方程求 BC 杆的内力。这样每个方程中仅包含一个未知数，求解比较方便。

解法 2 （节点法）结构处于平衡状态，它的各个节点（即各个杆的连接铰）也一定是平衡的。对每个节点只能列出两个独立的平衡方程，如果节点与两个以上杆相连，则内力未知的杆必须少于两个才能求解。对于本题直接对 C 点或 E 点列平衡方程都不能解出需要的内力，必须先对 D 点列平衡方程，解出 CD 和 DE 杆的内力，再研究节点 E 和 C。

对 D 点列平衡方程（受力图如4-50(c) 所示）

$$R_x = N_{ED} \cos\alpha - N_{CD} = 0$$
$$R_y = N_{ED} \sin\alpha - P = 0$$

解得

$$N_{ED} = \sqrt{5}P, \quad N_{CD} = 2P$$

对 E 点列平衡方程（受力图如4-50(d) 所示）

$$R_x = N_{BE} - N_{ED} \cos\alpha = 0$$
$$R_y = N_{CE} - N_{ED} \sin\alpha = 0$$

解得

$$N_{CE} = P$$

对 C 点列平衡方程（受力图如图4-50(e) 所示）

$$R_x = N_{CD} - N_{AC} \cos\alpha - N_{BC} \cos\alpha = 0$$
$$R_y = N_{AC} \sin\alpha - N_{BC} \sin\alpha - N_{CE} = 0$$

解得

$$N_{AC} = \sqrt{5}P, \quad N_{BC} = 0$$

例 4-24 桁架如图4-51(a) 所示。尺寸和受力情况如图，t 代表单位吨。求 a，b，c 三杆中的内力 S_a，S_b，S_c。

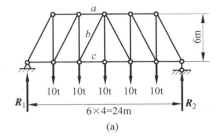
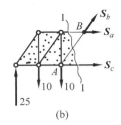

图 4-51

解 先把桁架作为一个整体，应用平衡方程算出两个支座的反力。我们也可以应用对称性，立刻看出这两个反力方向向上。在桁架上取一个假想的截面 I-I，把桁架分成两部分 (如图4-51(b) 所示)，并取左半边为研究对象。这左半边包括 a，b 和 c 三杆的一部分，每一杆的另一部分对于这个研究对象的作用力就成了外力，它们分别沿着杆的方向，设分别是 S_a，S_b 和 S_c，并且假设都是拉力（如果计算结果是负号，则应是压力）。

应用两力矩形式的平衡方程，取 A，B 点如图4-51(b) 所示，y 轴方向竖直向上，则有

$$R_y = 25 - 10 - 10 + 3S_b/\sqrt{13} = 0$$
$$M_A = 10 \times 4 - 25 \times 8 - 6S_a = 0$$
$$M_B = 10 \times 4 + 10 \times 8 - 25 \times 12 + 6S_c = 0$$

从以上方程解出

$$S_a = -26.67\mathrm{t}, \quad S_b = -6.01\mathrm{t}, \quad S_c = 30.00\mathrm{t}$$

作为验核，可取任一个投影式或力矩式（它与以上三个方程总是线性相关的），例如取 $R_x = 0$。

在桁架中有一些杆的内力为零，如图4-50中的 BC 杆，我们称为**零杆**。有时不用列方程就可以直接判断桁架中哪些是零杆。利用节点法很容易得到两个关于零杆的结论，我们写成定理的形式。

定理 4-11　如果某个节点只与两杆相连，节点上无主动力，这两根杆不平行，则两根杆均为零杆。

定理 4-12　如果某个节点与三根杆相连，节点上无主动力，其中有两根杆相互平行，则第三根杆为零杆。

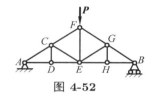

图 4-52

利用这两个定理可以判断图4-52所示桁架的零杆。我们观察节点 D 和 H，根据定理 4-12，CD 杆和 GH 杆是零杆；我们去掉这两根零杆，再观察节点 C 和 G，根据定理 4-12，CE 杆和 GE 杆是零杆；再去掉这两根杆，然后观察节点 E，根据定理 4-12，EF 杆也是零杆。

需要指出的是，桁架中的零杆是与载荷情况相关的，例如，如果图4-52所示桁架中节点 C 有竖直载荷，则 CE 杆和 EF 杆都不一定是零杆了。

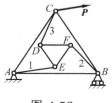

图 4-53

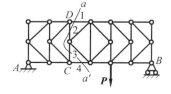

图 4-54

对于比较复杂的桁架，往往需要灵活使用截面法。例如图4-53所示桁架，取任何节点研究都有 3 个未知量，无法使用节点法逐个求解。若截断 1，2，3 杆，以三角形 DEF 为研究对象，则用平面力系平衡方程可以求解杆 1，2，3 的内力。

讨论　图4-54所示的 K 形桁架，在利用截面 aa' 截断的 4 根杆中，杆 1 的内力可以由 $M_C = 0$ 求出，杆 4 的内力可以由 $M_D = 0$ 求出。被截断的其他两根杆的内力无法求得，只能求出它们的和。容易发现，这个 K 形桁架不是简单桁架，是超静定的。

例 4-25　在图4-55(a) 所示平面桁架中，沿对角线的杆件均为钢索，它们只能承受拉力。已知 $P = 40\mathrm{kN}$，$Q = 80\mathrm{kN}$，求钢索 BF 及 CG 的拉力。

解　先以桁架整体为研究对象，受力图如图4-55(b) 所示。由

$$M_{Dz} = 2Pa + Qa - 3N_A a = 0$$

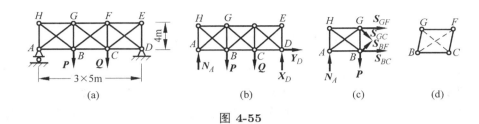

图 4-55

可得

$$N_A = \frac{160}{3}\text{kN}$$

用截面截断杆 BC，GF 以及钢索 BF，GC，以左半部分为研究对象，受力图如图4-55(c) 所示。有 4 个未知量 S_{BC}，S_{GF}，S_{BF}，S_{GC}，无法直接求解。

考虑到 BF，GC 是钢索，它们位于四根杆构成的正方形对角线上。两个对角线不可能同时被拉长，当一个变长时，另一个一定变短（如图4-55(d) 所示）。所以如果有一根钢索承受拉力，则另一根钢索的内力一定为零。现在我们无法判断具体是哪根钢索受拉，可以任意假设其中一个内力为零，例如 $S_{BF} = 0$，利用平面力系平衡方程求出杆 BC，GF 以及钢索 GC 的内力。如果求出的 $S_{GC} < 0$，则说明该钢索受压，与钢索性质矛盾，实际情况应该是 $S_{GC} = 0$，再次利用平面力系平衡方程求解杆 BC，GF 以及钢索 BF 的内力即可；如果求出的 $S_{GC} > 0$，则说明假设恰巧是正确的。

本题的计算结果是

$$S_{BF} = 0, \quad S_{GC} = \frac{10\sqrt{41}}{3}\text{kN}$$

4.6.3　机构

利用刚体平衡方程还可以分析多体系统构成的机构的平衡问题。

例 4-26　如图4-56(a) 所示的尖劈放在两个水平木条上，尖劈重量为 W，它的两边与竖直线各成 α 角和 β 角。假设平衡时作用在水平木条上的力为 P_1 和 P_2，不计各个接触面的摩擦和木条的质量，试求 P_1，P_2，W 之间的关系。

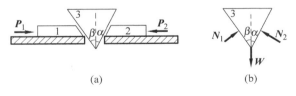

图 4-56

解　先以尖劈和两个木条整体为研究对象，由于不考虑摩擦，这个研究对象所受的水平外力只有 P_1 和 P_2。平衡时一定有 $P_1 = P_2$。

再以尖劈为研究对象，它受重力 W 和两个木条的约束反力 N_1，N_2，如图 4-56(b) 所示。根据三力平衡条件可以求得

$$N_1 \sin\alpha + N_2 \sin\beta = W$$

再由两个木条的平衡很容易得到

$$N_1 \cos\alpha = P_1, \quad N_2 \cos\beta = P_2$$

于是有

$$W = P_1 \tan\alpha + P_2 \tan\beta = P_1(\tan\alpha + \tan\beta) = P_2(\tan\alpha + \tan\beta)$$

例 4-27　如图4-57(a) 所示的压缩机的手轮上作用一力偶矩 M。手轮轴的两端各有螺距同为 h，但螺纹方向相反的螺母 A 和 B，这两个螺母分别与长为 a 的杆相铰接，四杆形成菱形框。此菱形框的点 D 固定不动，而点 C 连接在压缩机的水平压板上。不计摩擦，不计各构件的自重，求当菱形框的顶角等于 2θ 时，压缩机对被压物体的压力。

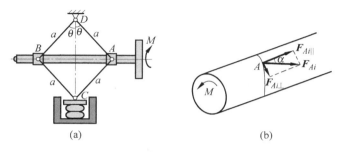

图 **4-57**

解　设螺杆的升角为 α，半径为 r。如果螺母固定不动，则螺杆旋转 2π 同时沿着轴向移动 h，于是有

$$\tan\alpha = \frac{h}{2\pi r}$$

也可以将螺旋看成是斜面在圆柱上缠绕而成，利用图4-35(a) 得到这个关系式。

由于不考虑摩擦，螺母 A 对螺杆作用一个分布力系 F_{Ai}，图4-57(b) 中只画出了其中一个力。它们与螺杆轴线的夹角为 α，垂直轴线的分量 $F_{Ai\perp}$ 形成力偶矩 M_A，它们沿着轴线的分量 $F_{Ai\parallel}$ 的合力为 F_A，方向向左。同理，螺母 B 对螺杆的作用力系的垂直轴线的分量形成力偶矩 M_B，沿着轴线的分量的合力为 F_B，方向向右。由几何关系可知，垂直轴线分量形成的力偶矩大小为

$$M_A = F_A r \tan\alpha, \quad M_B = F_B r \tan\alpha$$

由螺杆平衡可知

$$F_A - F_B = 0$$
$$F_A r \tan\alpha + F_B r \tan\alpha - M = 0$$

于是有

$$F_A = F_B = \frac{M}{2r} \cot\alpha = \frac{M\pi}{h}$$

由于 $ABCD$ 是由 4 根杆构成的机构，相对 AB 和 CD 都对称，根据整体平衡可知受力情况也对称。因此这 4 根杆的内力都相等。再研究 AC 杆，这是二力杆。由二力平衡条件可知

$$\frac{F_A}{P} = \tan\theta$$

于是，最终得

$$P = \frac{M\pi}{h} \cot\theta$$

讨论 螺杆作用在螺母 A 和 B 上的力系都等效为力螺旋，这两个力螺旋中的力 $-\boldsymbol{F}_A$ 与 $-\boldsymbol{F}_B$ 大小相等、方向相反，力偶矩 $\boldsymbol{M}_A$ 与 $\boldsymbol{M}_B$ 大小相等、方向相同。就是说，作用在螺母 A 的是右螺旋，作用在螺母 B 的是左螺旋。

本章小结

本章以作用在刚体上的力系等效定理为出发点，研究了在等效的条件下如何进行力系简化，简化后的一般结果等。平衡问题是本章的另一个重要内容，从理论上平衡问题是力系简化问题的特例，工程意义和价值很大，因此用了较多的笔墨。其中刚体的平衡方程是基础，通过引入刚化原理，刚体系、桁架、机构的平衡也可以借助刚体平衡方程研究，考虑摩擦的平衡问题只需再增加一个有关摩擦的物理方程。

1. 本章介绍的主要概念包括：力系的主矢量、力系的主矩、力系的等效、力系的简化、固定矢量、滑移矢量、自由矢量、力偶（矩）、力螺旋、简化中心、合力、静力学不变量、约束（反）力、摩擦角（摩擦锥）、摩擦自锁、滚动摩阻、刚化（硬化）、桁架、杆的内力、节点法、截面法、静定。

2. 本章介绍的主要公式包括：

(1) 力系对不同矩心的主矩之间的关系

$$\boldsymbol{M}_P = \boldsymbol{M}_O + \boldsymbol{R} \times \boldsymbol{r}_{OP}$$

(2) 一般空间力系的三力矩式（标准形式）平衡方程

$$
\begin{aligned}
R_x &= 0 \\
R_y &= 0 \\
R_z &= 0 \\
M_{Ox} &= 0 \\
M_{Oy} &= 0 \\
M_{Oz} &= 0
\end{aligned}
$$

(3) 一般空间力系的四力矩式平衡方程

$$
\begin{aligned}
R_x &= 0 \\
R_y &= 0 \\
M_{Px} &= 0 \quad (y_P \neq 0) \quad \text{或} \quad M_{Py} = 0 \quad (x_P \neq 0) \\
M_{Ox} &= 0 \\
M_{Oy} &= 0 \\
M_{Oz} &= 0
\end{aligned}
$$

(4) 一般空间力系的五力矩式平衡方程

$$R_x = 0$$
$$M_{Py} = 0$$
$$M_{Pz} = 0$$
$$M_{Ox} = 0$$
$$M_{Oy} = 0$$
$$M_{Oz} = 0$$
$$(x_P \neq 0)$$

(5) 一般空间力系的六力矩式平衡方程

$$M_{Px} = 0$$
$$M_{Py} = 0$$
$$M_{Qx} = 0 \quad (y_Q \neq 0, z_Q = 0) \quad \text{或} \quad M_{Qy} = 0 \quad (x_Q \neq 0, z_Q = 0)$$
$$M_{Ox} = 0$$
$$M_{Oy} = 0$$
$$M_{Oz} = 0$$

(6) 一般平面力系的一矩式（标准形式）平衡方程

$$R_x = 0, \quad R_y = 0, \quad M_{Oz} = 0$$

(7) 一般平面力系的二矩式平衡方程

$$R_e = 0, \quad M_{Az} = 0, \quad M_{Bz} = 0$$

其中 R_e 是主矢量在 e 方向的投影，且单位矢量 e 与直线 AB 不垂直。

(8) 一般平面力系的三矩式平衡方程

$$M_{Az} = 0, \quad M_{Bz} = 0, \quad M_{Cz} = 0$$

其中 A，B，C 不共线。

3. 本章得到的主要结论包括：

(1) 二力平衡条件。

(2) 三力平衡条件。

(3) 作用在刚体上的力是滑移矢量。

(4) 汇交力系有合力。

(5) 主矢量不为零的平行力系有合力，主矢量为零的平行力系等效于力偶。

(6) 主矢量不为零的平面力系有合力，主矢量为零的平面力系等效于力偶。

(7) 静力学第二不变量不为零的力系等效于力螺旋。

(8) 如果主动力作用线落在摩擦锥之内且方向指向接触点，则无论主动力有多大，都不能使物体运动，即摩擦自锁。

(9) 刚体的平衡条件是非刚体（刚体系和变形体）平衡的必要条件，但不是充分条件。

(10) 简单、理想桁架是静定的。

概念题

请判断下列说法是否正确。

4-1 力是滑移矢量，主矢量是自由矢量。

4-2 内力系的主矢量恒等于零。

4-3 内力系对任意点的主矩都等于零。

4-4 力系的主矢量就是力系的合力。

4-5 力系的主矩就是力系的合力矩。

4-6 力偶的合力等于零。

4-7 如果作用在刚体上的平行力系对两个点的主矩等于零，则这个力系是平衡力系。

4-8 如果作用在刚体上的平面力系对两个点的主矩等于零，则这个力系是平衡力系。

4-9 静力学第一不变量和第二不变量都等于零的力系是平衡力系。

4-10 静力学第二不变量不等于零时，静力学第一不变量也不等于零。

4-11 作用在刚体上的任何力系都可以用两个力等效代替。

4-12 作用在刚体上的力偶可以在自己的作用平面内任意移动和转动，也可以从一个平面移至另一个平行平面。

4-13 作用在刚体上的力系最多有 6 个独立的力矩平衡方程。

4-14 作用在刚体上的力系最多有 3 个独立的力平衡方程。

4-15 如果受力图中画出的力不能构成平衡力系，则受力图一定有错误。

4-16 内力和外力是可以互相转变的。

4-17 根据刚化原理和力的可传性，作用在三铰拱左半拱的力可以沿着作用线滑移到右半拱上。

4-18 根据刚化原理和平行力系简化结果，作用在一根梁上的均布载荷等效为一个集中力（见例4-22）。如果 100 个体重为 60kg 的人可以排队通过小桥（桥可以当作一根梁，桥长大于队伍长度），则一个重 6 吨的卡车就可以慢速驶过这个小桥。

4-19 刚体平衡方程应该计入所有外力和解题所需的部分内力。

4-20 只在两端受力的构件是二力构件。

4-21 超静定问题中未知量数目多于独立方程数，因此有无穷多个解。

4-22 在摩擦系数较小的时候不会发生摩擦自锁现象。

4-23 摩擦力是约束反力，它的大小和方向仅依赖于主动力。

4-24 桁架受不同载荷作用时，零杆的数目可能会变化。

4-25 桁架中的零杆就是为了美观设计的，从实用角度看完全可以去掉。

4-26 考虑铰链的摩擦时，简单桁架也是超静定的。

习题

4-1 在三棱柱体的 3 个顶点 A，B 和 C 上作用有 6 个力，其方向如图所示。如 $AB = 30\text{cm}$，$BC = 40\text{cm}$，$AC = 50\text{cm}$，试简化此力系。

4-2 图示载荷 $P = 100\sqrt{2}\text{N}$，$Q = 200\sqrt{3}\text{N}$，分别作用在正方形的顶点 A 和 B 处。试将此力系向 O 点简化。

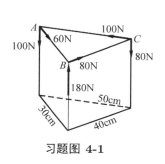

习题图 4-1

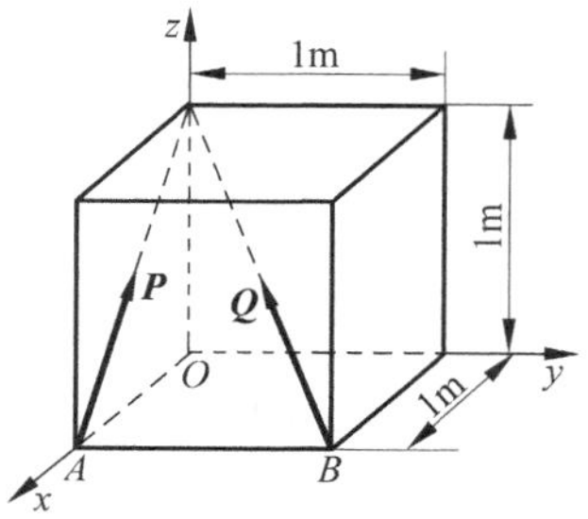

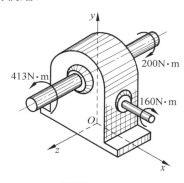

习题图 4-2

4-3 三个圆盘 A，B 和 C 的半径分别为 15cm，10cm 和 5cm。在这三个圆盘的边缘上各作用有力偶，组成各力偶的力的大小分别等于 100N，200N 和 500N。轴 OA，OB 和 OC 在同一平面内，$\angle AOB$ 为直角，$\alpha = 90° + \arctan(4/3)$，试简化此力系。

4-4 齿轮箱受三个力偶的作用。求此力偶系的合力偶矩。

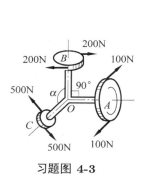

习题图 4-3

习题图 4-4

4-5 图示 3 个力 $\boldsymbol{P}_1$，$\boldsymbol{P}_2$，$\boldsymbol{P}_3$ 的大小均等于 P，作用在边长为 a 的正立方体的棱边上，求力系简化结果。

4-6 如果作用在刚体上的两个力系 $\boldsymbol{F}_1, \boldsymbol{F}_2, \cdots, \boldsymbol{F}_k$ 和 $\boldsymbol{F}_1^*, \boldsymbol{F}_2^*, \cdots, \boldsymbol{F}_l^*$ 对不共线三个点 A，B，C 的主矩分别相等，即

$$\sum_{i=1}^{k} \boldsymbol{r}_{Ai} \times \boldsymbol{F}_i = \sum_{j=1}^{l} \boldsymbol{r}_{Aj} \times \boldsymbol{F}_j^*$$

$$\sum_{i=1}^{k} \boldsymbol{r}_{Bi} \times \boldsymbol{F}_i = \sum_{j=1}^{l} \boldsymbol{r}_{Bj} \times \boldsymbol{F}_j^*$$

$$\sum_{i=1}^{k} \boldsymbol{r}_{Ci} \times \boldsymbol{F}_i = \sum_{j=1}^{l} \boldsymbol{r}_{Cj} \times \boldsymbol{F}_j^*$$

试证明这两个力系等效。

4-7 在筒内放两个相同的球 A 和 B，各重 P，筒 D 重 W，放在光滑的地面上，试画出：(1) 球 A 的受力图；(2) 球 B 的受力图；(3) 球 A 和球 B 一起的受力图；(4) 筒 D 的受力图。如果这个系统在光滑地面上运动，以上受力图是否有所不同？

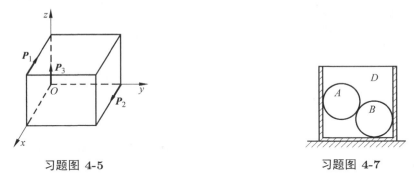

习题图 4-5　　　　　　　　习题图 4-7

4-8 构架 ABC 在 O 铰处连接滑轮 B，绳跨过滑轮 B，一端吊着重物 W，另一段 D 固定在墙上。试画出：(1) 弯杆 AB 的受力图，(2) 弯杆 BC 的受力图，(3) 滑轮 B 的受力图，(4) 弯杆 AB 和 BC 作为整体的受力图。(5) 如果绳子 D 端也吊一个重物 W'，再画滑轮 B 和绳子作为整体的受力图。

4-9 四个半径为 r 的均质球在光滑的水平面上堆成锥形，如图所示。下面的三个球 A，B，C 用绳缚住，绳与三个球心在同一水平面内。如各球重均为 P，求绳子的张力 S 大小。当上面的球未放上时，设绳内不存在初始张力。

习题图 4-8　　　　　　　　习题图 4-9

4-10 均质长方形薄板重 $Q = 200\text{N}$，用球铰链 A 和蝶铰链 B 固定在墙上，并用绳子 CE 拉住以维持在水平位置。绳子 CE 缚在薄板上的 C 点，并挂在钉子 E 上，钉子钉入墙内，并和 A 点在同一铅垂墙上，如图所示。$\angle ECA = \angle BAC = 30°$。求绳子的张力和支座的反力大小。（提示：蝶铰链 B 可以提供 x 方向和 z 方向的约束力，不能提供 y 方向的约束力。）

4-11 图示三铰架由球铰链 A，D 和 E 固结在水平面上，杆 BD 和 BE 在同一铅垂平面内，且长度相等，并用铰链在 B 点连接；其中 $\angle DBE = 90°$，BD 和 BE 杆重不计。均质杆 AB 与水平面成角 $\alpha = 30°$，重为 $Q = 500\text{N}$。在 AB 杆中点 C 的作用力大小为 10kN，作用线在铅垂平面 ABF 内，且与铅垂线成 60° 角。求 A 点的支座反力以及 BD 和 BE 杆的内力大小。

4-12 质点 M 受三个共面的固定中心 M_1，M_2 和 M_3 的吸引力，引力各与距离成正比：$F_1 = k_1 r_1$，$F_2 = k_2 r_2$，$F_3 = k_3 r_3$，其中 $r_1 = MM_1$，$r_2 = MM_2$，$r_3 = MM_3$，而 k_1，k_2，k_3

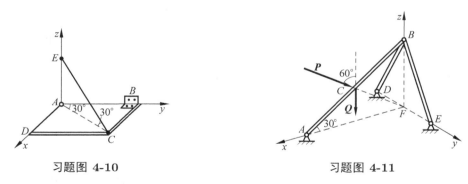

习题图 4-10   习题图 4-11

为比例常数。设 M_1，M_2 和 M_3 的坐标分别为 (x_1, y_1)，(x_2, y_2) 和 (x_3, y_3)，求质点 M 在平衡位置时的坐标。

4-13 杆 AB 及其两端滚子一起的总重心在 G 点，滚子搁置在倾斜的光滑平面上，如图所示。给定 θ 角，求平衡时的 β。

4-14 夹具中所用的两种连杆增力机构如图所示，不考虑摩擦。已知大小为 P 的推力作用于 A 点。当夹具平衡时，杆 AB 与水平线夹角为 α。求对工件 B 的夹紧力的大小 Q。

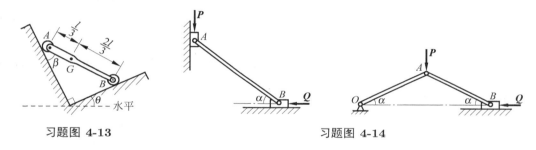

习题图 4-13   习题图 4-14

4-15 试求图示铰接结构在水平力 P 作用下支座 A，B 的约束力。各构件的重量略去不计。

4-16 直角弯杆 ABC 由直杆 CD 支撑，如图所示。若 $\angle ADC = 60°$，力 $P = 60\text{N}$，沿 BC（水平）方向，且各杆重量不计，试求铰链 A 及 D 的反力大小。

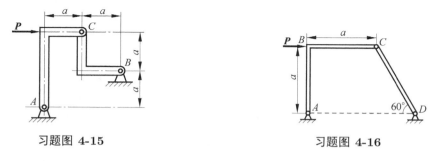

习题图 4-15   习题图 4-16

4-17 在图示机构中，套筒 A 穿过摆杆 O_1B，用销子连接在曲柄 OA 上，已知 OA 长度为 a，其上作用的力偶矩大小为 M_1，如在图示 $\alpha = 30°$，OA 处于水平位置时，机构能维持平衡，则应在摆杆 O_1B 上加多大的力偶矩 M_2？（不计各构件的重量及摩擦）

4-18 在具有铰链 A，B，C 的杆系上，作用着水平力 $P = 4\text{kN}$，如图所示。若杆系各部分重量不计，试求铰链 A 和 B 处的反力大小。

习题图 4-17　　　　　　　　　习题图 4-18

4-19　用滑轮机构将两物体 A 和 B 悬挂如图，并设物体 B 保持水平。如绳和滑轮的重量不计，求两物体平衡时，重量 P_A 和 P_B 的关系。

4-20　反平行四边形机构 $ABCD$ 中的杆 AB，CD 和 BC 用铰链 B 和 C 互相连接，同时又用铰链 A 和 D 连在机架 AD 上。在杆 CD 的铰链 C 处作用着大小为 F_C 的水平力。在铰链 B 沿垂直于杆 AB 的方向作用有大小为 F_B 的力，机构在图示位置处于平衡。设 $AD = BC$，$AB = CD$，$\angle ABC = \angle ADC = 90°$，$\angle DCB = 30°$。求 F_B。

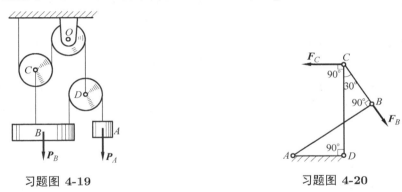

习题图 4-19　　　　　　　　　习题图 4-20

4-21　均质杆 AB 长 $2l$，一端靠在光滑的铅垂墙壁上，另一端放在固定光滑曲面 DE 上，如图所示。欲使细杆能静止在铅垂平面的任意位置。问曲面的 DE 应是怎样的曲线？

4-22　均质杆 AB 的长为 l，重为 P，搁置在宽为 a 的槽内，如图所示。设 A 和 D 处光滑接触，试求平衡时的 θ 角。

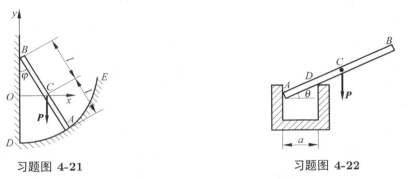

习题图 4-21　　　　　　　　　习题图 4-22

4-23　如图所示，长为 l 的无质量绳 AB 一端固定于墙壁 A 点，另一端与均质椭圆的短轴端点 B 连接，椭圆斜靠在墙壁上。椭圆半长轴为 a，半短轴为 b，忽略各处摩擦。已知 $a = \sqrt{3}\mathrm{m}$，

$b = 1\text{m}$，$l = \sqrt{10}/2\text{m}$。求在重力 g 作用下平衡时，轻绳与墙壁之间的夹角 θ。（提示：可以解得椭圆与墙壁切点 C 在图示坐标系中纵坐标 $y_C = 1/2\text{m}$）

4-24　如图所示有 $2n = 100$ 颗，质量各为 m 的小球等距串在无质量细绳上，绳长为 $2L$，悬挂于 A，B 点，AB 距离为 L。求最低点处细绳的张力、端点处绳与平面的夹角。

习题图 **4-23**　　　　　　　　　　　　　　　习题图 **4-24**

4-25　重量为 P 的物体放在倾角为 α 的斜面上，物体与斜面间的摩擦角为 φ，如图所示。在物体上作用大小为 Q 的力，与斜面的交角为 θ，求刚刚拉动物体时的 Q，并问当角 θ 为何值时，Q 取极小值。

4-26　如图所示，半圆柱体重 P，重心 C 到圆心 O 的距离为 $a = 4R/(3\pi)$，其中 R 为圆柱体半径。半圆柱体与水平面间的摩擦系数为 f，求半圆柱体被拉动时所偏过的角度 θ。

4-27　梯子 AB 重为 P，上端靠在光滑的墙上，下端搁在粗糙的地板上，如图所示。摩擦系数为 f。试问当梯子与地面间之夹角 α 为何值时，体重 Q 的人才能爬到梯子的顶点？

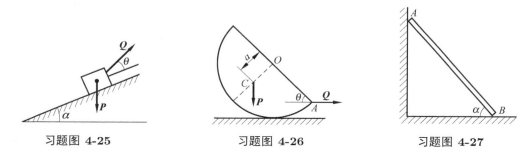

习题图 **4-25**　　　　　　　习题图 **4-26**　　　　　　　习题图 **4-27**

4-28　鼓轮 B 重 500N，放在墙角里，如图所示。已知鼓轮与水平地板间的摩擦系数为 0.25，而铅直墙壁则假定是光滑的。鼓轮上的绳索下端挂着重物。设半径 $R = 20\text{cm}$，$r = 10\text{cm}$，求平衡时重物 A 的最大重量。

4-29　两个物体用绳子连接，放在斜面上，如图所示。已知摩擦系数对于重为 100N 的物体为 0.2，对于重为 W 的物体为 0.4。试求：（1）当重为 W 的物体能静止于斜面上时，W 的最小值。(2) 当 $W = 800\text{N}$ 时，作用于其上的静摩擦力 F 的大小。

4-30　两重块 A 和 B 相叠放在水平面上，如图 (a) 所示。已知 A 块重 $W = 500\text{N}$，B 块重 $Q = 200\text{N}$；A 块和 B 块间的摩擦系数为 $f_1 = 0.25$，B 块和水平面间的摩擦系数 $f_2 = 0.20$。（1）求刚刚拉动 B 块时 P 的最小值。(2) 若 A 块被一绳拉住，如图 (b) 所示，求刚刚拉动 B 块时 P 的最小值。

4-31　均质杆 AB 长为 $2b$，重为 P，放在水平面和半径为 r 的固定圆柱上。设各处摩擦系数都是 f，试求杆处于平衡时 φ 的最大值。

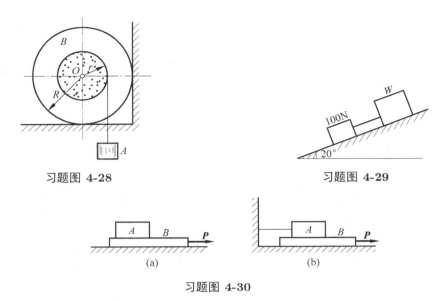

习题图 4-28   习题图 4-29

(a)   (b)

习题图 4-30

4-32 有人想水平地执持一叠书，他用手在这叠书的两端加压力 $F = 225\mathrm{N}$，如图所示。每本书的质量为 $0.95\mathrm{kg}$，手与书之间的摩擦系数为 0.45，书与书之间的摩擦系数为 0.40。求可能执持书的最大数目。

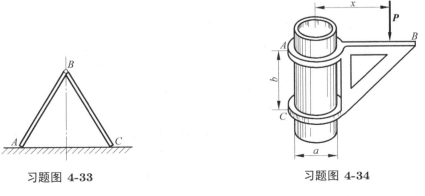

习题图 4-31   习题图 4-32

4-33 两根相同的均质杆 AB 和 BC，在端点 B 用光滑铰链连接，A，C 端放在不光滑的水平面上，如图所示，当 ABC 成等边三角形时，系统在铅直面内处于临界平衡状态。试求杆端与水平面间的摩擦系数。

4-34 悬臂架的端部 A 和 C 处有套环，活套在铅直的圆柱上，可以上下移动，如图所示。设套环与圆柱间的摩擦角皆为 φ，不计架重，试求架不致被卡住时，平行圆柱轴线的力 P 的作用点离开圆柱轴线的最大距离。

习题图 4-33   习题图 4-34

4-35 砖夹的宽度为 $25\mathrm{cm}$，曲杆 AGB 与 $GCED$ 在 G 点铰接，尺寸如图所示。设砖重

$Q = 120$N，提起砖的力 P 作用在砖夹的中心线上，砖夹与砖间的摩擦系数 $f = 0.5$，试求距离 b 为多大才能把砖夹起？

4-36 3 个物块叠置在一起，如图所示，它们的重量和接触面间的摩擦系数分别为：$W_1 = 1$kN，$W_2 = 500$N，$W_3 = 200$N，$f_{AB} = 0.6$，$f_{BC} = 0.4$，$f_{CD} = 0.3$。问力 P 应多大才能使物块发生滑动？（不计小轮处摩擦）

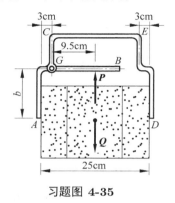

习题图 4-35

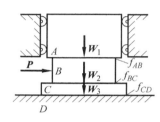

习题图 4-36

4-37 抽屉宽 d，长 b，与侧面导轨之摩擦系数均为 f。因抽屉较大，在距两侧面为 l 处装置了两个拉手，如图所示。为了在使用一个拉手时抽屉也能顺利抽出，l 应如何选择？

4-38 衣橱重 500N，用水平力 P 拉着，如图所示。设衣橱与地面间的摩擦系数 $f = 0.40$，图中 $a = h = 1$m。当力 P 逐渐增大时，问衣橱是先滑动还是先翻倒？

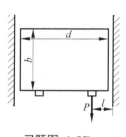

习题图 4-37

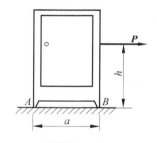

习题图 4-38

4-39 小球重 W_1，半径为 r，大球重 W_2，半径为 R。设球与地面间、大球与小球之间的摩擦系数均为 f，在大球上作用有大小为 P 的水平力。试问摩擦系数 f 至少应为多少，P 足够大可以保证大球从小球上面翻过？（不计滚动摩阻）

4-40 拉住轮船的绳子绕固定在码头上的带缆桩两整圈，如图所示。设船作用于绳子的拉力为 7500N；为了保证两者之间无相对滑动，码头装卸工人必须用 150N 的拉力拉住绳的另一端。试求：（1）绳子与带缆桩间的静摩擦系数；（2）如果绳子绕在桩上三整圈，工人的拉力仍为 150N，问此时船作用于绳的最大拉力应为多少？

4-41 两个相同的均质圆柱体，半径均为 r，重量均为 P，这两圆柱放在水平面上，且其轴心用不可伸长的绳子连在一起；绳长为 $2r$，在这两个圆柱上放着半径为 R、重为 Q 的第三个均质圆柱，求绳子的张力，圆柱对平面的压力，以及各圆柱之间的作用力，不计摩擦。

4-42 边长为 a 的等边三角形板 ABC 用三根铅垂杆 1，2，3 以及三根与水平面成 30° 角

习题图 4-39

习题图 4-40

的斜杆 4，5，6 撑在水平位置，在板的平面内作用一力偶，其力偶矩大小为 M，方向如图所示。不计板及杆的重量，试求各杆内力。

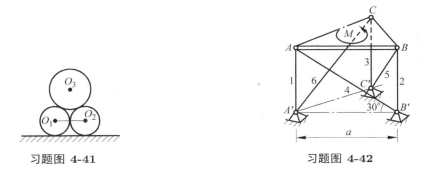

习题图 4-41

习题图 4-42

4-43 刚架由 AC，BC 两部分组成，所受载荷如图所示，求 A，B，C 处的约束力。

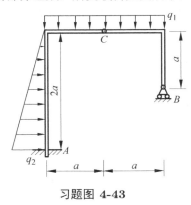

习题图 4-43

4-44 图示结构由 CD，DE 和 AEG 三部分组成，载荷及尺寸如图，求 A，B 和 C 处的约束力。

4-45 双层三铰拱由 AC，BC，DF 和 EF 四部分组成，彼此间用铰链连接，所受载荷如图，求 A，B 支座的约束力。

4-46 图示结构由 AC，CD，DE 和 BE 四部分组成，载荷及尺寸如图，求 A，B，C 处的约束力和 1，2，3 杆的内力。

4-47 三均质细杆以铰链相联，其 A 端和 B 端以铰链联结在固定水平直线 AB 上，如图所示。已知各杆的重量与其长度成正比，$AC=a$，$CD=DB=2a$，$AB=3a$。设铰链为理想约束，求杆系平衡时 α，β 和 γ 间的关系。

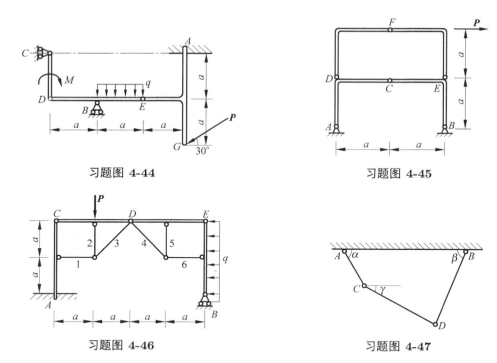

习题图 4-44

习题图 4-45

习题图 4-46

习题图 4-47

4-48 平台钢架由一个 Γ 形框架带中间铰 C 构成。框架的上端刚性地插在混凝土墙内，下端则搁在辊轴支座上。载荷 P_1 和 P_2 如图所示，求插入端 A 处的铅直反作用力。

4-49 图示三铰拱的自重不计，求在水平力 P 作用下支座 A 和 B 的约束反力。

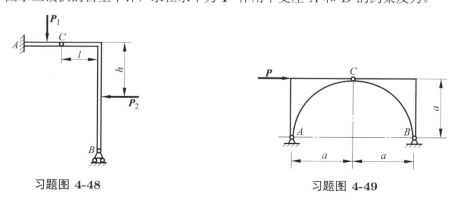

习题图 4-48

习题图 4-49

4-50 图示组合梁上作用有载荷 $P_1 = 5\mathrm{kN}$，$P_2 = 4\mathrm{kN}$，$P_3 = 3\mathrm{kN}$，以及 $M = 2\mathrm{kN \cdot m}$ 的力偶矩。不计摩擦及梁的质量。试求固定端 A 的约束力偶之矩 M_A。

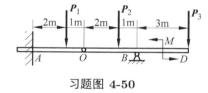

习题图 4-50

4-51 在图示桁架的节点 B 上作用一个水平力 P，设 $AB = BC = CD = AD$，求各杆内力大小。

4-52 桁架如图所示，载荷 P 作用在节点 C 上，其中对角线 BC 和 AD 为钢索，求各杆内力大小。

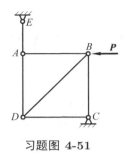

习题图 4-51

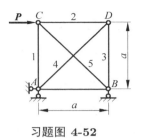

习题图 4-52

4-53 平面桁架的支座和载荷如图所示。ABC 为等边三角形，E，F 为两腰中点，又 $AD = DB$。求杆 CD 的内力 S。

4-54 平面桁架的支座和载荷如图所示，求杆 AB 的内力。

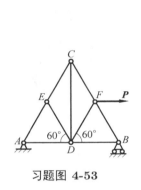

习题图 4-53

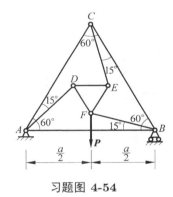

习题图 4-54

4-55 平面桁架的支座和载荷如图所示，求杆 1，2 和 3 的内力。

4-56 平面桁架的支座和载荷如图所示，其中 $ABCDEF$ 为正八角形的一半，求杆 1，2 和 3 的内力。

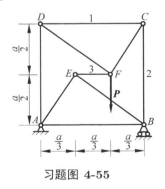

习题图 4-55

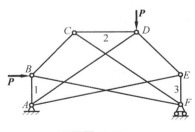

习题图 4-56

4-57 图示桁架中 $AD = DB = 6$m，$CD = 3$m，在节点 D 的载荷为 P，各杆自重不计。试求杆 3 的内力。

4-58 求图标桁架 1，2 两杆的内力。

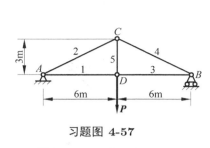

习题图 4-57

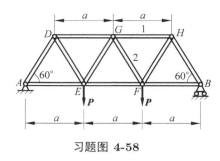

习题图 4-58

4-59　构架 ABC 由三杆 AB，AC 和 DF 组成，如图所示。杆 DF 上的销子 E 可在杆 AC 的槽内滑动。求在水平杆 DF 的一端作用铅直力 P 时，杆 AB 上的点 A，D 和 B 所受的力。

4-60　长度均为 l 的轻杆 4 根，由光滑铰链联成一菱形 $ABCE$，AB，AD 两边支于同一水平线的两个钉 E，F 上，相距为 $2a$，BD 间用一细绳连接，C 点作用有大小为 P 的铅直力，如图所示。设 A 点的顶角为 2α，试求绳中张力的大小 T。

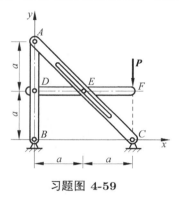

习题图 4-59

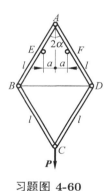

习题图 4-60

4-61　图示为一轧纸钳，其尺寸如图所示。工作时上、下钳口保持平行，设手握力为 P，求作用于纸片上力的大小 Q。

4-62　图示机构在 C 处铰接，在 D 点上作用水平力 P，已知 $AC = BC = EC = FC = DE = DF = l$，求保持机构平衡的力的大小 Q。

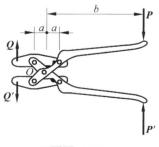

习题图 4-61

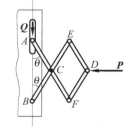

习题图 4-62

4-63　滑套 D 套在光滑直杆 AB 上，并带动 CD 杆在铅垂滑道上滑动，如图所示。已知当 $\theta = 0°$ 时，弹簧等于原长，且弹簧系数为 5kN/m。若系统的自重不计，若要在任意角 θ 平衡，在 AB 杆上应加多大力偶矩？

4-64 两等长杆 AB 与 BC 在 B 点用铰链连接，又在杆的 D 和 E 两点连一根弹簧，如图所示。弹簧系数为 k，当距离 AC 等于 a 时，弹簧的拉力为零。在 C 点作用大小为 F 的水平力，杆系处于平衡。设 $AB = l$，$BD = b$，杆重及摩擦略去不计，求距离 AC。

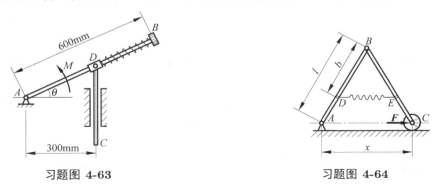

习题图 4-63　　　　　　　　　习题图 4-64

4-65 在图示机构中，AB 和 CD 长均为 $a = 300\text{cm}$，在 E 处以铰链连接，$BE = DE = a/3$，AB 与 BF 在 B 处以铰链连接，D 处为光滑套筒，C 处为小滚轮。弹簧刚度系数为 1.8kN/m，且当弹簧为原长时，其末端在 A 点正上方。在 B 处的载荷 $P = 1.2\text{kN}$，求平衡时的 θ。

4-66 在曲柄 OA 上作用力偶矩为 $M = 6\text{N·m}$ 的力偶。$OA = 150\text{mm}$，$OO_1 = 200\text{mm}$，$O_1B = 500\text{mm}$，$BC = 780\text{mm}$，略去摩擦及自重。当 $OA \perp OO_1$ 时（如图所示），为了使机构处于平衡，求作用在滑块 C 上的水平力大小 P。

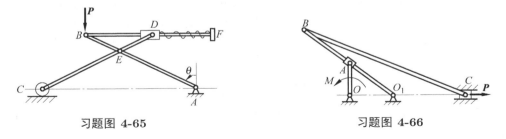

习题图 4-65　　　　　　　　　习题图 4-66

4-67 两相同的均质杆，长度均为 l，质量均匀为 m，其上作用力偶如图。试求在平衡状态时，杆与水平线之间的夹角 θ_1 和 θ_2。

4-68 在图示平面连杆机构中，A，B，C，D，$\cdots$，为铰链，这些杆件组成 n 个菱形（图中仅画出 3 个）。在 O 和 K 之间有一个弹簧秤，在机构最下端挂一个重量为 Q 的物块。不计所有杆的重量，试问弹簧秤所指示的值。

习题图 4-67　　　　　　　　　习题图 4-68

4-69 将一支长铅笔放在两手水平伸直的食指上,然后使两食指慢慢相互靠近,并使铅笔保持水平。你会发现什么有趣的现象?试解释之。

4-70 重量均为 W 的两个小环沿着光滑的大椭圆环滑动,椭圆偏心率为 e,椭圆长轴竖直。两小环由一条线连接,线搭在固定于椭圆焦点的光滑钉子上。试证明:无论小环处于什么平衡位置,线的张力均为 $T = W/e$。

4-71 求证:任意空间力系是平衡力系的充分必要条件是分别对一个四面体六条边的矩均为零。

4-72 长为 l 均匀杆放在粗糙水平面上,在杆的一端 A 作用一个垂直于杆的水平力。当平衡破坏时,杆将绕 C 点转动。试证明:$|AC| = \sqrt{2}l/2$。

4-73 一根质量为 m 的均匀杆的一端放在粗糙水平面上,另一端由一条绳系于水平面上方的固定点,杆和绳处于同一个竖直平面内。设杆、绳与竖直方向夹角分别为 φ, θ,水平面对杆的全反力与竖直方向夹角为 ψ,试证明:

$$\cot \theta \pm 2 \cot \varphi = \cot \psi$$

4-74 设 4 个半径为 r 的均质光滑小球静止放在半径为 R($R > 4r$)的光滑半球内,4 个小球的中心在同一个水平面上。再拿一个同样的小球放在 4 个小球之上。试证明:如果 $R > (2\sqrt{13}+1)r$,则 4 个小球将相互分离。

4-75 两个钉子的连线与水平面夹角为 θ($0 < \theta < 90°$)。一根均质长杆经过低处钉子下边,压在高处钉子的上边。杆的重心高于高处的钉子,且重心到两个钉子的距离分别为 a 和 b($b > a$)。设杆与两个钉子之间的摩擦系数都是 μ,试证明在杆刚刚能滑动的临界情况下有如下关系式:

$$\tan \theta = \frac{(a+b)\mu}{b-a}$$

4-76 在习题4-39中考虑滚动摩阻,且设两个球的滚动摩阻系数均为 δ,请重新计算习题4-39。

4-77 倾斜的 V 形槽中若干个小玻璃球排成一列,用手缓慢地推最下面的小球。实验表明,初始球数为奇数时,第 2 个小球(从下向上数)会首先被挤出队列;初始球数为偶数时,第 3 个小球会首先被挤出。考虑接触面摩擦的计算机数值模拟得到了与实验一致的结果。试解释这个现象。

第 5 章

分析静力学

内容提要 本章将引入分析力学的几个基本概念，这些概念不仅在本章用到，在第 8 章和第 12 章也要使用。本章主要介绍利用虚位移原理研究一般质点系平衡的方法，该方法有非常重要的工程应用价值。在学习本章以前，学生需要掌握矢量代数和矢量分析（见附录A.1和A.2）的知识。了解刚体运动学中速度分析方法，如瞬心法、速度投影定理（见第 2 章），有助于理解本章的一些例题。本章内容与第 4 章内容是相互独立的，初学者可以跳过第 4 章直接阅读本章。

5.1 约束及其分类

由多个质点组成的系统，简称为**质点系**或者**质系**。质点系可以由有限或无限个离散质点组成，也可以由一个或多个连续体组成。一个质点可以看作一个质点系，刚体、弹性体和流体都可以看作是由无限个质点组成的质点系。质点系是最一般的力学模型，是力学的最一般的研究对象，理论力学中的基本原理都是针对质点系给出的。

如果质点系中每个质点的运动都不受任何预先给定的限制，则称为**自由质点系**。显然，研究自由质系的运动，与研究单个质点的运动相比，没有任何新的困难。**非自由质点系**是指质点的运动受到预先给定的强制性限制。这些强制性限制称为**约束**，可能来自质点系内部，也可能来自质点系外部。在4.3节中，我们已经给出了一些例子。我们在这里再给几个约束实例：（1）用一根无质量的刚性杆联结两个小球（质点），运动时由于刚性杆的存在，两质点的距离保持不变；（2）在粗糙平面上纯滚动的圆盘，粗糙平面使圆盘与平面接触点相对于平面的速度恒等于零；（3）导弹追踪目标时，要求其飞行速度方向始终对准目标。尽管约束的形式和机理千差万别，本质上都是限制质点的位置、速度等运动学量，本课程仅讨论限制质点位置和速度的约束。如果质点系由 n 个质点 $P_i(i = 1, 2, \cdots, n)$ 构成，设 P_i 的矢径为 $\boldsymbol{r}_i$，速度为 $\boldsymbol{v}_i$。约束可以表示为以下形式：

$$f_s(\boldsymbol{r}_1, \cdots, \boldsymbol{r}_n, \boldsymbol{v}_1, \cdots, \boldsymbol{v}_n, t) \geqslant 0, \quad s = 1, 2, \cdots, l \tag{5-1}$$

或者简记为

$$f_s(\boldsymbol{r}, \boldsymbol{v}, t) \geqslant 0, \qquad s = 1, 2, \cdots, l \tag{5-2}$$

约束有很多种分类方式。

由不等式给出的约束称为**不等式约束**或者**单面约束**。例如，质点被限制在曲面的某一侧运动，则质点的坐标应满足的约束条件是 $f(x, y, z) \geqslant 0$。如果质点被限制在这个曲面内运动，则质点的坐标应满足的约束条件是 $f(x, y, z) = 0$。这种由等式给出的称为**等式约束**或者**双面约束**，相应的约束表达式也称为**约束方程**。显然，对于单面约束情况，运动可以分阶段考虑：在质点不接触到曲面的阶段，约束不起任何作用，与没有约束情况相同；质点在曲面内运动的阶段，约束就是双面的。鉴于此，在本课程中我们仅研究等式约束（双面约束）：

$$f_s(\boldsymbol{r}, \boldsymbol{v}, t) = 0, \qquad s = 1, 2, \cdots, l \tag{5-3}$$

约束方程(5-3)中不显含时间 t 时称为**定常约束**，显含时间 t 时称为**非定常约束**。例如设某质点被限制在一个球心位于坐标原点的球面上运动。如果球半径随时间变化规律为 $r = f(t)$，则约束方程为 $x^2 + y^2 + z^2 = f^2(t)$，这就是非定常约束。如果球半径固定不变，则约束为定常的。在本门课程中主要研究定常约束。

如果约束方程(5-3)中不包含速度，则称为**几何约束**，上一个例子就是几何约束。如果约束方程包含速度，则称其为**微分约束**。例如半径为 R 的圆柱作纯滚动，如图5-1所示。圆柱有一个微分约束 $\dot{x}_C = R\dot{\varphi}$（纯滚动条件），其中 φ 为圆柱的转角。

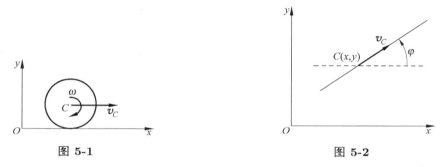

图 5-1   图 5-2

有些微分约束可以积分后写成几何约束的形式，有些则不可能。几何约束以及可以积分后写成几何约束形式的微分约束统称为**完整约束**，不能写成几何约束形式的微分约束称为**非完整约束**。在圆柱作纯滚动的例子中，微分约束可以积分成为 $x_C = R\varphi + \text{const}$，因此是完整约束。冰刀运动时的约束是典型的非完整约束。设冰刀沿着水平冰面运动，冰刀以细杆为模型，杆上 C 点的速度在运动过程中始终沿着杆（如图5-2所示）。x, y 是 C 点的坐标，而 φ 是杆与 Ox 轴的夹角，则约束由方程 $\dot{y} = \dot{x} \tan\varphi$ 给出。

下面证明微分约束 $\dot{y} = \dot{x} \tan\varphi$ 是不可积的。用反证法，假设 x, y, φ 满足关系式 $f(x, y, \varphi, t) = 0$，那么 f 对时间的全导数为

$$\dot{f} = \frac{\partial f}{\partial x}\dot{x} + \frac{\partial f}{\partial y}\dot{y} + \frac{\partial f}{\partial \varphi}\dot{\varphi} + \frac{\partial f}{\partial t} \equiv 0$$

利用约束方程 $\dot{y} = \dot{x} \tan\varphi$ 可以将 $\dot{f}$ 写成

$$\dot{f} = \left(\frac{\partial f}{\partial x} + \tan\varphi \frac{\partial f}{\partial y}\right)\dot{x} + \frac{\partial f}{\partial \varphi}\dot{\varphi} + \frac{\partial f}{\partial t} \equiv 0$$

由于 $\dot{x}, \dot{\varphi}$ 是独立的，故

$$\frac{\partial f}{\partial x} + \tan\varphi \frac{\partial f}{\partial y} = 0, \qquad \frac{\partial f}{\partial \varphi} = 0, \qquad \frac{\partial f}{\partial t} = 0$$

又由于角度 φ 是任意的，上面第一个式子可得：$\dfrac{\partial f}{\partial x} = 0, \qquad \dfrac{\partial f}{\partial y} = 0$。因此，函数 f 对其所有变量的偏导数都等于零，即 f 不显含 x, y, φ, t，与假设矛盾。因此，约束 $\dot{y} = \dot{x} \tan\varphi$ 不可积。

约束还有一种重要的分类：理想约束和非理想约束，需要借助下面的虚位移概念给出。

5.2 虚位移

非自由质点系的各质点不能在空间中任意运动，它们必须满足约束。设质点系由 n 个质点 $P_i(i = 1, 2, \cdots, n)$ 组成，它们相对于固定参考点 O 的矢径为 $\boldsymbol{r}_i(i = 1, 2, \cdots, n)$。假设该质点系共有 l 个相互独立的完整约束，约束方程为

$$f_s(\boldsymbol{r}_1, \boldsymbol{r}_2, \cdots, \boldsymbol{r}_n, t) = 0 \qquad (s = 1, 2, \cdots, l) \tag{5-4}$$

5.2.1 可能位移与真实位移

仅满足约束方程的运动称为**可能运动**，它在无限小时间间隔内产生的位移称为**可能位移**，记为 $\mathrm{d}\boldsymbol{r}_i^*(i = 1, 2, \cdots, n)$；同时满足运动微分方程（包括初始条件）和约束方程的运动称为**真实运动**，它在无限小时间间隔内产生的位移称为**真实位移**，记为 $\mathrm{d}\boldsymbol{r}_i(i = 1, 2, \cdots, n)$。显然，真实位移是一种可能位移，但任意一个可能位移不一定是真实位移。

将约束方程(5-4)进行全微分，可知质点系的真实位移和可能位移均满足条件

$$\sum_{i=1}^{n} \frac{\partial f_s}{\partial \boldsymbol{r}_i} \cdot \mathrm{d}\boldsymbol{r}_i + \frac{\partial f_s}{\partial t}\mathrm{d}t = 0 \qquad (s = 1, 2, \cdots, l) \tag{5-5}$$

对于定常约束，f_s 不显含时间 t，$\partial f_s/\partial t = 0$，上式简化为

$$\sum_{i=1}^{n} \frac{\partial f_s}{\partial \boldsymbol{r}_i} \cdot \mathrm{d}\boldsymbol{r}_i = 0 \qquad (s = 1, 2, \cdots, l) \tag{5-6}$$

约束方程的梯度 $\partial f_s/\partial \boldsymbol{r}_i$ 沿约束面 $f_s = 0$ 的法向。式(5-6)表明，在定常约束下，可能位移 $\mathrm{d}\boldsymbol{r}_i^*$ 与约束面 $f_s = 0$ 的法向垂直，即可能位移沿约束面的切向。但在非定常约束下，$\partial f_s/\partial t \neq 0$，由式(5-5)可知，可能位移 $\mathrm{d}\boldsymbol{r}_i^*$ 不再沿约束面 $f_s = 0$ 的切向。例如，设质点 P 在固定平面内运动（如图5-3所示），其约束方程为 $z - z_0 = 0$。此时质点的可能位移满足条件 $\mathrm{d}z^* = 0$，即在平面内的任何无限小位移均为可能位移，如图5-3中的 $\mathrm{d}\boldsymbol{r}^*$ 和 $\mathrm{d}\boldsymbol{r}^{**}$。若约束平面以速度 $\boldsymbol{u}$ 匀速向上运动（如图5-4所示），则质点 P 的约束方程为 $z - (z_0 + ut) = 0$，可能位移满足条件 $\mathrm{d}z^* - u\mathrm{d}t = 0$，其起点和终点分别位于 t 时刻和 $t + \mathrm{d}t$ 时刻的平面内，即可能位移不再沿约束面的切向，如图5-4中的 $\mathrm{d}\boldsymbol{r}^*$ 和 $\mathrm{d}\boldsymbol{r}^{**}$。

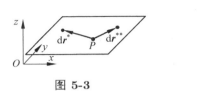

图 5-3

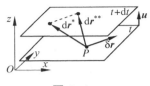

图 5-4

5.2.2 虚位移

若约束面光滑，质点 P 受到的约束力 $\boldsymbol{N}$ 垂直于约束面。对于定常约束，可能位移沿约束面切向，约束力 $\boldsymbol{N}$ 在可能位移上所做的功零；但对于非定常约束，可能位移不再沿约束面切向，此时约束力 $\boldsymbol{N}$ 在可能位移上所做的功不为零。为了在分析过程中尽可能多地消除约束反力，我们希望能够定义一种特殊的位移（称为**虚位移**），约束力在该位移上所做的功为零。在非定常

约束下，可能位移包括相对约束面的位移（沿约束面切向）和被约束面拖带产生的位移两部分。各质点在同一时刻、同一位置、相同时间间隔 dt 内的不同可能位移中，被约束面拖带所产生的位移部分是相同的，任意两个可能位移之差 $\delta \boldsymbol{r} = d\boldsymbol{r}^* - d\boldsymbol{r}^{**}$ 沿约束面的切向（如图5-4所示），约束力 $\boldsymbol{N}$ 在其上所做的功为零，因此质点系的虚位移可以定义为**质点系在同一时刻、同一位置、相同时间间隔 dt 内的两组可能位移之差**，记为 $\delta \boldsymbol{r}_i (i = 1, 2, \cdots, n)$。

可能位移 $d\boldsymbol{r}^*$ 和 $d\boldsymbol{r}^{**}$ 均满足方程(5-5)，即

$$\sum_{i=1}^{n} \frac{\partial f_s}{\partial \boldsymbol{r}_i} \cdot d\boldsymbol{r}_i^* + \frac{\partial f_s}{\partial t} dt = 0 \qquad (s = 1, 2, \cdots, l)$$

$$\sum_{i=1}^{n} \frac{\partial f_s}{\partial \boldsymbol{r}_i} \cdot d\boldsymbol{r}_i^{**} + \frac{\partial f_s}{\partial t} dt = 0 \qquad (s = 1, 2, \cdots, l)$$

将以上两式相减，可知虚位移 $\delta \boldsymbol{r}_i = d\boldsymbol{r}_i^* - d\boldsymbol{r}_i^{**}$ 满足条件

$$\sum_{i=1}^{n} \frac{\partial f_s}{\partial \boldsymbol{r}_i} \cdot \delta \boldsymbol{r}_i = 0 \qquad (s = 1, 2, \cdots, l) \tag{5-7}$$

对于图5-4所示的例子，$f = z - (z_0 + ut) = 0$，$\partial f / \partial \boldsymbol{r} = \boldsymbol{k}$，虚位移满足条件 $\boldsymbol{k} \cdot \delta \boldsymbol{r} = \delta z = 0$。可见，虚位移满足的条件和定常约束下可能位移满足的条件相同，即虚位移的发生和时间 t 的变化无关。因此，质点系的虚位移也可以定义为**在给定瞬时质点系所作的为约束所允许的任意无限小假想位移**。虚位移满足给定瞬时的约束条件，即将约束面在该时刻"凝固"。虚位移位于给定瞬时约束曲面的切面上，可以看成是质点系相对于约束面的可能相对位移。在定常约束下，虚位移就是可能位移，真实位移是无数虚位移中的一个。非定常约束情况下，虚位移一般不是可能位移（除非 $\partial f_s / \partial t = 0$），真实位移一般也不是无数虚位移中的一个。

刚体是由无穷个质点组成的一种特殊质点系，其中任意两个质点之间的距离都是常数，是双面定常几何约束。因此，自由刚体只有定常约束，刚体中各质点的虚位移就是可能位移，即 $\delta \boldsymbol{r}_i = d\boldsymbol{r}_i = \boldsymbol{v}_i dt$。由式(2-15)可知，刚体上任意点 P_i 的速度为

$$\boldsymbol{v}_i = \boldsymbol{v}_O + \boldsymbol{\omega} \times \boldsymbol{r}_{Oi} \tag{5-8}$$

式中 $\boldsymbol{r}_{Oi}$ 为质点 P_i 相对于基点 O 的矢径。因此刚体上任意点的虚位移可以写为

$$\delta \boldsymbol{r}_i = \delta \boldsymbol{r}_O + \delta \boldsymbol{\Theta} \times \boldsymbol{r}_{Oi} \tag{5-9}$$

式中 $\delta \boldsymbol{r}_O = \boldsymbol{v}_O dt$ 为基点 O 的虚位移，$\delta \boldsymbol{\Theta} = \boldsymbol{\omega} dt$ 是刚体转动虚位移。

质点的矢径 $\boldsymbol{r}_i$ 和矢量 $\partial f_s / \partial \boldsymbol{r}_i$ 可以用直角坐标表示为

$$\boldsymbol{r}_i = x_i \boldsymbol{i} + y_i \boldsymbol{j} + z_i \boldsymbol{k}$$

$$\frac{\partial f_s}{\partial \boldsymbol{r}_i} = \frac{\partial f_s}{\partial x_i} \boldsymbol{i} + \frac{\partial f_s}{\partial y_i} \boldsymbol{j} + \frac{\partial f_s}{\partial z_i} \boldsymbol{k}$$

于是式(5-7)可以写成

$$\sum_{i=1}^{n} \left(\frac{\partial f_s}{\partial x_i} \delta x_i + \frac{\partial f_s}{\partial y_i} \delta y_i + \frac{\partial f_s}{\partial z_i} \delta z_i \right) = 0 \qquad (s = 1, 2, \cdots, l) \tag{5-10}$$

方程(5-10)是以 $\delta x_1, \delta y_1, \delta z_1, \cdots, \delta x_n, \delta y_n, \delta z_n$ 为未知数的代数方程组，只要约束方程数 l 小于未知数的个数 $3n$，方程组就有无穷多组非零解。也就是说，质点系有无穷多组虚位移。方程(5-7)给出了 n 个质点的虚位移 $\delta \boldsymbol{r}_1, \cdots, \delta \boldsymbol{r}_n$ 必须满足的关系式，方程(5-10)给出了 $3n$ 个虚位移分量 $\delta x_1, \delta y_1, \delta z_1, \cdots, \delta x_n, \delta y_n, \delta z_n$ 必须满足的关系式。

在本章应用虚位移原理求解静力学问题时，以及后续的分析动力学章节中，找出虚位移或虚位移分量必须满足的关系式是非常重要的。下面介绍分析质点系虚位移之间关系的两种方法：几何法和解析法。

(1) 几何法　对于定常约束，虚位移就是可能位移，而可能位移 $\mathrm{d}\boldsymbol{r} = \boldsymbol{v}\mathrm{d}t$，因此可以用运动学中分析速度的方法（基点法、速度投影定理、瞬心法）来分析质系每组虚位移中各质点虚位移间的关系。

(2) 解析法　如果在对约束方程(5-4)进行全微分时令 $\mathrm{d}t = 0$（相当于"凝固"约束），则得到的关系式(5-5)和虚位移满足的关系式(5-7)相同。因此我们可以定义与全微分运算 d 类似的**等时变分**运算 δ，它是假想约束"凝固"不动的微分运算，即 $\delta t = 0$。对约束方程(5-4)进行等时变分就给出了虚位移满足的关系(5-7)和虚位移分量满足的关系(5-10)。

例 5-1　分析图5-5(a) 所示的曲柄滑块机构中 A 铰和 B 铰的虚位移及其之间的关系。

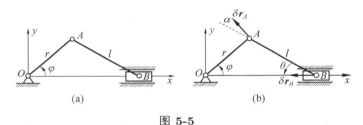

图 5-5

解　系统的约束包括刚性杆 OA，AB 和滑槽，约束方程分别为

$$x_A^2 + y_A^2 = r^2$$
$$y_B = 0$$
$$(x_B - x_A)^2 + y_A^2 = l^2$$

可见，这三个约束都是定常约束。

解法 1（几何法）　铰 A 和 B 的虚位移如图5-5(b) 所示，它们也是可能位移，即 $\delta \boldsymbol{r}_A = \boldsymbol{v}_A \mathrm{d}t$，$\delta \boldsymbol{r}_B = \boldsymbol{v}_B \mathrm{d}t$。由速度投影定理可知

$$\delta r_A \cos \alpha = \delta r_B \cos \theta$$

解法 2（解析法）　虚位移分量之间的关系可以通过对约束方程进行等式变分求得，即

$$x_A \delta x_A + y_A \delta y_A = 0$$
$$\delta y_B = 0$$
$$(x_B - x_A)(\delta x_B - \delta x_A) + y_A \delta y_A = 0$$

系统的 4 个虚位移分量需满足以上三个方程，因此独立的虚位移分量只有 1 个。

5.2.3　元功和虚功

设力 $\boldsymbol{F}_i$ 作用在质点系中质点 P_i 上，$\mathrm{d}\boldsymbol{r}_i$ 是质点 P_i 沿着其轨迹的无限小位移，矢量点积

$$\mathrm{d}'A_i = \boldsymbol{F}_i \cdot \mathrm{d}\boldsymbol{r}_i = F_{ix}\mathrm{d}x_i + F_{iy}\mathrm{d}y_i + F_{iz}\mathrm{d}z_i \tag{5-11}$$

称为力 $\boldsymbol{F}_i$ 在无限小位移 $\mathrm{d}\boldsymbol{r}_i$ 上做的**元功**。作用在质点系上的力系 $\boldsymbol{F}_1, \cdots, \boldsymbol{F}_n$ 的元功相应地定义为

$$\mathrm{d}'A = \sum_{i=1}^{n} \boldsymbol{F}_i \cdot \mathrm{d}\boldsymbol{r}_i = \sum_{i=1}^{n}(F_{ix}\mathrm{d}x_i + F_{iy}\mathrm{d}y_i + F_{iz}\mathrm{d}z_i) \tag{5-12}$$

式(5-11)和(5-12)中的符号 d' 表示其右端不一定是全微分。

力系在虚位移上所做的元功称为**虚功**，记为 δA，即

$$\delta A = \sum_{i=1}^{n} \boldsymbol{F}_i \cdot \delta\boldsymbol{r}_i = \sum_{i=1}^{n}(F_{ix}\delta x_i + F_{iy}\delta y_i + F_{iz}\delta z_i) \tag{5-13}$$

假设力系 $\boldsymbol{F}_i(i = 1, 2, \cdots, n)$ 作用在同一刚体上，力 $\boldsymbol{F}_i$ 的作用点的虚位移为 $\delta\boldsymbol{r}_i$。将式(5-9)代入式(5-13)，可得作用在刚体上的力系的虚功为

$$\begin{aligned}
\delta A &= \sum_{i=1}^{n} \boldsymbol{F}_i \cdot (\delta\boldsymbol{r}_O + \delta\boldsymbol{\Theta} \times \boldsymbol{r}_{Oi}) \\
&= \sum_{i=1}^{n} \boldsymbol{F}_i \cdot \delta\boldsymbol{r}_O + \sum_{i=1}^{n}(\boldsymbol{r}_{Oi} \times \boldsymbol{F}_i) \cdot \delta\boldsymbol{\Theta} \\
&= \boldsymbol{R} \cdot \delta\boldsymbol{r}_O + \boldsymbol{M}_O \cdot \delta\boldsymbol{\Theta}
\end{aligned} \tag{5-14}$$

式中 $\boldsymbol{R}$ 和 $\boldsymbol{M}_O$ 分别为力系的主矢量和对 O 点的主矩。由上式可知，作用在刚体上的力偶 $\boldsymbol{M}$ 的虚功为

$$\delta A = \boldsymbol{M} \cdot \delta\boldsymbol{\Theta} \tag{5-15}$$

即**作用在刚体上的力偶的虚功等于力偶矩点乘刚体的转动虚位移**。对于平面运动的刚体，假设运动平面为 Oxy，则 $\boldsymbol{\omega} = \dot{\theta}\boldsymbol{k}$，$\delta\boldsymbol{\Theta} = \delta\theta\boldsymbol{k}$，因此有

$$\delta A = M_z \delta\theta \tag{5-16}$$

式中 $M_z = \boldsymbol{M} \cdot \boldsymbol{k}$ 为力偶矩 $\boldsymbol{M}$ 在与运动平面垂直方向上的分量。

5.2.4　理想约束

如果约束力在质点系的任意虚位移上所做的虚功之和恒等于零，即

$$\sum_{i=1}^{n} \boldsymbol{N}_i \cdot \delta\boldsymbol{r}_i = 0$$

则此约束称为**理想约束**，式中 $\boldsymbol{N}_i$ 为作用在质点 P_i 上的约束反力。

下面介绍几种常见的理想约束。

(1) 质点 P 沿光滑曲面运动，无论曲面固定还是按照给定规律运动，曲面的约束反力 $\boldsymbol{N}$ 都是沿着曲面的法向。而质点的虚位移一定沿着曲面的切向 (否则会破坏约束)，因此约束反力的虚功等于零。

(2) 刚体由光滑球铰固定于 O 点，作定点运动，由于 O 点为光滑铰接，没有约束力矩，只有过 O 点的约束反力。由于 O 点固定，其虚位移恒等于零，约束反力的虚功恒等于零。因此光滑球铰对刚体的约束是理想约束。同理，可以验证光滑柱铰对刚体的约束是理想约束。

(3) 两个刚体以光滑表面保持接触运动，如图5-6所示。记刚体 1 的接触点为 P，其向径为 r_1，受刚体 2 的约束反力为 N_1；记刚体 2 的接触点为 Q，其向径为 r_2，受刚体 1 的约束反力为 N_2。根据牛顿第三定律，$N_2 = -N_1$。这两个约束反力的虚功之和为

$$\sum_{s=1}^{2} N_i \cdot \delta r_i = N_1 \cdot \delta r_1 + N_2 \cdot \delta r_2 = N_1 \cdot (\delta r_1 - \delta r_2)$$

由于虚位移 δr_1 和 δr_2 在接触面的公法向的分量相等（否则两个刚体脱离接触），因此矢量 $\delta r_1 - \delta r_2$ 一定位于接触点的切平面上，与约束力 N_1 和 N_2 都垂直，故

$$N_1 \cdot (\delta r_1 - \delta r_2) = 0$$

因此这种约束是理想约束。

图 5-6   图 5-7

(4) 两个运动刚体以完全粗糙表面接触，如图5-7所示。记刚体 1 的接触点向径为 r_1，受刚体 2 的约束反力为 N_1；记刚体 2 的接触点向径为 r_2，受刚体 1 的约束反力为 N_2。根据牛顿第三定律，$N_2 = -N_1$。这两个约束反力的虚功之和为

$$\sum_{s=1}^{2} N_i \cdot \delta r_i = N_1 \cdot \delta r_1 + N_2 \cdot \delta r_2 = N_1 \cdot (\delta r_1 - \delta r_2)$$

由于接触表面完全粗糙，两个接触点不能有相对位移，根据虚位移定义有

$$\delta r_1 - \delta r_2 = 0$$

因此，这是理想约束。

(5) 两个质点用不可伸长的无质量的绳子连接，如图5-8所示。

设两个质点的虚位移为 δr_1 和 δr_2，绳子对两个质点的约束力为 N_1, N_2，显然

$$N_1 = N_2$$

约束力的虚功之和为

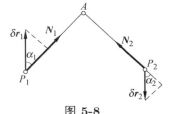

图 5-8

$$\sum_{s=1}^{2} N_i \cdot \delta r_i = N_1 \delta r_1 \cos \alpha_1 - N_2 \delta r_2 \cos \alpha_2 = N_1 (\delta r_1 \cos \alpha_1 - \delta r_2 \cos \alpha_2)$$

由于绳子不可伸长，所以有

$$\delta r_1 \cos \alpha_1 = \delta r_2 \cos \alpha_2$$

因此这是理想约束。

最后需要说明的是，如果质点系还有非完整约束，则虚位移的定义需要修改：$\delta r_1, \cdots, \delta r_n$ 必须满足由式(5-7)与非完整约束相应的方程共同构成的线性齐次方程组。我们在理论力学课程中主要研究受双面、定常、完整、理想约束的质点系。

非自由质系的运动规律与约束密切相关。研究非自由质系的运动，有两种不同的思路。一个是牛顿力学的思路，认为约束是由于未知约束力作用在质点上来限制运动，因此约束都可以用未知力代替。在第 4 章中我们就是用这个思路研究刚体静力学（几何静力学）问题，在第 6 章、第 7 章、第 9 章、第 10 章将介绍用牛顿力学思路研究动力学问题。用牛顿力学思路研究问题（包括静力学问题和动力学问题）的关键步骤之一，就是在受力分析时确定约束反力的特点。在第 4 章的4.3节中我们已经知道，一些常见的约束，根据约束的具体实现形式，可以分析出约束反力的特点。另一个是分析力学的思路，认为约束与力同样都是改变运动的原因，将约束看作是强制性的，我们首先要找到约束允许的可能运动，然后再按照一定的规则从所有的可能运动中找到真实的运动，在受力分析时不必考虑理想约束的约束反力。本章将按照分析力学思路研究质点系（不一定是刚体）静力学问题，在第 8 章、第 11 章、第 12 章将介绍用分析力学思路研究动力学问题。

5.3　虚位移原理

假设非自由质点系受到 l 个相互独立的双面几何约束(5-4)。如果在时间段 $t_0 \leqslant t \leqslant t_1$ 内 $r_i = r_i^*$ 满足所有这些约束，即

$$f_s(r_1^*, r_2^*, \cdots, r_n^*, t) \equiv 0 \qquad (s = 1, 2, \cdots, l)$$

则 $r_i = r_i^*$ 是质点系的可能平衡位置。可能平衡位置不一定就是质系真实平衡位置，还要看作用在质点系上的主动力情况。虚位移原理回答了如何从可能平衡位置中找出真实平衡位置的问题。

虚位移原理（也称**虚功原理**）　设质点系的质点 P_i 受主动力 F_i 作用，质点系的约束都是双面理想约束，则在时间段 $t_0 \leqslant t \leqslant t_1$ 内，可能平衡位置是真实平衡位置的充分必要条件是：**在该时段内的任意时刻，主动力在质点系的任意一组虚位移 δr_i 上所做的虚功等于零**，即

$$\sum_{s=1}^{n} F_i \cdot \delta r_i = 0 \qquad (t_0 \leqslant t \leqslant t_1) \tag{5-17}$$

虚位移原理由拉格朗日于 1764 年提出。由于式(5-17)是质点系平衡的最一般条件，又称为**静力学普遍方程**。该方程也可以用标量形式表示：

$$\sum_{s=1}^{n} (F_{sx}\delta x_i + F_{sy}\delta y_i + F_{sz}\delta z_i) = 0$$

虚位移原理可以看作将在第 8 章介绍的达朗贝尔-拉格朗日原理的特殊情况。

从以上叙述可以看出，判断质系在某个位置是否平衡需要两个步骤，首先要判断该位置是不是约束允许的可能平衡位置，然后再根据虚位移原理判断该位置是不是真实的平衡位置。在很多问题中，第一步骤往往是不需要的，可以直观地看出来。

例 5-2 设倾角为 α 的固定光滑斜面上放有一个刚体，可以在铅垂平面内运动。刚体的重量为 $\boldsymbol{P}$，有一个平行斜面向上的主动力 $\boldsymbol{F}$ 拉着它，假设主动力作用线经过刚体质心，如图5-9所示。求使刚体平衡的主动力的大小。

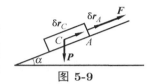

图 5-9

解 这是一个刚体（也可当作质点）的平衡问题，比较简单，中学生就知道这个问题的结论。在这里我们看看如何利用虚位移原理得到结论。我们以刚体为研究对象，光滑斜面对它的约束是理想的。该刚体所受的主动力为重力 $\boldsymbol{P}$ 和拉力 $\boldsymbol{F}$，作用点分别在质心 C 点和 A 点，如图5-9所示。虚位移 δr_A 和 δr_C 在铅垂平面内，平行于斜面，可以指向斜上方或者斜下方。斜面上任何点都是刚体的可能平衡位置。按照虚位移原理，平衡时主动力在任意一组虚位移上的虚功都等于零，我们可以选取如图5-9所示的一组虚位移。拉力和重力在这组虚位移上所做的虚功等于零，即

$$\boldsymbol{F} \cdot \delta \boldsymbol{r}_A + \boldsymbol{P} \cdot \delta \boldsymbol{r}_C = 0$$

亦即

$$F\delta r_A - P\delta r_C \sin \alpha = 0$$

显然，对于刚体有

$$\delta r_A = \delta r_C = \delta r$$

由于 δr 的大小可以任意，不妨取 $\delta r \neq 0$，则有

$$F = P \sin \alpha$$

这是已知系统处于平衡求主动力之间的关系的问题。从这个例题可以总结出用虚位移原理解这类问题的基本步骤：

(1) 确定研究对象：根据需要确定一个质系为研究对象。

(2) 约束分析：确认约束都是理想的才可以应用虚位移原理。

(3) 受力分析：只需要分析主动力，不需要分析约束反力，因为约束反力不出现在虚功表达式中。

(4) 选取虚位移：只需要主动力作用点的虚位移。由于式(5-17)对任意一组虚位移都成立，我们可以选取一组特殊的虚位移。例如，对于定常约束情况，无穷小的真实位移也是虚位移之一，我们就可以选无穷小的真实位移为虚位移。

(5) 建立虚位移之间的关系：几个主动力作用点的虚位移通常不是独立的，需要找到它们之间的关系。

(6) 列写虚功方程并求解。

例 5-3 图5-10所示椭圆规机构，连杆 AB 长为 l，杆重和滑道、铰链上的摩擦均忽略不计。求在图示位置平衡时，主动力 $\boldsymbol{P}$ 和 $\boldsymbol{Q}$ 的大小之比。

解 这是已知平衡求主动力关系的问题。我们按基本解题步骤求解。

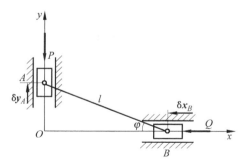

图 5-10

(1) 以整个机构为研究对象，取如图5-10所示的坐标系。

(2) 约束为双面理想约束。

(3) 主动力 P 和 Q 分别作用在 A 点和 B 点。

(4) 取 A 点和 B 点的无穷小真实位移为虚位移 δy_A 和 δx_B，如图5-10所示。

(5) 建立虚位移 δy_A 和 δx_B 的关系有很多方法。这里介绍三种方法：

① 由于无穷小真实位移分别与它们速度的大小、方向相同，我们可以利用刚体运动学中的瞬心法得

$$\frac{\delta x_B}{\delta y_A} = \frac{v_B}{v_A} = \tan\varphi$$

即

$$\delta x_B = \delta y_A \tan\varphi$$

② 我们也可以根据速度投影定理

$$v_B \cos\varphi = v_A \sin\varphi$$

得到

$$\delta x_B \cos\varphi = \delta y_A \sin\varphi$$

③ 我们还可以利用约束的数学表达式

$$x_B^2 + y_A^2 = l^2$$

得到

$$2x_B \delta x_B + 2y_A \delta y_A = 0$$

即

$$\delta x_B = -\frac{y_A}{x_B}\delta y_A = -\delta y_A \tan\varphi$$

这个关系式不同于瞬心法和速度投影定理得到的，出现一个负号。这是为什么呢？这是因为在最后这种方法中默认 δx_B 与 Ox 轴方向一致，也就是与假设的 B 点虚位移方向相反。所以，这种方法得到的虚位移之间的关系与其他方法得到的实际上是一致的。

(6) 主动力的虚功为

$$-P\delta y_A + Q\delta x_B = 0$$

注意，这个表达式第一项出现负号，这是因为主动力 $\boldsymbol{P}$ 与 A 点虚位移的方向相反。由上式直接得到

$$\frac{P}{Q} = \frac{\delta x_B}{\delta y_A} = \tan\varphi$$

如果我们在第（5）步求虚位移之间的关系是用最后一种方法，由于默认 δx_B 与 Ox 轴方向一致，主动力的虚功为

$$-P\delta y_A - Q\delta x_B = 0$$

因此

$$\frac{P}{Q} = -\frac{\delta x_B}{\delta y_A} = \tan\varphi$$

结果是一样的。

从这个例题可以发现，对于同一个刚体上的不同点，它们的无穷小真实位移分别与它们速度的大小、方向相同，因此在建立这些点的虚位移关系时，可以使用刚体运动学中的速度分析方法，例如基点法、瞬心法、速度投影定理等，也可以利用约束方程通过数学运算直接求得。

例 5-4 液体容器有 3 个活塞，其面积分别为 S_1, S_2, S_3，上面分别作用 3 个力 $\boldsymbol{P}_1, \boldsymbol{P}_2, \boldsymbol{P}_3$，如图5-11所示。假设液体为不可压缩的，容器内壁完全光滑，活塞与容器接触也完全光滑，不考虑大气压力和重力，求平衡时 S_1, S_2, S_3 与 P_1, P_2, P_3 的关系。

解 这是已知平衡求主动力关系的问题。我们按基本解题步骤求解。

（1）取容器内的液体和 3 个活塞组成的质点系为研究对象。

（2）光滑容器内壁对质点系的约束是理想的。

（3）质点系的主动力为 $\boldsymbol{P}_1, \boldsymbol{P}_2, \boldsymbol{P}_3$，分别作用在 3 个活塞上。

（4）设 3 个塞的虚位移为 $\delta\boldsymbol{r}_1, \delta\boldsymbol{r}_2, \delta\boldsymbol{r}_3$，取它们的方向如图5-11所示。

（5）由液体不可压缩知 3 个虚位移的大小必须满足下面关系

$$S_1\delta r_1 + S_2\delta r_2 + S_3\delta r_3 = 0$$

因此可知 $\delta\boldsymbol{r}_1, \delta\boldsymbol{r}_2, \delta\boldsymbol{r}_3$ 中只有两个是独立的，不妨设 $\delta\boldsymbol{r}_1, \delta\boldsymbol{r}_2$ 是可以独立变化的，则 $\delta\boldsymbol{r}_3$ 可以用 $\delta\boldsymbol{r}_1, \delta\boldsymbol{r}_2$ 表示出来：

$$\delta r_3 = -\frac{S_1\delta r_1 + S_2\delta r_2}{S_3}$$

（6）由虚功原理

$$\boldsymbol{P}_1 \cdot \delta\boldsymbol{r}_1 + \boldsymbol{P}_2 \cdot \delta\boldsymbol{r}_2 + \boldsymbol{P}_3 \cdot \delta\boldsymbol{r}_3 = 0$$

可得

$$P_1\delta r_1 + P_2\delta r_2 - \frac{P_3(S_1\delta r_1 + S_2\delta r_2)}{S_3} = 0$$

整理可得

$$\left(\frac{P_1}{S_1} - \frac{P_3}{S_3}\right)S_1\delta r_1 + \left(\frac{P_2}{S_2} - \frac{P_3}{S_3}\right)S_2\delta r_2 = 0$$

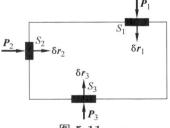

图 **5-11**

由于 $\delta\boldsymbol{r}_1, \delta\boldsymbol{r}_2$ 的大小可以任意取，我们先取 $\delta r_1 \neq 0, \delta r_2 = 0$，则得到

$$\frac{P_1}{S_1} = \frac{P_3}{S_3}$$

同理，再选取 $\delta r_1 = 0$，$\delta r_2 \neq 0$，可以得到

$$\frac{P_2}{S_2} = \frac{P_3}{S_3}$$

于是有

$$\frac{P_1}{S_1} = \frac{P_2}{S_2} = \frac{P_3}{S_3}$$

即液体压强处处相等，这就是帕斯卡定律。

从这个例题可以看到，在最后一个求解步骤中，利用独立的虚位移的任意性，我们可以令其中的一个不为零，其他的都等于零，就可以得到一个方程组，从而求出所需结果。

例 5-5 在墙边放置 3 个相同的圆管，如图5-12所示。假设圆管之间、圆管与墙、圆管与地面的接触都是光滑的，每个管的重量为 $\boldsymbol{P}$，圆管横截面半径为 r，不计管壁厚度。这些圆管处于平衡状态，求作用在右边圆管质心上的水平力 $\boldsymbol{F}$ 大小。

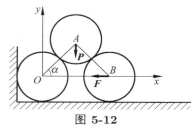

图 5-12

解 这是已知平衡求主动力关系的问题。我们按基本解题步骤求解。

（1）取 3 个圆管组成的质点系为研究对象。

（2）所有接触都是光滑的，因此质点系的约束是理想约束。

（3）质点系的主动力为 3 个圆管的重力和 $\boldsymbol{F}$，这些力分别作用在圆管质心上。由于下面两个圆管质心的虚位移只能是水平方向，因此这两个圆管的重力的虚功恒为零。我们可以不考虑下面两个圆管的重力，仅仅考虑上面圆管的重力 $\boldsymbol{P}$ 和右边圆管上的主动力 $\boldsymbol{F}$。

（4）根据主动力 $\boldsymbol{P}$ 和 $\boldsymbol{F}$ 的方向，我们只需分析 A 点虚位移的竖直分量 δy_A 和 B 点虚位移的水平分量 δx_B。

（5）下面我们设法找到 δy_A 和 δx_B 的关系。根据几何关系知

$$y_A = 2r\sin\alpha, \quad x_B = 2(2r\cos\alpha) = 4r\cos\alpha$$

由此可得约束方程

$$x_B^2 + 4y_A^2 = (4r)^2$$

由此约束方程，有

$$2x_B\delta x_B + 8y_A\delta y_A = 0$$

即

$$\delta x_B = -\frac{4y_A}{x_B}\delta y_A = -(2\tan\alpha)\delta y_A$$

（6）由虚功原理

$$-P\delta y_A - F\delta x_B = 0$$

注意：由于默认 δx_B 的方向与 Ox 轴一致，δy_A 的方向与 Oy 轴一致，都恰好分别与主动力 $\boldsymbol{F}$ 和 $\boldsymbol{P}$ 反向，因此上式左端两项都有负号。

再将 δy_A 和 δx_B 的关系代入上式，可求得

$$F = \frac{P}{2}\cot\alpha$$

例 5-6 如图5-13(a) 所示的尖劈放在两个水平木条上，尖劈重量为 $\boldsymbol{W}$，它的两边与竖直线各成 α 角和 β 角。假设平衡时作用在水平木条上的力为 $\boldsymbol{P}_1$ 和 $\boldsymbol{P}_2$，不计各个接触面的摩擦和木条的质量，试求 P_1，P_2，W 之间的关系。

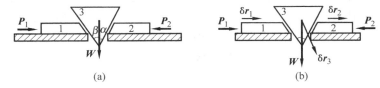

图 **5-13**

解 这是已知平衡求主动力关系的问题。我们就按基本解题步骤求解。

（1）取尖劈和两个木条组成的质点系为研究对象。

（2）所有的约束面都是光滑的，因此约束是理想的。

（3）主动力包括尖劈所受的重力 $\boldsymbol{W}$、作用在两个木条上的力 $\boldsymbol{P}_1$ 和 $\boldsymbol{P}_2$。

（4）取尖劈和两个木条的虚位移方向如图5-13(b) 所示，即

$$\delta\boldsymbol{r}_1 = \delta r_1\boldsymbol{i}, \quad \delta\boldsymbol{r}_2 = \delta r_2\boldsymbol{i}, \quad \delta\boldsymbol{r}_3 = \delta r_{3x}\boldsymbol{i} + \delta r_{3y}\boldsymbol{j}$$

其中 $\boldsymbol{i},\boldsymbol{j}$ 分别是水平向右方向单位矢量和竖直向上方向单位矢量，δr_{3x} 和 δr_{3y} 分别是 δr_3 的水平方向分量和竖直方向分量。

（5）由约束知，虚位移满足关系式

$$\delta r_2 - \delta r_{3x} = \delta r_{3y}\tan\alpha, \quad \delta r_{3x} - \delta r_1 = \delta r_{3y}\tan\beta$$

由于 δr_{3x} 在虚功表达式中不会出现，将上面两式相加得

$$\delta r_2 - \delta r_1 = (\tan\alpha + \tan\beta)\delta r_{3y}$$

即 $\delta r_1,\delta r_2,\delta r_{3y}$ 中只有两个是可以独立任意变化的。不妨设 $\delta r_2,\delta r_{3y}$ 可以独立任意变化，δr_1 可以用 $\delta r_2,\delta r_{3y}$ 表示为

$$\delta r_1 = \delta r_2 - (\tan\alpha + \tan\beta)\delta r_{3y}$$

（6）根据虚功原理有

$$P_1\delta r_1 - P_2\delta r_2 + W\delta r_{3y} = 0$$

代入虚位移的关系式，得

$$(P_1 - P_2)\delta r_2 + [W - P_1(\tan\alpha + \tan\beta)]\delta r_{3y} = 0$$

因为 $\delta r_2,\delta r_{3y}$ 可以独立任意变化，取 $\delta r_2 \neq 0,\delta r_{3y} = 0$，可得

$$P_1 = P_2$$

再取 $\delta r_2 = 0, \delta r_{3y} \neq 0$，则得

$$W = P_1(\tan \alpha + \tan \beta)$$

所以平衡时，P_1，P_2，W 之间应满足的关系是

$$P_1 = P_2, \quad W = P_1(\tan \alpha + \tan \beta)$$

例 5-7 如图5-14(a) 所示的压缩机的手轮上作用一力偶矩 $\boldsymbol{M}$。手轮轴的两端各有螺距同为 h，但螺纹方向相反的螺母 A 和 B，这两个螺母分别与长为 a 的杆相铰接，四杆形成菱形框。此菱形框的点 D 固定不动，而 C 点连接在压缩机的水平压板上。不计摩擦，不计各构件的自重，求当菱形框的顶角等于 2θ 时，压缩机对被压物体的压力。

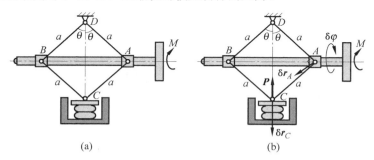

图 5-14

解 这是已知平衡求主动力关系的问题。我们就按基本解题步骤求解。

（1）整个机构（不包括被压物体）为研究对象。

（2）不计摩擦，所有的约束都是理想约束。

（3）主动力包括力偶矩 $\boldsymbol{M}$，作用在手轮上，被压物给机构的反作用力 $\boldsymbol{P}$，作用在 C 点，如图5-14(b) 所示。

（4）设 C 点虚位移 δr_C 竖直向下，手柄的虚位移为转角 $\delta\varphi$，如图5-14(b) 所示。

（5）下面我们设法找到 δr_C 和 $\delta\varphi$ 的关系。这需要借助螺母 A 的虚位移 $\delta \boldsymbol{r}_A$。由于 DA 杆只能绕 D 点转动，虚位移 $\delta \boldsymbol{r}_A$ 方向必须垂直于 DA 杆。按照图中假设的 $\delta\varphi$ 的转向，螺母 A 向左运动，因此虚位移 $\delta \boldsymbol{r}_A$ 方向应该如图5-14(b) 所示。

为了建立 δr_C 与 δr_A 的关系，我们可以研究 AC 杆，利用刚体平面运动的速度投影定理可得

$$\delta r_C \cos\theta = \delta r_A \cos(90° - 2\theta)$$

为了建立 δr_A 与 $\delta\varphi$ 的关系，我们发现 $\delta \boldsymbol{r}_A$ 沿着手柄方向的分量 $\delta r_A \cos\theta$ 与转角 $\delta\varphi$ 之比，恰好等于螺距 h 与 2π 之比，即

$$\frac{\delta r_A \cos\theta}{\delta\varphi} = \frac{h}{2\pi}$$

由上面这两个关系式，可得

$$\delta r_C = \frac{h\tan\theta}{\pi}\delta\varphi$$

（6）根据虚功原理有

$$M\delta\varphi - P\delta r_C = 0$$

由此求得

$$P = \frac{M\pi}{h\tan\theta}$$

以上例题都是已知平衡求主动力之间的关系。由于在式(5-17)中，只出现主动力，不出现约束力，使用虚位移原理求解这类问题非常方便。如果我们想利用虚位移原理求解质点系的约束反力，只需将相应的约束解除，代之以约束反力，同时将约束反力看作未知的主动力。我们用下面的例子具体说明。

例 5-8 试用虚位移原理求图5-15所示的桁架结构中 AC 和 BC 杆的内力。

解 我们先求 AC 杆的内力。为此，我们去掉 AC 杆，以 $\boldsymbol{N}_{AC}$ 代替，如图5-16所示。考虑一组虚位移：假想 $BCDE$ 整体绕 B 点转动 $\delta\varphi$，那么 C 点和 D 点的虚位移分别垂直于 BC 和 BD，如图5-16所示，大小分别为

$$\delta r_C = BC\delta\varphi, \quad \delta r_D = BD\delta\varphi$$

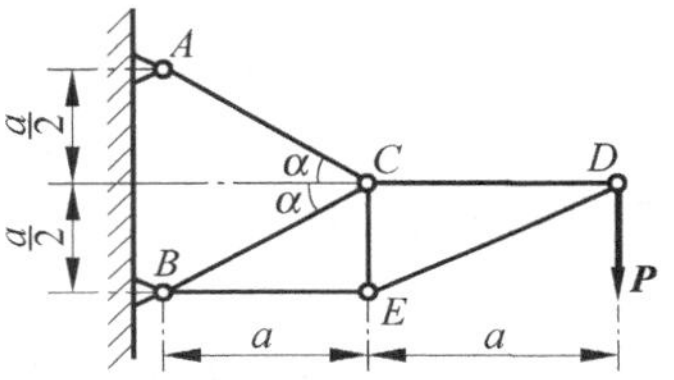

由虚位移原理得

$$\boldsymbol{N}_{AC} \cdot \delta\boldsymbol{r}_C + \boldsymbol{P} \cdot \delta\boldsymbol{r}_D = 0$$

即

$$[N_{AC}(BC\sin\angle ACB) - P(BD\cos\angle BDC)]\delta\varphi = 0$$

由于 $\delta\varphi$ 任意，可得

$$N_{AC} = \frac{BD\cos\angle BDC}{BC\sin\angle ACB}P = \sqrt{5}P$$

图 5-15

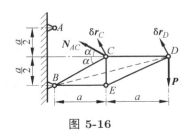

图 5-16

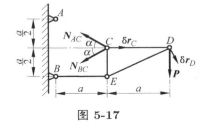

图 5-17

下面求 BC 杆的内力。再去掉 BC 杆，以 $\boldsymbol{N}_{BC}$ 代替，如图5-17所示。考虑一组虚位移：假想 CDE 整体绕 E 点转动，由虚位移原理得

$$\boldsymbol{N}_{AC} \cdot \delta\boldsymbol{r}_C + \boldsymbol{N}_{BC} \cdot \delta\boldsymbol{r}_C + \boldsymbol{P} \cdot \delta\boldsymbol{r}_D = 0$$

即

$$P\delta r_D \cos\alpha - (N_{AC} + N_{BC})\delta r_C \cos\alpha = 0$$

由于

$$\delta r_C = \delta r_D \sin\alpha$$

故

$$N_{AC} + N_{BC} = \frac{P}{\sin\alpha} = \sqrt{5}P = N_{AC}$$

因此有

$$N_{BC} = 0$$

5.4 广义坐标下的静力学普遍方程

质点系中各质点的坐标是不独立的, 它们必须满足约束方程(5-4); 质系的虚位移也不是相互独立的, 它们必须满足关系式(5-7)或(5-10)。

5.4.1 自由度与广义坐标

我们定义独立的虚位移的数目为质系的**自由度**。自由质点不受任何约束, 在空间 3 个方向的虚位移分量 $\delta x, \delta y, \delta z$ 相互独立, 因此一个自由质点的自由度为 3。由 n 个质点组成的自由质点系的自由度为 $3n$。如果质点系受到 l 个相互独立的几何约束, 则虚位移 $\delta \boldsymbol{r}_1, \cdots, \delta \boldsymbol{r}_n$ (及其分量 $\delta x_1, \delta y_1, \delta z_1, \cdots, \delta x_n, \delta y_n, \delta z_n$) 必须满足 l 个相互独立的方程(5-7)或(5-10), 因此在这 $3n$ 个虚位移中只有 $3n - l$ 个是相互独立的, 即质点系的自由度等于 $3n - l$。如果质点系还有 r 个独立的非完整约束, 则自由度等于 $3n - l - r$。例如, 例5-2、例5-3、例5-5和例5-7的自由度都为 1, 例5-4和例6-6的自由度都为 2, 例5-8的自由度为零。

确定质点系可能位置的独立参数 $q_1, \cdots, q_k$ 称为**广义坐标**。广义坐标是时间的函数, 广义坐标对时间的一次导数 $\dot{q}_1, \cdots, \dot{q}_k$ 称为**广义速度**, 广义坐标对时间的两次导数 $\ddot{q}_1, \cdots, \ddot{q}_k$ 称为**广义加速度**, 广义速度和广义加速度都是标量。

对于只有完整约束 (几何约束)(5-4)的质点系 $P_i(i = 1, 2, \cdots, n)$, 广义坐标数为 $3n - l$, 正好等于自由度, 即 $k = 3n - l$。如果质点系还有非完整约束, 则自由度小于广义坐标数。例如, 例5-2广义坐标可以选为刚体沿着斜面的位移, 例5-3广义坐标可以选为角度 φ, 例5-5广义坐标可以选为角度 α, 例5-7广义坐标可以选为手柄转角 φ; 例5-4可以任选两个活塞的位移为广义坐标, 例5-6可以选任意一个木条的位移和尖劈竖直位移为广义坐标。从这些例子可以看出, 广义坐标的变化不受几何约束的限制, 广义坐标对应的虚位移 $\delta q_1, \cdots, \delta q_k (k = 3n - l)$ 都是相互独立的 (注意: 如果质点系还有非完整约束, 则 $\delta q_1, \cdots, \delta q_k$ 不是相互独立的)。

一般来说, 我们可以通过求解代数方程组(5-4), 从 $3n$ 个坐标 $x_1, y_1, z_1, \cdots, x_n, y_n, z_n$ 之中选出 $3n - l$ 个独立坐标 (并且能唯一确定质点系位置) 作为广义坐标, 但是, 在实际应用中我们会发现, 这样选择广义坐标不好用。根据需要可以任选 $3n - l$ 个可以确定质系可能位置的独立参数 $q_1, \cdots, q_k$ 作为广义坐标, 它们可以是距离、角度、面积等。由于理论力学课程中的问题都不复杂, 自由度比较少, 我们很容易看出如何选取广义坐标。

例 5-9 设一根刚性杆的一端通过柱铰悬挂于 O 点, 另一端固定一个小球 A, 如图5-18所示。判断小球的自由度, 选择描述运动的广义坐标。

解 柱铰限制刚性杆只能在 Oxy 平面内运动, 刚性杆限制小球到 O 点的距离一定等于杆的长度 l。因此小球的约束可以写为

$$z = 0, \quad x^2 + y^2 = l^2$$

我们知道小球不受任何约束时的自由度是 3, 现在有两个几何约束, 自由度为 $3 - 2 = 1$。

描述小球的运动需要一个广义坐标。我们是否可以选择 x 或者 y 作为广义坐标呢? 不能! 因为给定的 x (或者 y) 不能唯一地确定小球的位置。容易发现, 杆与 Ox 轴的夹角 φ 可以唯一确定小球的位置, 可以选作广义坐标。

例 5-10 滑块 A 可以沿水平面自由滑动, 小球 B 用长度为 l 的刚性杆与滑块相连, 刚性

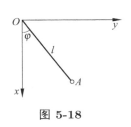

图 5-18

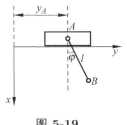

图 5-19

杆可以在竖直平面内自由转动，如图5-19所示。判断小球与滑块组成的质点系的自由度，并选择描述质点系运动的广义坐标。

解 质系受到 4 个几何约束，相应的约束方程为

$$z_A = 0, \quad z_B = 0, \quad x_A = 0, \quad x_B^2 + (y_B - y_A)^2 = l^2$$

我们知道，2 个自由质点组成的质点系有 6 个自由度，因此小球与滑块组成质系的自由度为 2。可以选取 y_A 和角 φ 为广义坐标。

例 5-11 试分析自由刚体的自由度，选择广义坐标。

解 刚体由无穷多个质点构成，任意两个质点之间的距离都是常数。自由刚体的运动没有来自外部的其他约束，只有内部质点之间距离不变的约束，因此这个质点系只有几何约束。因此，自由刚体的自由度等于广义坐标数。

在刚体运动学中，我们已经知道，描述刚体的空间一般运动需要 6 个参数。这 6 个参数可以选为刚体质心坐标 x_C, y_C, z_C 和 3 个欧拉角，这也是 6 个广义坐标。因此，作空间一般运动的自由刚体有 6 个自由度。如果刚体作平面运动，我们可以选择刚体质心坐标 x_C, y_C 和转角 θ 为广义坐标，自由度为 3。

例 5-12 试分析冰刀的自由度，选择广义坐标。

解 设冰刀沿着水平冰面运动，冰刀以细杆为模型，杆上点 C 的速度在运动过程中始终沿着杆（如图5-20所示）。x, y 是 C 的坐标，而 α 是杆与 Ox 轴的夹角。冰刀的位置和方位（即这个质点系的位置）可以用这 3 个独立的参数位移确定，我们可以将其选为广义坐标。

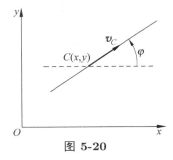

图 5-20

然而，因为冰刀还有一个非完整约束 $\dot{y} = \dot{x} \tan \alpha$（详见5.1节末的证明），冰刀的自由度并不等于广义坐标数 3，而是等于 2。

思考题 在粗糙地面上纯滚动的刚性球有哪些约束？其自由度和广义坐标数分别为多少？

5.4.2 广义力

设质点系的位置可以用广义坐标 $q_1, \cdots, q_k$ 唯一确定，则质点 $P_i(i = 1, 2, \cdots, n)$ 的矢径可以用这些广义坐标表示为

$$\boldsymbol{r}_i = \boldsymbol{r}_i(q_1, \cdots, q_k, t), \qquad i = 1, 2, \cdots, n \tag{5-18}$$

对方程(5-18)进行等时变分 δ 运算，得

$$\delta \boldsymbol{r}_i = \sum_{j=1}^{k} \frac{\partial \boldsymbol{r}_i}{\partial q_j} \delta q_j, \qquad i = 1, 2, \cdots, n \tag{5-19}$$

式中 $\delta q_1, \cdots, \delta q_k$ 为广义坐标的变分，也可称为广义虚位移。利用方程(5-19)，可以将主动力 $\boldsymbol{F}_1, \cdots, \boldsymbol{F}_n$ 的虚功改写成

$$\sum_{i=1}^{n} \boldsymbol{F}_i \cdot \delta \boldsymbol{r}_i = \sum_{j=1}^{k} Q_j \delta q_j \tag{5-20}$$

其中

$$Q_j = \sum_{i=1}^{n} \boldsymbol{F}_i \cdot \frac{\partial \boldsymbol{r}_i}{\partial q_j} = \sum_{i=1}^{n} \left(F_{ix} \frac{\partial x_i}{\partial q_j} + F_{iy} \frac{\partial y_i}{\partial q_j} + F_{iz} \frac{\partial z_i}{\partial q_j} \right) \tag{5-21}$$

称为对应广义坐标 q_j 的**广义力**，它是广义坐标和时间的函数。广义力和广义虚位移的乘积是虚功，如果广义坐标 q_j 是长度单位，则相应的广义力是力的单位；如果广义坐标是角度单位，则相应的广义力是力矩的单位。我们一般不直接使用方程(5-21)给出的表达式来求广义力，下面通过例题介绍两种求广义力的方法：解析法和几何法。

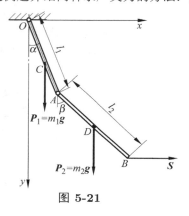

图 5-21

例 5-13　均质杆 OA 和 AB 用铰 A 连接，用铰 O 固定，如图5-21所示。两杆的长度为 l_1 和 l_2，质量为 m_1 和 m_2。在 B 端作用一个水平力 $\boldsymbol{S}$，取 α, β 为广义坐标，求广义力。

解法 1（几何法）　首先令 $\delta\alpha = 0, \delta\beta \neq 0$ 且 $\delta\beta$ 是无穷小量，从图5-22(a) 中可以看出

$$\delta r_C = 0, \quad \delta r_B = 2\delta r_D = l_2 \delta\beta$$

主动力 $\boldsymbol{P}_1$，$\boldsymbol{P}_2$ 和 $\boldsymbol{S}$ 所做的虚功和为

$$\delta A = -m_2 g \delta r_D \sin\beta + S \delta r_B \cos\beta$$
$$= \frac{l_2}{2}(2S\cos\beta - m_2 g \sin\beta)\delta\beta$$

于是，广义坐标 β 对应的广义力为

$$Q_\beta = \frac{\delta A}{\delta\beta} = \frac{l_2}{2}(2S\cos\beta - m_2 g \sin\beta)$$

再令 $\delta\alpha \neq 0, \delta\beta = 0$ 且 $\delta\alpha$ 是无穷小量，从图5-22(b) 中可以看出

$$\delta r_B = \delta r_D = 2\delta r_C = l_1 \delta\alpha$$

主动力 $\boldsymbol{P}_1$，$\boldsymbol{P}_2$ 和 $\boldsymbol{S}$ 所做的虚功和为

$$\delta A = -m_1 g \delta r_C \sin\alpha - m_2 g \delta r_D \sin\alpha + S \delta r_B \cos\alpha$$
$$= \frac{l_1}{2}[2S\cos\alpha - (m_1 + 2m_2)g\sin\alpha]\delta\alpha$$

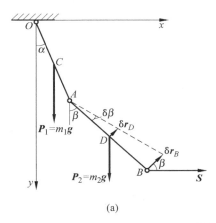
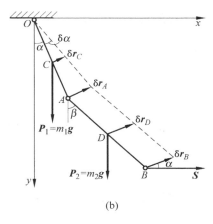

(a)　(b)

图 5-22

于是，广义坐标 α 对应的广义力为

$$Q_\alpha = \frac{\delta A}{\delta \alpha} = \frac{l_1}{2}[2S\cos\alpha - (m_1 + 2m_2)g\sin\alpha]$$

解法 2（解析法）　在 B，C 和 D 处分别作用有主动力 $\boldsymbol{P}_1$，$\boldsymbol{P}_2$ 和 $\boldsymbol{S}$，计算它们的虚功时需要用到这 3 个点的虚位移。考虑到主动力的方向，我们仅需 C 和 D 两点虚位移的竖直分量以及 B 点位移的水平分量。根据几何关系有

$$y_C = \frac{l_1}{2}\cos\alpha$$

$$y_D = l_1\cos\alpha + \frac{l_2}{2}\cos\beta$$

$$x_B = l_1\sin\alpha + l_2\sin\beta$$

我们对这 3 个式子进行等式变分，得

$$\delta y_C = -\frac{l_1}{2}\sin\alpha\delta\alpha$$

$$\delta y_D = -l_1\sin\alpha\delta\alpha - \frac{l_2}{2}\sin\beta\delta\beta$$

$$\delta x_B = l_1\cos\alpha\delta\alpha + l_2\cos\beta\delta\beta$$

主动力所做的虚功和为

$$\delta A = m_1 g\delta y_C + m_2 g\delta y_D + S\delta x_B$$
$$= Q_\alpha\delta\alpha + Q_\beta\delta\beta$$

整理后分别比较 $\delta\alpha$ 和 $\delta\beta$ 相应的项，可得

$$Q_\alpha = \frac{l_1}{2}[2S\cos\alpha - (m_1 + 2m_2)g\sin\alpha]$$

$$Q_\beta = \frac{l_2}{2}(2S\cos\beta - m_2 g\sin\beta)$$

5.4.3　广义力形式的质点系平衡条件

将方程(5-20)代入静力学普遍方程(5-17)，可得

$$\sum_{j=1}^{k} Q_j \delta q_j = 0 \tag{5-22}$$

如果质点系的约束都是完整约束，则 $\delta q_1, \cdots, \delta q_k (k = 3n - l)$ 都是相互独立的，由方程(5-22)可得

$$Q_j = 0 \quad (j = 1, 2, \cdots, k) \tag{5-23}$$

可见，**具有完整、理想约束质点系平衡的充分必要条件是所有广义力都等于零**。方程(5-23)是广义力形式的质点系平衡方程。

在上个例题中，系统平衡的充分必要条件是 $Q_\alpha = 0$，$Q_\beta = 0$。由这两个条件求得平衡位置对应的 α 和 β 为

$$\alpha = \arctan \frac{2S}{(m_1 + 2m_2)g}, \quad \beta = \arctan \frac{2S}{m_2 g}$$

例 5-14　惰钳机构由 6 根长杆和 2 根短杆组成，长杆长度为 $2a$，短杆长度为 a，各杆之间用光滑铰链相连，如图5-23(a) 所示。在它顶部有重量为 $\boldsymbol{P}$ 的重物，在滑块 B 和 C 上的作用力 $\boldsymbol{Q}$ 和 $-\boldsymbol{Q}$，其大小为 $Q = 7P/2$。不考虑滑块与支撑面间的摩擦，求惰钳机构处于平衡状态时角 θ 的大小。

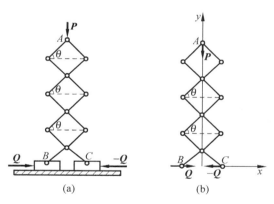

图 **5-23**

解　这是已知主动力求平衡位置的问题。我们也可以按基本解题步骤求解。

（1）取整个惰钳机构为研究对象。这是一个自由度的质点系，可以取 θ 为广义坐标。

（2）所有铰链都是光滑的，不考虑滑块与支撑面间的摩擦，因此约束是理想的。

（3）主动力包括作用在顶部 A 点的 $\boldsymbol{P}$，作用在滑块 B 和 C 上的 $\boldsymbol{Q}$ 和 $-\boldsymbol{Q}$。

（4）设 A, B, C 各点的虚位移为 $\delta y_A, \delta x_B, \delta x_C$，且以坐标轴（如图5-23(b) 所示）的正向为正。

（5）由几何关系，A 点纵坐标、B 点和 C 点的横坐标可以写成

$$x_B = -a\cos\theta, \quad x_C = a\cos\theta, \quad y_A = 7a\sin\theta$$

进行等式变分运算得

$$\delta x_B = a\sin\theta\delta\theta, \quad \delta x_C = -a\sin\theta\delta\theta, \quad \delta y_A = 7a\cos\theta\delta\theta$$

（6）主动力所做的虚功和为

$$\delta A = -P\delta y_A + Q\delta x_B - Q\delta x_C$$
$$= (2Qa\sin\theta - 7Pa\cos\theta)\delta\theta$$

对应广义坐标 θ 的广义力为

$$Q_\theta = \frac{\delta A}{\delta\theta} = 2Qa\sin\theta - 7Pa\cos\theta$$

由 $Q_\theta = 0$ 得

$$\tan\theta = \frac{7P}{2Q} = 1$$

最后得

$$\theta = 45°$$

例 5-15　圆柱重为 $\boldsymbol{W}$，搁置在倾角 $\alpha = 60°$ 的倾斜平板 AB 上，B 点用细绳拉在墙上，如图5-24(a) 所示。设各接触点都是光滑的，不考虑平板 AB 的重量，$|AB| = l$，求平衡时绳的拉力大小。

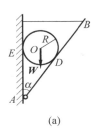 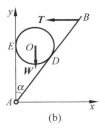

(a)　　　　(b)

图 5-24

解　这是已知平衡求约束反力的问题。我们以圆柱和平板组成的系统为以及对象，所有的约束都是理想的。主动力只有圆柱的重力。在主动力虚功的表达式中不出现任何约束反力，为了求绳的拉力，需要解除绳的约束，即假设没有细绳存在，而是在 B 点有一个未知的主动力，如图5-24(b) 所示。解除约束后，系统的自由度为 1，我们取角 α 为广义坐标。下面我们把重力 $\boldsymbol{W}$ 作用点 O 的纵坐标和拉力作用点 B 的横坐标都用角 α 表示出来

$$y_O = R\cot\frac{\alpha}{2}, \quad x_B = l\sin\alpha$$

进行等式变分运算得

$$\delta y_O = -\frac{1}{2}R\csc^2\frac{\alpha}{2}\delta\alpha, \quad \delta x_B = l\cos\alpha\delta\alpha$$

将 $\alpha = 60°$ 代入，得

$$\delta y_O = -2R\delta\alpha, \quad \delta x_B = \frac{l}{2}\delta\alpha$$

重力和拉力的虚功和为

$$\delta A = -W\delta y_O - T\delta x_B = (2WR - \frac{Tl}{2})\delta\alpha$$

广义坐标 α 对应的广义力为

$$Q_\alpha = \frac{\delta A}{\delta\alpha} = 2WR - \frac{Tl}{2}$$

由 $Q_\alpha = 0$ 得

$$T = \frac{4RW}{l}$$

5.5 势力场中的平衡方程

在介绍一般结论之前，我们先看一个简单的例子。

例 5-16 设无质量的刚性杆 OA，一端通过柱铰悬挂于 O 点，另一端固定一个质量为 m 的小球 A，如图5-25所示。杆与 Ox 轴的夹角 φ 为广义坐标，求广义力以及小球的平衡位置。

解 我们以小球和杆为研究对象，只有完整、理想约束，主动力只有小球的重力。我们只需给出小球竖直方向（x 方向）的虚位移。由几何关系

$$x = l\cos\varphi$$

可得

$$\delta x = -l\sin\varphi\delta\varphi$$

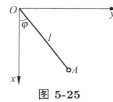

图 5-25

主动力的虚功为

$$mg\delta x = -mgl\sin\varphi\delta\varphi$$

对应广义坐标 φ 的广义力为

$$Q_\varphi = -mgl\sin\varphi$$

由 $Q_\varphi = 0$ 可得小球平衡位置：$\varphi = 0°$ 或者 $\varphi = 180°$。

下面我们针对这个例子进行讨论。读者在中学物理课上就知道，小球的重力势能（以 $x = 0$ 为零势能线）

$$V = -mgl\cos\varphi$$

这个势能是广义坐标的函数，我们将势能对广义坐标求导得

$$\frac{\mathrm{d}V}{\mathrm{d}\varphi} = mgl\sin\varphi$$

显然

$$Q_\varphi = -\frac{\mathrm{d}V}{\mathrm{d}\varphi} \tag{5-24}$$

小球平衡的充分必要条件

$$Q_\varphi = 0$$

等价为

$$\frac{dV}{d\varphi} = 0$$

于是我们可以给出结论：小球平衡的充分必要条件是势能取驻值（极值或拐点）。这个结论以及关系式(5-24)都可以推广到一般情况。下面我们就针对一般情形，给出严格的数学描述。

若在某空间区域，质点所受的作用力只依赖于空间位置和时间，而与速度无关，则称该空间区域存在**力场**。例如地球附近存在重力场、整个宇宙存在万有引力场等。若存在标量函数 V，只依赖于质点 $P_i(i = 1, 2, \cdots, n)$ 的坐标 x_i, y_i, z_i 以及时间 t，并且质点 P_i 在力场中所受的力等于

$$F_{ix} = -\frac{\partial V}{\partial x_i}, \quad F_{iy} = -\frac{\partial V}{\partial y_i}, \quad F_{iz} = -\frac{\partial V}{\partial z_i} \tag{5-25}$$

则称力场有势，函数 V 为**势能**，$\boldsymbol{F}_i$ 为**有势力**。常见的势力场有重力场、弹性力场、万有引力场、电场和磁场等。例如重力势能表达式为 $V = mgz$，其中 z 是质点到零势能面的距离。又如弹性势能表达式为 $V = \frac{1}{2}kx^2$，其中 x 是弹簧伸长量，k 为弹簧刚度。

设质点系 $P_i(i = 1, 2, \cdots, n)$ 所受的主动力有势，势能 V 是质点坐标 $x_i, y_i, z_i(i = 1, 2, \cdots, n)$ 和时间 t 的函数。如果我们选取广义坐标 $q_1, q_2, \cdots, q_k$ 描述质点系的运动，则 x_i, y_i, z_i 可以用广义坐标及时间 t 表示，势能就是广义坐标的复合函数：

$$V[x_1(q, t), y_1(q, t), z_1(q, t), \cdots, x_n(q, t), y_n(q, t), z_n(q, t), t] \tag{5-26}$$

其中 q 表示 $q_1(t), \cdots, q_k(t)$。利用复合函数求导关系，可得 V 对 q_j 的偏导数

$$\frac{\partial V}{\partial q_j} = \sum_{i=1}^{n} \left(\frac{\partial V}{\partial x_i} \frac{\partial x_i}{\partial q_j} + \frac{\partial V}{\partial y_i} \frac{\partial y_i}{\partial q_j} + \frac{\partial V}{\partial z_i} \frac{\partial z_i}{\partial q_j} \right) \tag{5-27}$$

利用式(5-25)，可以将式(5-27)写成

$$\frac{\partial V}{\partial q_j} = -\sum_{i=1}^{n} \left(F_{ix} \frac{\partial x_i}{\partial q_j} + F_{iy} \frac{\partial y_i}{\partial q_j} + F_{iz} \frac{\partial z_i}{\partial q_j} \right) \tag{5-28}$$

根据上一节的广义力表达式(5-21)，式(5-28)可进一步写成

$$\frac{\partial V}{\partial q_j} = -Q_j \tag{5-29}$$

从推导过程可以看出，对于任意质点系，有势力的广义力总可以写成

$$Q_j = -\frac{\partial V}{\partial q_j} \tag{5-30}$$

由上一节可知，如果质点系的约束是理想、完整的，则质点系平衡的充分必要条件是所有广义力都等于零，即

$$Q_j = 0 \quad (j = 1, 2, \cdots, k)$$

如果质点系的约束是完整、理想的，并且所有主动力都是有势力，则质点系平衡的充分必要条件是

$$\frac{\partial V}{\partial q_j} = 0 \quad (j = 1, 2, \cdots, k) \tag{5-31}$$

即势能函数取驻值（请参考高等数学课程中多元函数极值）。也就是说，**具有完整、理想约束的质点系，其平衡位置就是势能函数取驻值的点**。方程(5-31)是势能形式的平衡方程。

例 5-17 设灯 G 的质量为 m，A, C 为铰链，B 为套筒，AC
与 AB 的夹角为 θ。$AC = AB = l$，$AG = a$，如图5-26所示。当
$\theta = 180°$ 时弹簧为原长。不计杆的质量，不计摩擦。如果 $\theta = 120°$
是平衡位置，求弹簧刚度 k 的大小？

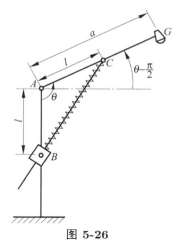

图 **5-26**

解 这个机构有 1 个自由度，可以选 θ 为广义坐标。约束是
完整理想的，主动力包括弹簧的弹力和台灯的重力，都是有势力。
我们先写出重力势能（以 A 为零势能点）

$$V_1 = mga\sin(\theta - \pi/2) = -mga\cos\theta$$

为了求弹性势能，先计算弹簧的变形量

$$\Delta = 2l - BC = 2l - 2l\sin(\theta/2) = 2l[1 - \sin(\theta/2)]$$

于是，弹性势能为

$$V_2 = \frac{1}{2}k\Delta^2 = 2kl^2\left[1 - \sin\left(\frac{\theta}{2}\right)\right]^2$$

总势能为

$$V = V_1 + V_2 = -mga\cos\theta + 2kl^2\left[1 - \sin\left(\frac{\theta}{2}\right)\right]^2$$

势能对 θ 的导数为

$$\frac{\mathrm{d}V}{\mathrm{d}\theta} = mga\sin\theta - 2kl^2\cos\frac{\theta}{2} + kl^2\sin\theta$$

$\theta = 120°$ 是平衡位置的充分必要条件是

$$\left.\frac{\mathrm{d}V}{\mathrm{d}\theta}\right|_{\theta=120°} = 0$$

即

$$mga\sqrt{3}/2 - kl^2 + kl^2\sqrt{3}/2 = 0$$

解得

$$k = (3 + 2\sqrt{3})mga/l^2$$

例 5-18 均质杆 AB 长为 $2l$，一端靠在光滑的铅垂墙壁上，另一端放在固定光滑曲线 DE
上，如图5-27所示。欲使细杆能静止在铅垂平面的任意位置。问 DE 应是怎样的曲线？

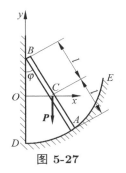

图 5-27

解 以杆为研究对象，所有约束都是理想几何约束，主动力只有杆的重力，势能可以写成

$$V = mgy_C$$

其中 y_C 是杆质心的纵坐标。杆在任意位置都能平衡，就是说势能在任意位置都取驻值，因此势能一定是常数。由此可知 y_C 也是常数，再考虑到杆全部靠墙时 $y_C = l$，因此有

$$y_C \equiv l$$

根据几何关系，我们写出杆底端 A 的坐标

$$x_A = 2l \sin \varphi$$

$$y_A = y_C - l \cos \varphi = l(1 - \cos \varphi)$$

故

$$\frac{x_A^2}{(2l)^2} + \frac{(y_A - l)^2}{l^2} = 1$$

可见曲线 DE 是椭圆的一段。

例 5-19 均质杆 OA 和 AB 用铰 A 连接，用铰 O 固定，如图5-28所示。两杆的长度为 l_1 和 l_2，质量为 m_1 和 m_2。在 B 端作用一个水平力 S，设 α, β 分别是两根杆与竖直方向的夹角，求平衡时 α 和 β。

解 以两根杆为研究对象，这是两个自由度的质点系，取 α, β 为广义坐标。主动力包括 P_1, P_2, S。两个重力是有势力，而主动力 S 可以这样处理：假设有一个重量 S 的物块，有一个定滑轮位于 B 点右侧，与 B 处于同一水平线上，一根无质量的细绳绕过定滑轮，一段连接 B 点，另一端连接物块。这样就可以把主动力 S 当作重力对待。

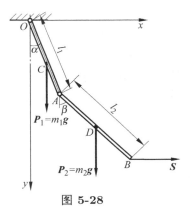

图 5-28

根据几何关系有

$$y_C = \frac{1}{2} l_1 \cos \alpha$$

$$y_D = l_1 \cos \alpha + \frac{1}{2} l_2 \cos \beta$$

$$x_B = l_1 \sin \alpha + l_2 \sin \beta$$

相应地写出重力势能

$$V_1 = -m_1 g y_C = -\frac{1}{2} m_1 g l_1 \cos \alpha$$

$$V_2 = -m_2 g y_D = -m_2 g \left(l_1 \cos \alpha + \frac{1}{2} l_2 \cos \beta \right)$$

$$V_3 = -S x_B = -S(l_1 \sin \alpha + l_2 \sin \beta)$$

总势能为

$$V = V_1 + V_2 + V_3$$
$$= -\frac{1}{2}m_1 g l_1 \cos\alpha - m_2 g \left(l_1 \cos\alpha + \frac{1}{2}l_2 \cos\beta\right) - S(l_1 \sin\alpha + l_2 \sin\beta)$$

下面求 V 对 α 的偏导数

$$\frac{\partial V}{\partial \alpha} = m_1 g \frac{l_1}{2}\sin\alpha + m_2 g l_1 \sin\alpha - S l_1 \cos\alpha$$

再求 V 对 β 的偏导数

$$\frac{\partial V}{\partial \beta} = m_2 g \frac{l_2}{2}\sin\beta - S l_2 \cos\beta$$

令

$$\frac{\partial V}{\partial \alpha} = 0, \quad \frac{\partial V}{\partial \beta} = 0$$

可以解出平衡时的 α, β 为

$$\alpha = \arctan\frac{2S}{(m_1 + 2m_2)g}, \quad \beta = \arctan\frac{2S}{m_2 g}$$

　　数学上得到的平衡位置，有些在实际生活或物理实验中很难观察到，这与平衡位置的稳定性有关。我们通过一个简单的例子说明这个问题。如图5-29所示，情况 (a)、(b) 和 (c) 中的均质杆 AB 的 A 点用光滑铰支撑，情况 (c) 中铰正好与杆的质心重合。对于情况 (a) 和 (b)，系统的势能分别为 $V = -mga\cos\theta$ 和 $V = mga\cos\theta$。由 $\partial V/\partial\theta = 0$ 可以求出平衡位置 $\theta = 0$。显然，对于情况 (a)，平衡位置 $\theta = 0$ 有一定的抗干扰能力，当杆受到很小的干扰偏离平衡位置时，重力的作用将使杆恢复到平衡位置。我们称这个平衡位置稳定。对于情况 (b)，平衡位置 $\theta = 0$ 没有抗干扰能力，当杆受到很小的干扰偏离平衡位置时，重力的作用会使杆偏离平衡位置更远。我们称这个平衡位置不稳定。对于情况 (c)，势能为常数，杆在任意位置都能平衡，这是随遇平衡，也属于不稳定平衡。

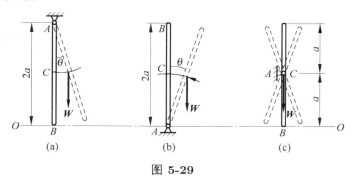

图 5-29

　　下面给出两个关于平衡位置稳定性的定理。定理的证明属于研究生课程"运动稳定性"的内容，需要借助很多专业知识和复杂的数学工具，这里不便给出。

　　定理 5-1　　（**拉格朗日定理**）设质点系受完整、理想、定常约束，所有主动力有势，势能函数不显含时间。如果势能函数在孤立平衡位置取严格极小值，则该平衡位置稳定。

　　请读者注意，这个定理给出的是平衡位置稳定的充分条件，不是必要条件。换句话说，这个定理的否命题不成立（参见运动稳定性书籍中的 Wintner 反例）。

定理 5-2 （契达耶夫定理）设质点系受完整、理想、定常约束，所有主动力有势，势能函数不显含时间。如果势能函数在孤立平衡位置不取严格极小值，且势能可以写成齐次式之和

$$V = V_m + V_{m+1} + \cdots \qquad (m \geqslant 2)$$

（其中 V_i 是关于广义坐标的 i 次齐次式），则该平衡位置不稳定。

需要说明的是，除了有意构造的势能函数（比如 Wintner 反例），一般实际系统的势能函数都可以展开成广义坐标的齐次式之和。我们约定：在本课程中应用契达耶夫定理，可以不验证这个条件。

现在我们回到本节第一个例题，研究台灯平衡的稳定性。

我们已经知道总势能

$$V = -mga\cos\theta + 2kl^2 \left[1 - \sin\left(\frac{\theta}{2}\right)\right]^2$$

以及势能对 θ 的导数

$$\frac{\mathrm{d}V}{\mathrm{d}\theta} = mga\sin\theta - 2kl^2\cos\frac{\theta}{2} + kl^2\sin\theta$$

其中

$$k = (3 + 2\sqrt{3})mga/l^2$$

容易验证，$\theta = 120°$ 和 $\theta = 180°$ 是两个孤立平衡位置。

为了判断势能在平衡位置是否取极小值，我们进一步计算势能对 θ 的二阶导数

$$\frac{\mathrm{d}^2V}{\mathrm{d}\theta^2} = (mga + kl^2)\cos\theta + kl^2\sin\frac{\theta}{2}$$

对于平衡位置 $\theta = 120°$，计算得

$$\frac{\mathrm{d}^2V}{\mathrm{d}\theta^2}\big|_{\theta=120°} = (1 + \sqrt{3}/2)mga > 0$$

势能函数在平衡位置 $\theta = 120°$ 取严格极小值。根据拉格朗日定理，平衡位置 $\theta = 120°$ 稳定。

对于平衡位置 $\theta = 180°$，计算得

$$\frac{\mathrm{d}^2V}{\mathrm{d}\theta^2}\big|_{\theta=180°} = -mga < 0$$

势能函数在平衡位置 $\theta = 180°$ 取严格极大值，当然，不取严格极小值。根据契达耶夫定理，平衡位置 $\theta = 180°$ 不稳定。注意，此处略去了势能可写成齐次式之和的验证。

本章小结

本章主要讲了约束、虚位移、广义坐标、广义力、自由度等重要的分析力学概念，介绍了虚位移原理、广义力形式的平衡方程、势能形式的平衡方程以及它们在求解平衡问题中的应用。本章的理论和方法的适用条件涉及不同类型的约束。在理论力学课程中主要考虑双面、完整、定常、理想约束。在定常约束情况下，可以取真实位移为虚位移，并利用刚体运动的速度分析方法寻找虚位移的关系式。

在双面、理想约束情况下，可以利用虚位移原理（静力学普遍方程）

$$\sum_{s=1}^{n} \boldsymbol{F}_s \cdot \delta \boldsymbol{r}_s = 0$$

这个等式对应的独立方程数等于质点系的自由度。研究平衡问题归结为选取主动力作用点的虚位移并寻找虚位移的关系式。

在双面、理想、完整约束情况下，可以利用广义力形式的平衡方程

$$Q_j = 0 \quad (j = 1, 2, \cdots, k)$$

独立的平衡方程数等于质点系的自由度，也等于广义坐标数。研究平衡问题归结为选取广义坐标并求主动力的广义力，求广义力的方法有几何法和解析法。

在双面、理想、完整约束并且主动力有势的情况下，可以利用势能形式的平衡方程

$$\frac{\partial V}{\partial q_j} = 0 \quad (j = 1, 2, \cdots, k)$$

独立的平衡方程数等于质点系的自由度，也等于广义坐标数。研究平衡问题归结为求主动力的势能。

概念题

请判断下列说法是否正确。

5-1 在定常约束下真实位移是虚位移之一，与约束是否完整无关。

5-2 在完整约束下广义坐标数等于自由度，与约束是否定常无关。

5-3 在完整约束下各个广义坐标相互独立。

5-4 在粗糙地面上作直线纯滚动的圆柱有 1 个自由度。

5-5 在粗糙地面上纯滚动的刚性球有 3 个自由度。

5-6 在粗糙地面上运动的自行车（只考虑车架和两个轮子）有 4 个自由度。

5-7 理想约束的约束反力不做功。

5-8 粗糙曲面的约束不是理想约束，只有光滑约束才是理想约束。

5-9 设质点系的主动力有势，势能为 V，则广义力 Q_i 等于 $-V$ 对广义坐标 q_i 的偏导数。

5-10 虚功原理给出了受理想双面约束质点系的平衡条件。

5-11 在第 4 章和第 5 章中介绍的各个平衡方程中，静力学普遍方程的适用面最广。

5-12 定常约束是应用广义力形式平衡方程的前提条件之一。

5-13 定常约束是应用势能形式平衡方程的前提条件之一。

5-14 用几何静力学的理论和方法无法判断平衡位置的稳定性。

5-15 虚位移原理的思想来源于杠杆原理。

5-16 在静力学平衡问题中，所有常值主动力都可以等效为重力，写入势能。

习题

5-1 下述物体的约束属于何种约束？试写出约束方程。

（1）绳长 l，两端固定于 A, B 点，$AB = a$，圆环 M 可在绳上任意滑动，但不许达到天花板 AB 上方，亦不可离开绳。假设任何时刻绳索都绷紧（图 (a)）。

（2）放在水平地面上的物块 M（图 (b)）。

（3）在铅垂平面内车轮沿着斜面纯滚动（图 (c)）。

（4）摇摆木马放在水平面上，在铅垂平面内运动，且与水平面间无滑动（图 (d)）。

（5）曲柄连杆机构的连杆 AB（图 (e)）。

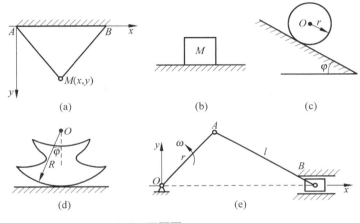

习题图 **5-1**

5-2 一质点在空间中运动，所受约束为 $\dot{z} - \dot{x}y + \dot{y}z + xyz = 0$，试研究其真实位移是否是虚位移之一。

5-3 一质点在空间中运动，所受微分约束为 $\dot{x}\left(x^2 + y^2 + z^2\right) + 2\left(x\dot{x} + y\dot{y} + z\dot{z}\right) = 0$，试研究其真实位移与虚位移之间的关系。

5-4 半径为 R 的轮子在地面上滚动，如图所示。设轮心 C 的速度为 v，轮子的角速度是 ω。试讨论地面对轮子的摩擦力 F_f 所做的元功。

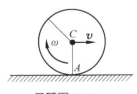

习题图 **5-4**

5-5 下述哪些约束是理想约束？

（1）纯滚动，无滚动摩阻。

（2）连接两个质点的无质量刚杆。

（3）悬挂重物的绳索。

（4）有摩擦的铰链。

（5）连接两个质点的无质量弹性绳。

（6）摩擦传动中两个刚性摩擦轮的接触处，两轮间不打滑，无滚动摩阻。

5-6　画出下列各图中 A, B 点的虚位移方向。

（1）沿直线纯滚动的轮（图 (a)）。

（2）四连杆机构（图 (b)）。

（3）曲柄摇杆机构（图 (c)）。

（4）不可伸长的绳索（图 (d)）。

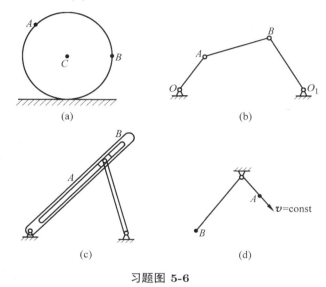

习题图 **5-6**

5-7　请画出下列各图中 M 点虚位移的方向。各图均为平面机构。图 (a) 中杆 OM 可绕 O 点转动。图 (b) 为曲柄滑块机构，OA 可绕 O 点转动，AB 可绕 A 点转动。

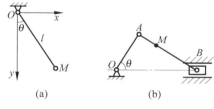

习题图 **5-7**

5-8　试用不同方法确定图示机构中 A 点的虚位移，并比较各种方法。

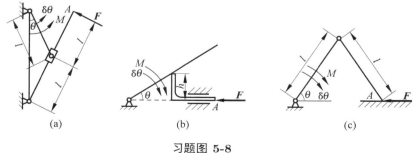

习题图 **5-8**

5-9　如图所示机构中各无质量杆由铰链连接，AC 处于同一水平高度，BD 杆竖直，DE 杆水平，滑块 C 位于 E 点正下方，忽略各处摩擦，系统处于平衡状态。用虚位移原理求力 P

和力矩 M 的关系。

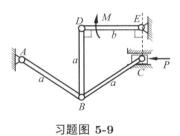

习题图 5-9

5-10 三均质细杆以铰链相联，其 A 端和 B 端另以铰链联接在固定水平直线 AB 上，如图所示。已知各杆的重量与其长度成正比，$AC = a$，$CD = DB = 2a$，$AB = 3a$。设铰链为理想约束，求杆系平衡时 α, β, γ 之间的关系。

5-11 图示平面平衡系统，在利用刚体平衡方程求解时，无须计入弹簧内力，而用虚功原理求力 F_1 和 F_2 之间的关系时，必须计入弹簧的虚功。这是否有矛盾？

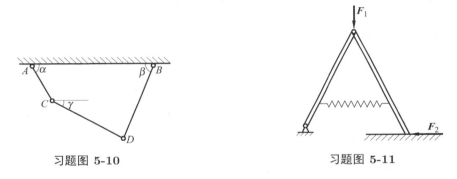

习题图 5-10   习题图 5-11

5-12 长度均为 l 的轻杆四根，由光滑铰链联成一个菱形 $ABCD$。AB, AD 两边支于同一水平线的两个钉 E, F 上，相距为 $2a$，BD 间用一根细绳连接，C 点作用一个铅直力 P，如图所示。设 A 点的顶角为 2α，试求绳中张力 T。

5-13 在图示桁架中 $AD = DB = 6\text{m}, CD = 3\text{m}$，在节点 D 的载荷为 P，各杆自重不计。求该桁架中杆 3 的内力。

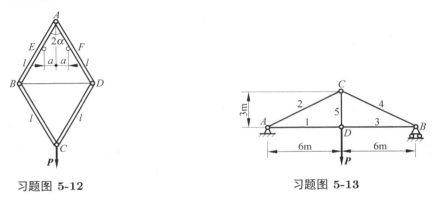

习题图 5-12   习题图 5-13

5-14 钢架由一个 Γ 形框架带中间铰 C 构成，如图所示。框架的上端刚性地插在混凝土墙内，下端则搁在辊轴支座上。当 P_1 和 P_2 两力作用时，求插入端 A 处的铅直反作用力。

5-15 求图标桁架 1，2 两杆的内力。

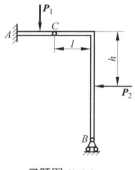

习题图 5-14

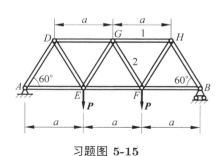

习题图 5-15

5-16 图示三铰拱的自重不计，求在水平力 P 作用下支座 A 和 B 的约束反力。

5-17 图示组合梁上作用有载荷 $P_1 = 5\text{kN}, P_2 = 4\text{kN}, P_3 = 3\text{kN}$，以及 $M = 2\text{kN} \cdot \text{m}$ 的力偶。不计摩擦及梁的质量，试求固定端 A 的约束反力偶矩 M_A。

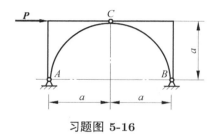

习题图 5-16

习题图 5-17

5-18 利用本章方法重新求解习题4-9。

5-19 利用本章方法重新求解习题4-20。

5-20 试用虚位移原理推导作用在刚体上平面力系的平衡方程。

5-21 下述质点系有几个自由度？

（1）平面四连杆机构（图 (a)）。

（2）在固定铅垂面内运动的双摆（图 (b)）。

（3）在平面内沿直线作纯滚动的轮（图 (c)）。

（4）一端由铰链约束的杆（图 (d)）。

（5）在光滑水平面上运动的球（图 (e)）。

（6）平面机构（图 (f)）。

5-22 图示健身器械由四根长为 L 的杆铰接而成。弹簧刚度为 k，原长为 l，$l < 2L$。当水平力 F 和 $-F$ 作用在手柄上，角 θ 缓慢减小。不计杆重和摩擦，求力 F 具有最大值时的 θ 角。

5-23 图示机构中 $CDEF$ 为平行四边形，杆 AB 可以沿着 O 处的销槽滑动。当大小为 M 的力偶矩作用在连杆 GF 上，弹簧被压缩，弹簧的刚度为 k，当 $\theta = 0$ 时弹簧为原长。不计杆重和摩擦，求平衡时 θ 角。

5-24 利用本章方法重新求解习题4-14。

5-25 利用本章方法重新求解习题4-61。

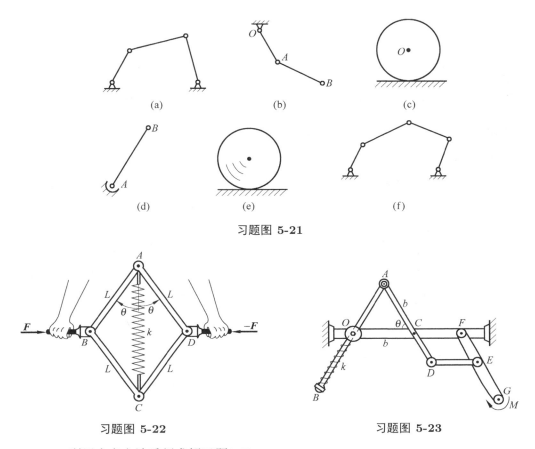

(a)　　　　　(b)　　　　　(c)

(d)　　　　　(e)　　　　　(f)

习题图 **5-21**

习题图 **5-22**　　　　　习题图 **5-23**

5-26　利用本章方法重新求解习题4-62。

5-27　利用本章方法重新求解习题4-19。

5-28　利用本章方法重新求解习题4-63。

5-29　利用本章方法重新求解习题4-64。

5-30　利用本章方法重新求解习题4-65。

5-31　利用本章方法重新求解习题4-66。

5-32　利用本章方法重新求解习题4-67。

5-33　利用本章方法重新求解习题4-22。

5-34　如图所示，一小球在一光滑管内，此管呈一长轴 $2a$ 的椭圆形状并位于水平面内。此球受椭圆两焦点 C_1 和 C_2 的吸引，引力与距离平方成反比，比例系数分别为 k_2^1 和 k_2^2。试求小球在平衡位置时的矢径 r_1 和 r_2 的大小。

5-35　如图所示，长 l 的均质杆 AB 放在半径为 r 的光滑圆柱面上，其 A 端抵在光滑墙上。试证，平衡时的角 θ 满足 $l\cos^3\theta + r\sin\theta - b = 0$，其中 b 为圆柱中心到墙的距离。

5-36　如图所示，一均质杆 AB，长 $2a$，靠在半径为 R 的光滑半圆导板上。试求平衡位置，并讨论其稳定性。

5-37　地震仪的杠杆 ACD 与铰链 B 连接，其上固结一个质量为 m 的重物，如图所示。当 ABC 处于水平位置时，弹簧具有初压力 F_0，若不计杠杆质量，求当 BD 处于铅垂位置且为稳

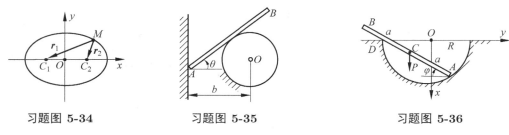

习题图 5-34   习题图 5-35   习题图 5-36

定平衡时的弹簧刚度 k。

5-38　如图所示，均质杆 OA 长 3m，质量为 $m = 2\text{kg}$。O 为铰链，A 端连一个弹簧，弹簧刚度 $k = 4\text{N/m}$。若弹簧原长为 $l_0 = 1.2\text{m}$，求平衡时的角度 θ。

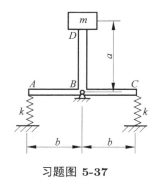

习题图 5-37

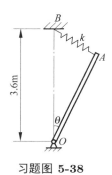

习题图 5-38

第 III 篇

动 力 学

运动学只研究如何描述物体的运动，不考虑产生运动的原因。静力学只研究作用于物体上的力系的简化与平衡条件，不考虑当作用于物体上的力系不满足平衡条件时物体将如何运动。动力学则研究**物体的运动与其所受力之间的关系**，它是理论力学的核心内容。

物体运动与其所受力之间的数学关系称为**动力学方程**，也称为**运动微分方程**。求解运动微分方程可以解决动力学的两类基本问题：第一类问题是已知物体的运动规律，求作用于物体上的力；第二类问题是已知物体的受力，求物体的运动规律。第二类问题称为**动力学正问题**，第一类问题称为**动力学逆问题**。大多数动力学问题都是混合问题，此时既有未知的运动，也有未知的力（约束力）。例如，在求解受约束的非自由质点系在已知主动力作用下的运动问题时，运动和约束力均是未知的。

对于简单的动力学问题，可以求出其运动微分方程的解析解。但多数情况下，运动微分方程是严重非线性的，无法解析求解，需要利用计算机求其数值解，以获得物体的运动特性。理论力学重点讲授如何建立物体的运动微分方程，其数值求解将在其他后续课程中讲授。

牛顿运动定律成立的参考系，称为**惯性参考系**，简称**惯性系**。反之，牛顿运动定律不成立的参考系，称为**非惯性参考系**，简称**非惯性系**。根据伽利略相对性原理，和一个惯性系保持相对静止或相对匀速直线运动状态的参考系也是惯性系。在实践中，人们总是根据实际需要选取近似的惯性参考系。比如，在研究地面上物体小范围内的运动时，地球是一个足够精确的惯性系。在研究太阳系中天体的运动时，太阳是一个足够精确的惯性系。

第 6 章

质点动力学

内容提要　本章基于牛顿定律研究质点在外力作用下的运动规律，包括质点运动微分方程的建立与求解。牛顿运动定律只适用于惯性系，但工程上常常需要解决物体相对非惯性坐标系的运动问题，因此本章介绍了质点相对于非惯性坐标系的运动微分方程，并将地球作为非惯性参考系，分析了质点相对于地球的运动问题，讨论了牵连惯性力和科氏惯性力对质点相对地球运动的影响。在学习本章之前，学生需要掌握二阶线性常微分方程的解法 (见附录B)。

6.1　质点运动微分方程

质量为 m 的质点沿空间曲线运动，作用于质点上的合力为 $\boldsymbol{F} = \sum \boldsymbol{F}_i$。应用牛顿第二定律可以直接得到质点的运动微分方程

$$m\ddot{\boldsymbol{r}} = \boldsymbol{F}(t, \boldsymbol{r}, \dot{\boldsymbol{r}}) \tag{6-1}$$

式(6-1)是以矢量形式表示的**质点运动微分方程**。

将式(6-1)向直角坐标系投影，得到以直角坐标形式表示的质点运动微分方程

$$\begin{cases} m\ddot{x} = F_x \\ m\ddot{y} = F_y \\ m\ddot{z} = F_z \end{cases} \tag{6-2}$$

式中 F_x，F_y 和 F_z 为作用于质点上的合力 $\boldsymbol{F}$ 在 x，y 和 z 坐标轴上的投影。

将式(6-1)向自然坐标系的各轴上投影，得到以自然坐标形式表示的质点运动微分方程

$$\begin{cases} m\ddot{s} = F_\tau \\ m\dfrac{\dot{s}^2}{\rho} = F_n \\ 0 = F_b \end{cases} \tag{6-3}$$

其中 F_τ，F_n 和 F_b 分别为作用于质点上的合力 $\boldsymbol{F}$ 在切向 $\boldsymbol{\tau}$、主法向 $\boldsymbol{n}$ 和次法向 $\boldsymbol{b}$ 上的投影。

将式(6-1)向柱坐标系的各轴上投影，得到以柱坐标形式表示的质点运动微分方程

$$\begin{cases} m(\ddot{\rho} - \rho\dot{\varphi}^2) = F_\rho \\ m(\rho\ddot{\varphi} + 2\dot{\rho}\dot{\varphi}) = F_\varphi \\ m\ddot{z} = F_z \end{cases} \tag{6-4}$$

其中 F_ρ，F_φ 和 F_z 分别为作用于质点上的合力 $\boldsymbol{F}$ 在径向 $\boldsymbol{e}_\rho$、横向 $\boldsymbol{e}_\varphi$ 和轴向 $\boldsymbol{k}$ 上的投影。

应用质点运动微分方程可以求解质点动力学的两类基本问题。第一类问题（已知运动规律求受力）是微分问题，可以通过将运动方程对时间求导数的方法求解，而第二类问题（已知受力求运动规律）则是积分问题，需要求解运动微分方程。作用于质点上的力可以是时间、质点的位置坐标和速度的函数，只有当这些函数关系较为简单时才能求出微分方程的解析解，否则只能数值求解。动力学的重点是研究第二类问题。

在一维情况下，运动微分方程为常微分方程，其一般形式为

$$m\ddot{x} = F(t, x, \dot{x}) \tag{6-5}$$

在求解常微分方程时，还需给出运动**初始条件**以确定积分常数，即必须给出质点在初始瞬时的位置和速度，才能确定质点的运动。

一般情况下，很难求得常微分方程(6-5)的解析解。对于具有特殊形式

$$\frac{\mathrm{d}x}{\mathrm{d}t} = f(x)f(t)$$

的常微分方程，可以用**分离变量法**解析求解，即将两个变量 x 和 t 分离到方程式的两边

$$\frac{\mathrm{d}x}{f(x)} = f(t)\mathrm{d}t$$

然后进行积分。

下面讨论几种可以利用分离变量法求得运动微分方程解析解的情况。

(1) 如果作用在质点上的力为常力或者为时间的函数 (与 x 和 $\dot{x}$ 无关)，即 $F = C$ 或者 $F = F(t)$，则可将式(6-5)改写为

$$m\mathrm{d}\dot{x} = F\mathrm{d}t \tag{6-6}$$

上式可直接积分，得

$$m\dot{x} - m\dot{x}_0 = \int_{t_0}^t F\mathrm{d}t \tag{6-7}$$

其中 $\dot{x}_0$ 为质点在初始时刻 t_0 的速度。上式正是质点的动量定理。

对上式再积分一次，得

$$mx - mx_0 = \int_{t_0}^t \left(\int_{t_0}^t F\mathrm{d}t + m\dot{x}_0 \right) \mathrm{d}t \tag{6-8}$$

其中 x_0 为质点在初始时刻 t_0 的坐标。

(2) 如果作用在质点上的力仅为速度的函数，即 $F = F(\dot{x})$，则可将式(6-5)改写为

$$\frac{m}{F(\dot{x})}\mathrm{d}\dot{x} = \mathrm{d}t \tag{6-9}$$

上式可直接积分，得

$$\int_{\dot{x}_0}^{\dot{x}} \frac{m}{F(\dot{x})} \mathrm{d}\dot{x} = t - t_0 \tag{6-10}$$

对上式再次积分，即可得到质点在任意时刻的坐标 $x(t)$。

(3) 如果作用在质点上的力只是位置的函数，即 $F = F(x)$，则利用关系式

$$\ddot{x} = \frac{\mathrm{d}\dot{x}}{\mathrm{d}t} = \frac{\mathrm{d}\dot{x}}{\mathrm{d}x}\frac{\mathrm{d}x}{\mathrm{d}t} = \dot{x}\frac{\mathrm{d}\dot{x}}{\mathrm{d}x} \tag{6-11}$$

可将式(6-5)改写为

$$m\dot{x}\mathrm{d}\dot{x} = F(x)\mathrm{d}x \tag{6-12}$$

上式可直接积分，得

$$\frac{1}{2}m\dot{x}^2 - \frac{1}{2}m\dot{x}_0^2 = \int_{x_0}^{x} F(x)\mathrm{d}x \tag{6-13}$$

上式正是质点的动能定理。对上式再次积分，即可得到质点在任意时刻的坐标 $x(t)$。

例 6-1　设垂直向上发射的火箭在高度 h_0 处发动机熄火，此时火箭的质量为 m，垂直向上的速度大小为 v_0。若不考虑空气阻力和地球转动，且 $v_0 \ll \sqrt{2gR}$，$h_0 \ll R$（R 为地球半径），求火箭能达到的最大高度。

解　将火箭简化为质点，以地心为坐标原点 O，取 Ox 方向垂直向上，则根据万有引力定律，火箭在距离地心 $x(x \geqslant R)$ 处受到的地球引力为

$$\boldsymbol{F} = -\gamma \frac{mM}{x^2}\boldsymbol{i}$$

其中 γ 是引力常数，M 是地球质量。当质点在地球表面上，即 $x = R$ 时，质点所受的万有引力近似等于它的重量，即

$$\gamma \frac{mM}{R^2} = mg$$

由此求得 $\gamma M = gR^2$。写出火箭的运动微分方程

$$m\ddot{x} = -\frac{mgR^2}{x^2}$$

利用分离变量法，可以由上式得到

$$\frac{1}{2}m(\dot{x}^2 - v_0^2) = gR^2\left(\frac{1}{x} - \frac{1}{R + h_0}\right)$$

显然，当火箭速度达到零，即 $\dot{x} = 0$ 时，火箭到达最高点。由上式可以得到

$$x_{\max} = \frac{2gR^2(R + h_0)}{2gR^2 - v_0^2(R + h_0)}$$

于是火箭能达到的最大高度为

$$h_{\max} = x_{\max} - R$$

考虑到 $h_0 \ll R$，可以略去上式中的 h_0 近似地得到火箭能达到最大高度为

$$h_{\max} = \frac{v_0^2 R}{2gR - v_0^2}$$

再考虑到 $v_0 \ll \sqrt{2gR}$，火箭能达到最大高度为

$$h_{\max} = \frac{v_0^2}{2g}$$

例 6-2 图6-1所示为一在铅直方向悬挂的弹簧质点系统，质点的质量为 m，弹簧刚度为 k，原长度为 l_0。求在一定初始条件下质点的运动规律。

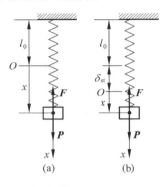

图 6-1

解 质点作直线运动。在弹簧原长处建立坐标轴 Ox，取 x 为广义坐标，并画出质点在任意位置处的受力图，如图6-1(a) 所示。弹簧恢复力 $\boldsymbol{F}$ 在 x 轴的投影为 $F_x = -kx$。在 Ox 轴上应用牛顿第二定律，得到质点的运动微分方程式

$$m\ddot{x} + kx = mg$$

或

$$\ddot{x} + \omega^2 x = g, \quad \omega = \sqrt{\frac{k}{m}} \tag{a}$$

上式为二阶非齐次线性常微分方程，相应的齐次常微分方程的特征根为 (参见附录B)

$$\lambda_{1,2} = \pm \omega i$$

因此齐次常微分方程的通解为

$$x = A\sin(\omega t + \alpha)$$

其中 A 和 α 分别为**振幅**和**初相位**，它们由初始条件确定。

式(a)的特解为

$$x_{特解} = \frac{mg}{k} = \delta_{\mathrm{st}}$$

其中 δ_{st} 为弹簧的静伸长。

因此式(a)的通解为

$$x = A\sin(\omega t + \alpha) + \frac{mg}{k}$$

代入初始条件 $x(0) = x_0$，$\dot{x}_0 = v_0$，可确定积分常数

$$A = \sqrt{x_0^2 + \frac{v_0^2}{\omega_0^2}}, \quad \tan \alpha = \frac{\omega_0 x_0}{v_0}$$

可见，质点作周期性振动，振动规律为简谐运动，振动中心位于 $x = \delta_{\text{st}}$ 处，即弹簧的静伸长处。振动的频率 ω 只与系统的固有参数有关，与初始条件无关。振动的振幅 A 和初相位 α 取决于初始条件。常力 (这里为重力) 只改变振动中心的位置，不改变系统的固有频率、振幅及初相位。

如果将坐标原点取在弹簧静伸长处，如图6-1(b) 所示，则质点的运动微分方程为

$$m\ddot{x} + k(x + \delta_{\text{st}}) = mg$$

即

$$m\ddot{x} + kx = 0$$

其解为

$$x = A\sin(\omega t + \alpha)$$

可见，如果将坐标原点取在弹簧静伸长处，则解的形式更为简单。

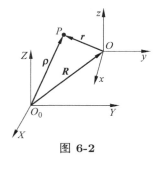

图 6-2

例 6-3　二体问题　两个质点 (行星和卫星) 在牛顿万有引力相互吸引下在空间中运动，它们的初始位置和初始速度已知，求它们在任意时刻的位置。

解　为了列写两个质点的运动微分方程，我们先选一个惯性坐标系，其原点位于太阳系的质心，坐标轴指向三个恒星。设质量为 m 的质点 P 和质量为 M 的质点 O 相对该坐标原点的矢径分别为 $\boldsymbol{R}$ 和 $\boldsymbol{\rho}$ (如图6-2所示)，P 点相对 O 点的向径为 $\boldsymbol{r}$，则质点 O 对质点 P 的万有引力为

$$\boldsymbol{F} = -\gamma\frac{mM}{r^3}\boldsymbol{r}$$

其中 γ 是引力常数。质点 P 对质点 O 的万有引力为 $-\boldsymbol{F}$。于是两个质点满足的运动微分方程分别为

$$\ddot{\boldsymbol{\rho}} = -\gamma\frac{M}{r^3}\boldsymbol{r}, \quad \ddot{\boldsymbol{R}} = \gamma\frac{m}{r^3}\boldsymbol{r}$$

由于 $\boldsymbol{r} = \boldsymbol{\rho} - \boldsymbol{R}$，故由上两式得

$$\ddot{\boldsymbol{r}} = -\gamma\frac{M+m}{r^3}\boldsymbol{r} = -k\frac{\boldsymbol{r}}{r^3} \tag{6-14}$$

其中 $k = \gamma(m+M)$。只要从这个方程中解出 $\boldsymbol{r} = \boldsymbol{r}(t)$，就可以利用下面的关系式得到两个质点的运动

$$\boldsymbol{\rho} = \boldsymbol{R}_C + \frac{M}{m+M}\boldsymbol{r}, \quad \boldsymbol{R} = \boldsymbol{R}_C - \frac{m}{m+M}\boldsymbol{r}$$

其中 $\boldsymbol{R}_C$ 是两个质点组成系统的质心 C 的向径。两个质点组成的系统不受外力作用，根据质心运动定理，C 点将作匀速直线运动，其速度完全由两个质点的初始速度决定。于是我们下面的任务就是求解运动微分方程(6-14)。

设 $\boldsymbol{v} = \dot{\boldsymbol{r}}$，则容易验证

$$\boldsymbol{r} \times \boldsymbol{v} = \boldsymbol{c} \tag{6-15}$$

是个常向量。这个结论与开普勒第二定律 (面积速度为常数) 是一致的。由式(6-14)和式(6-15)有

$$\frac{\mathrm{d}}{\mathrm{d}t}(\boldsymbol{c} \times \boldsymbol{v}) = \boldsymbol{c} \times \ddot{\boldsymbol{r}} = (\boldsymbol{r} \times \dot{\boldsymbol{r}}) \times \left(-\frac{k}{r^3}\boldsymbol{r}\right)$$

根据向量运算公式有

$$(\boldsymbol{r} \times \dot{\boldsymbol{r}}) \times \boldsymbol{r} = \dot{\boldsymbol{r}}(\boldsymbol{r} \cdot \boldsymbol{r}) - \boldsymbol{r}(\boldsymbol{r} \cdot \dot{\boldsymbol{r}}) = r^3 \frac{r\dot{\boldsymbol{r}} - \boldsymbol{r}\dot{r}}{r^2} = r^3 \frac{\mathrm{d}}{\mathrm{d}t}\left(\frac{\boldsymbol{r}}{r}\right)$$

由上面这两个式子可知

$$\boldsymbol{c} \times \boldsymbol{v} + k\frac{\boldsymbol{r}}{r} = -\boldsymbol{f} \tag{6-16}$$

是常向量，其中 $\boldsymbol{f}$ 称为拉普拉斯向量。将公式(6-16)两边点乘 $\boldsymbol{r}$ 得

$$(\boldsymbol{c} \times \boldsymbol{v}) \cdot \boldsymbol{r} + kr = -\boldsymbol{f} \cdot \boldsymbol{r}$$

由于 $(\boldsymbol{c} \times \boldsymbol{v}) \cdot \boldsymbol{r} = \boldsymbol{c} \cdot (\boldsymbol{v} \times \boldsymbol{r}) = -\boldsymbol{c} \cdot (\boldsymbol{r} \times \boldsymbol{v}) = -c^2$，上式可以写成

$$-c^2 + kr = -fr\cos\theta$$

其中 θ 是向量 $\boldsymbol{r}$ 和 $\boldsymbol{f}$ 之间的夹角。令 $e = f/k$，$p = c^2/k$，则由上式得

$$r = \frac{p}{1 + e\cos\theta} \tag{6-17}$$

可见，质点 P 相对质点 O 的运行轨道是圆锥曲线，当 $e < 1$ 时为椭圆，当 $e > 1$ 时为双曲线，当 $e = 1$ 时为抛物线，当 $e = 0$ 时为圆。常数 e 完全取决于两个质点的初始位置和速度。

我们研究椭圆轨道情况，利用面积速度为常数，即 $r^2\dot{\theta} = c$，以及式(6-17)可得

$$\frac{\mathrm{d}\theta}{\mathrm{d}t} = \frac{c}{r^2} = \frac{c}{p^2}(1 + \cos\theta)^2$$

积分后得

$$\int_0^\theta \frac{\mathrm{d}\theta}{(1 + \cos\theta)^2} = \frac{c}{p}(t - t_0)$$

由此得出 $\theta = \theta(t)$ 后，二体问题就基本解决了。

6.2　质点在非惯性参考系中的相对运动

牛顿定理只适用于惯性参考系。在很多实际工程技术中，往往将地球看作惯性参考系，利用牛顿定律研究动力学问题。然而，在精度要求很高，或者运动时间很长的情况下，例如研究洲际导弹的运动时，必须考虑地球自转带来的影响。也就是说，必须将地球看作非惯性参考系，研究质点在非惯性参考系中的相对运动。需要在非惯性参考系中讨论动力学问题的例子还有很多，比如研究乘客相对汽车、轮船、飞机等的运动。

为了建立质点在非惯性参考系中的相对运动动力学方程，可以先在惯性参考系中应用牛顿定律建立质点的绝对运动动力学方程，然后利用质点的绝对运动和相对运动之间的关系将其变换到非惯性参考系中，得到质点在非惯性参考系的相对运动与受力之间的关系。

设 $O_1\xi\eta\zeta$ 是惯性参考系 (定系)，$Oxyz$ 是非惯性参考系 (动系)，M 为所研究的质点 (动点)。在惯性系 $O_1\xi\eta\zeta$ 中使用牛顿第二定律，有

$$m\boldsymbol{a} = \boldsymbol{F} \tag{6-18}$$

其中 $\boldsymbol{a}$ 为质点在惯性参考系 (定系) 中的加速度，即绝对加速度。由点的复合运动理论可知

$$\boldsymbol{a} = \boldsymbol{a}_{\mathrm{e}} + \boldsymbol{a}_{\mathrm{r}} + \boldsymbol{a}_{\mathrm{C}} \tag{6-19}$$

其中 $\boldsymbol{a}_{\mathrm{e}}$，$\boldsymbol{a}_{\mathrm{r}}$ 和 $\boldsymbol{a}_{\mathrm{C}}$ 分别为质点的相对加速度、牵连加速度和科氏加速度。将式(6-19)代入式(6-18)并移项，得到质点 M 相对于非惯性参考系 (动系) 的动力学方程

$$m\boldsymbol{a}_{\mathrm{r}} = \boldsymbol{F} - m\boldsymbol{a}_{\mathrm{e}} - m\boldsymbol{a}_{\mathrm{C}} \tag{6-20}$$

上式右侧后两项都具有力的量纲。引入记号

$$\boldsymbol{S}_{\mathrm{e}} = -m\boldsymbol{a}_{\mathrm{e}}, \quad \boldsymbol{S}_{\mathrm{C}} = -m\boldsymbol{a}_{\mathrm{C}} \tag{6-21}$$

其中 $\boldsymbol{S}_{\mathrm{e}}$ 和 $\boldsymbol{S}_{\mathrm{C}}$ 分别称为**牵连惯性力**和**科里奥利惯性力** (简称科氏惯性力)。式(6-20)可改写为

$$m\boldsymbol{a}_{\mathrm{r}} = \boldsymbol{F} + \boldsymbol{S}_{\mathrm{e}} + \boldsymbol{S}_{\mathrm{C}} \tag{6-22}$$

式(6-22)建立了质点在非惯性参考系的相对运动与作用力之间的关系，称为质点的**相对运动微分方程式**。该式说明，**在研究质点在非惯性系中的相对运动时，在形式上仍可使用牛顿第二定律，条件是在真实力 $\boldsymbol{F}$ 之外再加上牵连惯性力 $\boldsymbol{S}_{\mathrm{e}}$ 和科氏惯性力 $\boldsymbol{S}_{\mathrm{C}}$。**

牵连惯性力和科氏惯性力具有虚假性和真实性两重特性。惯性力既不存在施力体，也不存在相应的反作用力，因此牛顿第三定律不成立。此外，惯性力的大小和方向取决于所选定的非惯性参考系的运动，而真实力的大小和方向与参考系的选择无关。但是，当观察者处于非惯性系中时就能感受到惯性力的存在，并可测量。另外，惯性力具有与真实力一样的动力学和静力学效应，在研究质点的相对运动时可以与实际力一样对待。

思考题　在质点相对非惯性参考系的运动过程中，科氏惯性力是否做功？为什么？

思考题　试分析战斗机驾驶员为什么在飞机急速爬升时 (如图6-3(a) 所示) 会出现黑晕现象 (即眼睛会感到发黑，看东西模模糊糊，甚至什么也看不见)，而在飞机急速俯冲时 (如图6-3(b) 所示) 会出现红视现象 (即感觉戴上了一副红色眼镜，周围成了一片红色世界)？

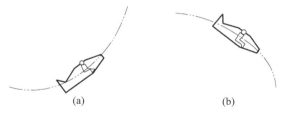

(a)　　　　　　　　　　　　　　(b)

图 6-3

思考题　在慢速转动的大圆盘上有一快速运动的皮带，如图6-4所示。试分别分析当大圆盘逆时针转动和顺时针转动时皮带的变形规律。

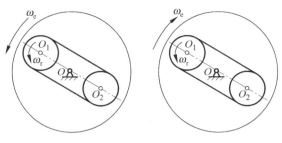

图 6-4

当质点相对于非惯性参考系静止不动时，其相对加速度 $\boldsymbol{a}_r$ 和相对速度 $\boldsymbol{v}_r$ 均等于 0，因此式(6-22)可改写为

$$\boldsymbol{F} + \boldsymbol{S}_e = 0 \tag{6-23}$$

即当质点保持相对静止状态时，作用于质点上的力与牵连惯性力平衡。

当质点相对于非惯性参考系作匀速直线运动时，其相对加速度 $\boldsymbol{a}_r$ 为 0，因此式(6-22)可改写为

$$\boldsymbol{F} + \boldsymbol{S}_e + \boldsymbol{S}_C = 0 \tag{6-24}$$

即当质点处于相对平衡状态时，作用于质点上的力与牵连惯性力及科氏惯性力平衡。

例 6-4　在一以等加速度 a 上升的电梯中放置一磅秤，质量为 m 的人站在磅秤上，如图6-5(a) 所示。求磅秤的读数。

解　将动坐标系与电梯固连，它是一个非惯性参考系。分析人的受力，添加牵连惯性力 (如图6-5(b) 所示)

$$S_e = ma$$

人在动系中处于相对静止状态，因此有

$$N - P - S_e = 0$$

即磅秤的读数为

$$N = m(g + a)$$

磅秤的读数大于人的体重，这种现象称为在非惯性参考系中的**超重**现象。类似地，如果电梯以等加速度 a 下降，此时磅秤的读数则为 $N = m(g - a)$，小于人的体重，即人体处于**失重**状态。当电梯下降的加速度 a 等于重力加速度 g 时，磅秤的读数为 0，人体处于**完全失重**状态。

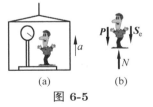

图 6-5

思考题　如何人工制造完全失重的环境？在水池中利用水的浮力减少体重，能模拟宇航员的失重环境吗？

讨论　本问题也可以在惯性系中求解。取地面为惯性坐标系，人体在磅秤的支持力 N 和重力 P 的作用下具有加速度 a，在惯性系中应用牛顿第二定理，有

$$N - P = ma$$

同样可解得

$$N = m(g + a)$$

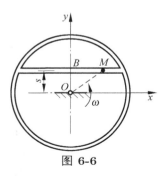

图 6-6

例 6-5　已知圆盘在水平面内绕 O 轴以等角速度 ω 转动，小球 M 在圆盘上的光滑滑槽 B 内运动，如图6-6所示。求小球相对圆盘的运动规律和滑槽对小球的横向作用力。

解　将动坐标系 $Oxyz$ 固结于圆盘上，它是一个非惯性坐标系。分析小球受力，添加牵连惯性力

$$\boldsymbol{S}_{\mathrm{e}} = m\omega^2 x\boldsymbol{i} + m\omega^2 s\boldsymbol{j}$$

和科氏惯性力

$$\boldsymbol{S}_{\mathrm{C}} = -2m\omega\dot{x}\boldsymbol{j}$$

其中 $\boldsymbol{i}$ 和 $\boldsymbol{j}$ 分别为动系坐标轴的正向单位矢量，x 和 y 分别为小球 M 在动坐标系中的坐标。将质点相对运动微分方程式(6-22)向动坐标系中投影，得

$$m\ddot{x} = m\omega^2 x \tag{a}$$

$$0 = m\omega^2 s - 2m\omega\dot{x} + N \tag{b}$$

初始条件为

$$t = 0, x = x_0, \dot{x} = v_0$$

式(a)是一个二阶齐次线性常微分方程，其特征根为 (参见附录B)

$$\lambda_{1,2} = \pm\omega$$

因此其通解为

$$x(t) = c_1\mathrm{e}^{\omega t} + c_2\mathrm{e}^{-\omega t}$$

将初始条件代入上式，得

$$x(t) = x_0\cosh\omega t + (v_0/\omega)\sinh\omega t$$

式中 $\sinh x = (\mathrm{e}^x - \mathrm{e}^{-x})/2$ 为双曲正弦函数，$\cosh x = (\mathrm{e}^x + \mathrm{e}^{-x})/2$ 为双曲余弦函数。上式即为小球的运动方程，将其代入式(b)，可得到小球受到的横向力

$$N = 2m\omega(\omega x_0\sinh\omega t + v_0\cosh\omega t) - m\omega^2 s$$

例 6-6　导杆机构带动单摆的支点 O 按已知规律 $x = x_0\sin\omega t$ 作水平运动，如图6-7所示。试导出质点 m 的相对运动微分方程。

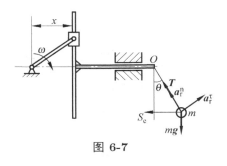

图 6-7

解 在 O 点处建立固连在导杆机构上的平动坐标系，它是非惯性坐标系，质点的相对运动为圆周运动。分析质点 m 的受力，添加牵连惯性力

$$S_e = m\ddot{x} = -mx_0\omega^2 \sin\omega t \tag{a}$$

在与单摆垂直的方向上列写运动微分方程，得

$$ml\ddot{\theta} = -mg\sin\theta - S_e\cos\theta \tag{b}$$

将式(a)代入式(b)，得到质点的相对运动微分方程

$$l\ddot{\theta} - x_0\omega^2 \sin\omega t\cos\theta + g\sin\theta = 0$$

例 6-7 半径为 R 的圆环绕竖直轴 Oy 以匀角速度 ω 转动，转动惯量为 J。质量为 m 的小环可在圆环上自由滑动，如图6-8所示。忽略摩擦力，求小环相对于圆环的运动微分方程。

解 取与圆环固连的坐标系 $Oxyz$ 为参考系，它是一个非惯性参考系。小环相对非惯性参考系作圆周运动，其位置由 θ 唯一确定，小环受重力 $m\boldsymbol{g}$ 和圆环的支持力 $\boldsymbol{N}$，$\boldsymbol{N}_z$（垂直于圆环平面）作用，如图6-8所示。牵连惯性力和科氏惯性力分别为

$$\boldsymbol{S}_e = mR\omega^2\sin\theta\boldsymbol{i}$$

$$\boldsymbol{S}_C = 2m\omega R\dot{\theta}\cos\theta\boldsymbol{k}$$

沿圆环切向列写相对运动微分方程

$$mR\ddot{\theta} - mR\omega^2\sin\theta\cos\theta + mg\sin\theta = 0$$

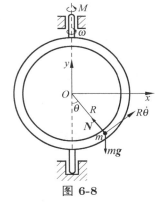

图 6-8

思考题 如何求小环受到的支持力 $\boldsymbol{N}$ 和 $\boldsymbol{N}_z$？

6.3 相对地球的运动

取地心参考系 $O\xi\eta\zeta$ 为惯性参考系，其原点位于地球中心，三轴分别指向三颗恒星。地球自转的周期（相对于恒星转动 360 度）是一个恒星日，目前其值为 23 小时 56 分 4 秒（86164s）。取动系 $OXYZ$ 与地球固结，牵连运动为绕南北极轴 OZ 的等角速度 ω 转动，角速度约为

$$\omega = \frac{2\pi}{86164}\text{rad/s} = 7.292 \times 10^{-5}\text{rad/s}$$

设质点 M 在北半球纬度为 φ 处以速度 $\boldsymbol{v}_r$ 相对地球等速运动。建立地理坐标系 (东北天坐标系) $Mxyz$，如图6-9所示。质点的牵连加速度和科氏加速度分别为（见例3-10）

$$a_e = \omega^2 R \cos\varphi$$

$$\boldsymbol{a}_C = -2\omega v_r \sin\varphi \boldsymbol{i}$$

其中牵连加速度 $\boldsymbol{a}_e$ 垂直并指向 Oz 轴。

地面上运动物体 (如火车、汽车) 的速度一般约为

$$v_r = 120\text{km/h} \approx 33\text{m/s}$$

在北纬 $45°$ 处的牵连加速度和科氏加速度约为

$$a_e = 7.292^2 \times 10^{-10} \times 6378000 \times \cos 45° \approx 2.40 \times 10^{-2}\text{m/s}^2$$

$$a_C = 2 \times 7.292 \times 10^{-5} \times 33 \times \sin 45° \approx 3.40 \times 10^{-3}\text{m/s}^2$$

图 6-9

可见，牵连惯性力不到重力的千分之三，科氏惯性力不到重力的万分之四。对于运动时间短，精度要求不高的一些工程问题，惯性力的影响可以忽略，即可以将地球参考系当作惯性系。利用微分方程求解物体运动规律的过程，需要两次积分运算。如果运动时间长，积分时间就长，忽略惯性力带来的误差就会累计增加，因此对于精度要求较高的问题，必须考虑惯性力的影响。

下面分别讨论牵连惯性力和科氏惯性力对物体相对地球运动的影响。

6.3.1　牵连惯性力的影响

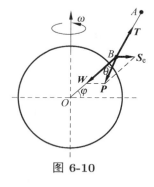

图 6-10

质量为 m 的小球 B 在北纬 φ 处用细线 AB 悬挂于固定点 A 处，如图6-10所示。当小球处于平衡状态时，我们称 AB 线为铅垂线或竖直线。实际上 AB 线并不经过地心 O 点，下面分析 AB 线与 BO 的夹角 θ。

小球受到的力有：地心引力 $\boldsymbol{W}$，大小为 mg_0，方向指向地心；牵连惯性力 $\boldsymbol{S}_e$，大小为 $m\omega^2 R \cos\varphi$，方向与地球转动轴垂直，指向外；线的拉力 $\boldsymbol{T}$。当小球处于平衡状态时，这三个力构成平衡力系，即

$$\boldsymbol{T} + \boldsymbol{W} + \boldsymbol{S}_e = 0$$

地心引力 $\boldsymbol{W}$ 和牵连惯性力 $\boldsymbol{S}_e$ 的合力 $\boldsymbol{P} = \boldsymbol{W} + \boldsymbol{S}_e$ 为小球的重力，大小 $P = mg$。

由图6-10中的几何关系知

$$T \sin\theta = S_e \sin\varphi$$

考虑到 $T = P = mg$，上式改写为

$$\sin\theta = \frac{S_e}{mg} \sin\varphi = \frac{\omega^2 R \sin 2\varphi}{2g}$$

由于 $S_\mathrm{e} \ll W, \theta$ 是很小的角度, 我们可以近似地得到 $T \approx mg_0$ 和 $\sin\theta \approx \theta$。将 $R = 6378\mathrm{km}$, $g_0 = 9.82\mathrm{m/s}^2$, $\omega = 7.27 \times 10^{-5}\mathrm{rad/s}$ 代入上式, 得

$$\theta \approx \frac{1}{290} \sin\varphi \cos\varphi$$

由此可见, 在纬度 $\varphi = 45°$ 时, 这个偏差最大, 约为 $5.9'$; 在赤道 ($\varphi = 0°$) 和两极 ($\varphi = 90°$) 铅垂线正好指向地心。

6.3.2 科氏惯性力的影响

当质点 M 在北半球以速度 $\boldsymbol{v}_\mathrm{r}$ 相对地球运动时, 科氏惯性力为

$$\boldsymbol{S}_\mathrm{C} = 2m\omega v_\mathrm{r} \sin\varphi \boldsymbol{i}$$

科氏惯性力 $\boldsymbol{S}_\mathrm{C}$ 指向运动方向的右方 (如图6-9所示), 它相对重力为小量, 但因为此方向上没有其他力作用, 故仍可能对在较大范围内运动的物体产生较显著的影响。当质点位于南半球时, 科氏惯性力指向运动方向的左方。

1. 落体偏东

下面分析科氏惯性力对自由落体的影响。设一物体在地球表面上自高度为 h 的 A 点处自由落下, 如图6-11所示。由于地球自转的影响, 落体并不沿铅垂线下降。地球自转角速度向量可以写为

$$\boldsymbol{\omega} = \omega(\cos\varphi \boldsymbol{j} + \sin\varphi \boldsymbol{k})$$

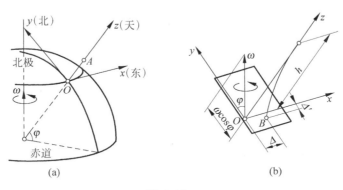

(a)　　　　　　　　(b)

图 6-11

质点的运动微分方程为

$$m\ddot{\boldsymbol{r}} = -mg\boldsymbol{k} - 2m\boldsymbol{\omega} \times \dot{\boldsymbol{r}}$$

将上式向三个坐标方向投影, 得

$$\begin{cases} \ddot{x} = 2\omega(\dot{y}\sin\varphi - \dot{z}\cos\varphi) \\ \ddot{y} = -2\omega\dot{x}\sin\varphi \\ \ddot{z} = -g + 2\omega\dot{x}\cos\varphi \end{cases} \tag{a}$$

自由落体的初始条件为

$$x(0) = y(0) = 0, \quad z(0) = h, \quad \dot{x}(0) = \dot{y}(0) = \dot{z}(0) = 0 \tag{b}$$

解析求解这组微分方程较为复杂[1]。下面用逐步迭代法求其近似解。令带小量 ω 的各项为零，得零次近似方程

$$\begin{cases} \ddot{x}_0 = 0 \\ \ddot{y}_0 = 0 \\ \ddot{z}_0 = -g \end{cases}$$

满足初始条件(b)的解为

$$x(t) = 0, \quad y(t) = 0, \quad z(t) = h - \frac{1}{2}gt^2 \tag{c}$$

它是运动微分方程的零次近似解，也是不考虑地球自转时的自由落体运动方程。将它代入运动微分方程(a)的右端，得到一次近似方程

$$\begin{cases} \ddot{x} = 2\omega gt \cos\varphi \\ \ddot{y} = 0 \\ \ddot{z} = -g \end{cases}$$

满足初始条件(b)的解为

$$\begin{cases} x(t) = \dfrac{1}{3}g\omega t^3 \cos\varphi \\ y(t) = 0 \\ z(t) = h - \dfrac{1}{2}gt^2 \end{cases} \tag{d}$$

它是运动微分方程的一次近似解。由上式的第三式可以求出物体的下落时间为

$$t = \sqrt{\frac{2h}{g}}$$

代入第一式可以发现，物体落到地面时向东有一个偏差量，其大小为

$$\Delta = \frac{1}{3}g\omega \left(\frac{2h}{g}\right)^{3/2} \cos\varphi$$

将一次近似解(d)代入运动微分方程(a)的右端，得到二次近似方程

$$\begin{cases} \ddot{x} = 2\omega gt \cos\varphi \\ \ddot{y} = -2\omega^2 gt^2 \sin\varphi\cos\varphi \\ \ddot{z} = -g + 2\omega^2 gt^2 \cos^2\varphi \end{cases}$$

满足初始条件(b)的解为

$$\begin{cases} x(t) = \dfrac{1}{3}g\omega t^3 \cos\varphi \\ y(t) = -\dfrac{1}{12}g\omega^2 t^4 \sin 2\varphi \\ z(t) = h - \dfrac{1}{2}gt^2 + \dfrac{1}{6}\omega^2 gt^4 \cos^2\varphi \end{cases}$$

———————
[1] 参见：陈立群. 关于自由质点相对地球的运动. 力学与实践, 2015, 37(2):243–244

由此可知，物体落地时还在南北方向有偏差，在北半球偏差向南，在南半球则偏差向北。取 $h = 100\text{m}$，$\varphi = 40°$（大约是北京的纬度），落点向东偏差约 1cm，向南偏差约 $1\mu\text{m}$。

思考题 为什么质点运动微分方程中没有出现牵连惯性力？

思考题 若上抛小球，小球上升时会偏向哪个方向？小球回落时呢？

2. 北半球傅科摆的摆动平面顺时针旋转

傅科摆是法国科学家傅科设计的用于证明地球自转的一种仪器，它实质上是一个巨大的单摆，如图6-12所示。

取 Oz 轴竖直向上，由于摆绳很长，摆锤可以近似地认为在水平面 Oxy 平面内运动。摆锤受到重力 $mg\boldsymbol{k}$、绳的拉力 $\boldsymbol{T}$ 和科氏惯性力 $\boldsymbol{S}_\mathrm{C} = -2m\omega\sin\varphi\boldsymbol{k}\times\boldsymbol{v}$。因为摆绳很长，可以认为 $T \approx mg$，于是摆在水平面内的运动微分方程为

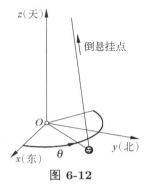

图 6-12

$$m\ddot{\boldsymbol{r}} = -\frac{mg}{l}\boldsymbol{r} - 2m\omega\sin\varphi\boldsymbol{k}\times\dot{\boldsymbol{r}}$$

其中 $\boldsymbol{r}$ 是摆锤相对 O 点的矢径。将上式改用极坐标表示，得

$$\begin{cases} m(\ddot{r} - r\dot{\theta}^2) = -\dfrac{mgr}{l} + 2mr\omega\dot{\theta}\sin\varphi \\ m(r\ddot{\theta} + 2\dot{r}\dot{\theta}) = -2m\omega\dot{r}\sin\varphi \end{cases}$$

求解这个方程比较麻烦，我们考察 $\ddot{\theta} = 0$ 的特解，将 $\ddot{\theta} = 0$ 代入第二个方程可得

$$\dot{\theta} = -\omega\sin\varphi$$

将上式代入第一个方程，略去带 ω^2 的项（高阶小量），得

$$\ddot{r} + \frac{g}{l}r = 0$$

这个方程说明，摆锤在摆动平面内的运动和单摆一样，其周期为 $2\pi/\sqrt{g/l}$。而特解 $\dot{\theta} = -\omega\sin\varphi$ 的存在说明，摆动平面也在转动，其转动周期为 $2\pi/(\omega\sin\varphi)$，如图6-13所示。

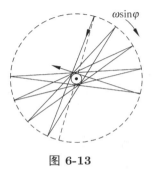

图 6-13

傅科在 1851 年利用单摆摆动平面的缓慢转动现象论证地球的自转。当年的实验在巴黎（$\varphi = 49°$）进行，摆锤重 28kg，摆长 70m，摆动直径约 30cm，测量结果是摆动周期为 17s，摆平面转动周期为 32h，与计算所得的摆动周期 16.8s、转动周期 31.7 h 很接近。

3. 热带气旋

在气象学中也要考虑惯性力的影响。当局部地面或海面温度很高时，空气受热上升，形成低压中心。在北半球，在科氏惯性力的作用下，空气在向低压中心移动时会逐渐偏右，最后形成右旋气流，如图6-14所示。在南半球则形成左旋气流。

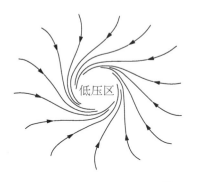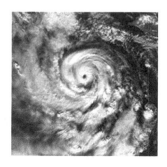

图 6-14

思考题 在北半球河流两岸的哪一侧冲刷更为严重？单向行车的铁轨哪一侧的磨损更为严重？平射炮弹的落点在射击平面的哪一方？

本章小结

对学过大学物理的读者来说，建立质点的运动微分方程不是新问题，主要问题是求解运动微分方程，因此本章介绍了一些解方程的技巧。

矢量形式的质点运动微分方程：$m\ddot{\boldsymbol{r}} = \boldsymbol{F}(t, \boldsymbol{r}, \dot{\boldsymbol{r}})$

直角坐标形式的质点运动微分方程：$m\ddot{x} = F_x$, $\quad m\ddot{y} = F_y$, $\quad m\ddot{z} = F_z$

自然坐标形式的质点运动微分方程：$m\ddot{s} = F_\tau$, $\quad m\dfrac{\dot{s}^2}{\rho} = F_n$, $\quad 0 = F_b$

柱坐标形式的质点运动微分方程：$m(\ddot{\rho} - \rho\dot{\varphi}^2) = F_\rho$, $\quad m(\rho\ddot{\varphi} + 2\dot{\rho}\dot{\varphi}) = F_\varphi$, $\quad m\ddot{z} = F_z$

质点相对运动微分方程：$m\boldsymbol{a}_\mathrm{r} = \boldsymbol{F} + \boldsymbol{S}_\mathrm{e} + \boldsymbol{S}_\mathrm{C}$

概念题

6-1 质点的运动方向是否一定和质点上所受合力的方向一致？

6-2 如果两个质点的质量相等，在相同力的作用下，它们的速度和加速度是否都相等？

6-3 当作用于质点上的力为常矢量时，该质点能否作匀速曲线运动？

6-4 在密闭的车厢中能否正确判断列车的运动状态？

6-5 在惯性参考系中，不论初始条件如何变化，只要质点不受力的作用，则该质点是否应保持静止或等速直线运动状态。

习题

6-1　质量为 90kg 的人滑雪，不用滑雪拐支撑，沿着 45° 的斜坡迅速下滑。滑雪板与雪的摩擦系数 $f = 0.1$，滑雪人运动时所受的空气阻力与速度平方成反比。当滑雪人的速度等于 1m/s 时，空气阻力等于 0.635N。求滑雪人的最大速度。如果滑雪人用滑油把摩擦系数减到 0.05，最大速度会增加到多少？

6-2　静止的潜艇在力 P 作用下向水底平稳下沉。当 P 不大时，可以认为水的阻力与下沉速度成正比，等于 kSv，其中 k 是比例常数，S 是潜艇的水平投影面积，v 是下沉速度，潜艇的质量是 M。设当 $t = 0$ 时，$v_0 = 0$，求潜艇下沉速度 v 的表达式。

6-3　质量为 1.5×10^6kg 的轮船所受的阻力为 $R = av^2 (R$ 以 N 为单位)，其中 v 是轮船的速度，以 m/s 为单位，常数 $a = 1200$。螺旋桨推力沿速度方向按规律 $T = 1.2 \times 10^6(1 - v/33)$ 变化，单位为 N。设轮船的初始速度为 v_0 (以 m/s 为单位)，求：(1) 轮船速度与时间的关系；(2) 航程与速度的关系；(3) $v_0 = 10$m/s 时，求航程与时间的关系。

6-4　质量为 m 的质点 A 由位置 $\boldsymbol{r} = \boldsymbol{r}_0$ ($\boldsymbol{r}$ 是质点的矢径) 出发以垂直于 $\boldsymbol{r}_0$ 的速度 $\boldsymbol{v}_0$ 开始运动，作用在质点上的引力为向心力，指向中心 O，大小与距离成正比，比例系数为 mc_1。此外，常力 $mc\boldsymbol{r}_0$ 也作用在质点上。求：(1) 质点的运动方程；(2) 质点的运动轨迹；(3) 运动轨迹通过中心 O 所需的常数比值 c_1/c；(4) 质点通过中心 O 的速度。

6-5　重为 W 的小球 A 以两绳悬挂，如图所示。若将绳 AB 突然剪断，分别求在绳 AB 剪断瞬时和当小球运动到铅垂位置时绳 AC 中的拉力。

6-6　小球 A 自光滑半圆柱的顶点由静止开始滑下，如图所示。求小球脱离半圆柱时的位置角 φ。

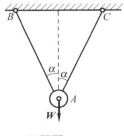

习题图 6-5

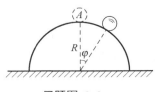

习题图 6-6

6-7　质量为 m 的小球 A 用两根长度均为 l 的细杆支承，支承架以匀角速度 ω 绕铅垂轴 BC 转动，如图所示。$BC = 2a$，杆 AB 与 AC 的两端均铰接，杆重忽略不计。求杆所受到的力。

6-8　半径为 R、偏心距为 $OC = e$ 的偏心轮绕 O 轴以匀角速度 ω 转动，带动导板及在其顶部放置的、质量为 m 的物块 A 沿铅直轨道运动，如图所示。开始时 OC 沿水平线，求：(1) 物块对导板的最大压力；(2) 使物块不离开导板的 ω 最大值。

6-9　质量分别为 m_1 与 m_2 的两质点，用一原长为 l 的弹簧相连，弹簧刚度系数 $k = 2m_1m_2\omega^2/(m_1 + m_2)$。今将此系统放入光滑的水平管内，管绕弹簧中点以匀角速度 ω 转动，如图所示。求在任意瞬时两质点间的距离。设初始时质点相对于管静止。

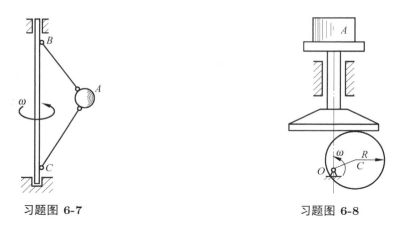

习题图 6-7   习题图 6-8

6-10   如图所示，圆盘以匀角速度 ω 绕通过中心 C 点的铅直轴在水平面内转动。盘上有一通过盘心的光滑直槽，刚度系数为 k 的弹簧置于槽中，一端固定于 C 点，另一端系有质量为 m 的小球 M。初始时弹簧无变形，小球在盘上静止。求当 $\dfrac{k}{m} > \omega^2$ 时，小球在盘上的相对运动规律及直槽作用于小球的约束力 S，并讨论 $\dfrac{k}{m} \leqslant \omega^2$ 时小球的运动规律。

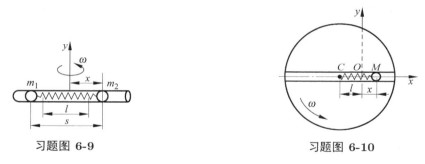

习题图 6-9   习题图 6-10

6-11   质量为 m，长为 l 的均质杆 AB，其一端 A 可沿竖直轴 Oz 滑动，另一端 B 可沿水平轴 Ox 滑动，而 Ox 轴以匀角速 ω 绕 Oz 轴转动。B 端与弹簧 BC 相连，C 端固定在 Ox 轴上。当 $\alpha = 0$ 时，弹簧为原长。弹簧的刚度系数为 k，不计摩擦，且 $0 \leqslant \alpha \leqslant \pi/2$。求杆的相对平衡位置并分析其稳定性，再求杆 AB 在稳定平衡位置附近微振动的周期。

6-12   水平管 CD 绕铅直轴 AB 以角速度 ω 作匀速转动。管内放有物体 M，管长 L。不计摩擦，求此物体脱离管口时相对于管口的速度。设在初瞬时 $v = 0$，$x = x_0$。

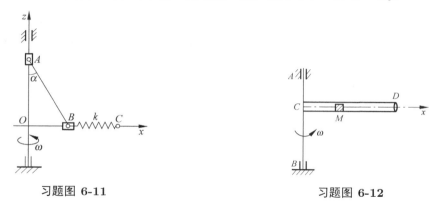

习题图 6-11   习题图 6-12

6-13　假定人造地球卫星的运行轨道是半径为 R 的圆，周期为 T。宇航员以相对速度 v_0 垂直地球表面投射一物。如果不计 r/R 的高次项 (r 是投射物与卫星之间的距离)，求证投射物相对于卫星的轨迹为一椭圆，周期也是 T。

6-14　考虑地球自转产生科氏力的影响，在纬度 φ 处的光滑水平面上一质点以相对初速度 v_0 开始运动，求该质点相对地球的运动轨迹。

6-15　一质点竖直上抛，到达高度 h 后又落至地面，不计空气阻力，精确到地球自转角速度 ω 的一次项，求落地时偏离了抛出点多少距离？

6-16　人造卫星观察到地球海洋某处有一逆时针转向的漩涡，周期为 14 小时，问该处在北半球还是南半球? 纬度多少?

6-17　一炮弹以初速 v_0，仰角 α 在地球表面北纬 φ 处向北发射，求经过时间 t 后炮弹东偏的距离。

第 7 章

质点系动力学

内容提要　在研究包含 n 个质点的质点系动力学问题时，从原则上讲，可以利用牛顿定律列写质点系中每一个质点的运动微分方程，再联立求解 $3n$ 个运动微分方程。但是，这种方法的未知量（$3n$ 个坐标加 l 个约束力）和方程数（$3n$ 个运动微分方程和 l 个约束方程）过多，对于大多数实际问题过于烦琐。事实上，实际问题的自由度 k 远小于 $3n$，只要确定了 k 个广义坐标的变化规律就能确定质点系内各质点的运动规律。要确定广义坐标的变化规律，只需研究质点系的整体运动特性，即研究描述质点系整体运动状态的物理量（动量、动量矩和动能）的变化规律。本章在牛顿第二定律的基础上导出**质点系动力学普遍定理**，包括质点**系动量定理、动量矩定理和动能定理**，并应用这些定理重点研究刚体定轴转动、刚体平面运动以及碰撞等动力学问题。

考虑由 n 个质点组成的质点系，设质点系中的质点 P_i 的质量为 m_i，对固定参考点 O 的矢径为 $\boldsymbol{r}_i$，速度为 $\boldsymbol{v}_i = \mathrm{d}\boldsymbol{r}_i/\mathrm{d}t$，加速度为 $\boldsymbol{a}_i = \mathrm{d}\boldsymbol{v}_i/\mathrm{d}t$，所受的外力为 $\boldsymbol{F}_i^{(\mathrm{e})}$，内力为 $\boldsymbol{F}_i^{(\mathrm{i})}$。由牛顿第二定律可得质点 P_i 的运动微分方程为

$$m_i\boldsymbol{a}_i = \frac{\mathrm{d}}{\mathrm{d}t}(m_i\boldsymbol{v}_i) = \boldsymbol{F}_i^{(\mathrm{e})} + \boldsymbol{F}_i^{(\mathrm{i})} \tag{7-1}$$

从质点运动微分方程(7-1)出发，可以建立质点系的动量定理、动量矩定理和动能定理。

7.1　质点系动量定理

7.1.1　质点系动量

质点系的动量定义为

$$\boldsymbol{p} = \sum_{i=1}^{n} m_i\boldsymbol{v}_i \tag{7-2}$$

质点系的动量是描述质点系整体运动的一个基本量。在国际单位制中动量的单位为 kg·m/s。根据质心的定义，上式可进一步写成

$$\boldsymbol{p} = \sum_{i=1}^{n} m_i\boldsymbol{v}_i = \frac{\mathrm{d}}{\mathrm{d}t}\left(\sum_{i=1}^{n} m_i\boldsymbol{r}_i\right) = \frac{\mathrm{d}}{\mathrm{d}t}(m\boldsymbol{r}_C) = m\boldsymbol{v}_C \tag{7-3}$$

其中 m 是质点系的总质量，$\boldsymbol{v}_C = \mathrm{d}\boldsymbol{r}_C/\mathrm{d}t$ 为质心的速度。可见，**质点系的动量等于质心速度与质点系总质量的乘积**。

用式 (7-3) 计算刚体的动量是非常方便的。例如，长为 l、质量为 m 的均质细杆，在平面内以角速度 ω 绕 O 点转动，如图7-1(a) 所示。细杆质心的速度大小为 $v_C = \omega l/2$，故细杆的动量大小为 $m\omega l/2$，方向与 $\boldsymbol{v}_C$ 相同。又如图7-1(b) 所示的均质滚轮，其质量为 m，质心速度为 $\boldsymbol{v}_C$，故其动量为 $m\boldsymbol{v}_C$。而图7-1(c) 所示的绕中心转动的均质轮，无论其角速度和质量多大，由于其质心不动，其动量总是零。

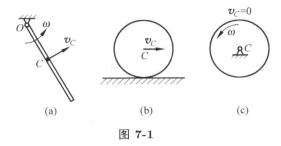

图 7-1

7.1.2　质点系动量定理

将质点系中所有质点的运动微分方程(7-1)相加，得

$$\frac{\mathrm{d}}{\mathrm{d}t}\sum_{i=1}^{n}(m_i\boldsymbol{v}_i) = \sum_{i=1}^{n}\boldsymbol{F}_i^{(\mathrm{e})} + \sum_{i=1}^{n}\boldsymbol{F}_i^{(\mathrm{i})}$$

上式右端的第一项是作用在质点系上的外力系主矢量 $\boldsymbol{R}^{(\mathrm{e})}$。根据牛顿第三定律，内力总是成对出现的，且大小相等、方向相反，因此上式右端第二项等于零。于是有

$$\frac{\mathrm{d}\boldsymbol{p}}{\mathrm{d}t} = \boldsymbol{R}^{(\mathrm{e})} \tag{7-4}$$

式 (7-4) 就是**质点系动量定理**，即**质点系的动量 $\boldsymbol{p}$ 对时间 t 的变化率等于作用在质点系上的外力系主矢量**。可见，质点系的内力虽可改变质点系中质点的动量，但不能改变整个质点系的动量，只有外力才能改变质点系的动量。

将矢量式(7-4)向固定坐标系 $Oxyz$ 的各轴投影，得到动量定理的投影形式

$$\begin{aligned}
\frac{\mathrm{d}p_x}{\mathrm{d}t} &= R_x^{(\mathrm{e})} \\
\frac{\mathrm{d}p_y}{\mathrm{d}t} &= R_y^{(\mathrm{e})} \\
\frac{\mathrm{d}p_z}{\mathrm{d}t} &= R_z^{(\mathrm{e})}
\end{aligned} \tag{7-5}$$

其中 p_x，p_y 和 p_z 分别为动量 $\boldsymbol{p}$ 在 x，y 和 z 坐标轴上的投影。

思考题　式(7-5)成立的条件是什么？如果坐标系 $Oxyz$ 绕 Oz 轴匀速转动，动量定理的投影形式是什么？

将式(7-3)代入质点系动量定理式(7-4)中，得

$$\frac{\mathrm{d}(m\boldsymbol{v}_C)}{\mathrm{d}t} = \boldsymbol{R}^{(\mathrm{e})} \tag{7-6}$$

即

$$m\boldsymbol{a}_C = \boldsymbol{R}^{(\mathrm{e})} \tag{7-7}$$

其中 $\boldsymbol{a}_C$ 为质心的加速度。式 (7-7) 表明，**质点系的质量与质心加速度的乘积等于作用在质点系上的外力系主矢量**。这个结论称为**质心运动定理**。对于由多个刚体组成的系统，上式可以写成：

$$\sum_{i=1}^{n} m_i \boldsymbol{a}_{Ci} = \boldsymbol{R}^{(\mathrm{e})} \tag{7-8}$$

其中 m_i 为第 i 个刚体的质量，$\boldsymbol{a}_{Ci}$ 为第 i 个刚体的质心加速度。

式 (7-7) 与牛顿第二定理表达形式 $m\boldsymbol{a} = \boldsymbol{F}$ 相类似，因此在研究质心的运动规律时，可以假想地把质点系的质量和所受的外力都集中在质心上，将质心当作一个质点来研究。

由质心运动定理可知，质心的运动与质点系的内力无关。例如，炮弹在空中爆炸时，爆炸力是内力，它不能改变炮弹碎片组成的质点系之质心的运动，因此炮弹在爆炸前后其质心的运动规律不变，如图7-2所示。又如一个只受力偶作用的刚体，如果开始处于静止状态，则不论该力偶作用在刚体上的什么位置，刚体质心将永远保持静止状态。

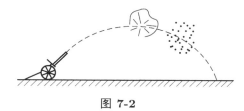

图 7-2

思考题　人骑自行车在水平路面上由静止出发开始前进。试分析是什么力使它有向前运动的速度？

如果作用在质点系上的外力系主矢量 $\boldsymbol{R}^{(\mathrm{e})}$ 为零，则由式 (7-4) 可得

$$\boldsymbol{p} = 常矢量 \tag{7-9}$$

即质点系的**动量守恒**。式(7-9)中的常矢量由运动的初始条件决定。如果作用在质点系上的外力系主矢量在某一坐标轴上的投影恒等于零，则由式 (7-5) 可知，质点系动量在该坐标轴上的投影保持不变，即质点系在该方向的动量守恒。

动量守恒的例子很多。如图7-3所示，两个质量分别为 m_A 和 m_B 的宇航员在太空中拔河。我们取由两人与绳子组成的质点系为研究对象。该系统不受外力作用，动量守恒。如果开始时，两人在太空中保持静止，则有

$$\boldsymbol{p} = m_A \boldsymbol{v}_A + m_B \boldsymbol{v}_B = (m_A + m_B)\boldsymbol{v}_C = 0$$

其中 $\boldsymbol{v}_A$ 和 $\boldsymbol{v}_B$ 分别为宇航员 A 和宇航员 B 在拔河过程中的速度，$\boldsymbol{v}_C$ 为系统质心 C 的速度。上式表明，拔河中两人同时相互被对方拉动，各自速度的大小与其质量成反比，但系统的质心速度始终为零，即 C 点保持不动，因此两人同时到达质心 C 处。

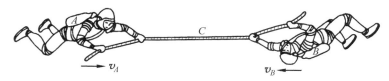

图 7-3

思考题 A, B 两人在粗糙的地面上拔河，设各自鞋底与地面的摩擦系数相同，试用动量定理分析影响拔河胜负的因素。

例 7-1 质量分别为 m_A 和 m_B 的两个物块 A 和 B，用刚度系数为 k 的弹簧联结。B 块放在地面上，静止时 A 块位于 O 位置。如将 A 块压下，使其具有初位移 X_0，此后突然松开，如图7-4(a) 所示。求：(1) 地面对 B 块的约束力 N_B；(2) 当 X_0 多大时，B 块将跳起？

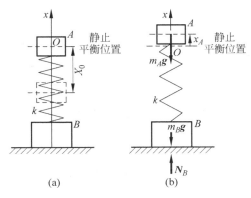

图 7-4

解 取由物块 A，B 和弹簧组成的质点系为研究对象，画出质点系在任意位置处的受力图，不必考虑内力，如图7-4(b) 所示。作 Ox 坐标轴，选 A 块静止平衡的位置 O 为坐标原点，x 轴向上为正。

(1) 求地面对 B 块的约束力 N_B。

当物块 B 保持与地面接触时，物块 A 在重力 $m_A \boldsymbol{g}$ 和弹性恢复力的作用下作简谐运动，其初始条件为 $t = 0$，$x_A = -X_0$，$\dot{x}_A = 0$。因此可得

$$x_A = -X_0 \cos \omega t$$

$$\dot{x}_A = X_0 \omega \sin \omega t$$

$$\ddot{x}_A = X_0 \omega^2 \cos \omega t$$

其中 $\omega = \sqrt{k/m_A}$。因 B 块静止不动，故 $x_B = 0$，$\dot{x}_B = 0$，$\ddot{x}_B = 0$。系统的动量在 x 轴上的投影为

$$p_x = m_A \dot{x}_A + m_B \dot{x}_B = m_A X_0 \omega \sin \omega t$$

由质点系动量定理在 x 轴上的投影式得

$$m_A X_0 \omega^2 \cos \omega t = N_B - m_A g - m_B g$$

故有

$$N_B = (m_A + m_B)g + m_A X_0 \omega^2 \cos \omega t$$

这一问题是属于已知运动求力的问题，所求得的约束力包含由主动力直接引起的**静约束力** $(m_A + m_B)g$ 和由质点系运动引起的**动约束力** $m_A X_0 \omega^2 \cos \omega t$ 两部分。

(2) 求当 X_0 多大时，B 块将跳起。

当 $t = \pi/\omega$ 秒时 N_B 取最小值 $N_{B\min} = (m_A + m_B)g - m_A X_0 \omega^2$，此时由 B 块跳起的条件 $N_B = 0$ 可解出

$$X_0 = \frac{m_A + m_B}{m_A \omega^2}g = \frac{m_A + m_B}{k}g$$

当 A 块被压下的初始位移达到 $(m_A + m_B)g/k$ 时，突然松开后经过 $t = \pi/\omega$ 秒，物块 B 会开始跳起。请读者思考其后的运动特点。

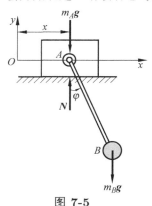

例 7-2 椭圆摆由质量为 m_A 的滑块 A 和质量为 m_B 的单摆 B 构成，如图7-5所示。滑块可沿光滑水平面滑动，AB 杆长为 l，质量不计。试建立系统的运动微分方程，并求水平面对滑块 A 的约束力。

解 系统具有两个自由度，取 x 和 φ 为广义坐标，由运动学可以得到滑块 A 和单摆 B 的速度为

$$\boldsymbol{v}_A = \dot{x}\boldsymbol{i}$$
$$\boldsymbol{v}_B = (\dot{x} + l\dot{\varphi}\cos\varphi)\boldsymbol{i} + l\dot{\varphi}\sin\varphi\boldsymbol{j}$$

图 7-5

以系统为研究对象，受力图如图7-5示。分别列写 x 方向和 y 方向的动量定理，有

$$\frac{\mathrm{d}}{\mathrm{d}t}[m_A\dot{x} + m_B(\dot{x} + l\dot{\varphi}\cos\varphi)] = 0 \tag{a}$$

$$\frac{\mathrm{d}}{\mathrm{d}t}(m_B l\dot{\varphi}\sin\varphi) = N - m_A g - m_B g \tag{b}$$

再取单摆 B 为研究对象，在垂直于 AB 的方向列写牛顿第二定律，有

$$m_B(l\ddot{\varphi} + \ddot{x}\cos\varphi) = -m_B g\sin\varphi \tag{c}$$

式(a)和(c)就是系统的运动微分方程。由式(b)可得水平面对滑块 A 的约束力

$$N = (m_A + m_B)g + m_B l(\ddot{\varphi}\sin\varphi + \dot{\varphi}^2\cos\varphi)$$

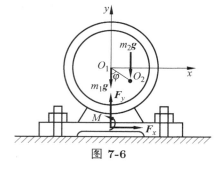

图 7-6

例 7-3 图7-6所示的电动机用螺栓固定在刚性基础上。设其外壳和定子的总质量为 m_1，质心位于转子转轴的中心 O_1；转子质量为 m_2，由于制造或安装时的偏差，转子质心 O_2 不在转轴中心上，偏心距 $O_1O_2 = e$，已知转子以等角速 ω 转动。试求电动机机座的约束力。

解 取电动机为研究对象，定子与转子之间的电磁力和转子轴与定子轴承 O_1 间的相互作用力均为内力，不必考虑。系统所受到的外力有：定子和转子的重力 m_1g 和 m_2g、机座上的分布约束力向其中点简化得到的约束力 F_x，F_y 及约束力偶 M。

设 O_1xy 为定坐标系。外壳和定子静止，其动量恒为零。转子以等角速 ω 作定轴转动，其质心有向心加速度 $e\omega^2$。在初始时刻转子质心 O_2 位于 y 轴上，因此有 $\varphi = \omega t$。

根据质点系动量定理式 (7-5)，有

$$m_1 \cdot 0 - m_2 e\omega^2 \sin\omega t = F_x$$
$$m_1 \cdot 0 + m_2 e\omega^2 \cos\omega t = F_y - m_1 g - m_2 g$$

由此求出支座的约束力为

$$F_x = -m_2 e\omega^2 \sin\omega t$$
$$F_y = m_1 g + m_2 g + m_2 e\omega^2 \cos\omega t$$

由上式可见，电动机约束力由两部分组成：由重力直接引起的**静约束力** (或**静反力**) $(m_1 g + m_2 g)\boldsymbol{j}$ 和由转子质心运动状态变化引起的**动约束力** (或**动反力**) $-m_2 e\omega^2 \sin\omega t\boldsymbol{i} + m_2 e\omega^2 \cos\omega t\boldsymbol{j}$。

从这个例子可以看出，动约束力的大小与 ω^2 平方成正比。当转子的转速很高时，其数值可以达到静约束力的几倍，甚至几十倍。而且这种约束力是随时间周期性变化的，必然引起机座和基础的振动，影响安放在基础上其他设备的精度和强度，同时还会引起有关构件内的交变应力，产生疲劳破坏。工程上常在电动机和基础之间安装具有弹性和阻尼的减振器以减小基础的动反力，这种方法称为**隔振**。

例 7-4 若图7-6中的电动机没有用螺栓固定，各处摩擦忽略不计，初始时电动机静止，如图7-7(a) 所示。试求：

(1) 转子以匀角速 ω 转动时电动机外壳在水平方向的运动方程；

(2) 电动机跳起的最小角速度。

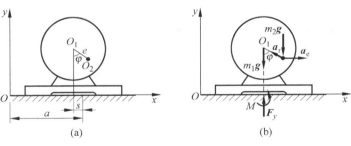

图 7-7

解 取电动机整体作为研究对象。它所受的外力除了重力 $m_1\boldsymbol{g}$ 和 $m_2\boldsymbol{g}$ 外，还有机座上的分布约束力向其中点简化得到的约束力 $\boldsymbol{F}_y$ 和约束力偶 M。取坐标系如图7-7所示。

(1) 求电动机外壳在水平方向的运动方程

因为电动机在水平方向没有受到外力，且初始为静止，因此系统在运动过程中其质心的 x 坐标保持不变。

设转子在静止 ($\varphi = 0$) 时系统的质心坐标 $x_{C1} = a$。当转子转过角度 $\varphi = \omega t$ 时，定子应向左移动，设移动距离为 s (如图7-7(a) 所示)，则此时质心坐标为

$$x_{C2} = \frac{m_1(a - s) + m_2(a - s + e\sin\omega t)}{m_1 + m_2}$$

由 $x_{C1} = x_{C2}$ 解得

$$s = \frac{m_2}{m_1 + m_2} e\sin\omega t$$

由此可见，当转子偏心的电动机未用螺栓固定时，将在水平面上作简谐运动。

(2) 求电动机起跳条件

转子作平面运动，其质心 O_2 的加速度等于牵连加速度 $\boldsymbol{a}_\mathrm{e}$(即外壳运动的加速度 $\boldsymbol{a}_{O1}$) 与相对加速度 $\boldsymbol{a}_\mathrm{r}(a_\mathrm{r} = e\omega^2)$ 的矢量和，如图7-7(b) 所示。在 y 方向上应用质心运动定理，有

$$m_1 \cdot 0 + m_2 e\omega^2 \cos\omega t = F_y - m_1 g - m_2 g$$

因此机座的约束力为

$$F_y = m_1 g + m_2 g + m_2 e\omega^2 \cos\omega t$$

当 $t = \pi/\omega$ 时，约束力 F_y 取最小值 $F_{y\min} = m_1 g + m_2 g - m_2 e\omega^2$。电动机的起跳临界条件是 $F_y = 0$。由此可得电动机起跳的最小角速度 $\omega_{\min}$ 为

$$\omega_{\min} = \sqrt{\frac{m_1 + m_2}{m_2 e} g}$$

土木建筑工地上常用的蛙式打夯机在偏心飞轮的带动下，像蛙跳一样自动地一跳一跳向前运动，从而不断地夯实地面，其原理与此例题类似。

7.2 质点系动量矩定理

7.2.1 质点系的动量矩

考察由 n 个质点组成的质点系，设质点系中质点 P_i 的质量为 m_i，相对点 O 的矢径为 $\boldsymbol{r}_i$，速度为 $\boldsymbol{v}_i$，则**质点系对点 O 的动量矩**或**角动量**定义为

$$\boldsymbol{L}_O = \sum_{i=1}^{n} \boldsymbol{r}_i \times m_i \boldsymbol{v}_i \tag{7-10}$$

质点系的动量矩也是度量质点系整体运动的一个基本量，在国际单位制中动量矩的单位为 $\mathrm{kg \cdot m^2/s}$。动量矩是一个矢量，它与矩心 O 的选择有关。下面讨论质点系对任意两点 O 和 A 的动量矩 $\boldsymbol{L}_O$ 和 $\boldsymbol{L}_A$ 之间的关系。

如图7-8所示，质点 A 在参考系 $Oxyz$ 中的矢径为 $\boldsymbol{r}_{OA}$，质点 P_i 相对于点 A 的矢径为 $\boldsymbol{\rho}_i$，因此质点 P_i 的矢径 $\boldsymbol{r}_i$ 可以表示为

$$\boldsymbol{r}_i = \boldsymbol{r}_{OA} + \boldsymbol{\rho}_i \tag{7-11}$$

将上式代入式 (7-10) 中，可得

$$\boldsymbol{L}_O = \sum_{i=1}^{n} \boldsymbol{\rho}_i \times m_i \boldsymbol{v}_i + \boldsymbol{r}_{OA} \times \sum_{i=1}^{n} m_i \boldsymbol{v}_i = \boldsymbol{L}_A + \boldsymbol{r}_{OA} \times \boldsymbol{p} \tag{7-12}$$

其中

$$\boldsymbol{L}_A = \sum_{i=1}^{n} \boldsymbol{\rho}_i \times m_i \boldsymbol{v}_i$$

是质点系对点 A 的动量矩。

思考题 式(7-12)与第 2 章的刚体上不同点的速度公式以及第 4 章的力系对不同的点的主矩公式都很相似。这是为什么？

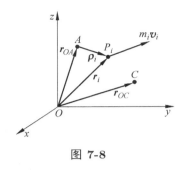

图 7-8

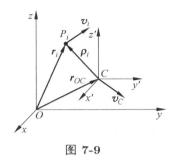

图 7-9

如果将点 A 取为质心 C，则由上式可得

$$\boldsymbol{L}_O = \boldsymbol{L}_C + \boldsymbol{r}_{OC} \times \boldsymbol{p} = \boldsymbol{L}_C + \boldsymbol{r}_{OC} \times m\boldsymbol{v}_C \tag{7-13}$$

即**质点系相对于点 O 的动量矩，等于质点系相对于质心的动量矩与质系动量对 O 点之矩的矢量和**。在一些情况下，质点系对质心 C 的动量矩比较容易计算，因此可利用式 (7-13) 来计算质点系对任意点 O 的动量矩。

式 (7-13) 是用各质点的绝对速度 $\boldsymbol{v}_i$ 来计算质点系对质心的动量矩 $\boldsymbol{L}_C$ 的。下面的推导将证明，质点系对质心的动量矩也可以用相对质心平动参考系的速度计算。首先，我们引入质心平动坐标系 $Cx'y'z'$，如图7-9所示。设质心 C 的速度为 $\boldsymbol{v}_C$，质点 P_i 的绝对速度为 $\boldsymbol{v}_i$，相对于质心平动系 $Cx'y'z'$ 的速度 $\boldsymbol{v}_{ir} = \boldsymbol{v}_i - \boldsymbol{v}_C$。于是，质点系对质心的动量矩 $\boldsymbol{L}_C$ 为

$$\boldsymbol{L}_C = \sum_{i=1}^n \boldsymbol{\rho}_i \times m_i \boldsymbol{v}_i = \sum_{i=1}^n \boldsymbol{\rho}_i \times m_i \boldsymbol{v}_C + \sum_{i=1}^n \boldsymbol{\rho}_i \times m_i \boldsymbol{v}_{ir}$$

由质心的定义有

$$\sum_{i=1}^n m_i \boldsymbol{\rho}_i = m\boldsymbol{\rho}_C$$

其中 m 为质点系的总质量，$\boldsymbol{\rho}_C$ 为质心 C 在质心平动参考系 $Cx'y'z'$ 中的矢径，显然 $\boldsymbol{\rho}_C = 0$。故有

$$\boldsymbol{L}_C = \boldsymbol{L}_{Cr} = \sum_{i=1}^n \boldsymbol{\rho}_i \times m_i \boldsymbol{v}_{ir} \tag{7-14}$$

有时应用式 (7-14) 计算刚体对质心的动量矩更为方便。

例 7-5 一半径为 r 的均质圆盘在水平面上以角速度 ω 作纯滚动，如图7-10所示。已知圆盘对 Oz 轴的转动惯量 $J_O = mr^2/2$，试求圆盘对水平面上 O_1 点的动量矩。

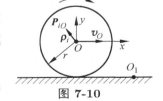

图 7-10

解 圆盘相对于质心平动参考系 $Oxyz$ 作定轴转动，由式 (7-14) 可得圆盘对质心 O 点的动量矩 $\boldsymbol{L}_O$ 为

$$\boldsymbol{L}_O = \sum_i \boldsymbol{\rho}_i \times m_i \boldsymbol{v}_{ir} = \sum_i \boldsymbol{\rho}_i \times m_i(\boldsymbol{\omega} \times \boldsymbol{\rho}_i)$$

$$= -\sum_i m_i \rho_i^2 \omega \boldsymbol{k} = -J_O \omega \boldsymbol{k}$$

其中 $\boldsymbol{\rho}_i$ 为圆盘上质点 P_i 相对质心 O 的矢径。圆盘作纯滚动，质心速度为 $\boldsymbol{v}_O = \omega r \boldsymbol{i}$。利用式 (7-13) 可得圆盘对 O_1 点的动量矩 $\boldsymbol{L}_{O_1}$ 为

$$
\begin{aligned}
\boldsymbol{L}_{O_1} &= \boldsymbol{L}_O + \boldsymbol{r}_{O_1 O} \times m\boldsymbol{v}_O = -J_O \omega \boldsymbol{k} + (-x\boldsymbol{i} + r\boldsymbol{j}) \times m\omega r \boldsymbol{i} \\
&= -\frac{3}{2} m r^2 \omega \boldsymbol{k}
\end{aligned}
$$

7.2.2　质点系动量矩定理

设图7-8中 O 为固定点，$Oxyz$ 为惯性系，A 为任意点，其绝对速度为 $\boldsymbol{v}_A$。在各质点的运动微分方程(7-1)两端叉乘该质点相对于点 A 的矢径 $\boldsymbol{\rho}_i$ 后相加，得

$$
\sum_{i=1}^{n} \boldsymbol{\rho}_i \times \frac{\mathrm{d}}{\mathrm{d}t}(m_i \boldsymbol{v}_i) = \sum_{i=1}^{n} \boldsymbol{\rho}_i \times (\boldsymbol{F}_i^{(\mathrm{i})} + \boldsymbol{F}_i^{(\mathrm{e})}) \tag{7-15}
$$

质点系中内力总是成对出现的，且大小相等，方向相反，因此内力系对任意点的主矩为零。于是上式右端为作用在质点系上外力系对 A 点的主矩

$$
\boldsymbol{M}_A^{(\mathrm{e})} = \sum_{i=1}^{n} \boldsymbol{\rho}_i \times \boldsymbol{F}_i^{(\mathrm{e})} \tag{7-16}
$$

式(7-15)左端可以进一步写为

$$
\sum_{i=1}^{n} \boldsymbol{\rho}_i \times \frac{\mathrm{d}}{\mathrm{d}t}(m_i \boldsymbol{v}_i) = \frac{\mathrm{d}\boldsymbol{L}_A}{\mathrm{d}t} - \sum_{i=1}^{n} \frac{\mathrm{d}\boldsymbol{\rho}_i}{\mathrm{d}t} \times m_i \boldsymbol{v}_i \tag{7-17}
$$

式中

$$
\boldsymbol{L}_A = \sum_{i=1}^{n} \boldsymbol{\rho}_i \times m_i \boldsymbol{v}_i \tag{7-18}
$$

为质点系对点 A 的动量矩。将式 (7-11) 两边对时间求一阶导数得

$$
\frac{\mathrm{d}\boldsymbol{\rho}_i}{\mathrm{d}t} = \boldsymbol{v}_i - \boldsymbol{v}_A \tag{7-19}
$$

将式(7-17)和(7-19)代入到式(7-15)，并考虑到 $\boldsymbol{v}_i \times \boldsymbol{v}_i = 0$，可得

$$
\frac{\mathrm{d}\boldsymbol{L}_A}{\mathrm{d}t} = \boldsymbol{M}_A^{(\mathrm{e})} + m\boldsymbol{v}_C \times \boldsymbol{v}_A \tag{7-20}
$$

可见，**质点系对任意点动量矩的变化仅取决于外力系的主矩，内力系不能改变质点系的动量矩。**

如果点 A 为固定点，即 $\boldsymbol{v}_A = \boldsymbol{0}$，则由式 (7-20) 得

$$
\frac{\mathrm{d}\boldsymbol{L}_A}{\mathrm{d}t} = \boldsymbol{M}_A^{(\mathrm{e})} \tag{7-21}
$$

这就是**质点系对固定点的动量矩定理**，即质点系对任意固定点的动量矩对时间的导数，等于作用在质点系上的外力系对该点的主矩。

式(7-21)在固定坐标系 $Axyz$ 中的投影形式为

$$
\begin{aligned}
\frac{\mathrm{d}L_x}{\mathrm{d}t} &= M_x^{(\mathrm{e})} \\
\frac{\mathrm{d}L_y}{\mathrm{d}t} &= M_y^{(\mathrm{e})} \\
\frac{\mathrm{d}L_z}{\mathrm{d}t} &= M_z^{(\mathrm{e})}
\end{aligned} \tag{7-22}
$$

其中 $M_x^{(e)}$，$M_y^{(e)}$ 和 $M_z^{(e)}$ 分别为所有外力对 x 轴、y 轴和 z 轴的矩之和，L_x，L_y 和 L_z 分别为质点系对 x 轴、y 轴和 z 轴的动量矩。式(7-22)表明，**质点系对任意固定轴的动量矩对时间的导数，等于作用在质点系上的所有外力对该轴的矩之和。**

如果作用在质点系上的外力系对固定点 A 的主矩为零，则由式 (7-21) 可知，质点系对该点的动量矩守恒。如果外力系对某定轴的矩为零，则质点系对该轴的动量矩守恒。

如果点 A 为质点系的质心 C，则由式 (7-20) 可得

$$\frac{\mathrm{d}\boldsymbol{L}_C}{\mathrm{d}t} = \boldsymbol{M}_C^{(e)} \tag{7-23}$$

这就是**质点系对质心的动量矩定理**，即质点系对质心的动量矩对时间的导数，等于作用在质点系上的外力系对质心的主矩。

当外力系对质心的主矩为零时，质点系对质心的动量矩守恒。

例 7-6 质量均为 m 的 A 和 B 两人同时从静止开始爬绳，如图7-11所示。已知 A 的体质比 B 的体质好，因此 A 相对于绳的速率 u_1 大于 B 相对于绳的速率 u_2。不计绳子和滑轮的质量，不计轴 O 的摩擦。试问谁先到达顶端，并求绳子的移动速率 u。

解 取绳、滑轮与 A 和 B 两人组成的系统为研究对象。内力系不能改变质点系的动量矩，只需考察外力系。外力系包括两人的重力和轴承的约束反力。忽略轴承 O 的摩擦力，轴承的约束反力对 Oz 轴的力矩为零。两人的重力对 Oz 轴的力矩之和也为零，因而所有外力对 Oz 轴的矩之和为零，系统对 Oz 轴的动量矩守恒。初始时刻两人都处于静止状态，对 Oz 轴的动量矩为零，因此两人爬绳过程中对 Oz 轴的动量矩之和为零，即

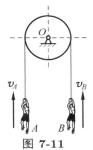

图 7-11

$$r(mv_B - mv_A) = 0$$

由此可得 $v_A = v_B$，也就是说，尽管 A 的体质比 B 的体质好 $(u_1 > u_2)$，但他们上升的速度都一样，同时到达顶端。即使 B 不爬绳 $(u_2 = 0)$，它还是以与 A 相同的速度上升。

设绳子移动的速率为 u。因为 $v_A = u_1 - u$，$v_B = u_2 + u$，所以由 $v_A = v_B$ 可解得绳子的移动速率为 $u = (u_1 - u_2)/2$。

例 7-7 如图7-12(a) 所示，质量均为 m 的两小球 C 和 D 用长为 $2l$ 的无质量刚性杆连接，并以其中点固定在铅垂轴 AB 上，杆与 AB 轴之间的夹角为 α，轴 AB 以匀角速度 ω 转动。A，B 轴承间的距离为 h。求：

(1) 系统对 O 点的动量矩；

(2) A，B 轴承的约束反力。

解 取两小球、刚性杆及铅垂轴组成的质点系为研究对象。建立固结于 CD 杆上的动坐标系 $Oxyz$，其单位矢量为 $\boldsymbol{i}$，$\boldsymbol{j}$，$\boldsymbol{k}$，如图7-12(a) 所示。

(1) 求系统对 O 点的动量矩 $\boldsymbol{L}_O$

在坐标系 $Oxyz$ 中，角速度矢量 $\boldsymbol{\omega}$ 可以表示为

$$\boldsymbol{\omega} = \omega(\cos\alpha\,\boldsymbol{j} + \sin\alpha\,\boldsymbol{k})$$

两小球的矢径分别为

$$\boldsymbol{r}_C = l\boldsymbol{j}, \quad \boldsymbol{r}_D = -l\boldsymbol{j}$$

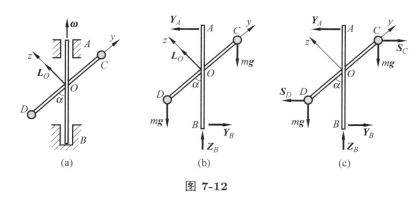

图 7-12

两小球均绕铅垂轴作定轴转动，它们的速度为

$$\boldsymbol{v}_C = \boldsymbol{\omega} \times \boldsymbol{r}_C = -\omega l \sin\alpha \boldsymbol{i}$$

$$\boldsymbol{v}_D = \boldsymbol{\omega} \times \boldsymbol{r}_D = \omega l \sin\alpha \boldsymbol{i}$$

因此由质点系的动量矩的定义可得

$$\boldsymbol{L}_O = \boldsymbol{r}_C \times m\boldsymbol{v}_C + \boldsymbol{r}_D \times m\boldsymbol{v}_D$$
$$= 2ml^2\omega \sin\alpha \boldsymbol{k}$$

(2) 求 A，B 轴承的约束力

质点系动量矩 $\boldsymbol{L}_O$ 的模为常量，且始终沿着 z 轴的正方向，因此它对动系 $Oxyz$ 的相对导数等于零。根据矢量的绝对导数与相对导数之间的关系式(3-11)可知，动量矩对时间的一阶导数为

$$\frac{\mathrm{d}\boldsymbol{L}_O}{\mathrm{d}t} = \boldsymbol{\omega} \times \boldsymbol{L}_O = ml^2\omega^2 \sin 2\alpha \boldsymbol{i}$$

上式表明，质点系动量矩 $\boldsymbol{L}_O$ 对时间的一阶导数只有 $\boldsymbol{i}$ 方向上的分量，由质点系对定点的动量矩定理可以判定，轴承 A，B 处的约束反力方向如图7-12(b) 所示。由质心运动定理得

$$Y_A = Y_B, \quad Z_B = 2mg$$

外力系对 O 点的主矩为

$$\boldsymbol{M}_O^{(e)} = Y_A h \boldsymbol{i}$$

由质点系对定点 O 的动量矩定理式 (7-21) 可得

$$Y_A = Y_B = \frac{ml^2\omega^2}{h} \sin 2\alpha$$

轴承约束反力的方向如图7-12(b) 所示，它们始终位于由杆 CD 和轴 AB 所组成的平面内，也以角速度 ω 绕轴 AB 转动。

讨论　质点系对固定点 O 的动量矩定理 $\mathrm{d}\boldsymbol{L}_O/\mathrm{d}t = \boldsymbol{M}_O^{(e)}$ 从几何上可以解释为：质点系对 O 点的动量矩矢量 $\boldsymbol{L}_O$ 的端点的速度等于外力系对该点的主矩。本例中，系统对固定点 O 的动量矩 $\boldsymbol{L}_O$ 以角速度 ω 绕 AB 轴转动，其端点的轨迹为半径等于 $|\boldsymbol{L}_O|\cos\alpha$ 的圆，$\boldsymbol{L}_O$ 端点的速度的大小为 $\omega|\boldsymbol{L}_O|\cos\alpha = ml^2\omega^2 \sin 2\alpha$，方向沿端点轨迹的切线方向，即 $\dfrac{\mathrm{d}\boldsymbol{L}_O}{\mathrm{d}t} = ml^2\omega^2 \sin 2\alpha \boldsymbol{i}$。

7.2.3　刚体定轴转动微分方程

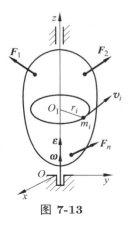

图 7-13

应用质点系对定轴的动量矩定理可以得到刚体定轴转动运动微分方程。设刚体绕固定轴 Oz 转动 (如图7-13所示)，其角速度与角加速度分别为 ω 与 ε。刚体上第 i 个质点的质量为 m_i，距轴 Oz 的距离为 r_i，于是刚体对 Oz 轴的动量矩为

$$L_z = \sum_{i=1}^{n} m_i r_i \omega \cdot r_i = J_z \omega \tag{7-24}$$

其中 $J_z = \sum\limits_{i=1}^{n} m_i r_i^2$ 为刚体对 Oz 轴的**转动惯量**。

如果不计轴承的摩擦，轴承约束反力对于 Oz 轴的力矩等于零，根据质点系动量矩定理，得

$$J_z \varepsilon = M_z^{\mathrm{e}} \tag{7-25}$$

或

$$J_z \ddot{\varphi} = M_z^{\mathrm{e}} \tag{7-26}$$

其中 φ 是刚体绕 Oz 轴转动的转角。这就是**刚体定轴转动运动微分方程**。

在固定的时间间隔内，当主动力对转轴的矩相同时，刚体的转动惯量越大，转动状态变化越小；转动惯量越小，转动状态变化越大。刚体转动惯量表现了刚体转动状态改变的难易程度，是刚体转动时惯性的度量，就像质量是刚体平动时惯性的度量一样。转动惯量不仅与物体的质量有关，而且与质量对于转动轴的分布状况有关。

对于均质物体，其转动惯量与质量的比值仅与物体的几何形状和尺寸有关。我们称

$$\rho_z = \sqrt{\dfrac{J_z}{m}} \tag{7-27}$$

为物体对 Oz 轴的**回转半径** (或**惯性半径**)，物体对 Oz 轴的转动惯量等于该物体的质量与回转半径的平方的乘积。表7-1列出了一些常见均质物体的转动惯量。

例 7-8　设质量为 m 的刚体悬挂在 O 点，并可绕水平轴 O 自由摆动，如图7-14(a) 所示。这种装置称为复摆。已知刚体质心 C 到悬挂点 O 的距离 $OC = a$，求复摆的微振动周期。

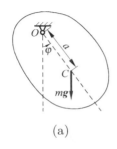

(a)

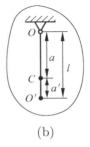

(b)

图 7-14

解　取 OC 与竖直线的夹角 φ 为广义坐标，根据式 (7-26) 可得刚体的运动微分方程

$$J\ddot{\varphi} = -mga\sin\varphi$$

表 7-1 常见均质物体的转动惯量

物体的形状	简图	转动惯量
细直杆		$J_{z_C} = \dfrac{1}{12}ml^2$ $J_z = \dfrac{1}{3}ml^2$
薄壁圆筒		$J_z = mR^2$
圆柱		$J_z = \dfrac{1}{2}mR^2$ $J_x = J_y = \dfrac{1}{12}m(3R^2 + l^2)$
空心圆柱		$J_z = \dfrac{1}{2}m(R^2 + r^2)$
薄壁空心球		$J_z = \dfrac{2}{3}mR^2$
实心球		$J_z = \dfrac{2}{5}mR^2$
圆锥体		$J_z = \dfrac{3}{10}mr^2$ $J_x = J_y = \dfrac{3}{80}m(4r^2 + l^2)$
圆环		$J_z = m\left(R^2 + \dfrac{3}{4}r^2\right)$

续表

物体的形状	简图	转动惯量
椭圆形薄板	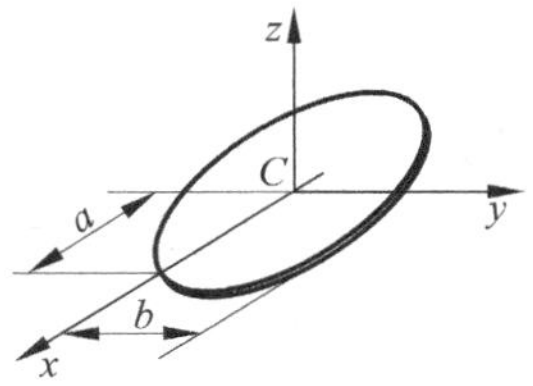	$J_z = \dfrac{1}{4}m(a^2+b^2)$ $J_y = \dfrac{1}{4}ma^2$ $J_x = \dfrac{1}{4}mb^2$
立方体	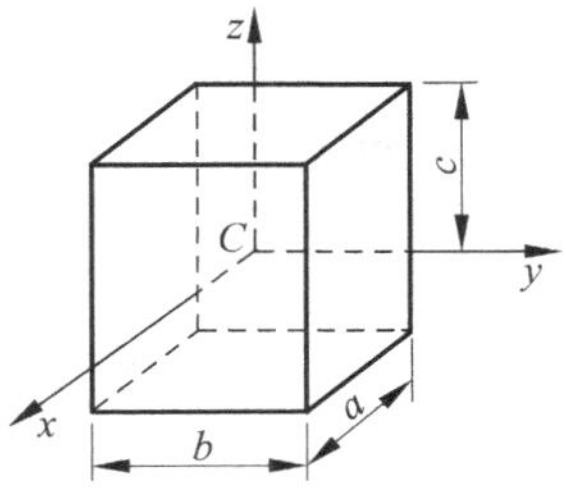	$J_z = \dfrac{1}{12}m(a^2+b^2)$ $J_y = \dfrac{1}{12}m(a^2+c^2)$ $J_x = \dfrac{1}{12}m(b^2+c^2)$
矩形薄板	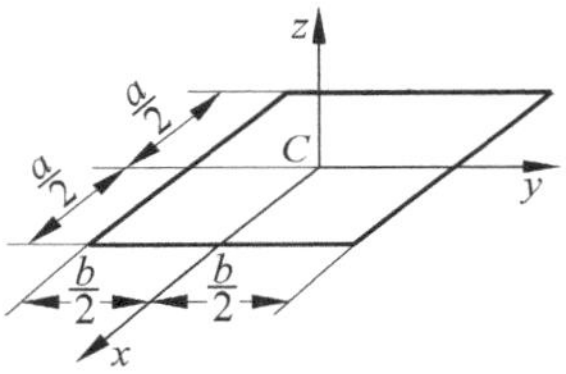	$J_z = \dfrac{1}{12}m(a^2+b^2)$ $J_y = \dfrac{1}{12}ma^2$ $J_x = \dfrac{1}{12}mb^2$

其中 $J = J_C + ma^2$ 是刚体绕 O 轴的转动惯量，J_C 是刚体绕 C 轴的转动惯量。令 $l = J/ma$，上式可以写成

$$\ddot{\varphi} + \frac{g}{l}\sin\varphi = 0$$

如摆角 φ 很小，$\sin\varphi \approx \varphi$，则运动方程为

$$\ddot{\varphi} + \frac{g}{l}\varphi = 0$$

因此刚体的微振动周期为

$$T = 2\pi\sqrt{\frac{l}{g}} = 2\pi\sqrt{\frac{J}{mga}}$$

讨论 由上面的分析可见，复摆的运动规律和摆长为 l 的单摆的运动规律相同，即复摆可以等效为摆长为 l 的单摆，因此 l 称为**等效摆长**。延长线段 OC 至 O' 点，使得 $OO' = l$，如图7-14(b) 所示。O' 点称为复摆的**摆动中心**，O 点称为复摆的**悬挂中心**。等效摆长 l 可以进一步展开为

$$l = \frac{J_C + ma^2}{ma} = a' + a$$

式中 $a' = J_C/ma$。若以 O' 点为悬挂点，则复摆的等效摆长为

$$l' = \frac{J_C + ma'^2}{ma'} = a + a' = l$$

即悬挂中心和摆动中心可以相互交换，而不改变其振动周期。

利用复摆法，可以测量刚体的转动惯量和重力加速度。

思考题 如果复摆在水平位置处于静止状态，如何求将其释放后摆至铅锤位置时转动轴的约束反力？

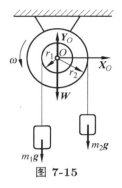

图 **7-15**

例 7-9 两个质量为 m_1 和 m_2 的重物分别系在两根不同的绳子上，两绳分别绕在半径为 r_1 和 r_2 并固结在一起的两鼓轮上，如图7-15所示。设鼓轮对 O 轴的转动惯量为 J_O，重为 W。求鼓轮的角加速度和轴承的约束反力。

解 取重物、绳子和鼓轮组成的系统为研究对象，质点系所受的外力如图7-15所示，其中 $m_1\boldsymbol{g}$，$m_2\boldsymbol{g}$ 和 $\boldsymbol{W}$ 为主动力，$\boldsymbol{X}_O$，$\boldsymbol{Y}_O$ 为轴承的约束力。系统对 O 轴的动量矩为

$$L_O = (J_O + m_1 r_1^2 + m_2 r_2^2)\omega$$

由动量矩定理得

$$(J_O + m_1 r_1^2 + m_2 r_2^2)\varepsilon = (m_1 r_1 - m_2 r_2)g$$

所以鼓轮的角加速度为

$$\varepsilon = \frac{m_1 r_1 - m_2 r_2}{J_O + m_1 r_1^2 + m_2 r_2^2}g$$

由质点系动量定理得

$$0 = X_O$$

$$-m_1 r_1 \varepsilon + m_2 r_2 \varepsilon = Y_O - m_1 g - m_2 g - W$$

所以轴承的约束反力为

$$X_O = 0$$

$$Y_O = (m_1 + m_2)g + W - \frac{(m_1 r_1 - m_2 r_2)^2}{J_O + m_1 r_1^2 + m_2 r_2^2}g$$

7.2.4 刚体平面运动微分方程

在运动学中我们已经知道，刚体平面运动可以用平面图形的运动代替，我们不妨就研究刚体质心所在平面的运动。如果以质心 C 为基点，则刚体质心的坐标 x_C，y_C 和刚体绕质心平动参考系的转角 φ 完全可以确定刚体的平面运动。设在刚体质心所在平面内，有一力系 $\boldsymbol{F}_1$，$\boldsymbol{F}_2$，$\cdots$，$\boldsymbol{F}_n$ 作用在刚体上，如图7-16所示。又设 $Cx'y'$ 为质心平动参考系，则平面图形上任一点 P_i 相对质心平动参考系的速度大小为

$$v_{\mathrm{r}i} = r_i \omega \tag{7-28}$$

其中 ω 为平面图形的角速度，r_i 为由 C 点到 P_i 点的距离。于是刚体对质心的动量矩可由式(7-14)得到

$$L_C = \sum_{i=1}^{n} r_i m_i v_{\mathrm{r}i} = \sum_{i=1}^{n} m_i r_i^2 \omega = J_C \omega \tag{7-29}$$

其中 $J_C = \sum\limits_{i=1}^{n} m_i r_i^2$ 为刚体对 Cz 轴的转动惯量。

应用质心运动定理(7-7)和对质心的动量矩定理(7-23)得

$$m\ddot{x}_C = R_x$$
$$m\ddot{y}_C = R_y \tag{7-30}$$
$$J_C\ddot{\varphi} = M_{Cz}$$

其中 R_x 和 R_y 分别为外力系主矢量在 x 和 y 方向上的投影，M_{Cz} 为外力系对质心 C 的主矩在 z 轴的投影。式 (7-30) 称为**刚体平面运动微分方程**。

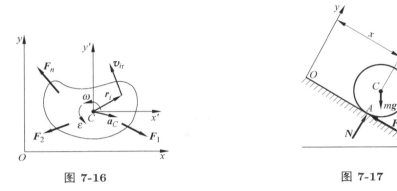

图 7-16   图 7-17

例 7-10 质量为 m、半径为 R 的均质圆盘沿倾角为 α 的斜面作纯滚动，如图7-17所示。试求圆盘的质心加速度和斜面对圆盘的约束力。不计滚动摩阻。

解 圆盘具有一个自由度，取 x 为广义坐标。圆盘的受力图如图7-17所示。由刚体平面运动微分方程得出

$$m\ddot{x} = mg\sin\alpha - F \tag{a}$$
$$0 = N - mg\cos\alpha \tag{b}$$
$$\frac{1}{2}mR^2\ddot{\varphi} = FR \tag{c}$$

以上 3 个方程中有 4 个未知数，需补充一个方程后才能求解。由于圆盘只滚不滑，故

$$\ddot{x} = R\ddot{\varphi} \tag{d}$$

联立以上 4 个方程求得

$$\ddot{x} = \frac{2}{3}g\sin\alpha, \quad F = \frac{1}{3}mg\sin\alpha, \quad N = mg\cos\alpha \tag{e}$$

只有当静滑动摩擦力 F 小于最大静摩擦力 μN 时，圆盘才能只滚不滑。因此圆盘在斜面上不打滑的条件为

$$\mu \geqslant \frac{1}{3}\tan\alpha \tag{f}$$

如果式(f)不满足，圆盘将又滚又滑，具有两个自由度，可取 x 和 φ 为广义坐标。此时图7-17中的 F 变为动滑动摩擦力

$$F = \mu' N \tag{g}$$

其中 μ' 为动滑动摩擦系数。在这种情况下，圆盘的运动微分方程式(a)~(c)在形式上并没有发生变化，只是补充方程变为式(g)，而不是式(d)。联立求解式(a)~(c)和式(g)可以得到

$$\ddot{x} = g(\sin\alpha - \mu'\cos\alpha)$$

$$\ddot{\varphi} = 2\frac{\mu' g}{R}\cos\alpha$$

由式(e)可见，圆盘在斜面上作纯滚动时，静滑动摩擦力的大小与斜面倾角 α 有关。如果圆盘在水平面上作纯滚动，在水平方向没有作用力时，静滑动摩擦力为零。

例 7-11　长为 l 质量为 m 的均质细杆 AB 位于铅垂平面内，如图7-18(a) 所示。开始时杆 AB 直立于墙面，受微小干扰后 B 端由静止状态开始沿水平面滑动。求杆在任意位置受到墙的约束反力（表示为 θ 的函数形式）。所有摩擦忽略不计。

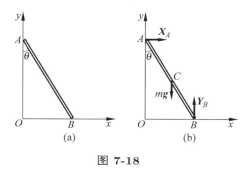

图 **7-18**

解　杆作平面运动，受力图如图7-18(b) 所示。系统具有一个自由度，取 θ 为广义坐标。在任意时刻，质心 C 的坐标为

$$x_C = \frac{1}{2}l\sin\theta$$

$$y_C = \frac{1}{2}l\cos\theta$$

对时间求导得质心的加速度为

$$\ddot{x}_C = \frac{l}{2}(\ddot{\theta}\cos\theta - \dot{\theta}^2\sin\theta)$$

$$\ddot{y}_C = \frac{l}{2}(-\ddot{\theta}\sin\theta - \dot{\theta}^2\cos\theta)$$

由刚体的平面运动微分方程得

$$m\frac{l}{2}(\ddot{\theta}\cos\theta - \dot{\theta}^2\sin\theta) = X_A \tag{a}$$

$$m\frac{l}{2}(-\ddot{\theta}\sin\theta - \dot{\theta}^2\cos\theta) = Y_B - mg \tag{b}$$

$$\frac{1}{12}ml^2\ddot{\theta} = Y_B\frac{l}{2}\sin\theta - X_A\frac{l}{2}\cos\theta \tag{c}$$

将式(a)和(b)代入(c)得

$$\ddot{\theta} = \frac{3g}{2l}\sin\theta \tag{d}$$

在上式中把 $\ddot{\theta}$ 改写成 $\dot{\theta}\dfrac{\mathrm{d}\dot{\theta}}{\mathrm{d}\theta}$ 后对 θ 从 0 到 θ 进行积分，得

$$\dot{\theta}^2 = \frac{3g}{l}(1 - \cos\theta) \tag{e}$$

把式(d)和式(e)代入式(a)得到墙对杆的约束力为

$$X_A = \frac{3}{4}mg\sin\theta(3\cos\theta - 2)$$

当 X_A 等于零时，杆将脱离墙的约束。杆脱离墙面时，杆与墙面的夹角为

$$\theta = \arccos\frac{2}{3}$$

思考题 杆脱离墙面后如何运动？

例 7-12 均质杆 AB 长为 l，质量为 m，用两根细绳悬挂，如图7-19(a) 所示。求当把 B 绳突然剪断时，杆 AB 的角加速度和 A 绳中的张力。

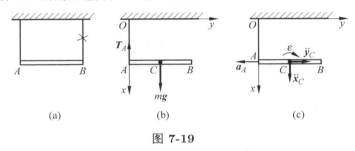

图 **7-19**

解 绳 B 被突然剪断时，AB 杆的受力如图7-19(b) 所示。此瞬时杆的角速度为零，角加速度为 ε，方向如图7-19(c) 所示。质心加速度在 x 和 y 方向上的投影分别为 $\ddot{x}_C$ 和 $\ddot{y}_C$。绳 B 被剪断后杆 AB 将作平面运动，其运动微分方程为

$$m\ddot{x}_C = mg - T_A \tag{a}$$

$$m\ddot{y}_C = 0 \tag{b}$$

$$\frac{1}{12}ml^2\varepsilon = \frac{1}{2}lT_A \tag{c}$$

上述方程含有 4 个未知数，不能直接求解，需根据约束条件补充一个运动学方程。以 A 为基点分析 C 点的加速度，则

$$\boldsymbol{a}_C = \boldsymbol{a}_A + \boldsymbol{\varepsilon} \times \boldsymbol{r}_{AC} - \omega^2\boldsymbol{r}_{AC}$$

点 A 将作圆周运动。在剪断绳 B 的瞬时，AB 杆的角速度为零，A 点的速度为零，所以点 A 的法向加速度为 0，只有切向加速度，即 $\boldsymbol{a}_A$ 沿水平方向。将上式沿 x 轴投影，得到

$$\ddot{x}_C = \frac{1}{2}l\varepsilon \tag{d}$$

联立求解式(a)、(c)、(d)可得

$$\varepsilon = \frac{3g}{2l}$$

$$T_A = \frac{1}{4}mg$$

作平面运动的刚体有 3 个自由度，可用刚体平面运动微分方程描述刚体的运动。但当刚体存在约束的情况下，方程中将出现未知的约束力，只用运动微分方程无法求解所有的未知数。这时需要将反映约束条件的运动学方程与运动微分方程联立求解。

思考题　杆 AB 用绳 OA 和 OB 悬挂，如图7-20所示。请读者分析当突然把绳 OB 剪断时，如何补充运动学方程。

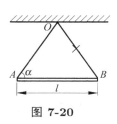

图 7-20

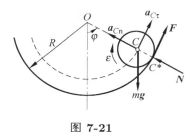

图 7-21

例 7-13　半径为 r、质量为 m 的均质圆柱体，在半径为 R 的刚性圆槽内作纯滚动，如图7-21所示。已知圆柱体在其初始位置 $\varphi = \varphi_0$ 处由静止开始向下滚动。试求：

(1) 圆槽对圆柱体的约束力；

(2) 圆柱体的微振动周期。

解　圆柱体作平面运动，其受力图如图7-21所示。取 OC 与铅垂线之间的夹角 φ 为广义坐标。

设圆柱体的角速度为 ω，角加速度为 ε，其质心 C 的切向加速度 $a_{C\tau} = (R-r)\ddot{\varphi}$，法向加速度 $a_{Cn} = (R-r)\dot{\varphi}^2$。由刚体平面运动微分方程得

$$\begin{cases} ma_{C\tau} = m(R-r)\ddot{\varphi} = F - mg\sin\varphi \\ ma_{Cn} = m(R-r)\dot{\varphi}^2 = N - mg\cos\varphi \\ J_C\varepsilon = -Fr \end{cases} \tag{a}$$

上式有 4 个未知数，需补充一个运动学方程。圆柱体作纯滚动，故有 $\omega r = (R-r)\dot{\varphi}$，再对时间求导后得

$$\varepsilon = \frac{R-r}{r}\ddot{\varphi} \tag{b}$$

由运动微分方程求得

$$F = -\frac{1}{2}mr\varepsilon$$

$$N = mg\cos\varphi + m(R-r)\dot{\varphi}^2$$

将式(b)以及(a)的第 3 式代入到式(a)的第 1 式中可得

$$\frac{3}{2}(R-r)\ddot{\varphi} + g\sin\varphi = 0 \tag{c}$$

当圆柱体摆动的幅度很小时，$\sin\varphi \approx \varphi$，此时可将运动微分方程式(c)线性化，即

$$\frac{3}{2}(R-r)\ddot{\varphi} + g\varphi = 0$$

或写成标准形式

$$\ddot{\varphi} + \omega_n^2 \varphi = 0$$

其中

$$\omega_n^2 = \frac{2g}{3(R-r)}$$

圆柱体微振动周期为

$$T = \frac{2\pi}{\omega_n} = 2\pi \sqrt{\frac{3(R-r)}{2g}}$$

例 7-14 将一高速转动的圆盘在地面上向前抛出 (如图7-22所示)，试分析圆盘的运动规律。已知圆盘的质量为 M，半径为 R，与地面之间的摩擦系数为 μ。

解 设初始时刻圆盘质心的速度大小为 v_0，角速度大小为 ω_0，方向如图7-22所示。在时刻 t，圆盘质心的速度大小为 v，角速度大小为 ω，圆盘上与地面接触点的速度为 $\boldsymbol{u} = \boldsymbol{v} + R\omega\boldsymbol{i}$。在圆盘抛出后的一段时间内，$u > 0$，即圆盘相对地面有沿 x 方向的滑动，因此摩擦力 $\boldsymbol{F} = -\mu Mg\boldsymbol{i}$。由平面运动微分方程

$$M\frac{\mathrm{d}v}{\mathrm{d}t} = -\mu Mg$$
$$\frac{1}{2}MR^2\frac{\mathrm{d}\omega}{\mathrm{d}t} = -\mu MgR \tag{a}$$

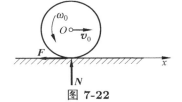

图 **7-22**

解得

$$v = v_0 - \mu gt, \qquad \omega = \omega_0 - \frac{2\mu g}{R}t \tag{b}$$

这表明由于摩擦力的作用，圆盘质心速度越来越小，转动角速度也越来越小。圆盘上与地面接触点的速度为

$$u = v + R\omega = v_0 + R\omega_0 - 3\mu gt$$

在时刻 $t^* = (v_0 + R\omega_0)/3\mu g$，$u = 0$，此时圆盘与地面之间不再有相对滑动。根据例7-10中的分析，圆盘作纯滚动时与地面的静滑动摩擦力为零，圆盘在水平方向上又不受其他外力的作用，故此后圆盘将保持匀角速纯滚动。由式(b)可得圆盘在时刻 t^* 时的质心速度和角速度分别为

$$v^* = \frac{2v_0 - R\omega_0}{3}$$
$$\omega^* = \frac{R\omega_0 - 2v_0}{3R}$$

可见，如果 $\omega_0 > 2v_0/R$，则 $v^* < 0$。在这种条件下，圆盘从时刻 $t' = v_0/\mu g$（$t' < t^*$）开始连滚带滑地往回滚，而在 t^* 时刻以后就是无滑动地往回滚。将式(b)的第一式对时间 t 从 0 到 t' 积分可得圆盘所走的最远距离是 $v_0^2/2\mu g$。

思考题 如果 $\omega_0 = 2v_0/R$，圆盘将如何运动？

在上面的分析中忽略了滚动摩阻的影响。事实上，从时刻 t^* 开始，圆盘不受静滑动摩擦力的作用，但受到滚动摩阻的作用，故圆盘不会无限地滚下去。

7.3　质点系动能定理

7.3.1　质点系的动能

考察由 n 个质点组成的质点系，设质点系中质点 P_i 的质量为 m_i，速度为 $\boldsymbol{v}_i$，则质点系的动能定义为

$$T = \frac{1}{2} \sum_{i=1}^{n} m_i v_i^2 \tag{7-31}$$

质点系的动能也是度量质点系整体运动的物理量，它是标量，只取决于各质点的质量和速度大小，而与速度方向无关。在国际单位制中，动能的单位为焦耳（J），量纲为 ML^2T^{-2}。

对于以速度 $\boldsymbol{v}$ 平动的刚体，将 $v_i = v$ 代入式(7-31)，得到平动刚体的动能为

$$T = \frac{1}{2} m v^2 \tag{7-32}$$

其中 m 为刚体的质量。对于以角速度 ω 绕定轴 z 转动的刚体，将 $v_i = r_i \omega$ 代入式(7-31)，得到绕定轴转动刚体的动能为

$$T = \frac{1}{2} J_z \omega^2 \tag{7-33}$$

其中，J_z 为刚体绕 z 轴的转动惯量。

建立质心平动参考系 $Cxyz$，则质点 P_i 的速度可写作

$$\boldsymbol{v}_i = \boldsymbol{v}_C + \boldsymbol{v}_{ri}$$

其中 $\boldsymbol{v}_C$ 为质心 C 的速度，$\boldsymbol{v}_{ri}$ 为质点 P_i 相对质心平动参考系的相对速度。将上式代入式(7-31)，得到

$$\begin{aligned}
T &= \frac{1}{2} \sum_{i=1}^{n} m_i (\boldsymbol{v}_C + \boldsymbol{v}_{ri}) \cdot (\boldsymbol{v}_C + \boldsymbol{v}_{ri}) \\
&= \frac{1}{2} m v_C^2 + \frac{1}{2} \sum_{i=1}^{n} m_i v_{ri}^2 + \boldsymbol{v}_C \cdot \sum_{i=1}^{n} m_i \boldsymbol{v}_{ri}
\end{aligned}$$

注意到 $\sum_{i=1}^{n} m_i \boldsymbol{v}_{ri} / m$ 为质心相对质心平动参考系的相对速度，因此等于零。上式可化为

$$T = \frac{1}{2} m v_C^2 + \frac{1}{2} \sum_{i=1}^{n} m_i v_{ri}^2 \tag{7-34}$$

上式表明，**质点系的动能等于质点系跟随质心平动的动能与相对质心平动参考系运动的动能之和**，称为柯尼希定理。

刚体作平面运动时 $v_{ri} = r_i \omega$，由柯尼希定理可得到平面运动刚体的动能为

$$T = \frac{1}{2} m v_C^2 + \frac{1}{2} J_C \omega^2 \tag{7-35}$$

思考题　当质点系中每一个质点都作高速运动时，该质点系的动能和动量是否都一定很大？

例 7-15　质量为 m_1，半径为 r 的均质圆柱体在质量为 m_2，半径为 R 的半圆形滑槽内作纯滚动。滑槽作直线平动，如图7-23所示。求系统的动能。

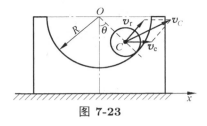

图 7-23

解 系统具有两个自由度，选 x 和 θ 为广义坐标，其正方向如图所示，x 的原点位于滑槽中点。系统的动能为

$$T = \frac{1}{2}m_2\dot{x}^2 + \frac{1}{2}m_1 v_C^2 + \frac{1}{2}J_C\omega^2$$

其中 $J_C = m_1 r^2/2$，$\omega = \dfrac{R-r}{r}\dot{\theta}$。取滑槽为动系，由点的复合运动可知

$$v_C^2 = v_e^2 + v_r^2 + 2v_e v_r \cos\theta = \dot{x}^2 + (R-r)^2\dot{\theta}^2 + 2(R-r)\dot{x}\dot{\theta}\cos\theta$$

所以有

$$T = \frac{1}{2}(m_1 + m_2)\dot{x}^2 + \frac{3}{4}m_1(R-r)^2\dot{\theta}^2 + m_1(R-r)\dot{x}\dot{\theta}\cos\theta$$

从本例可以看出，应根据物体的具体运动形式，选定合适的广义坐标，如本题中选 x 和 θ 为广义坐标。广义坐标的原点一般选在运动的初始位置或系统的静平衡位置处。广义坐标的正方向确定后，其他运动量 (如速度、加速度等) 的正方向都应与广义坐标的正方向一致。合理地选取广义坐标，可大大地简化结果。

7.3.2 质点系动能定理

在质点 P_i 的运动微分方程(7-1)两端同时点乘其位移 $\mathrm{d}\boldsymbol{r}_i$，得

$$\boldsymbol{F}_i \cdot \mathrm{d}\boldsymbol{r}_i = m_i\frac{\mathrm{d}\boldsymbol{v}_i}{\mathrm{d}t}\cdot\mathrm{d}\boldsymbol{r}_i = m_i\boldsymbol{v}_i\cdot\mathrm{d}\boldsymbol{v}_i = \mathrm{d}(\frac{1}{2}m_i v_i^2) \tag{7-36}$$

式中 $\boldsymbol{F}_i = \boldsymbol{F}_i^{(\mathrm{e})} + \boldsymbol{F}_i^{(\mathrm{i})}$。将上式对所有质点求和得

$$\mathrm{d}T = \sum_{i=1}^{n}\boldsymbol{F}_i\cdot\mathrm{d}\boldsymbol{r}_i = \mathrm{d}'A \tag{7-37}$$

即**质点系动能的微分等于作用在质点系上所有力（包括内力和外力）的元功之和**，这就是**质点系动能定理**。

如质点系从状态 1 经过运动到状态 2，将式 (7-37) 积分得

$$T_2 - T_1 = A_{1\to 2} \tag{7-38}$$

其中 T_1 和 T_2 分别为质点系在状态 1 和状态 2 时的动能，$A_{1\to 2}$ 表示作用于质点系上的所有力 (包括内力和外力) 的功之和。

内力虽然不能改变质点系的动量和动量矩，但可能改变能量；外力能改变质点系的动量和动量矩，但不一定能改变其能量。例如，在汽车的发动机中，汽缸内气体的爆炸力是内力，它不能改变汽车的动量，但它能使汽车的动能增加。地面对后轮产生的向前的滑动摩擦力 (如图7-24所示) 是汽车行驶的牵引力，它使得汽车的动量增加，但它不做功，不能改变汽车的动能。因此，为了完整认识 "什么力驱动汽车行驶" 这一问题，必须同时用动量和能量分析。

当质点系在势力场中运动，有势力的功可通过势能计算。有势力所做的功等于质点系在运动过程的初始与终了位置的势能差，即

$$A_{1\to 2} = V_1 - V_2 \qquad (7\text{-}39)$$

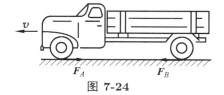

图 **7-24**

其中 V_1 和 V_2 分别表示运动过程的初始和终了位置的势能。

如果质点系只受到有势力的作用，或者虽然受到非势力的作用，但这些非势力不做功，**质点系的机械能守恒**，即

$$T_1 + V_1 = T_2 + V_2 \qquad (7\text{-}40)$$

例 7-16　半径为 R，质量为 m 的均质半圆柱体在固定平面上纯滚动，如图7-25(a) 所示。半圆柱体质心 C 与圆心 O_1 之间的距离为 e，对质心的回转半径为 ρ_C。试列写该半圆柱体的运动微分方程。

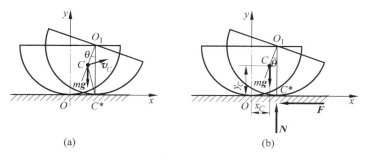

(a)　　　　　　　　　　　　(b)

图 **7-25**

解法 1　系统具有一个自由度，选 θ 为广义坐标。半圆柱体在任意位置的动能为

$$T = \frac{1}{2}mv_C^2 + \frac{1}{2}J_C\omega^2$$

其中 v_C 为半圆柱体质心的速度。半圆柱体在水平面上作纯滚动，其角速度 $\omega = \dot{\theta}$，它与水平面的接触点 C^* 为瞬心。故有

$$v_C^2 = (\overline{CC^*} \cdot \dot{\theta})^2$$
$$= (e^2 + R^2 - 2eR\cos\theta)\dot{\theta}^2$$

因此得

$$T = \frac{1}{2}m(e^2 + R^2 - 2eR\cos\theta)\dot{\theta}^2 + \frac{1}{2}m\rho_C^2\dot{\theta}^2$$

显然，只有重力对系统做功。半圆柱体在任意位置时质心的 y 坐标（如图7-25(b) 所示）为

$$y_C = R - e\cos\theta$$

因此，重力的元功为

$$\mathrm{d}'A = -mg\mathrm{d}y_C$$
$$= -mge\sin\theta\mathrm{d}\theta$$

应用动能定理得

$$m(e^2 + R^2 + \rho_C^2)\dot{\theta}\mathrm{d}\dot{\theta} - 2meR\cos\theta\dot{\theta}\mathrm{d}\dot{\theta} + meR\dot{\theta}^2\sin\theta\mathrm{d}\theta = -mge\sin\theta\mathrm{d}\theta$$

由于 $\dot{\theta} \neq 0$，等式两边同除以 $\dot{\theta}\mathrm{d}t$，即得到系统的运动微分方程

$$m(e^2 + R^2 + \rho_C^2)\ddot{\theta} - 2meR\cos\theta\ddot{\theta} + meR\dot{\theta}^2\sin\theta + mge\sin\theta = 0 \tag{a}$$

对于微摆动，θ 和 $\dot{\theta}$ 均为小量，$\sin\theta \approx \theta$，$\cos\theta \approx 1$，并略去二阶以上小量，上述非线性微分方程可线性化，得到系统微摆动的微分方程为

$$[(R-e)^2 + \rho_C^2]\ddot{\theta} + ge\theta = 0$$

解法 2　用机械能守恒求解。选半圆柱体中心 O_1 所在平面为零势面，系统的势能为

$$V = -mge\cos\theta$$

由机械能守恒得

$$\frac{1}{2}m(e^2 + R^2 - 2eR\cos\theta)\dot{\theta}^2 + \frac{1}{2}m\rho_C^2\dot{\theta}^2 - mge\cos\theta = E$$

两边对时间 t 求导，即可得到与式 (a) 相同的运动微分方程。

解法 3　用平面运动微分方程求解。系统的受力图如图7-25(b) 所示。列写平面运动微分方程

$$m\ddot{x}_C = -F \tag{b}$$

$$m\ddot{y}_C = N - mg \tag{c}$$

$$m\rho_C^2\ddot{\theta} = F(R - e\cos\theta) - Ne\sin\theta \tag{d}$$

上述方程包含 5 个未知量，需补充 2 个运动学方程才能求解。质心的坐标与广义坐标 θ 之间的关系为

$$x_C = R\theta - e\sin\theta$$

$$y_C = R - e\cos\theta$$

将上式对时间求两次导，得

$$\ddot{x}_C = R\ddot{\theta} - e\cos\theta\ddot{\theta} + e\sin\theta\dot{\theta}^2 \tag{e}$$

$$\ddot{y}_C = e\sin\theta\ddot{\theta} + e\cos\theta\dot{\theta}^2 \tag{f}$$

联立求解式(b) $\sim$ (f)，即可得到与式(a)相同的结果。

例 7-17　传动轴由电动机带动。电动机和传动装置用胶带相连接，如图7-26所示。在电动机轴上作用有一力偶，其力偶矩为 M。电动机轴和安装在其上的滑轮的转动惯量为 J_1，传动轴和安装在其上的滑轮的转动惯量为 J_2。电动机上滑轮的半径为 r_1，传动轴上滑轮的半径为 r_2，胶带质量为 m。轴承的摩擦可略去不计，试求电动机轴的角加速度。

解　取整个系统为研究对象，系统只有一个自由度，选轮 1 的转角 φ_1 为广义坐标。系统的动能为

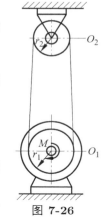

$$T = \frac{1}{2}J_1\omega_1^2 + \frac{1}{2}J_2\omega_2^2 + \frac{1}{2}mv^2 \tag{a}$$

其中，ω_1，ω_2 和 v 分别为轮 1、轮 2 的角速度和皮带的速度。

由运动学关系可得

$$\frac{\omega_1}{\omega_2} = \frac{\varepsilon_1}{\varepsilon_2} = \frac{r_2}{r_1}, \qquad v = r_1\omega_1 = r_2\omega_2 \tag{b}$$

其中 ε_1，ε_2 与 r_1，r_2 分别为轮 1、轮 2 的角加速度与半径。将式(b)代入式(a)，得

图 **7-26**

$$T = \frac{1}{2}\left(J_1 + J_2\frac{r_1^2}{r_2^2} + mr_1^2\right)\omega_1^2$$

假设皮带十分柔软且不可伸长，其内力便是无功力，不计轴承与轴间的摩擦，于是做功的力只有主动力偶 M。应用动能定理得

$$\left(J_1 + J_2\frac{r_1^2}{r_2^2} + mr_1^2\right)\omega_1 \mathrm{d}\omega_1 = M\mathrm{d}\varphi_1$$

等式两边同除以 $\mathrm{d}t$，解得

$$\varepsilon_1 = \frac{M}{J_1 + J_2\dfrac{r_1^2}{r_2^2} + mr_1^2}$$

本例也可用动量矩定理求解，但必须把系统拆开成两个子系统，对每个子系统分别应用动量矩定理，再联立求解。若子系统的数目再多，用动量矩定理求解就很麻烦。对一个自由度的系统，取整体为研究对象，利用动能定理远比用动量定理和动量矩定理简便得多。

7.3.3　功率方程

在工程中，不仅需要计算功，有时也需要知道机器在一定的时间里做了多少功。单位时间内的功称为**功率**，以 P 表示，即

$$P = \frac{\mathrm{d}'A}{\mathrm{d}t} = \boldsymbol{F} \cdot \boldsymbol{v} \tag{7-41}$$

其中 $\boldsymbol{v}$ 是力 $\boldsymbol{F}$ 作用点的速度。作用在转动刚体上的力偶矩 $\boldsymbol{M}$ 的功率为

$$P = \frac{\mathrm{d}'A}{\mathrm{d}t} = \boldsymbol{M} \cdot \boldsymbol{\omega} \tag{7-42}$$

其中 $\boldsymbol{\omega}$ 为刚体转动的角速度。在国际单位制中，功率的单位为瓦特（$1\mathrm{W} = 1\mathrm{J/s} = 1\mathrm{N \cdot m/s}$）或千瓦（$1\mathrm{kW} = 1000\mathrm{W}$）。

在质点系动能定理 (7-37) 的两端除以 $\mathrm{d}t$，得

$$\frac{\mathrm{d}T}{\mathrm{d}t} = \sum_{i=1}^{n}\frac{\mathrm{d}'A_i}{\mathrm{d}t} = \sum_{i=1}^{n}P_i \tag{7-43}$$

我们称为**功率方程**。

功率方程常用来研究机器工作时能量的变化和转化问题。例如机床在接通电源后，电磁力对电机转子做正功，使转子转动，同时使电能转化为动能。电磁力的功率称为**输入功率**。转子转动后，由于皮带传动、齿轮传动和轴承与轴之间都有摩擦，摩擦力做负功，使一部分机械能转化为热能，因而损失部分功率。这部分功率称为**无用功率**或**损耗功率**。机床加工工件时的切削阻力做负功，也会消耗能量，这是机床加工工件时必须付出的功率，称为**有用功率**或**输出功率**。因此式(7-43)可改写为

$$\frac{\mathrm{d}T}{\mathrm{d}t} = P_{输入} - P_{有用} - P_{无用} \tag{7-44}$$

或

$$P_{输入} = P_{有用} + P_{无用} + \frac{\mathrm{d}T}{\mathrm{d}t}$$

当机器匀速运转时，$\frac{\mathrm{d}T}{\mathrm{d}t} = 0$，输入功率与有用功率和无用功率之和相等，称为**功率平衡**。

例 7-18 车床的电动机功率 $P_{输入} = 5.4\mathrm{kW}$。传动零件之间的摩擦损耗功率占输入功率的 30%。工件的直径 $d = 100\mathrm{mm}$，转速 $n = 42\mathrm{r/min}$。试求允许的最大切削力；若工件的转速改为 $n' = 112\mathrm{r/min}$，允许的最大切削力变为多少？

解 车床的输入功率为 $P_{输入} = 5.4\mathrm{kW}$，无用功率为 $P_{无用} = P_{输入} \times 30\% = 1.62\mathrm{kW}$。当工件匀速转动时，$\frac{\mathrm{d}T}{\mathrm{d}t} = 0$，有用功率为

$$P_{有用} = P_{输入} - P_{无用} = 3.78\mathrm{kW}$$

设切削力为 F，切削速度为 v，则

$$P_{有用} = Fv = F\frac{d}{2}\frac{2\pi n}{60}$$

即

$$F = \frac{60}{\pi d n}P_{有用}$$

当 $n = 42\mathrm{r/min}$ 时，允许的最大切削力为

$$F = \frac{60}{\pi \times 0.1 \times 42} \times 3.78 = 17.19\mathrm{kN}$$

当 $n = 112\mathrm{r/min}$ 时，允许的最大切削力为

$$F = \frac{60}{\pi \times 0.1 \times 112} \times 3.78 = 6.45\mathrm{kN}$$

思考题 为什么驾驶员在汽车上坡时选用低速挡？

7.4 非惯性参考系中的动力学普遍定理

在第7.1节、7.2节和7.3节中，我们从牛顿定理出发推导了质点系动力学普遍定理：动量定理、动量矩定理和动能定理，它们只在惯性参考系中成立。本节将推导适用于非惯性参考系的动量定理、动量矩定理和动能定理。

由第6.2节可知，质点 P_i 相对非惯性参考系的运动微分方程为

$$m_i \boldsymbol{a}_{ir} = \boldsymbol{F}_i + \boldsymbol{S}_{ie} + \boldsymbol{S}_{iC} \tag{7-45}$$

式中 $\boldsymbol{S}_{ie} = -m_i \boldsymbol{a}_{ie}$ 为牵连惯性力，$\boldsymbol{S}_{iC} = -m_i \boldsymbol{a}_{iC}$ 为科氏惯性力。设非惯性参考系 $Oxyz$ 的角速度为 $\boldsymbol{\omega}$，角加速度为 $\boldsymbol{\varepsilon}$，坐标原点 O 的绝对加速度为 $\boldsymbol{a}_O$，质点 P_i 相对原点 O 的矢径为 $\boldsymbol{r}_i$，则有

$$\boldsymbol{a}_{ie} = \boldsymbol{a}_O + \boldsymbol{\varepsilon} \times \boldsymbol{r}_i + \boldsymbol{\omega} \times (\boldsymbol{\omega} \times \boldsymbol{r}_i) \tag{7-46}$$

$$\boldsymbol{a}_{iC} = 2\boldsymbol{\omega} \times \boldsymbol{v}_{ir} \tag{7-47}$$

利用式(7-45)可推导出适用于非惯性参考系的动量定理、动量矩定理和动能定理。

7.4.1　非惯性参考系中的动量定理

将式(7-45)对所有质点求和，得

$$\sum_{i=1}^{n} m_i \boldsymbol{a}_{ir} = \frac{\tilde{\mathrm{d}} \boldsymbol{p}_r}{\mathrm{d}t} = \boldsymbol{R}^{(e)} + \boldsymbol{S}_e + \boldsymbol{S}_C \tag{7-48}$$

式中

$$\boldsymbol{p}_r = \sum_{i=1}^{n} m_i \boldsymbol{v}_{ir} \tag{7-49}$$

为质点系相对非惯性参考系的动量，简称为质点系的**相对动量**；$\tilde{\mathrm{d}}\boldsymbol{p}_r/\mathrm{d}t$ 为质点系相对动量的相对导数，$\boldsymbol{R}^{(e)}$ 为外力系的主矢量，

$$
\begin{aligned}
\boldsymbol{S}_e &= -\sum_{i=1}^{n} m_i [\boldsymbol{a}_O + \boldsymbol{\varepsilon} \times \boldsymbol{r}_i + \boldsymbol{\omega} \times (\boldsymbol{\omega} \times \boldsymbol{r}_i)] \\
&= -m\boldsymbol{a}_O - m\boldsymbol{\varepsilon} \times \boldsymbol{r}_C - m[\boldsymbol{\omega} \times (\boldsymbol{\omega} \times \boldsymbol{r}_C)] \\
&= -m\boldsymbol{a}_{Ce}
\end{aligned}
\tag{7-50}
$$

为牵连惯性力系的主矢量，$\boldsymbol{a}_{Ce}$ 是质心的牵连加速度，

$$
\begin{aligned}
\boldsymbol{S}_C &= -\sum_{i=1}^{n} m_i (2\boldsymbol{\omega} \times \boldsymbol{v}_{ir}) = -2\boldsymbol{\omega} \times m\boldsymbol{v}_{Cr} \\
&= -2\boldsymbol{\omega} \times \boldsymbol{p}_r
\end{aligned}
\tag{7-51}
$$

为科氏惯性力系的主矢量，$\boldsymbol{v}_{Cr}$ 是质心的相对速度。式(7-48)就是**在非惯性参考系中的动量定理，即质点系相对动量的相对时间导数，等于作用于质点系上的外力系主矢量、牵连惯性力系主矢量和科氏惯性力系的主矢量之和。**

如果将非惯性参考系的原点取在质系的质心 C 上，则有 $\boldsymbol{r}_C = 0$，$\boldsymbol{p}_r = m\boldsymbol{v}_{Cr} = 0$，$\boldsymbol{a}_{Ce} = \boldsymbol{a}_C$，式(7-48)变为

$$\boldsymbol{R}^{(e)} - m\boldsymbol{a}_C = 0 \tag{7-52}$$

这正是第7.1节讲过的质心运动定理。

7.4.2 非惯性参考系中的动量矩定理

在非惯性参考系 $Oxyz$ 中，质点系相对于其原点 O 的相对动量矩为

$$L_{Or} = \sum_{i=1}^{n} r_i \times m_i v_{ir} \tag{7-53}$$

对上式在非惯性参考系中求相对导数，并利用式(7-45)得

$$\frac{\tilde{\mathrm{d}} L_{Or}}{\mathrm{d}t} = \sum_{i=1}^{n} r_i \times m_i a_{ir} = M_O^{(e)} + \sum_{i=1}^{n} r_i \times (S_{ie} + S_{iC}) \tag{7-54}$$

式中 $M_O^{(e)}$ 为作用在质点系上的外力系对 O 点的主矩。这就是质点系在非惯性参考系中的**动量矩定理**，即**质点系相对于非惯性参考系原点 O 的相对动量矩的相对时间导数，等于作用在质点系上的外力系、牵连惯性力系和科氏惯性力系对 O 点的主矩之和。**

特别地，如果非惯性参考系 $Oxyz$ 做平动，即 $\omega = \varepsilon = 0$，式(7-54)变为

$$\frac{\tilde{\mathrm{d}} L_{Or}}{\mathrm{d}t} = M_O^{(e)} - m r_C \times a_O \tag{7-55}$$

其中 a_O 是非惯性参考系平动的绝对加速度，r_C 是质心相对于非惯性参考系原点 O 的矢径。若非惯性参考系是质心平动参考系，则 $r_C = 0$，有

$$\frac{\tilde{\mathrm{d}} L_{Cr}}{\mathrm{d}t} = M_C^{(e)} \tag{7-56}$$

综合式(7-14)、(7-23)和(7-56)，有

$$\frac{\mathrm{d} L_C}{\mathrm{d}t} = \frac{\mathrm{d} L_{Cr}}{\mathrm{d}t} = \frac{\tilde{\mathrm{d}} L_{Cr}}{\mathrm{d}t} = M_C^{(e)} \tag{7-57}$$

上式表明，质点系对质心的绝对动量矩的绝对导数、相对动量矩的绝对导数、相对动量矩的相对导数都等于作用在质点系上的外力系对质心的主矩。

讨论　与绝对动量矩相比，相对动量矩更便于计算，因此在许多问题中，使用非惯性参考系中的动量矩定理式(7-55)更为方便。例如，对于例7-10，约束反力对接触点 A 的主矩为零，因此可以取 A 点为原点建立平动非惯性参考系 $Axyz$，在此非惯性参考系中列写动量矩定理，直接求出圆盘质心的加速度，而无须联立方程求解。圆盘相对平动参考系 $Axyz$ 作定轴转动，相对转动角速度为 $\dot{\varphi} = \dot{x}/R$，对 A 点的相对动量矩为

$$L_{Ar} = J_A \dot{\varphi} = \frac{3}{2} mR\dot{x} \tag{7-58}$$

代入式(7-55)中，并考虑到 A 点的加速度指向质心 C（即 $a_A \parallel r_C$），得

$$\frac{3}{2} mR\ddot{x} = mgR\sin\alpha \tag{7-59}$$

由此得

$$\ddot{x} = \frac{2}{3} g\sin\alpha \tag{7-60}$$

例 7-19　平板车上放着宽为 b、高为 h、质量为 m 的均质箱子，如图7-27所示。箱子与车之间有足够的摩擦防止滑动，设平板车急刹车时的加速度大小为 a，求急刹车时箱子所受的反力。

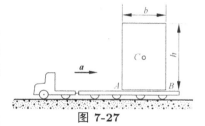

图 7-27

解 以平板车为参考系。非惯性参考系是平动系，因此只有牵连惯性力系，其合力其大小为 ma，方向向左，作用点在箱子的质心 C。箱子还受重力、车的支撑力和摩擦力作用。根据非惯性参考系中的动量定理和对质心的动量矩定理有

$$m\ddot{x}_C = F - ma \qquad\qquad (a)$$

$$m\ddot{y}_C = N - mg \qquad\qquad (b)$$

$$\frac{1}{12}m(b^2 + h^2)\varepsilon = \frac{1}{2}Fh - Nl \qquad\qquad (c)$$

其中 l 为箱子质心到车的支撑力作用线距离，$\ddot{x}_C$ 和 $\ddot{y}_C$ 是质心的相对加速度。

箱子翻到的临界条件是支撑力和摩擦力都作用在 A 点，$l = b/2$。这时箱子要动但未动，仍处于平衡状态。因此

$$F = ma$$

$$N = mg$$

$$Fh = Nb$$

利用这三个式子求出临界条件下加速度

$$a = gb/h$$

如果 $a < gb/h$，在急刹车时箱子保持静止，箱子所受的反力 $F = ma$，$N = mg$。如果 $a > gb/h$，在急刹车时箱子绕 A 点作定轴转动，故

$$\ddot{x}_C = -\frac{1}{2}h\varepsilon \qquad\qquad (d)$$

$$\ddot{y}_C = \frac{1}{2}b\varepsilon \qquad\qquad (e)$$

由方程(a) ~ (e)可以解出

$$N = mg + \frac{3mb(ah - gb)}{4(b^2 + h^2)}$$

$$F = ma - \frac{3mh(ah - gb)}{4(b^2 + h^2)}$$

显然，在 $a > gb/h$ 的情况下，$F < ma$，$N > mg$。

7.4.3　非惯性参考系中的动能定理

在非惯性系 $Oxyz$ 中，质点系的动能为

$$T_{\mathrm{r}} = \frac{1}{2}\sum_{i=1}^{n} m_i v_{i\mathrm{r}}^2 \qquad\qquad (7\text{-}61)$$

将式(7-45)两边同时点乘质点的相对位移 $\tilde{\mathrm{d}}\boldsymbol{r}_i$，得

$$m_i\frac{\tilde{\mathrm{d}}\boldsymbol{v}_{i\mathrm{r}}}{\mathrm{d}t}\cdot\tilde{\mathrm{d}}\boldsymbol{r}_i = \boldsymbol{F}_i\cdot\tilde{\mathrm{d}}\boldsymbol{r}_i + \boldsymbol{S}_{ie}\cdot\tilde{\mathrm{d}}\boldsymbol{r}_i + \boldsymbol{S}_{i\mathrm{C}}\cdot\tilde{\mathrm{d}}\boldsymbol{r}_i \qquad\qquad (7\text{-}62)$$

上式左端可进一步写为

$$m_i \frac{\tilde{\mathrm{d}} \boldsymbol{v}_{ir}}{\mathrm{d}t} \cdot \tilde{\mathrm{d}} \boldsymbol{r}_i = m_i \tilde{\mathrm{d}} \boldsymbol{v}_{ir} \cdot \boldsymbol{v}_{ir} = \tilde{\mathrm{d}} \left(\frac{1}{2} m_i v_{ir}^2 \right) \tag{7-63}$$

科氏惯性力总与相对速度垂直，也就是总与相对速度 $\tilde{\mathrm{d}} \boldsymbol{r}_i$ 垂直，因此科氏惯性力的元功 $\boldsymbol{S}_{iC} \cdot \tilde{\mathrm{d}} \boldsymbol{r}_i$ 总为零。将式(7-62)对所有质点求和，得

$$\tilde{\mathrm{d}} T_r = \mathrm{d}'A + \mathrm{d}'A_e \tag{7-64}$$

式中

$$\mathrm{d}'A = \sum_{i=1}^{n} \boldsymbol{F}_i \cdot \tilde{\mathrm{d}} \boldsymbol{r}_i$$

为所有真实力（包括内力和外力）在相对位移上所做的元功之和，

$$\mathrm{d}'A_e = \sum_{i=1}^{n} \boldsymbol{S}_{ie} \cdot \tilde{\mathrm{d}} \boldsymbol{r}_i$$

为所有牵连惯性力在相对位移上所做的元功之和。这就是质点系在**非惯性参考系中的动能定理**，即**质点系在非惯性系中相对动能的微分，等于作用在质点系上的所有真实力和牵连惯性力在相对位移上所作的元功之和**。

如果非惯性参考系是质心平动系，则有 $\boldsymbol{a}_{ie} = \boldsymbol{a}_{Ce}$，$\sum_{i=1}^{n} m_i \boldsymbol{r}_i = \sum m \boldsymbol{r}_C = 0$，因此有

$$\mathrm{d}'A_e = -\sum_{i=1}^{n} m_i \boldsymbol{a}_{ie} \cdot \tilde{\mathrm{d}} \boldsymbol{r}_i = -\tilde{\mathrm{d}} (\sum_{i=1}^{n} m_i \boldsymbol{r}_i) \cdot \boldsymbol{a}_{Ce} = 0 \tag{7-65}$$

故有

$$\tilde{\mathrm{d}} T_r = \mathrm{d}'A \tag{7-66}$$

即**当非惯性参考系为质心平动系时，在非惯性系中的质系动能定理与惯性系中的动能定理形式完全相同**。

例 7-20 半径为 R 的大圆环绕竖直轴 Oy 以匀角速度 ω 转动，转动惯量为 J。质量为 m 的小环可在大圆环上自由滑动，如图7-28所示。忽略摩擦力，求系统的运动微分方程。

解 取与大圆环固连的坐标系 $Oxyz$ 为参考系，小环的位置由 θ 唯一确定，如图7-28所示。在这个非惯性系中，小环的动能为

$$T_r = \frac{1}{2} m v_r^2 = \frac{1}{2} m R^2 \dot{\theta}^2 \tag{a}$$

牵连惯性力为

$$\boldsymbol{S}_e = m(R \sin \theta) \omega^2 \boldsymbol{i}$$

牵连惯性力的功为

$$\mathrm{d}'A_e = \boldsymbol{S}_e \cdot (\cos \theta \boldsymbol{i} + \sin \theta \boldsymbol{j}) R \mathrm{d} \theta$$
$$= \tilde{\mathrm{d}} \left(\frac{1}{2} m R^2 \omega^2 \sin^2 \theta \right) \tag{b}$$

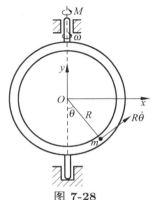

图 7-28

上式右端的全微分形式说明牵连惯性力有势。由于牵连惯性力是离心力，因此

$$V_e = \frac{1}{2}mR^2\omega^2\sin^2\theta$$

称为**离心势能**。

重力的功为

$$\mathrm{d}'A = -mg\boldsymbol{j}\cdot(\cos\theta\boldsymbol{i}+\sin\theta\boldsymbol{j})R\mathrm{d}\theta = \tilde{\mathrm{d}}(mgR\cos\theta) \tag{c}$$

将式(a)、(b)和(c)代入式(7-64)并积分得

$$\frac{1}{2}mR^2\dot\theta^2 - \frac{1}{2}mR^2\sin^2\theta\omega^2 - mgR\cos\theta = C$$

这表明在非惯性系中质点的机械能守恒。容易验证，在惯性系中系统机械能不守恒，这是因为要保持大圆环的匀速转动需要有能量输入。

将上式对时间求导即得系统运动微分方程

$$mR\ddot\theta - mR\omega^2\sin\theta\cos\theta + mg\sin\theta = 0$$

7.5　质点系普遍定理的综合应用

质点系普遍定理提供了解决质点系动力学问题的一般方法。在许多较为复杂的问题中，往往需要联合应用几个定理。在求解质点系动力学问题时，根据已知量和未知量之间的关系，以及质点系的受力特点，选取合适的定理求解。对一般的非自由质点系动力学问题，既要求未知的运动，也要求未知的约束反力。这时应根据系统中各物体的运动情况及系统的受力的特点，尽可能先避开未知的约束力求出运动量，然后再求解未知反力。如果质点系只受有势力的作用，则可用机械能守恒；如果约束力不做功，则可用质点系的动能定理；如约束力与某一定轴相交或平行，则可用质点系动量矩定理；如约束力与某定轴垂直，则可应用质点系动量定理在此轴上的投影式。求得质点系的运动后，用动量定理或动量矩定理求未知约束反力。对于一个自由度的质点系，应用质点系的动能定理往往更方便。

例 7-21　在水平面内运动的行星齿轮机构如图7-29(a) 所示。质量为 m 的均质曲柄 AB 带动行星齿轮 II 在固定齿轮 I 上纯滚动。齿轮 II 的质量为 m_2，半径为 r_2。定齿轮 I 的半径为 r_1。杆与轮铰接处的摩擦力忽略不计。当曲柄受力偶矩为 M 的常力偶作用时，求杆的角加速度 ε 及轮 II 边缘所受切向力 F。

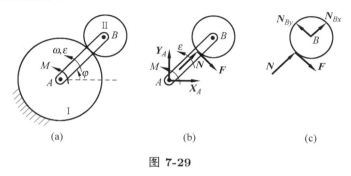

图 **7-29**

解　以轮 II 和杆组成的系统为研究对象，这是一个自由度的系统，取 φ 为广义坐标。受力图如图7-29(b) 所示。

(1) 求杆的角加速度 ε

由于未知的约束力不做功，系统具有一个自由度，可用动能定理。系统的动能为

$$T = \frac{1}{2} \times \frac{1}{3} m(r_1 + r_2)^2 \omega^2 + \frac{1}{2} m_2 (r_1 + r_2)^2 \omega^2 + \frac{1}{2} \times \frac{1}{2} m_2 r_2^2 \omega_2^2$$

其中 $\omega = \dot{\varphi}$，ω_2 为轮 II 的角速度。由于轮 II 作纯滚动，因此有 $\omega_2 = (r_1 + r_2)\omega / r_2$。代入上式得

$$T = \frac{1}{2} \left(\frac{1}{3} m + \frac{3}{2} m_2 \right) (r_1 + r_2)^2 \omega^2$$

主动力在无限小角位移 $\mathrm{d}\varphi$ 上的元功为

$$\mathrm{d}'A = M \mathrm{d}\varphi$$

由动能定理得

$$\left(\frac{1}{3} m + \frac{3}{2} m_2 \right) (r_1 + r_2)^2 \omega \mathrm{d}\omega = M \mathrm{d}\varphi$$

等式两边同除 $\mathrm{d}t$，得

$$\varepsilon = \frac{6M}{(2m + 9m_2)(r_1 + r_2)^2}$$

(2) 求轮 II 边缘所受切向力 F

取轮 II 为研究对象，受力图如图7-29(c) 所示。未知约束力 N，N_{Bx} 和 N_{By} 相交于轮 II 的质心 B，因此它们对质心 B 的矩为零。由对质心的动量矩定理得

$$\frac{1}{2} m_2 r_2^2 \varepsilon_2 = F r_2$$

因为轮 II 作纯滚动，故有

$$\varepsilon_2 = \frac{r_1 + r_2}{r_2} \varepsilon = \frac{6M}{(2m + 9m_2)(r_1 + r_2) r_2}$$

由此得

$$F = \frac{3M m_2}{(2m + 9m_2)(r_1 + r_2)}$$

例 7-22　图7-30所示的均质细杆长为 l、质量为 m，静止直立于光滑水平面上。当杆受微小干扰而倒下时，求杆刚刚躺到地面前瞬时的角速度和地面约束力。

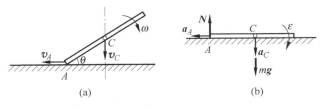

图 7-30

解　由于地面光滑，直杆沿水平方向不受力，由质心运动定理可知，直杆在倒下过程中其质心将铅直下落，如图7-30(a) 所示。

(1) 求杆刚刚躺到地面前瞬时的角速度

在杆的运动过程中，约束力不做功，系统的机械能守恒。杆刚刚躺到地面上之前瞬时，A 点为杆的瞬心。由运动学可得杆的质心 C 的速度为

$$v_C = \frac{1}{2}l\omega$$

此时杆的动能为

$$T = \frac{1}{2}mv_C^2 + \frac{1}{2}J_C\omega^2 = \frac{1}{6}ml^2\omega^2$$

杆的初始动能为零，此过程中只有重力做功。取地面为势能零点，由机械能守恒定理得

$$\frac{1}{6}ml^2\omega^2 = mg\frac{1}{2}l$$

即

$$\omega = \sqrt{\frac{3g}{l}}$$

(2) 求杆刚刚躺到地面前瞬时的地面约束力

当杆刚刚躺到地面前瞬时的受力及加速度如图7-30(b) 所示。由刚体的平面运动微分方程得

$$mg - N = ma_C$$
$$N\frac{l}{2} = \frac{1}{12}ml^2\varepsilon$$

上式有 3 个未知数，需补充运动学条件后才能求解。点 A 的加速度 a_A 沿水平方向，质心 C 的加速度沿铅垂方向，由运动学知

$$\boldsymbol{a}_C = \boldsymbol{a}_A + \boldsymbol{\varepsilon} \times \boldsymbol{r}_{AC} - \omega^2\boldsymbol{r}_{AC}$$

将上式沿 a_C 方向投影得

$$a_C = \frac{1}{2}l\varepsilon$$

联立求解得

$$N = \frac{1}{4}mg$$

例 7-23　均质圆柱体质量为 m，半径为 r，沿倾角为 α 的三角块作无滑动滚动，如图7-31所示。三角块的质量为 M，置于光滑的水平面上。试列写系统的运动微分方程。

解　取由圆柱体和三角块组成的系统整体为研究对象，该系统具有两个自由度，选 x 和 x_r 为广义坐标，其坐标原点和指向如图7-31所示。显然，系统机械能守恒。在水平方向的外力为零，故水平方向动量守恒。取水平面为三角块的重力势能零点、O' 点为圆柱体的重力势能零点，则这两个守恒方程为

$$\frac{1}{2}M\dot{x}^2 + \frac{1}{2}m(\dot{x}^2 + \dot{x}_r^2 + 2\dot{x}\dot{x}_r\cos\alpha) + \frac{1}{2} \times \frac{1}{2}mr^2\frac{\dot{x}_r^2}{r^2} - mgx_r\sin\alpha = E$$
$$M\dot{x} + m(\dot{x} + \dot{x}_r\cos\alpha) = C$$

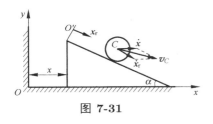

图 7-31

将上式两边对时间 t 求导，即可得到系统的运动微分方程：

$$\frac{3}{2}m\ddot{x}_r + m\ddot{x}\cos\alpha - mg\sin\alpha = 0$$

$$(M+m)\ddot{x} + m\ddot{x}_r\cos\alpha = 0$$

对于单自由度系统，利用动能定理可直接由已知的主动力求系统的运动。但对于多自由度系统，如两个自由度的系统，动能定理只给出了一个标量方程，必须与其他定理，如动量定理或动量矩定理联合应用，才能得到另外一个方程。

例 7-24　试建立例7-2系统的运动微分方程。

解　系统有两个自由度，取 x 和 φ 为广义坐标。利用例7-2得到的滑块 A 和单摆 B 的速度，可以写出系统机械能守恒和水平方向动量守恒的表达式：

$$\frac{1}{2}m_A\dot{x}^2 + \frac{1}{2}m_B(\dot{x}^2 + l^2\dot{\varphi}^2 + 2l\dot{\varphi}\dot{x}\cos\varphi) - m_Bgl\cos\varphi = E$$

$$m_A\dot{x} + m_B(\dot{x} + l\dot{\varphi}\cos\varphi) = C$$

将上式对时间 t 求导，整理后可得系统的运动微分方程：

$$m_B(l\ddot{\varphi} + \ddot{x}\cos\varphi) + m_Bg\sin\varphi = 0$$

$$m_A\ddot{x} + m_B(\ddot{x} + l\ddot{\varphi}\cos\varphi - l\dot{\varphi}^2\sin\varphi) = 0$$

7.6　碰撞

两运动物体碰撞时，其运动状态将有急剧的变化，相互间有很大的作用力。这是工程中有重要意义的动力学问题。例如打桩、锻压、踢球等；另外机器中传动零件之间总有一定间隙，也会有撞击发生。碰撞现象的特点是在极短的时间内，会产生巨大的碰撞力。人们正是利用这种巨大的碰撞力打碎物体、锻压工件。另一方面，机器中的碰撞力又会导致零件损坏，应尽量防止或减轻这种破坏。

由于碰撞的时间很短，碰撞力很大，并且在这极短的时间内碰撞力又是急剧变化的，很难准确确定其变化规律。对一般工程问题，可以分析碰撞前后物体运动状态的变化，而绕过这一极短的复杂力学过程。因此根据碰撞现象的特点，可作如下两点假设：(1) 在碰撞过程中，由于碰撞力非常大，常规力可以忽略不计；(2) 由于碰撞过程非常短，物体的位移可以忽略不计。

一般情况下，物体间的碰撞总会伴随有发声、发热、发光，并产生塑性变形，因而机械能一般不守恒，总有一部分机械能转化为其他形式的能量，如热能等。

刚体碰撞问题也可用质点系的动量定理和动量矩定理来研究。所不同的是，碰撞过程时间短而碰撞力的变化规律很复杂，一般只研究碰撞前后刚体运动状态的变化。因此在研究刚体的碰撞问题时，使用动量和动量矩定理的积分形式。

将式(7-6)在时刻 t_1 和 t_2 之间积分可以得到

$$m\boldsymbol{u}_C - m\boldsymbol{v}_C = \int_{t_1}^{t_2} \boldsymbol{R}^{(\mathrm{e})}\mathrm{d}t = \boldsymbol{I}^{(\mathrm{e})} \tag{7-67}$$

其中 $\boldsymbol{v}_C$ 和 $\boldsymbol{u}_C$ 分别为碰撞前后质点系质心的速度，$\boldsymbol{I}^{(\mathrm{e})}$ 是外碰撞冲量系的主向量。式(7-67)表明，质点系在碰撞前后动量的变化，等于作用于质点系上的外碰撞冲量系的主向量。

将式(7-21)在时刻 t_1 和 t_2 之间积分，并将式(7-16)代入后交换积分与求和的顺序，得

$$\boldsymbol{L}_{A2} - \boldsymbol{L}_{A1} = \sum_{i=1}^{n} \int_{t_1}^{t_2} \boldsymbol{\rho}_i \times \boldsymbol{F}_i^{(\mathrm{e})} \mathrm{d}t$$

一般情况下，$\boldsymbol{\rho}_i$ 是未知的变量，上式右端的积分较复杂。但在碰撞过程中，按基本假设，各质点的位置都是不变的，碰撞力作用点的矢径 $\boldsymbol{\rho}_i$ 在碰撞过程中是个恒量，因此可得

$$\boldsymbol{L}_{A2} - \boldsymbol{L}_{A1} = \boldsymbol{M}_A(\boldsymbol{I}^{(\mathrm{e})}) \tag{7-68}$$

其中 $\boldsymbol{M}_A(\boldsymbol{I}^{(\mathrm{e})}) = \sum_{i=1}^{n} \boldsymbol{\rho}_i \times \boldsymbol{I}_i^{(\mathrm{e})}$ 是外碰撞冲量系对 A 点的主矩。式 (7-68) 表明，**质点系在碰撞前后对某定点的动量矩的改变量等于作用在质点系上的所有外碰撞冲量对同一点的主矩。**

将式(7-23)在时刻 t_1 和 t_2 之间积分，经过类似的推导，可得到

$$\boldsymbol{L}_{C2} - \boldsymbol{L}_{C1} = \boldsymbol{M}_C(\boldsymbol{I}^{(\mathrm{e})}) \tag{7-69}$$

其中 $\boldsymbol{M}_C(\boldsymbol{I}^{(\mathrm{e})}) = \sum_{i=1}^{n} \boldsymbol{\rho}_i \times \boldsymbol{I}_i^{(\mathrm{e})}$ 是外碰撞冲量系对质心 C 点的主矩。式 (7-69) 表明，**质点系在碰撞前后对质心的动量矩的改变量等于作用在质点系上的所有外碰撞冲量对质心的主矩。**

特别地，如果作定轴转动的刚体受到碰撞冲量 $I_i^{(\mathrm{e})}$ 的作用，其动力学方程为

$$J_z(\omega_2 - \omega_1) = M_z(\boldsymbol{I}^{(\mathrm{e})}) \tag{7-70}$$

其中 J_z 是刚体对 z 轴的转动惯量，ω_1 和 ω_2 分别是刚体碰撞前后的角速度。

同理可得平面运动刚体在碰撞冲量 $I_i^{(\mathrm{e})}$ 的作用下的动力学方程

$$\begin{cases} mu_{Cx} - mv_{Cx} = I_x^{(\mathrm{e})} \\ mu_{Cy} - mv_{Cy} = I_y^{(\mathrm{e})} \\ J_C(\omega_2 - \omega_1) = M_C(I^{(\mathrm{e})}) \end{cases} \tag{7-71}$$

其中，$I_x^{(\mathrm{e})}$，$I_y^{(\mathrm{e})}$ 分别是碰撞冲量 $\boldsymbol{I}^{(\mathrm{e})}$ 在 x 和 y 轴上的投影。

下面我们研究小球的斜碰撞问题。设质量为 m_1、速度为 $\boldsymbol{v}_1$ 的光滑小球与质量为 m_2、速度为 $\boldsymbol{v}_2$ 的光滑小球相撞（如图7-32所示）。求碰撞后两小球的速度为 $\boldsymbol{u}_1$ 和 $\boldsymbol{u}_2$。

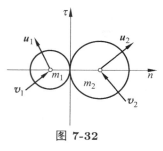

图 7-32

将两球碰撞前后的速度在两球接触面的公法线 $\boldsymbol{n}$ 和公切线 $\boldsymbol{\tau}$ 上分解，法向分量分别记为 v_{1n}, v_{2n}, u_{1n} 和 u_{2n}，而切向分量分别记为 $v_{1\tau}$, $v_{2\tau}$, $u_{1\tau}$ 和 $u_{2\tau}$。碰撞前后质点系在法向上动量守恒，而两小球各自在切向上动量守恒，因此两球碰撞的动力学方程为

$$\begin{cases} m_1 v_{1n} + m_2 v_{2n} = m_1 u_{1n} + m_2 u_{2n} \\ m_1 v_{1\tau} = m_1 u_{1\tau} \\ m_2 v_{2\tau} = m_2 u_{2\tau} \end{cases} \tag{7-72}$$

式(7-72)只有 3 个方程，不能求解 4 个未知数，因此需要补充 1 个方程。碰撞过程可以分成压缩和恢复两个阶段。在压缩阶段中，两球在接触区域产生微小的压缩变形，球心之间的距离逐渐缩短。由于小球是光滑的，两球之间的冲击力方向沿球心连线方向。当两球的压缩变形达到最大时，两球沿公法线 n 的速度相等，记作 u。在压缩阶段中，碰撞力的冲量称为**压缩冲量**，记作 I_1。在此时刻以后进入恢复阶段，两球的形状开始恢复，球心距离逐渐增大，直至两球脱离。恢复阶段碰撞力的冲量称为**恢复冲量**，记为 I_2。恢复冲量与压缩冲量的大小之比值称为**恢复系数**，记作 e，即

$$e = I_2/I_1 \tag{7-73}$$

恢复系数 e 的值与两碰撞物体的性质有关，需由实验确定。通常 e 值在 0 与 1 之间，$e = 0$ 的情况叫做**完全非弹性碰撞**，$e = 1$ 的情况叫做**完全弹性碰撞**。

在压缩阶段，分别对两小球列写动量定理沿公法线方向的投影式，有

$$m_1(u - v_{1n}) = -I_1$$
$$m_2(u - v_{2n}) = I_1$$

同样在恢复阶段，分别对两小球列写动量定理沿公法线方向的投影式，有

$$m_1(u_{1n} - u) = -I_2$$
$$m_2(u_{2n} - u) = I_2$$

由以上 4 式可得

$$v_{1n} - v_{2n} = I_1\left(\frac{1}{m_1} + \frac{1}{m_2}\right)$$
$$u_{1n} - u_{2n} = -I_2\left(\frac{1}{m_1} + \frac{1}{m_2}\right)$$

将上式代入式(7-73)得

$$e = \frac{u_{2n} - u_{1n}}{v_{1n} - v_{2n}} \tag{7-74}$$

式(7-74)也可作为恢复系数的定义，即**恢复系数等于小球碰撞后相对分离的速度和碰撞前相对接近的速度之比**。由于压缩冲量 I_1 和恢复冲量 I_2 难以实测，一般是根据式(7-74)来测量恢复系数的。

恢复系数的定义可以推广到刚体碰撞问题中，此时恢复系数等于碰撞点在碰撞后的相对分离速度和碰撞前的相对接近速度之比。

将补充方程式(7-74)和动力学方程式(7-72)联立求解，可得

$$\begin{cases} u_{1\tau} = v_{1\tau} \\ u_{2\tau} = v_{2\tau} \\ u_{1n} = \dfrac{1}{m_1 + m_2}[(m_1 - em_2)v_{1n} + m_2(1 + e)v_{2n}] \\ u_{2n} = \dfrac{1}{m_1 + m_2}[m_1(1 + e)v_{1n} + (m_2 - em_1)v_{2n}] \end{cases} \tag{7-75}$$

应该指出，这里我们假设两球是绝对光滑的，即忽略了两球在碰撞时的摩擦力。一般情况下，摩擦力和碰撞时的正压力都是极大的瞬时力。乒乓球运动员正是利用了球与拍之间的摩擦力才能打出极富进攻性的上旋球、下旋球和侧旋球。

思考题 图7-33是一种最简单的测定恢复系数的方法。小球自高度 h_1 处自由降落，与水平固定面碰撞后的回跳高度为 h_2。不计空气阻力，试分析恢复系数与 h_1 和 h_2 之间的关系。

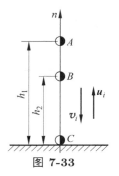

图 7-33

碰撞时一方面发生机械运动的传递（此时用动量来度量机械运动），另一方面也发生由机械运动到其他形态运动的转化（例如机械能转化为热能，这时要用动能来度量机械运动）。动量和能量从两个不同的方面度量了机械运动，二者是相辅相成的。下面分析碰撞过程中两球动能的变化。

考察两球的正碰撞，由式(7-75)可得两小球碰撞后的速度为

$$\begin{cases} u_1 = v_1 - \dfrac{m_2(1+e)}{m_1+m_2}(v_1-v_2) \\ u_2 = v_2 + \dfrac{m_1(1+e)}{m_1+m_2}(v_1-v_2) \end{cases} \tag{7-76}$$

两球在碰撞前、后的总动能分别为

$$T_1 = \frac{1}{2}m_1 v_1^2 + \frac{1}{2}m_2 v_2^2$$
$$T_2 = \frac{1}{2}m_1 u_1^2 + \frac{1}{2}m_2 u_2^2$$

在碰撞过程中，动能的损失为

$$\begin{aligned} \Delta T = T_1 - T_2 &= \frac{1}{2}m_1(v_1^2 - u_1^2) + \frac{1}{2}m_2(v_2^2 - u_2^2) \\ &= \frac{1}{2}m_1(v_1-u_1)(v_1+u_1) + \frac{1}{2}m_2(v_2-u_2)(v_2+u_2) \end{aligned} \tag{7-77}$$

将式(7-76)代入式(7-77)得

$$\Delta T = \frac{1}{2}(1+e)\frac{m_1 m_2}{m_1+m_2}(v_1-v_2)(v_1-v_2+u_1-u_2) \tag{7-78}$$

由恢复系数的定义式(7-74)可知

$$u_1 - u_2 = -e(v_1 - v_2)$$

因此得到碰撞过程中两球的动能损失为

$$\Delta T = \frac{m_1 m_2}{2(m_1+m_2)}(1-e^2)(v_1-v_2)^2 \tag{7-79}$$

下面讨论两种特殊情况。

1. **完全弹性碰撞**，此时 $e=1$，$\Delta T=0$，碰撞过程中没有动能损失。

2. 碰撞过程中，有一物体始终不动，例如**锻压**和**打桩**，在这种情况下有 $v_2=0$，碰撞过程中动能的损失为

$$\Delta T = \frac{m_1 m_2}{2(m_1+m_2)}(1-e^2)v_1^2 = \frac{1-e^2}{1+m_1/m_2}T_0 \tag{7-80}$$

其中 $T_0 = m_1 v_1^2/2$ 为碰撞前物体 m_1（锤）的动能。上式表明，在锻压和打桩等碰撞过程中，动能的损失与两物体的质量比有关。下面具体分析锻压和打桩过程中的动能损失情况。

(1) 锻压金属

工程上希望将汽锤的动能尽量多地转化为锻件的塑性变形能，尽量少地传递给铁砧和基础作振动。后者不仅不是锻造工艺的目的，而且是有害的。为此锻压金属时应使 $m_1 \ll m_2$，即采用"小锤大砧"。从动量概念来看，汽锤传递给铁砧与基础的动量一定时，后者质量越大，其速度越小；从能量概念来看，汽锤的质量 m_1 越小，其动能转化为锻件的塑性变形能就越多。

(2) 打桩

与锻压金属正好相反。工程上希望桩锤的动能尽量多地传递给桩的运动，以使桩能克服土壤阻力，深入土壤中，而不是将桩锤的动能转化为桩的塑性变形能。因此，应使 $m_1 \gg m_2$，即采用"大锤小桩"。这样从动量概念看，桩的速度大；从能量概念看，桩锤的动能损失很小，桩锤在碰撞前具有的动能基本上变为锤与桩一起克服土壤阻力做功的动能。如采用"小锤打大桩"，即使锤将桩打坏，桩也很难进入土壤之中。

思考题 一位表演者躺在地上，身上压一块重石板，另一位表演者用重锤猛击石板。请从动量和能量两个方面来分析为什么石板破碎而表演者却毫发无损？

例 7-25 图7-34(a) 所示的定轴转动刚体受碰撞冲量 S 的作用。已知刚体对定轴 O 的转动惯量为 J，质量为 m，质心 C 距轴 O 的距离为 a，冲量 S 与 OC 的延长线的交点 A 距轴 O 的距离为 l。求碰撞后质心 C 的速度 u_C 和轴承 O 处的约束碰撞冲量 S_O。

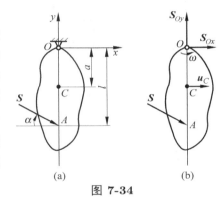

图 7-34

解 刚体在碰撞冲量 S 的作用下作定轴转动，刚体的受力图（冲量图）如图7-34(b) 所示。由对 O 轴的动量矩定理的有限形式(7-70)得

$$\omega = \frac{Sl\cos\alpha}{J} \tag{a}$$

其中 ω 为碰撞后刚体转动的角速度。由运动学关系可以得到质心 C 的速度为

$$u_{Cx} = \frac{Sal\cos\alpha}{J}, \quad u_{Cy} = 0 \tag{b}$$

由质心运动定理的有限形式 (7-67) 得

$$\begin{cases} mu_{Cx} = S_{Ox} + S\cos\alpha \\ mu_{Cy} = S_{Oy} - S\sin\alpha \end{cases} \tag{c}$$

将式(b)代入式(c)得

$$\begin{cases} S_{Ox} = S\cos\alpha\left(\dfrac{mal}{J} - 1\right) \\ S_{Oy} = S\sin\alpha \end{cases} \tag{d}$$

碰撞问题的解题思路和非碰撞问题的解题思路类似，即先由动量矩定理求解刚体的运动，再由动量定理求约束反力。

由式(d)可以看出，当 $\alpha = 0$ 且 $l = J/ma$ 时，轴承 O 处的约束碰撞力为零，此时碰撞冲量与 OC 延长线的交点 A 称为**撞击中心**。若主动力碰撞冲量作用在刚体的撞击中心，且与轴 O

至质心 C 的连线垂直，则轴承 O 处将不引起撞击力。在打垒球时，如果打击的地方恰好是杆的撞击中心，则打击时手上不会感到冲击。否则，手会感到强烈的冲击。同理，用锤子钉钉子时，手握在锤柄上适当的位置就不会感到震手。

例 7-26　两个长均为 l、质量均为 m 的均质杆在 A 点铰接后悬挂在 O 轴上，并在 B 端受到冲量 S 的作用，如图7-35所示。求碰撞后两杆的角速度和轴承 O 处的约束冲量。

解　(1) 求碰撞后两杆的角速度

杆 OA 作定轴转动，杆 AB 作平面运动。将两杆拆开，冲量图如图7-35所示。对杆 OA 应用对 O 轴的动量矩定理

$$\frac{1}{3}ml^2\omega_1 = -S_{Ax}l \tag{a}$$

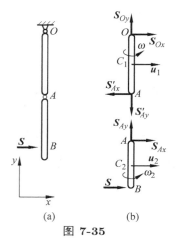

图 **7-35**

对杆 AB 应用质心运动定理和对质心的动量矩定理

$$\begin{cases} mu_2 = S + S_{Ax} \\ S_{Ay} = 0 \\ \dfrac{1}{12}ml^2\omega_2 = (S - S_{Ax})\dfrac{1}{2}l \end{cases} \tag{b}$$

以上 3 个方程中有 4 个未知量，需要补充运动学方程后才能求解。由运动学关系可得

$$u_2 = l\omega_1 + \frac{1}{2}l\omega_2 \tag{c}$$

联立求解式(a) $\sim$ (c)可得

$$\omega_1 = -\frac{6S}{7ml}, \quad \omega_2 = \frac{30S}{7ml}, \quad u_2 = \frac{9S}{7m}, \quad S_{Ax} = \frac{2S}{7} \tag{d}$$

(2) 求轴承 O 的约束冲量

取杆 OA 为研究对象，由质心运动定理得

$$0 = S_{Oy}, \quad mu_1 = S_{Ox} - S_{Ax} \tag{e}$$

由此得

$$S_{Ox} = -\frac{1}{7}S, \quad S_{Oy} = 0$$

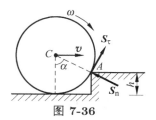

图 **7-36**

例 7-27　沿水平面作纯滚动的均质圆盘的质量为 m，半径为 r，其质心 C 以匀速 v 前进。圆盘突然与一高度为 $h(h < r)$ 的凸台碰撞，如图7-36所示。设碰撞为完全非弹性且无切向相对滑动，求圆盘碰撞后的角速度及碰撞冲量。

解　这是一个刚体的突加约束问题。圆盘与凸台的棱缘 A 相碰后不分离，圆盘的运动由碰撞前的平面运动突变为碰撞后的绕棱缘 A 的

定轴转动。圆盘仅受到凸台棱缘 A 的碰撞冲量，故碰撞前后圆盘对 A 轴的动量矩守恒。设碰撞后圆盘的角速度为 ω，则碰撞前后圆盘对 A 轴的动量矩 L_{A1} 和 L_{A2} 分别为

$$L_{A1} = J_C \frac{v}{r} + mv(r - h) = mv\left(\frac{3}{2}r - h\right)$$

$$L_{A2} = J_A\omega = \frac{3}{2}mr^2\omega$$

由 $L_{A1} = L_{A2}$ 解得

$$\omega = \left(1 - \frac{2h}{3r}\right)\frac{v}{r}$$

碰撞前后质心 C 的速度 $\boldsymbol{v}$ 沿 $\boldsymbol{S}_\mathrm{n}$ 和 $\boldsymbol{S}_\tau$ 方向的分量分别为

$$v_{C\mathrm{n}} = -v\sin\alpha, \qquad v_{C\tau} = v\cos\alpha$$

$$u_{C\mathrm{n}} = 0, \qquad\qquad u_{C\tau} = \omega r$$

其中 $\cos\alpha = (r - h)/r$，$\sin\alpha = \sqrt{h(2r - h)}/r$。代入到动力学方程式 (7-71) 中，得

$$S_\mathrm{n} = m(u_{C\mathrm{n}} - v_{C\mathrm{n}}) = mv\sqrt{h(2r - h)}/r$$

$$S_\tau = m(u_{C\tau} - v_{C\tau}) = m\frac{vh}{3r}$$

本章小结

质点系的动量、动量矩和动能为质点系动力学的 3 个基本量：

质点系的动量： $$\boldsymbol{p} = \sum_{i=1}^{n} m_i\boldsymbol{v}_i = m\boldsymbol{v}_C$$

质点系对点 O 的动量矩： $$\boldsymbol{L}_O = \sum_{i=1}^{n} \boldsymbol{r}_i \times m_i\boldsymbol{v}_i$$

质点系的动能： $$T = \frac{1}{2}\sum_{i=1}^{n} m_i v_i^2 = \frac{1}{2}mv_C^2 + \frac{1}{2}\sum_{i=1}^{n} m_i v_{\mathrm{r}i}^2$$

质点系的动量矩与矩心的选取有关。质点系对任意两点 O 和 A 的动量矩之间的关系为

$$\boldsymbol{L}_O = \boldsymbol{L}_A + \boldsymbol{r}_{OA} \times \boldsymbol{p}$$

质点系运动与相对质心平动运动对质心的动量矩相等，即

$$\boldsymbol{L}_C = \sum_{i=1}^{n} \boldsymbol{\rho}_i \times m_i\boldsymbol{v}_i = \sum_{i=1}^{n} \boldsymbol{\rho}_i \times m_i\boldsymbol{v}_{\mathrm{r}i}$$

平动刚体的动能为 $T = \frac{1}{2}mv^2$，绕定轴转动刚体的动能为 $T = \frac{1}{2}J_z\omega^2$，平面运动刚体的动能为 $T = \frac{1}{2}mv_C^2 + \frac{1}{2}J_C\omega^2$。

质点系的动量定理建立了质点系动量的变化与外力主向量之间的关系，即

$$\frac{\mathrm{d}\boldsymbol{p}}{\mathrm{d}t} = \boldsymbol{R}^{(\mathrm{e})} \quad 或者 \quad m\boldsymbol{a}_C = \boldsymbol{R}^{(\mathrm{e})}$$

对刚体系有：$\sum\limits_{i=1}^{n} m_i \boldsymbol{a}_{Ci} = \boldsymbol{R}^{(\mathrm{e})}$。

质点系动量矩定理建立了质点系的动量矩的变化与外力主矩之间的关系，即

A 为任意动点时，$\qquad \dfrac{\mathrm{d}\boldsymbol{L}_A}{\mathrm{d}t} = \boldsymbol{M}_A^{(\mathrm{e})} + m\boldsymbol{v}_C \times \boldsymbol{v}_A$

A 为固定点时，$\qquad \dfrac{\mathrm{d}\boldsymbol{L}_A}{\mathrm{d}t} = \boldsymbol{M}_A^{(\mathrm{e})}$

C 为质点系的质心时，$\dfrac{\mathrm{d}\boldsymbol{L}_C}{\mathrm{d}t} = \boldsymbol{M}_C^{(\mathrm{e})} \quad 或 \quad \dfrac{\mathrm{d}\boldsymbol{L}_{Cr}}{\mathrm{d}t} = \boldsymbol{M}_C^{(\mathrm{e})}$

动量定理与对质心的动量矩定理给出了刚体运动的动力学描述，其中前者描述刚体质心的运动，后者描述刚体相对质心平移系的转动。

刚体定轴转动运动微分方程： $J_z\varepsilon = M_z$ 或 $J_z\ddot{\varphi} = M_z$

刚体平面运动微分方程： $m\ddot{x}_C = R_x, \quad m\ddot{y}_C = R_y, \quad J_C\ddot{\varphi} = M_{Cz}$

碰撞问题也可用质点系的动量定理和动量矩定理求解。所不同的是：研究碰撞问题使用动量和动量矩定理的积分形式：

$$m\boldsymbol{u}_C - m\boldsymbol{v}_C = \boldsymbol{I}^{(\mathrm{e})}$$

$$\boldsymbol{L}_{C2} - \boldsymbol{L}_{C1} = \boldsymbol{M}_C(\boldsymbol{I}^{(\mathrm{e})})$$

质点系动能定理建立了质点系动能变化和功之间的关系：

微分形式：$\mathrm{d}T = \sum\limits_{i=1}^{n} \mathrm{d}'A_i$

有限形式：$T_2 - T_1 = A_{1\to 2}$

概念题

7-1 下面的说法是否正确？

(1) 若刚体的动量为零，则它一定处于静止状态。

(2) 若质点系的动量守恒，各质点的动量也一定守恒。

(3) 当轮子作纯滚动时，滑动摩擦力做负功。

(4) 无论弹簧是伸长还是缩短，弹性力的功总等于 $-k\delta^2/2$。

(5) 当质点作曲线运动时，沿切向和法向的分力都做功。

(6) 质点的动能愈大，作用于质点上的力所做的功愈大。

(7) 刚体只受力偶作用时，其质心的运动不变。

(8) 动量矩定理是牛顿定律导出的，因此在相对于质心的动量矩定理中，质心的加速度必须等于零。

(9)　质点系的内力不能改变质点系的动能。

(10)　刚体的质量是刚体平动时惯性大小的量度，刚体对某轴的转动惯量则是刚体绕该轴转动时惯性大小的量度。

(11)　作定轴转动的刚体的动量矩向量一定沿着转动轴方向。

(12)　刚体对某个转动轴的回转半径大于质心到该转动轴的垂直距离。

(13)　弹性碰撞与塑性碰撞的主要区别在于是否有塑性变形。

(14)　两球相互对心正碰撞时，恢复系数是两球碰撞后相对分离的速度与碰撞前相对接近的速度之比。

7-2　在光滑水平面上放置一静止的圆盘，当它受一力偶作用时，盘心将如何运动？盘心的运动与力偶的大小及作用位置是否有关？若圆盘面内受一大小和方向都不变的力作用，盘心将如何运动？此时盘心的运动与力的大小和作用点是否有关？

习题

7-1　匀质杆 AB，长 l，重 P，用铰 A 与匀质圆盘中心连接。圆盘半径为 r，重 Q，可在水平面内作无滑动滚动。当 $\varphi = 30°$ 时，杆 AB 的 B 端沿铅垂方向下滑的速度为 v_B，求此刚体系统在图示瞬时的动量。

7-2　往复式水泵的固定外壳部分 D 和基础 E 的质量为 m_1，匀质曲柄 OA 长为 r，质量为 m_2。导杆 B 和活塞 C 作往复平动，其质量为 m_3。曲柄 OA 以匀角速度 ω 绕 O 轴转动。规定 $t = 0$ 时，$\varphi = 0°$，求水泵基础给地面的压力的表达式。

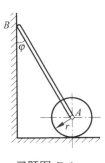

习题图 7-1

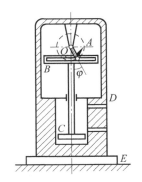

习题图 7-2

7-3　图示凸轮机构中，凸轮半径为 r、偏心距为 e。凸轮绕 A 轴以匀角速 ω 转动，带动滑杆 D 在套筒 E 中沿水平方向作往复运动。规定 $t = 0$ 时，凸轮轴心与 A 轴在同一水平线上，已知凸轮质量为 m_1，滑杆质量为 m_2。试求在任意瞬时机座螺栓所受的动反力。

7-4　图示小球 P 沿大半圆柱体表面由顶点滑下，小球质量为 m_2，半径为 r。大半圆柱体质量为 m_1，半径为 R，放在光滑水平面上。初始时系统静止，求小球未脱离大半圆柱体时相对图示静坐标系的运动轨迹。

7-5　图示系统中，物块 A 的质量为 m，小车 B 的质量为 M，弹簧刚度系数为 k，斜面光滑。不计轮子的质量，试建立系统的运动微分方程。

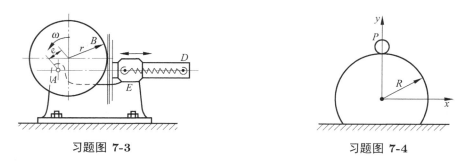

习题图 7-3　　　　　　　　　　　　　　习题图 7-4

7-6　两质量都等于 M 的小车, 停在光滑的水平直铁轨上。一质量为 m 的人, 自一车跳到另一车, 并立刻自第二车跳回第一车。证明两车最后速度大小之比为 $M : (M + m)$。

7-7　质量为 30kg 的小车 B 上有一质量为 20kg 的重物 A, 已知小车在 120N 的水平力 P 作用 2s 后移过 5m。不计轨道阻力, 试计算 A 在 B 上移过的距离。

习题图 7-5　　　　　　　　　　　　　　习题图 7-7

7-8　如图所示, 质量为 m 的偏心轮在水平面上作平面运动。轮子轴心为 A, 质心为 C, $AC = e$; 轮子半径为 R, 对轴心 A 的转动惯量为 J_A; C, A, B 三点在同一铅直线上。

(1) 当轮子只滚不滑时, 若 v_A 已知, 求轮子的动量和对地面上 B 点的动量矩。

(2) 当轮子又滚又滑时, 若 v_A 和 ω 已知, 求轮子的动量和对地面上 B 点的动量矩。

7-9　如图所示均质圆盘, 半径为 R, 质量为 m, 不计质量的细杆长 l, 绕轴 O 转动, 角速度 ω, 求下列三种情况下圆盘对固定轴 O 的动量矩。

(1) 圆盘固结于杆;

(2) 圆盘绕 A 轴转动, 相对于杆的角速度为 $-\omega$;

(3) 圆盘绕 A 轴转动, 相对于杆的角速度为 ω。

习题图 7-8　　　　　　　　　　　　　　习题图 7-9

7-10　水平圆盘可绕铅垂轴 z 转动, 如图所示。其对 z 轴的转动惯量为 J_z。一质量为 m 的质点, 在圆盘上作匀速圆周运动, 圆周半径为 r, 速度为 v_0, 圆心到盘心的距离为 l。开始运动时, 质点在位置 A, 圆盘角速度为零。试求圆盘角速度 ω 与角 φ 间的关系。轴承摩擦略去不计。

7-11 图示匀质细杆 OA 和 EC 的质量分别为 50kg 和 100kg，并在点 A 焊成一体。若此结构在图示位置由静止状态释放，计算刚释放时，铰链 O 处的约束力和杆 EC 在 A 处的约束力偶矩。不计铰链摩擦。

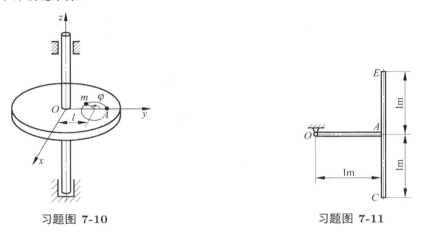

习题图 7-10　　　　　　　　　习题图 7-11

7-12 半径为 r 的均质圆盘在铅垂平面内绕水平轴 A 作小幅摆动 (如图示)。设圆盘中心 O 至 A 的距离为 b，问 b 为何值时，摆动的周期为最小？求此最小周期。

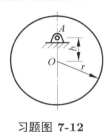

习题图 7-12

7-13 计算图示各系统的动能：

(1) 偏心圆盘的质量为 m，偏心距 $OC = e$，对质心的回转半径为 ρ_C，绕轴 O 以角速度 ω_O 转动 (图 (a))。

(2) 长为 l，质量为 m 的匀质杆，其端部固结半径为 r，质量为 m 的匀质圆盘。杆绕轴 O 以角速度 ω_O 转动 (图 (b))。

(3) 滑块 A 沿水平面以速度 $\boldsymbol{v}_1$ 移动，重块 B 沿滑块以相对速度 $\boldsymbol{v}_2$ 下滑，已知滑块 A 的质量为 m_1，重块 B 的质量为 m_2 (图 (c))。

(4) 汽车以速度 v_0 沿平直道路行驶，已知汽车的总质量为 M，轮子的质量为 m，半径为 R，轮子可近似视为匀质圆盘 (共有 4 个轮子) (图 (d))。

7-14 匀质滚子的质量为 m，半径为 R，放在粗糙的水平地板上，如图所示。在滚子的鼓轮上绕以绳，在绳子上作用有常力 $\boldsymbol{T}$，作用线与水平方向夹角为 α。已知鼓轮的半径为 r，滚子对轴 O 的回转半径为 ρ_O，滚子由静止开始运动。试求滚子轴 O 的运动方程。

7-15 图示重物 A 的质量为 m，当其下降时，借无重且不可伸长的绳使滚子 C 沿水平轨道纯滚动。绳子跨过定滑轮 D 并绕在滑轮 B 上。滑轮 B 与滚子 C 固结为一体。已知滑轮 B 的半径为 R，滚子 C 的半径为 r，二者总质量为 M，它们共同对与图面垂直的轴 O 的回转半径为 ρ。求重物 A 的加速度。

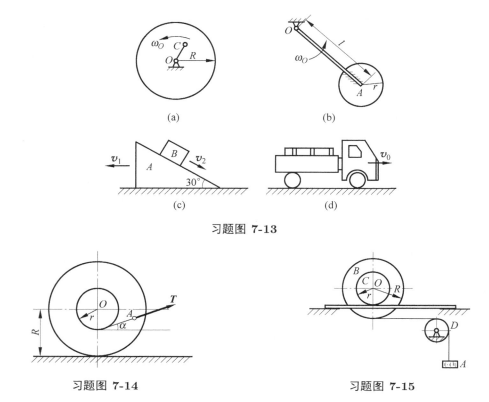

(a)　　　　　　　　　　　　　(b)

(c)　　　　　　　　　　　　　(d)

习题图 **7-13**

习题图 **7-14**　　　　　　　　　　　　习题图 **7-15**

7-16　图示匀质圆盘的质量为 16kg，半径为 0.1m，与地面间的动滑动摩擦系数 $f = 0.25$。若盘心 O 的初速度 $v_O = 0.4$m/s，初角速度 $\omega_O = 2$rad/s，试问经过多少时间后球停止滑动？此时球心速度多大？

7-17　图示匀质细长杆 AB，质量为 m，长度为 l，在铅垂位置由静止释放，借 A 端的小滑轮沿倾角为 θ 的轨道滑下。不计摩擦和小滑轮的质量，试求刚释放时点 A 的加速度。

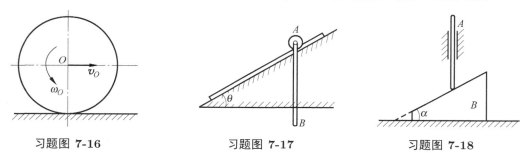

习题图 **7-16**　　　　　　　习题图 **7-17**　　　　　　　习题图 **7-18**

7-18　质量为 m_1 的直杆 A 可以自由地在固定铅垂套管中移动，杆的下端搁在质量为 m_2，倾角为 α 的光滑楔子 B 上，楔子放在光滑的水平面上，由于杆子的重量，楔子沿水平方向移动，杆下落，如图所示。求两物体的加速度大小及地面约束力。

7-19　一常力矩 M 作用在绞车的鼓轮上，轮的半径为 r，质量为 m_1。缠在鼓轮上绳索的末端 A 系一质量为 m_2 的重物，沿着与水平倾斜角为 α 的斜面上升，如图所示。重物与斜面间的滑动摩擦系数为 μ。绳索的质量不计，鼓轮可看成为匀质圆柱体，开始时系统静止。求鼓轮转过 φ 角时的角速度。

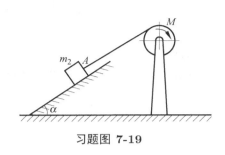

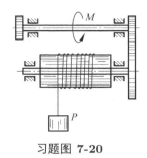

习题图 **7-19**

习题图 **7-20**

7-20 绞车提升一质量为 m 的重物 P，如图所示。绞车在主动轴上作用一不变的转动力矩 M。已知主动轴和从动轴连同安装在这两轴上的齿轮以及其他附属零件的转动惯量分别为 J_1 和 J_2，传动比 $z_2/z_1 = i$。吊索缠绕在鼓轮上，鼓轮的半径为 R。设轴承的摩擦以及吊索的质量均可略去不计。试求重物的加速度。

7-21 匀质圆盘 A 和 B 的质量均为 m，半径均为 R。重物 C 的质量为 m_C，且已知 $m\sin\alpha > m_C$。三角块 D 的质量为 M，绳的质量忽略不计。圆盘 A 在倾斜角为 α 的斜面上作无滑动滚动，三角块 D 放在光滑平面上，不计铰 B 及重物 C 与三角块间的摩擦，求三角块 D 的加速度。

7-22 匀质细杆 OA 可绕水平轴 O 转动，另一端有一匀质圆盘，圆盘可绕 A 在铅直面内自由旋转，如图所示。已知杆 OA 长 l，质量为 m_1；圆盘半径为 R，质量为 m_2。不计摩擦，初始时杆 OA 水平，杆和圆盘静止。求杆与水平线成 θ 角的瞬时，杆的角速度和角加速度。

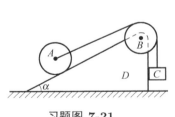

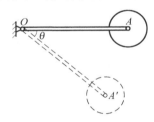

习题图 **7-21**

习题图 **7-22**

7-23 图示三棱柱体 ABC 的质量为 m_1，放在光滑的水平面上，可以无摩擦地滑动。质量为 m_2 的均质圆柱体 O 由静止沿斜面 AB 向下滚动而不滑动。如斜面的倾角为 θ，求三棱柱体的加速度。

7-24 两根长为 l、质量为 m 的匀质杆 AC 与 CB 用铰 C 相连接，A 端为铰支座，B 端用铰与一匀质圆盘连接，圆盘半径为 r，质量为 $2m$，它在水平面上作无滑动的滚动。当 $\theta = 30°$ 时，此系统在重力作用下无初速开始运动，求此瞬时杆 AC 的角加速度。

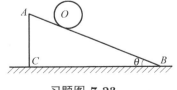

习题图 **7-23**

习题图 **7-24**

7-25 系统如图所示。回转半径为 ρ、半径为 R、重 P_1 的均质滚轮沿水平轨道作纯滚动，

在半径为 r 的轴颈上绕以刚度系数为 k 的弹簧。重物重 P，通过绕在滚轮上的绳子与滚轮相连。假设不计滑轮 O 的质量。列写系统运动微分方程。

7-26 一复摆绕 O 点转动如图示，O 点离其质心 O' 的距离为 x，问当 x 为何值时，摆从水平位置无初速地转到铅垂位置时的角速度为最大？并求此最大角速度。设复摆质量为 m，对质心的回转半径为 $\rho_{O'}$。

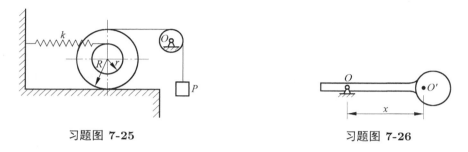

习题图 **7-25**　　　　　　　　　　习题图 **7-26**

7-27 长 l、重 W 的 3 根相同的均质杆用理想铰链连接，在铅垂平面内运动。一质量不计、刚度系数为 k 的弹簧，一端与 BC 杆的中点 E 连接，另一端可沿光滑铅垂直导槽滑动 (在运动过程中弹簧始终保持水平)。杆 AB 和 CD 与墙垂直时，弹簧不变形。求系统在此瞬时由静止释放时 AB 杆的角加速度。

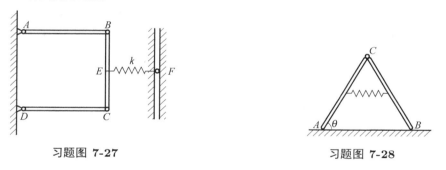

习题图 **7-27**　　　　　　　　　习题图 **7-28**

7-28 均质杆 AC，BC 均重 W，长 l，由理想铰链 C 铰接，在各杆中点连接一刚度系数为 k 的弹簧，置于光滑水平面上，在铅垂平面内运动 (如图示)。设开始时，$\theta = 60°$，速度为零，弹簧未变形。求当 $\theta = 30°$ 时 C 点的速度。设 $k = W/[(\sqrt{3}-1)l]$。

7-29 半径为 r 的均质圆柱体，初始时静止在台边上，且 $\alpha = 0$，受到小扰动后无滑动地滚下。求圆柱体离开水平台时的角度 α 和此时的角速度。

7-30 一柔软的均质链条长为 l，放在光滑的水平桌面上。开始时链条临桌静置，有水平线段和悬垂线段两部分，且下垂部分的长度为 x_0，求链条释放以后在还没有脱离桌面时的速度表达式，以图中下垂部分长度 x 表示。

7-31 一摆由均质的直角弯杆 AOB 组成，O 点为悬挂点，AOB 在同一竖直平面内运动。设 $OB < OA$，平衡时 OB 与向下竖直线的夹角为 $\varphi = \varphi_0$。现将 OA 杆置于水平位置，然后无初速地释放，求 φ 角的最大值。

7-32 图示机构中，物块 A，B 的质量均为 m，两均质圆轮 C，D 的质量均为 $2m$，半径均为 R。C 轮铰接于无重悬臂梁 CK 上，D 为动滑轮，梁的长度为 $3R$，绳与轮间无滑动。系

习题图 7-29　　　　　　　　　　　　　　习题图 7-30

统由静止开始运动，求：(1) A 物块上升的加速度；(2) HE 段绳的拉力；(3) 固定端 K 处的约束反力和约束反力偶矩。

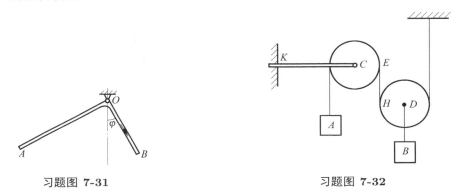

习题图 7-31　　　　　　　　　　　　　　习题图 7-32

7-33　如图所示，人造地球卫星 A 绕以地球 E 为中心的圆轨道上运行，在同一轨道平面内，人造地球卫星 B 作小偏心率椭圆轨道运动。假设无量纲化后，卫星 A 的圆轨道半径为 1，地球质量为 1，万有引力常数 $G = 1$，俩卫星的质量都远小于 1。(1) 推导卫星 B 在卫星 A 轨道坐标系（坐标平面 Axy 在 A 的轨道平面内，坐标原点位于卫星 A，x 轴从地心指向卫星 A，y 轴指向卫星 A 的速度方向）中的相对运动微分方程；(2) 当 $\|\boldsymbol{r}\| \ll 1$ 时，求线性化的相对运动微分方程；(3) 设卫星 B 在卫星 A 轨道坐标系中的初始位置为 (x_0, y_0)，初始速度为 $(\dot{x}_0, \dot{y}_0)$，当 $\|\boldsymbol{r}\| \ll 1$ 时，初始相对位置与速度满足什么条件时，卫星 A 和 B 的轨道周期相同？

7-34　在真空中处于失重状态的均质球形刚体，其半径 $r = 1\text{m}$，质量 $M = 2.5\text{kg}$，对直径的转动惯量 $J = 1\text{kg} \cdot \text{m}^2$，球体固连坐标系 $Oxyz$ 如图所示。另有质量 $m = 1\text{kg}$ 的质点 A 在内力驱动下沿球体大圆上的光滑无质量管道（位于 Oxy 平面内）以相对速度 $v_r = 1\text{m/s}$ 运动。初始时，系统质心速度为零，质点 A 在 x 轴上。(1) 试判断系统自由度；(2) 当球体初始角速度 $\omega_{x0} = 0, \omega_{y0} = 0, \omega_{z0} = 1\text{rad/s}$ 时，求球心 O 的绝对速度 v_O，球体的角速度沿 z 轴分量 ω_z，质点 A 的绝对速度 $\boldsymbol{v}_A$ 和绝对加速度 $\boldsymbol{a}_A$；(3) 当球体初始角速度 $\omega_{x0} = 1\text{rad/s}, \omega_{y0} = 0, \omega_{z0} = 0.4\text{rad/s}$ 时，求球体的角速度 ω 和角加速度 ε（提示：建立另一个动系 $Ox'y'z$，使质点 A 始终在 x' 轴上）。

7-35　如图所示铅锤平面内的系统，T 形杆质量为 m_1，对质心 C 的转动惯量为 J_1；圆盘半径为 R，质量为 m_2，对质心 O 的转动惯量为 J_2；杆和盘光滑铰接于点 O。设重力加速度为 g，地面和盘间的静摩擦系数为 μ_0，动摩擦系数为 μ，不计滚动摩阻。(1) 如左图所示，盘以匀角速度 ω 沿水平地面向右作纯滚动。为使杆保持与铅锤方向夹角 $\theta(0 \leqslant \theta < \pi/2)$ 不变，需在杆上施加多大的力偶矩 M_1？并求此时地面作用于盘的摩擦力 F；(2) 如右图所示，当盘上施加

习题图 7-33　　　　　　　　习题图 7-34

顺时针的常力偶矩 M_2，同时 $M_1 = 0$，杆作平移，分析圆盘的可能运动，并求杆与铅锤方向的夹角 β、盘的角加速度 ε 及地面对盘的摩擦力 F。

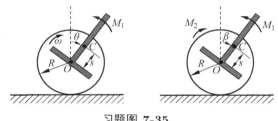

习题图 7-35

7-36　如图所示，水平面上放一均质三棱柱 A。此三棱柱上又放一均质三棱柱 B，两三棱柱的横截面都是直角三角形，三棱柱 A 比三棱柱 B 重两倍。设三棱柱和水平面都是绝对光滑的。

(1) 试列写系统运动微分方程；

(2) 求当三棱柱 B 的最右端沿三棱柱 A 滑至水平面时，三棱柱 A 的位移 s；

(3) 求在 (2) 对应瞬时，水平面作用于三棱柱 A 的反力。

7-37　均质杆 AC 质量为 30kg，有一水平力 240N 突然作用于杆上 B 点，杆开始时保持如图所示垂直位置。

(1) 若不考虑水平表面与杆之间的摩擦力，试确定此瞬时杆端 C 的加速度；

(2) 若 AC 杆与水平表面之摩擦系数为 0.30，试求 C 点的初始加速度。

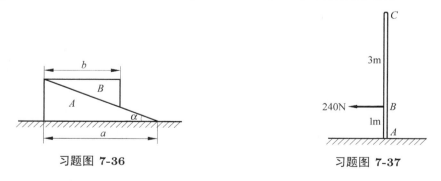

习题图 7-36　　　　　　　　习题图 7-37

7-38　一圆环由绳 AB 和光滑斜面支承。圆环质量为 10kg、半径为 2m、质量为 3kg 的质点 D 与圆环固结如图所示。求当绳子剪断的瞬时质点 D 的加速度。

7-39　重 100N、长 1m 的匀质杆 AB，一端 B 搁在地面上，另一端 A 用软绳吊住如图所示。设杆与地面间的摩擦系数为 0.30，问在软绳剪断的瞬间，B 端是否滑动？并求此瞬时杆的角加速度以及地面对杆的作用力。

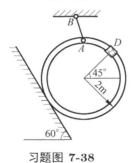

习题图 **7-38**

习题图 **7-39**

7-40 均质杆 AB 质量为 m，长度为 $l = \sqrt{2}R$，在半径为 R 的光滑圆槽内运动，圆槽质量为 M，放置在光滑的水平面上。(1) 写出系统在任意位置的动能与势能；(2) 列写系统运动微分方程。

7-41 如图所示，原长为 l_0、刚度系数为 k 的弹簧一端固定，另一端与质量为 m 的质点相连。初始时弹簧被拉长 l_0，并对质点施加一个与弹簧轴线相垂直的速度 v_0。求弹簧恢复原长时，质点速度的大小及与弹簧轴线的夹角。设 $k = 100\mathrm{N/m}$，$l_0 = 50\mathrm{cm}$，$m = 5\mathrm{kg}$，$v_0 = 1\mathrm{m/s}$。质点在光滑的水平面内运动。

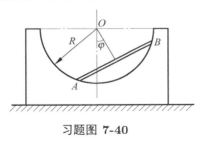

习题图 **7-40**

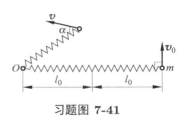

习题图 **7-41**

7-42 图示均质杆 OA 杆长为 l，质量为 m，在常力偶的作用下在水平面内从静止开始绕 z 轴转动，设力偶矩为 M。求：(1) 经过时间 t 后系统的动量、对 z 轴的动量矩和动能的变化；(2) 轴承的动反力。

7-43 均质杆 OA 长 l，质量为 m，弹簧刚度系数为 k，弹簧原长为 l，系统由图示位置无初速释放，求杆运动至水平位置时，（1）杆 OA 的角速度；（2）铰 O 的约束力。

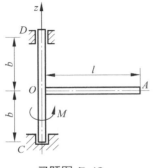

习题图 **7-42**

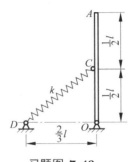

习题图 **7-43**

7-44 球 1 速度 $v_1 = 6\mathrm{m/s}$，方向与静止球 2 相切，如图所示。两球半径相同、质量相等，不计摩擦。碰撞的恢复系数 $e = 0.6$。求碰撞后两球的速度。

7-45 质量为 0.2kg 的球以水平方向的速度 $v = 48$km/h 打在一质量为 2.4kg 的匀质木棒上，木棒的一端用细绳悬挂于天花板上。若恢复系数为 0.5，试求碰撞后木棒两端 A，B 的速度。

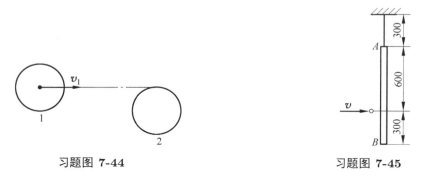

习题图 7-44

习题图 7-45

7-46 匀质杆长为 l，质量为 m，在铅垂面内保持水平下降并与固定支点 E 碰撞。碰撞前杆的质心速度为 v_C，恢复系数为 e。试求碰撞后杆的质心速度 u_C 与杆的角速度 ω。

7-47 如图所示，一球放在水平面上，其半径为 r。在球上作用一水平冲量 S，求当接触点 A 无滑动时，冲量距水平面的高度 h 应为多少，使得接触点 A 无滑动？不考虑摩擦力的冲量。

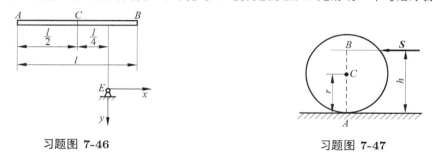

习题图 7-46

习题图 7-47

7-48 3 根杆开始为静止，$AB = BD = 2CD = l$，彼此用铰链连接，AB，CD 铅垂，BD 水平。AB，BD 质量为 m，CD 质量为 $m/2$，在 AB 杆上有一水平冲量 S 作用，求冲量作用后瞬时，AB 杆的角速度。假设铰链都是光滑的。

7-49 两球的质量各为 m_1，m_2，分别用长为 l_1，l_2 的两根不可伸长的绳子平行地挂起，使两球的中心在同一水平上并且紧挨着。今使 m_1 球与竖直线偏离 θ 角，然后无初速地释放，若恢复系数为 e，求第二个球被碰后的最大偏角 α。

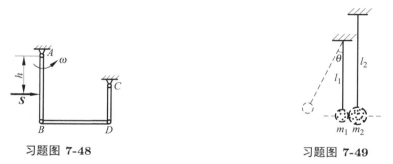

习题图 7-48

习题图 7-49

7-50 一长为 $2a$ 的均匀杆与竖直线成 θ 角，自高处无初速地落下时与光滑水平面作完全

非弹性碰撞。证明：若杆中心下落高度

$$H > \frac{a(1 + 3\sin^2\theta)^2}{18\sin^2\theta\cos\theta}$$

则杆的下端与地面接触后又立刻离开地面。

7-51 均质杆 AB 的长为 $2a$，质量为 $2m$，均质杆 BC 的长为 $2b$，质量为 m，B 为光滑铰链，且 $\angle ABC = 90°$，两杆静止地放在光滑水平面上。今在 A 端沿 BC 方向作用一冲量 $\boldsymbol{S}$，证明系统受打击后的动能为 $5S^2/6m$。

7-52 长度为 $2L$ 的均质杆件在高度为 $2L$ 处与铅垂线成 $\theta(0° \leqslant \theta < 90°)$ 角无初速地竖直落下，并与固定的光滑水平面碰撞，如图所示。（1）杆 AB 自由下落的倾角 $\theta = 30°$。若在碰撞刚结束的瞬时，质心 C 的速度恰好为零，那么碰撞时的恢复因数 e 为多大？（2）若杆 AB 自由下落的倾角 $\theta = 45°$，A 端与地面发生完全非弹性碰撞。在碰撞后杆 AB 刚打到水平位置的瞬时，质心 C 的速度为多少？

习题图 7-51　　　　　　　　　习题图 7-52

第 8 章

分析动力学

内容提要　本章首先介绍达朗贝尔-拉格朗日原理，这是分析力学中的一个微分变分原理，是本书中与牛顿定律并列的理论基石，虚位移原理是它的特殊情况。其次，我们将由达朗贝尔-拉格朗日原理推导出第二类拉格朗日方程，最后再应用该方程求解动力学问题。在学习本章以前，学生需要掌握约束、虚位移、广义坐标、广义力等概念（见第 5 章），会计算质点系动能和势能。了解刚体运动学和点的复合运动中速度分析方法，有助于理解本章的一些例题。

8.1　达朗贝尔原理

1743 年法国科学家达朗贝尔提出了一个原理，称为达朗贝尔原理，数学表达式是

$$\boldsymbol{F}_i + \boldsymbol{N}_i - m_i\ddot{\boldsymbol{r}}_i = 0 \quad (i = 1, 2, \cdots, n) \tag{8-1}$$

其中 $\boldsymbol{F}_i$ 和 $\boldsymbol{N}_i$ 是作用在质点 $P_i(i = 1, 2, \cdots, n)$ 上的主动力和约束反力。后来力学家把 $-m_i\ddot{\boldsymbol{r}}_i$ 称为惯性力，作用在质点 P_i 上。**达朗贝尔原理**叙述为：**质点系的每一个质点所受的主动力、约束反力和惯性力构成平衡力系。**

这样定义的惯性力不同于第 6 章中由非惯性参考系引起的惯性力 (即牵连惯性力和科氏惯性力)，我们称 $-m_i\ddot{\boldsymbol{r}}_i$ 为**达朗贝尔惯性力**。牵连惯性力和科氏惯性力分别与牵连加速度和科氏加速度有关，只有在非惯性参考系中才有意义，它们的大小和方向都与非惯性参考系的选取有关。主动力、约束力、牵连惯性力和科氏惯性力并不一定构成平衡力系，在它们的作用下质点还可以有相对运动 (相对加速度可以不等于零)。而达朗贝尔惯性力只与绝对加速度有关，主动力、约束反力与达朗贝尔惯性力构成平衡力系，在它们的作用下质点保持静止。

当然，在一些具体问题中，如果选取的非惯性参考系恰好使得被研究质点没有相对运动，则达朗贝尔惯性力就是牵连惯性力。

在不会引起混淆的情况下，我们可以把达朗贝尔惯性力也简称为惯性力。

8.1.1　动静法

根据达朗贝尔原理，可以通过对质点附加惯性力使动力学问题转化为静力学问题，应用平衡方程求解。这种方法称为**动静法**，也称惯性力法。与牛顿第二定律相比，用动静法求解动力学问题并无特别的好处。在数学形式上也只是把 $m_i\ddot{\boldsymbol{r}}_i$ 移到等式的另一端。但是把 $-m_i\ddot{\boldsymbol{r}}_i$ 看作

"力"并把式(8-1)看作平衡方程,在解释物理现象上更加形象直观,对力学的发展产生了积极的影响。

动静法对于已知运动求力的问题非常有效,而且不涉及动力学概念,因此乐于为工程技术人员采用,也容易被非力学专业人员领会。动静法产生和发展于对静力学较为了解但对动力学知之甚少的时代。现在研究动力学的方法很多,动静法与它们相比有形象直观的优点,但局限性也非常明显。

下面看几个应用动静法的例子。

例 8-1 设飞球调速器的主轴 O_1y_1 以匀角速度 ω 转动。试求调速器两臂的张角 α。设重锤 C 的质量为 M,飞球 A, B 的质量均为 m,各杆长均为 l,不计杆重和摩擦,如图8-1所示。

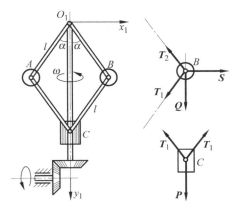

图 8-1

解 当调速器稳定运转时,飞球在水平面内作匀速圆周运动,因此惯性力 (即离心力) 沿着圆的径向向外,垂直并通过主轴,其大小为

$$S = ml\omega^2 \sin\alpha$$

方向如图8-1所示。选球 B 为研究对象,将其惯性力加上之后,它的受力图如图8-1所示。$\boldsymbol{T}_1, \boldsymbol{T}_2$, $\boldsymbol{Q}$ 和惯性力 $\boldsymbol{S}$ 组成平衡力系。选取图示坐标轴后,列出水平和竖直方向的平衡方程:

$$ml\omega^2 \sin\alpha - (T_1 + T_2)\sin\alpha = 0$$
$$mg + (T_1 - T_2)\cos\alpha = 0$$

重锤 C 可以当作质点,因调速器稳定运转时它没有加速度,它在杆 AC, BC 的拉力和重力 $P = Mg$ 作用下平衡,由此由平衡条件求出

$$T_1 = \frac{Mg}{2\cos\alpha}$$

以 T_1 代入前两式,可解出

$$\cos\alpha = \frac{m+M}{ml\omega^2}g$$

由此式可知,调速器两臂的张角 α 与转动角速度 ω 有关。

对于刚体使用动静法,就要用刚体平衡方程

$$\boldsymbol{R} + \boldsymbol{R}_N + \boldsymbol{R}_S = 0 \tag{8-2}$$

和

$$M_O + M_{NO} + M_{SO} = 0 \tag{8-3}$$

其中 $\boldsymbol{R}$，$\boldsymbol{R}_N$ 和 $\boldsymbol{R}_S$ 分别是主动力系主矢量、约束反力系主矢量和惯性力系的主矢量，$\boldsymbol{M}_O$，$\boldsymbol{M}_{NO}$ 和 $\boldsymbol{M}_{SO}$ 分别是主动力系的主矩、约束反力系的主矩和惯性力系的主矩。

我们可以借助力系简化的结论，根据具体问题将刚体惯性力系进行简化。

例 8-2 设长为 l、质量为 m 的均质杆，以常角速度 ω 绕铅垂轴转动如图8-2(a) 所示，求杆与铅垂轴的夹角 φ。

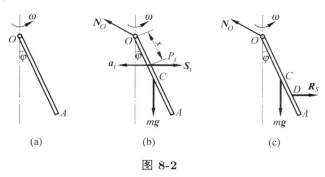

图 **8-2**

解 取 OA 杆为研究对象，作用在 OA 杆上的重力、约束反力 $\boldsymbol{N}_O$ 和惯性力构成平衡力系 (如图8-2(b) 所示)。杆上任意点 P_i 作圆周运动，它的加速度大小为 $x\omega^2 \sin\varphi$，因此惯性力的大小等于

$$S_i = x\omega^2 \sin\varphi \frac{m}{l}\mathrm{d}x$$

惯性力系是平行力系，其主矢量显然不等于零，故可以等效于一个力，其大小为

$$R_S = \int_0^l x\omega^2 \sin\varphi \frac{m}{l}\mathrm{d}x = \frac{1}{2}ml\omega^2 \sin\varphi$$

这个力的作用点为 D 点，如图8-2(c) 所示，则

$$R_S|OD|\cos\varphi = \int_0^l (x\cos\varphi)S_i = \frac{1}{3}ml^2\omega^2 \sin\varphi\cos\varphi$$

由此可得

$$|OD| = \frac{2}{3}l$$

对 O 点取矩，得平衡方程：

$$R_S|OD|\cos\varphi - mg\left(\frac{1}{2}l\sin\varphi\right) = 0$$

整理得

$$(2l\omega^2 \cos\varphi - 3g)\sin\varphi = 0$$

由此解出

$$\varphi = 0°, \quad \varphi = 180°, \quad \varphi = \arccos\frac{3g}{2l\omega^2}$$

结果分析：

(1) 若 $2l\omega^2 \leqslant 3g$，只有两个解 $\varphi = 0°$，$\varphi = 180°$；

(2) 若 $2l\omega^2 > 3g$，3 个解都存在。

例 8-3 设转子的偏心距 $e = 0.1\text{mm}$，质量 $m = 20\text{kg}$，转轴垂直于转子的对称面，如图8-3(a) 所示。若转子以匀转速 12000rpm 转动（单位 rpm 是 r/min），设转子的对称面与两轴承的距离相等，求轴承的动约束力 (由运动时的惯性力所引起的约束力)。

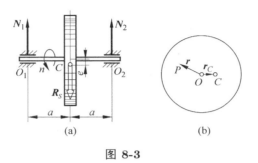

图 8-3

解 由于转子作匀角速转动，转子上任意一点 P 作匀速圆周运动，加速度为向心加速度 $-\omega^2\boldsymbol{r}$，其中 $\boldsymbol{r}$ 为该点相对转子的形心 O 的矢径，如图8-3(b) 所示。因此作用在转子上的惯性力 (即离心力) 是分布的汇交力系，其汇交点就是转子的形心 O。这个惯性力系可以等效为一个过转子形心 O 的合力

$$\boldsymbol{R}_S = \int_V \omega^2\boldsymbol{r}\rho\mathrm{d}V$$

利用质心公式可得

$$\boldsymbol{R}_S = m\omega^2\boldsymbol{r}_C$$

其中 $\boldsymbol{r}_C$ 是转子质心 C 相对转子的形心 O 的矢径。根据已知条件，这个合力的大小为

$$R_S = m\omega^2 e$$

利用平衡方程容易求出两个轴承的动约束力为

$$N_1 = N_2 = \frac{1}{2}m\omega^2 e = 1.58\text{kN}$$

如果仅考虑重力作用，轴承的静约束力仅为 98N，只是动约束力的 1/16。

8.1.2 惯性力系的简化

下面讨论惯性力系的简化，以及动静法与动量定理和动量矩定理的关系。

首先取固定点 O 为简化中心，惯性力系可以简化为作用在 O 点的惯性力和惯性力偶，它们分别由惯性力系的主矢量 $\boldsymbol{R}_S$ 和对 O 点的主矩 $\boldsymbol{M}_{SO}$ 确定。惯性力系的主矢量为

$$\boldsymbol{R}_S = -\sum_{i=1}^{n} m_i\boldsymbol{a}_i = -m\boldsymbol{a}_C = -\frac{\mathrm{d}\boldsymbol{p}}{\mathrm{d}t} \tag{8-4}$$

其中 m_i 和 $\boldsymbol{a}_i$ 分别是质点 P_i 的质量和绝对加速度，m 为质点系的质量，$\boldsymbol{a}_C$ 为质点系质心的加速度，$\boldsymbol{p}$ 为质点系的动量。可以发现，动静法列出的力平衡方程(8-2)就是动量定理

$$\frac{\mathrm{d}\boldsymbol{p}}{\mathrm{d}t} = \boldsymbol{R} + \boldsymbol{R}_N$$

质点系的惯性力系对固定点 O 的主矩为

$$
\begin{aligned}
\boldsymbol{M}_{SO} &= \sum_{i=1}^{n} \boldsymbol{r}_i \times (-m_i \boldsymbol{a}_i) \\
&= \frac{\mathrm{d}}{\mathrm{d}t} \sum_{i=1}^{n} \boldsymbol{r}_i \times (-m_i \boldsymbol{v}_i) - \sum_{i=1}^{n} \boldsymbol{v}_i \times (-m_i \boldsymbol{v}_i) \\
&= -\frac{\mathrm{d}\boldsymbol{L}_O}{\mathrm{d}t}
\end{aligned}
\tag{8-5}
$$

式中 $\boldsymbol{r}_i$ 为质点 P_i 相对 O 点的矢径, $\boldsymbol{L}_O = \sum_{i=1}^{n} \boldsymbol{r}_i \times (m_i \boldsymbol{v}_i)$ 为质点系对 O 点动量矩。可以发现, 动静法列出的力矩平衡方程(8-3)就是对固定点 O 的动量矩定理

$$
\frac{\mathrm{d}\boldsymbol{L}_O}{\mathrm{d}t} = \boldsymbol{M}_O + \boldsymbol{M}_{NO}
$$

如果取质点系的质心 C 为简化中心, 惯性力系简化为作用在质心的惯性力和惯性力偶, 它们分别由惯性力系的主矢量 $\boldsymbol{R}_S$ 和对质心的主矩确定。惯性力系对质心 C 的主矩为

$$
\begin{aligned}
\boldsymbol{M}_{SC} &= \sum_{i=1}^{n} \boldsymbol{\rho}_i \times (-m_i \boldsymbol{a}_i) \\
&= \frac{\mathrm{d}}{\mathrm{d}t} \sum_{i=1}^{n} \boldsymbol{\rho}_i \times (-m_i \boldsymbol{v}_i) - \sum_{i=1}^{n} \frac{\mathrm{d}\boldsymbol{\rho}_i}{\mathrm{d}t} \times (-m_i \boldsymbol{v}_i) \\
&= \frac{\mathrm{d}}{\mathrm{d}t} \sum_{i=1}^{n} \boldsymbol{\rho}_i \times (-m_i \boldsymbol{v}_i) - \sum_{i=1}^{n} (\boldsymbol{v}_i - \boldsymbol{v}_C) \times (-m_i \boldsymbol{v}_i) \\
&= -\frac{\mathrm{d}\boldsymbol{L}_C}{\mathrm{d}t}
\end{aligned}
\tag{8-6}
$$

式中 $\boldsymbol{\rho}_i$ 为质点 P_i 对质心 C 的矢径, $\boldsymbol{L}_C = \sum_{i=1}^{n} \boldsymbol{\rho}_i \times m_i \boldsymbol{v}_i$ 为质点系对质心的动量矩。

由此可见, 惯性力系的主矢量等于质点系动量对时间的导数的负值, 惯性力系对固定点 O (或质心 C) 的主矩等于质点系对固定点 O (或质心 C) 的动量矩对时间的导数的负值。动静法中的力矩平衡方程实际上是动量矩定理的另一种表达形式, 而力的平衡方程实际上是动量定理的另一种表达形式。因此动静法与动量定理和动量矩定理是完全等价的。

为了便于利用动静法求解刚体动力学问题, 下面推导刚体定轴转动和平面运动情况下惯性力系的主矩。

1. 设刚体绕 Oz 轴作定轴转动, 则刚体的角速度和角加速度分别为 $\boldsymbol{\omega} = \omega \boldsymbol{k}$ 和 $\boldsymbol{\varepsilon} = \varepsilon \boldsymbol{k}$, 刚体内质量微元 $\mathrm{d}m$ 的加速度为

$$
\boldsymbol{a} = \boldsymbol{\varepsilon} \times \boldsymbol{r} + \boldsymbol{\omega} \times (\boldsymbol{\omega} \times \boldsymbol{r})
\tag{8-7}
$$

利用矢量运算可得

$$
\boldsymbol{r} \times \boldsymbol{a} = \boldsymbol{r} \times (\varepsilon \boldsymbol{k} \times \boldsymbol{r}) + \boldsymbol{r} \times [\omega \boldsymbol{k} \times (\omega \boldsymbol{k} \times \boldsymbol{r})]
\tag{8-8}
$$

我们把矢径 $\boldsymbol{r}$ 写成 $\boldsymbol{r} = x\boldsymbol{i} + y\boldsymbol{j} + z\boldsymbol{k}$, 代入公式(8-8)可得

$$
\boldsymbol{r} \times \boldsymbol{a} = \varepsilon(xz\boldsymbol{i} - yz\boldsymbol{j}) + \varepsilon(x^2 + y^2)\boldsymbol{k} - \omega^2(yz\boldsymbol{i} + xz\boldsymbol{j})
\tag{8-9}
$$

如果 Oxy 平面是刚体的质量对称面, 则有

$$
\int xz\mathrm{d}m = 0, \qquad \int yz\mathrm{d}m = 0
$$

在这个条件下，由公式(8-5)和(8-9)可得

$$\boldsymbol{M}_{SO} = -\varepsilon\boldsymbol{k}\int(x^2 + y^2)\mathrm{d}m \tag{8-10}$$

即

$$\boldsymbol{M}_{SO} = -J_{Oz}\varepsilon\boldsymbol{k} \tag{8-11}$$

其中 J_{Oz} 是刚体对 Oz 轴的转动惯量。

2. 如果刚体平行于 xy 平面作平面运动，则刚体的角速度和角加速度分别为 $\boldsymbol{\omega} = \omega\boldsymbol{k}$ 和 $\boldsymbol{\varepsilon} = \varepsilon\boldsymbol{k}$，刚体内质量微元 $\mathrm{d}m$ 的加速度为

$$\boldsymbol{a} = \boldsymbol{a}_C + \boldsymbol{\varepsilon}\times\boldsymbol{\rho} + \boldsymbol{\omega}\times(\boldsymbol{\omega}\times\boldsymbol{\rho}) \tag{8-12}$$

其中 $\boldsymbol{\rho}$ 是质量微元 $\mathrm{d}m$ 相对质心 C 的矢径。考虑到

$$\int\boldsymbol{\rho}\times\boldsymbol{a}_C\mathrm{d}m = \left(\int\boldsymbol{\rho}\mathrm{d}m\right)\times\boldsymbol{a}_C = m\boldsymbol{\rho}_C\times\boldsymbol{a}_C = \boldsymbol{0}$$

其中 $\boldsymbol{\rho}_C$ 是刚体质心 C 相对 C 的矢径，故 $\boldsymbol{\rho}_C \equiv \boldsymbol{0}$。

如果 Cxy 平面是刚体的质量对称面，则完全类似于式(8-8)～式(8-10)的计算过程，可得

$$\boldsymbol{M}_{SC} = -J_{Cz}\varepsilon\boldsymbol{k} \tag{8-13}$$

其中 J_{Cz} 是刚体对 Cz 轴的转动惯量。根据公式(8-13)可知，如果刚体作平动 ($\varepsilon = 0$)，则

$$\boldsymbol{M}_{SC} = \boldsymbol{0} \tag{8-14}$$

在第 9 章我们将会看到，根据式(8-5)、式(8-6)和式(9-5)直接可以得到式(8-11)和式(8-13)。

例 8-4 质量为 m、半径为 R 的均质圆盘沿倾角为 α 的斜面上只滚不滑，如图8-4所示。试求圆盘的质心加速度和斜面对圆盘的约束力。不计滚动摩阻。

解 取 x 为广义坐标，圆盘受到的约束和主动力如图8-4所示。将惯性力系向圆盘质心简化，得到惯性力 $\boldsymbol{R}_S$ 和惯性力偶 $\boldsymbol{M}_{SC}$，其大小分别为

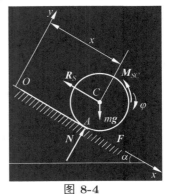

图 8-4

$$R_S = m\ddot{x}$$

$$M_{SC} = \frac{1}{2}mR^2\ddot{\varphi} = \frac{1}{2}mR\ddot{x}$$

约束力对接触点 A 的力矩为 0，因此对 A 点列力矩平衡方程

$$M_{SC} + R_S R - mgR\sin\alpha = 0$$

可解得

$$\ddot{x} = \frac{2}{3}g\sin\alpha$$

再由质心运动定理

$$-R_S - F + mg\sin\alpha = 0$$

$$N - mg\cos\alpha = 0$$

可解得

$$F = \frac{1}{3} mg \sin \alpha$$

$$N = mg \cos \alpha$$

讨论 例7-10采用质心运动定理和对质心的动量矩定理求解本问题。由于约束反力对质心的力矩不为零，需要联立求解方程组。在用动静法求解时，将惯性力系向质心简化后可以对任意点列力矩平衡方程。本例中，约束反力均过接触点 A，对 A 点列力矩平衡方程可以消除约束反力，直接解出质心的加速度，避免了联立求解方程组。

8.2 达朗贝尔-拉格朗日原理

原理是指某些基本原则，在此基础上可以建立某个理论、科学体系。理论力学的原理分为变分的和非变分的。牛顿定律、达朗贝尔原理等属于非变分的原理。变分原理是用数学语言陈述的区分系统真实运动与可能运动的条件。变分原理分为微分变分原理和积分变分原理。微分变分原理给出固定时刻真实运动的判据，例如达朗贝尔-拉格朗日原理、高斯原理。积分变分原理给出有限时间段内真实运动的判据，例如哈密顿原理。

本节只介绍达朗贝尔-拉格朗日原理，在动力学专题中将介绍哈密顿原理。

达朗贝尔-拉格朗日原理：设质点系的质点$P_i(i = 1, 2, \cdots, n)$ 受主动力$\boldsymbol{F}_i$ 作用，质点系的约束都是双面理想约束，可能运动$\boldsymbol{r}_i = \boldsymbol{r}_i(t)$ 是真实运动的充分必要条件是

$$\sum_{i=1}^{n} (\boldsymbol{F}_i - m_i \ddot{\boldsymbol{r}}_i) \cdot \delta \boldsymbol{r}_i = 0 \tag{8-15}$$

对任意一组虚位移$\delta \boldsymbol{r}_i$ 都成立。

式(8-15)又称作**动力学普遍方程**。该方程也可写为标量形式：

$$\sum_{i=1}^{n} [(F_{ix} - m_i \ddot{x}_i)\delta x_i + (F_{iy} - m_i \ddot{y}_i)\delta y_i + (F_{iz} - m_i \ddot{z}_i)\delta z_i)] = 0$$

我们通过下面推导说明达朗贝尔-拉格朗日原理和牛顿第二定律等价。

首先我们从牛顿第二定律推导达朗贝尔-拉格朗日原理。根据牛顿第二定律，在真实运动中质点系每个质点都满足运动微分方程

$$\boldsymbol{F}_i + \boldsymbol{N}_i - m_i \ddot{\boldsymbol{r}}_i = 0 \quad (i = 1, 2, \cdots, n) \tag{8-16}$$

其中 $\boldsymbol{F}_i$ 是质点 P_i 所受的主动力的合力，$\boldsymbol{N}_i$ 是质点 P_i 所受的约束反力的合力。将上式两边点乘该质点的虚位移 $\delta \boldsymbol{r}_i$，并对质系的所有质点求和得

$$\sum_{i=1}^{n} (\boldsymbol{F}_i - m_i \ddot{\boldsymbol{r}}_i) \cdot \delta \boldsymbol{r}_i + \sum_{i=1}^{n} \boldsymbol{N}_i \cdot \delta \boldsymbol{r}_i = 0 \tag{8-17}$$

根据理想约束的定义，上式的第二项求和为零，于是得到达朗贝尔-拉格朗日原理(8-15)。

下面从达朗贝尔-拉格朗日原理推导牛顿定律。由达朗贝尔-拉格朗日原理和理想约束的定义可知，式(8-17)对任意的一组虚位移都成立。将求和号合并后可得

$$\sum_{i=1}^{n}(\boldsymbol{F}_i + \boldsymbol{N}_i - m_i\ddot{\boldsymbol{r}}_i) \cdot \delta\boldsymbol{r}_i = 0 \tag{8-18}$$

引入约束反力代替约束，质点系就不再有约束，变成了自由质点系，因此所有质点的虚位移都是相互独立的。如果我们取一组特殊的虚位移

$$\delta\boldsymbol{r}_1 \neq 0, \quad \delta\boldsymbol{r}_2 = \delta\boldsymbol{r}_3 = \cdots = \delta\boldsymbol{r}_n = 0$$

则有

$$\boldsymbol{F}_1 + \boldsymbol{N}_1 - m_1\ddot{\boldsymbol{r}}_1 = 0$$

同理可以得到其他 $n-1$ 个方程。

我们在本课程中介绍达朗贝尔-拉格朗日原理的目的主要是为了推导第二类拉格朗日方程。当然，达朗贝尔-拉格朗日原理也可以直接用来求解动力学问题。关系式(8-15)实际上不是一个方程，它包含的方程数等于自由度，即虚位移 $\delta x_1, \delta y_1, \delta z_1, \cdots, \delta x_n, \delta y_n, \delta z_n$ 中独立的个数。每个独立的方程都不包含约束反力。动力学普遍方程不包含约束反力这一重要性质，给求解问题带来很大便利，特别针对由很多刚体组成而自由度不多的系统，如传动机构。因此，动力学普遍方程与牛顿定律相比，求解动力学问题有一定的优势。下面给出几个例子。

例 8-5 两个质量为 m_1 和 m_2 的质点以理想的细绳相连，绳跨过半径为 r 的光滑杆，两个质点在重力作用下在铅垂平面内运动，如图8-5所示。试建立系统运动微分方程。

解 设 (x_1, y_1) 和 (x_2, y_2) 是质点 m_1 和 m_2 的坐标。约束方程为

$$x_1 + x_2 = \text{const}, \quad y_1 = -r, \quad y_2 = r$$

进行 δ 运算得

$$\delta x_1 + \delta x_2 = 0, \quad \delta y_1 = 0, \quad \delta y_2 = 0$$

将第一个约束方程对时间求二阶导数

$$\ddot{x}_1 + \ddot{x}_2 = 0$$

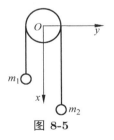

图 8-5

由动力学普遍方程得

$$(m_1 g - m_1\ddot{x}_1)\delta x_1 + (m_2 g - m_2\ddot{x}_2)\delta x_2 = 0$$

整理后得

$$[(m_2 - m_1)g - (m_1 + m_2)\ddot{x}_2]\delta x_2 = 0$$

由于 δx_2 是任意性的，我们得到运动微分方程

$$(m_1 + m_2)\ddot{x}_2 = (m_2 - m_1)g$$

例 8-6 建立平面单摆的运动微分方程。

解　设摆锤质量为 m，与长为 l 的无质量杆固结，杆的另一端铰接在 A 点，杆可以绕 A 点在铅垂平面内无摩擦地转动。坐标系如图8-6所示。取 φ 为广义坐标，摆锤坐标写成

$$x = l\cos\varphi, \quad y = l\sin\varphi$$

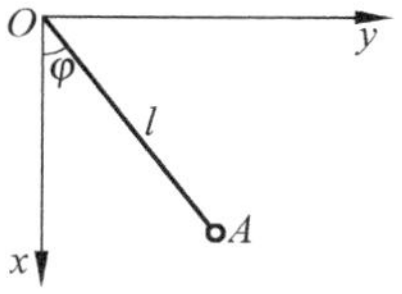

进行等时变分 δ 运算得

图 8-6

$$\delta x = -l\sin\varphi\delta\varphi, \quad \delta y = l\cos\varphi\delta\varphi$$

坐标 x, y 对时间的二阶导数为

$$\ddot{x} = -l\sin\varphi\ddot{\varphi} - l\cos\varphi\dot{\varphi}^2, \quad \ddot{y} = l\cos\varphi\ddot{\varphi} - l\sin\varphi\dot{\varphi}^2$$

主动力为重力

$$F_x = mg, \quad F_y = 0$$

由动力学普遍方程

$$(F_x - m\ddot{x})\delta x + (F_y - m\ddot{y})\delta y = 0$$

给出等式

$$-ml(g\sin\varphi + l\ddot{\varphi})\delta\varphi = 0$$

再利用 $\delta\varphi$ 的任意性得单摆的运动微分方程

$$\ddot{\varphi} + \frac{g}{l}\sin\varphi = 0$$

例 8-7　重新求解例8-1。

解　以整个调速器为研究对象，约束是理想的。系统有一个自由度，选 α 为广义坐标。A, B, C 的坐标为

$$x_A = -x_B = -l\sin\alpha, \quad y_A = y_B = l\cos\alpha, \quad y_C = 2l\cos\alpha$$

进行等时变分 δ 运算得

$$\delta x_A = -\delta x_B = -l\cos\alpha\delta\alpha, \quad \delta y_A = \delta y_B = -l\sin\alpha\delta\alpha, \quad \delta y_C = -2l\sin\alpha\delta\alpha$$

当调速器稳定运转时，飞球在水平面内作匀速圆周运动，因此加速度沿着圆的径向向内，垂直并通过主轴，其大小为

$$a_A = -a_B = l\omega^2\sin\alpha$$

由动力学普遍方程

$$-ma_A\delta x_A + mg\delta y_A - ma_B\delta x_B + mg\delta y_B + Mg\delta y_A = 0$$

整理得

$$2[ml^2\omega^2\cos\alpha - (m + M)g]\sin\alpha\delta\alpha = 0$$

再利用 $\delta\alpha$ 的任意性得

$$[ml^2\omega^2\cos\alpha - (m + M)g]\sin\alpha = 0$$

显然 $\sin\alpha = 0$ 不符合题意, 故

$$\cos\alpha = \frac{m+M}{ml\omega^2}g$$

讨论

(1) 动力学普遍方程是在约束理想的假设下得到的。如果质点系存在非理想约束, 则相应的约束反力 $\boldsymbol{N}_i^*$ 的虚功不为零。我们可以将这样的约束反力当作主动力, 动力学普遍方程变为

$$\sum_{i=1}^{n}(\boldsymbol{F}_i + \boldsymbol{N}_i^* - m_i\ddot{\boldsymbol{r}}_i)\cdot\delta\boldsymbol{r}_i = 0 \tag{8-19}$$

一般来说约束反力 $\boldsymbol{N}_i^*$ 是未知的, 需要根据约束的物理性质补充其他方程来确定。

(2) 我们在第 5 章曾指出, 虚位移原理可以看作达朗贝尔-拉格朗日原理的特殊情况。事实上, 如果在时间段 $t_0 \leqslant t \leqslant t_1$ 内质点系静止 (平衡), 即所有质点的速度都为零, 则在时间段 $t_0 < t < t_1$ 内所有质点的加速度都为零, 即 $\ddot{\boldsymbol{r}}_i \equiv 0(i = 1, 2, \cdots, n)$。动力学普遍方程(8-15) 就退化为静力学普遍方程(5-17)。

联合达朗贝尔原理和虚位移原理, 可以导出动力学普遍方程(8-15)。因虚位移原理由拉格朗日提出, 故名达朗贝尔-拉格朗日原理。

(3) 现在我们再来看一下力系等效条件。由动力学普遍方程(8-15)可知, 如果力系 $\boldsymbol{F}_i(i = 1, 2, \cdots, n)$ 和力系 $\boldsymbol{F}_j^*(j = 1, 2, \cdots, l)$ 在任意的相同虚位移上所做的虚功相等, 即

$$\sum_{i=1}^{n}\boldsymbol{F}_i\cdot\delta\boldsymbol{r}_i = \sum_{j=1}^{l}\boldsymbol{F}_j^*\cdot\delta\boldsymbol{r}_j \tag{8-20}$$

那么用力系 $\boldsymbol{F}_j^*(j = 1, 2, \cdots, l)$ 代替力系 $\boldsymbol{F}_i(i = 1, 2, \cdots, n)$ 后, 动力学普遍方程不会发生变化 (运动也不会因此改变)。因此, 式(8-20)是力系 $\boldsymbol{F}_i(i = 1, 2, \cdots, n)$ 与力系 $\boldsymbol{F}_j^*(j = 1, 2, \cdots, l)$ 等效的充分必要条件。这个**力系等效条件**适用于受双面理想约束的质点系。

利用力系等效条件(8-20)可以推导出 4.2 节的力系等效定理, 即作用在一个自由刚体上两个力系的等效条件。由式(5-14)可知, 作用在刚体上的力系 $\boldsymbol{F}_i(i = 1, 2, \cdots, n)$ 和 $\boldsymbol{F}_j^*(j = 1, 2, \cdots, l)$ 在同一组虚位移上所做的虚功分别为

$$\sum_{i=1}^{n}\boldsymbol{F}_i\cdot\delta\boldsymbol{r}_i = \boldsymbol{R}\cdot\delta\boldsymbol{r}_O + \boldsymbol{M}_O\cdot\delta\boldsymbol{\Theta} \tag{8-21}$$

$$\sum_{j=1}^{l}\boldsymbol{F}_j^*\cdot\delta\boldsymbol{r}_j = \boldsymbol{R}^*\cdot\delta\boldsymbol{r}_O + \boldsymbol{M}_O^*\cdot\delta\boldsymbol{\Theta} \tag{8-22}$$

其中 $\boldsymbol{R}$ 和 $\boldsymbol{M}_O$ 分别是力系 $\boldsymbol{F}_i(i = 1, 2, \cdots, n)$ 的主矢量和对 O 点的主矩, $\boldsymbol{R}^*$ 和 $\boldsymbol{M}_O^*$ 分别是力系 $\boldsymbol{F}_j^*(j = 1, 2, \cdots, l)$ 的主矢量和对 O 点的主矩。

两个力系等效的充分必要条件是式(8-21)和式(8-22)的左端相等, 将这两个式子右端相减可得

$$(\boldsymbol{R}^* - \boldsymbol{R})\cdot\delta\boldsymbol{r}_O + (\boldsymbol{M}_O^* - \boldsymbol{M}_O)\cdot\delta\boldsymbol{\Theta} = 0 \tag{8-23}$$

由于虚位移 $\delta\boldsymbol{r}_O$ 和 $\delta\boldsymbol{\Theta}$ 都是任意的, 所以有

$$\boldsymbol{R}^* = \boldsymbol{R}, \qquad \boldsymbol{M}_O^* = \boldsymbol{M}_O \tag{8-24}$$

就是说，作用在同一个刚体上的两个力系等效的充分必要条件是：它们的主矢量相等、对刚体上任选一点 O 的主矩相等。根据 4.1 节给出的力系对不同的点的主矩的关系式，只要两个力系对某一个点的主矩相等，并且主矢量相等，则它们对任意点的主矩都相等。因此我们有以下结论：如果两个作用在同一个刚体上的力系等效，则它们对刚体上任意点的主矩都相等，它们的主矢量也相等；如果作用在同一个刚体上的两个力系的主矢量相等，并且它们对刚体上某个点的主矩相等，则这两个力系等效。

8.3　第二类拉格朗日方程

8.3.1　广义坐标下的动力学普遍方程

考察由 n 个质点组成的质点系。如果质点系有 l 个完整、理想约束，则可以选 k 个 $(k = 3n-l)$ 广义坐标 $q_1, q_2, \cdots, q_k$ 来描述质点系的运动。设质点 P_i 的质量为 m_i，其矢径 $\boldsymbol{r}_i$ 可表示为广义坐标和时间的函数，即

$$\boldsymbol{r}_i = \boldsymbol{r}_i(q_1, q_2, \cdots, q_k, t) \tag{8-25}$$

质点系动力学普遍方程可以写成

$$\sum_{i=1}^{n} \boldsymbol{F}_i \cdot \delta \boldsymbol{r}_i + \sum_{i=1}^{n} (-m_i \ddot{\boldsymbol{r}}_i) \cdot \delta \boldsymbol{r}_i = 0 \tag{8-26}$$

在 5.4 节讲广义力时我们已经知道，式(8-26)左端第一项可以写成

$$\sum_{i=1}^{n} \boldsymbol{F}_i \cdot \delta \boldsymbol{r}_i = \sum_{j=1}^{k} Q_j \delta q_j \tag{8-27}$$

其中 Q_j 是对应广义坐标 q_j 的广义力。

类似地，我们可以把式(8-26)左端的第二项写成

$$\sum_{i=1}^{n} (-m_i \ddot{\boldsymbol{r}}_i) \cdot \delta \boldsymbol{r}_i = \sum_{j=1}^{k} Q_j^* \delta q_j \tag{8-28}$$

其中

$$Q_j^* = -\sum_{i=1}^{n} m_i \ddot{\boldsymbol{r}}_i \cdot \frac{\partial \boldsymbol{r}_i}{\partial q_j} \tag{8-29}$$

称为对应广义坐标 q_j 的**广义惯性力**。

于是，式(8-26)可以改写为

$$\sum_{j=1}^{k} (Q_j + Q_j^*) \delta q_j = 0 \tag{8-30}$$

这是**广义坐标下的动力学普遍方程**。

8.3.2　广义惯性力

广义惯性力(8-29)和各质点的加速度有关，而加速度分析要比速度分析复杂得多。下面我们把广义惯性力改写成更容易计算的形式。在继续推导之前，我们首先证明两个数学关系式。将

式(8-25)对时间求导数，可得质点 P_i 的速度为

$$\dot{\boldsymbol{r}}_i = \sum_{j=1}^{k} \frac{\partial \boldsymbol{r}_i}{\partial q_j} \dot{q}_j + \frac{\partial \boldsymbol{r}_i}{\partial t} \tag{8-31}$$

将质点 P_i 的速度式(8-31)对 $\dot{q}_s$ 求偏导数。由于 $\partial \boldsymbol{r}_i / \partial q_j (j = 1, 2, \cdots, k)$ 和 $\partial \boldsymbol{r}_i / \partial t$ 均与 $\dot{q}_s$ 无关，故

$$\frac{\partial \dot{\boldsymbol{r}}_i}{\partial \dot{q}_s} = \frac{\partial \boldsymbol{r}_i}{\partial q_s} \tag{8-32}$$

这是后面推导需要用的第一个数学关系式。

我们再将质点 P_i 的速度式(8-31)对任意广义坐标 q_s 求偏导数，并考虑到 $\dot{q}_j (j = 1, 2, \cdots, k)$ 与 q_s 相互独立，得

$$\frac{\partial \dot{\boldsymbol{r}}_i}{\partial q_s} = \sum_{j=1}^{k} \frac{\partial^2 \boldsymbol{r}_i}{\partial q_j \partial q_s} \dot{q}_j + \frac{\partial^2 \boldsymbol{r}_i}{\partial t \partial q_s} = \sum_{j=1}^{k} \frac{\partial}{\partial q_j} \left(\frac{\partial \boldsymbol{r}_i}{\partial q_s} \right) \dot{q}_j + \frac{\partial}{\partial t} \left(\frac{\partial \boldsymbol{r}_i}{\partial q_s} \right)$$

上式右端正是 $\partial \boldsymbol{r}_i / \partial q_s$ 对时间的全导数，故

$$\frac{\partial \dot{\boldsymbol{r}}_i}{\partial q_s} = \frac{\mathrm{d}}{\mathrm{d}t} \left(\frac{\partial \boldsymbol{r}_i}{\partial q_s} \right) \tag{8-33}$$

这是后面推导需要用的第二个数学关系式。

下面推导广义惯性力更容易计算的形式。广义惯性力(8-29)可以改写为

$$Q_j^* = -\frac{\mathrm{d}}{\mathrm{d}t} \left(\sum_{i=1}^{n} m_i \dot{\boldsymbol{r}}_i \cdot \frac{\partial \boldsymbol{r}_i}{\partial q_j} \right) + \sum_{i=1}^{n} m_i \dot{\boldsymbol{r}}_i \cdot \frac{\mathrm{d}}{\mathrm{d}t} \left(\frac{\partial \boldsymbol{r}_i}{\partial q_j} \right) \tag{8-34}$$

将关系式(8-32)和(8-33)代入上式，得到广义惯性力的表达式

$$\begin{aligned} Q_j^* &= -\frac{\mathrm{d}}{\mathrm{d}t} \left(\sum_{i=1}^{n} m_i \dot{\boldsymbol{r}}_i \cdot \frac{\partial \dot{\boldsymbol{r}}_i}{\partial \dot{q}_j} \right) + \sum_{i=1}^{n} m_i \dot{\boldsymbol{r}}_i \cdot \frac{\partial \dot{\boldsymbol{r}}_i}{\partial q_j} \\ &= -\frac{\mathrm{d}}{\mathrm{d}t} \left(\frac{\partial T}{\partial \dot{q}_j} \right) + \frac{\partial T}{\partial q_j} \end{aligned} \tag{8-35}$$

式中

$$T = \frac{1}{2} \sum_{i=1}^{n} m_i (\dot{\boldsymbol{r}}_i \cdot \dot{\boldsymbol{r}}_i) = \frac{1}{2} \sum_{i=1}^{n} m_i \dot{r}_i^2 \tag{8-36}$$

为质点系的动能。由式(8-35)给出的广义惯性力表达式只与质点系的动能有关，无须再分析计算各质点的加速度。

8.3.3　第二类拉格朗日方程

将式(8-35)代入式(8-30)，可得

$$\sum_{j=1}^{k} \left[\frac{\mathrm{d}}{\mathrm{d}t} \left(\frac{\partial T}{\partial \dot{q}_j} \right) - \frac{\partial T}{\partial q_j} - Q_j \right] \delta q_j = 0 \tag{8-37}$$

如果质点系的约束都是完整的，则 $\delta q_j (j = 1, 2, \cdots, k)$ 是相互独立的，由式(8-37)可得

$$\frac{\mathrm{d}}{\mathrm{d}t}\left(\frac{\partial T}{\partial \dot{q}_j}\right) - \frac{\partial T}{\partial q_j} = Q_j \quad (j = 1, 2, \cdots, k) \tag{8-38}$$

这就是**第二类拉格朗日方程**。经常简称为**拉格朗日方程**。

如果质点系的主动力都是有势的，引入**拉格朗日函数** $L = T - V$（又称为**动势**），其中 V 是质点系的势能。利用势能与广义力的关系式

$$Q_j = -\frac{\partial V}{\partial q_j} \quad (j = 1, 2, \cdots, k)$$

并考虑到 $\partial V / \partial \dot{q}_j = 0$，可将式(8-38)改写成

$$\frac{\mathrm{d}}{\mathrm{d}t}\left(\frac{\partial L}{\partial \dot{q}_j}\right) - \frac{\partial L}{\partial q_j} = 0 \quad (j = 1, 2, \cdots, k) \tag{8-39}$$

这是**拉格朗日方程的标准形式**。

拉格朗日方程是关于 k 个函数 $q_1(t), q_2(t), \cdots, q_k(t)$ 的 k 个二阶微分方程。这个方程组的阶数为 $2k$，这是 k 自由度质点系的运动微分方程的最小可能阶数。拉格朗日方程具有**不变性**，其形式不依赖于广义坐标的选择，选取不同的广义坐标只会改变函数 T 和 Q_j（或 V）的形式，但方程(8-38)和(8-39)的形式不会改变。

应用拉格朗日方程的解题步骤为：

（1）判断约束是否为完整理想约束，主动力是否有势，确定能否应用拉格朗日方程以及应用何种形式的拉格朗日方程。

（2）确定系统的自由度，选择合适的广义坐标。

（3）按所选的广义坐标，写出系统的动能、势能或广义力。正确计算质点系（包括刚体）的动能往往是解题的关键。

（4）把拉格朗日函数或动能、广义力代入拉格朗日方程。

例 8-8　两个质量为 m_1 和 m_2 的质点以理想的细绳相连，绳跨过半径为 r 的光滑杆，两个质点在重力作用下在铅垂平面内运动，如图8-7所示。试建立系统运动微分方程。

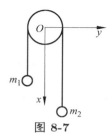

图 8-7

解　这个质点系有一个自由度，我们可以取质点 m_2 的坐标 x_2 为广义坐标，质点 m_1 的坐标 x_1 可以表示为

$$x_1 = l - x_2$$

其中 l 为常数。此式对时间求导得

$$\dot{x}_1 = -\dot{x}_2$$

系统动能为

$$T = \frac{1}{2}m_1\dot{x}_1^2 + \frac{1}{2}m_2\dot{x}_2^2 = \frac{1}{2}(m_1 + m_2)\dot{x}_2^2$$

主动力为重力，势能为

$$V = -m_1 g x_1 - m_2 g x_2 = -mgl + (m_1 - m_2)g x_2$$

动势（拉格朗日函数）为

$$L = T - V = \frac{1}{2}(m_1 + m_2)\dot{x}_2^2 - (m_1 - m_2)gx_2 + mgl$$

计算拉格朗日函数 L 对广义坐标和广义速度的偏导数

$$\frac{\partial L}{\partial x_2} = (m_2 - m_1)g$$

$$\frac{\partial L}{\partial \dot{x}_2} = (m_1 + m_2)\dot{x}_2$$

计算全导数

$$\frac{\mathrm{d}}{\mathrm{d}t}\left(\frac{\partial L}{\partial \dot{x}_2}\right) = (m_1 + m_2)\ddot{x}_2$$

由拉格朗日方程

$$\frac{\mathrm{d}}{\mathrm{d}t}\left(\frac{\partial L}{\partial \dot{x}_2}\right) - \frac{\partial L}{\partial x_2} = 0$$

得

$$(m_1 + m_2)\ddot{x}_2 + (m_1 - m_2)g = 0$$

讨论 对于这个只有一个自由度的系统，建立运动微分方程的最简单方法是应用动能定理或机械能守恒定律。我们将机械能守恒式

$$T + V = \frac{1}{2}(m_1 + m_2)\dot{x}_2^2 + (m_1 - m_2)gx_2 + mgl = \text{const}$$

对时间求导可得

$$(m_1 + m_2)\ddot{x}_2\dot{x}_2 + (m_1 - m_2)g\dot{x}_2 = 0$$

在系统运动时，$\dot{x}_2 \neq 0$，上式可得

$$(m_1 + m_2)\ddot{x}_2 + (m_1 - m_2)g = 0$$

例 8-9 建立平面单摆的运动微分方程。

解 设摆锤质量为 m，与长为 l 的无质量杆固结，杆的另一端铰接在 A 点，杆可以绕 A 点在铅垂平面内无摩擦地转动。坐标系如图8-8所示。这是一个自由度系统，取 φ 为广义坐标，摆锤坐标写成

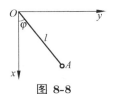

图 8-8

$$x = l\cos\varphi, \quad y = l\sin\varphi$$

对时间求导得

$$\dot{x} = -l\sin\varphi\dot{\varphi}, \quad \dot{y} = l\cos\varphi\dot{\varphi}$$

动能为

$$T = \frac{1}{2}m(\dot{x}^2 + \dot{y}^2) = \frac{1}{2}ml^2\dot{\varphi}^2$$

主动力为重力，势能为

$$V = -mgx = -mgl\cos\varphi$$

拉格朗日函数为

$$L = T - V = \frac{1}{2}ml^2\dot{\varphi}^2 + mgl\cos\varphi$$

计算 L 对广义坐标和广义速度的偏导数

$$\frac{\partial L}{\partial \varphi} = -mgl\sin\varphi$$

$$\frac{\partial L}{\partial \dot{\varphi}} = ml^2\dot{\varphi}$$

计算全导数

$$\frac{\mathrm{d}}{\mathrm{d}t}\left(\frac{\partial L}{\partial \dot{\varphi}}\right) = ml^2\ddot{\varphi}$$

由

$$\frac{\mathrm{d}}{\mathrm{d}t}\left(\frac{\partial L}{\partial \dot{\varphi}}\right) - \frac{\partial L}{\partial \varphi} = 0$$

得

$$ml^2\ddot{\varphi} + mgl\sin\varphi = 0$$

即

$$\ddot{\varphi} + \frac{g}{l}\sin\varphi = 0$$

讨论　对于这个只有一个自由度的系统，建立运动微分方程的最简单方法是应用动能定理或机械能守恒定律。我们将机械能守恒式

$$T + V = \frac{1}{2}ml^2\dot{\varphi}^2 - mgl\cos\varphi = \text{const}$$

对时间求导可得

$$ml^2\ddot{\varphi}\dot{\varphi} + mgl\sin\varphi\dot{\varphi} = 0$$

在系统运动时，$\dot{\varphi} \neq 0$，上式可得

$$ml^2\ddot{\varphi} + mgl\sin\varphi = 0$$

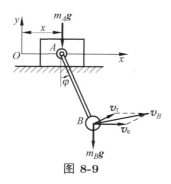

图 8-9

例 8-10　椭圆摆由质量为 m_A 的滑块 A 和质量为 m_B 的单摆 B 构成，如图8-9所示。滑块可沿光滑水平面滑动，AB 杆长为 l，质量不计。不考虑摩擦，试建立系统的运动微分方程。

解　取系统整体为研究对象，系统具有两个自由度，取 x 和 φ 为广义坐标，其原点和指向如图8-9所示。系统具有完整理想约束，可用第二类拉格朗日方程求解。系统的动能为

$$T = \frac{1}{2}m_A v_A^2 + \frac{1}{2}m_B v_B^2 = \frac{1}{2}m_A\dot{x}^2 + \frac{1}{2}m_B(\dot{x}^2 + l^2\dot{\varphi}^2 + 2l\dot{x}\dot{\varphi}\cos\varphi)$$

系统的主动力仅有重力，设零势能点在 $y = 0$ 处，系统的势能为

$$V = -m_B gl\cos\varphi$$

因此拉格朗日函数为

$$L = T - V = \frac{1}{2}m_A\dot{x}^2 + \frac{1}{2}m_B(\dot{x}^2 + l^2\dot{\varphi}^2 + 2l\dot{x}\dot{\varphi}\cos\varphi) + m_B gl\cos\varphi$$

计算拉格朗日函数对广义坐标 x 和相应的广义速度 $\dot{x}$ 的偏导数

$$\frac{\partial L}{\partial x} = 0$$

$$\frac{\partial L}{\partial \dot{x}} = (m_A + m_B)\dot{x} + m_B l\dot{\varphi}\cos\varphi$$

再计算全导数

$$\frac{\mathrm{d}}{\mathrm{d}t}\left(\frac{\partial L}{\partial \dot{x}}\right) = (m_A + m_B)\ddot{x} + m_B l\ddot{\varphi}\cos\varphi - m_B l\dot{\varphi}^2\sin\varphi$$

由

$$\frac{\mathrm{d}}{\mathrm{d}t}\left(\frac{\partial L}{\partial \dot{x}}\right) - \frac{\partial L}{\partial x} = 0$$

可得

$$(m_A + m_B)\ddot{x} + m_B l\ddot{\varphi}\cos\varphi - m_B l\dot{\varphi}^2\sin\varphi = 0$$

计算拉格朗日函数对广义坐标 φ 和相应的广义速度 $\dot{\varphi}$ 的偏导数

$$\frac{\partial L}{\partial \varphi} = -m_B l\dot{x}\dot{\varphi}\sin\varphi - m_B gl\sin\varphi$$

$$\frac{\partial L}{\partial \dot{\varphi}} = m_B l^2\dot{\varphi} + m_B l\dot{x}\cos\varphi$$

再计算全导数

$$\frac{\mathrm{d}}{\mathrm{d}t}\left(\frac{\partial L}{\partial \dot{\varphi}}\right) = m_B l^2\ddot{\varphi} + m_B l\ddot{x}\cos\varphi - m_B l\dot{x}\dot{\varphi}\sin\varphi$$

由

$$\frac{\mathrm{d}}{\mathrm{d}t}\left(\frac{\partial L}{\partial \dot{\varphi}}\right) - \frac{\partial L}{\partial \varphi} = 0$$

可得

$$m_B l^2\ddot{\varphi} + m_B l\ddot{x}\cos\varphi + m_B gl\sin\varphi = 0$$

最后，系统的运动微分方程写成

$$(m_A + m_B)\ddot{x} + m_B l\ddot{\varphi}\cos\varphi - m_B l\dot{\varphi}^2\sin\varphi = 0$$
$$m_B l^2\ddot{\varphi} + m_B l\ddot{x}\cos\varphi + m_B gl\sin\varphi = 0$$

例 8-11　均质圆柱体质量为 m，半径为 r，沿倾角为 α 的三角块作无滑动滚动，如图8-10所示。三角块的质量为 M，置于光滑的水平面上。试列写系统的运动微分方程。

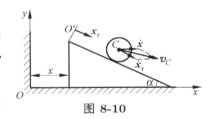

图 8-10

解　系统具有两个自由度，取 x 和 x_r 为广义坐标。该系统有完整理想约束，可用拉格朗日方程求解。

系统的动能为

$$T = \frac{1}{2}M\dot{x}^2 + \frac{1}{2}mv_C^2 + \frac{1}{2}\left(\frac{1}{2}mr^2\right)\omega^2$$

$$= \frac{1}{2}M\dot{x}^2 + \frac{1}{2}m(\dot{x}^2 + \dot{x}_{\mathrm{r}}^2 + 2\dot{x}\dot{x}_{\mathrm{r}}\cos\alpha) + \frac{1}{2}\left(\frac{1}{2}mr^2\right)\left(\frac{\dot{x}_{\mathrm{r}}}{r}\right)^2$$

$$= \frac{1}{2}(M+m)\dot{x}^2 + \frac{3}{4}m\dot{x}_{\mathrm{r}}^2 + m\dot{x}\dot{x}_{\mathrm{r}}\cos\alpha$$

选三角块在水平面而圆柱体在 O' 处为系统的零势能位置，则系统的势能为

$$V = -mgx_{\mathrm{r}}\sin\alpha$$

因此拉格朗日函数为

$$L = T - V = \frac{1}{2}(M+m)\dot{x}^2 + \frac{3}{4}m\dot{x}_{\mathrm{r}}^2 + m\dot{x}\dot{x}_{\mathrm{r}}\cos\alpha + mgx_{\mathrm{r}}\sin\alpha$$

计算拉格朗日函数对广义坐标 x 和相应的广义速度 $\dot{x}$ 的偏导数

$$\frac{\partial L}{\partial x} = 0$$

$$\frac{\partial L}{\partial \dot{x}} = (M+m)\dot{x} + m\dot{x}_{\mathrm{r}}\cos\alpha$$

再计算全导数（注意 α 是常值）

$$\frac{\mathrm{d}}{\mathrm{d}t}\left(\frac{\partial L}{\partial \dot{x}}\right) = (M+m)\ddot{x} + m\ddot{x}_{\mathrm{r}}\cos\alpha$$

由

$$\frac{\mathrm{d}}{\mathrm{d}t}\left(\frac{\partial L}{\partial \dot{x}}\right) - \frac{\partial L}{\partial x} = 0$$

可得

$$(M+m)\ddot{x} + m\ddot{x}_{\mathrm{r}}\cos\alpha = 0$$

计算拉格朗日函数对广义坐标 x_{r} 和相应的广义速度 $\dot{x}_{\mathrm{r}}$ 的偏导数

$$\frac{\partial L}{\partial x_{\mathrm{r}}} = mg\sin\alpha$$

$$\frac{\partial L}{\partial \dot{x}_{\mathrm{r}}} = \frac{3}{2}m\dot{x}_{\mathrm{r}} + m\dot{x}\cos\alpha$$

再计算全导数（注意 α 是常值）

$$\frac{\mathrm{d}}{\mathrm{d}t}\left(\frac{\partial L}{\partial \dot{\varphi}}\right) = \frac{3}{2}m\ddot{x}_{\mathrm{r}} + m\ddot{x}\cos\alpha$$

由

$$\frac{\mathrm{d}}{\mathrm{d}t}\left(\frac{\partial L}{\partial \dot{x}_{\mathrm{r}}}\right) - \frac{\partial L}{\partial x_{\mathrm{r}}} = 0$$

可得

$$\frac{3}{2}m\ddot{x}_{\mathrm{r}} + m\ddot{x}\cos\alpha - mg\sin\alpha = 0$$

最后，系统的运动微分方程写成

$$(M + m)\ddot{x} + m\ddot{x}_{\mathrm{r}} \cos \alpha = 0$$

$$\frac{3}{2}m\ddot{x}_{\mathrm{r}} + m\ddot{x} \cos \alpha - mg \sin \alpha = 0$$

讨论 多自由度系统有多个运动微分方程，动能定理（或机械能守恒定律）只能给出一个，必须再利用牛顿定律或动量（矩）定理，并需要针对具体问题灵活运用动力学普遍定理，才能给出封闭方程组。对于多自由度系统，应用第二类拉格朗日方程则更具优势。

例 8-12 均质杆 OA 和 AB 用铰 A 连接，用铰 O 固定，如图8-11所示。两杆的长度为 l_1 和 l_2，质量为 m_1 和 m_2。在 B 端作用一个常值水平力 S，请写出该系统的运动微分方程。

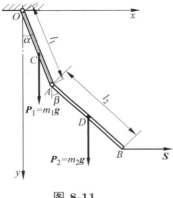

图 8-11

解 系统具有两个自由度，取 α, β 为广义坐标。系统具有完整理想约束，可用拉格朗日方程求解。

主动力包括 P_1, P_2, S。两个重力是有势力，而常值主动力 S 可以当作重力对待（参见 5.4 节）。

根据几何关系有

$$y_C = \frac{1}{2}l_1 \cos \alpha$$

$$x_D = l_1 \sin \alpha + \frac{1}{2}l_2 \sin \beta$$

$$y_D = l_1 \cos \alpha + \frac{1}{2}l_2 \cos \beta$$

$$x_B = l_1 \sin \alpha + l_2 \sin \beta$$

相应地写出重力势能

$$V_1 = -m_1 g y_C = -\frac{1}{2}m_1 g l_1 \cos \alpha$$

$$V_2 = -m_2 g y_D = -m_2 g \left(l_1 \cos \alpha + \frac{1}{2}l_2 \cos \beta \right)$$

$$V_3 = -S x_B = -S(l_1 \sin \alpha + l_2 \sin \beta)$$

总势能为

$$V = V_1 + V_2 + V_3 = -\frac{1}{2}m_1 g l_1 \cos \alpha - m_2 g \left(l_1 \cos \alpha + \frac{1}{2}l_2 \cos \beta \right) - S(l_1 \sin \alpha + l_2 \sin \beta)$$

下面我们求系统的动能。

由于 OA 杆绕 O 点作定轴转动，其动能为

$$T_{OA} = \frac{1}{2}\left(\frac{1}{3}m_1 l_1^2\right)\dot{\alpha}^2$$

由于 AB 杆作刚体平面运动，根据柯尼希定理，AB 杆的动能为

$$T_{AB} = \frac{1}{2}m_2(\dot{x}_D^2 + \dot{y}_D^2) + \frac{1}{2}\left(\frac{1}{12}m_2 l_2^2\right)\dot{\beta}^2$$

将

$$\dot{x}_D = (l_1\cos\alpha)\dot{\alpha} + \frac{1}{2}(l_2\cos\beta)\dot{\beta}, \quad \dot{y}_D = -(l_1\sin\alpha)\dot{\alpha} - \frac{1}{2}(l_2\sin\beta)\dot{\beta}$$

代入，可得

$$T_{AB} = \frac{1}{2}m_2\left[l_1^2\dot{\alpha}^2 + \frac{1}{4}l_2^2\dot{\beta}^2 + l_1 l_2\cos(\alpha - \beta)\dot{\alpha}\dot{\beta}\right] + \frac{1}{2}\left(\frac{1}{12}m_2 l_2^2\right)\dot{\beta}^2$$

即

$$T_{AB} = \frac{1}{2}m_2\left[l_1^2\dot{\alpha}^2 + \frac{1}{3}l_2^2\dot{\beta}^2 + l_1 l_2\cos(\alpha - \beta)\dot{\alpha}\dot{\beta}\right]$$

整个系统的动能为

$$T = T_{OA} + T_{AB} = \frac{1}{2}\left[\left(\frac{1}{3}m_1 + m_2\right)l_1^2\dot{\alpha}^2 + \frac{1}{3}m_2 l_2^2\dot{\beta}^2 + m_2 l_1 l_2\cos(\alpha - \beta)\dot{\alpha}\dot{\beta}\right]$$

系统的拉格朗日函数为

$$L = T - V = \frac{1}{2}\left[\left(\frac{1}{3}m_1 + m_2\right)l_1^2\dot{\alpha}^2 + \frac{1}{3}m_2 l_2^2\dot{\beta}^2 + m_2 l_1 l_2\cos(\alpha - \beta)\dot{\alpha}\dot{\beta}\right] +$$
$$\frac{1}{2}m_1 g l_1\cos\alpha + m_2 g\left(l_1\cos\alpha + \frac{1}{2}l_2\cos\beta\right) + S(l_1\sin\alpha + l_2\sin\beta)$$

接下来计算拉格朗日函数（动势）对广义坐标 α 和相应的广义速度 $\dot{\alpha}$ 的偏导数

$$\frac{\partial L}{\partial \alpha} = -\frac{1}{2}m_2 l_1 l_2\sin(\alpha - \beta)\dot{\alpha}\dot{\beta} - \frac{1}{2}m_1 g l_1\sin\alpha - m_2 g l_1\sin\alpha + S l_1\cos\alpha$$
$$\frac{\partial L}{\partial \dot{\alpha}} = \left(\frac{1}{3}m_1 + m_2\right)l_1^2\dot{\alpha} + \frac{1}{2}m_2 l_1 l_2\cos(\alpha - \beta)\dot{\beta}$$

再计算全导数

$$\frac{\mathrm{d}}{\mathrm{d}t}\left(\frac{\partial L}{\partial \dot{\alpha}}\right) = \left(\frac{1}{3}m_1 + m_2\right)l_1^2\ddot{\alpha} + \frac{1}{2}m_2 l_1 l_2\cos(\alpha - \beta)\ddot{\beta} -$$
$$\frac{1}{2}m_2 l_1 l_2\sin(\alpha - \beta)\dot{\alpha}\dot{\beta} + \frac{1}{2}m_2 l_1 l_2\sin(\alpha - \beta)\dot{\beta}^2$$

由

$$\frac{\mathrm{d}}{\mathrm{d}t}\left(\frac{\partial L}{\partial \dot{\alpha}}\right) - \frac{\partial L}{\partial \alpha} = 0$$

可得

$$\left(\frac{1}{3}m_1 + m_2\right)l_1^2\ddot{\alpha} + \frac{1}{2}m_2 l_1 l_2\cos(\alpha - \beta)\ddot{\beta} + \frac{1}{2}m_2 l_1 l_2\sin(\alpha - \beta)\dot{\beta}^2 +$$
$$\frac{1}{2}m_1 g l_1\sin\alpha + m_2 g l_1\sin\alpha - S l_1\cos\alpha = 0$$

对广义坐标 β 和广义速度 $\dot\beta$ 进行类似的计算

$$\frac{\partial L}{\partial \beta} = \frac{1}{2}m_2 l_1 l_2 \sin(\alpha - \beta)\dot\alpha\dot\beta - \frac{1}{2}m_2 g l_2 \sin\beta + S l_2 \cos\beta$$

$$\frac{\partial L}{\partial \dot\beta} = \frac{1}{3}m_2 l_1^2 \dot\beta + \frac{1}{2}m_2 l_1 l_2 \cos(\alpha - \beta)\dot\alpha$$

$$\frac{\mathrm{d}}{\mathrm{d}t}\left(\frac{\partial L}{\partial \dot\beta}\right) = \frac{1}{3}m_2 l_2^2 \ddot\beta + \frac{1}{2}m_2 l_1 l_2 \cos(\alpha - \beta)\ddot\alpha + \frac{1}{2}m_2 l_1 l_2 \sin(\alpha - \beta)\dot\alpha\dot\beta - \frac{1}{2}m_2 l_1 l_2 \sin(\alpha - \beta)\dot\alpha^2$$

由

$$\frac{\mathrm{d}}{\mathrm{d}t}\left(\frac{\partial L}{\partial \dot\beta}\right) - \frac{\partial L}{\partial \beta} = 0$$

可得

$$\frac{1}{3}m_2 l_2^2 \ddot\beta + \frac{1}{2}m_2 l_1 l_2 \cos(\alpha - \beta)\ddot\alpha - \frac{1}{2}m_2 l_1 l_2 \sin(\alpha - \beta)\dot\alpha^2 + \frac{1}{2}m_2 g l_2 \sin\beta - S l_2 \cos\beta = 0$$

最后，系统的运动微分方程写成

$$(\frac{1}{3}m_1 + m_2)l_1^2 \ddot\alpha + \frac{1}{2}m_2 l_1 l_2 \cos(\alpha - \beta)\ddot\beta + \frac{1}{2}m_2 l_1 l_2 \sin(\alpha - \beta)\dot\beta^2 +$$
$$\frac{1}{2}m_1 g l_1 \sin\alpha + m_2 g l_1 \sin\alpha - S l_1 \cos\alpha = 0$$

$$\frac{1}{3}m_2 l_2^2 \ddot\beta + \frac{1}{2}m_2 l_1 l_2 \cos(\alpha - \beta)\ddot\alpha - \frac{1}{2}m_2 l_1 l_2 \sin(\alpha - \beta)\dot\alpha^2 + \frac{1}{2}m_2 g l_2 \sin\beta - S l_2 \cos\beta = 0$$

我们已经学习了建立质点系运动微分方程的两种方法：牛顿力学方法和分析力学方法。我们可以做个简单比较。

牛顿力学方法是以质点或刚体为研究对象，将系统拆分成单个质点或刚体，利用牛顿定律或动力学普遍定理写出各个质点和各个刚体的运动微分方程，再与约束方程共同组成封闭方程组。这些方程中包含未知约束反力，约束方程中包含代数方程。所以封闭方程组中既有常微分方程又有代数方程，属于微分-代数方程（在计算上比单纯的常微分方程更难处理），方程数大于自由度。列方程过程中，受力分析需要考虑约束反力，运动分析中需要进行加速度分析。对于学习理论力学的学生来说，这种方法涉及的基本概念和原理，从中学就开始有所了解，困难不大，听课容易。但是，这种方法有很大的灵活性，学生感到做题难，因为选择定理（定律）、受力分析、加速度分析、消去未知约束反力等，都不同程度地需要经验和技巧，对学生的数学和物理水平都有较高的要求。

分析力学方法（如利用拉格朗日方程）是以系统整体为研究对象，无须拆分。用广义坐标描述系统运动，运动微分方程数目最少，等于自由度。封闭方程组由单纯的常微分方程组成，不包含约束反力，不包含约束方程。列方程的过程中，受力分析只需考虑主动力，不需要考虑约束反力，运动分析中只需分析速度，不需要分析加速度。对于学习理论力学的学生来说，这种方法涉及的基本概念和原理，都是第一次接触，比较抽象，数学推导比较烦琐，因此听课比较困难。然而，这种方法具有程式化、规范化的优点，不需要解题经验和技巧，只要掌握高等数学的基本运算，做题比较容易（更像是做数学题）。

正是这些原因，理论力学课程让学生感到"牛顿力学部分，听课容易做题难；分析力学部分，做题容易听课难"。

8.4 拉格朗日方程的首次积分

一般情况下，拉格朗日方程的解析求解是很困难的。在某些条件下，可以找到拉格朗日方程的**首次积分**（也称**第一积分**）。利用首次积分可以使方程降阶（参见有关分析力学书），向微分方程的完全求解向前迈进了一步。另外，首次积分有明确的物理意义，代表系统具有某些物理性质，有时不通过运动微分方程可以直接写出来。本节介绍拉格朗日方程（标准形式）的两种首次积分。

如果系统的所有主动力都为有势力，且拉格朗日函数不显含某广义坐标 q_i，则

$$\frac{\partial L}{\partial q_i} = 0 \tag{8-40}$$

利用拉格朗日方程的标准形式(8-39)可得拉格朗日方程的一种首次积分

$$\frac{\partial L}{\partial \dot{q}_i} = C_i = \text{const} \tag{8-41}$$

其中 C_i 为积分常数，由运动初始条件决定。式(8-41)称为**循环积分**，q_i 称为**循环坐标**或**可遗坐标**。显然，有几个循环坐标，就会有几个循环积分，当然不能多于系统的自由度。

我们定义

$$p_j = \frac{\partial T}{\partial \dot{q}_j} \tag{8-42}$$

为**广义动量**。由于势能函数 V 不依赖于广义速度，即

$$\frac{\partial V}{\partial \dot{q}_j} \equiv 0 \quad (j = 1, 2, \cdots, k)$$

于是有

$$p_j = \frac{\partial L}{\partial \dot{q}_j}$$

因此，循环积分又称为**广义动量积分**或**广义动量守恒**。

我们可以给出广义动量的两个简单例子。

当质量为 m 的刚体沿着 x 方向平动时，取刚体质心坐标 x 为广义坐标，刚体动能为

$$T = \frac{1}{2} m \dot{x}^2$$

按照定义，广义动量

$$p_x = \frac{\partial T}{\partial \dot{x}} = m \dot{x}$$

就是刚体沿着 x 方向的动量。

当刚体作定轴转动时，设其对转动轴的转动惯量为 J，以转角 φ 为广义坐标，转动角速度大小为 $\dot{\varphi}$，则刚体动能为

$$T = \frac{1}{2} J \dot{\varphi}^2$$

按照定义，广义动量

$$p_\varphi = \frac{\partial T}{\partial \dot{\varphi}} = J \dot{\varphi}$$

就是刚体的角动量。

如果系统的所有主动力都为有势力，且拉格朗日函数 L 不显含时间 t，即

$$\frac{\partial L}{\partial t} = 0 \tag{8-43}$$

则拉格朗日函数 $L = L(q_1(t), q_2(t), \cdots, q_k(t); \dot{q}_1(t), \dot{q}_2(t), \cdots, \dot{q}_k(t))$ 对时间的全导数为

$$\frac{\mathrm{d}L}{\mathrm{d}t} = \sum_{i=1}^{k} \left(\frac{\partial L}{\partial q_i} \dot{q}_i + \frac{\partial L}{\partial \dot{q}_i} \ddot{q}_i \right) \tag{8-44}$$

由于主动力有势，由拉格朗日方程的标准形式(8-39)可知

$$\frac{\partial L}{\partial q_i} = \frac{\mathrm{d}}{\mathrm{d}t} \left(\frac{\partial L}{\partial \dot{q}_i} \right) \tag{8-45}$$

将式(8-45)代入式(8-44)中，得

$$\frac{\mathrm{d}L}{\mathrm{d}t} = \sum_{i=1}^{k} \left[\frac{\mathrm{d}}{\mathrm{d}t} \left(\frac{\partial L}{\partial \dot{q}_i} \right) \dot{q}_i + \frac{\partial L}{\partial \dot{q}_i} \ddot{q}_i \right] = \frac{\mathrm{d}}{\mathrm{d}t} \left(\sum_{i=1}^{k} \frac{\partial L}{\partial \dot{q}_i} \dot{q}_i \right) \tag{8-46}$$

故有

$$\frac{\mathrm{d}}{\mathrm{d}t} \left(\sum_{i=1}^{k} \frac{\partial L}{\partial \dot{q}_i} \dot{q}_i - L \right) = 0 \tag{8-47}$$

由此可得拉格朗日方程的另一种首次积分

$$\sum_{i=1}^{k} \frac{\partial L}{\partial \dot{q}_i} \dot{q}_i - L = E = \mathrm{const} \tag{8-48}$$

其中 E 为积分常数，由运动初始条件确定。式(8-48)称为**广义能量积分**或**广义能量守恒**。

为了便于计算广义能量积分，我们将质点系的动能表示成广义速度的代数齐次式形式。将式(8-31)代入到质点系的动能表达式(8-36)中，得

$$T = T_2 + T_1 + T_0 \tag{8-49}$$

其中 T_0，T_1 和 T_2 分别为广义速度 $\dot{q}_j$ 的零次齐次式、一次齐次式和二次齐次式，即

$$T_0 = \frac{1}{2} \sum_{i=1}^{n} m_i \left(\frac{\partial \boldsymbol{r}_i}{\partial t} \cdot \frac{\partial \boldsymbol{r}_i}{\partial t} \right) \tag{8-50}$$

$$T_1 = \sum_{j=1}^{k} \sum_{i=1}^{n} m_i \left(\frac{\partial \boldsymbol{r}_i}{\partial q_j} \cdot \frac{\partial \boldsymbol{r}_i}{\partial t} \right) \dot{q}_j \tag{8-51}$$

$$T_2 = \frac{1}{2} \sum_{s=1}^{k} \sum_{j=1}^{k} \sum_{i=1}^{n} m_i \left(\frac{\partial \boldsymbol{r}_i}{\partial q_s} \cdot \frac{\partial \boldsymbol{r}_i}{\partial q_j} \right) \dot{q}_j \dot{q}_s \tag{8-52}$$

由欧拉齐次式定理可知

$$\sum_{j=1}^{k} \frac{\partial T_2}{\partial \dot{q}_j} \dot{q}_j = 2T_2, \quad \sum_{j=1}^{k} \frac{\partial T_1}{\partial \dot{q}_j} \dot{q}_j = T_1, \quad \sum_{j=1}^{k} \frac{\partial T_0}{\partial \dot{q}_j} \dot{q}_j = 0 \tag{8-53}$$

将拉格朗日函数 $L = T_2 + T_1 + T_0 - V$ 代入式(8-48)，可得

$$T_2 - T_0 + V = E \tag{8-54}$$

如果质点系的约束都是定常的，则

$$\frac{\partial \boldsymbol{r}_i}{\partial t} = 0$$

故

$$T_1 = 0, \quad T_0 = 0, \quad T = T_2$$

广义能量积分(8-54)即为

$$T + V = E \tag{8-55}$$

这就是机械能守恒。由此可见，机械能守恒是广义能量守恒的特殊情形。

例 8-13 椭圆摆由质量为 m_A 的滑块 A 和质量为 m_B 的单摆 B 构成，如图8-12所示。滑块可沿光滑水平面滑动，AB 杆长为 l，质量不计。不考虑摩擦，试分析首次积分及其物理意义。

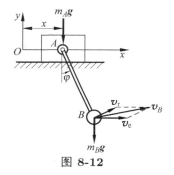

图 8-12

解 取系统整体为研究对象，系统具有两个自由度，取 x 和 φ 为广义坐标，其原点和指向如图8-12所示。拉格朗日函数为

$$L = \frac{1}{2}m_A\dot{x}^2 + \frac{1}{2}m_B(\dot{x}^2 + l^2\dot{\varphi}^2 + 2l\dot{x}\dot{\varphi}\cos\varphi) + m_B gl\cos\varphi$$

系统的所有主动力都为有势力，拉格朗日函数不显含广义坐标 x，故存在广义动量积分

$$p_x = \frac{\partial L}{\partial \dot{x}} = (m_A + m_B)\dot{x} + m_B l\dot{\varphi}\cos\varphi = \text{const}$$

其物理意义是系统在水平方向动量守恒。

系统的所有主动力都为有势力，拉格朗日函数不显含时间 t，故存在广义能量积分

$$T + V = \frac{1}{2}m_A\dot{x}^2 + \frac{1}{2}m_B(\dot{x}^2 + l^2\dot{\varphi}^2 + 2l\dot{x}\dot{\varphi}\cos\varphi) - m_B gl\cos\varphi = \text{const}$$

其物理意义是系统的机械能守恒。

例 8-14 均质圆柱体质量为 m，半径为 r，沿倾角为 α 的三角块作无滑动滚动，如图8-13所示。三角块的质量为 M，置于光滑的水平面上。试分析首次积分及其物理意义。

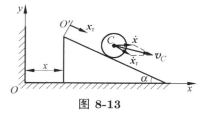

图 8-13

解 系统具有两个自由度，取 x 和 x_r 为广义坐标。拉格朗日函数为

$$L = \frac{1}{2}(M + m)\dot{x}^2 + \frac{3}{4}m\dot{x}_r^2 + m\dot{x}\dot{x}_r\cos\alpha + mgx_r\sin\alpha$$

系统的所有主动力都为有势力，拉格朗日函数不显含广义坐标 x，故存在广义动量积分

$$p_x = (M + m)\dot{x} + m\dot{x}_r\cos\alpha = \text{const}$$

其物理意义是系统在水平方向动量守恒。

系统的所有主动力都为有势力，拉格朗日函数不显含时间 t，故存在广义能量积分

$$T + V = \frac{1}{2}(M + m)\dot{x}^2 + \frac{3}{4}m\dot{x}_r^2 + m\dot{x}\dot{x}_r\cos\alpha - mgx_r\sin\alpha = \text{const}$$

其物理意义是系统的机械能守恒。

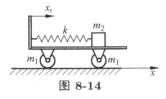

图 8-14

例 8-15 如图8-14所示的小车的车轮在水平地面上作纯滚动，每个轮子的质量为 m_1，半径为 r，车架质量不计。车上有一个质量弹簧系统，弹簧刚度为 k，物块质量为 m_2。试分析拉格朗日方程的首次积分及其物理意义。

解 该系统有两个自由度，选取 x 和 x_r 为广义坐标。一个车轮动能为

$$T_w = \frac{1}{2}m_1\dot{x}^2 + \frac{1}{2}\left(\frac{1}{2}m_1 r^2\right)\omega^2$$

其中 ω 为车轮转动角速度的大小，根据运动学关系有 $\omega = \dot{x}/r$，由此可得

$$T_w = \frac{1}{2}m_1\dot{x}^2 + \frac{1}{2}\left(\frac{1}{2}m_1 r^2\right)\left(\frac{\dot{x}}{r}\right)^2 = \frac{3}{4}m_1\dot{x}^2$$

系统的动能为

$$T = 2T_w + \frac{1}{2}m_2(\dot{x} + \dot{x}_r)^2 = \frac{3}{2}m_1\dot{x}^2 + \frac{1}{2}m_2(\dot{x} + \dot{x}_r)^2$$

系统的势能为

$$V = \frac{1}{2}kx_r^2$$

拉格朗日函数为

$$L = T - V = \frac{3}{2}m_1\dot{x}^2 + \frac{1}{2}m_2(\dot{x} + \dot{x}_r)^2 - \frac{1}{2}kx_r^2$$

拉格朗日函数不显含时间 t，存在广义能量积分

$$L = T + V = \frac{3}{2}m_1\dot{x}^2 + \frac{1}{2}m_2(\dot{x} + \dot{x}_r)^2 + \frac{1}{2}kx_r^2 = E$$

其物理意义是系统的机械能守恒。

拉格朗日函数不显含广义坐标 x，故 x 为循环坐标，有循环积分（广义动量积分）

$$p_x = 3m_1\dot{x} + m_2(\dot{x} + \dot{x}_r) = C = \text{const}$$

其物理意义不明确。

讨论 请读者注意，广义动量 p_x 不是系统水平方向动量。系统的水平动量为

$$2m_1\dot{x} + m_2(\dot{x} + \dot{x}_r) = C - m_1\dot{x}$$

不是守恒量。按照质点系的动量定理，因为系统受到水平方向的静摩擦力作用，水平动量不守恒。

例 8-16 半径为 R 的大圆环可以绕竖直轴 Oy 转动，转动惯量为 J，M 是作用在大圆环上的力偶矩，其方向与 Oy 轴相同。质量为 m 的小环可在圆环上自由滑动，如图8-15所示。忽略摩擦力。在以下两种情况下，试建立系统的运动微分方程，分析首次积分及其物理意义。

（1）力偶矩 M 是圆环转角 φ 的给定函数，即 $M = M(\varphi)$；

（2）圆环转角 φ 是 t 的给定函数，即 $\varphi = \varphi(t)$。

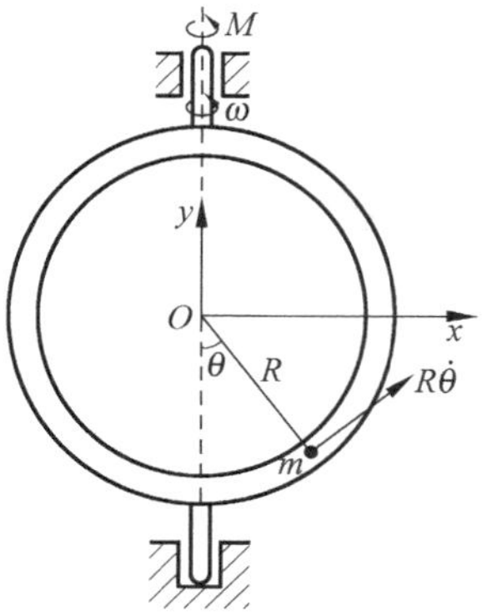

解 取大圆环和小环组成的系统为研究对象。

（1）力偶矩是 φ 的已知函数，系统具有两个自由度，可取 φ 和 θ 为广义坐标。系统的动能是

$$T = \frac{1}{2}J\dot{\varphi}^2 + \frac{1}{2}m[(R\sin\theta)^2\dot{\varphi}^2 + R^2\dot{\theta}^2]$$

取 O 点为重力的势能零点，$\varphi = 0$ 为力偶矩 M 的势能零点，系统的势能为

$$V = -mgR\cos\theta - \int_0^\varphi M(\varphi)\mathrm{d}\varphi$$

图 8-15

将拉格朗日函数

$$L = T - V = \frac{1}{2}J\dot{\varphi}^2 + \frac{1}{2}m[(R\sin\theta)^2\dot{\varphi}^2 + R^2\dot{\theta}^2] + mgR\cos\theta + \int_0^\varphi M(\varphi)\mathrm{d}\varphi$$

代入拉格朗日方程中，经整理后得系统的运动微分方程

$$(J + mR^2\sin^2\theta)\ddot{\varphi} + mR^2\dot{\theta}\dot{\varphi}\sin 2\theta = M(\varphi)$$
$$mR\ddot{\theta} - mR\sin\theta\cos\theta\dot{\varphi}^2 + mg\sin\theta = 0$$

拉格朗日函数不显含时间 t，存在广义能量积分

$$T + V = \frac{1}{2}J\dot{\varphi}^2 + \frac{1}{2}m[(R\sin\theta)^2\dot{\varphi}^2 + R^2\dot{\theta}^2] - mgR\cos\theta - \int_0^\varphi M(\varphi)\mathrm{d}\varphi = E$$

其物理意义是系统机械能守恒。

拉格朗日函数中显含广义坐标 φ 和 θ，不存在循环积分。但如果作用在大圆环上的力偶矩 M 恒等于零，则拉格朗日函数中不显含广义坐标 φ，存在循环积分

$$(J + mR^2\sin^2\theta)\dot{\varphi} = C$$

其物理意义是系统对 y 轴的动量矩守恒。

（2）系统只有一个自由度，取 θ 为广义坐标。在这种情况下 M 是约束力偶矩，不是主动力偶矩，它的虚功 $M\delta\varphi$ 为零（因为 φ 给定，$\delta\varphi \equiv 0$），是理想约束。系统的动能为

$$T = \frac{1}{2}J\dot{\varphi}^2 + \frac{1}{2}m[(R\sin\theta)^2\dot{\varphi}^2 + R^2\dot{\theta}^2]$$

取 O 点为零势能点，系统的势能为

$$V = -mgR\cos\theta$$

系统的拉格朗日函数为

$$L = T - V = \frac{1}{2}J\dot{\varphi}^2 + \frac{1}{2}m[(R\sin\theta)^2\dot{\varphi}^2 + R^2\dot{\theta}^2] + mgR\cos\theta$$

计算偏导数

$$\frac{\partial L}{\partial \theta} = mR^2\dot{\varphi}^2\sin\theta\cos\theta - mgR\sin\theta$$

$$\frac{\partial L}{\partial \dot{\theta}} = mR^2\dot{\theta}$$

代入拉格朗日方程中得系统运动微分方程

$$mR^2\ddot{\theta} - mR^2\dot{\varphi}^2\sin\theta\cos\theta + mgR\sin\theta = 0$$

对于一般的转动规律 $\varphi = \varphi(t)$,拉格朗日函数显含时间 t,不存在广义能量积分。如果转动是匀速的,即 $\dot{\varphi} = \omega = \text{const}$,则拉格朗日函数不显含时间 t,系统有广义能量积分

$$T_2 - T_0 + V = \frac{1}{2}mR^2\dot{\theta}^2 - \frac{1}{2}(J + mR^2\sin^2\theta)\omega^2 - mgR\cos\theta = E$$

此时广义能量包括两部分:大圆环的转动动能和小球相对非惯性系运动的机械能(小球的相对运动动能、重力势能和牵连惯性力势能之和,详见例7-20)。

讨论 请读者注意,在第二种情况下,系统广义能量守恒,但机械能并不守恒。事实上,由于存在非定常约束 $\varphi = \varphi_0 + \omega t$,约束力偶矩 M 在实位移 $\mathrm{d}\varphi = \omega\mathrm{d}t$ 上做功不为零,使得系统的机械能不断在变化,因此机械能不守恒。

拉格朗日函数表征系统固有的动力学性质,$\partial L/\partial x = 0$ 说明坐标原点在 x 方向的平移不影响系统的动力学性质,这反映了空间在 x 方向的均匀性。同样,$\partial L/\partial \varphi = 0$ 说明坐标旋转一个角度不影响系统的动力学性质,这反映了空间的各向同性;$\partial L/\partial t = 0$ 则反映了时间的均匀性。可见,经典力学中时间空间的 3 个基本属性——空间的均匀性和各向同性以及时间的均匀性,通过 3 个基本守恒得到了反映。这方面的详细论述,参见:Л. Д. 朗道,Е. М. 栗弗席兹著,李俊峰,鞠国兴译校,理论物理·卷 I 力学(第 5 版),高等教育出版社,2007。

* 8.5 拉格朗日方程的进一步讨论

8.5.1 拉格朗日方程的积分形式

利用动力学普遍定理解碰撞问题时,动力学方程中会出现由约束引起的碰撞冲量。用拉格朗日方程的积分形式研究碰撞问题,可以避免出现理想约束的碰撞冲量。

具有 k 个自由度的完整质点系的拉格朗日方程为

$$\frac{\mathrm{d}}{\mathrm{d}t}\left(\frac{\partial T}{\partial \dot{q}_i}\right) - \frac{\partial T}{\partial q_i} = Q_i \quad (i = 1, 2, \cdots, k) \tag{8-56}$$

将方程两边同时乘以 $\mathrm{d}t$,并在时间段 $[0, \tau]$ 积分,得

$$\int_0^\tau \mathrm{d}\left(\frac{\partial T}{\partial \dot{q}_i}\right) - \int_0^\tau \frac{\partial T}{\partial q_i}\mathrm{d}t = \int_0^\tau Q_i\mathrm{d}t \tag{8-57}$$

即

$$\int_0^\tau \mathrm{d}p_i(t) - \int_0^\tau f(t)\mathrm{d}t = \widetilde{I}_i \tag{8-58}$$

$$p_i = \frac{\partial T}{\partial \dot{q}_i}, \quad f(t) = \frac{\partial T}{\partial q_i}, \quad \widetilde{I}_i = \int_0^\tau Q_i \mathrm{d}t$$

其中 I_i 称为对应广义坐标 q_i 的**广义冲量**，而广义动量 $p_i(t)$ 和 $f(t)$ 是广义坐标、广义速度和时间的连续函数，而广义坐标和广义速度又是时间的连续函数，因此 $p_i(t)$ 和 $f(t)$ 都是时间的连续函数。根据积分学的第一中值定理，存在 ξ 使得

$$\int_0^\tau f(t)\mathrm{d}t = f(\xi)\tau \quad (0 < \xi < \tau) \tag{8-59}$$

由 $f(t)$ 的连续性可知，$f(\xi)$ 是有限量。

于是式(8-58)可以写成

$$p_i(\tau) - p_i(0) - f(\xi)\tau = \widetilde{I}_i \tag{8-60}$$

如果 τ 是无穷小量，则 $f(\xi)\tau$ 与有限量 $p_i(\tau) - p_i(0)$ 相比是无穷小量，可以忽略。因此有

$$p_i(\tau) - p_i(0) = \widetilde{I}_i \tag{8-61}$$

这就是**拉格朗日方程的积分形式**。

根据广义力的定义

$$Q_i = \sum_{s=1}^n \boldsymbol{F}_s \cdot \frac{\partial \boldsymbol{r}_s}{\partial q_i}$$

可以将广义冲量写成

$$\widetilde{I}_i = \int_0^\tau \left(\sum_{s=1}^n \boldsymbol{F}_s \cdot \frac{\partial \boldsymbol{r}_s}{\partial q_i} \right) \mathrm{d}t \tag{8-62}$$

对于碰撞问题，碰撞时间 τ 是无穷小量，碰撞力非常大，常规力可以忽略。因此我们将式(8-62)中的 $\boldsymbol{F}_s$ 看作碰撞力。由于碰撞时间非常短暂，各个质点来不及发生位移，$\partial \boldsymbol{r}_s/\partial q_i$ 可以近似看作不随时间变化，可以移到积分号外面，即

$$\int_0^\tau \left(\sum_{s=1}^n \boldsymbol{F}_s \cdot \frac{\partial \boldsymbol{r}_s}{\partial q_i} \right) \mathrm{d}t = \sum_{s=1}^n \left(\int_0^\tau \boldsymbol{F}_s \mathrm{d}t \right) \cdot \frac{\partial \boldsymbol{r}_s}{\partial q_i} \tag{8-63}$$

由式(8-62)和式(8-63)可得

$$\widetilde{I}_i = \sum_{s=1}^n \boldsymbol{I}_s \cdot \frac{\partial \boldsymbol{r}_s}{\partial q_i} \tag{8-64}$$

其中 $\boldsymbol{I}_s$ 是碰撞力 $\boldsymbol{F}_s$ 的冲量。

将式(8-64)与广义力的定义式对比发现，我们可以用求广义力的方法类似地求广义冲量。

例 8-17 两个长均为 l 质量均为 m 的均质杆在 A 点铰接后悬挂在 O 轴上，在 B 端受到冲量 $\boldsymbol{S}$ 的作用，如图8-16所示。求碰撞后两杆的角速度。

解 取 OA 杆的转角 φ_1 和 AB 杆的转角 φ_2 为广义坐标。碰撞前两杆的角速度均为零，碰撞后两杆的角速度分别为 ω_1 和 ω_2。

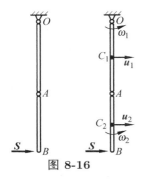

图 8-16

杆 OA 作定轴转动，其动能为

$$T_1 = \frac{1}{2}\left(\frac{1}{3}ml^2\right)\dot{\varphi}_1^2 = \frac{1}{6}ml^2\dot{\varphi}_1^2$$

杆 OA 和杆 AB 的质心速度分别为

$$u_1 = \frac{1}{2}l\dot{\varphi}_1, \quad u_2 = l\dot{\varphi}_1 + \frac{1}{2}l\dot{\varphi}_2$$

杆 AB 作平面运动，其动能为

$$T_2 = \frac{1}{2}mu_2^2 + \frac{1}{2}\left(\frac{1}{12}ml^2\right)\dot{\varphi}_2^2 = \frac{1}{2}ml^2\left(\dot{\varphi}_1^2 + \dot{\varphi}_1\dot{\varphi}_2 + \frac{1}{3}\dot{\varphi}_2^2\right)$$

系统的动能为

$$T = T_1 + T_2 = \frac{1}{2}ml^2\left(\frac{4}{3}\dot{\varphi}_1^2 + \dot{\varphi}_1\dot{\varphi}_2 + \frac{1}{3}\dot{\varphi}_2^2\right)$$

计算广义动量

$$p_{\varphi_1} = \frac{\partial T}{\partial \dot{\varphi}_1} = \frac{4}{3}ml^2\dot{\varphi}_1 + \frac{1}{2}ml^2\dot{\varphi}_2$$

$$p_{\varphi_2} = \frac{\partial T}{\partial \dot{\varphi}_2} = \frac{1}{2}ml^2\dot{\varphi}_1 + \frac{1}{3}ml^2\dot{\varphi}_2$$

碰撞前广义动量都是零，碰撞后的广义动量为

$$p_{\varphi_1}(\tau) = \frac{4}{3}ml^2\omega_1 + \frac{1}{2}ml^2\omega_2$$

$$p_{\varphi_2}(\tau) = \frac{1}{2}ml^2\omega_1 + \frac{1}{3}ml^2\omega_2$$

冲量作用点 B 的水平坐标为

$$x_B = l\sin\varphi_1 + l\sin\varphi_2$$

冲量 S 的虚功为

$$S\delta x_B = Sl(\cos\varphi_1\delta\varphi_1 + \cos\varphi_2\delta\varphi_2)$$

设广义冲量分别为 $\widetilde{I}_1$ 和 $\widetilde{I}_2$，则

$$\widetilde{I}_1 = Sl\cos\varphi_1$$

$$\widetilde{I}_2 = Sl\cos\varphi_2$$

注意到发生碰撞的位置为 $\varphi_1 = 0, \varphi_2 = 0$，广义冲量为

$$\widetilde{I}_1 = Sl, \quad \widetilde{I}_2 = Sl$$

代入拉格朗日方程的积分形式(8-61)得

$$\frac{4}{3}ml^2\omega_1 + \frac{1}{2}ml^2\omega_2 = Sl$$

$$\frac{1}{2}ml^2\omega_1 + \frac{1}{3}ml^2\omega_2 = Sl$$

由此解得

$$\omega_1 = -\frac{6S}{7ml}, \quad \omega_2 = -\frac{30S}{7ml}$$

8.5.2 带乘子的拉格朗日方程

在推导第二类拉格朗日方程时, 从

$$\sum_{i=1}^{k} \left[\frac{\mathrm{d}}{\mathrm{d}t} \left(\frac{\partial T}{\partial \dot{q}_i} \right) - \frac{\partial T}{\partial q_i} - Q_i \right] \delta q_i = 0 \tag{8-65}$$

到

$$\frac{\mathrm{d}}{\mathrm{d}t} \left(\frac{\partial T}{\partial \dot{q}_i} \right) - \frac{\partial T}{\partial q_i} = Q_i \quad (i = 1, 2, \cdots, k)$$

必须用到 $\delta q_j (j = 1, 2, \cdots, k)$ 相互独立的条件。然而, 在质点系有非完整约束的情况下, 这个条件无法得到满足。另外, 对于一些多刚体系统, 用非独立的广义坐标 [1] 描述更加方便。不妨假设 $\delta q_j (j = 1, 2, \cdots, k)$ 满足 r 个关系式

$$\sum_{i=1}^{k} b_{i\beta} \delta q_i = 0 \quad (\beta = 1, 2, \cdots, r) \tag{8-66}$$

其中 $b_{i\beta}$ 是广义坐标和时间的函数, 即

$$b_{i\beta} = b_{i\beta}(q_1, q_2, \cdots, q_k, t)$$

这样, 在 $q_1, q_2, \cdots, q_k$ 之中有 $k - r$ 个相互独立, 不妨假设是 $q_1, q_2, \cdots, q_{k-r}$, 其他 r 个广义坐标 $q_{k-r+1}, \cdots, q_k$ 可以用 $q_1, q_2, \cdots, q_{k-r}$ 唯一地表示出来。当然, 这个假设在数学上要求 $b_{i\beta}(i = k - r + 1, \cdots, k; \beta = 1, 2, \cdots, r)$ 构成的 $r \times r$ 的行列式不等于零。

将 r 个等式(8-66)分别乘以不定乘子 λ_β (也称约束乘子), 得

$$\sum_{i=1}^{k} \lambda_\beta b_{i\beta} \delta q_i = 0 \quad (\beta = 1, 2, \cdots, r) \tag{8-67}$$

用方程(8-65)减去方程(8-67)得

$$\sum_{i=1}^{k} \left[\frac{\mathrm{d}}{\mathrm{d}t} \left(\frac{\partial T}{\partial \dot{q}_i} \right) - \frac{\partial T}{\partial q_i} - Q_i - \sum_{\beta=1}^{r} \lambda_\beta b_{i\beta} \right] \delta q_i = 0 \tag{8-68}$$

如果 $b_{i\beta}$ $(i = k - r + 1, \cdots, k; \beta = 1, 2, \cdots, r)$ 构成的行列式不等于零, 则可以适当选择不定乘子 λ_β, 使得

$$\frac{\mathrm{d}}{\mathrm{d}t} \left(\frac{\partial T}{\partial \dot{q}_i} \right) - \frac{\partial T}{\partial q_i} - Q_i - \sum_{\beta=1}^{r} \lambda_\beta b_{i\beta} = 0 \quad (i = k - r + 1, \cdots, k) \tag{8-69}$$

(事实上, 我们可以把式(8-69)看作以 λ_β 为未知数的 r 个代数方程, 其系数矩阵的秩为 r, 该方程组一定有解)。于是式(8-68)变为

$$\sum_{i=1}^{k-r} \left[\frac{\mathrm{d}}{\mathrm{d}t} \left(\frac{\partial T}{\partial \dot{q}_i} \right) - \frac{\partial T}{\partial q_i} - Q_i - \sum_{\beta=1}^{r} \lambda_\beta b_{i\beta} \right] \delta q_i = 0 \tag{8-70}$$

---

[1] 按照严格定义, 广义坐标必须是相互独立的, 但在研究多刚体系统动力学的文献中, 特别是在英文文献中, 广义坐标 (generalized coordinates) 不一定相互独立。

（注意：求和运算变为从 $i = 1$ 到 $i = k - r$）

由于 $q_1, q_2, \cdots, q_{k-r}$ 相互独立，从式(8-70)可得

$$\frac{\mathrm{d}}{\mathrm{d}t}\left(\frac{\partial T}{\partial \dot{q}_i}\right) - \frac{\partial T}{\partial q_i} - Q_i - \sum_{\beta=1}^{r} \lambda_\beta b_{i\beta} = 0 \quad (i = 1, 2, \cdots, k - r) \tag{8-71}$$

由式(8-69)和式(8-71)构成了 k 个方程

$$\frac{\mathrm{d}}{\mathrm{d}t}\left(\frac{\partial T}{\partial \dot{q}_i}\right) - \frac{\partial T}{\partial q_i} = Q_i + \sum_{\beta=1}^{r} \lambda_\beta b_{i\beta} \quad (i = 1, 2, \cdots, k) \tag{8-72}$$

称为**带乘子的拉格朗日方程**或者 **第一类拉格朗日方程**。

如果主动力都是有势力，则式(8-72)写成

$$\frac{\mathrm{d}}{\mathrm{d}t}\left(\frac{\partial L}{\partial \dot{q}_i}\right) - \frac{\partial L}{\partial q_i} = \sum_{\beta=1}^{r} \lambda_\beta b_{i\beta} \quad (i = 1, 2, \cdots, k) \tag{8-73}$$

方程(8-72)或(8-73)与约束方程联立，构成系统的封闭方程组。在式(8-72)和式(8-73)中

$$\sum_{\beta=1}^{r} \lambda_\beta b_{i\beta}$$

称为**广义约束反力**。

例 8-18　如图8-17所示的机构在铅垂平面内运动。假设 A, B 两个质点的质量均为 m，刚性杆 OA 和 AB 的质量忽略不计，不考虑摩擦。试建立该系统的运动微分方程。

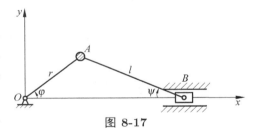

图 8-17

解　我们先尝试应用第二类拉格朗日方程。这个系统有一个自由度，可以选择 φ（或者 ψ）为广义坐标。根据几何关系有

$$x_A = r\cos\varphi, \quad y_A = r\sin\varphi, \quad x_B = r\cos\varphi + l\cos\psi$$

以及

$$r\sin\varphi = l\sin\psi \tag{8-74}$$

系统的动能为

$$T = \frac{1}{2}m(\dot{x}_A^2 + \dot{y}_A^2) + \frac{1}{2}m\dot{x}_A^2 = \frac{1}{2}m[r^2\dot{\varphi}^2 + (r\dot{\varphi}\sin\varphi + l\dot{\psi}\sin\psi)^2]$$

$$= \frac{1}{2}m[r^2\dot{\varphi}^2 + r^2\sin^2\varphi(\dot{\varphi} + \dot{\psi})^2]$$

势能为

$$V = mgy_A = mgr\sin\varphi$$

拉格朗日函数为

$$L = T - V = \frac{1}{2} m [r^2 \dot{\varphi}^2 + r^2 \sin^2 \varphi (\dot{\varphi} + \dot{\psi})^2] - mgr \sin \varphi \tag{8-75}$$

为了写第二类拉格朗日方程, 必须对关系式(8-74)求导

$$r \dot{\varphi} \cos \varphi = l \dot{\psi} \cos \psi$$

解出

$$\dot{\psi} = \frac{r \dot{\varphi} \cos \varphi}{l \cos \psi} = \frac{r \dot{\varphi} \cos \varphi}{\sqrt{l^2 - r^2 \sin^2 \varphi}}$$

并代入拉格朗日函数

$$L = T - V = \frac{1}{2} m \left[r^2 \dot{\varphi}^2 + r^2 \sin^2 \varphi \left(\dot{\varphi} + \frac{r \dot{\varphi} \cos \varphi}{\sqrt{l^2 - r^2 \sin^2 \varphi}} \right)^2 \right] - mgr \sin \varphi \tag{8-76}$$

可以看出, 拉格朗日函数(8-76)非常复杂, 用它写第二类拉格朗日方程时, 还需要计算偏导数、全导数, 表达式更加复杂。这样写出的第二类拉格朗日方程也非常复杂, 对这么复杂的方程, 无论是解析分析还是利用计算机进行数值计算, 都很不方便。

下面我们尝试利用第一类拉格朗日方程。选择 φ 和 ψ 描述该系统的运动, 则拉格朗日函数就是式(8-75)。计算偏导数

$$\frac{\partial L}{\partial \varphi} = mr^2 \sin \varphi \cos \varphi (\dot{\varphi} + \dot{\psi})^2 - mgr \sin \varphi, \quad \frac{\partial L}{\partial \psi} = 0$$

$$\frac{\partial L}{\partial \dot{\varphi}} = mr^2 [\dot{\varphi} + (\dot{\varphi} + \dot{\psi}) \sin^2 \varphi], \quad \frac{\partial L}{\partial \dot{\psi}} = mr^2 (\dot{\varphi} + \dot{\psi}) \sin^2 \varphi$$

计算全导数

$$\frac{\mathrm{d}}{\mathrm{d}t} \left(\frac{\partial L}{\partial \dot{\varphi}} \right) = mr^2 [\ddot{\varphi} + (\ddot{\varphi} + \ddot{\psi}) \sin^2 \varphi + 2(\dot{\varphi} + \dot{\psi}) \dot{\varphi} \sin \varphi \cos \varphi]$$

$$\frac{\mathrm{d}}{\mathrm{d}t} \left(\frac{\partial L}{\partial \dot{\psi}} \right) = mr^2 [(\ddot{\varphi} + \ddot{\psi}) \sin^2 \varphi + 2(\dot{\varphi} + \dot{\psi}) \dot{\varphi} \sin \varphi \cos \varphi]$$

对关系式(8-74)进行 δ 运算得

$$r \cos \varphi \delta \varphi - l \cos \psi \delta \psi = 0 \tag{8-77}$$

令 λ 为约束乘子, 则第一类拉格朗日方程为

$$\frac{\mathrm{d}}{\mathrm{d}t} \left(\frac{\partial L}{\partial \dot{\varphi}} \right) - \frac{\partial L}{\partial \varphi} = \lambda r \cos \varphi$$

$$\frac{\mathrm{d}}{\mathrm{d}t} \left(\frac{\partial L}{\partial \dot{\psi}} \right) - \frac{\partial L}{\partial \psi} = -\lambda l \cos \psi$$

即

$$mr^2 [\ddot{\varphi} + (\ddot{\varphi} + \ddot{\psi}) \sin^2 \varphi + (\dot{\varphi}^2 - \dot{\psi}^2) \sin \varphi \cos \varphi] + mgr \sin \varphi = \lambda r \cos \varphi$$

$$mr^2 [(\ddot{\varphi} + \ddot{\psi}) \sin^2 \varphi + 2(\dot{\varphi} + \dot{\psi}) \dot{\varphi} \sin \varphi \cos \varphi] = -\lambda l \cos \psi$$

这两个方程与代数方程(8-74)构成封闭方程组。

8.5.3 描述相对非惯性参考系运动的拉格朗日方程

获得系统相对非惯性坐标系运动的运动方程有多种不同的方法，下面介绍其中两种。

第一种方法与相对运动理论无关，无须引入惯性力。将系统绝对运动的动能用相对广义坐标和相对速度表示，计算广义力时只考虑主动力。在这种方法中惯性力将在计算拉格朗日方程过程中自动计入。

第二种方法以相对运动理论为基础。引入牵连惯性力和科里奥利惯性力，动能要用相对运动来计算，而计算广义力时除了给定主动力以外还要考虑牵连惯性力和科里奥利惯性力。

如果在第一种方法和第二种方法中取同样的广义坐标，则得到的运动方程也相同。在具体问题中可以看出哪种方法更方便。当然，还可能有其他得到描述系统相对非惯性坐标系运动的拉格朗日方程的方法。

例 8-19 半径为 R 的大圆环以常角速度 ω 绕竖直轴 Oy 转动，转动惯量为 J。质量为 m 的小环可在圆环上自由滑动，如图8-18所示。忽略摩擦力。试建立小环相对大圆环运动的拉格朗日方程并分析首次积分。

解 在例8-16的第二种情况中，取 θ 为广义坐标，用第一种方法建立了拉格朗日方程

$$mR^2\ddot{\theta} - mR^2\omega^2 \sin\theta \cos\theta + mgR \sin\theta = 0$$

这里我们采用第二种方法。

取与圆环固连的坐标系 $Oxyz$，在这个非惯性系中，小环的动能为

$$T = \frac{1}{2}mR^2\dot{\theta}^2$$

牵连惯性力（即离心力）为

$$\boldsymbol{S} = mx\omega^2\boldsymbol{i}$$

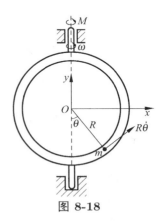

牵连惯性力是有势力，其势能为

$$V_S = -\frac{1}{2}m\omega^2 x^2$$

（容易验证：$\mathrm{d}V_S/\mathrm{d}x = -S$）将牵连惯性力的势能用广义坐标表示为

$$V_S = -\frac{1}{2}mR\omega^2 \sin^2\theta$$

重力势能为

$$V_g = -mgR \cos\theta$$

系统总势能为

$$V = V_S + V_g = -\frac{1}{2}mR\omega^2 \sin^2\theta - mgR \cos\theta$$

图 8-18

拉格朗日函数为

$$L = T - V = \frac{1}{2}mR^2\dot{\theta}^2 + \frac{1}{2}mR\omega^2 \sin^2\theta + mgR \cos\theta$$

计算偏导数

$$\frac{\partial L}{\partial \theta} = mR^2\omega^2 \sin\theta\cos\theta - mgR\sin\theta$$

$$\frac{\partial L}{\partial \dot{\theta}} = mR^2\dot{\theta}$$

代入拉格朗日方程中得系统运动微分方程

$$mR^2\ddot{\theta} - mR^2\omega^2\sin\theta\cos\theta + mgR\sin\theta = 0$$

与第一种方法得到的完全一致。

拉格朗日函数不显含时间 t，系统有广义能量积分

$$T + V = \frac{1}{2}mR^2\dot{\theta}^2 - \frac{1}{2}mR\omega^2\sin^2\theta - mgR\cos\theta = E$$

其物理意义是在相对运动中机械能守恒。

本章小结

本章讲了达朗贝尔惯性力、动势（拉格朗日函数）、广义惯性力、广义动量、广义冲量、广义能量、广义约束力等概念，介绍了达朗贝尔原理、达朗贝尔-拉格朗日原理（动力学普遍方程），推导了第一类拉格朗日方程（带乘子的拉格朗日方程）、第二类拉格朗日方程、拉格朗日方程的积分形式，比较了建立质点系运动微分方程的牛顿力学方法和分析力学方法。

学习本章的基本要求是：了解第二类拉格朗日方程基本形式和标准形式的适用条件并熟练运用。

第二类拉格朗日方程的基本形式

$$\frac{\mathrm{d}}{\mathrm{d}t}\left(\frac{\partial T}{\partial \dot{q}_i}\right) - \frac{\partial T}{\partial q_i} = Q_i \quad (i = 1, 2, \cdots, k)$$

第二类拉格朗日方程的标准形式

$$\frac{\mathrm{d}}{\mathrm{d}t}\left(\frac{\partial L}{\partial \dot{q}_i}\right) - \frac{\partial L}{\partial q_i} = 0 \quad (i = 1, 2, \cdots, k)$$

第二类拉格朗日方程是标量形式的方程，适用于完整约束系统。应用拉格朗日方程解题时，首先要分析质点系的自由度，选取广义坐标；然后计算质点系的动能，并将动能用广义速度表示；再计算势能或广义力；最后利用拉格朗日方程建立系统的运动微分方程。正确写出给定系统的动能、势能或广义力，特别是动能，是应用拉格朗日方程的关键。

如果系统主动力有势，且拉格朗日函数不显含某广义坐标 q_i（称为循环坐标），则有循环积分（广义动量守恒）

$$p_j = \frac{\partial L}{\partial \dot{q}_j} = \frac{\partial T}{\partial \dot{q}_j} = C_j$$

如果系统主动力有势，拉格朗日函数中不显含时间 t，则有广义能量积分

$$T_2 - T_0 + V = E$$

第二类拉格朗日方程有 3 个优点：

（1）方程是标量形式，具有形式不变性；

（2）只需计算系统的动能、势能或广义力，不必考虑理想约束的反力；

（3）解题步骤程式化、规范化。

概念题

请判断下列说法是否正确。

8-1　拉格朗日方程的循环积分实际上就是动量守恒或者角动量守恒。

8-2　拉格朗日方程的广义能量积分实际上就是机械能守恒。

8-3　如果一个单自由度系统的第二类拉格朗日方程存在第一积分，则系统的机械能守恒。

8-4　如果一个两自由度系统的第二类拉格朗日方程存在两个独立的第一积分，则其中至少有一个是广义动量积分。

8-5　如果系统存在广义能量积分，不一定机械能守恒；而如果系统的机械能守恒，则一定存在广义能量积分。

8-6　如果系统存在一个广义动量积分，不能说明系统在某个方向动量（矩）守恒；而如果系统在某个方向动量守恒，则系统一定存在广义动量积分。

8-7　从达朗贝尔 - 拉格朗日原理可以导出牛顿第二定律和第二类拉格朗日方程，从牛顿第二定律又可以导出动能定理。但是动能定理只适用于单自由度系统，而第二类拉格朗日方程可以适用于任意自由度系统，因此第二类拉格朗日方程比动能定理适用范围更广泛。

8-8　将拉格朗日方程在一个时间段上积分就直接得到了拉格朗日方程的积分形式。

8-9　主动力有势的定常系统一定是保守系统。

8-10　两个同样的生鸡蛋，一个静止，另一个运动，碰撞时静止的鸡蛋更容易破碎。

习题

8-1　4 个重量均为 P 的重物，用绳子相连接，绳子跨过一个定滑轮 A，其中 3 个重物放在光滑的水平面上，第 4 个重物铅垂悬挂，如图所示。如果绳重略而不计，求：（1）系统的加速度；（2）在截面 ab 处绳子的张力。

8-2　三棱柱 A 沿三棱柱 B 的光滑斜面滑动，A,B 各重 P,Q，三棱柱 B 的斜面与水平面成 α 角。如开始时系统静止，求三棱柱 B 的加速度。摩擦略去不计。

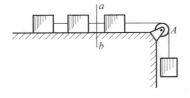

习题图 **8-1**

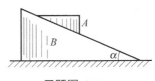

习题图 **8-2**

8-3　图示离心调速器以角速度 ω 绕铅垂轴转动。每个球的重量为 P，套管重 Q，杆重略去不计。求稳定旋转时，两臂 OA,OB 和铅垂轴的夹角 α。

8-4 图示系统由定滑轮 A、动滑轮 B 以及三个用不可伸长的绳挂起的重物 M_1, M_2, M_3 组成。各重物的质量分别为 m_1, m_2, m_3 且 $m_1 < m_2 + m_3$；滑轮的质量不计。各重物的初速均为零。求质量 m_1, m_2, m_3 应具有何种条件，重物 M_1 方能下降。并求绳子对重物 M_1 的拉力。

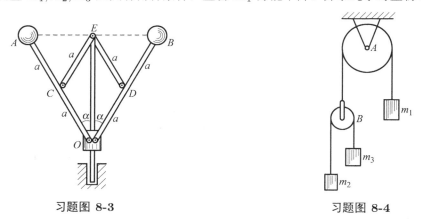

习题图 8-3　　　　　　　　　　　习题图 8-4

8-5 转速表的简化模型如图所示。杆 CD 的两端各有重 W 的 C 球和 D 球，CD 杆与转轴 AB 铰接，自重不计。当转轴 AB 转动时，CD 杆的转角 φ 就发生变化。设 $\omega = 0$ 时，$\varphi = \varphi_0$ 且弹簧中无力。弹簧产生的力矩 M 与转角 φ 的关系为 $M = k(\varphi - \varphi_0)$，$k$ 为弹簧刚度。试求角速度 ω 与角 φ 之间的关系。

8-6 图示均质杆 AB 长为 l，以等角速度 ω 绕 z 轴转动。求杆与铅直线的夹角 β。

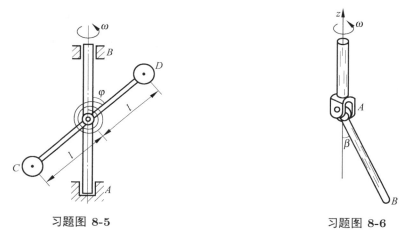

习题图 8-5　　　　　　　　　　　习题图 8-6

8-7 两细长的均质直杆，长各为 a 和 b，互成直角地固结在一起，其顶点 O 与铅直轴以铰链相连，此轴以等角速度 ω 转动。求长为 a 的杆偏离铅直线的夹角 φ 与 ω 间的关系。

8-8 如图所示，两相同的均质杆 O_1A, O_2B，长为 l，重为 P，分别铰接于 T 形杆的 O_1, O_2 点上，并在两杆重心上连接一个刚度为 k 的弹簧。当两杆处于铅垂位置时，弹簧为原长，若 T 形杆以等角速 ω 绕铅垂轴转动，试求图示相对平衡位置的 φ 角与 ω 的关系。令 $k = P/l, a = l/4$。

8-9 长为 l 的均质杆 AB 铰接于圆盘 AC 上，如图所示。圆盘以匀角速 ω 绕铅垂轴转动，求使杆保持在 $\theta = 60°$ 时的 ω 值，设 $b = l/4$。

8-10 已知火箭加速度大小为 a，卫星整流罩自由倒下，转到 $90°$ 位置时自动脱落。整流罩质心为 C，$OC = r$，质量为 m，对 O 点转动惯量为 $m\rho^2$。求整流罩在脱落位置时的角速度。

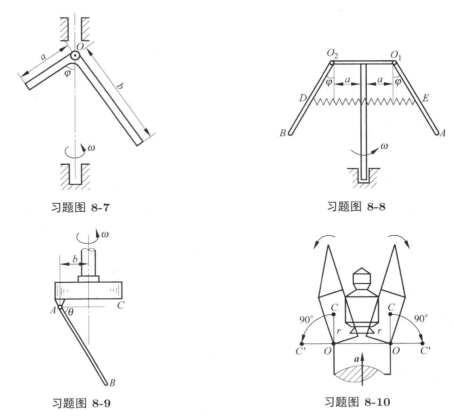

习题图 8-7

习题图 8-8

习题图 8-9

习题图 8-10

8-11 图示长方形均质平板长 20cm，宽 15cm，质量为 27kg，由两个销 A 和 B 悬挂。如果突然撤去销 B，求在撤去销 B 的瞬时平板的角加速度和销 A 处的约束反力。

8-12 质量与长度均相等的三杆 OA, OB, AB 互相铰接如图所示，假如 B 铰突然撤掉，求该瞬时 OA 杆及 AB 杆的角加速度大小。

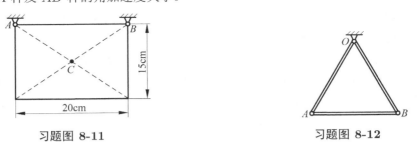

习题图 8-11

习题图 8-12

8-13 质量为 M 的滑块可在圆盘上的光滑直槽内滑动。圆盘以匀角速度 ω 在水平面内转动。当圆盘静止时，滑块位于圆心 O 处，弹簧无初变形，两弹簧总的当量刚度为 k。试用拉格朗日方程导出此系统的运动微分方程，并求滑块振动的周期和使滑块能保持振动的最大角速度。

8-14 图示导杆机构带动单摆的支点 O 按已知规律 $x = r\sin(\omega t)$ 作水平直线运动，试用拉格朗日方程导出质点 m 的运动微分方程。不计杆的质量和摩擦。

8-15 两匀质圆柱 A 和 B，重各为 P_1 和 P_2。圆柱间绕以绳索，其轴水平放置，圆柱 A 可绕定轴 O_1 转动，圆柱 B 则在重力作用下自由下落。不计绳索的质量，试用拉格朗日方程导出其运动微分方程。

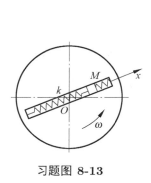

习题图 **8-13**

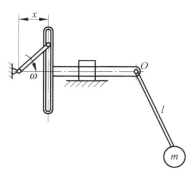

习题图 **8-14**

8-16　重 W_1 的物块 A 在倾角 α 的斜面上滑动，块 A 与一个刚度为 k 的弹簧相连，重 W_2 长 l 的均质杆 AB 之一端铰接在块 A 上，如图所示。不计摩擦，试列写系统的运动微分方程。

8-17　如图所示，质量为 m 半径为 R 的均质圆轮绕 O 以等角速度 ω 作定轴转动，轮上 A 点用刚度为 k 的弹簧连接一个质量亦为 m 的质点，弹簧不计重量，整个系统处于光滑的水平面上。试用拉格朗日方程列写运动微分方程。

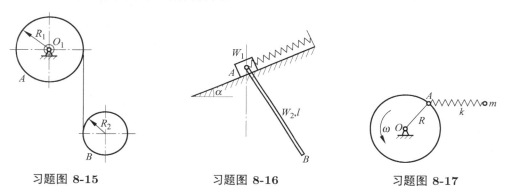

习题图 **8-15**　　　　　　　习题图 **8-16**　　　　　　　习题图 **8-17**

8-18　质量为 m 的质点用绳系住，绳的另一端挂在固定圆柱体的最高点 A，并绕在圆柱体上，如图所示。绳长等于 $l + \pi R/2$，其中 R 为圆柱体的半径。试导出质点的运动微分方程。

8-19　薄壁圆柱 A 质量为 m，固连在一起的圆柱 B 与圆柱 C 的总质量为 $2m$，总转动惯量等于 $mR^2/2$。薄壁圆柱 A 与圆柱 B 半径都等于 $R/2$，圆柱 C 的半径为 R。薄壁圆柱 A 用绳子缠绕，此绳另一头缠在圆柱 B 上。在圆柱 C 上也缠有绳子，此绳的末端固结在 D 点，如图所示。整个系统在重力作用下运动，试求两圆柱轴心的绝对加速度。

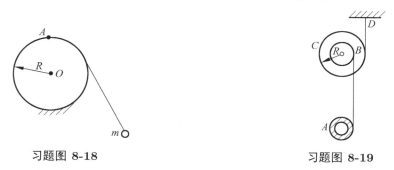

习题图 **8-18**　　　　　　　　　习题图 **8-19**

8-20　图示两根长为 l 质量为 m 的均质杆，用刚度为 k 的弹簧在中点相连。设弹簧原长为

b, 两根杆只允许在铅直面内摆动, 假设角度 θ_1 和 θ_2 都很小。当 $t = 0$ 时, $\theta_1 = 0$, $\dot{\theta}_1 = \dot{\theta}_2 = 0$, $\theta_2 = \theta_0$, 求杆的运动微分方程。

8-21 图示行星轮系由 3 个均质圆轮组成, $r_1 = 3r_2/2 = r_3 = r$, $m_1 = m_2 = m_3 = m$, 曲柄不计重量, 系统处于水平面内, 设轮 I 以等角速转动。今在曲柄上作用常力偶矩 M, 方向如图。试列写系统的运动微分方程。

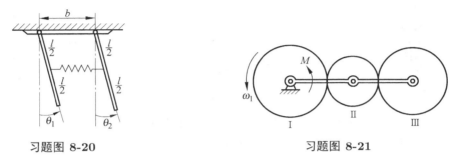

习题图 8-20   习题图 8-21

8-22 一根不计质量、水平放置的轻杆两端固结质量分别为 m_1 和 m_2 的质点($m_1 \neq m_2$), 杆中点 A 与圆盘边缘相铰接, 圆盘绕铅垂轴以 ω 作匀角速转动。设圆盘半径为 R。试以 φ 为广义坐标建立系统的运动微分方程。

8-23 质量为 m_1 的物块 1 放在光滑水平面上, 一端与水平放置、刚度为 k 的弹簧相连, 一端作用水平力 $F = F_0 \cos \omega t$。在半径为 R、表面足够粗糙的半圆柱槽内放一个半径为 r、质量为 m_2 的小球 2(小球在槽内作纯滚动)。试建立系统的运动微分方程。

习题图 8-22   习题图 8-23

8-24 图示瓦特调速器的两飞球质量各为 m, OA, OB, AC, BC 等 4 根铰连杆长均为 l, 质量均略去不计, 套管 C 的质量为 M。试由拉格朗日方程导出此系统的运动微分方程, 并分析首次积分。

8-25 质量为 m 半径为 $3R$ 的大圆环在粗糙的水平面上作纯滚动, 如图所示。另一个质量亦为 m 半径为 R 的小圆环又在粗糙的大圆环内壁作纯滚动。不计滚动摩阻, 整个系统处于铅垂面内。初始时, O_1O_2 在水平线上, 被无初速释放。试列写系统的运动微分方程与相应的首次积分。

8-26 图示机构在铅垂平面内。均质圆盘 A 的半径 $R = 2r$, 质量 $M = 2m$, 可绕 A 点转动。均质圆盘 B 的半径 r 质量为 m, 可在圆盘 A 的边缘上作纯滚动。均质杆 AB 的质量也为 m, 所有铰链约束均为理想约束。试写出系统的运动微分方程, 并分析首次积分。

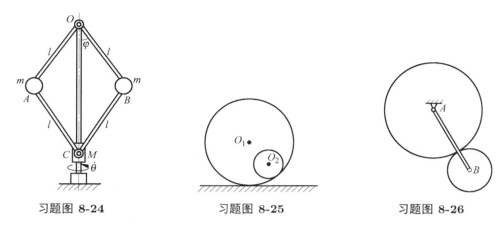

习题图 8-24   习题图 8-25   习题图 8-26

8-27   图示均质圆盘 A 在板 B 上作纯滚动，板与水平面为光滑接触。圆盘中心安装一单摆 C，绳长 l，质量不计。若 $m_A = m_B = 3m_C$，开始时系统无初速，$\theta = \theta_0$，求单摆自 θ_0 位置无初速地运动至铅垂位置时单摆 C 的速度。

8-28   均质杆 AB 长度为 $2a$，质量为 M，两端约束在半径为 R 的光滑水平圆周上（$a < R$）。质量为 m 的甲虫以不变的相对速度 u 沿杆运动，初始时甲虫在杆的中点。设杆与某一固定直径的夹角为 θ，求杆 AB 的运动规律。

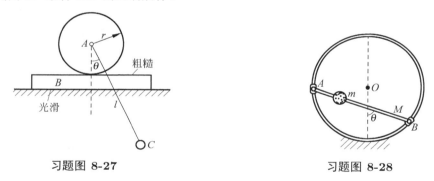

习题图 8-27   习题图 8-28

8-29   如图所示，均质杆 AB 长度为 $2l$，质量为 m，两端约束在半径为 $R = \sqrt{2}l$、质量为 M 的均质圆环内壁上。直杆可以沿光滑圆环内部自由滑动，圆环在地面上作纯滚动。初始时刻，直杆和圆环静止，点 A 位于圆环的最底端。求：（1）初始时刻，圆环和直杆的角加速度；（2）初始时刻，杆上点 B 的加速度；（3）杆 AB 运动到水平位置时，圆环在点 A 处对杆的作用力。

8-30   如图所示，铅垂平面内长为 l、质量为 m 的均质杆 AB 一端与半径为 R、质量为 m 的均质圆盘在轮心 A 处铰接，初始时刻杆处于竖立状态（$\theta = 0°$），且杆和圆盘都静止，杆受到微小扰动后倒下，设圆盘始终沿水平地面纯滚动，求：（1）以图中 x 和 θ 为广义坐标，系统的运动微分方程；（2）分析系统的首次积分及其物理意义；（3）杆第一次处于水平状态（$\theta = 90°$）时杆的角速度。

习题图 8-29　　　　　　　　　　习题图 8-30

8-31　质量均为 m、长度均为 l 的两根相同的均质杆 AB，BC 铰接后成直线静止放在光滑的桌面上，并以铰链 A 固接于桌面。小球 D 以垂直于杆的速度 v 与 BC 杆的 E 点发生碰撞，恢复系数 $e = 0.5$。设小球 D 的质量为 $m/2$。求碰撞后瞬时杆 AB 和 BC 的角速度。

8-32　一边长为 10cm 的正方形平板重 10N，在距匀质杆 AB 杆 10cm 的高度水平掉下，平板一端点与杆 B 端发生碰撞，恢复系数 $e = 0.7$。设 AB 杆重 20N，可绕其中点转动。求碰撞后杆 AB 瞬时的角速度。

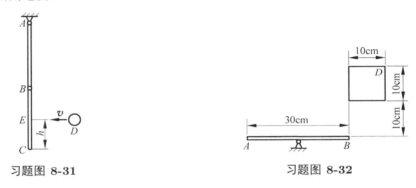

习题图 8-31　　　　　　　　　　习题图 8-32

8-33　设 3 根等长度的均质杆 AB, BC, CD 铰接成正方形的三边，放在光滑水平面上，A 端固定。今在 D 点沿着 $\overrightarrow{AD}$ 方向作用冲量，证明受冲击后杆 AB, CD 的初始角速度大小之比为 $1 : 11$。

8-34　设 4 根相同的均质杆在端点铰接而成一个正方形框架。初始时它们在自身平面内绕正方形中心以常角速度 ω 转动。今突然按住其中一根杆的中点 C，求按住后瞬时各杆的角速度。

习题图 8-33　　　　　　　　　　习题图 8-34

8-35　如图所示，三根质量均为 m、长均为 l 的匀质细杆铰接后成一直线静止于光滑水平面上，今在 AB 杆的质心 G 处作用一垂直于杆的水平冲量 I。试用拉格朗日方程的积分形式，（1）证明冲击后 AB 杆、BC 杆、CD 杆的初始角速度之比为 $4 : 3 : -1$；（2）求冲击后系统的动能。

8-36　如图所示的光滑墙壁内，CD 杆由光滑铰链连接在 AB 杆中点。无量纲化后，两竖墙的间距为 2.2，均质杆 AB 与 CD 长都为 2，质量都为 1，重力加速度 $g = 1$。(1) 求平衡位置 θ 满足的方程，并判断平衡位置的稳定性；(2) 运用第一类拉格朗日方程推导系统的运动微分方程；(3) 从 $\theta = 53.1°$（按照 $\sin 53.1° = 0.8$ 计算）位置静止释放，求释放后瞬时 CD 杆的加速度瞬心位置和角加速度，D 点的加速度和 A 点的约束反力；(4) 如果在 A 点作用一水平方向力使系统平衡在 $\theta = 53.1°$ 位置，求该力。

习题图 8-35

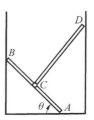

习题图 8-36

第 IV 篇
动力学专题

第 9 章

刚体动力学

内容提要　刚体的一般运动可以分解为质心的运动和相对质心的转动。质心运动可以利用质心运动定理转化为质点动力学问题，因此刚体绕定点或质心的转动是刚体动力学的研究重点。在学习本章以前，学生需要掌握刚体运动学和质点系动力学普遍定理。

9.1　刚体动力学方程

　　刚体动力学研究刚体在外力作用下的运动规律。我们在刚体运动学中已经知道，刚体的运动分为平动、定轴转动、平面运动、定点运动、一般运动。作为刚体动力学的特殊情况，刚体平动动力学可以归结为质点动力学，刚体定轴转动和平面运动的动力学在物理课程和本书前面章节都讲过。刚体一般运动可以分解为随质心的平动和绕质心的定点运动，因此本章重点研究刚体定点运动动力学。本节的任务是推导刚体定点运动和一般运动的运动微分方程。

　　刚体定点运动动力学方程可以利用质点系动量矩定理给出，为此需要计算刚体定点运动的动量矩。

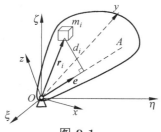

图 9-1

　　设刚体绕固定点 O 转动，$O\xi\eta\zeta$ 为固定系，$Oxyz$ 为固连系，如图9-1所示。刚体的瞬时角速度为 $\boldsymbol{\omega}$，它在固连系中的列阵为 $[\omega_x \quad \omega_y \quad \omega_z]^{\mathrm{T}}$。根据动量矩的定义，刚体对 O 点的动量矩为

$$\boldsymbol{L}_O = \int (\boldsymbol{r} \times \boldsymbol{v})\mathrm{d}m \tag{9-1}$$

其中 $\mathrm{d}m$ 为刚体中任意点的微元质量，$\boldsymbol{r}$ 为该微元对 O 点的矢径，它在固连系中的列阵为 $\underline{\boldsymbol{r}} = [x \quad y \quad z]^{\mathrm{T}}$。由于 $\boldsymbol{v} = \boldsymbol{\omega} \times \boldsymbol{r}$，利用矢量关系式

$$\boldsymbol{r} \times (\boldsymbol{\omega} \times \boldsymbol{r}) = (\boldsymbol{r} \cdot \boldsymbol{r})\boldsymbol{\omega} - (\boldsymbol{\omega} \cdot \boldsymbol{r})\boldsymbol{r} = r^2\boldsymbol{\omega} - (\boldsymbol{\omega} \cdot \boldsymbol{r})\boldsymbol{r}$$

可以将 $\boldsymbol{L}_O$ 表示成

$$\boldsymbol{L}_O = \int [r^2\boldsymbol{\omega} - (\boldsymbol{\omega} \cdot \boldsymbol{r})\boldsymbol{r}]\mathrm{d}m \tag{9-2}$$

利用列阵形式表示矢量，可得

$$\underline{\boldsymbol{L}}_O = \int (r^2\underline{\boldsymbol{\omega}} - \underline{\boldsymbol{r}}\,\underline{\boldsymbol{r}}^{\mathrm{T}}\underline{\boldsymbol{\omega}})\mathrm{d}m = \left[\int (r^2\boldsymbol{E} - \underline{\boldsymbol{r}}\,\underline{\boldsymbol{r}}^{\mathrm{T}})\mathrm{d}m\right]\underline{\boldsymbol{\omega}} \tag{9-3}$$

其中 $\boldsymbol{E}$ 为 3×3 的单位矩阵，$\underline{\boldsymbol{r}}\boldsymbol{r}^{\mathrm{T}} = [x \quad y \quad z]^{\mathrm{T}}[x \quad y \quad z]$ 是 3×3 的矩阵。引入 3×3 的矩阵

$$\boldsymbol{J}_O = \int (r^2 \boldsymbol{E} - \underline{\boldsymbol{r}}\boldsymbol{r}^{\mathrm{T}}) \mathrm{d}m \tag{9-4}$$

式(9-3)可以写成

$$\underline{\boldsymbol{L}}_O = \boldsymbol{J}_O \underline{\boldsymbol{\omega}} \tag{9-5}$$

$\boldsymbol{J}_O$ 称为刚体对 O 点的**惯量矩阵**，在固连系中，

$$\boldsymbol{J}_O = \begin{bmatrix} J_x & -J_{xy} & -J_{xz} \\ -J_{yx} & J_y & -J_{yz} \\ -J_{zx} & -J_{zy} & J_z \end{bmatrix} \tag{9-6}$$

其中

$$\begin{cases} J_x = \int (y^2 + z^2) \mathrm{d}m \\ J_y = \int (x^2 + z^2) \mathrm{d}m \\ J_z = \int (x^2 + y^2) \mathrm{d}m \end{cases} \tag{9-7}$$

分别为刚体绕坐标轴 Ox，Oy，Oz 的**转动惯量**，而

$$\begin{cases} J_{xy} = J_{yx} = \int xy \mathrm{d}m \\ J_{xz} = J_{zx} = \int xz \mathrm{d}m \\ J_{yz} = J_{zy} = \int yz \mathrm{d}m \end{cases} \tag{9-8}$$

分别是刚体对 xy 轴、xz 轴和 yz 轴的**惯性积**。

根据质点系对固定点的动量矩定理有

$$\frac{\mathrm{d}}{\mathrm{d}t} \boldsymbol{L}_O = \boldsymbol{M}_O^{(\mathrm{e})} \tag{9-9}$$

在刚体运动的过程中，刚体相对固连系是不动的，即刚体在固连系中对质心的惯量矩阵的各元素是不随时间变化的，因此一般在固连系中写刚体动力学方程。利用向量的绝对导数和相对导数之间的关系，上式可以写为

$$\frac{\tilde{\mathrm{d}}}{\mathrm{d}t} \boldsymbol{L}_O + \boldsymbol{\omega} \times \boldsymbol{L}_O = \boldsymbol{M}_O^{(\mathrm{e})} \tag{9-10}$$

其中 $\boldsymbol{\omega}$ 为固连系的角速度，也就是刚体的角速度。

利用式(9-10)，并用列阵形式表示矢量，可得

$$\boldsymbol{J}_O \underline{\dot{\boldsymbol{\omega}}} + \tilde{\boldsymbol{\omega}} \boldsymbol{J}_O \underline{\boldsymbol{\omega}} = \underline{\boldsymbol{M}}_O^{(\mathrm{e})} \tag{9-11}$$

方程(9-11)的具体形式非常复杂，这里仅给出 x 方向的表达式：

$$J_x \dot{\omega}_x - J_{xy} \dot{\omega}_y - J_{xz} \dot{\omega}_z - J_y \omega_y \omega_z + J_z \omega_y \omega_z - J_{yz} \omega_y^2 + J_{yz} \omega_z^2 + J_{xy} \omega_x \omega_z - J_{xz} \omega_x \omega_y = M_{Cx}$$

如果我们能选择坐标系 $Oxyz$ 使刚体对 O 的惯量矩阵为

$$\boldsymbol{J}_O = \begin{bmatrix} J_x & 0 & 0 \\ 0 & J_y & 0 \\ 0 & 0 & J_z \end{bmatrix} \tag{9-12}$$

即所有惯性积都等于零，则标量形式的方程就会得到简化。事实上，我们总能找到这样的坐标系，使得所有惯性积都为零。下面我们证明这个结论。

证 设 $Oxyz$ 和 $Ox'y'z'$ 是坐标原点相同的两个直角坐标系，设 $\boldsymbol{A}$ 为它们之间的变换矩阵，它一定是正交矩阵。如果微元 $\mathrm{d}m$ 对 O 点的矢径为 $\boldsymbol{r}$，它在 $Oxyz$ 中的列阵 $\underline{\boldsymbol{r}}$ 和在 $Ox'y'z'$ 中的列阵 $\underline{\boldsymbol{r}}'$ 之间的关系为

$$\underline{\boldsymbol{r}}' = \boldsymbol{A}\underline{\boldsymbol{r}} \tag{9-13}$$

利用上式，并考虑到 $r'^2 = r^2$ 和 $\boldsymbol{A}^{\mathrm{T}}\boldsymbol{A} = \boldsymbol{E}$，可将刚体在坐标系 $Ox'y'z'$ 中的惯量矩阵写为

$$\boldsymbol{J}'_O = \int (r'^2 \boldsymbol{E} - \underline{\boldsymbol{r}}'\underline{\boldsymbol{r}}'^{\mathrm{T}})\mathrm{d}m = \int (r^2 \boldsymbol{E} - \boldsymbol{A}^{\mathrm{T}}\underline{\boldsymbol{r}}\underline{\boldsymbol{r}}^{\mathrm{T}}\boldsymbol{A})\mathrm{d}m = \boldsymbol{A}^{\mathrm{T}}\boldsymbol{J}_O\boldsymbol{A}$$

即

$$\boldsymbol{J}'_O = \boldsymbol{A}^{\mathrm{T}}\boldsymbol{J}_O\boldsymbol{A} \tag{9-14}$$

在数学中已证明，对于实对称矩阵 $\boldsymbol{J}_O$，一定可以找到正交矩阵 $\boldsymbol{A}$，使 $\boldsymbol{J}'_O$ 为对角矩阵。证明结束。

式(9-14)称为**惯量矩阵的转轴公式**。使得惯量矩阵为对角矩阵的坐标系 $Oxyz$ 称为**主轴坐标系**，坐标轴 Ox, Oy, Oz 称为**惯性主轴**，对角形惯性矩阵的对角元素称为**主转动惯量**。使得惯量矩阵为对角矩阵的质心坐标系 $Cxyz$ 称为**中心主轴坐标系**，坐标轴 Cx, Cy, Cz 称为**中心惯性主轴**。

已知惯性矩阵 $\boldsymbol{J}_O$ 求主转动惯量、惯性主轴方向，在数学上归结为求 $\boldsymbol{J}_O$ 的特征值、特征向量。对于具有几何对称性的均质刚体，可以直观地判断出主轴方向。例如轴对称刚体，其对称轴就是刚体对轴上各点的惯性主轴。

如果固连坐标系取为刚体的主轴坐标系，则方程(9-11)可写成

$$\begin{cases} J_x\dot{\omega}_x + (J_z - J_y)\omega_y\omega_z = M_x \\ J_y\dot{\omega}_y + (J_x - J_z)\omega_z\omega_x = M_y \\ J_z\dot{\omega}_z + (J_y - J_x)\omega_x\omega_y = M_z \end{cases} \tag{9-15}$$

此式称为**欧拉动力学方程**。

如果方程(9-15)中 M_x, M_y, M_z 是 $\omega_x, \omega_y, \omega_z, t$ 的函数，则方程(9-15)是封闭方程组，积分可得 $\omega_x, \omega_y, \omega_z$，再利用欧拉运动学方程（见第 2 章）积分得到欧拉角。如果 M_x, M_y, M_z 是欧拉角和时间的函数，则需要联立求解欧拉动力学方程和欧拉运动学方程。

刚体一般运动微分方程可以用动力学普遍定理得到。刚体质心的运动可根据质心运动定理转化为质点动力学问题，即

$$m\dot{\boldsymbol{v}}_C = \boldsymbol{R}^{(\mathrm{e})} \tag{9-16}$$

其中 $\boldsymbol{v}_C$ 为刚体质心的速度，$\boldsymbol{R}^{(\mathrm{e})}$ 为作用在刚体上的外力主矢量。

刚体相对于质心平动系的运动由质点系对质心的动量矩定理确定，即

$$\frac{\tilde{\mathrm{d}}}{\mathrm{d}t}\boldsymbol{L}_C + \boldsymbol{\omega} \times \boldsymbol{L}_C = \boldsymbol{M}_C^{(\mathrm{e})} \tag{9-17}$$

其中 $\boldsymbol{L}_C$ 为刚体对质心的动量矩，$\boldsymbol{M}_C^{(\mathrm{e})}$ 为作用在刚体上的外力对质心的主矩。

式(9-16)和式(9-17)就是**刚体一般运动的微分方程**。由这两个方程可以看出：如果两个力系的主矢量和对 C 点的主矩相等，则在这两个力系作用下刚体的质心运动和绕质心的转动完全相同。因此这两个力系对刚体的作用效果相同，即两个力系等效。

9.2　定轴转动刚体的动反力

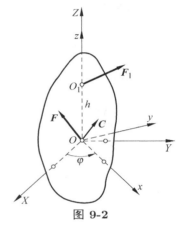

图 9-2

我们研究定轴转动刚体的约束反力。假设刚体有两个固定点 O 和 O_1，如图9-2所示。设 $\boldsymbol{F}$ 和 $\boldsymbol{F}_1$ 是点 O 和 O_1 的约束反力，$\boldsymbol{R}$ 是作用在刚体上的主动力的主矢量，$\boldsymbol{M}_O$ 是主动力对点 O 的主矩。以点 O 为固定坐标系 $OXYZ$ 的原点，OZ 轴沿着 OO_1。刚体固连坐标系 $Oxyz$ 的 Oz 轴也沿着 OO_1。定轴转动的刚体有一个自由度，我们用坐标轴 OX 与 Ox 的夹角 φ 来描述运动。刚体角速度 $\boldsymbol{\omega}$ 和角加速度 $\boldsymbol{\varepsilon}$ 在固连坐标系中的列阵分别为 $[0 \quad 0 \quad \dot{\varphi}]^{\mathrm{T}}$ 和 $[0 \quad 0 \quad \ddot{\varphi}]^{\mathrm{T}}$。

在物理课程和本书第 7 章都讲过定轴转动的运动微分方程

$$J_z\ddot{\varphi} = M_z$$

这个方程不包含约束反力，显然不能从中求解出约束反力。为了求约束反力，我们必须解除约束，代之以约束反力，把刚体看作自由的，即作一般运动。根据刚体一般运动的微分方程(9-16)和(9-17)，有

$$m\dot{\boldsymbol{v}}_C = \boldsymbol{R} + \boldsymbol{F} + \boldsymbol{F}_1 \tag{9-18}$$

和

$$\frac{\tilde{\mathrm{d}}}{\mathrm{d}t}\boldsymbol{L}_O + \boldsymbol{\omega} \times \boldsymbol{L}_O = \boldsymbol{M}_O + \overrightarrow{OO_1} \times \boldsymbol{F}_1 \tag{9-19}$$

根据刚体运动学可知

$$\dot{\boldsymbol{v}}_C = \boldsymbol{\varepsilon} \times \overrightarrow{OC} + \boldsymbol{\omega} \times (\boldsymbol{\omega} \times \overrightarrow{OC}) \tag{9-20}$$

我们用固连坐标系中的列阵表示矢量

$$\underline{\boldsymbol{R}} = [R_x \quad R_y \quad R_z]^{\mathrm{T}}, \quad \underline{\boldsymbol{M}}_O = [M_x \quad M_y \quad M_z]^{\mathrm{T}}$$

$$\underline{\boldsymbol{F}} = [F_x \quad F_y \quad F_z]^{\mathrm{T}}, \quad \underline{\boldsymbol{F}}_1 = [F_{1x} \quad F_{1y} \quad F_{1z}]^{\mathrm{T}}$$

$$\underline{\boldsymbol{OC}} = [x_C \quad y_C \quad z_C]^{\mathrm{T}}, \quad \underline{\boldsymbol{OO}}_1 = [0 \quad 0 \quad h]^{\mathrm{T}}$$

则矢量方程组(9-18)和(9-19)可以写成下面的形式

$$\begin{cases} -My_C\ddot{\varphi} - Mx_C\dot{\varphi}^2 = R_x + F_x + F_{1x} \\ Mx_C\ddot{\varphi} - My_C\dot{\varphi}^2 = R_y + F_y + F_{1y} \\ 0 = R_z + F_z + F_{1z} \\ -J_{xz}\ddot{\varphi} + J_{yz}\dot{\varphi}^2 = M_x - hF_{1y} \\ -J_{yz}\ddot{\varphi} - J_{xz}\dot{\varphi}^2 = M_y + hF_{1x} \\ J_z\ddot{\varphi} = M_z \end{cases} \tag{9-21}$$

最后一个方程是刚体定轴转动的运动微分方程，不包含约束反力。其他 5 个方程包含待求的约束反力。该问题是不能完全求解的，因为第 3 个方程不能求出轴向约束反力 F_z 和 F_{1z}，只能求得它们的和。侧向约束反力 F_x, F_{1x}, F_y, F_{1y} 可以由第 1,2,4,5 个方程求出。

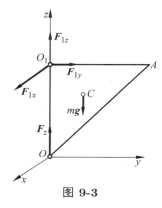

图 9-3

例 9-1 均质直角三角形 OO_1A 以直角边 $OO_1 = a$ 绕竖直轴转动，如图9-3所示。试问转动角速度多大时下支撑点 O 处的侧向压力等于零？直角三角形为均质的薄板。

解 在这个问题中

$$x_C = 0, \qquad y_C = a/3, \qquad h = a, \qquad J_{xz} = 0$$

$$J_{yz} = \int yz\mathrm{d}m = \frac{2m}{a^2}\int_0^a z\left(\int_0^z y\mathrm{d}y\right)\mathrm{d}z = \frac{m}{a^2}\int_0^a z^3\mathrm{d}z = \frac{1}{4}ma^2$$

以及

$$R_x = R_y = 0$$
$$R_z = -mg$$
$$M_x = -\frac{1}{3}mga$$
$$M_y = M_z = 0$$

再考虑到问题的条件 $F_x = F_y = 0$，可将方程组(9-21)写成

$$\begin{cases} -\dfrac{1}{3}ma\ddot{\varphi} = F_{1x} \\[2mm] -\dfrac{1}{3}ma\dot{\varphi}^2 = F_{1y} \\[2mm] -mg + F_z + F_{1z} = 0 \\[2mm] \dfrac{1}{4}ma\dot{\varphi}^2 = \dfrac{1}{3}mga - aF_{1y} \\[2mm] -\dfrac{1}{4}ma\ddot{\varphi} = -aF_{1x} \\[2mm] J_z\ddot{\varphi} = 0 \end{cases}$$

由最后一个方程可知 $\dot\varphi = \omega = \mathrm{const}$，即三角形以常角速度转动。从第 2 个和第 4 个方程中消去 F_{1y} 可得到角速度满足的关系式。最后得

$$\omega = 2\sqrt{g/a}$$

如果在方程组(9-21)的第 1，2，4，5 个方程中令 $\dot\varphi = 0$，$\ddot\varphi = 0$，则得确定侧向静反力的方程。只要刚体转动，$\dot\varphi$ 和 $\ddot\varphi$ 就不会同时等于零，方程的左边一般不等于零，即动反力不同于静反力。

下面我们来研究动反力等于静反力的条件。令方程组(9-21)的第 1，2，4，5 个方程的左边等于零，得下面 4 个方程

$$\begin{cases} \ddot\varphi y_C + \dot\varphi^2 x_C = 0 \\ -\dot\varphi^2 y_C + \ddot\varphi x_C = 0 \end{cases} \tag{9-22}$$

$$\begin{cases} \ddot\varphi J_{xz} - \dot\varphi^2 J_{yz} = 0 \\ \dot\varphi^2 J_{xz} + \ddot\varphi J_{yz} = 0 \end{cases} \tag{9-23}$$

方程组(9-22)可以看作 y_C, x_C 的齐次线性方程组，方程组(9-23)可以看作 J_{xz}, J_{yz} 的齐次线性方程组，这两个方程组的系数行列式分别是

$$\begin{vmatrix} \ddot\varphi & \dot\varphi^2 \\ -\dot\varphi^2 & \ddot\varphi \end{vmatrix} = \ddot\varphi^2 + \dot\varphi^4$$

和

$$\begin{vmatrix} \ddot\varphi & -\dot\varphi^2 \\ \dot\varphi^2 & \ddot\varphi \end{vmatrix} = \ddot\varphi^2 + \dot\varphi^4$$

只要刚体转动，角速度和角加速度不可能同时等于零，即 $\ddot\varphi^2 + \dot\varphi^4 \neq 0$。因此这两个齐次方程组都只有零解，即

$$x_C = y_C = 0$$

和

$$J_{xz} = J_{yz} = 0$$

这表明，刚体质心位于转动轴上，同时转动轴是惯性主轴。由此可见，**刚体定轴转动的动反力等于静反力的充分必要条件是，转动轴为刚体的中心惯性主轴。**

9.3　刚体定点运动

欧拉动力学方程一般情况下没有解析解，本节讨论一种最简单也是最重要的情况：假设外力对固定点的主矩为零，即 $M_x = M_y = M_z = 0$。这就是**刚体定点运动的欧拉情况**。显然，当刚体完全不受外力（即自由刚体），或者外力的合力通过固定点时，就是欧拉情况。在欧拉情况下，欧拉动力学方程写成

$$\begin{cases} J_x \dot\omega_x + (J_z - J_y)\omega_y \omega_z = 0 \\ J_y \dot\omega_y + (J_x - J_z)\omega_z \omega_x = 0 \\ J_z \dot\omega_z + (J_y - J_x)\omega_x \omega_y = 0 \end{cases} \tag{9-24}$$

方程(9-24)存在两个首次积分，我们可以通过数学推导得到，也可以利用动力学普遍定理得到。我们将方程(9-24)的第 1，2，3 个方程分别乘以 $J_x\omega_x$，$J_y\omega_y$，$J_z\omega_z$，然后相加，得

$$J_x^2\omega_x\dot{\omega}_x + J_y^2\omega_y\dot{\omega}_y + J_z^2\omega_z\dot{\omega}_z = 0 \tag{9-25}$$

再对时间积分可得

$$\frac{1}{2}(J_x^2\omega_x^2 + J_y^2\omega_y^2 + J_z^2\omega_z^2) = \text{const} \tag{9-26}$$

这是第 1 个首次积分。这个积分也可以由动量矩定理得到。由于外力对固定点主矩为零，刚体对固定点的动量矩

$$\underline{\boldsymbol{L}}_O = \boldsymbol{J}_O\underline{\boldsymbol{\omega}} = [J_x\omega_x \quad J_y\omega_y \quad J_z\omega_z]^{\mathrm{T}} \tag{9-27}$$

守恒，因此有

$$L_O^2 = J_x^2\omega_x^2 + J_y^2\omega_y^2 + J_z^2\omega_z^2 = \text{const} \tag{9-28}$$

我们将方程(9-24)的第 1，2，3 个方程分别乘 ω_x，ω_y，ω_z，然后相加，得

$$J_x\omega_x\dot{\omega}_x + J_y\omega_y\dot{\omega}_y + J_z\omega_z\dot{\omega}_z = 0 \tag{9-29}$$

再对时间积分可得

$$\frac{1}{2}(J_x\omega_x^2 + J_y\omega_y^2 + J_z\omega_z^2) = \text{const} \tag{9-30}$$

这是第 2 个首次积分。这个积分也可以由动能定理得到。为了说明这一点，我们先要推导刚体定点运动的动能。根据动能的定义，刚体定点运动的动能为

$$T = \frac{1}{2}\int v^2 \mathrm{d}m = \frac{1}{2}\int \boldsymbol{v}\cdot(\boldsymbol{\omega}\times\boldsymbol{r})\mathrm{d}m \tag{9-31}$$

利用矢量关系式

$$\boldsymbol{v}\cdot(\boldsymbol{\omega}\times\boldsymbol{r}) = \boldsymbol{\omega}\cdot(\boldsymbol{r}\times\boldsymbol{v})$$

以及动量矩的定义，式(9-31)可写成

$$T = \frac{1}{2}\boldsymbol{\omega}\cdot\int(\boldsymbol{r}\times\boldsymbol{v}\mathrm{d}m) = \frac{1}{2}\boldsymbol{\omega}\cdot\boldsymbol{L}_O \tag{9-32}$$

利用列阵形式表示矢量，可得

$$T = \frac{1}{2}\underline{\boldsymbol{\omega}}^{\mathrm{T}}\boldsymbol{J}_O\underline{\boldsymbol{\omega}} \tag{9-33}$$

在主轴坐标系下，有

$$T = \frac{1}{2}(J_x\omega_x^2 + J_y\omega_y^2 + J_z\omega_z^2) \tag{9-34}$$

可见，第 2 个首次积分的物理意义就是动能守恒。这很容易理解：由于外力或者为零或者通过固定点，因此作用在刚体上的主动力和约束力都不做功，系统的机械能守恒；主动力不做功又意味着势能为零，因此动能守恒。

利用这两个首次积分，可以得到（不妨假设 $J_x > J_y > J_z$）

$$\omega_x^2 = \frac{1}{J_x(J_z - J_x)}[(2TJ_z - L_O^2) - J_y(J_z - J_y)\omega_y^2] \tag{9-35}$$

$$\omega_z^2 = \frac{1}{J_z(J_z - J_x)}[(L_O^2 - 2TJ_x) - J_y(J_y - J_x)\omega_y^2] \tag{9-36}$$

代入方程(9-24)的第 2 个方程，得

$$\dot{\omega}_y = \pm \frac{1}{J_y \sqrt{J_x J_z}} \sqrt{[(2TJ_z - L_O^2) - J_y(J_z - J_y)\omega_y^2][(L_O^2 - 2TJ_x) - J_y(J_y - J_x)\omega_y^2]} \qquad (9\text{-}37)$$

针对积分常数 L_O, T 与转动惯量 J_x, J_y, J_z 不同的关系，微分方程(9-37)的解可以用椭圆积分或者双曲函数表示出来，再利用式(9-35)和式(9-36) 可以得到欧拉动力学方程(9-24)的解。由于椭圆积分的相关知识超出本课程范围，这里就不给出解的具体形式，

下面我们讨论方程(9-24)的两个特解。

（1）永久转动

我们把 $\omega_x = \omega = \text{const}$，$\omega_y = 0$，$\omega_z = 0$（$\omega \neq 0$）代入方程(9-24)验证可知，这是方程(9-24)的一组特解。类似的特解还有 $\omega_x = 0$，$\omega_y = \omega = \text{const}$，$\omega_z = 0$（$\omega \neq 0$）和 $\omega_x = 0$，$\omega_y = 0$，$\omega_z = \omega = \text{const}$（$\omega \neq 0$）。这种特解对应的运动称为**永久转动**。这个运动类似定轴转动，但是实际上不存在一根固定轴。容易验证，在 J_x, J_y, J_z 各不相同的情况下，永久转动只能绕着惯性主轴进行。

稳定性是研究永久转动的一个重要课题，严格的论证需要在专门的稳定性课程中进行，我们进行简单的定性分析。我们研究特解 $\omega_x = 0$，$\omega_y = 0$，$\omega_z = \omega = \text{const}$，在受到干扰后，运动微弱地偏离了特解，变为

$$\omega_x = \delta_x, \quad \omega_y = \delta_y, \quad \omega_z = \omega + \delta_z \qquad (9\text{-}38)$$

其中 δ_x，δ_y，δ_z 都是小量。在刚体运动过程中，如果 δ_x，δ_y，δ_z 之中至少有一个可以增大到不再为小量，则说明永久转动不稳定；而如果 δ_x，δ_y，δ_z 都持续保持为小量，则说明永久转动稳定。

将式(9-38)代入首次积分式(9-26)和式(9-30)，得

$$\frac{1}{2}[J_x^2 \delta_x^2 + J_y^2 \delta_y^2 + J_z^2(\omega + \delta_z)^2] = \text{const} \qquad (9\text{-}39)$$

$$\frac{1}{2}[J_x \delta_x^2 + J_y \delta_y^2 + J_z(\omega + \delta_z)^2] = \text{const} \qquad (9\text{-}40)$$

将式(9-40)乘 J_z，再减去式(9-39)，得

$$\frac{1}{2}[J_x(J_z - J_x)\delta_x^2 + J_y(J_z - J_y)\delta_y^2] = \text{const} \qquad (9\text{-}41)$$

如果 $J_z > J_x$，$J_z > J_y$ 或者 $J_z < J_x$，$J_z < J_y$，则由式(9-41)可知 δ_x，δ_y 都一直保持为小量，否则无法满足该等式。在已知 δ_x，δ_y 都一直保持为小量的前提下，再利用首次积分式(9-39)或式(9-40)可知，δ_z 也一直保持为小量。这说明，绕最大或者最小转动惯量的主轴的永久转动稳定。如果 $J_y < J_z < J_x$ 或 $J_y > J_z > J_x$，则由式(9-41)可看出，δ_x，δ_y 可以同时无限增大，并满足该等式。这说明，绕中间转动惯量的主轴的永久转动不稳定。

人造地球卫星在太空运行时，姿态运动就可以看作刚体绕质心的定点运动。自旋卫星就是利用稳定的永久转动，在太空中保持姿态稳定，例如 1957 年发射的"卫星 I 号"（苏联）、1958 年发射的"探险者 I 号"（美国）。"卫星 I 号"绕最大惯量主轴转动，"探险者 I 号"绕最小惯量主轴转动，按照我们上面得到的稳定性结论，这两种永久转动都是稳定的。然而，不幸的是，"探险者 I 号"在入轨后不久就姿态失稳了，最终导致卫星翻倒。后来研究发现，如果存在

能量耗散，动能逐渐减小，绕最大惯量主轴的永久转动仍然稳定，但绕最小惯量主轴的永久转动不稳定（本节稍后将给出说明）。由于卫星运动中能量耗散不可避免，后来自旋卫星就设计成绕最大惯量主轴转动。这就是自旋卫星设计的**最大惯量轴原则**。

（2）规则进动

如果刚体对 O 点的两个主转动惯量相等，例如 $J_x = J_y = J$，则称刚体**动力学对称**，轴 Oz 称为**动力学对称轴**。动力学对称的定点运动刚体也称为**陀螺**。下面我们研究欧拉情况下的动力学对称刚体（陀螺）的运动。

取固定坐标系 $OXYZ$ 使其 OZ 轴沿着动量矩矢量 $\boldsymbol{L}_O$（在欧拉情况下是常矢量）。对于矢量 $\boldsymbol{L}_O$ 在刚体固连主轴坐标系 $Oxyz$ 的投影 $J\omega_x$，$J\omega_y$，$J_z\omega_z$ 有如下表达式（如图9-4所示）

$$\begin{cases} J\omega_x = L_O \sin\theta \sin\varphi \\ J\omega_y = L_O \sin\theta \cos\varphi \\ J_z\omega_z = L_O \cos\theta \end{cases} \tag{9-42}$$

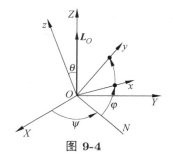

图 9-4

根据式(9-24)的第 3 个方程，在 $J_x = J_y$ 时有

$$\omega_z = \omega_0 = \text{const} \tag{9-43}$$

即刚体角速度在其动力学对称轴上的投影为常数。由式(9-42)的第 3 个等式和式(9-43)可得

$$\cos\theta = J_z\omega_z/L_O = \text{const} \tag{9-44}$$

即章动角为常数。

在 $\theta = \theta_0 = \text{const}$，$\omega_z = \omega_0 = \text{const}$ 时欧拉运动学方程可以写成

$$\begin{cases} \omega_x = \dot\psi \sin\theta_0 \sin\varphi \\ \omega_y = \dot\psi \sin\theta_0 \cos\varphi \\ \omega_z = \dot\psi \cos\theta_0 + \dot\varphi \end{cases} \tag{9-45}$$

将式(9-45)中 ω_x 的表达式代入式(9-42)的第 1 个等式得

$$\dot\psi = L_O/J = \omega_2 = \text{const} \tag{9-46}$$

这里的 ω_2 称为**进动角速度**。现在利用式(9-45)第 3 个等式求 $\dot\varphi$。利用式(9-44) 和式(9-46)得

$$\dot\varphi = \omega_0 - \dot\psi\cos\theta_0 = \omega_0 - \frac{L_O}{J}\cos\theta_0 = \omega_0 - \frac{J_z}{J}\omega_0 = \frac{J - J_z}{J}\omega_0 = \omega_1 = \text{const} \tag{9-47}$$

这里的 ω_1 称为**自转角速度**。

进动是刚体定点运动的一种，它由两个运动合成：刚体绕其对称轴的**自转**和对称轴绕固定轴的**公转**。如果自转角速度和进动角速度的大小都是常数，章动角为常数，则称为**规则进动**。欧拉情况下动力学对称刚体（陀螺）的运动是规则进动。在进动过程中刚体的对称轴画出一个以 $\boldsymbol{L}_O$ 为轴、以 $2\theta_0$ 为顶角的圆锥，对称轴绕 $\boldsymbol{L}_O$ 以常角速度 ω_2 转动，同时刚体以常角速度 ω_1 绕其对称轴转动。

除了 $J_z = J$ 或 $\theta_0 = 0$ 的特殊情况，刚体规则进动时，角速度方向与动量矩方向不重合。当 $\theta_0 = 0$ 时，刚体角速度、进动角速度、自转角速度共线，规则进动退化为永久转动。如果永久转动受到干扰，θ 不再为零，永久转动变为进动。章动角 θ 的变化规律可以体现永久转动的稳定性，我们可以借此解释"有能量耗散时绕最小惯量轴永久转动不稳定"。在能量耗散时，对动力学对称卫星（$J_x = J_y = J$）有

$$\dot{T} = J\omega_x\dot{\omega}_x + J\omega_y\dot{\omega}_y + J_z\omega_z\dot{\omega}_z < 0 \tag{9-48}$$

由于外力对卫星质心的主矩为零，卫星对质心的动量矩守恒，故

$$\frac{\mathrm{d}(L_O^2)}{\mathrm{d}t} = J^2\omega_x\dot{\omega}_x + J^2\omega_y\dot{\omega}_y + J_z^2\omega_z\dot{\omega}_z = 0 \tag{9-49}$$

利用式(9-49)可以把式(9-48)写成

$$\dot{T} = \frac{J_z}{J}(J - J_z)\omega_z\dot{\omega}_z < 0 \tag{9-50}$$

我们研究章动角 θ 的变化时，可以认为自转角速度 ω_1 和进动角速度 ω_2 不变。由

$$\omega_z = \omega_2\cos\theta + \omega_1 \tag{9-51}$$

可得

$$\dot{\omega}_z = -\omega_2\dot{\theta}\sin\theta \tag{9-52}$$

把式(9-52)代入式(9-50)得

$$\dot{T} = -[\frac{J_z}{J}(J - J_z)\omega_z\omega_2\sin\theta]\dot{\theta} < 0 \tag{9-53}$$

如果永久转动绕最小惯量轴，即 $J_z < J$，则由式(9-53)可知 $\dot{\theta} > 0$，即章动角将增大，导致姿态不稳定，直至翻倒。如果永久转动绕最大惯量轴，即 $J_z > J$，则由式(9-53)可知 $\dot{\theta} < 0$，即章动角将减小，姿态保持稳定。

现在我们考虑动力学反问题：如果一个动力学对称刚体绕固定点作规则进动，求维持规则进动所需的外力矩。当然，外力矩等于零是一个解，但不是唯一的解。下面我们就设法求出一般形式的外力矩。因为已知刚体作规则进动，利用欧拉运动学公式得

$$\begin{cases} \omega_x = \omega_2\sin\theta_0\sin\varphi \\ \omega_y = \omega_2\sin\theta_0\cos\varphi \\ \omega_z = \omega_2\cos\theta_0 + \omega_1 \end{cases} \tag{9-54}$$

代入欧拉动力学方程得

$$\begin{cases} M_x = [J_z\omega_1\omega_2 - (J - J_z)\omega_2^2\cos\theta_0]\sin\theta_0\cos\varphi \\ M_y = -[J_z\omega_1\omega_2 - (J - J_z)\omega_2^2\cos\theta_0]\sin\theta_0\sin\varphi \\ M_z = 0 \end{cases} \tag{9-55}$$

注意到自转角速度 $\boldsymbol{\omega}_1$ 和进动角速度 $\boldsymbol{\omega}_2$ 在固连坐标系中的列阵分别为 $[0 \quad 0 \quad \omega_1]^{\mathrm{T}}$ 和 $[\omega_2\sin\theta_0\sin\varphi \quad \omega_2\sin\theta_0\cos\varphi \quad \omega_2\cos\theta_0]^{\mathrm{T}}$，公式(9-55)可以写成矢量形式

$$\boldsymbol{M}_O = \boldsymbol{\omega}_2 \times \boldsymbol{\omega}_1[J_z + (J_z - J)(\omega_2/\omega_1)\cos\theta_0] \tag{9-56}$$

这就是动力学对称刚体（陀螺）作规则进动所需的外力矩。这个公式也称为**陀螺基本公式**。

例 9-2　图9-5(a) 所示的研磨机磙子重为 W，半径为 r，对其自转轴的转动惯量 $J_z = C$。磙子自转轴又绕竖直轴以匀角速度 ω 转动，设磙子作纯滚动，求磙子对盘面的压力大小。

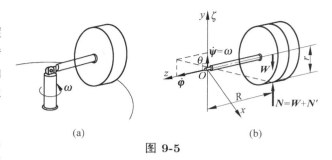

图 9-5

解　以 O 为原点，建立动坐标系 $Oxyz$，Oz 轴固结在磙子的轴上，Oy 轴固结在竖直轴上，如图9-5(b) 所示。磙子作规则进动，$\theta_0 = 90°$，磙子的进动角速度为 $\boldsymbol{\omega}_2 = \omega \boldsymbol{j}$，磙子的自转角速度为 $\boldsymbol{\omega}_1 = (R\omega/r)\boldsymbol{k}$，根据陀螺基本公式得外力 O 点的主矩为

$$M_O = C\boldsymbol{\omega}_2 \times \boldsymbol{\omega}_1 = \frac{CR\omega^2}{r}\boldsymbol{i}$$

提供这个力矩的是重力和盘面的约束反力 $\boldsymbol{N}$，于是有

$$\boldsymbol{M}_O = (N - mg)R\boldsymbol{i}$$

比较上面两个式子得磙子对盘面的压力大小

$$N = mg + \frac{C\omega^2}{r}$$

由此可以看出，磙子转动越快，对盘面的压力就越大。

9.4　刚体定点运动的进一步讨论

9.4.1　陀螺近似理论

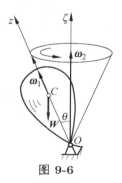

图 9-6

在日常生活中，经常可以观察到许多有趣的现象。例如，当自行车静止时，若无车架支撑，自行车将会倒下。但当自行车运动时，车身就不会倒下。又如玩具陀螺静立地面上时，受微小扰动后陀螺就会立即倒下。陀螺绕其对称轴高速旋转时，受扰动后陀螺不会倒下，但其对称轴将绕空间中固定轴转动，如图9-6所示。这些现象称为**陀螺现象**。

陀螺被广泛地用于工程技术中，如飞行器、舰船的惯性导航与控制。现代技术中使用的陀螺，自转角速度通常远大于进动角速度，即 $\omega_1 \gg \omega_2$。陀螺基本公式(9-56)可以近似写成

$$M_O = J_z\boldsymbol{\omega}_2 \times \boldsymbol{\omega}_1 \tag{9-57}$$

这个公式也称为**陀螺近似公式**。基于陀螺近似公式建立的陀螺动力学理论，称为**陀螺近似理论**或**陀螺基本理论**。

陀螺近似公式也可以用另一种直观的方法得到。事实上，由于自转角速度通常远大于进动角速度，陀螺对固定点的动量矩可以近似写成

$$\boldsymbol{L}_O = J_z\boldsymbol{\omega}_1 \tag{9-58}$$

即**高速自转陀螺的动量矩矢量与角速度矢量都沿着动力学对称轴**。这就是陀螺近似理论的基本假设。

在运动学中我们已经知道，矢量对时间的绝对导数可以看作该矢量端点的运动速度。因此对于以角速度 $\boldsymbol{\omega}_2$ 作定点运动的矢量 $\boldsymbol{L}_O$，它对时间的绝对导数为

$$\dot{\boldsymbol{L}}_O = \boldsymbol{\omega}_2 \times \boldsymbol{L}_O \qquad (9\text{-}59)$$

又根据动量矩定理有

$$\dot{\boldsymbol{L}}_O = \boldsymbol{M}_O \qquad (9\text{-}60)$$

由式(9-58)～式(9-60)可得陀螺近似公式(9-57)。该公式表明，刚体对定点的动量矩矢量端点在惯性参考系中的速度，等于外力对同一点的主矩。这就是**莱查定理**。

利用莱查定理和陀螺近似理论的基本假定，可以得到下面几个陀螺运动的力学性质。

性质 1 如果作用在陀螺上的外力矩为零，则动量矩矢量的端点速度为零，陀螺的对称轴的方向在惯性空间保持不变。

性质 2 如果有外力作用在陀螺上，陀螺将沿着力矩方向倾倒；外力停止作用，陀螺马上停止倾倒。

也就是说，如果你用手去推陀螺，陀螺不是沿着作用力方向倒下，其运动方向与你推的方向垂直，即沿着力矩方向。而当你不再推时，外力矩立即消失，根据性质 1，陀螺将保持这个方向不变。

陀螺的这个性质是由于高速转动造成的，完全不同于人们的直觉，因为人们的直觉一般针对静止或平动物体的。我们看一个例子。

将自行车轮在 O 点用球铰支撑，用手握住车轮，使车轮轴位于水平位置。如车轮不转动时，松开手后车轮将沿重力 $\boldsymbol{W}$ 的方向倒下。但当车轮以一定转速自转时再松开手，车轮的动量矩矢量的端点 A 的速度 $\boldsymbol{u}$ 等于重力 $\boldsymbol{W}$ 对 O 点的矩 $\boldsymbol{M}_O$，车轮的轴将朝 $\boldsymbol{M}_O$ 的方向运动，即垂直于图面向内运动，如图9-7所示。在车轮的运动过程中，$\boldsymbol{M}_O$ 的大小不变，方向指向以 O 为圆心，以 OA 为半径的圆周的切向，因此动量矩矢量的端点 A 作匀速圆周运动，即车轮的轴在作规则进动。

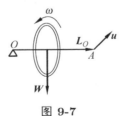

图 9-7

另外，在骑自行车时，如果想要自行车向右转弯，这时骑车人只需将重心稍向右倾斜即可，而不需要用手转动车把。想要自行车向左转弯时，则只需将重心稍向左倾斜即可。请读者分析原因。

性质 3 陀螺定轴性。

如果在一个很短的时间段 Δt 内，有一个力 $\boldsymbol{F}$ 作用在陀螺上，使陀螺对称轴偏转了一个小角度 β，如图9-8所示。我们来计算这个角度。

根据莱查定理，动量矩端点的速度大小为

$$v_A = M_O = Fh$$

其中 h 是力 $\boldsymbol{F}$ 作用点到固定点 O 的距离。由此可知，动量矩端点在时间 Δt 内运动的距离为

$$AA' = v_A \Delta t = Fh\Delta t$$

另一方面，根据几何关系，并考虑到 β 是个小角度，有

$$\frac{AA'}{\beta} = OA = L_O = J_z\omega_1$$

于是有

$$\beta = \frac{Fh\Delta t}{J_z\omega_1}$$

图 9-8

由于陀螺的自转角速度 ω_1 很大，而 $Fh\Delta t$ 是小量，因此 β 是非常非常小的角度。也就是说，如果你短时间地推一下高速转动的陀螺，其对称轴的方向几乎不变。可见，高速转动的陀螺具有抗短时间干扰的能力。就是说，陀螺在外力短时间作用下的表现，很像定轴转动刚体。这就是陀螺的定轴性。

图 9-9

陀螺的定轴性可用于惯性导航。如图9-9所示的回转仪为一匀质转子用内外两层悬架支承，三轴交于一点，此点恰好为转子的重心。这种陀螺不受外力矩作用，若转子高速自转，当外悬架支座作任意运动时，陀螺转轴的方位基本不变。将该陀螺仪安装在飞行器、舰船等载体上，并让其自转轴指向某个恒星，则当载体的姿态产生变化时，陀螺装置系统即可进行测量和控制。

需要注意的是，陀螺定轴性是针对短时间干扰力而言的，如果受到长时间的干扰，将不再是小角度，陀螺会发生显著的"漂移"，因此陀螺仪表必须定期校准。

思考题 请分析图9-10所示的不绕其对称轴高速旋转的子弹和绕其对称轴高速旋转的子弹的运动规律。

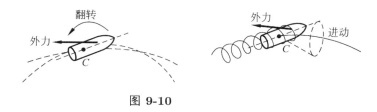

图 9-10

性质 4 陀螺进动性。

在外力矩作用下，当力矩矢量与陀螺对称轴不重合时，陀螺对称轴将在惯性空间中转动，陀螺发生进动。设陀螺以角速度 $\boldsymbol{\omega}_1$ 绕对称轴 Oz 高速转动，对点 O 的动量矩为 $\boldsymbol{L}_O = J_z\boldsymbol{\omega}_1$，方向沿着陀螺对称轴。如果外力矩 $\boldsymbol{M}_O$ 作用在陀螺的对称轴上，使对称轴以角速度 $\boldsymbol{\omega}_2$ 绕固定轴 $O\zeta$ 转动，则根据陀螺近似公式有

$$\boldsymbol{M}_O = J_z\boldsymbol{\omega}_2 \times \boldsymbol{\omega}_1$$

根据牛顿第三定律，陀螺对施加力矩 $\boldsymbol{M}_O$ 的物体有反作用力矩

$$\boldsymbol{M}_g = -J_z\boldsymbol{\omega}_2 \times \boldsymbol{\omega}_1 \tag{9-61}$$

这个反作用力矩 $\boldsymbol{M}_g$ 称为**陀螺力矩**。

可见，任何绕对称轴高速旋转的转动物体，当它被迫改变方向时，必然有陀螺力矩作用在使其改变方向的物体上，这就是**陀螺效应**。

图9-11所示的转子绕对称轴 AB 以角速度 $\boldsymbol{\omega}_1$ 转动。如果将该转子安装在飞机上，在飞机转弯时，迫使对称轴 z 以角速度 $\boldsymbol{\omega}_2$ 绕 y 轴转动，转子将产生陀螺力矩，在轴承 A, B 上产生动约束力 $\boldsymbol{F}'_A$ 和 $\boldsymbol{F}'_B$，它们的大小为

$$F'_A = F'_B = J_z\omega_1\omega_2/l$$

陀螺效应可能使机器零件（特别是轴承）由于附加动约束力过大而损坏。

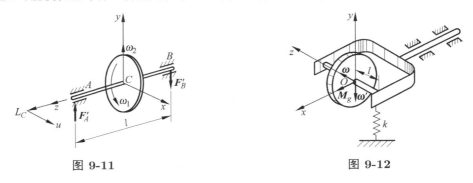

图 9-11　　　　　　　　　　　　　　图 9-12

例 9-3　图9-12所示的转子框架系统安装在飞机上，框架与飞机之间附加一个弹簧。转子绕对称轴 Oz 以匀角速度 ω 转动，它对 Oz 轴的转动惯量为 J_z。当飞机绕 y 轴以匀角速度 ω' 转动时，求框架与飞机相对平衡时的转角。

解　飞机转动时，转子产生陀螺力矩 $\boldsymbol{M}_O = J_z\omega\omega'\boldsymbol{i}$ 作用在框架上，使得框架绕 x 轴转动，并拉伸弹簧。弹簧的弹性力矩与框架转角 θ 成正比。当框架与载体相对静止时，陀螺力矩与弹性力矩相互平衡。由此可求得

$$\theta = \frac{J_z\omega\omega'}{kl^2}$$

我们可以利用框架的转角来测量飞机转弯时的角速度。这就是飞机转弯仪的力学原理。

9.4.2　重刚体定点运动

本小节研究刚体在重力场中绕固定点 O 的运动。固定坐标系的 OZ 轴竖直向上，$Oxyz$ 是与刚体一起运动的固连坐标系，其坐标轴为刚体对固定点 O 的惯性主轴。刚体重心 G 在 $Oxyz$ 中的坐标为 a, b, c。刚体相对固定坐标系的方向借助欧拉角 ψ, θ, φ 确定，欧拉角按通常方式定义（如图9-13所示）。

刚体相对 Ox, Oy, Oz 的转动惯量用 J_x, J_y, J_z 表示，重力用 P 表示。设竖直轴 OZ 的单位矢量 n 在固连坐标系 $Oxyz$ 中的分量为 $\gamma_1, \gamma_2, \gamma_3$。根据几何关系有

$$\begin{cases} \gamma_1 = \sin\theta\sin\varphi \\ \gamma_2 = \sin\theta\cos\varphi \\ \gamma_3 = \cos\theta \end{cases} \tag{9-62}$$

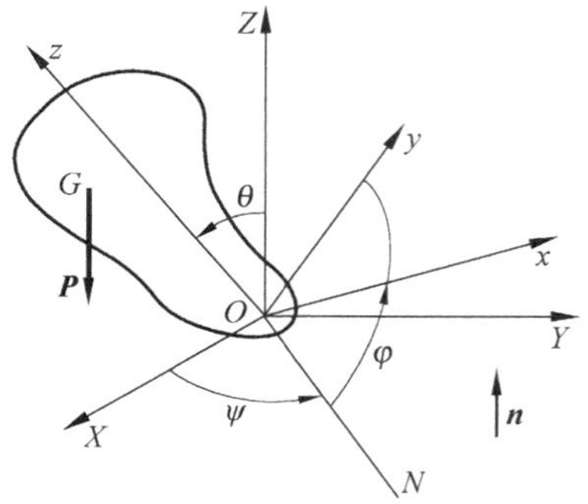

图 9-13

矢量 n 在固连坐标系是常量，所以其绝对导数等于零

$$\frac{\mathrm{d}n}{\mathrm{d}t} = 0$$

利用绝对导数和相对导数的关系，上面方程可以写成

$$\frac{\widetilde{\mathrm{d}}n}{\mathrm{d}t} + \omega \times n = 0 \tag{9-63}$$

其中 ω 是刚体角速度。方程(9-63)称为**泊松方程**。用 $\omega_x, \omega_y, \omega_z$ 表示 ω 在 Ox, Oy, Oz 轴上的投影，泊松方程可以写成下面 3 个标量方程

$$\begin{cases} \dot{\gamma}_1 = \omega_z\gamma_2 - \omega_y\gamma_3 \\ \dot{\gamma}_2 = \omega_x\gamma_3 - \omega_z\gamma_1 \\ \dot{\gamma}_3 = \omega_y\gamma_1 - \omega_x\gamma_2 \end{cases} \tag{9-64}$$

作用在刚体上的外力是重力和 O 点的约束反力。约束反力对 O 点的力矩为零，而重力 P 对 O 的力矩 M_O 等于 $\overrightarrow{OG} \times P$。考虑到 $P = -Pn$，有

$$M_O = Pn \times \overrightarrow{OG} \tag{9-65}$$

如果 M_x, M_y, M_z 是 M_O 在 Ox, Oy, Oz 上的投影，则由式(9-65)得

$$\begin{cases} M_x = P(\gamma_2 c - \gamma_3 b) \\ M_y = P(\gamma_3 a - \gamma_1 c) \\ M_z = P(\gamma_1 b - \gamma_2 a) \end{cases} \tag{9-66}$$

于是，欧拉动力学方程有如下形式：

$$\begin{cases} J_x\dot{\omega}_x + (J_z - J_y)\omega_y\omega_z = P(\gamma_2 c - \gamma_3 b) \\ J_y\dot{\omega}_y + (J_x - J_z)\omega_z\omega_x = P(\gamma_3 a - \gamma_1 c) \\ J_z\dot{\omega}_z + (J_y - J_x)\omega_x\omega_y = P(\gamma_1 b - \gamma_2 a) \end{cases} \tag{9-67}$$

方程(9-64)和方程(9-67)构成了封闭方程组，包含描述重刚体定点运动的 6 个微分方程。分析、求解这个封闭方程组是研究重刚体定点运动的主要问题。

我们将给出方程(9-64)和方程(9-67)的 3 个首次积分，其中一个是单位矢量 n 的模等于 1，即

$$\gamma_1^2 + \gamma_2^2 + \gamma_3^2 = 1 \tag{9-68}$$

还有一个首次积分可以由动量矩定理得到。事实上，因为外力——重力和约束反力对竖直轴的矩都为零，动量矩 $\boldsymbol{L}_O$ 在竖直轴上的投影为常数，即

$$\boldsymbol{L}_O \cdot \boldsymbol{n} = \text{const} \tag{9-69}$$

在固定坐标系中 $\boldsymbol{L}_O$ 的分量为 $J_x\omega_x, J_y\omega_y, J_z\omega_z$，因此方程(9-69)可写作

$$J_x\omega_x\gamma_1 + J_y\omega_y\gamma_2 + J_z\omega_z\gamma_3 = \text{const} \tag{9-70}$$

进一步可以发现，O 点的约束反力不做功，因此机械能 $E = T + V$ 守恒。设重心位于水平面 OXY 上时势能等于零，可得 $V = Ph$，其中 h 是重心到平面 OXY 的距离，即

$$h = \overrightarrow{OG} \cdot \boldsymbol{n} = a\gamma_1 + b\gamma_2 + c\gamma_3$$

又因为

$$T = \frac{1}{2}(J_x\omega_x^2 + J_y\omega_y^2 + J_z\omega_z^2)$$

所以机械能守恒可以写成

$$\frac{1}{2}(J_x\omega_x^2 + J_y\omega_y^2 + J_z\omega_z^2) + P(a\gamma_1 + b\gamma_2 + c\gamma_3) = \text{const} \tag{9-71}$$

根据雅可比乘子理论[①]，为了在任意初始条件下完全求解微分方程组(9-64)和式(9-67)，除了上面 3 个首次积分式(9-68)、式(9-70)、式(9-71)以外，还需要独立于它们的第 4 个首次积分。

已经证明，只有在 3 种情况可以完全求解微分方程组(9-64)和式(9-67)，就是欧拉情况、拉格朗日情况和柯娃列夫斯卡娅情况。

欧拉情况：重心位于固定点 O，即 $a = b = c = 0$。这种情况在 9.3 节已经介绍过。

拉格朗日情况：刚体动力学对称，重心位于对称轴上，例如 $J_x = J_y, a = b = 0$，由式(9-67)的最后一个方程可得第 4 个首次积分 $\omega_z = \text{const}$。

柯娃列夫斯卡娅情况：主转动惯量满足关系式 $J_x = J_y = 2J_z$，重心满足条件 $c = 0$。为了计算简单，我们假设 Ox 轴通过重心，即 $b = 0$，那么欧拉动力学方程在柯娃列夫斯卡娅情况下写成

$$2\dot{\omega}_x - \omega_y\omega_z = 0, \quad 2\dot{\omega}_y - \omega_z\omega_x = \alpha\gamma_3, \quad \dot{\omega}_z = -\alpha\gamma_2 \quad \left(\alpha = \frac{Pa}{J_z}\right) \tag{9-72}$$

借助方程(9-64)和方程(9-72)直接验证可知，第 4 个首次积分是

$$(\omega_x^2 - \omega_y^2 - \alpha\gamma_1)^2 + (2\omega_x\omega_y - \alpha\gamma_2)^2 = \text{const} \tag{9-73}$$

还有很多情况存在第 4 个首次积分，使微分方程组(9-64)和(9-67)可以完全求解出来，但不是对任意初始条件均成立的，而是对于特别选定的初始条件才成立的。

9.4.3 中心引力场中刚体相对质心的运动

通常在研究力学问题时，我们认为地球对物体的引力是分布平行力系，等效于作用在物体质心的合力，即重力（见 4.3 节）。因此，重力对物体质心不产生力矩。

[①]超出本书范围，有兴趣的读者可参阅分析力学书籍。

　　实际上地球对物体不同质点的引力不是平行的。我们假设地球是均质或者非均质的球，在它的每个点的密度仅依赖于该点到球心的距离。可以证明，在这种情况下地球引力场与位于球心的等质量质点的引力场相同，即地球对物体不同质点的引力都指向地心。此外，物体上不同的点一般到地心的距离不同。基于这个原因引力不一定可以简化为过物体质心的合力，也可能对质心产生引力矩。引力矩可以用非常简单的例子解释。设两个质点 P_1 和 P_2 质量相同，用无质量的刚性杆连接。设 O 是杆中心（质点 P_1 和 P_2 的质心），而 O_* 是引力中心（如图9-14所示）。

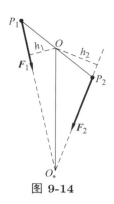

图 9-14

　　假设 $O_*P_1 > O_*P_2$，如果 h_1 是力 F_1 对 O 点的力臂，h_2 是力 F_2 对 O 点的力臂，则比较三角形 O_*P_1O 和三角形 O_*P_2O 的面积可得

$$\frac{h_2}{h_1} = \frac{O_*P_1}{O_*P_2} > 1$$

再由等式 $F_2 > F_1$ 可知，在 $O_*P_1 > O_*P_2$ 情况下有 $F_2h_2 > F_1h_1$。因此出现了使杆 P_1P_2 趋向直线 O_*O 的力矩，也称为**引力梯度力矩**。

　　在通常条件下，引力矩与其他力矩相比非常小。在天体力学中引力矩经常具有决定性作用，例如月球相对质心的运动差不多完全由地球的引力矩决定。

　　我们来研究自由刚体在中心牛顿引力场中绕质心的姿态运动。为了得到运动微分方程，需要知道引力对刚体质心的引力矩。设 $OXYZ$ 是以刚体质心为原点的坐标系，OZ 轴沿着连接引力中心 O_* 和刚体质心 O 的直线（如图9-15所示），轴 OY 沿着质心轨迹的副法线，从该轴上看质心的运动是逆时针的，OX 轴与 OY 和 OZ 构成右手直角坐标系。$OXYZ$ 通常称为**轨道坐标系**。

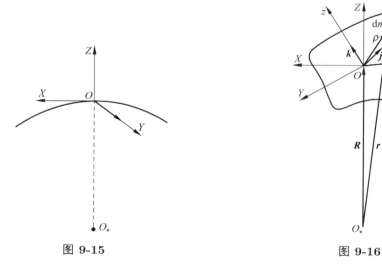

图 9-15　　　　　　　　　　　　　　　　　　图 9-16

　　设 R 是刚体质心相对引力中心的矢径，r 是刚体内质量为 dm 的微元的矢径（如图9-16所示）。微元所受的引力为

$$\mathrm{d}\boldsymbol{F} = -\gamma \frac{M\,\mathrm{d}m}{r^3}\boldsymbol{r} \tag{9-74}$$

其中 γ 是万有引力常数，M 是引力中心 O_* 的质量（地球的质量）。刚体所受引力的主矢量 $\boldsymbol{F}$ 可由式(9-74)积分得到。在计算中，要考虑到刚体的尺寸远远小于刚体质心到引力中心的距

离（这对于行星的自然卫星和人造卫星都是正确的）。

设 $\boldsymbol{\rho}$ 是微元 $\mathrm{d}m$ 的矢径，X, Y, Z 是微元在轨道坐标系中的坐标，有

$$\boldsymbol{r} = \boldsymbol{R} + \boldsymbol{\rho}, \quad r = R\sqrt{1 + 2\frac{Z}{R} + \frac{\rho^2}{R^2}} \tag{9-75}$$

如果忽略 $(\rho/R)^2$ 及更高阶小量，由式(9-75)可得 $1/r^3$ 的泰勒级数为

$$\frac{1}{r^3} = \frac{1}{R^3}\left(1 - \frac{3Z}{R}\right) \tag{9-76}$$

将式(9-75)中的 r 和式(9-76)中的 $1/r^3$ 代入公式(9-74)并进行积分，并考虑到质心位于坐标原点有

$$\int X\mathrm{d}m = \int Y\mathrm{d}m = \int Z\mathrm{d}m = 0$$

得出引力主矢量为

$$\boldsymbol{F} = -\gamma\frac{Mm}{R^3}\boldsymbol{R}$$

其中 m 是刚体质量。由此可知，如果忽略 $(\rho/R)^2$ 及其更高阶量，则刚体的尺寸不影响引力主矢量的大小和方向。可以认为，质心沿着开普勒轨道（圆锥曲线）运动。质心到引力中心的距离为

$$R = \frac{p}{1 + e\cos\nu} \tag{9-77}$$

其中 p 和 e 分别是轨道参数和偏心率，ν 是真近点角（$\boldsymbol{R}$ 与拉普拉斯矢量之间的夹角，参见第 6 章）。利用椭圆轨道的面积积分可得真近点角满足的方程：

$$\dot{\nu} = \frac{\sqrt{\gamma M}}{p^{3/2}}(1 + e\cos\nu)^2 \tag{9-78}$$

下面来求引力矩。设 $Oxyz$ 是与刚体固连的坐标系，各轴沿着刚体的中心惯性主轴（如图9-16所示）。刚体相对轨道坐标系的方向可以用欧拉角 ψ, θ, φ 确定。从坐标系 $Oxyz$ 到坐标系 $OXYZ$ 的变换矩阵的元素 a_{ij} 可以用欧拉角表示为

$$\begin{cases} a_{11} = \cos\psi\cos\varphi - \sin\psi\sin\varphi\cos\theta \\ a_{12} = -\cos\psi\sin\varphi - \sin\psi\cos\varphi\cos\theta \\ a_{13} = \sin\psi\sin\theta \\ a_{21} = \sin\psi\cos\varphi + \cos\psi\sin\varphi\cos\theta \\ a_{22} = -\sin\psi\sin\varphi + \cos\psi\cos\varphi\cos\theta \\ a_{23} = -\cos\psi\sin\theta \\ a_{31} = \sin\varphi\sin\theta \\ a_{32} = \cos\varphi\sin\theta \\ a_{33} = \cos\theta \end{cases} \tag{9-79}$$

引力对刚体质心的主矩 $\boldsymbol{M}_O$ 的表达式为

$$\boldsymbol{M}_O = \int \boldsymbol{\rho} \times \mathrm{d}\boldsymbol{F} = -\gamma M\int \frac{\boldsymbol{\rho} \times \boldsymbol{r}}{r^3}\mathrm{d}m \tag{9-80}$$

式中的积分是对整个刚体进行的。我们利用坐标系 $Oxyz$ 来计算这个积分，在这个坐标系中有

$$\boldsymbol{\rho} = x\boldsymbol{i} + y\boldsymbol{j} + z\boldsymbol{k}, \quad \boldsymbol{R} = R(a_{31}\boldsymbol{i} + a_{32}\boldsymbol{j} + a_{33}\boldsymbol{k}) \tag{9-81}$$

$$\boldsymbol{r} = \boldsymbol{R} + \boldsymbol{\rho} = (x + Ra_{31})\boldsymbol{i} + (y + Ra_{32})\boldsymbol{j} + (z + Ra_{33})\boldsymbol{k} \tag{9-82}$$

$$\boldsymbol{\rho} \times \boldsymbol{r} = R[(ya_{33} - za_{32})\boldsymbol{i} + (za_{31} - xa_{33})\boldsymbol{j} + (xa_{32} - ya_{31})\boldsymbol{k}] \tag{9-83}$$

如果在 $1/r^3$ 的泰勒级数中忽略 $(\rho/R)^2$ 及更高阶小量，则得

$$\frac{1}{r^3} = \frac{1}{R^3}[1 - \frac{3}{R}(xa_{31} + ya_{32} + za_{33})] \tag{9-84}$$

在同样的精度下，由式(9-83)和式(9-84)得

$$\frac{\boldsymbol{\rho} \times \boldsymbol{r}}{r^3} = \frac{1}{R^2}\left[1 - \frac{3}{R}(xa_{31} + ya_{32} + za_{33})\right][(ya_{33} - za_{32})\boldsymbol{i} + (za_{31} - xa_{33})\boldsymbol{j} + (xa_{32} - ya_{31})\boldsymbol{k}] \tag{9-85}$$

将这个表达式代入式(9-80)并进行积分。因为 Ox, Oy, Oz 轴是刚体的中心惯性主轴，所以有

$$\int x\mathrm{d}m = \int y\mathrm{d}m = \int z\mathrm{d}m = 0, \qquad \int xy\mathrm{d}m = \int xz\mathrm{d}m = \int yz\mathrm{d}m = 0 \tag{9-86}$$

由此可得

$$\boldsymbol{M}_O = \frac{3\gamma M}{R^3}\int[(y^2 - z^2)a_{32}a_{33}\boldsymbol{i} + (z^2 - x^2)a_{33}a_{31}\boldsymbol{j} + (x^2 - y^2)a_{31}a_{32}\boldsymbol{k}]\mathrm{d}m \tag{9-87}$$

可以看出

$$\int(y^2 - z^2)\mathrm{d}m = J_z - J_y, \quad \int(z^2 - x^2)\mathrm{d}m = J_x - J_z, \quad \int(x^2 - y^2)\mathrm{d}m = J_y - J_x$$

最终得

$$\begin{cases} M_x = \dfrac{3\gamma M}{R^3}(J_z - J_y)a_{32}a_{33} \\[2mm] M_y = \dfrac{3\gamma M}{R^3}(J_x - J_z)a_{33}a_{31} \\[2mm] M_z = \dfrac{3\gamma M}{R^3}(J_y - J_x)a_{31}a_{32} \end{cases} \tag{9-88}$$

这个表达式是近似的，忽略了 $(\rho/R)^2$ 及更高阶小量。

利用欧拉动力学方程可得刚体相对质心的运动微分方程

$$\begin{cases} J_x\dot{\omega}_x + (J_z - J_y)\omega_y\omega_z = \dfrac{3\gamma M}{R^3}(J_z - J_y)a_{32}a_{33} \\[2mm] J_y\dot{\omega}_y + (J_x - J_z)\omega_z\omega_x = \dfrac{3\gamma M}{R^3}(J_x - J_z)a_{33}a_{31} \\[2mm] J_z\dot{\omega}_z + (J_y - J_x)\omega_x\omega_y = \dfrac{3\gamma M}{R^3}(J_y - J_x)a_{31}a_{32} \end{cases} \tag{9-89}$$

下面我们用欧拉角及其导数和质心轨道运动角速度表示刚体绝对角速度在 Ox, Oy, Oz 轴上的投影。可以发现，刚体参与复合运动：刚体相对轨道坐标系 $OXYZ$ 转动，而轨道坐标系绕 OY 轴转动。刚体相对轨道坐标系的角速度分量可以由欧拉运动学方程得到，而轨道坐标系绕 OY 轴转动的角速度等于 $\dot{\nu}$。因此有

$$\begin{cases} \omega_x = \dot{\psi}\sin\theta\sin\varphi + \dot{\theta}\cos\varphi + \dot{\nu}a_{21} \\[1mm] \omega_y = \dot{\psi}\sin\theta\cos\varphi - \dot{\theta}\sin\varphi + \dot{\nu}a_{22} \\[1mm] \omega_z = \dot{\psi}\cos\theta + \dot{\varphi} + \dot{\nu}a_{23} \end{cases} \tag{9-90}$$

等式(9-77)，(9-78)，(9-79)，(9-89)，(9-90)构成了刚体相对质心运动的封闭方程组，广泛应用于研究人造地球卫星的运动。

如果刚体质心沿着圆轨道运动，则刚体相对质心的运动存在特解

$$\psi = 0, \quad \theta = 0, \quad \varphi = 0 \tag{9-91}$$

这个特解对应于刚体在轨道坐标系中静止，刚体固连坐标系的坐标轴 Ox, Oy, Oz 分别沿着轨道坐标系的坐标轴 OX, OY, OZ。为了证明存在这个特解，我们由方程 (9-79)和方程(9-90)可知，对于圆轨道，当 $\psi = 0, \quad \theta = 0, \quad \varphi = 0$ 时，有 $a_{ij} = \delta_{ij}$（δ_{ij} 是克罗内克符号，当 $i = j$ 时，$\delta_{ij} = 1$；当 $i \neq j$ 时，$\delta_{ij} = 0$），$\omega_x = 0, \quad \omega_z = 0, \quad \omega_y = \dot{\nu} = $ const。由此可知，对于特解(9-91)，引力矩等于零且方程(9-89)为恒等式。

对于这种特解，刚体绝对角速度矢量沿着轨道平面的法线，刚体绝对角速度的大小等于质心圆周运动的角速度，即刚体转动周期等于质心运动周期。由此可知，刚体始终以同一个面对着引力中心。在自然界这样的例子是月球的运动，月球始终以同一个面对着地球。在工程技术中这样的例子是大量的人造地球卫星。

本章小结

根据质点系动力学普遍定理，推导了刚体定点运动和一般运动的动力学方程。利用刚体一般运动微分方程给出了力系等效定理，研究了刚体定轴转动的约束反力。利用欧拉动力学方程研究了刚体定点运动的欧拉情况，分析了永久转动、规则进动，介绍了有工程应用价值的陀螺近似理论、引力场中刚体的运动，以及在力学史上有重要地位的重刚体定点运动。

本章给出的主要结论有：

（1）欧拉动力学方程

$$\begin{cases} J_x \dot{\omega}_x + (J_z - J_y)\omega_y \omega_z = M_x \\ J_y \dot{\omega}_y + (J_x - J_z)\omega_z \omega_x = M_y \\ J_z \dot{\omega}_z + (J_y - J_x)\omega_x \omega_y = M_z \end{cases}$$

（2）刚体定轴转动的动反力等于静反力的充分必要条件是，转动轴为刚体的中心惯性主轴。

（3）刚体绕最大或者最小转动惯量的主轴的永久转动稳定，绕中间转动惯量的主轴的永久转动不稳定。如果存在能量耗散，只有绕最大转动惯量的主轴的永久转动稳定。

（4）欧拉情况下动力学对称刚体（陀螺）的运动是规则进动。维持对称刚体作规则进动所需的外力矩，由陀螺基本公式给出：

$$\boldsymbol{M}_O = \boldsymbol{\omega}_2 \times \boldsymbol{\omega}_1[J_z + (J_z - J)(\omega_2/\omega_1)\cos\theta_0]$$

（5）高速转动的陀螺对施加力矩的物体有反作用力矩，即陀螺力矩

$$\boldsymbol{M}_g = -J_z \boldsymbol{\omega}_2 \times \boldsymbol{\omega}_1$$

概念题

请判断下列说法是否正确。

9-1 定点运动刚体对固定点的动量矩方向与角速度方向平行。

9-2 定轴转动刚体对转轴上任意点的动量矩方向沿着转动轴。

9-3 作定点运动的刚体,如果其动量矩矢量与瞬时角加速度矢量垂直,则此刚体的动能为常值。

9-4 刚体的质量是刚体平动时惯性的量度,转动惯量是刚体定轴转动时惯性的量度,惯量矩阵是刚体定点运动时惯性的量度。

9-5 刚体永久转动是规则进动的特殊情况。

9-6 刚体绕最小惯量主轴的永久转动稳定。

9-7 刚体规则进动的必要条件是外力对固定点的主矩为零。

9-8 高速陀螺受干扰后作规则进动。

9-9 陀螺力矩是作用在陀螺上的力矩。

9-10 高速转动的玩具陀螺最终会倒下,是因为能量耗散。

习题

9-1 正三角形薄板的质量是 m,三角形的高是 h,求此板对通过其质心 C 且与其一边相平行之轴的转动惯量。

9-2 匀质正三角形板的质量是 m,三角形边长是 l。求此板对通过其一个顶点且与板面垂直之轴 z 的转动惯量。

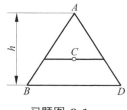

习题图 9-1

习题图 9-2

9-3 匀质细杆 AB 长 $2l$,其质量是 m,此杆在其中心 O 处固连于铅直轴并与之成 α 角。求杆 AB 的轴转动惯量 J_x, J_y 以及惯性积 J_{xy}。坐标轴如图所示。

9-4 质量为 m、边长为 a 和 b 的匀质矩形板固连于轴 z,此轴与矩形的某对角线重合。求此板对轴 y, z 的惯性积 J_{yz}。这两轴和板都在图面内,且坐标原点与板的质心相重合。

9-5 均质细杆长 l,质量为 m。如图所示,以角速度 ω 绕 y 轴转动。求图示两种情况下杆之动能及对 O 点的动量矩。

9-6 均质等边三角形薄板 ABC 如图所示,其质量为 m,边长为 a,在 AB 边的中点 O 与铅直轴一起以 Ω 作等角速转动,同时绕 AB 边以角速度 $\dot{\theta}$ 转动。求当板对水平的仰角 $\theta = 30°$ 时,板对 O 点动量矩的大小及动能。

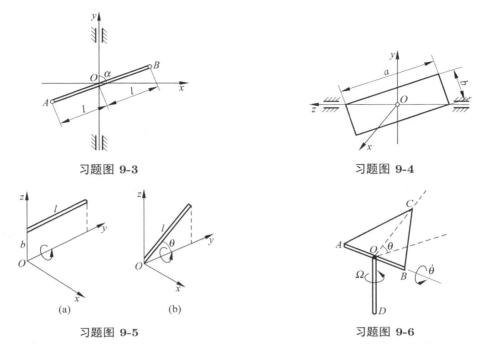

习题图 **9-3**　　　　　　　　习题图 **9-4**

习题图 **9-5**　　　　　　　　习题图 **9-6**

9-7　已知均质盘质量为 9kg，杆的质量略去不计。为了让圆盘以 $\dot\psi = 0.3\text{rad/s}$ 的角速度作如图所示的规则进动，问该圆盘的自转角速度 $\dot\varphi$ 应多大？

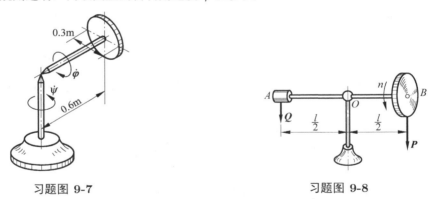

习题图 **9-7**　　　　　　　　习题图 **9-8**

9-8　AB 轴长 $l = 1\text{m}$，水平地支在中点 O 上，轴的 A 端有物块，质量为 2.5kg，B 端有质量为 5kg、半径为 0.4m 的转轮，如图所示。设轮的质量均匀分布在外缘，轮的转速 $n = 600\text{r/min}$，转向如图，求系统绕铅垂轴转动的进动角速度 Ω。

9-9　图示碾轮 A 沿水平底盘滚动，水平轮轴 OA 以匀角速度绕铅垂轴转动。若碾轮的质量为 m，半径 $r = 450\text{mm}$，对其自转轴的回转半径为 $\rho = 400\text{mm}$，杆 OA 长为 $l = 600\text{mm}$。问碾轮作纯滚动时，对底盘的压力为其自重的多少倍？

9-10　正方形框架 $ABCD$ 以匀角速度 ω_1 绕铅垂轴 AB 转动，而转子又以匀角速度 ω 相对于框架绕对角线 BC 转动，如图所示。已知圆盘均质，其质量为 m，半径为 r，距离 $EF = l$，$\omega \gg \omega_1$。求轴承 E 和 F 处承受的陀螺力。

9-11　半径 $r = 0.2\text{m}$、质量 $m = 10\text{kg}$ 的均质薄圆盘固连在长 $2l = 0.8\text{m}$ 的轻杆 AB 上，杆与铅垂轴 AD 的夹角 $\alpha = 30°$，杆以 $\Omega = 60\text{r/min}$ 的转速绕铅垂轴 AD 匀速转动，如图所

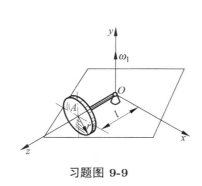

习题图 **9-9**

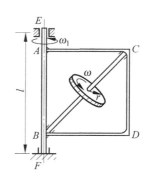

习题图 **9-10**

示。假设圆盘相对杆无自转（$\omega = 0$），求水平绳 BD 的张力。

9-12　图示均质细杆 AB 长 a，质量为 m，在 D 点与轴 DE 焊接，$\theta = 120°$。轴 DE 的质量不计，长为 l，以 Ω 作等角速转动。求 E 处的动约束力。

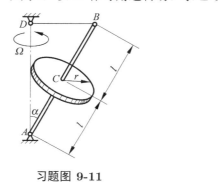

习题图 **9-11**　　　　　　　　　　　　习题图 **9-12**

9-13　图示均质矩形薄板质量为 m，边长为 a 及 b，且 $a > b$，绕其对角线以 Ω 作等角速转动，求两轴承处的动反力。如果在过质心的 l 轴上焊接两个质量均为 $m/2$ 的质点，以消除转动时所产生的动反力，问质点距质心的距离应为多少？

9-14　用均质线材制成半径为 r 的圆圈，在其上 A 点与线材垂直焊接一根同样材料的短杆 OA，杆长 $l = 2r$，与圆圈平面的夹角为 $\theta = 60°$，如图所示。将此组合体置于粗糙的水平面上，并于 A 点在最高处时自由释放。求 A 点到达最低位置时组合体的角速度。设接触处均只滚不滑，线材单位长的质量为 ρ。

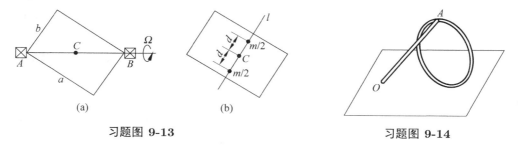

（a）　　　　　　　　　　（b）

习题图 **9-13**　　　　　　　　　　　习题图 **9-14**

9-15　陀螺方位仪如图所示，外环轴铅直，陀螺主轴指北，不受任何外力矩作用，置于地球上北纬 φ 处。为了使陀螺主轴能跟踪在北向空间的运动，因而永远指北，需在 A 或 B 处悬挂重物。设陀螺对主轴的转动惯量为 J，自转角速度为 ω，$OA = OB = a$，问重物应悬挂在 A 还

是 B 处？重物多重？（地球自转角速度为 Ω）

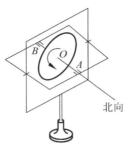

习题图 9-15

9-16 试推导刚体对任意点的惯性矩阵与对质心的惯性矩阵之间的关系。

第 10 章
变质量系统动力学

内容提要　本章首先介绍变质量系统的动量定理、动量矩定理并应用于研究变质量质点和变质量刚体。在学习本章以前，学生需要掌握质点系动量定理和动量矩定理（第 7 章）。

10.1　变质量质点系动量定理和动量矩定理

　　到目前为止，我们研究的质点系都是常质量的，即质点系的质量和质点个数都是恒定的。但是，在自然界和工程技术中广泛存在着**变质量质点系**，即质点系的质量或/和组成该质点系的质点是随时间变化的。例如，地球的质量因陨石降落而增加，而在大气中下降的陨石的质量因燃烧而减少；河水中的浮冰的质量可以因融化而减少，或者因降雪而增加。这些都是自然界中的变质量系统。在工程技术中变质量系统也很多，比如运载火箭的质量因燃料的不断燃烧而降低，类似的还有喷气飞机、洒水车等。商场里扶手电梯上的所有乘客也构成一个变质量系统。

　　由于牛顿第二定律对常质量质点才成立，基于牛顿第二定律得到的动力学普遍定理以及其他结论，都不能直接用于研究变质量系统动力学，因此必须重新推导适合描述变质量系统的动量定理和动量矩定理。由于我们要用微分方程描述变质量系统的运动，需要先做个假设：离开质点系的质量 $m_1(t)$ 和并入质点系的质量 $m_2(t)$ 都是时间的连续可微函数，并且是非负、单调递增的。如果在初始时刻 $t=0$ 质点系的质量为 m_0，则任意时刻 t 的变质量质点系的质量为

$$m(t) = m_0 - m_1(t) + m_2(t) \tag{10-1}$$

　　在严格推导变质量系统的动量定理之前，我们先通过一个简单的例子说明推导思路。我们研究变质量质点系 $S(t)$ 和常质量质系 $S'(t)$ 分别在时刻 t^* 和时刻 $t^* + \Delta t$ 的动量。假设在时刻 t^*，变质量质点系和常质量质点系包含四个相同的质点 b, c, d, e，即

$$S(t^*) = S'(t^*) = \{b, c, d, e\} \tag{10-2}$$

该时刻 S 和 S' 的动量也应该相等，即

$$\boldsymbol{p}(t^*) = \boldsymbol{p}'(t^*) \tag{10-3}$$

在时刻 $t^* + \Delta t$，变质量系统变为

$$S(t^* + \Delta t) = \{a, b, c\} \tag{10-4}$$

即并入了一个质点 a，离开了两个质点 d, e。该时刻 S 和 S' 的动量分别为

$$p(t^* + \Delta t) = p(t^*) + \Delta p \tag{10-5}$$

和

$$p'(t^* + \Delta t) = p'(t^*) + \Delta p' \tag{10-6}$$

在 $t^* + \Delta t$ 时刻再比较 S 和 S' 的动量，应该有关系

$$p(t^* + \Delta t) = p'(t^* + \Delta t) - \Delta p_1 + \Delta p_2 \tag{10-7}$$

其中 Δp_1 是离开变质量质点系的动量，即质点 d 和 e 的动量，Δp_2 是并入变质量质点系的动量，即质点 a 的动量。

比较式(10-5)～式(10-7)，可得变质量质点系的动量变化量

$$\Delta p = \Delta p' - \Delta p_1 + \Delta p_2 \tag{10-8}$$

可见，变质量质点系 S 的动量变化量，等于常质量质点系 S' 的动量变化量与质点增减引起的动量变化量之和。

将式(10-8)两边同时除以 Δt，并令 $\Delta t \to 0$ 取极限，得

$$\left. \frac{\mathrm{d}p}{\mathrm{d}t} \right|_{t=t^*} = \left. \frac{\mathrm{d}p'}{\mathrm{d}t} \right|_{t=t^*} + \lim_{\Delta t \to 0} \left(-\frac{\Delta p_1}{\Delta t} + \frac{\Delta p_2}{\Delta t} \right) \tag{10-9}$$

对于常质量质系 S'，第 7 章的质点系动量定理成立，因此有

$$\dot{p}(t^*) = R^{(\mathrm{e})}(t^*) + \lim_{\Delta t \to 0} \left(-\frac{\Delta p_1}{\Delta t} + \frac{\Delta p_2}{\Delta t} \right) \tag{10-10}$$

从这个推导过程可以看出，我们的思路是：选择一个常质量质点系，在不同的时刻比较它与变质量质点系的动量，从而得到变质量质点系动量随时间的变化规律。

下面我们来严格推导变质量系统动量定理。设 S 是惯性系中运动的封闭曲面，在运动（包括变形）中有质点并入或离开 S 围成的区域，这是个变质量系统。记 Q 为任意时刻 S 内质点构成的变质量质点系，其动量为 $p(t)$。在某时刻 t^*，S 内的质点构成的常质量系统为 Q'，动量为 $p'(t^*) = p(t^*) = p^*$。经过时间 Δt 后，S 内质点系 Q 的动量变化为 $p^* + \Delta p$，而常质量质点系 Q' 的动量变为 $p^* + \Delta p'$。比较 $t^* + \Delta t$ 时刻变质量质点系和常质量质点系的动量，得

$$(p^* + \Delta p) = (p^* + \Delta p') - \Delta p_1 + \Delta p_2 \tag{10-11}$$

其中 Δp_1 是 Δt 内离开变质量质点系的质点的动量，Δp_2 是 Δt 内并入变质量质点系的质点的动量。将上式两边同时除以 Δt，并令 $\Delta t \to 0$ 取极限，得

$$\left. \frac{\mathrm{d}p}{\mathrm{d}t} \right|_{t=t^*} = \left. \frac{\mathrm{d}p'}{\mathrm{d}t} \right|_{t=t^*} + \lim_{\Delta t \to 0} \left(-\frac{\Delta p_1}{\Delta t} + \frac{\Delta p_2}{\Delta t} \right)$$

应用常质量质点系动量定理，上式变为

$$\dot{p} = R^{(\mathrm{e})} + F_1 + F_2 \tag{10-12}$$

其中 $\boldsymbol{R}^{(\mathrm{e})}$ 是 t^* 时刻作用在质点系上的外力的主矢量，

$$\boldsymbol{F}_1(t^*) = -\lim_{\Delta t \to 0} \frac{\Delta \boldsymbol{p}_1}{\Delta t}, \quad \boldsymbol{F}_2(t^*) = \lim_{\Delta t \to 0} \frac{\Delta \boldsymbol{p}_2}{\Delta t}$$

称作**反推力**，$\boldsymbol{F}_1(t^*)$ 是由于有质点离开变质量质点系引起的，$\boldsymbol{F}_2(t^*)$ 是由于有质点并入变质量质点系引起的。式(10-12)就是**变质量系统动量定理**。

设 O 为惯性空间不动点或者质点系的质心，与上面推导动量定理过程类似，我们可以得到**变质量系统动量矩定理**：

$$\dot{\boldsymbol{L}}_O = \boldsymbol{M}_O^{(\mathrm{e})} + \boldsymbol{M}_1 + \boldsymbol{M}_2 \tag{10-13}$$

其中 $\boldsymbol{M}_O^{(\mathrm{e})}$ 是 t^* 时刻作用在质点系上的外力对 O 点的主矩，

$$\boldsymbol{M}_1(t^*) = -\lim_{\Delta t \to 0} \frac{\Delta \boldsymbol{L}_{O1}}{\Delta t}, \quad \boldsymbol{M}_2(t^*) = \lim_{\Delta t \to 0} \frac{\Delta \boldsymbol{L}_{O2}}{\Delta t}$$

称作**反推力矩**，$\boldsymbol{M}_1(t^*)$ 是由于有质点离开变质量质点系引起的，$\boldsymbol{M}_2(t^*)$ 是由于有质点并入变质量质点系引起的。

10.2 变质量质点动力学

变质量质点是变质量系统的一个简单模型，如果变质量质点系的位置和运动的确定，与其尺寸无关，例如作平动的变质量刚体，我们就可以认为它是一个**变质量质点**。设变质量质点在惯性系 $Oxyz$ 中运动，我们用 $\boldsymbol{u}_1$ 和 $\boldsymbol{u}_2$ 分别表示在时刻 t^* 从质点分离出去和并入的微粒的绝对速度（即相对 $Oxyz$ 的速度），分别用 Δm_1 和 Δm_2 表示分离质量和并入质量。于是，式(10-12)中的反推力为

$$\boldsymbol{F}_1 = -\lim_{\Delta t \to 0} \frac{\Delta \boldsymbol{p}_1}{\Delta t} = -\lim_{\Delta t \to 0} \frac{\Delta m_1 \boldsymbol{u}_1}{\Delta t} = -\boldsymbol{u}_1 \frac{\mathrm{d} m_1}{\mathrm{d} t} \tag{10-14}$$

和

$$\boldsymbol{F}_2 = \lim_{\Delta t \to 0} \frac{\Delta \boldsymbol{p}_2}{\Delta t} = \lim_{\Delta t \to 0} \frac{\Delta m_2 \boldsymbol{u}_2}{\Delta t} = \boldsymbol{u}_2 \frac{\mathrm{d} m_2}{\mathrm{d} t} \tag{10-15}$$

设变质量质点的绝对速度为 $\boldsymbol{v}$，质量为 $m(t) = m_0 - m_1(t) + m_2(t)$，则其动量为

$$\boldsymbol{p} = m(t)\boldsymbol{v} \tag{10-16}$$

将式(10-14)～式(10-16)代入动量定理式(10-12)，得

$$\boldsymbol{v}\frac{\mathrm{d} m}{\mathrm{d} t} + m\frac{\mathrm{d} \boldsymbol{v}}{\mathrm{d} t} = \boldsymbol{R}^{(\mathrm{e})} - \boldsymbol{u}_1 \frac{\mathrm{d} m_1}{\mathrm{d} t} + \boldsymbol{u}_2 \frac{\mathrm{d} m_2}{\mathrm{d} t} \tag{10-17}$$

再利用

$$\frac{\mathrm{d} m}{\mathrm{d} t} = -\frac{\mathrm{d} m_1}{\mathrm{d} t} + \frac{\mathrm{d} m_2}{\mathrm{d} t}$$

式(10-17)可改写成

$$m\frac{\mathrm{d} \boldsymbol{v}}{\mathrm{d} t} = \boldsymbol{R}^{(\mathrm{e})} - (\boldsymbol{u}_1 - \boldsymbol{v})\frac{\mathrm{d} m_1}{\mathrm{d} t} + (\boldsymbol{u}_2 - \boldsymbol{v})\frac{\mathrm{d} m_2}{\mathrm{d} t} \tag{10-18}$$

令 $\boldsymbol{u}_{\mathrm{r}1} = \boldsymbol{u}_1 - \boldsymbol{v}$ 和 $\boldsymbol{u}_{\mathrm{r}2} = \boldsymbol{u}_2 - \boldsymbol{v}$。显然 $\boldsymbol{u}_{\mathrm{r}1}$ 和 $\boldsymbol{u}_{\mathrm{r}2}$ 分别是在时刻 t^* 从质点分离出去和并入的微粒的相对速度（相对变质量质点）。式(10-18)变为

$$m\frac{\mathrm{d} \boldsymbol{v}}{\mathrm{d} t} = \boldsymbol{R}^{(\mathrm{e})} - \boldsymbol{u}_{\mathrm{r}1}\frac{\mathrm{d} m_1}{\mathrm{d} t} + \boldsymbol{u}_{\mathrm{r}2}\frac{\mathrm{d} m_2}{\mathrm{d} t} \tag{10-19}$$

变质量质点的运动微分方程(10-18)称为**广义密歇尔斯基方程**。

下面简单讨论一下特殊情况：

（1）如果只有分离质量，没有并入质量，则 $m_2 = 0$，$m = m_0 - m_1$，$\dot{m} = -\dot{m}_1$，于是变质量质点的运动微分方程为

$$m\frac{\mathrm{d}\boldsymbol{v}}{\mathrm{d}t} = \boldsymbol{R}^{(\mathrm{e})} + \boldsymbol{u}_{\mathrm{r}1}\frac{\mathrm{d}m}{\mathrm{d}t} \tag{10-20}$$

方程(10-20)称为**密歇尔斯基方程**。

如果分离质量的绝对速度为零，即 $\boldsymbol{u}_{\mathrm{r}1} = -\boldsymbol{v}$，则式(10-20)变为

$$\frac{\mathrm{d}(m\boldsymbol{v})}{\mathrm{d}t} = \boldsymbol{R}^{(\mathrm{e})} \tag{10-21}$$

这个式子形式上与常质量质点的动量定理完全一致，它成立的条件是：只有分离质量，没有并入质量，并且分离质量的绝对速度为零。

如果分离质量的相对速度为零，即 $\boldsymbol{u}_{\mathrm{r}1} = 0$，则式(10-20)变为

$$m\frac{\mathrm{d}\boldsymbol{v}}{\mathrm{d}t} = \boldsymbol{R}^{(\mathrm{e})} \tag{10-22}$$

这个式子形式上与牛顿第二定律完全一致，它成立的条件是：只有分离质量，没有并入质量，并且分离质量的相对速度为零。

（2）如果只有并入质量，没有分离质量，则变质量质点的运动微分方程为

$$m\frac{\mathrm{d}\boldsymbol{v}}{\mathrm{d}t} = \boldsymbol{R}^{(\mathrm{e})} + \boldsymbol{u}_{\mathrm{r}2}\frac{\mathrm{d}m}{\mathrm{d}t} \tag{10-23}$$

例 10-1　运载火箭在太空中运动，初始速度大小为 v_0。火箭中燃料的质量为 m_{f}，其他部分质量为 m_{s}。假设燃料喷出的相对速度大小 u_{r} 为常数，方向始终与火箭速度 $\boldsymbol{v}$ 相反。求燃料完全喷出时火箭速度的大小。

解　火箭在太空中运动，可以认为不受任何外力的作用，根据密歇尔斯基方程(10-20)，写出沿着火箭运动方向的标量方程为

$$m\frac{\mathrm{d}v}{\mathrm{d}t} = -u_{\mathrm{r}}\frac{\mathrm{d}m}{\mathrm{d}t}$$

上式可变形成

$$\mathrm{d}v = -u_{\mathrm{r}}\frac{\mathrm{d}m}{m}$$

上式积分后得

$$v(t) = v_0 + u_{\mathrm{r}}\ln\frac{m_0}{m}$$

当燃料完全燃烧后，有

$$v = v_0 + u_{\mathrm{r}}\ln\frac{m_{\mathrm{s}} + m_{\mathrm{f}}}{m_{\mathrm{s}}} = v_0 + u_{\mathrm{r}}\ln\left(1 + \frac{m_{\mathrm{f}}}{m_{\mathrm{s}}}\right) \tag{10-24}$$

按照目前的技术水平，$u_{\mathrm{r}} < 4\mathrm{km/s}$，$m_{\mathrm{f}}/m_{\mathrm{s}} < 5$（鸡蛋内液体与蛋壳质量之比约为 8）。如果取 $u_{\mathrm{r}} = 3\mathrm{km/s}$，$m_{\mathrm{f}}/m_{\mathrm{s}} = 4$，假设从火箭静止开始运动，当燃料完全燃烧后，火箭的速度约为 $4.8\mathrm{km/s}$，不能达到第一宇宙速度。因此用单级火箭无法将卫星送入轨道，必须采用多级火箭。例如二级火箭，如果各级火箭都取 $u_{\mathrm{r}} = 3\mathrm{km/s}$，$m_{\mathrm{f}}/m_{\mathrm{s}} = 4$，则二级工作结束后，火箭的速度为

$$v = 2u_{\mathrm{r}}\ln\left(1 + \frac{m_{\mathrm{f}}}{m_{\mathrm{s}}}\right) = 9.6\mathrm{km/s}$$

超过了第一宇宙速度。

如果火箭在重力场中竖直向上运动，容易验证，式(10-24)变为

$$v = v_0 + u_{\mathrm{r}} \ln \left(1 + \frac{m_{\mathrm{f}}}{m_{\mathrm{s}}} \right) - gT \tag{10-25}$$

其中 T 为火箭发动机工作时间。如果在 $t = 0$ 时，火箭高度 $z_0 = 0$，则在发动机工作过程中的任意时刻 t，火箭的高度为

$$z(t) = u_{\mathrm{r}} \int_0^t \ln \frac{m_0}{m} \mathrm{d}t - \frac{1}{2} g t^2$$

设火箭质量按指数规律 $m = m_0 \mathrm{e}^{-\alpha t}$ 变化，其中 α 为常数，则 $m_1 = m_0(1 - \mathrm{e}^{-\alpha t})$，反推力大小为 $F_1 = \alpha m u_{\mathrm{r}}$。如果 $F_1 > mg$，即 $\alpha r_{\mathrm{r}} > g$，火箭就可以上升。上升速度和距离为

$$v(t) = (\alpha r_{\mathrm{r}} - g)t$$

$$z(t) = \frac{1}{2}(\alpha r_{\mathrm{r}} - g)t^2$$

利用 $m = m_0 \mathrm{ex}^{-\alpha t}$ 可以计算出燃料燃烧时间

$$T = \frac{\ln \left(1 + \dfrac{m_{\mathrm{f}}}{m_{\mathrm{s}}} \right)}{\alpha}$$

火箭能够上升到的最大高度为

$$H = z(T) + \frac{v^2(T)}{2g} = \frac{u_{\mathrm{r}}}{2} \left(\frac{u_{\mathrm{r}}}{g} - \frac{1}{\alpha} \right) \left[\ln \left(1 + \frac{m_{\mathrm{f}}}{m_{\mathrm{s}}} \right) \right]^2$$

可见燃料燃烧速度越快，火箭能够上升到的最大高度越大。在极限情况 $\alpha \to \infty$ 下有

$$H = \frac{u_{\mathrm{r}}^2}{2g} \left[\ln \left(1 + \frac{m_{\mathrm{f}}}{m_{\mathrm{s}}} \right) \right]^2$$

例 10-2　雨滴开始自由下落时质量为 m_0，在下落过程中，单位时间内凝结在它上面的水汽的质量 λ 为常数。不计空气阻力，求雨滴在 t 时刻的速度。

解　根据式(10-23)，写出沿竖直方向的标量方程为

$$m \frac{\mathrm{d}v}{\mathrm{d}t} = mg + (0 - v) \frac{\mathrm{d}m}{\mathrm{d}t}$$

上式可写成

$$\frac{\mathrm{d}}{\mathrm{d}t}(mv) = mg \tag{10-26}$$

由已知条件

$$\frac{\mathrm{d}m}{\mathrm{d}t} = \lambda = \mathrm{const}$$

可得

$$m = m_0 + \lambda t$$

代入方程(10-26)得

$$mv = \int_0^t (m_0 + \lambda t) \mathrm{d}t$$

由此求出

$$v = \frac{1}{2}\left(1 + \frac{m_0}{m_0 + \lambda t}\right)gt$$

如果不考虑水汽凝结，即 $\lambda = 0$，则雨滴下降速度为 gt。可见，水汽凝结使雨滴降落速度减小。

例 10-3 用手拿住长为 l、质量为 m_0 的均质链条的上端，使下端刚好着地。突然将手放开，使链条竖直下落，如图10-1所示。求链条下落过程中对地面的压力。

解 设在链条运动过程中，链条上端下落距离为 x，考虑在空中的那一段链条，它的质量为

$$m = \frac{(l-x)m_0}{l}$$

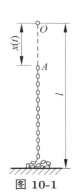

图 10-1

这是一个变质量质点系。由于它作平动，可以当作变质量质点。设其下落速度大小为 v，根据式(10-22)有

$$m\frac{\mathrm{d}v}{\mathrm{d}t} = mg$$

即

$$\dot{v} = g$$

这与自由落体的方程形式一样，因此有

$$v^2 = 2gx$$

再以整个链条为研究对象，这是一个常质量质点系。由于已经落在地面上的部分链条动量为零，所以该质点系的动量大小为

$$p = mv = \frac{l-x}{l}m_0 v$$

利用常质量质点系动量定理得

$$\dot{p} = m_0 g - N$$

其中 N 是地面对链条的反力大小，方向竖直向上。由此可得

$$\begin{aligned}
N &= m_0 g - \dot{p} \\
&= m_0 g - \dot{m}v - m\dot{v} \\
&= (m_0 - m)g + m_0 v\frac{\dot{x}}{l}
\end{aligned}$$

由 $\dot{x} = v$ 得

$$\begin{aligned}
N &= \frac{x}{l}m_0 g + \frac{1}{l}m_0 v^2 \\
&= \frac{3x}{l}m_0 g
\end{aligned}$$

由此可见，链条对地面的压力是已经落到地上那部分链条重量的 3 倍。在链条完全落到地面上的那一瞬时，链条对地面的压力为 $3m_0 g$，而当链条完全落到地面以后，对地面的压力又变为 $m_0 g$。请读者考虑如何解释这个结果。

例 10-4 水流由龙头射入质量为 m_0 的水车内，射入速度的大小为常数 u，方向与水平线夹角为 θ，每秒射入质量为 q，如图10-2所示。水车开始处于静止，可以在水平道上自由运动，不计摩擦力，求水车的运动速度。

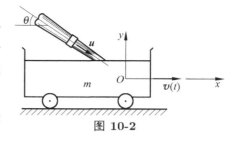

图 10-2

解 以水车和车内的水为研究对象，这是一个变质量质点系，它在任意时刻的质量为

$$m = m_0 + qt$$

由于水车平动，可以当作变质量质点。根据式(10-23)得

$$m\dot{v} = \dot{m}(u\cos\theta - v)$$

即

$$\frac{\mathrm{d}}{\mathrm{d}t}(mv) = qu\cos\theta$$

由此积分得

$$v = \frac{qut\cos\theta}{m_0 + qt}$$

10.3 变质量刚体动力学

如果刚体内至少有一个质点是变质量质点，则称为**变质量刚体**。我们利用 10.1 节的变质量质点系动量矩定理来研究变质量刚体的定轴转动。

设变质量刚体对转动轴 Oz 的转动惯量用 $J(t)$ 表示，$J_1(t)$ 和 $J_2(t)$ 分别是分离质量和并入质量对 Oz 轴的转动惯量。如果在初始时刻 $t = 0$ 时刚体的转动惯量为 J_0，则任意时刻 t 的变质量刚体的转动惯量为

$$J(t) = J_0 - J_1(t) + J_2(t) \tag{10-27}$$

设刚体上的变质量质点 $m_i(i = 1, 2, \cdots, n)$ 到转动轴 Oz 的距离为 r_i，则在时间 Δt 内分离质量和并入质量对转动轴的动量矩为

$$\Delta L_{O1} = \sum_{i=1}^{n} \Delta m_{1i} r_i u_{1i} = \sum_{i=1}^{n} \Delta m_{1i} r_i (\omega r_i u_{1i}^{(\mathrm{r})}) = \Delta J_1 \omega + \sum_{i=1}^{n} \Delta m_{1i} r_i u_{1i}^{(\mathrm{r})}$$

$$\Delta L_{O2} = \sum_{i=1}^{n} \Delta m_{2i} r_i u_{2i} = \sum_{i=1}^{n} \Delta m_{1i} r_i (\omega r_i u_{2i}^{(\mathrm{r})}) = \Delta J_2 \omega + \sum_{i=1}^{n} \Delta m_{2i} r_i u_{2i}^{(\mathrm{r})}$$

$$\Delta J_1 = \sum_{i=1}^{n} \Delta m_{1i} r_i^2, \quad \Delta J_2 = \sum_{i=1}^{n} \Delta m_{2i} r_i^2$$

其中 Δm_{1i} 和 Δm_{2i} 分别是分离质量和并入质量，ω 是刚体的角速度大小，u_{1i} 和 u_{2i} 分别是分离质量和并入质量的绝对速度在垂直 Oz 轴的平面内沿切向的分量，$u_{1i}^{(\mathrm{r})}$ 和 $u_{2i}^{(\mathrm{r})}$ 分别是分离质量和并入质量的相对速度在垂直 Oz 轴的平面内沿切向的分量。于是有

$$\lim_{\Delta t \to 0} \frac{\Delta L_{O1}}{\Delta t} = \frac{\mathrm{d}J_1}{\mathrm{d}t}\omega + \sum_{i=1}^{n} \Delta m_{1i} r_i u_{1i}^{(\mathrm{r})}$$

$$\lim_{\Delta t \to 0} \frac{\Delta L_{O2}}{\Delta t} = \frac{\mathrm{d}J_2}{\mathrm{d}t}\omega + \sum_{i=1}^{n} \Delta m_{2i} r_i u_{2i}^{(\mathrm{r})}$$

由此得 (利用式(10-27))

$$\lim_{\Delta t \to 0} \frac{\Delta L_{O2}}{\Delta t} - \lim_{\Delta t \to 0} \frac{\Delta L_{O1}}{\Delta t} = \frac{\mathrm{d}J}{\mathrm{d}t}\omega + M_{Oz}^{(\mathrm{r})}$$

其中

$$M_{Oz}^{(\mathrm{r})} = \sum_{i=1}^{n} \Delta m_{2i} r_i u_{2i}^{(\mathrm{r})} - \sum_{i=1}^{n} \Delta m_{1i} r_i u_{1i}^{(\mathrm{r})}$$

是反推力对 Oz 轴的合力矩。

将上式代入 10.1 节的变质量质点系动量矩定理式(10-13)得

$$\frac{\mathrm{d}}{\mathrm{d}t}(J\omega) = M_{Oz}^{(\mathrm{e})} + \omega\frac{\mathrm{d}J}{\mathrm{d}t} + M_{Oz}^{(\mathrm{r})}$$

于是变质量刚体定轴转动运动微分方程为

$$J\dot{\omega} = M_{Oz}^{(\mathrm{e})} + M_{Oz}^{(\mathrm{r})} \tag{10-28}$$

例 10-5　半径为 r 的环形刚体在常力矩 M 作用下绕竖直轴作定轴转动，转动轴与刚体的对称轴重合。当刚体角速度为 ω_0 时，需要制动。为此在刚体的外缘安装两个反推力喷嘴，喷气速度大小为 u，方向沿着环的切向，每秒燃料消耗为 q。初始时包括燃料的刚体转动惯量为 J_0，试求制动所需的燃料。

解　根据式(10-28)，有

$$(J_0 - qr^2 t)\dot{\omega} = M - qur$$

显然只有在 $qur > M$ 时才有可能制动。假设制动所用时间为 T，求解上面微分方程得

$$\omega(T) = \omega_0 + \frac{qur - M}{qr^2}\ln\left(1 - \frac{qr^2}{J_0}T\right)$$

由 $\omega(T) = 0$ 解出制动所需时间 T，利用 $m = qT$ 得制动所需燃料为

$$m = \frac{J_0}{r^2}\left(1 - \mathrm{e}^{-\frac{qr^2\omega_0}{qur - M}}\right)$$

本章小结

前面各章讲的牛顿定律、动力学普遍定理、拉格朗日方程以及变分原理等，都是以常质量质点系为对象，即假设组成质点系的质点以及所有质点的质量都是恒定不变的，因此这些定理、原理、方程都不能直接用来解决变质量系统的动力学问题。本章推导了适用于变质量系统的动量定理和动量矩定理。我们在推导中使用了类似于描述流体力学运动的欧拉方法和拉格朗日方法。

本章给出的主要结论有：

（1）变质量系统动量定理的一般表达式为

$$\dot{\boldsymbol{P}} = \boldsymbol{R}^{(e)} + \boldsymbol{F}_1 + \boldsymbol{F}_2$$

（2）对于变质量质点有广义密歇尔斯基方程

$$m\frac{\mathrm{d}\boldsymbol{v}}{\mathrm{d}t} = \boldsymbol{R}^{(e)} - (\boldsymbol{u}_1 - \boldsymbol{v})\frac{\mathrm{d}m_1}{\mathrm{d}t} + (\boldsymbol{u}_2 - \boldsymbol{v})\frac{\mathrm{d}m_2}{\mathrm{d}t}$$

（3）对于只有质量分离（排出）的变质量质点有密歇尔斯基方程

$$m\frac{\mathrm{d}\boldsymbol{v}}{\mathrm{d}t} = \boldsymbol{R}^{(e)} + \boldsymbol{u}_{\mathrm{r1}}\frac{\mathrm{d}m}{\mathrm{d}t}$$

（4）变质量系统动量矩定理的一般表达式为

$$\dot{\boldsymbol{L}}_O = \boldsymbol{M}_O^{(e)} + \boldsymbol{M}_1 + \boldsymbol{M}_2$$

（5）变质量刚体定轴转动的运动微分方程

$$J\dot{\omega} = M_{Oz}^{(e)} + M_{Oz}^{(r)}$$

习题

10-1 图示扫雪机 S，有一个横截面积 $A_S = 0.12\mathrm{m}^2$ 的斗，它以 $v_S = 0.5\mathrm{m/s}$ 的速率吸进雪。鼓风机通过一个通道 T 把雪排出，T 的横截面积 $A_T = 0.03\mathrm{m}^2$，它与水平面成 $60°$ 夹角。若雪的密度为 $\rho_S = 104\mathrm{kg/m}^3$，求推动扫雪机向前所需要的水平力 P，以及阻止扫雪机侧向运动，地面给轮胎的总摩擦力 F。设轮胎可自由滚动。

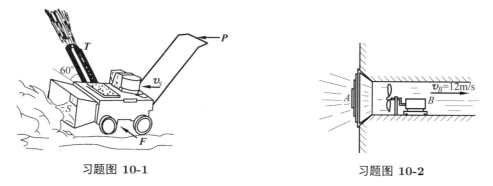

习题图 10-1　　　　　　　　习题图 10-2

10-2 图示风扇把 A 处静止空气吸进通风口，在 B 处达到速率 $v_B = 12\mathrm{m/s}$，若通风口的横截面面积为 $0.09\mathrm{m}^2$，求空气给风扇叶片的水平力。空气的密度为 $\rho_a = 1.22\mathrm{kg/m}^3$。

10-3 图示导弹结构质量 $m_m = 1500\mathrm{kg}$，携带 $m_f = 800\mathrm{kg}$ 的燃料为两个火箭助推器 B 使用，每个助推器的燃料（400kg）以不变的消耗率 $\dot{m}_f = 20\mathrm{kg/s}$ 并以相对速度 $v_r = 1.2\mathrm{km/s}$ 排出。涡轮喷气发动机提供不变的推力 $T = 40\mathrm{kN}$，它的燃料消耗可忽略。若助推器启动时，导弹的初速率为 $v_1 = 500\mathrm{km/h}$，求 $t = 10\mathrm{s}$ 时导弹的速率。假定导弹保持水平飞行并略去空气阻力。

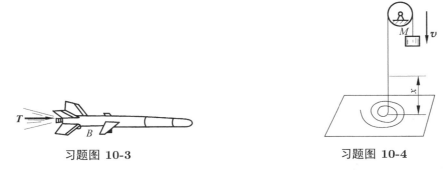

习题图 10-3   习题图 10-4

10-4 设无质量细绳子越过一个光滑的不计质量的小滑轮,一端连接质量为 m 的物体 M,另一端与单位质量为 ρ 的柔绳相连,如图所示。开始时柔绳全部静止堆放在地面上,试求:

(1) 当柔绳被拉起 x 时物体 M 的速度。

(2) x 多大时物体 M 的速度为零?

10-5 雨滴在云层中下落,初始速度的大小为 v_0,方向竖直向下,设雨滴质量的增长率是 $\dot{m} = kmv$,其中 k 是常量,v 是雨滴速度。不计阻力,证明雨滴的极限速度为 $\sqrt{g/k}$。

10-6 雨滴开始自由下落时质量为 M,在下落过程中,单位时间内凝结在它上面的水汽的质量 $\dot{m}$ 为常量 C。不计空气阻力,求雨滴在时刻 t 时下落的距离。

10-7 雨滴下落时其质量的增加率与雨滴的表面积成正比,求雨滴的速度与时间的关系,假定初始时雨滴半径为 a,速度为零。

10-8 火箭铅垂向上发射,在地面的初速度为零,其质量按 $m = m_0 \mathrm{e}^{-at}$ 规律变化,a 为常数,燃气喷出的相对速度 v_r 可视为不变。不计阻力,也不计重力的变化,求火箭在燃料燃烧阶段的运动规律 $z(t)$;又设在 t_0 时燃料烧完,求火箭上升的最大高度。

10-9 某火箭竖直往上发射,其本身的质量为 m,加上燃料后的总质量为 M。假定发射火箭时在单位时间内消耗的燃料与初始总质量 M 成正比,比例常数是 a,燃料喷出的相对速度 v_r 是常量,重力加速度 g 为常量,求证:

(1) 只有当 $av_r > g$ 时,火箭才能上升。

(2) 火箭能达到的最大速度为

$$v_r \ln \frac{M}{m} - \frac{g}{a}\left(1 - \frac{m}{M}\right)$$

(3) 火箭能达到的最大高度为

$$\frac{v_r^2}{2g}\left(\ln \frac{M}{m}\right)^2 + \frac{v_r}{a}\left(1 - \frac{m}{M} - \ln \frac{M}{m}\right)$$

10-10 一变质量单摆在介质中运动。摆的质量由于质点的离散作用,按已知规律 $m = m(t)$ 变化,且质点离散的相对速度为零。已知摆线的长度为 l,单摆受到的阻力 R 与角速度成正比,即 $R = -\beta l\dot{\varphi}$,写出这个单摆的运动微分方程。

第 11 章

机械振动基础

内容提要 本章主要讲述单自由度系统的自由振动 (含无阻尼自由振动和有阻尼自由振动) 及单自由度系统的强迫振动，并以两个自由度系统为例，简要介绍多自由度系统的自由振动。在学习本章以前，学生需要掌握二阶线性常微分方程及其解法 (见附录B)。

11.1 引言

　　机械振动是工程中常见的现象，例如钟摆的振动、发动机运转时的振动、结构物在阵风、波浪或地震作用下引起的振动等。机械振动是系统在平衡位形附近的往复运动。一方面，振动会产生噪声，降低机器、仪表的精度和使用寿命，甚至使结构物破坏，造成灾难性的后果。另一方面，工程中也常利用振动，例如振动送料、振动打桩等。掌握机械振动的基本规律，可以更好地利用有益的振动，减少振动的危害。

　　在振动理论中，常把作用于物体或系统的力称为**激励**，系统的运动规律称为**响应**，系统的力学性质称为**系统特性**。从激励特性来看，振动可以分为自由振动、强迫振动、自激振动、参激振动和随机振动等。外界激励停止后系统的振动称为**自由振动**，系统在外界激励作用下的振动称为**强迫振动**。系统在自身运动诱发出来的激励作用下，也可能产生和维持的振动，称为**自激振动**。例如演奏提琴所发出的乐声，就是琴弦的自激振动所致。车床切削加工时所发生的激烈的高频振动，架空电缆在风作用下发生与风向垂直的上下振动（也称为舞动），以及飞机机翼的颤振等，都属于自激振动。由于系统本身的参数随时间周期性变化而产生的振动称为**参激振动**。例如人在荡秋千时，人体的下蹲及站直使得秋千的折合摆长发生周期性变化，秋千在初始小摆角下被越荡越高，产生参激振动。系统在非确定性的随机激励下所作的振动称为**随机振动**。行驶在公路上的汽车的振动就是随机振动的典型例子。

　　除了上述分类方法外，还可以根据质点系的自由度将振动分为**单自由度系统振动、多自由度系统振动**和**连续系统振动**，或者根据描述振动的微分方程的形式分为**线性振动**和**非线性振动**。本章只研究单自由度系统在其平衡位形附近的微振动，并简要介绍两个自由度线性系统的自由振动问题。单自由度系统的微振动是线性振动，它反映了振动的一些最基本的规律，是研究复杂振动问题的基础，同时它本身在工程中也有许多应用。两自由度系统是最简单的多自由度系统，其振动的一些特点可推广到多自由的系统振动问题中。

11.2 单自由度振动的线性化方程

微振动是指质点系在稳定平衡位形附近的微幅振动。由于描述微振动的微分方程通常都是线性微分方程，因此也称为**线性振动**。

工程中绝大部分振动问题都是非线性振动。例如椭圆摆，其运动微分方程为非线性微分方程

$$(m_A + m_B)\ddot{x} + m_B l\ddot{\varphi}\cos\varphi - m_B l\dot{\varphi}^2\sin\varphi = 0$$
$$m_B l^2\ddot{\varphi} + m_B l\ddot{x}\cos\varphi + m_B gl\sin\varphi = 0$$

因此椭圆摆的振动是非线性振动。但如果运动幅度很小，方程中的广义坐标及其对时间的一阶和二阶导数都可视为小量，可以略去这些小量的二次以上的高阶项，即 $\sin\varphi \approx \varphi$，$\cos\varphi \approx 1$，$\dot{\varphi}^2 \approx 0$，则上述方程可简化为线性方程

$$(m_A + m_B)\ddot{x} + m_B l\ddot{\varphi} = 0$$
$$l\ddot{\varphi} + \ddot{x} + g\varphi = 0$$

椭圆摆的这种微幅摆动就是两自由度系统线性振动。

本节利用拉格朗日方程建立单自由度系统微振动的运动微分方程，下一节将讨论微分方程的求解和运动的特性。

设 q 是单自由度定常系统的广义坐标，非势力不做功，其平衡位形由

$$\frac{\partial V}{\partial q} = V'(q) = 0 \tag{11-1}$$

的根 $q = q_0$ 给出，其中 $V = V(q)$ 为质点系的势能。考虑微振动时可以认为 $q - q_0$ 和 $\dot{q}$ 都是一阶小量。

对于单自由度定常约束系统，其动能只含有广义速度的二次齐次式，即

$$T = \frac{1}{2}m(q)\dot{q}^2$$

其中 $m(q)$ 表示一个与广义坐标 q 有关的系数，它不一定指质量。将 $m(q)$ 在平衡位形 $q = q_0$ 附近作泰勒展开，有

$$m(q) = m(q_0) + m'(q_0)(q - q_0) + \cdots$$

略去二阶以上的高阶小量后动能 T 可写成

$$T = \frac{1}{2}m(q_0)\dot{q}^2 \tag{11-2}$$

同样，势能 $V(q)$ 也可展开成为

$$V(q) = V(q_0) + V'(q_0)(q - q_0) + \frac{1}{2}V''(q_0)(q - q_0)^2 + \cdots$$

式中 q_0 为平衡位形的广义坐标，即 $V'(q_0) = 0$。在上式中略去二阶以上的高阶小量，得

$$V(q) = V(q_0) + \frac{1}{2}k(q - q_0)^2 \tag{11-3}$$

其中 $k = V''(q_0)$。将式 (11-2) 和式 (11-3) 代入拉格朗日方程，得单自由度系统微振动方程

$$m(q_0)\ddot{q} + k(q - q_0) = 0 \tag{11-4}$$

其中 $m(q_0)$ 称为**广义惯性系数** (等效质量)，k 称为**广义刚度系数** (等效刚度)。如果取系统的平衡位形为广义坐标的原点，即 $q_0 = 0$，上式简化为

$$m(q_0)\ddot{q} + kq = 0 \tag{11-5}$$

上式可以写成标准形式

$$\ddot{q} + \omega_{\mathrm{n}}^2 q = 0 \tag{11-6}$$

其中

$$\omega_{\mathrm{n}} = \sqrt{\frac{k}{m(q_0)}} = \sqrt{\frac{V''(q_0)}{m(q_0)}} \tag{11-7}$$

最简单的单自由度振动系统是质量-弹簧系统，称作**谐振子**，如图11-1所示。设质点的质量为 m，弹簧质量不计，其刚度系数为 k。取 x 为广义坐标，以平衡位置 O 为其原点，铅垂向下为正。弹簧原长为 l_0，在重力作用下的静变形为 $\delta_{\mathrm{s}} = mg/k$。系统的动能和势能分别为

$$T = \frac{1}{2}m\dot{x}^2$$
$$V = \frac{1}{2}k[(x + \delta_{\mathrm{s}})^2 - \delta_{\mathrm{s}}^2] - mgx = \frac{1}{2}kx^2$$

代入拉格朗日方程中可得到系统的运动微分方程

$$\ddot{x} + \omega_{\mathrm{n}}^2 x = 0 \tag{11-8}$$

其中

$$\omega_{\mathrm{n}} = \sqrt{\frac{k}{m}} \tag{11-9}$$

在工程实际中，一些比较简单的振动系统可以抽象为上述质量-弹簧系统，具有与上式形式相同的运动微分方程。图11-2列出的几种系统都可简化为质量-弹簧模型。

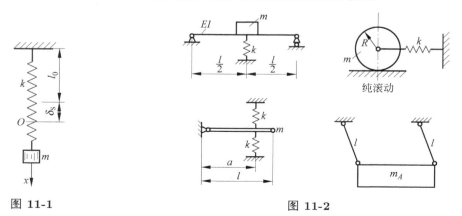

图 11-1　　　　　　　　　　　　　　　　　　图 11-2

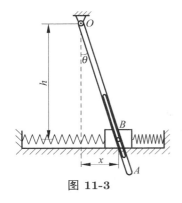

图 11-3

例 11-1 质量为 m、长为 l 的均质杆 OA 悬挂在 O 点处，可绕 O 轴摆动。质量为 M 的滑块用刚度系数为 k 的弹簧连接，并可沿杆 OA 滑动，如图11-3所示。当杆 OA 位于铅直位置时，系统处于平衡状态。忽略摩擦力，试建立系统微幅振动的运动微分方程。

解 这是一个单自由度定常系统，取 θ 为广义坐标。$\theta = 0$ 为系统的平衡位置。由几何关系可得

$$x = h\tan\theta, \quad \dot{x} = h\sec^2\theta\dot{\theta}$$

系统的动能 (保留到二阶小量) 为

$$T = \frac{1}{2}\frac{1}{3}ml^2\dot{\theta}^2 + \frac{1}{2}Mh^2\dot{\theta}^2\sec^4\theta \approx \frac{1}{2}\left(\frac{1}{3}ml^2 + Mh^2\right)\dot{\theta}^2$$

取杆在铅垂位置时的质心位置为重力势能零点，系统的势能 (保留到二阶小量) 为

$$V = \frac{1}{2}kh^2\tan^2\theta + mg\frac{1}{2}l(1-\cos\theta) \approx \frac{1}{2}\left(kh^2 + \frac{1}{2}mgl\right)\theta^2$$

代入拉格朗日方程得

$$\left(\frac{1}{3}ml^2 + Mh^2\right)\ddot{\theta} + \left(kh^2 + \frac{1}{2}mgl\right)\theta = 0$$

写成标准形式为

$$\ddot{\theta} + \omega_n^2\theta = 0$$

其中

$$\omega_n = \sqrt{\frac{6kh^2 + 3mgl}{2ml^2 + 6Mh^2}}$$

例 11-2 图11-4为一摆振系统，杆重不计，球质量为 m，摆对轴 O 的转动惯量为 J。弹簧刚度为 k，杆处于水平位置时为系统的平衡位置，尺寸如图所示。求此系统微振动的运动微分方程及振动频率。

解 摆在水平位置时弹簧已有压缩量 (称为静变形) δ_s，由平衡方程 $\sum m_O(\boldsymbol{F}_i) = 0$ 得 $mgl = k\delta_s d$，即

$$\delta_s = \frac{mgl}{kd}$$

取静平衡位置为势能零点，系统的势能为

$$V = \frac{1}{2}k[(d\varphi + \delta_s)^2 - \delta_s^2] - mgl\varphi = \frac{1}{2}kd^2\varphi^2$$

系统的动能为

$$T = \frac{1}{2}J\dot{\varphi}^2$$

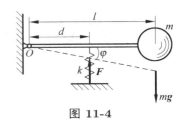

图 11-4

代入拉格朗日方程得

$$J\ddot{\varphi} + kd^2\varphi = 0$$

写成标准形式有

$$\ddot{\varphi} + \omega_n^2 \varphi = 0$$

其中

$$\omega_n = d\sqrt{\frac{k}{J}}$$

由本例可以看出，加在振动系统上的常力 (如重力) 只改变系统的平衡位置，不改变系统的运动特性。只要将坐标原点取在平衡位置，在建立系统运动微分方程时可以不再计入该常力的作用。

11.3 单自由度系统的自由振动

11.3.1 无阻尼自由振动

如果忽略阻尼，单自由度系统微振动的运动微分方程由式 (11-8) 给出。由微分方程理论可知，特征方程为 $\lambda^2 + \omega_n^2 = 0$，相应的特征值为 $\lambda = \pm i\omega_n$，对应的线性无关的特解为 $\cos \omega_n t$ 和 $\sin \omega_n t$，方程 (11-8) 的通解为

$$x = C_1 \cos \omega_n t + C_2 \sin \omega_n t = A \sin(\omega_n t + \alpha) \tag{11-10}$$

其中 A 和 α 为待定常数，它们由初始条件确定。给定初始条件 $x|_{t=0} = x_0$ 和 $\dot{x}|_{t=0} = \dot{x}_0$，可得到

$$A = \sqrt{x_0^2 + \frac{\dot{x}_0^2}{\omega_n^2}}, \qquad \alpha = \arctan \frac{\omega_n x_0}{\dot{x}_0} \tag{11-11}$$

由此可见，无阻尼自由振动是以平衡位置 O 为中心的简谐运动（如图11-5所示），A 称为振幅，α 称为初相位，它们只取决于初始条件。ω_n 称为固有圆频率，它由系统本身的物理性质完全确定，与初始条件无关，与振幅无关，是振动系统的固有特性。固有频率 f 和周期 T 分别为

$$f = \frac{\omega_n}{2\pi}, \qquad T = \frac{2\pi}{\omega_n}$$

在国际单位制中，周期的单位为 s (秒)，量纲为 T，频率的单位为 Hz (赫兹)，量纲为 T^{-1}。频率表示每秒钟振动的次数。

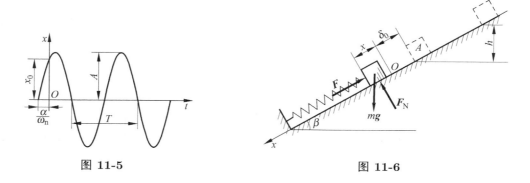

图 11-5   图 11-6

例 11-3 质量为 $m = 0.5$ kg 的物块沿光滑斜面无初速下滑，如图11-6所示。当物块下落高度 $h = 0.1$m 时撞于无质量的弹簧上并与弹簧不再分离。弹簧刚度 $k = 0.8$kN/m，倾角 $\beta = 30°$，求物块的运动规律。

解 以物块的静平衡位置 O 为坐标 x 的原点，其正向如图所示。物块在任意位置 x 处受重力 $m\boldsymbol{g}$、斜面约束力 $\boldsymbol{F}_N$ 和弹性力 $\boldsymbol{F}$ 作用，物块沿 x 轴的运动微分方程为

$$m\ddot{x} = mg\sin\beta - k(\delta_0 + x)$$

其中 δ_0 为在物块重力作用下弹簧的静变形，即 $\delta_0 = mg\sin\beta/k$。故上式成为

$$m\ddot{x} + kx = 0$$

系统的固有圆频率为

$$\omega_n = \sqrt{\frac{k}{m}} = \sqrt{\frac{0.8 \times 1000}{0.5}}\,\text{rad/s} = 40\,\text{rad/s}$$

物块于弹簧的自然位置 A 处碰上弹簧，取此时刻为 $t = 0$，则初始条件为

$$x_0 = -\delta_0 = -\frac{0.5 \times 9.8 \times \sin 30°}{0.8 \times 1000}\,\text{m} = -3.06 \times 10^{-3}\,\text{m}$$

$$\dot{x}_0 = \sqrt{2gh} = \sqrt{2 \times 9.8 \times 0.1}\,\text{m/s} = 1.4\,\text{m/s}$$

由式 (11-11) 可得物块振动的振幅和初相位

$$A = \sqrt{x_0^2 + \frac{\dot{x}_0^2}{\omega_n^2}} = 35.1\text{mm}, \qquad \alpha = \arctan\frac{\omega_n x_0}{\dot{x}_0} = -0.087\text{rad}$$

因此物块的运动方程为

$$x = 35.1\sin(40t - 0.087)\,\text{mm}$$

固有频率是振动理论中的重要概念，它反映了振动系统的动力学特性，计算系统的固有频率是研究系统振动问题的重要课题之一。将 $\delta_s = mg/k$ 代入式 (11-9)，得

$$\omega_n = \sqrt{\frac{g}{\delta_s}} \tag{11-12}$$

可见，对单自由度系统，只要知道重力作用下的静变形，就可求得系统的固有频率，这种计算系统固有频率的方法称为**静变形法**。例如，可以根据车厢下面弹簧的压缩量来估算车厢上下振动的频率。

也可以用无阻尼自由振动系统的机械能守恒来求得固有频率。质点在任意位置处的动能为

$$T = \frac{1}{2}m\omega_n^2 A^2\cos(\omega_n t + \alpha)$$

取平衡位置为势能零点，系统的势能为

$$V = \frac{1}{2}kx^2 = \frac{1}{2}kA^2\sin^2(\omega_n t + \alpha)$$

当质点处于平衡位置时，其速度达到最大值，系统势能为零，质点具有最大动能

$$T_{\max} = \frac{1}{2}m\omega_n^2 A^2 \tag{11-13}$$

当质点处于偏离振动中心的极端位置时，其位移最大，质点的动能为零，系统具有最大势能

$$V_{\max} = \frac{1}{2}kA^2 \tag{11-14}$$

由机械能守恒定律有

$$T_{\max} = V_{\max} \tag{11-15}$$

将式 (11-13) 和式 (11-14) 代入上式，即可得到系统的固有圆频率 ω_{n}。这种计算系统固有频率的方法称为**能量法**。

例 11-4　图11-7所示的无重梁，当其中部放置质量为 m 的物体时，其静挠度为 2mm。若将物块在梁未变形位置处无初速释放，求系统的振动规律。

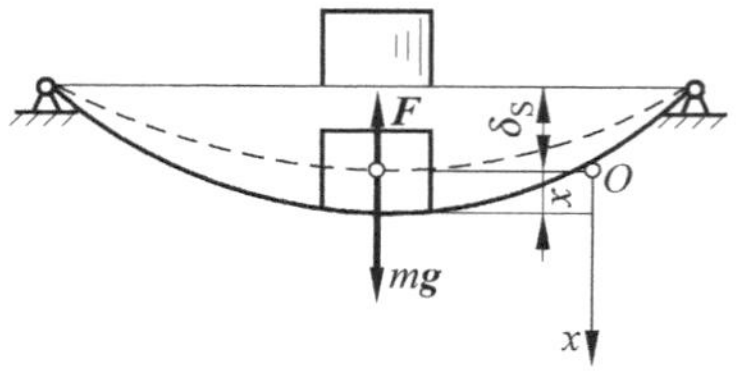

解　此无重梁相当于一个弹簧，其静挠度相当于弹簧的静变形，则系统的固有圆频率为

图 11-7

$$\omega_{\mathrm{n}} = \sqrt{\frac{g}{\delta_{\mathrm{s}}}} = \sqrt{\frac{9.8}{0.02}}\ \mathrm{rad/s} = 70\ \mathrm{rad/s}$$

此系统作简谐振动，在初瞬时 $t = 0$，物块位于未变形的梁上，初始条件为 $x_0 = -\delta_{\mathrm{s}} = -2\ \mathrm{mm}$，$\dot{x}_0 = 0$，则振幅和初相位为

$$A = \sqrt{x_0^2 + \frac{\dot{x}_0^2}{\omega_{\mathrm{n}}^2}} = 2\ \mathrm{mm}, \qquad \alpha = \arctan\frac{\omega_{\mathrm{n}}x_0}{\dot{x}_0} = -\frac{\pi}{2}$$

系统的运动方程为

$$x = -2\cos(70t)\ \mathrm{mm}$$

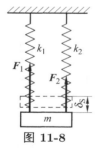

图 11-8

例 11-5　图11-8所示为由两个刚度分别为 k_1 和 k_2 的弹簧组成的弹簧并联系统。求该系统的固有频率和等效弹簧刚度。

解　取广义坐标为 x，其原点为物块的静平衡位置，铅垂向下为正。在物块重力作用下两个弹簧的静变形均为 δ_{s}，它们作用在物块上的弹性力分别为 $F_1 = k_1\delta_{\mathrm{s}}$ 和 $F_2 = k_2\delta_{\mathrm{s}}$，由静力平衡条件 $mg = F_1 + F_2$ 可得 $\delta_{\mathrm{s}} = mg/(k_1+k_2)$。利用静变形法可以直接求出系统的固有圆频率

$$\omega_{\mathrm{n}} = \sqrt{\frac{g}{\delta_{\mathrm{s}}}} = \sqrt{\frac{k_1 + k_2}{m}}$$

由固有圆频率的表达式可直接得到等效弹簧刚度为

$$k = k_1 + k_2$$

或者由式 $k = V''(q_0)$ 也可得

$$k = V''\big|_{x=0} = k_1 + k_2$$

思考题　串联弹簧系统的固有频率和等效弹簧刚度分别为多少？

例 11-6 图11-9表示一质量为 m、半径为 r 的圆柱体，在一半径为 R 的圆弧槽上作无滑动的滚动。求圆柱体在平衡位置附近微振动的固有频率。

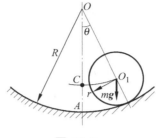

图 11-9

解 取圆柱体中心 O_1 和圆槽中心 O 的连线 OO_1 与铅直线 OA 的夹角 θ 为广义坐标。圆柱体中心 O_1 的线速度 $v_{O_1} = (R-r)\dot{\theta}$，其角速度为 $\omega = (R-r)\dot{\theta}/r$，系统的动能为

$$T = \frac{1}{2}m[(R-r)\dot{\theta}]^2 + \frac{1}{2}\left(\frac{mr^2}{2}\right)\left[\frac{(R-r)\dot{\theta}}{r}\right]^2$$

$$= \frac{3}{4}m(R-r)^2\dot{\theta}^2$$

取圆柱体在平衡位置处的圆心位置 C 为势能零点，系统的势能为

$$V = mg(R-r)(1-\cos\theta)$$

$$\approx \frac{1}{2}mg(R-r)\theta^2$$

系统作微振动时其运动方程为 $\theta = A\sin(\omega_{\mathrm{n}}t + \alpha)$，系统的最大动能为

$$T_{\max} = \frac{3}{4}m(R-r)^2\omega_{\mathrm{n}}^2 A^2$$

系统的最大势能为

$$V_{\max} = \frac{1}{2}mg(R-r)A^2$$

由机械能守恒解得系统的固有圆频率为

$$\omega_{\mathrm{n}} = \sqrt{\frac{2g}{3(R-r)}}$$

11.3.2 有阻尼自由振动

无阻尼自由振动是一种理想情况，它忽略了系统在振动过程中所受到的各种阻力，如接触面间的摩擦力、气体或液体介质的阻力和弹性材料中分子的内阻力等。这些阻力统称为**阻尼**。当振动速度不大时，由于介质黏性引起的阻力近似地与速度成正比，即 $\boldsymbol{F}_c = -c\boldsymbol{v}$，这样的阻尼称为**黏性阻尼**或**线性阻尼**。系数 c 称为**黏性阻尼系数**(简称为**阻尼系数**)。本节只研究黏性阻尼对自由振动的影响。

当振动系统存在黏性阻尼时，一般用图11-10所示的阻尼元件 c 表示。取系统的平衡位置为坐标原点，则在建立运动微分方程时不再计入重力的作用。由牛顿第二定律得

$$m\ddot{x} = -kx - c\dot{x} \tag{11-16}$$

引入无阻尼固有圆频率 ω_n 和阻尼系数 n：

$$\omega_\mathrm{n}^2 = \frac{k}{m}, \quad n = \frac{c}{2m} \tag{11-17}$$

将式 (11-16) 写成如下标准形式：

$$\ddot{x} + 2n\dot{x} + \omega_\mathrm{n}^2 x = 0 \tag{11-18}$$

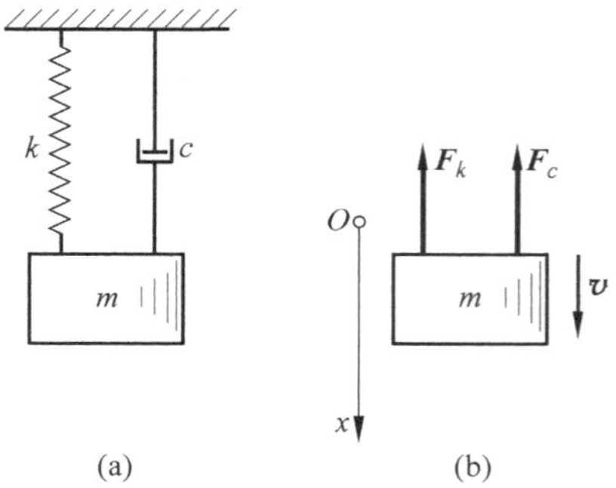

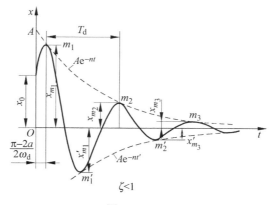

图 11-10

由微分方程理论可知，方程 (11-18) 的特征方程为 $\lambda^2 + 2n\lambda + \omega_\mathrm{n}^2 = 0$，特征根为

$$\lambda = -n \pm \sqrt{n^2 - \omega_\mathrm{n}^2}$$

所对应的特解根据阻尼的大小分为以下 3 种情况。

(1) 当 $n < \omega_\mathrm{n}$ 时为小阻尼状态，特征方程的两个根为共轭复数，方程 (11-18) 的通解为

$$x = \mathrm{e}^{-nt}(C_1 \cos\omega_\mathrm{d}t + C_2 \sin\omega_\mathrm{d}t) = A\mathrm{e}^{-nt}\sin(\omega_\mathrm{d}t + \alpha) \tag{11-19}$$

其中积分常数 A 和 α 由运动初始条件确定，$\omega_\mathrm{d} = \sqrt{\omega_\mathrm{n}^2 - n^2}$ 表示**有阻尼自由振动圆频率**。设初始条件为 $x|_{t=0} = x_0$，$\dot{x}|_{t=0} = \dot{x}_0$，代入上式可得到积分常数

$$A = \sqrt{x_0^2 + \frac{(\dot{x}_0 + nx_0)^2}{\omega_\mathrm{d}^2}}, \qquad \alpha = \arctan\frac{\omega_\mathrm{d}x_0}{\dot{x}_0 + nx_0} \tag{11-20}$$

式 (11-19) 是小阻尼情形下的自由振动表达式。由于阻尼作用，这种振动的振幅是随时间不断衰减的，所以又称为**衰减振动**，如图11-11所示。

图 11-11

由式 (11-19) 可见，衰减振动不是周期振动。但这种振动仍然是围绕平衡位置的往复运动，并且质点从任一个最大偏离位置到下一个最大偏离位置所需的时间 T_d 是相等的，我们把 T_d 称为**衰减振动的周期**，如图11-11所示。由式 (11-19) 知

$$T_\mathrm{d} = \frac{2\pi}{\omega_\mathrm{d}} = \frac{2\pi}{\sqrt{\omega_\mathrm{n}^2 - n^2}} = \frac{2\pi}{\omega_\mathrm{n}\sqrt{1 - \zeta^2}} = \frac{T}{\sqrt{1 - \zeta^2}} \tag{11-21}$$

其中

$$\zeta = \frac{n}{\omega_n} = \frac{c}{2\sqrt{mk}} \tag{11-22}$$

称为**阻尼比**。阻尼比是振动系统中反映阻尼特性的重要参数，在小阻尼下，$\zeta < 1$。由上式可见，由于阻尼的存在，系统的自由振动的周期增大，频率减小。一般工程中阻尼都比较小，如混凝土的阻尼比为 0.05 左右，因此阻尼对振动频率影响不大，可以认为 $\omega_d = \omega_n$，$T_d = T$。

由式 (11-19) 可知，任意两个相邻振幅之比是一常数，称为**减幅系数**，记作 η，即

$$\eta = \frac{A_i}{A_{i+1}} = \frac{A e^{-nt_i}}{A e^{-n(t_i + T_d)}} = e^{nT_d} \tag{11-23}$$

上述分析表明，在小阻尼情况下，阻尼对自由振动的频率影响较小，但对振幅影响较大，使振幅呈几何级数下降。例如当阻尼比 $\zeta = 0.05$ 时，其振动频率只比无阻尼自由振动时下降了 0.125%，而减幅系数为 $\eta = 1.37$，经过一个周期后，振幅衰减到原来的 73%，而经过 10 个周期后，振幅只有原振幅的 4.3%。

实际计算中常利用**对数减幅系数**δ 代替减幅系数，即

$$\delta = \ln \frac{A_i}{A_{i+1}} = nT_d \tag{11-24}$$

将式 (11-21) 代入上式得

$$\delta = \frac{2\pi\zeta}{\sqrt{1 - \zeta^2}} \approx 2\pi\zeta \tag{11-25}$$

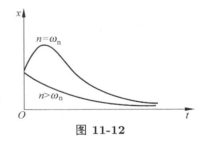

图 11-12

(2) 当 $n > \omega_n$ 时为大阻尼状态，特征方程有两个不相等的实根，方程 (11-18) 的通解为

$$x = C_1 e^{-n_1 t} + C_2 e^{-n_2 t} \tag{11-26}$$

所对应的 $x\text{-}t$ 曲线如图11-12所示，此时物体的运动已不再具有振动的特性。

(3) 当 $n = \omega_n$ 时为临界阻尼状态，特征方程有两个相等的实根，方程 (11-18) 的通解为

$$x = (C_1 + C_2 t)e^{-nt} \tag{11-27}$$

所表示的运动也不具有振动特性，如图11-12所示。

将以上 3 种情况的特征根和特解列于表11-1中。

表 11-1

阻尼	特征根	特解
小阻尼 $(n < \omega_n)$	$\lambda = -n \pm i\omega_d$ $(\omega_d = \sqrt{\omega_n^2 - n^2})$	$e^{-nt}\cos\omega_d t$，$e^{-nt}\sin\omega_d t$
临界阻尼 $(n = \omega_n)$	$\lambda = -n$ (重根)	e^{-nt}，te^{-nt}
大阻尼 $(n > \omega_n)$	$\lambda = -n \pm \sqrt{n^2 - \omega_n^2} = -n_{1,2}$	$e^{-n_1 t}$，$e^{-n_2 t}$

例 11-7 一个具有黏滞阻尼的质量-弹簧系统，在自由振动了 $N = 10$ 周后其振幅减为原来的 50%。求其阻尼比。

解　根据题意有

$$\frac{x_{mi}}{x_{m(i+N)}} = \frac{A\mathrm{e}^{-nt_i}}{A\mathrm{e}^{-n(t_i+NT_1)}} = \mathrm{e}^{nNT_1} = 2$$

因此对数减幅系数为

$$\delta = \frac{\ln 2}{N} = 0.069$$

由式 (11-25) 可得到系统的阻尼比为

$$\zeta = \frac{\delta}{2\pi} = 0.011$$

11.4　单自由度系统的强迫振动

物体在外加激振力作用下的振动称为**强迫振动**。例如交流电通过电磁铁产生交变的电磁力引起振动系统的振动、电动机工作时由于转子偏心引起的振动、地震引起的上部结构的振动等。本节研究由简谐变化的激振力产生的强迫振动，它是研究复杂系统在任意激振力作用下的强迫振动的基础。

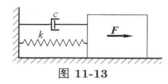

图 11-13

设在有阻尼质量-弹簧系统上直接作用简谐激振力 $F = H\sin\omega t$，如图 11-13 所示。系统的运动微分方程为

$$m\ddot{x} + c\dot{x} + kx = H\sin\omega t \tag{11-28}$$

上式可写成标准形式

$$\ddot{x} + 2n\dot{x} + \omega_{\mathrm{n}}^2 x = B_0\omega_{\mathrm{n}}^2\sin\omega t \tag{11-29}$$

其中 $B_0 = H/k$ 是激励力的最大幅值作用在弹簧上引起的静变形，称为**静力偏移**。根据微分方程理论，上述二阶非齐次线性常微分方程的全解 x 由齐次方程的通解 x_1 和非齐次方程的特解 x_2 两部分组成

$$x = x_1 + x_2 \tag{11-30}$$

方程 (11-29) 的特解可以设为

$$x_2 = B\sin(\omega t - \theta) \tag{11-31}$$

代入方程 (11-29)，并引入频率比 $\lambda = \omega/\omega_{\mathrm{n}}$，整理后有

$$[B(1-\lambda^2) - B_0\cos\theta]\sin(\omega t - \theta) + (2\zeta\lambda B - B_0\sin\theta)\cos(\omega t - \theta) = 0$$

上式对任意时间 t 都应满足，因此 $\sin(\omega t - \theta)$ 和 $\cos(\omega t - \theta)$ 前的系数必须等于零，由此可解得

$$B = \frac{B_0}{\sqrt{(1-\lambda^2)^2 + (2\lambda\zeta)^2}}, \quad \theta = \arctan\frac{2\lambda\zeta}{1-\lambda^2} \tag{11-32}$$

其中 B 称为**强迫振动的振幅**，θ 称为**相位差**，它表示强迫振动的相位落后于激振力的相位角。式 (11-31) 给出的特解 x_2 表示系统在简谐激振力作用下产生的持续的等幅振动，称为**稳态响应**，也称为**强迫振动**。方程 (11-29) 的通解 x_1 就是上节讨论的衰减振动，它随着时间的增加将很快

地衰减，称为**瞬态响应**。有阻尼强迫振动由这两部分合成，但实际的振动系统中总有阻尼存在，因此一般情况下衰减振动可以不予考虑，而着重研究强迫振动。

由强迫振动的运动方程的特解式 (11-31) 可见，受简谐激振力作用下的强迫振动具有以下特点：

(1) 是与激励力频率相同的简谐振动。

(2) 振幅 B 和相位差 θ 均与初始条件无关，仅取决于系统本身及激励力的物理性质。

(3) 振幅 B 的大小取决于静力偏移 B_0、频率比 λ 和阻尼比 ζ。定义强迫振动振幅 B 与静力偏移 B_0 的比值为振幅放大因子或增益因子 β，则有

$$\beta = \frac{1}{\sqrt{(1 - \lambda^2)^2 + (2\lambda\zeta)^2}} \tag{11-33}$$

图11-14(a) 画出了对于不同的阻尼比 ζ，放大系数 β 随频率比 λ 变化的一簇曲线，称为**幅频特性曲线**。从图中可以看到：

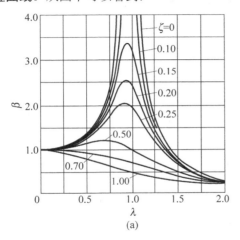
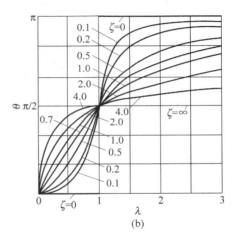

(a)   (b)

图 11-14

(1) 当 $\lambda \ll 1$ 时，$\beta \approx 1$，阻尼对振幅的影响甚微，这时可以忽略系统的阻尼，当作无阻尼系统处理，响应主要取决于刚度。

(2) 当 $\lambda \gg 1$ 时，$\beta \approx 0$，阻尼对振幅的影响也比较小，这时也可以忽略系统的阻尼，当作无阻尼系统处理，响应主要取决于惯性。

(3) 当 $\lambda \to 1$（即激振力频率接近于系统固有频率）时，振幅显著地增大，阻尼对振幅有明显的影响。阻尼较弱时振幅较大且变化急剧，阻尼较强时振幅较小且变化平缓。阻尼增大，振幅显著地下降。令 $\mathrm{d}\beta/\mathrm{d}\lambda = 0$，可只当激励力的频率 $\omega_\mathrm{m} = \omega_\mathrm{n}\sqrt{1 - 2\zeta^2}$ 时振幅取极大值 $\lambda_\mathrm{max} = 1/\left(\zeta\sqrt{1 - \zeta^2}\right)$，这种现象称为**共振**。$\omega_\mathrm{m}$ 比 ω_n 略小，称为**共振频率**。一般情况下，阻尼比 $\zeta \ll 1$，这时可以认为共振频率等于 ω_n，共振的振幅放大因子为 $\lambda_\mathrm{max} \approx 1/2\zeta$。

对于无阻尼情况 ($\zeta = 0$)，当 $\lambda = 1$ 时振幅 B 为无限大。此时特解式 (11-31) 已失去意义，可以验证无阻尼系统共振时的特解为 $x_2^* = -\frac{1}{2}B_0\omega_{\mathrm{n}}t\cos\omega_{\mathrm{n}}t$，表明振幅将随时间线性增长，如图11-15所示。

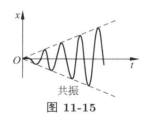

(4) 强迫振动的相位落后于激励力的相位。图11-14(b) 画出了对于不同的阻尼比 ζ，相位差 θ 随频率比 λ 变化的一簇曲线，称为**相频特性曲线**。从图中可以看到：

图 11-15

(a) 当 $\lambda \ll 1$ 时，$\theta \approx 0$，即强迫振动位移与干扰力几乎是同相位变化的。

(b) 当 $\lambda \gg 1$ 时，$\theta \approx 180°$，即强迫振动的位移与干扰力是反相位而变化的。

(c) 当 $\lambda = 1$ 时，$\theta = 90°$，即共振时无论阻尼为多少，干扰力的相位角总是超前强迫振动位移 $90°$。质点作简谐振动时，它的速度的相位角超前位移 $90°$，因此共振时质点的速度与干扰力同相位变化。在振动试验中，常以此作为判断共振状态的一种标志。

例 11-8　相对运动引起的强迫振动　若质点系内部质点有相对转动时，将会引起质点系的振动。图11-16所示为一具有偏心转子的电动机模型 (偏心距为 e)，转子以角速度 ω 相对于 M 匀速转动。试分析其强迫振动的运动规律。

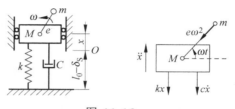

图 11-16

解　取 x 为广义坐标，平衡位置 O 为坐标原点，铅垂向上为正。由质心运动定理得

$$M\ddot{x} + m(\ddot{x} - e\omega^2\sin\omega t) = -kx - c\dot{x}$$

即

$$(M + m)\ddot{x} + c\dot{x} + kx = me\omega^2\sin\omega t$$

上式形式上与式 (11-28) 完全相同，但激振力的振幅与频率的平方成正比，其运动规律与上述讨论的强迫振动不同。引入 $n = c/2(M + m)$，$\omega_{\mathrm{n}}^2 = k/(M + m)$，$B_0 = me/(M + m)$，上式可写成标准形式：

$$\ddot{x} + 2n\dot{x} + \omega_{\mathrm{n}}^2 x = B_0\lambda^2\omega_{\mathrm{n}}^2\sin\omega t$$

将上式与式 (11-29) 相比，可得到振幅放大因子 β 和相位差分别为

$$\beta = \frac{\lambda^2}{\sqrt{(1 - \lambda^2)^2 + (2\lambda\zeta)^2}}, \quad \theta = \arctan\frac{2\lambda\zeta}{1 - \lambda^2}$$

可见，此类问题的幅频特性曲线与图11-14(a) 所示的完全不同，如图11-17所示。从该图中可以看出，当转子转动的角速度 ω 远小于系统的固有圆频率 ω_{n} 时，强迫振动的振幅接近于零；当转子转动的角速度 ω 远大于系统的固有圆频率 ω_{n} 时，强迫振动的振幅接近于 B_0；当转子转动的角速度 ω 接近系统的固有圆频率 ω_{n} 时，强迫振动的振幅急剧增大而产生共振。

例 11-9　由牵连运动引起的强迫振动　在图11-18所示的弹簧-质点系统中，弹簧悬挂点 O_1 作简谐运动 $x_{O_1} = a\sin\omega t$。试求质点 m 的运动规律。

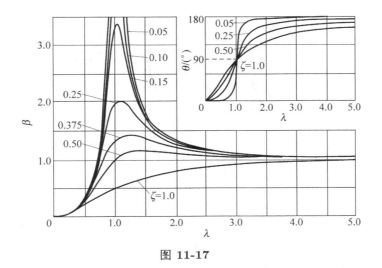

图 11-17

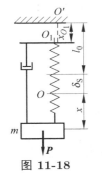

图 11-18

解 取 x 为广义坐标，平衡位置 O 为坐标原点，方向如图所示。物块 m 受到的弹簧力为 $-k(x + \delta_s - x_{O_1})$，阻力为 $-c(\dot{x} - \dot{x}_{O_1})$，由牛顿第二定律可得

$$m\ddot{x} = mg - k(x + \delta_s - x_{O_1}) - c(\dot{x} - \dot{x}_{O_1})$$

即

$$m\ddot{x} + c\dot{x} + kx = ka\sin\omega t + ca\omega\cos\omega t$$
$$= A\sin(\omega t + \varphi) \tag{a}$$

其中

$$A = a\sqrt{k^2 + c^2\omega^2} = ak\sqrt{1 + 4\zeta^2\lambda^2}$$
$$\varphi = \arctan\frac{c\omega}{k} = \arctan 2\zeta\lambda$$

式(a)可以进一步改写为

$$\ddot{x} + 2n\dot{x} + \omega_n^2 x = a\omega_n^2\sqrt{1 + 4\zeta^2\lambda^2}\sin(\omega t + \varphi)$$

将上式与式 (11-29) 相比，可以得到由牵连运动引起的强迫振动的振幅放大因子 β 和相位差 θ 分别为

$$\beta = \frac{B}{a} = \frac{\sqrt{1 + 4\zeta^2\lambda^2}}{\sqrt{(1 - \lambda^2)^2 + 4\zeta^2\lambda^2}}$$
$$\theta = \arctan\frac{2\lambda\zeta}{1 - \lambda^2} - \arctan 2\lambda\zeta = \frac{2\lambda^3\zeta}{1 - \lambda^2 + 4\lambda^2\zeta^2}$$

上式表明，由牵连运动引起的强迫振动的幅频特性曲线与前面讲的两种强迫振动的幅频特性曲线完全不同，如图11-19所示。由该图可以看出，当牵连运动的频率 ω 远小于系统的固有频率 ω_n 时，质点强迫振动的振幅接近于弹簧悬挂点振动的振幅，其相位与弹簧悬挂点振动的相位基本上相同；当牵连运动的频率 ω 远大于系统的固有频率 ω_n 时，质点强迫振动的振幅接近

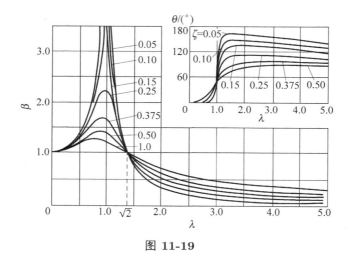

图 11-19

于零，虽然弹簧悬挂点在振动，但质点基本不动；当牵连运动的频率 ω 接近于系统的固有频率 ω_n 时，质点的强迫振动振幅急剧增大而产生共振；当牵连运动的频率 ω 大于 $\sqrt{2}\omega_\mathrm{n}$ 时，质点的强迫振动振幅将小于弹簧悬挂点的振幅。

例 11-10　图11-20为测振仪的简图。把测振仪固定在被测物体上，当被测物体发生振动时，与振子 m 相连接的笔尖 P 会在匀速展开的纸上画出振动曲线。设弹簧刚度系数为 k，忽略所有阻尼。如被测物体的振动规律为 $s = e\sin\omega t$，试求振子 m 相对于测振仪盒运动的相对运动微分方程及其受迫振动规律。

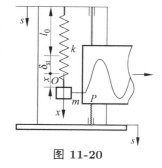

图 11-20

解　取振子相对于测振仪盒的静平衡位置 O 为原点，建立固结于测振仪盒上的非惯性系 Oxy，如图11-20所示。在振子上添加惯性力 $\boldsymbol{S} = -m\ddot{s}\boldsymbol{i}$，振子相对运动微分方程为

$$m\ddot{x} = mg - k(\delta_\mathrm{st} + x) - m\ddot{s}$$

即

$$\ddot{x} + \omega_\mathrm{n}^2 x = e\omega^2 \sin\omega t$$

设物体的相对运动微分方程为 $x = a\sin(\omega t - \theta)$，代入上式后可求得

$$a = e\frac{\omega^2}{|\omega_\mathrm{n}^2 - \omega^2|}, \quad \theta = \begin{cases} 0, & \text{当}\omega < \omega_\mathrm{n}\text{时} \\ \pi, & \text{当}\omega > \omega_\mathrm{n}\text{时} \end{cases}$$

思考题　如何选取测振仪的固有频率 ω_n，使测振仪适合于测量被测物体振动的位移，或适合于测量被测物体振动的加速度？

如果作用在物体上的激振力 F 是非简谐的连续的周期函数，圆频率为 ω，则对于线性振动系统可利用傅里叶级数将该周期激振力展开为一个常力和一系列圆频率为 ω 整数倍的简谐激振力之和。其中常力仅影响系统的静平衡位置，将坐标原点改在静平衡位置后，该项可不予考虑。分别分析系统在每一个简谐激振力作用下的强迫振动，然后将所有简谐激振力对应的强迫振动叠加, 即可得到系统在该周期激振力作用下的强迫振动。这种将周期函数展开成傅里叶级数的方法称为**谐波分析法**。

在工程中振动是不可避免的。当振动强度超过一定限度时, 就要妨碍机器的正常运行, 对结构物造成损害, 而且还会影响周围的设备、建筑物。因此常常要求减少振源的振动, 如果无法减少振源的振动时, 也要尽量减少它对周围环境的影响。使振动物体的振动减弱的措施称为减振。将振源与需要防振的物体之间用弹性元件和阻尼元件进行隔离的措施称为隔振。存在两类性质的隔振, 一类是用隔振器将振源与支持振源的基础隔离开, 减少通过地基传到周围物体上去的振动强度, 称为**主动隔振**, 例如在电动机与基础之间垫上橡胶块, 以减少电动机振动对周围设备的影响, 如图11-21(a) 所示。另一类是将需要防振的物体用隔振器与振源隔离开来, 称为**被动隔振**, 例如在精密仪器的底下垫上橡皮或泡沫塑料, 以避免仪器受到由于运输或其他外来干扰所引起的振动, 如图11-21(b) 所示。

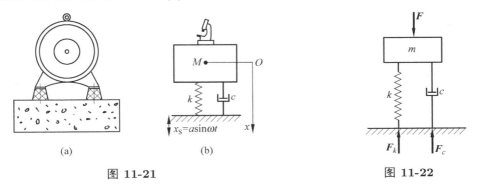

图 11-21　　　　　　　　　　　　　　图 11-22

主动隔振的简化模型如图11-22所示。由振源产生的激振力 $F = H\sin\omega t$ 作用在质量为 m 的物块上, 物块 m 与基础之间用刚度系数为 k 的弹簧和阻尼系数为 c 的阻尼元件隔离。振幅 B 由式 (11-32) 给出, 即

$$B = \frac{B_0}{\sqrt{(1-\lambda^2)^2 + (2\lambda\zeta)^2}}$$

其中 $B_0 = H/k$。物块振动时传递到基础上的力是通过弹簧作用在基础上的力和通过阻尼元件作用于基础上的力两部分的合成, 即

$$F_{\mathrm{N}} = kx + c\dot{x} = kB\sin(\omega t - \theta) + c\omega B\cos(\omega t - \theta)$$
$$= F_{\mathrm{N\,max}}\sin(\omega t - \theta + \varphi)$$

其中 $F_{\mathrm{N\,max}} = \sqrt{(kB)^2 + (c\omega B)^2} = kB\sqrt{1 + 4\zeta^2\lambda^2}$ 是物块振动时传递到基础上的力的最大值, 它与激振力的幅值 H 之比为

$$\eta = \frac{F_{\mathrm{N\,max}}}{H} = \frac{\sqrt{1 + 4\zeta^2\lambda^2}}{\sqrt{(1-\lambda^2)^2 + 4\zeta^2\lambda^2}} \tag{11-34}$$

η 称为**力传递率**, 它与阻尼和激振频率有关, 如图11-19所示。

被动隔振的模型与例11-9所讨论的由牵连运动引起的振动的模型完全相同, 如图11-18所示。隔振后传到设备上的振动幅值 B 与基础干扰运动的振幅 a 之比称为**位移传递率**。由例11-9的结果可知, 位移传递率为

$$\eta' = \frac{B}{a} = \frac{\sqrt{1 + 4\zeta^2\lambda^2}}{\sqrt{(1-\lambda^2)^2 + 4\zeta^2\lambda^2}} \tag{11-35}$$

上式与式 (11-34) 相同，所以位移传递率的曲线与力传递率的曲线完全相同。η 和 η' 统称为**传递率**。

由图11-19可见，只有当 $\lambda > \sqrt{2}$ 时才有隔振效果；当 $\lambda > 5$ 以后，曲线下降得都很慢，通常将 λ 选在 $2.5 \sim 5$ 之间。另外，当 $\lambda > \sqrt{2}$ 以后，加大阻尼反而会使振幅增大，降低隔振效果。但是阻尼太小，机器在越过共振区时又会产生很大的振动，因此在采取隔振措施时，要选择适当的阻尼值。

计算隔振器参数时，一般先按设计要求选定传递率，然后确定频率比及阻尼比，最后算出隔振弹簧的刚度。

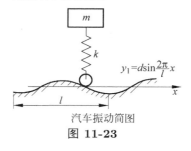

汽车振动简图

图 11-23

例 11-11　图11-23所示为一汽车在波形路面行驶的力学模型。路面波形为 $y_1 = d\sin(2\pi x/l)$，其中幅度 $d = 25$ mm，波长 $l = 5$ m。汽车的质量为 $m = 3000$ kg，弹簧刚度系数为 $k = 294$ kN/m。忽略阻尼，求汽车以速度 $v = 12.5$ m/s 前进时，车体的振幅及汽车的临界速度。

解　汽车匀速行驶，故有 $x = vt$。以汽车起始位置为坐标原点，路面波形方程可以写为

$$y_1 = d\sin\frac{2\pi}{l}x = d\sin\omega t$$

其中 $\omega = 2\pi v/l = 5\pi$ rad/s，相当于位移激振频率。系统的固有频率为

$$\omega_{\mathrm{n}} = \sqrt{\frac{k}{m}} = \sqrt{\frac{294 \times 1000}{3000}}\ \mathrm{rad/s} = 9.9\ \mathrm{rad/s}$$

激振频率与固有频率的频率比 λ 为

$$\lambda = \frac{\omega}{\omega_{\mathrm{n}}} = \frac{5\pi}{9.9} = 1.59$$

由式 (11-35) 求得位移传递率为

$$\eta' = \sqrt{\frac{1}{(1 - \lambda^2)^2}} = 0.65$$

因此车身的振幅为

$$B = \eta'd = 0.65 \times 25\ \mathrm{mm} = 16.4\ \mathrm{mm}$$

当 $\omega = \omega_{\mathrm{n}}$ 时系统发生共振，即

$$\omega = \frac{2\pi v_{\mathrm{cr}}}{l} = \omega_{\mathrm{n}}$$

解得临界速度为

$$v_{\mathrm{cr}} = \frac{l\omega_{\mathrm{n}}}{2\pi} = \frac{5 \times 9.9}{2\pi}\ \mathrm{m/s} = 7.88\ \mathrm{m/s}$$

* 11.5　两个自由度系统的自由振动

绝大多数工程实际问题中的振动系统不是单自由度系统，必须用多自由度系统作为简化模型。例如，如果只研究汽车车身作为刚体上下平动的振动，只要简化为一个自由度系统就可以了。

如果还要研究车身在铅垂面内相对重心的摆动，就必须简化为两个自由度的模型，如图11-24所示。如果再要研究车身的左右晃动，就要简化为多自由度系统了。两自由度系统是最简单的多自由度系统，但已包含了多自由度系统的主要运动特征。本书只讨论两自由度系统的自由振动，并在此基础上给出多自由度系统自由振动的一些基本特征。

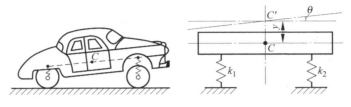

图 11-24

图11-25(a) 所示为一张紧的弦上有两个质量都为 m 的质点 A 和 B，弦的张力为 $\boldsymbol{T}$。下面分析该系统横向微振动的运动规律。该系统有两个自由度，选 y_1 和 y_2 为广义坐标，如图11-25(b)所示。因为研究的是系统的微振动，可以认为在振动过程中弦的张力 $\boldsymbol{T}$ 保持不变。利用牛顿第二定律可得到两个质点的运动微分方程为

$$\begin{cases} m\ddot{y}_1 = -T\dfrac{y_1}{l} + T\dfrac{y_2 - y_1}{l} \\ m\ddot{y}_2 = -T\dfrac{y_2 - y_1}{l} - T\dfrac{y_2}{l} \end{cases} \tag{11-36}$$

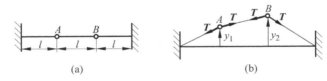

(a)　　　　　　　　　　(b)

图 11-25

引入 $k = T/l$，并将上式写成矩阵的形式

$$\boldsymbol{M}\ddot{\boldsymbol{X}} + \boldsymbol{K}\boldsymbol{X} = \boldsymbol{0} \tag{11-37}$$

其中 $\boldsymbol{M}$ 和 $\boldsymbol{K}$ 均为对称矩阵，分别称为质量矩阵和刚度矩阵，$\boldsymbol{X}$ 为坐标列阵，即

$$\boldsymbol{M} = \begin{bmatrix} m & 0 \\ 0 & m \end{bmatrix}, \quad \boldsymbol{K} = \begin{bmatrix} 2k & -k \\ -k & 2k \end{bmatrix}, \quad \boldsymbol{X} = \begin{bmatrix} y_1 \\ y_2 \end{bmatrix} \tag{11-38}$$

式 (11-37) 是一个相互耦合的二阶线性齐次微分方程组。根据微分方程理论，可设上列方程组的特解为

$$\boldsymbol{X} = \boldsymbol{A}\sin(\omega t + \alpha) \tag{11-39}$$

式中 $\boldsymbol{A} = \begin{bmatrix} A_1 & A_2 \end{bmatrix}^{\mathrm{T}}$，$A_1$ 和 A_2 是振幅，ω 为圆频率，θ 为初相位。将上式代入式 (11-37) 得

$$(\boldsymbol{K} - \omega^2 \boldsymbol{M})\boldsymbol{A} = \boldsymbol{0} \tag{11-40}$$

上面方程组存在非零解的充分必要条件是系数行列式为零，即

$$|\boldsymbol{K} - \omega^2 \boldsymbol{M}| = 0 \tag{11-41}$$

上式称为系统的特征方程, 其左端的行列式展开后是关于 ω^2 的二次代数多项式, 称为特征多项式, ω^2 称为特征根或特征值。将式 (11-38) 代入到式 (11-41) 中, 可解出弦振动的两个固有频率为

$$\omega_1 = \sqrt{\frac{k}{m}}, \quad \omega_2 = \sqrt{\frac{3k}{m}}$$

显然特征值仅取决于系统本身的刚度、质量等物理参数。把第 i 个特征值 ω_i^2 的算术平方根 ω_i 称为第 i 阶固有频率。n 自由度系统有 n 个固有频率, 这与单自由度系统不同。

满足式 (11-40) 的非零向量 $\boldsymbol{A}$ 称为特征向量。记 $\boldsymbol{A}_i$ 为对应于特征值 ω_i^2 的特征向量, n 自由度系统共有 n 个特征向量。将 $\omega^2 = \omega_1^2 = k/m$ 代入式 (11-40), 得

$$\begin{bmatrix} k & -k \\ -k & k \end{bmatrix} \begin{bmatrix} A_1^{(1)} \\ A_2^{(1)} \end{bmatrix} = 0$$

上式两个方程中只有一个是独立的, 只能解出一个未知数。取 $A_2^{(1)} = 1$, 可求得对应于第一个固有频率 ω_1 的特征向量

$$\boldsymbol{A}_1 = \begin{bmatrix} A_1^{(1)} \\ A_2^{(1)} \end{bmatrix} = \begin{bmatrix} 1 \\ 1 \end{bmatrix}$$

同理, 将 $\omega^2 = \omega_2^2 = 3k/m$ 代入式 (11-40), 并取 $A_2^{(2)} = 1$, 可求得对应于第二个固有频率 ω_2 的特征向量

$$\boldsymbol{A}_2 = \begin{bmatrix} A_1^{(2)} \\ A_2^{(2)} \end{bmatrix} = \begin{bmatrix} -1 \\ 1 \end{bmatrix}$$

将 $\omega = \omega_i$, $\boldsymbol{A} = \boldsymbol{A}_i$ 代入式 (11-39), 并将 α 改为 α_i, 得到系统的两个特解为

$$\boldsymbol{X}_i = \boldsymbol{A}_i \sin(\omega_i t + \alpha_i), \quad i = 1, 2 \tag{11-42}$$

上式称为第 i 阶主振动, 此时系统在各个坐标上都将以第 i 阶固有频率作简谐振动, 并且同时通过静平衡位置。上式表明, $\boldsymbol{A}_i$ 表示了当系统按第 i 阶固有频率作主振动时各位移振幅的相对比值, 它描述了系统作第 i 阶主振动时具有的振动形态, 称为主振型或主模态。图11-26给出了弦振动的第一阶和第二阶主振型。尽管各位移振幅的绝对值并没有确定 (需要由初始条件确定), 但是由 $\boldsymbol{A}_i$ 所描述的系统振动形态已确定, 它和固有频率一样也只取决于系统本身的物理参数。主振型这一重要概念是单自由度系统所没有的。

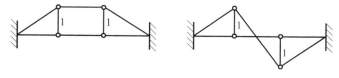

图 11-26

根据微分方程理论, 自由振动微分方程 (11-37) 的全解应为第一主振动和第二主振动的线性组合, 即

$$\boldsymbol{X} = a_1 \boldsymbol{A}_1 \sin(\omega_1 t + \alpha_1) + a_2 \boldsymbol{A}_2 \sin(\omega_2 t + \alpha_2)$$

式中包含 4 个待定常数 a_1, a_2, α_1, α_2, 它们由初始条件 y_{10}, y_{20}, $\dot{y}_{10}$ 和 $\dot{y}_{20}$ 确定。由上式表示的自由振动是由两个不同频率的简谐振动合成而得的。在一般情况下, 它不是简谐振动, 也

不一定是周期振动。只有当两个简谐振动频率 ω_1 和 ω_2 之比是有理数时才是周期振动。当初始条件等于某阶主振型时，系统的自由振动就是该阶主振动。

由各阶主振型 A_i 为列组成的矩阵 $\boldsymbol{\varPhi}$ 称为振型矩阵或模态矩阵，即

$$\boldsymbol{\varPhi} = \begin{bmatrix} A_1 & A_2 \end{bmatrix} \tag{11-43}$$

可以证明主振型具有正交性，即

$$\boldsymbol{\varPhi}^{\mathrm{T}} \boldsymbol{K} \boldsymbol{\varPhi} = \mathrm{diag}(K_{pi}), \quad \boldsymbol{\varPhi}^{\mathrm{T}} \boldsymbol{M} \boldsymbol{\varPhi} = \mathrm{diag}(M_{pi}), \quad \text{且} \frac{K_{pi}}{M_{pi}} = \omega_i^2 \tag{11-44}$$

式中常数 K_{pi} 和 M_{pi} 分别称为第 i 阶主刚度和第 i 阶主质量。将振型矩阵作为坐标变换矩阵，引入坐标变换

$$\boldsymbol{X} = \boldsymbol{\varPhi} \boldsymbol{q} \tag{11-45}$$

式中 q 称为模态坐标。将上式代入运动微分方程 (11-37) 中，并左乘 $\boldsymbol{\varPhi}^{\mathrm{T}}$，得到

$$\boldsymbol{\varPhi}^{\mathrm{T}} \boldsymbol{M} \boldsymbol{\varPhi} \ddot{\boldsymbol{q}} + \boldsymbol{\varPhi}^{\mathrm{T}} \boldsymbol{K} \boldsymbol{\varPhi} \boldsymbol{q} = \boldsymbol{0} \tag{11-46}$$

根据主振型的正交性，$\boldsymbol{\varPhi}^{\mathrm{T}} \boldsymbol{M} \boldsymbol{\varPhi}$ 和 $\boldsymbol{\varPhi}^{\mathrm{T}} \boldsymbol{K} \boldsymbol{\varPhi}$ 均为对角矩阵。这样，通过坐标变换将原来相互耦合的两个自由度系统的振动变换为模态坐标下的两个独立的单自由度系统振动

$$M_{pi} \ddot{q}_i + K_{pi} q_i = 0 \tag{11-47}$$

求解上式得到模态坐标下的响应 q_i 后再利用坐标变换式(11-45)即可得到系统在原坐标下的响应。这种方法称为模态叠加法或振型叠加法。

通过上述对两个自由度系统自由振动特性的分析，可以总结出多自由度系统自由振动的一些特点：

(1) n 自由度系统具有 n 个固有频率，固有频率只与系统的质量和刚度参数有关。

(2) 对应于 n 个固有频率存在 n 个主振型，它描述了系统作第 i 阶主振动时具有的振动形态，其形状只与系统的质量和刚度参数有关。

(3) 自由振动一般是以 n 个固有频率作谐振动的主振动的叠加，每个主振动的振幅和相位都与初始条件有关。n 个不同频率谐振动的叠加一般不是谐振动。

习题

11-1 为了测定阻力器的参数，用一个不变的力使活塞在气缸内运动。发现 10N 的力可以产生匀速度 0.1m/s。设将此阻力器加于质量为 2kg、弹簧刚度系数 $k = 4900\text{N/m}$ 的弹簧 – 质量系统中，求阻尼比 ζ。

11-2 一弹簧 – 质量系统作衰减振动，其振幅在振动 10 次的过程中，由 $x_1 = 0.03\text{m}$ 缩小到 $x_{11} = 0.0006\text{m}$，求对数减幅系数 δ。

11-3 作微振动的单摆所受阻力与速度的一次方成正比，设其对数减幅系数为 0.02，问经过 100 周振动后，振幅为开始时的几分之一？

11-4 试证明，在阻尼比为 $\zeta = 0.02$ 时，每周耗散的能量约为初值的 25%。

11-5 一小球 P 的质量为 m，紧系在完全弹性的线 AB 的中部，线长 $2l$，如图所示。设线完全拉紧时张力的大小为 S，当球水平运动时，张力不变。重力忽略不计。试证明小球在水平线上的运动为谐振动，并求其周期。

11-6 重 2500N 的电动机由 4 个刚度系数 $k = 30\text{N/mm}$ 的弹簧支持。在电动机转子上装有一个重 0.2kg 的物体，距转轴 $e = 10\text{mm}$，已知电机被限制在铅垂方向运动，求：(1) 发生共振时的转速；(2) 当转速为 1000r/min 时，稳定转动的振幅。

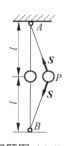

习题图 11-5

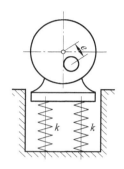

习题图 11-6

11-7 图示物体 M 悬挂在弹簧 AB 上，弹簧上端由于曲柄滑块机构的带动作铅垂直线运动，$OO_1 = a\sin\omega t$，$a = 0.02\text{m}$，$\omega = 7\text{rad/s}$，弹簧在 0.4N 力作用下伸长 0.01m。求受迫转动的规律。

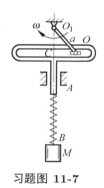

习题图 11-7

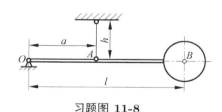

习题图 11-8

11-8 刚性杆 OB 长为 l，可绕其端点上球铰链 O 自由摆动，杆的另一端带有重为 Q 的球。此杆借助不可伸长的铅直细绳维持在水平位置。设细绳长 h，$OA = a$。现将此球沿垂直于图面的方向推开，然后释放，使此系统开始振动。不计杆的质量，求系统的微振动周期。

11-9 一个摆由长为 l 的刚杆在其端点固结质量 m 而构成。此杆上连有刚度系数各为 k 的两根弹簧，其连结点与杆端相距为 a。两弹簧的另外一端都是固定的。不计杆的质量，求此摆的微振动周期。

11-10 质量是 M 的匀质圆盘可沿水平直线轨道滚动而不滑动。在此圆盘的中心铰接着一根长 l 的杆，其末端连有质量是 m 的点状重物。求此摆的微振动周期。杆的质量不计。

11-11 图示均质圆柱体长为 L，直径为 D，质量为 m，可在水平面上作无滑动的滚动。距离圆心为 a 处连有两根刚度系数为 k 的弹簧，且弹簧装在长度为 L 的圆柱体的中点。设图示位置弹簧为原长，求圆柱体作微振动的固有频率。

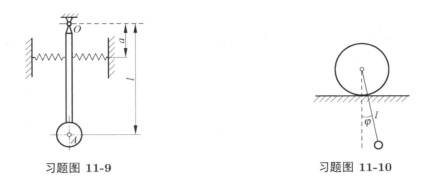

习题图 11-9   习题图 11-10

11-12   图示均质摇杆 OA 的质量为 m，长为 l，均质圆盘的质量为 M。当系统平衡时，摇杆为水平，弹簧 BD 的静伸长为 δ_{st}，且位于铅垂位置，又 $OB = a$，轴承的摩擦不计。求圆盘 A 只滚动不滑动时，系统在其平衡位置附近作微振动的周期。

习题图 11-11   习题图 11-12

11-13   倒置摆系统如图所示，曲杆 AOB 质心在 O 轴上，重物 B 质量为 m，系统对转轴 O 的转动惯量 $J_0 = 1.725 \times 10^3 \mathrm{N \cdot m \cdot s^2}$，$l = 4\mathrm{cm}$，$b = 5\mathrm{cm}$。弹簧刚度系数 $k = 24.5 \mathrm{N/m}$。在图示位置，弹簧长度为原长。试建立系统稳定平衡条件，并求系统在稳定平衡位置附近作微振动的周期。

11-14   重为 P 的杆水平地放在两个半径相同的轮上，两轮的中心在同一水平线上，距离为 $2a$，两轮以相反的方向但以相同的角速度各绕其中心轴转动，如图所示。杆 AB 借助与轮接触点的摩擦力而运动，此摩擦力与杆对滑轮的压力成正比，摩擦系数为 f。如将杆的重心 C 推离其对称位置点 O，然后释放。证明重心 C 的运动为谐振。

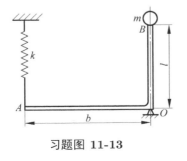   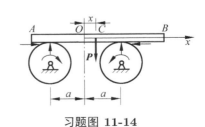

习题图 11-13   习题图 11-14

11-15　如图所示，刚性杆可绕水平 O 轴转动，其质量忽略不计。杆上装有质量为 m 的质点、阻力系数为 c 的阻尼器和刚度系数为 k 的弹簧，设在杆端有激振力 $P_0 \sin \omega t$ 作用。若阻力系数很小，求共振时杆的最大转角。

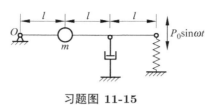

习题图 11-15

第 12 章

哈密顿原理与正则方程

内容提要　本章介绍哈密顿对分析力学的发展，包括哈密顿原理和哈密顿正则方程，是哈密顿分别在 1834 年和 1835 年发表的两篇长论文中提出的。在学习本章以前，学生需要掌握分析力学的基本概念及拉格朗日方程。

12.1　哈密顿原理

　　哈密顿原理属于积分变分原理。积分变分原理不是给出某个给定时刻的真实运动判据，而是在某个有限时间段 $t_0 \leqslant t \leqslant t_1$ 内的真实运动判据，描述系统在整个时间段内的运动。

　　假设质点系 P_s　$(s = 1, 2, \cdots, n)$ 受理想双面完整约束，在 $t = t_0$ 时刻的位置称为**初位置**，在 $t = t_1$ 时刻的位置称为**末位置**。假设在 $t = t_0$ 时刻可以选择各点的速度使它们在 $t = t_1$ 时到达其末位置。各个质点在从初位置移动到末位置的轨迹形成了质点系的真实路径，称为质点系的**正路**。

　　在不破坏约束的条件下，我们对正路上每个点（端点除外）的矢径 $\boldsymbol{r}_s$ 进行等时变分（即进行 δ 运算）得到 $\delta \boldsymbol{r}_s$，由矢径为 $\boldsymbol{r}_s + \delta \boldsymbol{r}_s$ 的点构成系统的**旁路**。

　　正路和旁路都是质点系约束允许的可能路径。旁路有无穷多条，它们无限接近正路，并且与正路有完全相同的初位置和末位置。哈密顿原理就是在正路与旁路的比较中，从无穷多可能路径中选出正路。

　　我们需要比较的不仅有正路和旁路，还有在相同时刻 P_s 点在正路上的速度 $\dot{\boldsymbol{r}}_s$ 和在旁路上的速度 $\dot{\boldsymbol{r}}_s + \delta \dot{\boldsymbol{r}}_s$（对正路上速度进行等时变分后得到）。按照速度的定义，有

$$\dot{\boldsymbol{r}}_s + \delta \dot{\boldsymbol{r}}_s = \frac{\mathrm{d}}{\mathrm{d}t}(\boldsymbol{r}_s + \delta \boldsymbol{r}_s) = \dot{\boldsymbol{r}}_s + \frac{\mathrm{d}}{\mathrm{d}t}\delta \boldsymbol{r}_s \quad (s = 1, 2, \cdots, n) \tag{12-1}$$

由此可得

$$\delta \dot{\boldsymbol{r}}_s = \frac{\mathrm{d}}{\mathrm{d}t}\delta \boldsymbol{r}_s \quad (s = 1, 2, \cdots, n) \tag{12-2}$$

可见，等时变分运算 δ 和对时间的微分运算 d/dt 可交换。

　　如果在广义坐标空间中正路由下面方程给出：

$$q_i = q_i(t), \quad q_i(t_0) = q_i^0, \quad q_i(t_1) = q_i^1 \quad (i = 1, 2, \cdots, k) \tag{12-3}$$

由正路借助虚位移 δq_i 得到旁路则由下面方程给出：

$$q_i = q_i(t) + \delta q_i(t) \quad (i = 1, 2, \cdots, k) \tag{12-4}$$

其中

$$\delta q_i(t_0) = 0, \quad \delta q_i(t_1) = 0 \quad (i = 1, 2, \cdots, k) \tag{12-5}$$

式(12-5)表示旁路与正路有完全相同的初位置和末位置。假设 $\delta q_i(t)$ 是 t 的二次连续可微函数，满足类似(12-2)的等式：

$$\delta \dot{q}_i = \frac{\mathrm{d}}{\mathrm{d}t} \delta q_i \quad (i = 1, 2, \cdots, k) \tag{12-6}$$

我们定义

$$S = \int_{t_0}^{t_1} L(q_1, \cdots, q_k, \dot{q}_1, \cdots, \dot{q}_k, t) \mathrm{d}t \tag{12-7}$$

为哈密顿作用量。

哈密顿原理：设质点系受理想双面完整约束且主动力有势，正路使哈密顿作用量取驻值，即哈密顿作用量的等时变分在正路上等于零。

$$\delta S = 0 \tag{12-8}$$

可以证明 [6]，如果初位置与末位置足够接近，正路使哈密顿作用量取极小值。

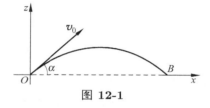

图 12-1

例 12-1　设以初速度 v_0 沿着与水平成 α 角的方向抛出一个质量为 m 的质点，如图12-1所示。假设运动在平面 Oxz 内，请分别计算正路（真实运动）与从 O 到 B 的匀速直线运动的哈密顿作用量。

解　质点的真实运动轨迹（正路）是抛物线

$$z = v_0 \sin \alpha t - \frac{1}{2} g t^2, \quad x = v_0 \cos \alpha t$$

在时刻

$$t_1 = \frac{2 v_0 \sin \alpha}{g}$$

（其中 g 是重力加速度）质点与 Ox 轴交于 B 点，沿着 Ox 轴走过的距离为

$$OB = \frac{2 v_0^2 \sin \alpha \cos \alpha}{g}$$

我们比较真实运动与从 O 到 B 的匀速直线运动，旁路是 Ox 轴上的线段 OB。由于在哈密顿原理中沿着正路和旁路从初位置到末位置的运动时间应该是相同的，直线运动的速度应该等于 $v_0 \cos \alpha$。

对于抛物线运动

$$L = T - V = \frac{1}{2} m(\dot{x}^2 + \dot{z}^2) - mgz = \frac{1}{2} m(v_0^2 - 4 v_0 \sin \alpha g t + 2 g^2 t^2)$$

对于直线运动

$$L = T - V = \frac{1}{2} m v^2 = \frac{1}{2} m v_0^2 \cos^2 \alpha$$

对于抛物线运动

$$S = \int_0^{t_1} L \mathrm{d}t = \frac{m v_0^3 \sin \alpha}{g} \left(1 - \frac{4}{3} \sin^2 \alpha\right)$$

而对于直线运动

$$S = \frac{mv_0^3 \sin\alpha}{g}(1 - \sin^2\alpha)$$

对于任意的 α，沿着正路的哈密顿作用量小于沿着旁路。

本书以达朗贝尔-拉格朗日原理作为与牛顿定律并列的理论基石，那么哈密顿原理与达朗贝尔-拉格朗日原理是什么关系呢？我们下面就研究这个问题。

在第 8 章我们已经知道，对于受双面完整理想约束的质点系，如果主动力都有势，从达朗贝尔-拉格朗日原理可以推导出拉格朗日方程。实际上，读者不难发现，这个推导过程完全可逆，即从拉格朗日方程也能推导出达朗贝尔-拉格朗日原理。我们下面证明，从拉格朗日方程可以推导出哈密顿原理，反之，从哈密顿原理也可以推导出拉格朗日方程。

首先，考虑到在从正路到旁路、从旁路到另外旁路的变换中 t_0 和 t_1 的不变性，哈密顿作用量的等时变分可以写成

$$\delta S = \int_{t_0}^{t_1} \delta L(q_1, \cdots, q_k, \dot{q}_1, \cdots, \dot{q}_k, t)\mathrm{d}t \tag{12-9}$$

由于

$$\delta L = \sum_{i=1}^{k}\left(\frac{\partial L}{\partial q_i}\delta q_i + \frac{\partial L}{\partial \dot{q}_i}\delta \dot{q}_i\right) \tag{12-10}$$

考虑到拉格朗日方程

$$\frac{\partial L}{\partial q_i} = \frac{\mathrm{d}}{\mathrm{d}t}\left(\frac{\partial L}{\partial \dot{q}_i}\right)$$

并利用等时变分运算 δ 和对时间的微分运算 $\mathrm{d}/\mathrm{d}t$ 可交换式(12-2)，可得

$$\delta L = \sum_{i=1}^{k}\left[\frac{\mathrm{d}}{\mathrm{d}t}\left(\frac{\partial L}{\partial \dot{q}_i}\right)\delta q_i + \frac{\partial L}{\partial \dot{q}_i}\delta \dot{q}_i\right] = \sum_{i=1}^{k}\frac{\mathrm{d}}{\mathrm{d}t}\left(\frac{\partial L}{\partial \dot{q}_i}\delta q_i\right) \tag{12-11}$$

将式(12-11)代入式(12-9)可得

$$\delta S = \int_{t_0}^{t_1}\delta L\mathrm{d}t = \int_{t_0}^{t_1}\sum_{i=1}^{k}\frac{\mathrm{d}}{\mathrm{d}t}\left(\frac{\partial L}{\partial \dot{q}_i}\delta q_i\right)\mathrm{d}t = \sum_{i=1}^{k}\frac{\partial L}{\partial \dot{q}_i}\delta q_i\bigg|_{t_0}^{t_1} \tag{12-12}$$

根据式(12-5)，最终得到式(12-8)。

以上是由拉格朗日方程推导哈密顿原理的过程，下面将由哈密顿原理推导拉格朗日方程。

我们利用式(12-10)计算

$$\int_{t_0}^{t_1}\delta L\mathrm{d}t = \sum_{i=1}^{k}\left(\int_{t_0}^{t_1}\frac{\partial L}{\partial q_i}\delta q_i\mathrm{d}t + \int_{t_0}^{t_1}\frac{\partial L}{\partial \dot{q}_i}\delta \dot{q}_i\mathrm{d}t\right) \tag{12-13}$$

利用分部积分以及变分微分可交换，有

$$\int_{t_0}^{t_1}\frac{\partial L}{\partial \dot{q}_i}\delta \dot{q}_i\mathrm{d}t = \frac{\partial L}{\partial \dot{q}_i}\delta q_i\bigg|_{t_0}^{t_1} - \int_{t_0}^{t_1}\frac{\mathrm{d}}{\mathrm{d}t}\left(\frac{\partial L}{\partial \dot{q}_i}\delta q_i\right)\mathrm{d}t \tag{12-14}$$

将式(12-14)代入式(12-13)，考虑到式(12-5)，可得

$$\int_{t_0}^{t_1}\delta L\mathrm{d}t = \sum_{i=1}^{k}\int_{t_0}^{t_1}\left[\frac{\partial L}{\partial q_i} - \frac{\mathrm{d}}{\mathrm{d}t}\left(\frac{\partial L}{\partial \dot{q}_i}\right)\right]\delta q_i\mathrm{d}t \tag{12-15}$$

再由哈密顿原理式(12-8)可得

$$\sum_{i=1}^{k} \int_{t_0}^{t_1} \left[\frac{\partial L}{\partial q_i} - \frac{\mathrm{d}}{\mathrm{d}t} \left(\frac{\partial L}{\partial \dot{q}_i} \right) \right] \delta q_i \mathrm{d}t = 0 \tag{12-16}$$

利用 $\delta q_1, \cdots, \delta q_k$ 的独立性、任意性，令 $\delta q_1 = 0, \cdots, \delta q_{j-1} = 0, \delta q_{j+1} = 0, \cdots, \delta q_k = 0$，而 $\delta q_j \neq 0$，那么式(12-16)变为

$$\int_{t_0}^{t_1} \left[\frac{\partial L}{\partial q_j} - \frac{\mathrm{d}}{\mathrm{d}t} \left(\frac{\partial L}{\partial \dot{q}_j} \right) \right] \delta q_j \mathrm{d}t = 0 \tag{12-17}$$

接下来，我们用反证法证明，由式(12-17)可推出

$$\frac{\partial L}{\partial q_j} - \frac{\mathrm{d}}{\mathrm{d}t} \left(\frac{\partial L}{\partial \dot{q}_j} \right) = 0 \tag{12-18}$$

假设在时间段 $t_0 < t < t_1$ 内的某时刻 $t = t_*$ 式(12-17)中方括号中表达式不等于零，不妨假设大于零。根据连续性，在时间段 $t_0 < t < t_1$ 内存在某个邻域 $-\varepsilon + t_* < t < t_* + \varepsilon$，在该邻域内式(12-17)中方括号中表达式取正值。任意函数 $\delta q_j(t)$ 选择为：在 $-\varepsilon + t_* < t < t_* + \varepsilon$ 之外等于零，而在该邻域内取正值。那么等式(12-17)的左端写成

$$\int_{t_* - \varepsilon}^{t_* + \varepsilon} \left[\frac{\partial L}{\partial q_j} - \frac{\mathrm{d}}{\mathrm{d}t} \left(\frac{\partial L}{\partial \dot{q}_j} \right) \right] \delta q_j \mathrm{d}t \tag{12-19}$$

并且按照这样选择的 $\delta q_j(t)$，式(12-19)一定为正值，不可能等于零。这与等式(12-17)矛盾。

通过以上证明，我们知道，哈密顿原理与达朗贝尔-拉格朗日原理等价。牛顿定律、达朗贝尔-拉格朗日原理、哈密顿原理，分别作为牛顿力学、拉格朗日力学、哈密顿力学出发点的基本原理，是相互等价的。

正如达朗贝尔-拉格朗日原理一样，哈密顿原理也可以直接用于建立质点系的运动微分方程，得到的微分方程与拉格朗日方程完全一致，运算过程、复杂程度也与应用拉格朗日方程差不多。我们这里就不举例子了。

哈密顿原理的数学形式不但简洁、紧凑，而且内容广泛，适当替换拉格朗日函数的内容，就可以作为电动力学、相对论力学的基础。另外，积分变分原理特别适用于近似解法，在连续介质力学、结构力学等领域应用非常广泛。下面通过一个简单的例子说明。

例 12-2 设一个质点的质量 $m = 1\mathrm{kg}$，沿着 Ox 轴运动，受到沿着 Ox 轴正向作用的常力 $F = 2\mathrm{N}$。已知 $t = 0$ 和 $t = 1\mathrm{s}$ 时质点的位置分别为 $x(0) = 0$ 和 $x(1) = 1$，求质点的运动方程。

解 质点的动能为

$$T = \frac{1}{2} m \dot{x}^2 = \frac{1}{2} \dot{x}^2$$

势能为

$$V = -2x$$

拉格朗日函数为

$$L = T - V = \frac{1}{2} \dot{x}^2 + 2x$$

哈密顿作用量为

$$S = \int_0^1 \left(\frac{1}{2} \dot{x}^2 + 2x \right) \mathrm{d}t$$

我们用近似解法。先假设解曲线由 3 个直线段构成，并且满足端点条件 $x(0) = 0$ 和 $x(1) = 1$。我们将 $0 \leqslant t \leqslant 1$ 分成 3 等份，每小段直线右端点对应的 x 值为 $\alpha_1, \alpha_2, 1$，则 3 段直线的方程为

$$\begin{cases} x = 3\alpha_1 t, & 0 \leqslant t \leqslant \dfrac{1}{3} \\[2mm] x = \alpha_1 + 3(\alpha_2 - \alpha_1)\left(t - \dfrac{1}{3}\right), & \dfrac{1}{3} < t \leqslant \dfrac{2}{3} \\[2mm] x = \alpha_2 + 3(1 - \alpha_2)\left(t - \dfrac{2}{3}\right), & \dfrac{2}{3} < t \leqslant 1 \end{cases}$$

相应地

$$\begin{cases} \dot{x} = 3\alpha_1, & 0 \leqslant t \leqslant \dfrac{1}{3} \\[2mm] \dot{x} = 3(\alpha_2 - \alpha_1), & \dfrac{1}{3} < t \leqslant \dfrac{2}{3} \\[2mm] \dot{x} = 3(1 - \alpha_2), & \dfrac{2}{3} < t \leqslant 1 \end{cases}$$

分 3 段对时间积分后相加可以计算出哈密顿作用量

$$S = \frac{3}{2}\alpha_1^2 + \frac{3}{2}(\alpha_2 - \alpha_1)^2 + \frac{3}{2}(1 - \alpha_1)^2 + \frac{2}{3}\alpha_1 + \frac{2}{3}\alpha_2 + \frac{1}{3} \tag{12-20}$$

为了求使 S 取驻值的 α_1, α_2，需要解代数方程

$$\frac{\partial S}{\partial \alpha_1} = 6\alpha_1 - 3\alpha_2 + \frac{2}{3} = 0$$

$$\frac{\partial S}{\partial \alpha_2} = -3\alpha_1 + 6\alpha_2 - \frac{7}{3} = 0$$

解得

$$\alpha_1 = \frac{1}{9}, \quad \alpha_2 = \frac{4}{9}$$

代入式(12-20)可得

$$S \approx 1.352$$

相应该近似解的曲线方程为

$$\begin{cases} x = \dfrac{1}{3}t, & 0 \leqslant t \leqslant \dfrac{1}{3} \\[2mm] x = \dfrac{1}{9} + \left(t - \dfrac{1}{3}\right), & \dfrac{1}{3} < t \leqslant \dfrac{2}{3} \\[2mm] x = \dfrac{4}{9} + \dfrac{5}{3}\left(t - \dfrac{2}{3}\right), & \dfrac{2}{3} < t \leqslant 1 \end{cases} \tag{12-21}$$

如果假设解曲线由 4 个直线段构成，并且满足端点条件 $x(0) = 0$ 和 $x(1) = 1$。我们将 $0 \leqslant t \leqslant 1$ 分成 4 等份，每小段直线右端点对应的 x 值为 $\alpha_1, \alpha_2, \alpha_3, 1$，进行类似计算可得

$$S \approx 1.344$$

如果进一步假设解曲线由 n 个直线段构成，并且满足端点条件 $x(0) = 0$ 和 $x(1) = 1$。我们将 $0 \leqslant t \leqslant 1$ 分成 n 等份，每小段直线段右端点对应的 x 值为 $\alpha_1, \cdots, \alpha_{n-1}, 1$，进行类似计算可得

$$S = \frac{4}{3} + \frac{1}{6n^2}$$

显然

$$\lim_{n \to \infty} S = \frac{4}{3}$$

在这种近似解法中哈密顿作用量都大于这个值，n 越大时，越接近这个极限值。

为了验证种近似解法，我们可以利用拉格朗日方程求出精确解。容易写出拉格朗日方程为

$$\ddot{x} = 2$$

与端点条件 $x(0) = 0$ 和 $x(1) = 1$ 一起可以得到精确的运动方程

$$x = t^2 \tag{12-22}$$

计算可得精确解对应的哈密顿作用量为

$$S = \frac{4}{3}$$

恰好是近似解法中哈密顿作用量的极限值。

比较近似解式(12-21)与精确解式(12-22)，我们可以发现，这是用直线段逼近曲线。直线段越多，就越接近曲线。当然，我们也可以不用直线段来逼近精确解，而用一些特定的曲线段，但必须满足端点条件。

对于这个具体的例子，我们不必使用近似解法，因为精确解很容易得到。然而，对于无法得到精确解的问题，只能用近似解法。在实际工程中，大多数问题都是没有精确解的，近似解法非常有用。

12.2　哈密顿正则方程

拉格朗日方程以广义坐标 $q_1, q_2, \cdots, q_k$ 为变量，是 k 个二阶微分方程。哈密顿正则方程是拉格朗日方程的一种等价形式，以广义坐标 $q_1, q_2, \cdots, q_k$ 和广义动量 $p_1, p_2, \cdots, p_k$ 为变量，是 $2k$ 个一阶微分方程，适用于具有双面完整理想约束，且主动力有势的质点系。

设质点系的拉格朗日函数为 $L(q_1, q_2, \cdots, q_k, \dot{q}_1, \dot{q}_2, \cdots, \dot{q}_k, t)$，广义动量

$$p_i = \frac{\partial L}{\partial \dot{q}_i} \quad (i = 1, 2, \cdots, k) \tag{12-23}$$

是广义坐标和广义速度的函数，记为

$$p_i = p_i(q_1, q_2, \cdots, q_k, \dot{q}_1, \dot{q}_2, \cdots, \dot{q}_k, t) \quad (i = 1, 2, \cdots, k) \tag{12-24}$$

对于自然系统，式(12-24)右端满足隐函数定理，可以从中反解出

$$\dot{q}_i = \dot{q}_i(q_1, q_2, \cdots, q_k, p_1, p_2, \cdots, p_k, t) \quad (i = 1, 2, \cdots, k) \tag{12-25}$$

我们定义哈密顿函数

$$H(q_1, q_2, \cdots, q_k, p_1, p_2, \cdots, p_k, t) = \sum_{i=1}^{k} p_i \dot{q}_i(q_1, q_2, \cdots, q_k, p_1, p_2, \cdots, p_k, t) - L \qquad (12\text{-}26)$$

其中右端的拉格朗日函数 L 中的 $\dot{q}_i$ 也要用式(12-24)的右端代替。比较哈密顿函数与第 8 章的广义能量表达式(8-48)可以发现，哈密顿函数的物理意义就是广义能量，只是进行了变量代换。

例 12-3 写出不受主动力作用的自由质点的哈密顿函数。

解 设质点的质量为 m，用直角坐标描述运动。质点的动能和势能分别为

$$T = \frac{1}{2}m(\dot{x}^2 + \dot{y}^2 + \dot{z}^2), \quad V = 0$$

拉格朗日函数为

$$L = \frac{1}{2}m(\dot{x}^2 + \dot{y}^2 + \dot{z}^2)$$

广义动量分别为

$$p_x = m\dot{x}, \quad p_y = m\dot{y}, \quad p_z = m\dot{z}$$

解出

$$\dot{x} = \frac{p_x}{m}, \quad \dot{y} = \frac{p_y}{m}, \quad \dot{z} = \frac{p_z}{m}$$

代入哈密顿函数

$$H = p_x\dot{x} + p_y\dot{y} + p_z\dot{z} - L = \frac{p_x^2}{m} + \frac{p_y^2}{m} + \frac{p_z^2}{m} - \frac{1}{2}m\left(\frac{p_x^2}{m^2} + \frac{p_y^2}{m^2} + \frac{p_z^2}{m^2}\right)$$

整理得

$$H = \frac{p_x^2 + p_y^2 + p_z^2}{2m}$$

下面利用拉格朗日方程推导哈密顿正则方程。需要注意的是，广义坐标 $q_i(i = 1, 2, \cdots, k)$ 和广义速度 $\dot{q}_i(i = 1, 2, \cdots, k)$ 是相互独立的变量。

利用复合函数求导法则，将哈密顿函数对广义坐标 q_i 求偏导，得

$$\frac{\partial H}{\partial q_i} = \sum_{i=1}^{k} p_i \frac{\partial \dot{q}_i}{\partial q_i} - \sum_{i=1}^{k} \frac{\partial L}{\partial \dot{q}_i} \frac{\partial \dot{q}_i}{\partial q_i} - \frac{\partial L}{\partial q_i} = \sum_{i=1}^{k} \left(p_i - \frac{\partial L}{\partial \dot{q}_i}\right) \frac{\partial \dot{q}_i}{\partial q_i} - \frac{\partial L}{\partial q_i} \qquad (12\text{-}27)$$

根据广义动量的定义，式(12-27)圆括号中的表达式等于零。再利用拉格朗日方程，可得

$$\frac{\partial H}{\partial q_i} = -\frac{\partial L}{\partial q_i} = -\frac{\mathrm{d}}{\mathrm{d}t}\left(\frac{\partial L}{\partial \dot{q}_i}\right) \qquad (12\text{-}28)$$

再次利用广义动量定义，最终可得

$$\frac{\partial H}{\partial q_i} = -\dot{p}_i \qquad (12\text{-}29)$$

我们再利用复合函数求导法则，将哈密顿函数对广义动量 p_i 求偏导，得

$$\frac{\partial H}{\partial p_i} = \dot{q}_i + \sum_{i=1}^{k} p_i \frac{\partial \dot{q}_i}{\partial p_i} - \sum_{i=1}^{k} \frac{\partial L}{\partial \dot{q}_i} \frac{\partial \dot{q}_i}{\partial p_i} = \dot{q}_i + \sum_{i=1}^{k} \left(p_i - \frac{\partial L}{\partial \dot{q}_i}\right) \frac{\partial \dot{q}_i}{\partial p_i} \qquad (12\text{-}30)$$

根据广义动量的定义，式(12-30)圆括号中的表达式等于零。联立此式与式(12-29)，有

$$\dot{q}_i = \frac{\partial H}{\partial p_i}, \quad \dot{p}_i = -\frac{\partial H}{\partial q_i} \quad (i = 1, 2, \cdots, k) \tag{12-31}$$

这就是**哈密顿正则方程**，简称**正则方程**。

下面介绍正则方程的首次积分。需要注意的是，广义坐标 $q_i(i = 1, 2, \cdots, k)$ 和广义动量 $p_i(i = 1, 2, \cdots, k)$ 是相互独立的变量。

如果哈密顿函数不显含某个广义坐标 q_j，则根据哈密顿正则方程有广义动量守恒 $p_j = \text{const}$。这与第 8 章给出的循环积分一致。

我们计算哈密顿函数对时间的全导数

$$\frac{\mathrm{d}H}{\mathrm{d}t} = \sum_{i=1}^{k} \left(\frac{\partial H}{\partial q_i} \dot{q}_i + \frac{\partial H}{\partial p_i} \dot{p}_i \right) + \frac{\partial H}{\partial t} \tag{12-32}$$

利用正则方程，式(12-32)圆括号中的表达式等于零。于是有

$$\frac{\mathrm{d}H}{\mathrm{d}t} = \frac{\partial H}{\partial t} \tag{12-33}$$

可见，如果哈密顿函数不显含时间 t，即 $\partial H / \partial t = 0$，则有 $H = \text{const}$，即广义能量守恒。

图 12-2

例 12-4 写出平面单摆的哈密顿正则方程。

解 设摆锤质量为 m，与长为 l 的无质量杆固结，杆的另一端铰接在 A 点，杆可以绕 A 点在铅垂平面内无摩擦地转动。坐标系如图12-2所示。这是一个自由度系统，取 φ 为广义坐标，拉格朗日函数为

$$L = \frac{1}{2} ml^2 \dot{\varphi}^2 + mgl \cos \varphi$$

广义动量为

$$p_\varphi = \frac{\partial L}{\partial \dot{\varphi}} = ml^2 \dot{\varphi}$$

解出

$$\dot{\varphi} = \frac{p_\varphi}{ml^2}$$

哈密顿函数为

$$H = p_\varphi \dot{\varphi} - L = \frac{p_\varphi^2}{2ml^2} - mgl \cos \varphi$$

正则方程为

$$\dot{\varphi} = \frac{p_\varphi}{ml^2}, \quad \dot{p}_\varphi = -mgl \sin \varphi$$

例 12-5 人造地球卫星绕地球的运动，可以近似看作质点在牛顿中心引力场内的平面运动，试建立哈密顿正则方程并讨论首次积分。

解 以引力中心（大约是地球质心）为原点，以极坐标 r, φ 为广义坐标描述卫星的运动。设卫星质量为 m，则动能为

$$T = \frac{1}{2} m (\dot{r}^2 + r^2 \dot{\varphi}^2)$$

设地球引力常数为 μ，则势能为

$$V = -\frac{\mu}{r}$$

拉格朗日函数为

$$L = T - V = \frac{1}{2}m(\dot{r}^2 + r^2\dot{\varphi}^2) + \frac{\mu}{r}$$

广义动量为

$$p_r = m\dot{r}, \quad p_\varphi = mr^2\dot{\varphi}$$

解出

$$\dot{r} = \frac{p_r}{m}, \quad \dot{\varphi} = \frac{p_\varphi}{mr^2}$$

哈密顿函数为

$$H = \frac{p_r^2}{2m} + \frac{p_\varphi^2}{2mr^2} - \frac{\mu}{r}$$

由此得出哈密顿正则方程

$$\begin{cases} \dot{r} = \dfrac{p_r}{m} \\ \dot{p}_r = -\dfrac{\mu}{r^2} + \dfrac{p_\varphi^2}{mr^3} \\ \dot{\varphi} = \dfrac{p_\varphi}{mr^2} \\ \dot{p}_\varphi = 0 \end{cases}$$

哈密顿函数不显含广义坐标 φ，因此存在广义动量积分 $p_\varphi = \text{const}$。物理意义是对引力中心的动量矩（角动量）守恒。这个首次积分也可以从正则方程直接得到。

哈密顿函数不显含时间 t，因此存在广义能量积分

$$H = \frac{p_r^2}{2m} + \frac{p_\varphi^2}{2mr^2} - \frac{\mu}{r} = \text{const}$$

其物理意义是机械能守恒。

例 12-6 如图12-3所示的小车的车轮在水平地面上作纯滚动，每个轮子的质量为 m_1，半径为 r，车架质量不计。车上有一个质量-弹簧系统，弹簧刚度系数为 k，物块质量为 m_2。试写出哈密顿正则方程并分析首次积分。

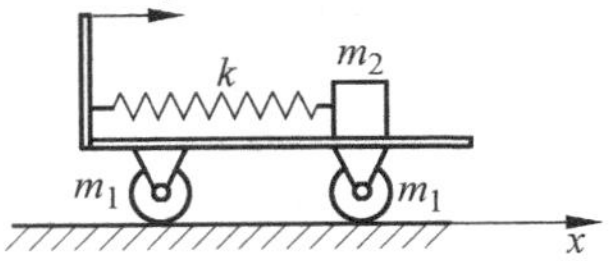

解 该系统有两个自由度，选取 x 和 x_r 为广义坐标。拉格朗日函数为

图 **12-3**

$$L = T - V = \frac{3}{2}m_1\dot{x}^2 + \frac{1}{2}m_2(\dot{x} + \dot{x}_r)^2 - \frac{1}{2}m_1kx_r^2$$

广义动量为

$$p_x = 3m_1\dot{x} + m_2(\dot{x} + \dot{x}_r)$$

$$p_{x_r} = m_2(\dot{x} + \dot{x}_r)$$

解出

$$\dot{x} = \frac{p_x - p_{x_r}}{3m_1}, \quad \dot{x}_r = \frac{p_{x_r}}{m_2} - \frac{p_x - p_{x_r}}{3m_1}$$

哈密顿函数为

$$H = \frac{(p_x - p_{x_\mathrm{r}})^2}{6m_1} + \frac{p_{x_\mathrm{r}}^2}{2m_2} + \frac{1}{2}kx_\mathrm{r}^2$$

正则方程为

$$\begin{cases} \dot{x} = \dfrac{p_x - p_{x_\mathrm{r}}}{3m_1} \\[2mm] \dot{p}_x = 0 \\[2mm] \dot{x}_\mathrm{r} = \dfrac{p_{x_\mathrm{r}}}{m_2} - \dfrac{p_x - p_{x_\mathrm{r}}}{3m_1} \\[2mm] \dot{p}_{x_\mathrm{r}} = -kx_\mathrm{r} \end{cases}$$

哈密顿函数不显含广义坐标 x，故 x 为循环坐标，正则方程有广义动量积分

$$p_x = 3m_1\dot{x} + m_2(\dot{x} + \dot{x}_\mathrm{r}) = \mathrm{const}$$

这个首次积分也可以从正则方程直接得到。

哈密顿函数不显含时间 t，存在广义能量积分

$$H = \frac{(p_x - p_{x_\mathrm{r}})^2}{6m_1} + \frac{p_{x_\mathrm{r}}^2}{2m_2} + \frac{1}{2}kx_\mathrm{r}^2 = \mathrm{const}$$

其物理意义是系统的机械能守恒。

本章小结

　　1788 年出版的拉格朗日的《分析力学》一书奠定了分析力学的基础。分析力学的主要内容包括 4 个部分：（1）导出各种动力学方程，如第 8 章的拉格朗日方程、第 12 章的哈密顿正则方程等，还有一些本书不讲的，如罗斯方程、阿佩尔方程、恰普里金方程、沃洛涅茨方程；（2）研究力学变分原理，如第 8 章的达朗贝尔–拉格朗日原理、第 12 章的哈密顿原理，还有一些本书不讲的，如若尔当原理、高斯原理、莫培督–拉格朗日原理等；（3）寻求各种首次积分，如第 8 章和第 12 章的循环积分、广义能量积分，这些首次积分一般有明确的物理含义；（4）探讨动力学方程的积分方法和理论（使方程完全求解或向这个目标靠近），如正则变换、雅可比方法等，这些通常是以哈密顿正则方程为基础讲解，内容很多，本书无法涵盖。本章为读者进一步阅读有关分析力学书籍打基础。

附录 A

矢量

A.1 矢量代数

A.1.1 矢量的定义

只有大小的量称为**标量** (也称为数量或纯量)，例如温度、时间、质量、面积和能量等都是标量。具有大小和方向的量称为**矢量** (也称为向量)，例如力、速度、加速度和动量等都是矢量。矢量用小写的黑斜体字母表示 (如 a, b, r)，也可以用上面加一箭头的小写白斜体字母表示 (如 $\vec{a}$, $\vec{b}$, $\vec{r}$)。矢量 a 的大小称为**模**，记为 $|a|$ 或 a。模为 1 的矢量称为**单位矢量**，模为 0 的矢量称为**零矢量**，记为 0。

矢量可以用一个具有长度和方向的线段 (即有向线段) 来表示，记为 $\overrightarrow{AB}$。A 称为始点，B 称为终点。线段的长度表示它的模，箭头的指向表示它的方向。

矢量可以分为三种类型。作用点固定的矢量称为**固定矢量**，例如作用在变形体上的力；作用点可以沿作用线滑移的矢量称为**滑移矢量**，如作用在刚体上的力；作用点可以在任意位置的矢量称为**自由矢量**，如力偶、力系的主矢量等。

矢量与直角坐标系的三个坐标轴的正向间的夹角 α，β 和 γ 称为矢量的**方向角** (如图A-1所示)，$\cos\alpha$，$\cos\beta$ 和 $\cos\gamma$ 称为**方向余弦**。矢量 a 在坐标轴上的投影称为矢量的**坐标**，记为 a_x, a_y 和 a_z。矢量 a 的坐标表示式为

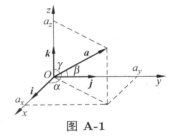

图 A-1

$$a = a_x i + a_y j + a_z k \tag{A-1}$$

其中 i, j 和 k 分别是 Ox 轴、Oy 轴和 Oz 轴的正向单位矢量，称为**坐标单位矢量**或**基本矢量**，简称为**基矢量**。$a_x i$，$a_y j$ 和 $a_z k$ 分别称为矢量 a 在基矢量上的**分矢量**，或简称为**分量**。

矢量 a 的模和方向余弦可以由该矢量的坐标得到，即

$$|a| = a = \sqrt{a_x^2 + a_y^2 + a_z^2} \tag{A-2}$$

$$\cos\alpha = \frac{a_x}{a}, \quad \cos\beta = \frac{a_y}{a}, \quad \cos\gamma = \frac{a_z}{a} \tag{A-3}$$

其中方向余弦满足关系式：

$$\cos^2\alpha + \cos^2\beta + \cos^2\gamma = 1 \tag{A-4}$$

A.1.2　矢量的运算

1.　加法

矢量的加法服从四边形法则。将矢量 $\boldsymbol{a}$ 和 $\boldsymbol{b}$ 的始点移到原点 O，以 $\boldsymbol{a}$ 和 $\boldsymbol{b}$ 为边作平行四边形，由原点作出的对角线就是和矢量 $\boldsymbol{a}+\boldsymbol{b}$ (称为**四边形法则**，见图A-2(a))。也可以将二矢量的首尾相接，由始点到终点的矢量即为和矢量 $\boldsymbol{a}+\boldsymbol{b}$ (称为**三角形法则**，见图A-2(b))。

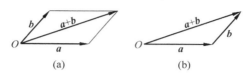

图 A-2

矢量和的代数运算式为

$$c = a + b = (a_x + b_x)\boldsymbol{i} + (a_y + b_y)\boldsymbol{j} + (a_z + b_z)\boldsymbol{k} \tag{A-5}$$

2.　数乘

标量 λ 与矢量 $\boldsymbol{a}$ 的乘积称为**数乘**，记作 $\lambda\boldsymbol{a}$。

$$c = \lambda a = \lambda a_x \boldsymbol{i} + \lambda a_y \boldsymbol{j} + \lambda a_z \boldsymbol{k} \tag{A-6}$$

矢量 $\boldsymbol{a}$ 也可以表示成其模 a 和其单位矢量 $\boldsymbol{e}$ 的数乘的形式:

$$\boldsymbol{a} = a\boldsymbol{e} \tag{A-7}$$

3.　标量积

矢量 $\boldsymbol{a}$ 和 $\boldsymbol{b}$ 的模 a 和 b 与它们的夹角余弦的乘积 $ab\cos\theta$ 称为矢量 $\boldsymbol{a}$ 和 $\boldsymbol{b}$ 的**标量积** (也称为**数量积**、**点积**或**内积**)，记作

$$c = \boldsymbol{a} \cdot \boldsymbol{b} = ab\cos\theta \quad (0 \leqslant \theta \leqslant \pi) \tag{A-8}$$

矢量的标量积的代数运算式为

$$c = \boldsymbol{a} \cdot \boldsymbol{b} = a_x b_x + a_y b_y + a_z b_z \tag{A-9}$$

非零矢量 $\boldsymbol{a}$ 和 $\boldsymbol{b}$ 垂直 ($\boldsymbol{a}\perp\boldsymbol{b}$) 的充分必要条件是 $\boldsymbol{a} \cdot \boldsymbol{b} = 0$。基本矢量满足下列关系:

$$\boldsymbol{i} \cdot \boldsymbol{i} = \boldsymbol{j} \cdot \boldsymbol{j} = \boldsymbol{k} \cdot \boldsymbol{k} = 1, \quad \boldsymbol{i} \cdot \boldsymbol{j} = \boldsymbol{j} \cdot \boldsymbol{k} = \boldsymbol{k} \cdot \boldsymbol{i} = 0 \tag{A-10}$$

4. 矢量积

矢量 $\boldsymbol{a}$ 和 $\boldsymbol{b}$ 的**矢量积** (也称为**叉积、外积**) $\boldsymbol{c} = \boldsymbol{a} \times \boldsymbol{b}$ 的模等于以 $\boldsymbol{a}$ 和 $\boldsymbol{b}$ 为边的平行四边形的面积，方向垂直于该四边形，且 $\boldsymbol{a}$，$\boldsymbol{b}$ 和 $\boldsymbol{c}$ 构成右手系，如图A-3所示。

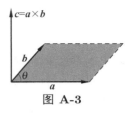

图 A-3

非零矢量 $\boldsymbol{a}$ 和 $\boldsymbol{b}$ 平行 ($\boldsymbol{a}//\boldsymbol{b}$) 的充分必要条件是 $\boldsymbol{a} \times \boldsymbol{b} = \boldsymbol{0}$。基本矢量满足下列关系式：

$$\begin{cases} \boldsymbol{i} \times \boldsymbol{i} = \boldsymbol{j} \times \boldsymbol{j} = \boldsymbol{k} \times \boldsymbol{k} = \boldsymbol{0} \\ \boldsymbol{i} \times \boldsymbol{j} = \boldsymbol{k}, \quad \boldsymbol{j} \times \boldsymbol{k} = \boldsymbol{i}, \quad \boldsymbol{k} \times \boldsymbol{i} = \boldsymbol{j} \end{cases} \tag{A-11}$$

矢量积的代数运算式为

$$\boldsymbol{c} = \boldsymbol{a} \times \boldsymbol{b} = \begin{vmatrix} \boldsymbol{i} & \boldsymbol{j} & \boldsymbol{k} \\ a_x & a_y & a_z \\ b_x & b_y & b_z \end{vmatrix}$$

$$= (a_y b_z - a_z b_y)\boldsymbol{i} + (a_z b_x - a_x b_z)\boldsymbol{j} + (a_x b_y - a_y b_x)\boldsymbol{k} \tag{A-12}$$

5. 标量三重积和矢量三重积

矢量 $\boldsymbol{a}$，$\boldsymbol{b}$ 和 $\boldsymbol{c}$ 的**标量三重积** (也称为**混合积**) 定义为 $\boldsymbol{a} \cdot (\boldsymbol{b} \times \boldsymbol{c})$，其模等于以 $\boldsymbol{a}$，$\boldsymbol{b}$ 和 $\boldsymbol{c}$ 为边的平行六面体的体积。标量三重积满足下列关系式：

$$\boldsymbol{a} \cdot (\boldsymbol{b} \times \boldsymbol{c}) = \boldsymbol{b} \cdot (\boldsymbol{c} \times \boldsymbol{a}) = \boldsymbol{c} \cdot (\boldsymbol{a} \times \boldsymbol{b}) \tag{A-13}$$

标量积的代数运算式为

$$\boldsymbol{a} \cdot (\boldsymbol{b} \times \boldsymbol{c}) = \begin{vmatrix} a_x & a_y & a_z \\ b_x & b_y & b_z \\ c_x & c_y & c_z \end{vmatrix}$$

$$= a_x(b_y c_z - b_z c_y) + a_y(b_z c_x - b_x c_z) + a_z(b_x c_y - b_y c_x) \tag{A-14}$$

矢量 $\boldsymbol{a}$，$\boldsymbol{b}$ 和 $\boldsymbol{c}$ 的**矢量三重积**定义为 $\boldsymbol{a} \times (\boldsymbol{b} \times \boldsymbol{c})$，它满足以下关系式：

$$\boldsymbol{a} \times (\boldsymbol{b} \times \boldsymbol{c}) = (\boldsymbol{a} \cdot \boldsymbol{c})\boldsymbol{b} - (\boldsymbol{a} \cdot \boldsymbol{b})\boldsymbol{c} \tag{A-15}$$

A.2 矢量分析

A.2.1 矢量函数

若对于自变量 t (标量) 的每一个数值，都有一个唯一的矢量 $\boldsymbol{a}$ 和它对应，则称 $\boldsymbol{a}$ 为 t 的矢量函数，记作

$$\boldsymbol{a} = \boldsymbol{a}(t) \tag{A-16}$$

矢量函数也可以表示为

$$\boldsymbol{a}(t) = a_x(t)\boldsymbol{i} + a_y(t)\boldsymbol{j} + a_z(t)\boldsymbol{k} \tag{A-17}$$

式中 $a_x(t)$, $a_y(t)$ 和 $a_z(t)$ 为三个标量函数。

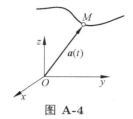

图 A-4

若把矢量的始点取在原点, 当自变量 t 变化时, 矢量的终点 M 在空间描出一条曲线, 称为矢量函数的**矢端曲线** (如图A-4所示), 其参数方程为

$$x = a_x(t), \quad y = a_y(t), \quad z = a_z(t) \tag{A-18}$$

A.2.2 矢量函数的导数与微分

若极限

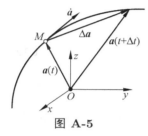

图 A-5

$$\lim_{\Delta t \to 0} \frac{\Delta \boldsymbol{a}(t)}{\Delta t} = \lim_{\Delta t \to 0} \frac{\boldsymbol{a}(t + \Delta t) - \boldsymbol{a}(t)}{\Delta t} \tag{A-19}$$

存在, 则称此极限为矢量函数 $\boldsymbol{a} = \boldsymbol{a}(t)$ 的导数, 记作 $\dfrac{\mathrm{d}\boldsymbol{a}}{\mathrm{d}t}$ 或 $\dot{\boldsymbol{a}}$。

$$\mathrm{d}\boldsymbol{a} = \frac{\mathrm{d}\boldsymbol{a}}{\mathrm{d}t}\mathrm{d}t \tag{A-20}$$

称为矢量函数 $\boldsymbol{a} = \boldsymbol{a}(t)$ 的微分。

矢量函数导数 $\dot{\boldsymbol{a}}$ 的方向沿着矢端曲线 $\boldsymbol{a} = \boldsymbol{a}(t)$ 的切线方向, 且指向曲线上 t 增加的方向 (如图 A-5所示)。

矢量函数导数 $\dot{\boldsymbol{a}}$ 的解析表达式为

$$\dot{\boldsymbol{a}} = \dot{a}_x\boldsymbol{i} + \dot{a}_y\boldsymbol{j} + \dot{a}_z\boldsymbol{k} \tag{A-21}$$

矢量函数具有以下求导法则:

$$\frac{\mathrm{d}\boldsymbol{c}}{\mathrm{d}t} = \boldsymbol{0} \quad (\boldsymbol{c}\text{为常矢量}) \tag{A-22}$$

$$\frac{\mathrm{d}}{\mathrm{d}t}(k\boldsymbol{a}) = k\frac{\mathrm{d}\boldsymbol{a}}{\mathrm{d}t} \quad (k\text{为常数}) \tag{A-23}$$

$$\frac{\mathrm{d}}{\mathrm{d}t}(\boldsymbol{a} + \boldsymbol{b}) = \frac{\mathrm{d}\boldsymbol{a}}{\mathrm{d}t} + \frac{\mathrm{d}\boldsymbol{b}}{\mathrm{d}t} \tag{A-24}$$

$$\frac{\mathrm{d}}{\mathrm{d}t}(\boldsymbol{a} \cdot \boldsymbol{b}) = \frac{\mathrm{d}\boldsymbol{a}}{\mathrm{d}t} \cdot \boldsymbol{b} + \boldsymbol{a} \cdot \frac{\mathrm{d}\boldsymbol{b}}{\mathrm{d}t} \tag{A-25}$$

$$\frac{\mathrm{d}}{\mathrm{d}t}(\boldsymbol{a} \times \boldsymbol{b}) = \frac{\mathrm{d}\boldsymbol{a}}{\mathrm{d}t} \times \boldsymbol{b} + \boldsymbol{a} \times \frac{\mathrm{d}\boldsymbol{b}}{\mathrm{d}t} \tag{A-26}$$

$$\frac{\mathrm{d}}{\mathrm{d}t}\boldsymbol{a}[\phi(t)] = \frac{\mathrm{d}\boldsymbol{a}}{\mathrm{d}\phi}\frac{\mathrm{d}\phi}{\mathrm{d}t} \quad (\phi\text{是}t\text{的标量函数}) \tag{A-27}$$

单位矢量 $\boldsymbol{e}(t)$ 的模为 1, 即

$$\boldsymbol{e} \cdot \boldsymbol{e} = 1 \tag{A-28}$$

将上式对 t 求导，得

$$\dot{e} \cdot e + e \cdot \dot{e} = 0 \tag{A-29}$$

根据点积运算的可交换性，上式可改写为

$$2\dot{e} \cdot e = 0 \tag{A-30}$$

因此单位矢量 e 的导数 $\dot{e}$ 与其自身垂直。

根据求导法则，矢量函数 $a(t)$ 的导数为

$$\dot{a} = \dot{a}e + a\dot{e} \tag{A-31}$$

可见，矢量 a 的变化由两部分构成：大小变化和方向变化。如果矢量 a 的大小不变，则它的导数将始终与其自身垂直。如果矢量 a 的方向不变，则它的导数将始终沿着其自身的方向。因此矢量的变化分为两部分：其大小变化沿着自身方向，方向变化垂直于自身方向。

A.3　矢量运算的矩阵表示

矢量 a 在某坐标系中的三个坐标构成的标量列阵称为矢量 a 在该坐标系中的**坐标阵**，记为

$$\underline{a} = \begin{bmatrix} a_x & a_y & a_z \end{bmatrix}^{\mathrm{T}} \tag{A-32}$$

引入矢量的坐标阵后，式(A-1)可以写成矩阵乘积的形式：

$$a = \underline{a}^{\mathrm{T}}\underline{e} = \underline{e}^{\mathrm{T}}\underline{a} \tag{A-33}$$

其中

$$\underline{e} = \begin{bmatrix} i & j & k \end{bmatrix}^{\mathrm{T}} \tag{A-34}$$

为由基矢量组成的列阵，称为**基矢量列阵**。可以验证矢量 a 的坐标阵也可以表示为

$$\underline{a} = \begin{pmatrix} a \cdot i \\ a \cdot j \\ a \cdot k \end{pmatrix} = a \cdot \underline{e} = \underline{e} \cdot a \tag{A-35}$$

矢量 a 的三个坐标组成的反对称方阵：

$$\tilde{\underline{a}} = \begin{bmatrix} 0 & -a_z & a_y \\ a_z & 0 & -a_x \\ -a_y & a_x & 0 \end{bmatrix} \tag{A-36}$$

称为矢量 a 在该坐标系中的**坐标方阵**。$\tilde{\underline{a}}$ 是反对称矩阵，即

$$\tilde{\underline{a}}^{\mathrm{T}} = -\tilde{\underline{a}} \tag{A-37}$$

可以证明，奇数阶反对称矩阵的行列式为 0。假设 A 为 n 阶反对称矩阵，即 $A^{\mathrm{T}} = -A$。矩阵和其转置矩阵的行列式相等，因此有

$$|A| = |A^{\mathrm{T}}| = |-A| = (-1)^n |A| \tag{A-38}$$

当 n 为奇数时，上式给出 $|\boldsymbol{A}| = -|\boldsymbol{A}|$，即 $|\boldsymbol{A}| = 0$。

矢量的加法运算式(A-5)可以用坐标阵写为

$$\underline{\boldsymbol{e}}^{\mathrm{T}} \underline{\boldsymbol{c}} = \underline{\boldsymbol{e}}^{\mathrm{T}} \underline{\boldsymbol{a}} + \underline{\boldsymbol{e}}^{\mathrm{T}} \underline{\boldsymbol{b}} = \underline{\boldsymbol{e}}^{\mathrm{T}} (\underline{\boldsymbol{a}} + \underline{\boldsymbol{b}}) \tag{A-39}$$

其中 $\underline{\boldsymbol{a}}$ 和 $\underline{\boldsymbol{b}}$ 分别为矢量 $\boldsymbol{a}$ 和 $\boldsymbol{b}$ 在同一坐标系下的坐标阵。由式(A-39)可以得到矢量加法运算的坐标阵形式：

$$\underline{\boldsymbol{c}} = \underline{\boldsymbol{a}} + \underline{\boldsymbol{b}} \tag{A-40}$$

同理可得到矢量其他运算的坐标阵形式，列于表A-1中。

表 A-1　矢量运算的坐标阵运算形式

矢量运算式	坐标阵运算式
$\boldsymbol{a} = \boldsymbol{b}$	$\underline{\boldsymbol{a}} = \underline{\boldsymbol{b}}$
$\boldsymbol{c} = \lambda \boldsymbol{a}$	$\underline{\boldsymbol{c}} = \lambda \underline{\boldsymbol{a}}$
$\boldsymbol{c} = \boldsymbol{a} + \boldsymbol{b}$	$\underline{\boldsymbol{c}} = \underline{\boldsymbol{a}} + \underline{\boldsymbol{b}}$
$\boldsymbol{c} = \boldsymbol{a} \cdot \boldsymbol{b}$	$c = \underline{\boldsymbol{a}}^{\mathrm{T}} \underline{\boldsymbol{b}} = \underline{\boldsymbol{b}}^{\mathrm{T}} \underline{\boldsymbol{a}}$
$\boldsymbol{c} = \boldsymbol{a} \times \boldsymbol{b}$	$\underline{\boldsymbol{c}} = \tilde{\underline{\boldsymbol{a}}} \underline{\boldsymbol{b}}$

A.4　坐标变换

矢量的坐标阵和坐标系有关，同一个矢量在不同坐标系中的坐标阵是不同的。矢量 $\boldsymbol{a}$ 在直角坐标系 $Ox'y'z'$ 中的坐标表示式为

$$\boldsymbol{a} = a'_x \boldsymbol{i}' + a'_y \boldsymbol{j}' + a'_z \boldsymbol{k}' \tag{A-41}$$

其中 $\boldsymbol{i}'$，$\boldsymbol{j}'$ 和 $\boldsymbol{k}'$ 分别是 Ox' 轴、Oy' 轴和 Oz' 轴的基矢量，a'_x，a'_y 和 a'_z 分别为矢量 $\boldsymbol{a}$ 在坐标系 $Ox'y'z'$ 中的坐标。将式(A-41)写成矩阵乘积的形式：

$$\boldsymbol{a} = \underline{\boldsymbol{a}}'^{\mathrm{T}} \underline{\boldsymbol{e}}' = \underline{\boldsymbol{e}}'^{\mathrm{T}} \underline{\boldsymbol{a}}' \tag{A-42}$$

其中

$$\underline{\boldsymbol{e}}' = \begin{bmatrix} \boldsymbol{i}' & \boldsymbol{j}' & \boldsymbol{k}' \end{bmatrix}^{\mathrm{T}} \tag{A-43}$$

为坐标系 $Ox'y'z'$ 的基矢量列阵，

$$\underline{\boldsymbol{a}}' = \begin{bmatrix} a'_x & a'_y & a'_z \end{bmatrix}^{\mathrm{T}} \tag{A-44}$$

为矢量 $\boldsymbol{a}$ 在坐标系 $Ox'y'z'$ 中的坐标阵。

联立式(A-33)和式(A-42)，得

$$\boldsymbol{a} = \underline{\boldsymbol{e}}^{\mathrm{T}} \underline{\boldsymbol{a}} = \underline{\boldsymbol{e}}'^{\mathrm{T}} \underline{\boldsymbol{a}}' \tag{A-45}$$

利用式(A-10)可以验证，$\underline{\boldsymbol{e}} \cdot \underline{\boldsymbol{e}}^{\mathrm{T}} = \boldsymbol{I}$ ($\boldsymbol{I}$ 为单位矩阵)。在式(A-45)两端同时点乘 $\underline{\boldsymbol{e}}$，可得到矢量 $\boldsymbol{a}$ 在不同坐标系中的坐标阵 $\underline{\boldsymbol{a}}$ 和 $\underline{\boldsymbol{a}}'$ 之间的变换关系：

$$\underline{\boldsymbol{a}} = \boldsymbol{A} \underline{\boldsymbol{a}}' \tag{A-46}$$

其中

$$\boldsymbol{A} = \underline{\boldsymbol{e}} \cdot \underline{\boldsymbol{e}}'^{\mathrm{T}} = \begin{bmatrix} \boldsymbol{i} \cdot \boldsymbol{i}' & \boldsymbol{i} \cdot \boldsymbol{j}' & \boldsymbol{i} \cdot \boldsymbol{k}' \\ \boldsymbol{j} \cdot \boldsymbol{i}' & \boldsymbol{j} \cdot \boldsymbol{j}' & \boldsymbol{j} \cdot \boldsymbol{k}' \\ \boldsymbol{k} \cdot \boldsymbol{i}' & \boldsymbol{k} \cdot \boldsymbol{j}' & \boldsymbol{k} \cdot \boldsymbol{k}' \end{bmatrix} \tag{A-47}$$

称为坐标系 $Ox'y'z'$ 关于 $Oxyz$ 的**方向余弦阵**，也称**为坐标变换矩阵**或**过渡矩阵**。可以看出，方向余弦矩阵 $\boldsymbol{A}$ 的三列 $\boldsymbol{A}_j = \begin{bmatrix} A_{1j} & A_{2j} & A_{3j} \end{bmatrix}^{\mathrm{T}} (j = 1, 2, 3)$ 依次为坐标系 $Ox'y'z'$ 的基矢量 $\boldsymbol{i}'$，$\boldsymbol{j}'$ 和 $\boldsymbol{k}'$ 在坐标系 $Oxyz$ 中的坐标阵，其三行构成的列阵 $\boldsymbol{A}_i = \begin{bmatrix} A_{i1} & A_{i2} & A_{i3} \end{bmatrix}^{\mathrm{T}} (i = 1, 2, 3)$ 依次为坐标系 $Oxyz$ 的基矢量 $\boldsymbol{i}$，$\boldsymbol{j}$ 和 $\boldsymbol{k}$ 在坐标系 $Ox'y'z'$ 中的坐标阵。如果已知坐标系 $Oxyz$ 的基矢量在另一坐标系 $Ox'y'z'$ 中的坐标阵，则可直接写出坐标系 $Ox'y'z'$ 关于 $Oxyz$ 的方向余弦矩阵。

可以验证，方向余弦矩阵具有以下性质：

(1) $\boldsymbol{A}$ 是正交矩阵，即 $\boldsymbol{A}\boldsymbol{A}^{\mathrm{T}} = \boldsymbol{I}$，$\boldsymbol{A}^{-1} = \boldsymbol{A}^{\mathrm{T}}$。

(2) $\boldsymbol{A}$ 的行列式等于 1，即 $|\boldsymbol{A}| = 1$。

(3) $\boldsymbol{A}$ 至少有一个特征值等于 1。

证明　$\boldsymbol{A}$ 的特征根方程为

$$|\boldsymbol{A} - \lambda \boldsymbol{I}| = \lambda^3 - \mathrm{tr}(\boldsymbol{A})\lambda^2 + \mathrm{tr}(\boldsymbol{A})\lambda - 1 = 0 \tag{A-48}$$

其中 $\mathrm{tr}(\boldsymbol{A}) = A_{11} + A_{22} + A_{33}$ 为方向余弦矩阵 $\boldsymbol{A}$ 的迹。$\lambda = 1$ 满足矩阵 $\boldsymbol{A}$ 的特征根方程，因此它是 $\boldsymbol{A}$ 的特征值。

(4) 对于任意两个坐标系总存在一个矢量 $\boldsymbol{a}$，它在两个坐标系中的坐标阵相等，即 $\underline{\boldsymbol{a}} = \underline{\boldsymbol{a}}'$。

证明　将特征值 $\lambda = 1$ 的特征矢量记为 $\boldsymbol{p}$，则与特征值 $\lambda = 1$ 对应的特征方程为 $(\boldsymbol{A} - \boldsymbol{I})\underline{\boldsymbol{p}} = 0$，即 $\underline{\boldsymbol{p}} = \boldsymbol{A}\underline{\boldsymbol{p}}$，因此特征矢量 $\boldsymbol{p}$ 在两个坐标系中的坐标阵相等。

对于二维问题，取 Oz 轴和 Oz' 轴重合，并将 Ox 和 Ox' 轴间的夹角记为 θ，如图A-6所示。则方向余弦矩阵为

$$\boldsymbol{A} = \begin{bmatrix} \cos\theta & -\sin\theta & 0 \\ \sin\theta & \cos\theta & 0 \\ 0 & 0 & 1 \end{bmatrix} \tag{A-49}$$

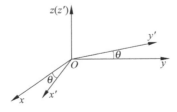

图 A-6

附录 B

二阶线性常微分方程的解法

理论力学中涉及的微分方程大都是二阶常微分方程，因此本附录只总结了二阶线性常微分方程的解法。高阶线性常微分方程的解法与二阶线性常微分方程的解法类似，可参考有关数学教材。

二阶线性常微分方程的一般形式为

$$a_0(x)\frac{\mathrm{d}^2y}{\mathrm{d}x^2} + a_1(x)\frac{\mathrm{d}y}{\mathrm{d}x} + a_2(x)y = R(x) \tag{B-1}$$

初始条件为

$$y(x_0) = b_0, \quad y'(x_0) = b_1 \tag{B-2}$$

当 $R(x) \equiv 0$ 时，式(B-1)称为齐次线性微分方程。当 $R(x) \neq 0$ 时，式(B-1)称为非齐次线性微分方程。如果 $a_0(x)$，$a_1(x)$，$a_2(x)$ 都是常数，式(B-1)称为常系数线性微分方程。

非齐次线性微分方程(B-1)的通解是它的一个特解和与其对应的齐次方程

$$a_0(x)\frac{\mathrm{d}^2y}{\mathrm{d}x^2} + a_1(x)\frac{\mathrm{d}y}{\mathrm{d}x} + a_2(x)y = 0 \tag{B-3}$$

的通解之和，即

$$y(x) = y^*(x) + c_1y_1(x) + c_2y_2(x) \tag{B-4}$$

其中 $y^*(x)$ 为非齐次微分方程的一个特解，$y_1(x)$ 和 $y_2(x)$ 为对应的齐次方程的两个线性无关的解，它们具有以下形式：

$$y(x) = \mathrm{e}^{\lambda x} \tag{B-5}$$

将式(B-5)代入到齐次方程(B-3)中，得到它的特征方程：

$$a_0\lambda^2 + a_1\lambda + a_2 = 0 \tag{B-6}$$

由上式可以解得方程(B-3)的两个特征根 λ_1 和 λ_2。表B-1列出了不同的特征根所对应的齐次方程(B-3)的线性无关解。

非齐次线性微分方程(B-1)的特解 $y^*(x)$ 可以用常数变易法或待定系数法来求得。设齐次线性微分方程(B-3)的通解是

$$y(x) = c_1y_1(x) + c_2y_2(x) \tag{B-7}$$

表 **B-1** 齐次方程(B-3)的线性无关解

特征解	对应的线性无关解
λ_1 和 λ_2 是互异实根	$y_1(x) = \mathrm{e}^{\lambda_1 x}$ $y_2(x) = \mathrm{e}^{\lambda_2 x}$
$\lambda_{1,2} = \alpha \pm \mathrm{i}\beta$	$y_1(x) = \mathrm{e}^{\alpha x} \cos \beta x$ $y_2(x) = \mathrm{e}^{\alpha x} \sin \beta x$
λ 是重根	$y_1(x) = \mathrm{e}^{\lambda x}$ $y_2(x) = x\mathrm{e}^{\lambda x}$

则常数变易法将非齐次线性微分方程的特解取为

$$y^*(x) = c_1(x)y_1(x) + c_2(x)y_2(x) \tag{B-8}$$

式中 $c_1(x)$ 和 $c_2(x)$ 是待定函数，它们的导数满足方程组：

$$\begin{cases} c_1'(x)y_1(x) + c_2'(x)y_2(x) = 0 \\ c_1'(x)y_1'(x) + c_2'(x)y_2'(x) = R(x) \end{cases} \tag{B-9}$$

例 B-1 求微分方程

$$y'' + y = \sec x$$

的通解。

解 先求其相应的齐次方程 $y'' + y = 0$ 的通解。因特征方程 $\lambda^2 + 1 = 0$ 有特征根 $\lambda_1 = i$ 和 $\lambda_2 = -i$，于是齐次方程的通解为

$$y(x) = c_1 \cos x + c_2 \sin x$$

利用常数变易法求非齐次方程的一个特解。令

$$y^*(x) = c_1(x) \cos x + c_2(x) \sin x$$

其中 $c_1(x)$ 和 $c_2(x)$ 由下列方程组确定：

$$\begin{cases} c_1'(x) \cos x + c_2'(x) \sin x = 0 \\ -c_1'(x) \sin x + c_2'(x) \cos x = \sec x \end{cases}$$

解方程组得

$$c_1'(x) = -\tan x, \quad c_2'(x) = 1$$

积分后得

$$c_1(x) = \ln \cos x + k_1, \quad c_2(x) = x + k_2 \quad (k_1 和 k_2 是任意常数)$$

由于只要求一个特解，可令 $k_1 = k_2 = 0$，所以原方程的通解为

$$y(x) = c_1 \cos x + c_2 \sin x + (\ln \cos x) \cos x + x \sin x \tag{B-10}$$

待定系数法只适用于一些特殊类型的 $R(x)$，这里不作介绍。

附录 C

课程体系总结和综合训练

内容提要 本附录首先从学科角度对理论力学的发展简史和课程体系进行总结，然后针对理论力学中的动力学问题和静力学中的平面组合杆系平衡问题的一般性求解思路和方法进行系统总结。配套的例题和习题（考试样卷）取材于清华大学近年的理论力学期末考试内容，旨在通过这些例题的讲解和习题训练，使学生了解针对具有一定综合性的理论力学问题应如何入手、如何建立系统性的分析思路并形成具体的解题步骤，提升学生灵活运用理论力学相关概念、定理和公式解决综合性问题的能力。

C.1 理论力学发展简史和课程体系总结

C.1.1 发展简史

1. 学科简史

牛顿运动定律的建立标志着力学开始成为一门科学。19 世纪以前，力学是物理学的主干分支，而理论力学则是力学的主要研究内容。19 世纪上半叶，弹性力学的诞生以及流体力学基本方程的建立，极大丰富了力学的内容，使力学成为脱胎于物理学的独立学科。理论力学是力学的基础，它以质点、质点系为模型研究物体运动的一般规律，相继形成了牛顿力学和分析力学的两大理论体系。理论力学运用这些原理和方法，重点研究刚体、刚体系的运动规律，其研究思想和方法也适用于连续介质系统。

2. 课程体系形成史

理论力学课程体系的形成大约在 20 世纪三四十年代。此前，1811 年泊松的《力学教程》（法文）奠定了理论力学的教学体系。阿佩尔的 5 卷《理性力学》（1896 年第一版，1953 年第六版）之第一、二卷更接近现今的理论力学。20 世纪 30 年代以来，苏联出版了多种理论力学教材，如洛强斯基和路里叶的（1934），蒲赫哥尔茨的（1939，第二版），苏斯洛夫的（1946）。在中国较早的有范会国的（1951）和周培源的（1952）。20 世纪 50 年代一批苏联的理论力学教材相继翻译出版。20 世纪 60 年代，中国自行编写的几种理论力学教材相继出版。20 世纪 80 年代，朱照宣、周起钊、殷金生编写了《理论力学》（1982），其后陆续有"九五""面向 21 世纪""十五""十一五""十二五"规划的《理论力学》教材问世。

C.1.2 基本概念、原理与方法

牛顿运动定律是在观察和实验的基础上发现的，可以作为理论力学中数学演绎的基础，以此构建牛顿力学体系。在牛顿力学体系中，唯有力可以改变运动，约束被归结为力的作用。牛顿运动定律（牛顿第二定律）给出了在惯性参考系中力与加速度之间的关系，即动力学基本方程。牛顿力学就是围绕这个方程展开。应当指出，变分原理也可以作为理论力学中数学演绎的基础，以此构建分析力学体系。

从研究的方法论角度看，理论力学包括牛顿力学和分析力学。牛顿力学以牛顿运动定律为基础，由于很多重要物理量都是矢量，普遍采用几何方法，因此，牛顿力学也称为矢量力学或者几何力学。分析力学以变分原理为基础，更多使用高等分析方法。

从研究的科学规律角度看，理论力学可以分为：静力学、运动学与动力学。静力学研究作用于物体上的力系的简化及平衡。运动学从几何角度研究物体的运动描述与特性，不涉及力。动力学研究物体运动与力之间的关系，是理论力学的核心内容。

C.1.3 静力学

在静力学中，人们研究动力学基本方程中加速度为零的特殊情况，也就是研究速度为常矢量的平衡状态。若选择适当的惯性参考系使速度矢量等于零，平衡状态就是静止状态。

静力学研究物体保持静止状态时作用力应满足的条件，即**平衡方程**。这些平衡方程是自由刚体保持原有的平衡状态（静止状态）的充分必要条件。对于受约束的刚体，必须假想解除刚体所有外部约束并代之以**约束力**，将约束力也计入力系，这样即可使用自由刚体的平衡方程。对于变形体或者刚体系，平衡方程仅仅是其保持平衡的必要条件，不再是充分条件。在作为平衡必要条件应用平衡方程时，可以假想变形体或刚体系是刚体，即将其刚化。

为了便于处理很多力（即**力系**）同时作用的情况，静力学中通常还研究**力系等效**、力系简化的问题。在理论力学中以刚体模型为主要研究对象，可以得出一系列力系简化的方法和结果。例如，作用在刚体上的一般力系，当**主矢量**与**主矩**的数量积（点乘）不等于零时，可以简化为力螺旋。人们拧螺钉施加在改锥上的力系可等效为一个力螺旋，它使螺钉从静止开始产生螺旋运动。在严格意义上，力系等效、力系简化都属于动力学问题。用刚体动力学方程或者变分原理，可以给出力系等效、力系简化的一般方法和结果。这些结果也可以在动力学中应用。在理论力学中还可以利用**静力学公理**（类似几何公理）分别演绎出各种特殊力系的等效、简化的特殊方法和结果。

静力学是动力学的基础，也是动力学的特殊情况，但其本身有独立存在的价值。静力学在工程技术中具有广泛应用。例如在设计房梁的截面时，一般须先根据平衡条件由梁所受的规定载荷求出未知的约束力，然后再进行梁的强度和刚度分析。

C.1.4 运动学

运动学只研究物体运动的描述以及运动学量之间的关系，不考虑运动变化的原因——力，也不考虑物体的质量。运动学的首要任务是描述物体相对所选参考系的运动，重点研究物体的轨迹、位移、速度、加速度等运动特性。描述物体运动的一般方法是首先建立描述运动的运动方程（即位置与时间的函数关系），然后通过对时间求导数获得速度、加速度等，分析运动特征。运动学是动力学的基础，但其本身有独立存在的价值，如在机械设计中广泛使用运动学知识分析或设计各类机构的运动。

在理论力学中，运动学以刚体作为主要研究对象，研究其运动的描述方法，以及如何根据为数不多的刚体一般特性来确定刚体上每个点的运动，研究刚体的**角速度**、**角加速度**与刚体上点的**速度**、**加速度**之间的关系。

1. 刚体位移

刚体从一个方位变化到另一个不同的方位，称为刚体位移。若刚体上所有点的位移在几何上都相等，则称该刚体位移为平动位移；而绕某个固定轴旋转得到的刚体位移则称为转动位移。由转动位移和沿着转动轴的平动位移共同组成的刚体位移称为螺旋位移。关于刚体位移有如下3 个重要结论：

(1) 最一般的刚体位移可以分解为随任选基点的平动位移和绕通过该基点的某个轴的转动位移。选择刚体上不同的点为基点，这种分解不是唯一的。对应不同基点的平动位移将会不同，但转动位移的转轴方向和转角不依赖于基点的选择。这就是夏莱定理。

(2) 最一般的刚体位移是螺旋位移，即莫茨定理。

(3) 有一个固定点的刚体的任意位移，都可以通过某个转动位移实现，该转动位移的转轴经过刚体的固定点。这是著名的欧拉定理。

2. 刚体角速度、角加速度及刚体上点的速度、加速度

观察刚体上各点的速度，如果某时刻刚体所有点的速度相同，则刚体作瞬时平动；如果某时刻刚体或其延拓部分上某直线上各点速度为零，则刚体作瞬时转动；如果某时刻刚体参与两个运动：即沿着某个轴作瞬时平动的同时又绕该轴作瞬时转动，则刚体作瞬时螺旋运动。自由刚体最一般的运动是螺旋运动。

刚体的角速度和角加速度是刻画刚体整体运动的基本物理量。刚体上任意两点的速度可以通过角速度建立关系式，刚体上任意两点的加速度可以通过角速度、角加速度建立关系式。刚体的角速度和角加速度本质上是二阶反对称张量，但通常情况下，也可以用矢量表示，既方便计算，也容易与点的圆周运动角速度、刚体定轴转动的角速度等衔接。需要说明的是，对于点的圆周运动和刚体定轴转动，角速度的大小就是某个随时间变化的角度对时间的导数；而对于刚体一般运动和刚体定点运动，不存在一个随时间变化的角度，其对时间的导数恰好就等于角速度的大小。

3. 刚体的特殊运动分类

刚体定点运动、刚体平面运动、刚体定轴转动、刚体平动都是刚体一般运动的特例。其中，刚体定点运动也称**刚体定点转动**，是三维空间中的刚体运动。由于刚体一般运动可以分解为刚体随基点的平动和绕基点的定点运动，而刚体平动在运动学中可以归结为点的运动，很容易处理，因此刚体运动学的难点归结于定点运动。另外，刚体定点运动在航空、航天等工程技术中有重要的应用价值，例如飞机、卫星的姿态运动就是绕质心的定点运动。刚体定点运动的常用描述有欧拉角、四元数、方向余弦矩阵等。著名的欧拉运动学方程给出了用欧拉角及其导数表达的刚体定点运动角速度在刚体固连坐标系中的分量，在航天器姿态控制中有重要应用。

4. 复合运动方法

复合运动方法可将复杂运动分解为多个比较简单的运动来研究。复合运动理论主要有**速度合成定理**、**加速度合成定理**、**角速度合成定理**、**角加速度合成定理**等。

点的复合运动研究 3 个运动的关系：动参考系相对定参考系的运动、动点在动参考系中的相对运动、动点在定参考系中的运动。其中第一个运动是整个参考系的运动，属于刚体运动；后两个是点的运动。为了研究动点在两个参考系中的速度、加速度之间的关系，假想在动参考系中有一个牵连点，它的速度、加速度都是由于动参考系相对定参考系的运动引起的。速度合成定理给出了动点的两个速度与牵连点速度的关系。加速度合成定理则给出动点的两个加速度与牵连点加速度的关系，其中还涉及**科里奥利加速度**。它是动点相对运动与动参考系运动耦合产生的附加项，并没有与之相对应的速度和位移。

刚体复合运动研究 3 个运动的关系：动参考系相对定参考系的运动、刚体在动参考系中的相对运动、刚体在定参考系中的运动。这 3 个运动都是刚体运动，其核心问题是 3 个角速度、3 个角加速度之间的关系，由角速度合成定理、角加速度合成定理给出。

复合运动方法在研究复杂系统的运动时非常有效。

C.1.5 动力学

动力学是以动力学基本方程为基础研究力与运动的关系，基本内容包括质点动力学、质点系动力学、刚体动力学等。以此为基础发展出了天体力学、振动理论、运动稳定性、陀螺力学、外弹道学、变质量力学、多刚体系统动力学等。动力学在航空、航天等工程技术中有广泛的应用，例如飞机、火箭、卫星等在设计、制造、测试和飞行中都需要以动力学分析作为支撑。

1. 质点与质点系动力学

研究自由质点与自由质点系的动力学问题，可以直接应用动力学基本方程，也可以运用由此方程导出的**动量定理**、**动量矩定理**、**动能定理**等。**二体问题**和**三体问题**是自由质点系动力学的典型例子。二体问题是指两个质点在万有引力作用下的运动问题，可化为一个等价的单个质点动力学问题。天体力学中的双星、行星及其卫星，以及太阳系的每颗行星与太阳等，都可以近似地归结为二体问题，故天体力学中很多研究均以二体问题为基础。三体问题是指以万有引力为相互作用力的 3 个质点的运动问题。二百多年来，有很多著名学者研究三体问题的一般理论，但至今未得到解决。对有特殊限定条件下的三体问题（如限制性三体问题），已经有不少研究成果，在人类探测月球以远的深空飞行任务设计与测控中得到了应用。

研究非自由质点与非自由质点系的动力学问题，可以假想解除所有约束并代之以**约束力**，将约束力也计入力系，再应用动力学基本方程。但这种方法可能会导致动力学方程的数目远大于自由度，加大求解工作量。更有效的方法运用质点系的**动力学普遍定理**（动量定理、动量矩定理、动能定理）研究质点系的整体运动（类似刚体运动），需要处理的动力学方程的数目与自由度很接近。如果不是必须，方程中可以不出现质点系内部的约束力。对于一个自由度的问题，动能定理通常是非常有效的。

2. 刚体动力学

刚体动力学是理论力学的重点。刚体一般运动的动力学方程可以利用质点系的动量定理和动量矩定理得到：

$$\dot{\boldsymbol{p}} = \boldsymbol{R}^{(\mathrm{e})}$$

$$\dot{\boldsymbol{L}}_C = \boldsymbol{M}_C^{(\mathrm{e})}$$

式中 $\boldsymbol{p}$ 是刚体的动量，$\boldsymbol{R}^{(\mathrm{e})}$ 是作用在刚体上外力（包括约束力）的**主矢量**，$\boldsymbol{L}_C$ 是刚体对质心 C 的动量矩，$\boldsymbol{M}_C^{(\mathrm{e})}$ 是作用在刚体上外力（包括约束力）对质心 C 的**主矩**。显然，如果刚体保持平衡（静止）状态，则这两个矢量方程的左端都为零，反之亦然。在主矢量为零的情况下，力系对任意点的主矩都相等。于是可以得出静力学中的刚体平衡方程，即主矢量为零，且对任意点的主矩为零。类似地，还可以由这两个矢量方程得到力系等效的结论。上述方程左端代表了刚体运动状态的改变，如果两个不同的力系使刚体的运动状态发生同样改变，则这两个力系的主矢量相等，对质心的主矩也相等，反之亦然。在两个力系的主矢量相等的情况下，只要两个力系对某个点的主矩相等，则对任意点的主矩也相等。于是可以得到，作用在刚体上的两个力系等效的充分必要条件为主矢量相等，且对任意点的主矩相等。

根据动量的定义，由动量定理或第一个矢量方程可以得出**质心运动定理**：质点系的质心运动和一个位于质心的质点的运动相同，该质点的质量等于质点系的总质量，而该质点上的作用力则等于作用于质点系上的所有外力平行地移到这一点上。这样，刚体质心运动完全可以归结于质点动力学。因此，刚体动力学的重点就是定点转动动力学，即研究第二个矢量方程。

刚体在重力作用下的定点转动，即**重刚体定点转动**，是理论力学的经典问题，其动力学方程很难求解。在历史上，人们经历了一百多年的研究之后发现，这组微分方程的可积情形只有三种，它们分别由欧拉、拉格朗日、柯娃列夫斯卡娅在 1765 年、1788 年和 1888 年得到。

在刚体动力学经典问题研究的基础上，发展出多刚体系统动力学，为车辆、机器人、航天器设计和研制提供了动力学建模和计算方法，促进这些领域的技术进步，又进一步发展出多柔体系统动力学、刚-柔耦合多体系统动力学、充液体系动力学等。

C.1.6　牛顿力学与分析力学

早期的理论力学主要是牛顿力学；近代的理论力学则有所扩展，还包括分析力学最基础的内容。牛顿力学与分析力学的主要研究对象都是质点系，但在思想、概念、方法、工具等方面有所不同。下面着重介绍分析力学与牛顿力学相比的一些不同之处。

在分析力学体系中，力和约束都可以改变运动，不必将约束归结为力的作用。分析力学的基本思想是，首先承认约束对运动的限制，不违背约束的可能运动还有很多，甚至无穷多，然后利用一些变分原理在可能运动之中确定唯一的真实运动。在确定真实运动的变分原理中会出现**主动力**，但不会出现**约束力**。分析力学对于含约束质点系的研究更为方便，所建立的系统动力学方程组的阶数可以较少。

分析力学可以划分为分析静力学和分析动力学。分析静力学以**虚功原理**（也称虚位移原理）为基础，采用"以动求静"的思路，假想质点系从可能平衡位置发生约束允许的可能位移或**虚位移**，而真实平衡位置要求主动力在虚位移上做功为零。分析静力学的研究对象不限于刚体，可以是任意质点系。刚体作为特殊的质点系，其平衡方程很容易由虚功原理经过简单的数学推导得出。分析动力学的基础可以是**万有达朗贝尔原理**、**茹尔丹原理**、**高斯原理**等微分变分原理，也可以是**哈密顿原理**等积分变分原理。事实上，对于符合这些变分原理共同使用条件的质点系，它们都是等价的，可以相互推导。这些变分原理可以直接用来分析求解质点系的动力学问题，也可以由它们推导出动力学方程，例如**第二类拉格拉日方程**。

分析力学又可以划分为**拉格朗日力学、哈密顿力学、非完整力学、伯克霍夫力学**等。拉格朗日力学的奠基性工作是拉格朗日于 1788 年出版的《分析力学》。他应用数学分析方法解决质点和质点系（包括刚体、流体）的力学问题，提出静力学普遍方程（即虚功原理），以及动力学普遍方程（即达朗贝尔-拉格朗日原理）；引入广义坐标，采用适当的数学变换，得到动力学方程，即拉格朗日方程。因为该书完全采用数学分析形式写成，没有一幅图，故命名为分析力学。哈密顿力学的奠基性工作是哈密顿 1834 年和 1835 年发表的两篇长论文，题名是“论动力学中的一个普遍方法”和“再论动力学中的普遍方法”。他建立了著名的哈密顿原理，使各种动力学定律都可以从一个变分式推出，将广义坐标和广义动量都作为独立变量，得到了哈密顿正则方程。在上述基础上，近代分析力学得到进一步发展，建立了非完整力学和伯克霍夫力学。

C.2 动力学问题求解

理论力学中动力学问题的求解，就理论体系而言，有两套体系可供选择：(1) 分析动力学理论体系；(2) 牛顿动力学理论体系。在处理动力学问题时，这两套理论体系既可以单独使用，也可以综合使用。

C.2.1 分析动力学解题思路和步骤

分析动力学提供了以建立和处理（首次积分）第二类拉格朗日方程为代表的分析方法，其求解问题时的主要思路如下：

(1) 通常以系统整体为分析对象，系统约束需为理想约束（如果系统存在非理想约束，需要把该约束解除，施加约束反力并将该约束反力视为主动力）。

(2) 受力分析只需画出系统所受的主动力，无须画出约束反力，特别适合于处理系统约束较多但自由度较少的问题。

(3) 应用第二类拉格朗日方程时，系统动能的计算只涉及速度分析，不涉及加速度分析。

(4) 利用第二类拉格朗日方程可以直接建立系统的运动微分方程，在此基础上可进一步对系统的首次积分（广义能量积分和广义动量积分）进行较为方便的分析和讨论。

(5) 在建立系统的运动微分方程以后，可以根据需要借助首次积分对系统全部或特定的运动学参数进行求解。由于系统方程中只包含主动力，因此无法直接求解约束反力（包括系统外部约束反力以及系统内部各部件间的约束力）。但此问题可通过如下措施解决：在应用第二类拉格朗日方程求解完系统运动参数后，再引入质点系动量定理或动量矩定理求解约束反力。也即先在分析动力学框架下求解动力学正问题（已知主动力，求运动），再引入牛顿动力学方程求解动力学逆问题（已知或已解出运动，求约束反力）。

总体而言，应用分析动力学理论求解动力学问题时，其求解思路和方法较为明确和模式化，灵活性主要体现在系统动能计算部分（核心是运动学中的速度分析），要求学生能利用广义坐标正确表达系统各刚体质心或特定质点的速度、刚体的角速度，进而写出系统的动能。在系统方程的求解方面，利用广义能量积分和广义动量积分的有关结果很容易对系统的首次积分进行分析和讨论，可以利用首次积分结果求解速度和角速度参数。系统待求参数的求解顺序一般遵循：首先应用分析动力学建立系统运动微分方程，再根据题目要求，通过首次积分求解未知运动参数, 再借助牛顿动力学解未知约束反力。

分析动力学解题的主要步骤如下:

(1) 选定分析对象为系统整体, 确定系统约束为理想完整约束。

(2) 判断系统自由度, 选定合适的广义坐标。

(3) 受力分析: 画出系统所受主动力。

(4) 根据主动力是否有势确定应用何种形式的第二类拉格朗日方程。

(5) 利用广义坐标写出系统总动能和总势能 (或广义力)。

(6) 将系统总动能和总势能 (或广义力) 代入第二类拉格朗日方程, 整理得到系统运动微分方程。

(7) 首次积分分析和讨论 (根据题目要求, 可选)。

(8) 约束反力计算 (根据题目要求, 可选): 根据解题需求, 选取合适的分析对象, 应用质点系动量定理或动量矩定理计算约束反力。

C.2.2　牛顿动力学解题思路和步骤

牛顿动力学提供了以质点系普遍定理为代表的一系列动力学方程, 包括: 质点系动量定理、质点系动量矩定理、质点系动能定理, 以及特定条件下这些定理的守恒形式 (积分形式)。其求解问题时的主要思路如下:

(1) 根据问题求解或不同求解阶段的需要, 分析对象的选择十分灵活, 既可以是系统整体, 也可以是系统中的单个刚体或者特定子系统。

(2) 受力分析既需要画出分析对象所受的主动力, 也需画出约束反力 (通常指分析对象所受的外部约束反力), 因此需要熟练掌握常见约束的约束反力画法。

(3) 应用平面运动微分方程 (质心运动定理和相对质心的动量矩定理) 求解问题时, 涉及加速度分析。

(4) 利用质点系普遍定理建立系统的运动微分方程时, 需要从动力学方程中消去未知的约束反力以及非独立的运动学参数, 最终的系统方程只包含独立的运动学参数 (广义坐标)。在此基础上可应用分离变量法对系统运动微分方程进行积分求解。

(5) 利用质点系普遍定理建立的动力学方程, 既可能包含未知的运动学参数, 也可能包含未知的约束反力, 二者可同时进行求解。也即在牛顿动力学框架下, 可以直接处理动力学正问题、逆问题或混合问题, 处理的动力学问题具有多样性。

(6) 关于特殊的动力学问题 (碰撞问题) 的考虑: 动力学方程均采用积分形式, 所求解的运动学参数是碰撞后的速度和角速度, 所求解的力参数是约束冲量和碰撞冲量。当问题涉及刚体间碰撞、质点和刚体碰撞、刚体和支座或障碍物间的碰撞时, 一般需要补充恢复系数方程才能完全求解。此外, 如果题目还要求分析碰撞结束后的动力学过程, 则问题需分为两个阶段进行分析: 第一阶段求解碰撞问题, 得到碰撞结束时刻的系统状态。第二个阶段则以碰撞结束时刻的系统状态为初始条件, 对系统进行碰撞后的常规动力学分析。

(7) 关于特殊的动力学问题 (脱离问题) 的考虑: 该问题涉及动力学过程从一种约束状态到另外一种约束状态的转变, 需要分阶段进行分析。首先进行第一阶段分析, 即分析约束状态 1 下的动力学过程 1; 计算使约束发生改变的临界条件, 当临界条件满足时, 第一阶段结束, 进行第二阶段分析, 即分析约束状态 2 下的动力学过程 2。第二阶段分析时, 以第一阶段结束时刻的状态作为初始条件。

总体而言，应用牛顿动力学理论求解动力学问题时，可选择的方程种类较多，相应的求解思路和方法较为灵活和多样化。一般而言，可以考虑从解运动入手，在选择质点系普遍定理时，优先考虑有可能不包含任何未知约束反力的方程，例如动能定理（或机械能守恒定理）、特定方向的动量定理（或动量守恒）、以特定点为矩心的动量矩定理（或动量矩守恒）等。在考察上述方程的应用可能时，所考察的对象除了系统整体，也可以是系统中的某个刚体、质点或者子系统。对于单自由度系统，可以首先考察动能定理（或机械能守恒定理）应用的可能。当待求参数是速度或角速度时，则优先考虑各类方程的守恒形式，可避免应用分离变量法对运动微分方程进行积分求解。在完成运动参数求解以后，再利用质点系动量定理和动量矩定理求解未知约束反力。

特别的，针对平面运动问题，如果系统刚体不多（一个或两个），也可以考虑直接以每个刚体为对象，分别建立其平面运动微分方程（每个刚体可建立 2 个质心运动方程和 1 个相对质心的动量矩方程），在补充必要的运动学约束关系方程后，对所有这些方程进行联立求解，可同时解出未知的运动学参数和约束反力。

牛顿动力学解题大概有两种思路，第一种解题思路是：先整体分析，建立系统整体方程，再针对个别刚体或子系统进行分析，建立补充方程；第二种解题思路主要针对由少量（例如一个或两个）刚体构成的作平面运动的动力学系统，具体思路是将系统直接分拆成为单个的刚体，针对每个刚体进行分析，建立平面运动微分方程，最后联立求解。

牛顿动力学的第一种解题思路（先整体分析后个别分析）的主要步骤如下：

(1) 选定分析对象为系统整体。

(2) 判断系统自由度，选定合适的广义坐标。

(3) 受力分析：画出系统所受主动力和约束反力。

(4) 分析系统的受力特点：区分内力和外力？约束反力（含系统内部各部件间的约束力）是否做功或所做元功之和是否为零？主动力是否有势？系统外力在某方向上投影分量是否为零？系统外力是否汇交于某固定点？对于仅包含单个刚体的系统，系统外力是否过质心？

(5) 根据系统自由度和受力特点，选取合适的普遍定理，建立系统方程。基本原则是，系统方程中尽可能不出现或少出现未知的约束反力。一般而言，对于单自由度系统，优先考虑质点系动能定理（或机械能守恒）；对于多自由度系统，除了考虑质点系动能定理（或机械能守恒）外，还可以考虑沿某特定方向投影的质点系动量定理，或者以某特定点为矩心的动量矩定理；当待求参数是速度或角速度时，则考虑各类方程是否存在守恒形式。

(6) 运动学分析：将系统方程中的所有运动学参数用广义坐标表达（或者消去系统方程中不独立的运动学参数，使得系统方程仅包含独立的运动学参数（和广义坐标数相同））。

(7) 统计所建立的系统方程中的未知数总个数（未知的运动学参数（或广义坐标）个数 + 未知的独立的约束反力个数），若未知数总数超过所建立的系统方程总数，则需要补充新的方程。若补充新的独立的系统方程，则重复步骤 (5) ～ (7)；否则，选取系统中的特定刚体或子系统，针对该刚体或子系统进行分析，建立补充方程，这里特定刚体选取的基本原则仍是，所建立的补充方程中尽可能不出现或少出现新的未知约束反力；如此继续直至总的方程个数和总的未知数个数相同。

(8) 建立系统运动微分方程：消去方程中的未知约束反力，得到系统运动微分方程（系统运动微分方程个数同系统自由度）。

(9) 利用分离变量法对系统运动微分方程进行积分求解（或者直接借助守恒方程求解速度

和角速度参数)。

(10) 约束反力计算：将积分求解后的系统运动学参数代入到包含特定约束反力的动力学方程中，计算相应的约束反力。

牛顿动力学的第二种解题思路（针对作平面运动的动力学系统，将系统分拆为单个刚体逐个分析）的主要步骤如下：

(1) 判断系统自由度，选定合适的广义坐标（注：这里仅考虑系统为完整约束系统，系统自由度等于广义坐标数）。

(2) 将系统分拆为单个的刚体，针对每个刚体进行受力分析：画出其所受主动力和约束反力。

(3) 针对每个刚体建立相应的平面运动微分方程（每个刚体可建立 2 个质心运动方程和 1 个相对质心的动量矩方程），对于作定轴转动的刚体，也可以用相对固定转轴的动量矩方程代替相对质心的动量矩方程。

(4) 运动学分析：将各刚体平面运动微分方程中的运动学参数用系统广义坐标表达（或者消去各方程中不独立的运动学参数，使得各方程仅包含独立的运动学参数（和广义坐标数相同））。

(5) 统计所有方程中的未知数总个数（未知的运动学参数（或广义坐标）个数 + 未知的独立的约束反力个数）。如果前面步骤的分析都正确执行的话，此时独立的未知数总数和方程总数相等，否则需要检查步骤 (1) ~ (5)。

(6) 建立系统运动微分方程：消去各方程中的未知约束反力，得到系统运动微分方程（系统运动微分方程个数同系统自由度）。

(7) 利用分离变量法对系统运动微分方程进行积分求解。

(8) 约束反力计算：将积分求解后的系统运动学参数代入到包含特定约束反力的动力学方程中，计算相应的约束反力。

C.2.3 典型例题

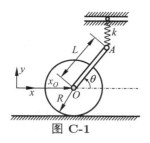

图 C-1

例 C-1 如图C-1所示，铅垂面内平面机构由质量同为 m 的均质杆和均质圆盘在盘心 O 处铰接而成，不计铰链处摩擦。圆盘在粗糙水平地面纯滚动。一刚度系数为 k 的弹簧一端连于杆端 A 点，另一端可沿光滑导槽滑动。设 $\theta = 60°$ 时弹簧处于原长。设重力加速度为 g。以 x_O 和 θ 为广义坐标，(1) 建立系统运动微分方程；(2) 若弹簧处于原长（$\theta = 60°$）时，将系统由静止释放，求释放后初始瞬时地面对圆盘的正压力和摩擦力。（取材于清华大学 2020—2021 秋季学期期末考试试题）

解法 1 分析动力学方法结合牛顿动力学方法

求解思路：首先应用第二类拉格朗日方程建立系统运动微分方程，再利用质点系动量定理求解约束反力。

(1) 应用第二类拉格朗日方程建立系统运动微分方程。

以系统为研究对象，系统为理想完整约束系统，具有两个自由度。系统所受主动力为重力和弹簧力，均为有势力，可以应用以拉格朗日函数（动势）表达的第二类拉格朗日方程。

根据题目给定的广义坐标（注：若题目未给定广义坐标，可自行选定两个独立的运动学参

数作为广义坐标，选取原则是：尽可能使系统动能和势能的表达简单方便），圆盘的动能为

$$T_{盘}=\frac{1}{2}m\dot{x}_O^2+\frac{1}{2}(\frac{1}{2}mR^2)\left(\frac{\dot{x}_O}{R}\right)^2 \tag{C-1}$$

设杆的质心速度为 v、角速度为 ω，则杆的动能为

$$\begin{aligned}
T_{杆} &= \frac{1}{2}mv^2+\frac{1}{2}J\omega^2 \\
&= \frac{1}{2}m((\dot{x}_O-\frac{1}{2}L\dot{\theta}\sin\theta)^2+(\frac{1}{2}L\dot{\theta}\cos\theta)^2)+\frac{1}{24}mL^2\dot{\theta}^2
\end{aligned} \tag{C-2}$$

系统的总动能为

$$T=T_{盘}+T_{杆}=\frac{5}{4}m\dot{x}_O^2+\frac{1}{6}mL^2\dot{\theta}^2-\frac{1}{2}mL\dot{x}_O\dot{\theta}\sin\theta \tag{C-3}$$

以圆盘圆心 O 处水平面为零势能参考面，系统的总势能为

$$\begin{aligned}
V &= mg\cdot\frac{1}{2}L\sin\theta+\frac{1}{2}k(L\sin\theta-L\cdot\frac{\sqrt{3}}{2})^2 \\
&= (\frac{1}{2}mgL-\frac{\sqrt{3}}{2}kL^2)\sin\theta+\frac{1}{2}kL^2\sin^2\theta+\frac{3}{8}kL^2
\end{aligned} \tag{C-4}$$

系统拉格朗日函数 $L=T-V$，将其代入第二类拉格朗日方程，整理后可得系统运动微分方程：

$$\frac{5}{2}m\ddot{x}_O-\frac{1}{2}mL\ddot{\theta}\sin\theta-\frac{1}{2}mL\dot{\theta}^2\cos\theta=0 \tag{C-5}$$

$$\frac{1}{3}mL^2\ddot{\theta}-\frac{1}{2}mL\ddot{x}_O\sin\theta+kL^2\sin\theta\cos\theta+\frac{1}{2}mgL\cos\theta-\frac{\sqrt{3}}{2}kL^2\cos\theta=0 \tag{C-6}$$

采用分析动力学方法求解动力学问题的一个好处是：可以很方便地进行系统首次积分分析和讨论。注意到本问题中系统所受主动力都为有势力，且系统拉格朗日函数不显含广义坐标 x_O，故系统存在循环积分（广义动量守恒）：

$$\frac{\partial L}{\partial\dot{x}_O}=\frac{5}{2}m\dot{x}_O-\frac{1}{2}mL\dot{\theta}\sin\theta=C$$

又注意到系统拉格朗日函数不显含时间，故存在广义能量守恒：

$$\begin{aligned}
\frac{\partial L}{\partial\dot{x}_o}\dot{x}_O+\frac{\partial L}{\partial\dot{\theta}}\dot{\theta}-L &= \frac{5}{4}m\dot{x}_O^2+\frac{1}{6}mL^2\dot{\theta}^2-\frac{1}{2}mL\dot{x}_O\dot{\theta}\sin\theta+ \\
&\quad (\frac{1}{2}mgL-\frac{\sqrt{3}}{2}kL^2)\sin\theta+\frac{1}{2}kL^2\sin^2\theta+\frac{3}{8}kL^2=C
\end{aligned}$$

因为系统约束均为定常约束，上述广义能量守恒的物理意义是系统机械能守恒。

(2) 应用质点系动量定理求解系统释放时刻的约束反力。

考虑系统释放时刻的条件：$\theta=60°$，$\dot{\theta}=0$，$\dot{x}_O=0$，将其代入运动微分方程，得

$$5\ddot{x}_O-L\ddot{\theta}\cdot\frac{\sqrt{3}}{2}=0 \tag{C-7}$$

$$\frac{1}{3}mL^2\ddot{\theta}-\frac{1}{2}mL\ddot{x}_O\cdot\frac{\sqrt{3}}{2}+\frac{1}{4}mgL=0 \tag{C-8}$$

联立求解，得

$$\ddot{\theta}=-\frac{30g}{31L} \tag{C-9}$$

$$\ddot{x}_O=-\frac{3\sqrt{3}}{31}g \tag{C-10}$$

如图C-2所示，设系统释放时刻地面对圆盘的正压力和摩擦力分别为 N 和 f，圆盘和杆的质心加速度分别为 a_O 和 a，弹簧为原长即弹簧拉力 $F = 0$。以系统为对象，把质点系动量定理向竖直方向（y 方向）投影：

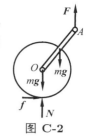

图 C-2

$$N - 2mg = ma_y = m \cdot \frac{1}{2}L\ddot{\theta} \cdot \cos 60° \tag{C-11}$$

把式 (C-9) 代入式 (C-11)，解得：$N = \frac{109}{62}mg$，方向竖直向上。

把质点系动量定理向水平方向（x 方向）投影：

$$f = ma_O + ma_x = m\ddot{x}_O + m(\ddot{x}_O - \frac{1}{2}L\ddot{\theta} \cdot \frac{\sqrt{3}}{2}) \tag{C-12}$$

把式 (C-9) 和式 (C-10) 代入式 (C-12)，解得：$f = \frac{3\sqrt{3}}{62}mg$，方向水平向右。

解法 2 牛顿动力学方法-质点系普遍定理综合应用

求解思路：对系统应用动能定理（机械能守恒）可建立一个方程。由于系统为两自由度完整系统（意味着存在两个独立的未知运动学参数），需要补充方程才能完全求解。基本原则是：补充方程中应尽可能少（如果不能完全避免）的出现新的未知约束力，且最终方程总数应和独立的未知数总数相同。基于上述原则考虑本题，补充方程 **(a)**：以系统整体为对象，应用质点系动量定理的水平投影方程，此补充方程中将出现一个新的未知约束反力，即圆盘所受的地面摩擦力（沿水平方向）；补充方程 **(b)**：以圆盘为对象，以盘心（圆盘质心）为矩心列写动量矩方程，由于圆盘所受外力除了地面摩擦力外，其他外力作用线均汇交于矩心，此补充方程中不会出现新的未知约束力。此时我们建立了 3 个方程，包含 3 个独立未知数（两个广义坐标和一个地面摩擦力），将这 3 个方程联立，问题可以得到完全求解（消去摩擦力，即可得到系统运动微分方程）。

(1) 应用质点系普遍定理建立系统运动微分方程。

首先对系统整体应用机械能守恒，建立第一个方程。

把系统动能 (C-3) 和势能 (C-4) 的表达式代入系统机械能守恒方程 $T + V = C$（C 为常数），方程两端同时对时间求导，得

$$\begin{aligned}&(\frac{1}{3}mL^2\ddot{\theta} - \frac{1}{2}mL\ddot{x}_O\sin\theta + kL^2\sin\theta\cos\theta + \frac{1}{2}mgL\cos\theta - \frac{\sqrt{3}}{2}kL^2\cos\theta)\dot{\theta} + \\ &(\frac{5}{2}m\ddot{x}_O - \frac{1}{2}mL\ddot{\theta}\sin\theta - \frac{1}{2}mL\dot{\theta}^2\cos\theta)\dot{x}_O = 0\end{aligned} \tag{C-13}$$

补充动力学方程 **(a)**：如图C-2所示，以系统整体为对象，写出质点系动量定理的水平投影方程。

$$2m\ddot{x}_O - \frac{1}{2}mL\ddot{\theta}\sin\theta - \frac{1}{2}mL\dot{\theta}^2\cos\theta = f \tag{C-14}$$

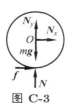

图 C-3

补充动力学方程 **(b)**：如图C-3所示，以圆盘为对象，以盘心（圆盘质心）为矩心列写动量矩方程。

$$-J_{盘}\left(\frac{\ddot{x}_O}{R}\right) = -\frac{1}{2}m\ddot{x}_O R = Rf \tag{C-15}$$

联立方程式 (C-14) 和式 (C-15)，消去摩擦力 f，可得

$$\frac{5}{2}m\ddot{x}_O - \frac{1}{2}mL\ddot{\theta}\sin\theta - \frac{1}{2}mL\dot{\theta}^2\cos\theta = 0 \tag{C-16}$$

则式 (C-13) 和式 (C-16) 即为系统运动微分方程（不难看出，其与式 (C-5) 和式 (C-6) 等价）。

(2) 应用质点系动量定理求解系统释放时刻的约束反力。

以下可参照解法 1(2) 中的过程求解约束反力（略）。

解法 3　牛顿动力学方法-系统分拆后应用刚体平面运动微分方程

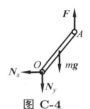

图 C-4

求解思路：系统为两自由度完整约束系统，也即独立的未知运动学参数为 2 个（广义坐标 x_O，θ）；系统分拆后，两个刚体的受力分析如图C-3和图C-4所示，独立的未知约束反力有 4 个（f，N，N_x，N_y），也即系统独立的总未知数个数为 6。考虑到每个刚体可列写 3 个平面运动微分方程，所以一共可以列写 6 个动力学方程，刚好可以求解 6 个未知数。当然，实际分析中，根据题目要求如果只需求解部分未知数，也可以只选取部分合适的方程完成题目求解。

(1) 对每个刚体建立平面运动微分方程，联立方程消去未知的约束力，建立系统运动微分方程。

如图C-3所示，以圆盘为对象，建立刚体平面运动微分方程：

$$m\ddot{x}_O = f + N_x \tag{C-17}$$

$$0 = N + N_y - mg \tag{C-18}$$

$$-J_{\text{盘}}\left(\frac{\ddot{x}_O}{R}\right) = -\frac{1}{2}m\ddot{x}_O R = Rf \tag{C-19}$$

如图C-4所示，以杆为对象，设杆中点（质心）坐标为 (x, y)，建立刚体平面运动微分方程：

$$m\ddot{x} = m\ddot{x}_O - \frac{1}{2}mL\sin\theta\ddot{\theta} - \frac{1}{2}mL\cos\theta\dot{\theta}^2 = -N_x \tag{C-20}$$

$$m\ddot{y} = \frac{1}{2}mL(\cos\theta\ddot{\theta} - \sin\theta\dot{\theta}^2) = F - N_y - mg \tag{C-21}$$

$$J_{\text{杆}}\varepsilon = \frac{1}{12}mL^2\ddot{\theta} = N_y\frac{L}{2}\cos\theta - N_x\frac{L}{2}\sin\theta + F\frac{L}{2}\cos\theta \tag{C-22}$$

其中，弹簧拉力 $F = kL(\frac{\sqrt{3}}{2} - \sin\theta)$。从上述 6 个方程中不难消去 4 个未知的约束反力，可以得到 2 个系统运动微分方程（请同学们自行练习）。

(2) 应用质点系动量定理求解系统释放时刻的约束反力。

以下可参照解法 1(2) 中的过程求解约束反力（略）。

例 C-2　如图C-5所示，铅垂面内质量为 m、半径为 R 的均质圆盘初始以匀角速度 ω 沿粗糙水平地面纯滚动。若圆盘突然撞上半径为 R 的粗糙固定圆弧形障碍物，撞击点 A 和圆盘中心 C 点及障碍物圆心 O 点的连线和竖直方向呈 45° 角，设撞击为完全非弹性碰撞且无相对滑动。(1) 求碰撞后瞬时圆盘的角速度；(2) 碰撞后，以 OC 连线和竖直方向的夹角 φ 为广义坐标，建立圆盘以纯滚动方式越过障碍物的

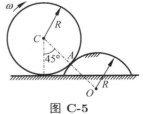

图 C-5

运动微分方程；(3) 设圆盘和障碍物间的静滑动摩擦系数为 μ，不计滚动摩阻。求使圆盘能以纯滚动方式（不打滑、不脱离）越过障碍物最高点的碰撞前的初始角速度 ω 的范围以及摩擦系数 μ 值的下限？（取材于清华大学 2020—2021 秋季学期期末考试试题）

解 求解思路：本题涉及两个动力学子问题的求解，首先求解一个碰撞问题，然后以碰撞结束瞬间的状态为初始条件，求解一个常规动力学问题。

(1) 碰撞问题的求解。

解法 1 应用质心运动定理和对质心的动量矩定理的有限形式

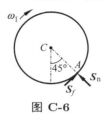

图 C-6

求解思路：由于该碰撞为完全非弹性碰撞且无相对滑动，是一个刚体突加约束问题，圆盘由碰撞前的平面纯滚动突变为碰撞后瞬时绕 A 点的定轴转动（单自由度运动）。如图 C-6 所示，设圆盘碰撞后的角速度为 ω_1，在碰撞过程中受到来自障碍物的法向冲量 S_n 和切向（摩擦）冲量 S_f，一共 3 个未知数。可以应用质心运动定理和对质心的动量矩定理的有限形式，消去未知的约束冲量，解出碰撞后的角速度。具体如下：

由质心运动定理（切向投影）和对质心的动量矩定理的有限形式得

$$m\omega_1 R - m\omega R\cos 45° = S_f \tag{C-23}$$

$$-J_C\omega_1 + J_C\omega = \frac{1}{2}mR^2(\omega - \omega_1) = S_f \cdot R \tag{C-24}$$

联立方程 (C-23) 和 (C-24)，消去摩擦冲量 S_f，解得

$$\omega_1 = \frac{1+\sqrt{2}}{3}\omega \tag{C-25}$$

解法 2 应用对固定点的动量矩定理的有限形式

求解思路：由于碰撞过程中圆盘仅受来自障碍物 A 点的碰撞冲量，利用碰撞前后圆盘对 A 点动量矩守恒，方程中不会出现未知的约束冲量，可直接求解碰撞后的运动学量（单自由度运动仅包含一个独立的未知运动参数）。碰撞前后圆盘对 A 点的动量矩 L_{A1} 和 L_{A2} 分别为

$$L_{A1} = -J_C\omega - m\omega R^2\cos 45° = -\frac{1+\sqrt{2}}{2}mR^2\omega \tag{C-26}$$

$$L_{A2} = -J_A\omega = -\frac{3}{2}mR^2\omega_1 \tag{C-27}$$

由 $L_{A1} = L_{A2}$ 可解得 ω_1（同式 (C-25)）。

(2) 建立碰撞后圆盘以纯滚动方式越过障碍物的运动微分方程。（常规动力学问题）

求解思路：圆盘以纯滚动方式越过障碍物是一个单自由度常规动力学问题，此问可以考虑三种解法：应用动能定理（或机械能守恒）建立系统运动微分方程；应用第二类拉格朗日方程建立系统运动微分方程；应用刚体平面运动微分方程，消去未知的约束反力。

解法 1 应用机械能守恒或动能定理建立系统运动微分方程

圆盘纯滚动越过障碍物时是单自由度系统，以越过障碍物过程中 OC 连线和竖直方向的夹角 φ 为广义坐标，以 O 点所在水平面为零势能参考面，则势能为

$$V = 2mgR\cos\varphi \tag{C-28}$$

圆盘动能由柯尼希定理给出：

$$T = \frac{1}{2}mv_C^2 + \frac{1}{2}J_C\omega_{盘}^2 = \frac{1}{2}m(2R\dot{\varphi})^2 + \frac{1}{2}\left(\frac{1}{2}mR^2\right)(2\dot{\varphi})^2 \tag{C-29}$$

由机械能守恒方程 $T + V = C$（C 为常数），方程两端同时对时间求导得

$$\ddot{\varphi} - \frac{g}{3R}\sin\varphi = 0 \tag{C-30}$$

请同学们自行练习解法 2 和解法 3。

(3) 计算越过障碍物最高点须满足的条件。（常规动力学问题）

求解思路：本问需要同时检查 3 个条件：**(a)** 圆盘越过障碍物过程中不打滑；**(b)** 圆盘越过障碍物过程中不脱离；**(c)** 圆盘能够到达障碍物最高点。其中检查前两个条件需要计算圆盘在越过障碍物过程中所受的来自障碍物的支持力和摩擦力，可以应用刚体平面运动微分方程求解。检查第 3 个条件可以通过对运动微分方程 (C-30) 进行积分或者应用机械能守恒得到圆盘越过障碍物过程中任意时刻的角速度，令其始终大于零即可。

如图C-7所示，设圆盘越过障碍物过程中受到来自障碍物的支持力 N 和摩擦力 f，由质心运动定理得

$$-2mR\dot{\varphi}^2 = N - mg\cos\varphi \tag{C-31}$$

$$-2mR\ddot{\varphi} = f - mg\sin\varphi \tag{C-32}$$

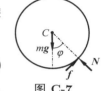

图 C-7

把式 (C-30) 代入式 (C-32)，解得

$$f = \frac{1}{3}mg\sin\varphi \tag{C-33}$$

下面应用分离变量法求解 $\dot{\varphi}$（注：也可以应用机械能守恒方程求解 $\dot{\varphi}$）：把关系式 $\ddot{\varphi} = \frac{\mathrm{d}\dot{\varphi}}{\mathrm{d}\varphi}\frac{\mathrm{d}\varphi}{\mathrm{d}t} = \dot{\varphi}\frac{\mathrm{d}\dot{\varphi}}{\mathrm{d}\varphi}$ 代入圆盘运动微分方程 (C-30)，并进行积分（从碰撞结束时刻积分至越过障碍物过程中任意时刻），解得

$$\dot{\varphi}^2 = \frac{(1+\sqrt{2})^2}{36}\omega^2 - \frac{2g}{3R}\left(\cos\varphi - \frac{\sqrt{2}}{2}\right) \tag{C-34}$$

把式 (C-34) 代入式 (C-31)，解得

$$N = \frac{1}{3}mg(7\cos\varphi - 2\sqrt{2}) - \frac{(1+\sqrt{2})^2}{18}mR\omega^2 \tag{C-35}$$

圆盘越过障碍物过程中不脱离条件：$N > 0$。把式 (C-35) 代入该条件，并注意到 ω 上限的下边界取在 $\varphi = 45°$，可得 ω 的第一种上限条件：

$$\omega_{\text{不脱离}}^2 < 3(9\sqrt{2} - 12)\frac{g}{R} \tag{C-36}$$

圆盘越过障碍物过程中不打滑条件：$|f| < \mu N$。把式 (C-33) 和式 (C-35) 代入该条件，并注意到 ω 上限的下边界取在 $\varphi = 45°$，可得 ω 的第二种上限条件：

$$\omega_{\text{不打滑}}^2 < (9\sqrt{2} - 12)\left(3 - \frac{1}{\mu}\right)\frac{g}{R} \tag{C-37}$$

圆盘能越过障碍物最高点条件：$\dot{\varphi}^2 > 0$，把式 (C-33) 和式 (C-35) 代入该条件，并注意到 ω 下限的上边界取在 $\varphi = 45°$，可得 ω 的下限条件：

$$\omega_{\text{过最高点}}^2 > \frac{12(2-\sqrt{2})}{(1+\sqrt{2})^2}\frac{g}{R} \tag{C-38}$$

综合式 (C-36)、式 (C-37) 和式 (C-38) 可得圆盘越过障碍物的初始角速度条件：

$$\frac{12(2-\sqrt{2})}{(1+\sqrt{2})^2}\frac{g}{R} < \omega^2 < (9\sqrt{2}-12)\left(3-\frac{1}{\mu}\right)\frac{g}{R} \tag{C-39}$$

进而得到 μ 取值范围：$\mu > \dfrac{\sqrt{2}}{7\sqrt{2}-8}$。

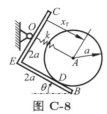

图 C-8

例 C-3　如图C-8所示，平面机构位于铅垂面内，L 形均质细杆被铰接在 O 上定轴转动，其中 O 为 EC 中点，EC 和 EB 长均为 $2a$、质量均为 m。刚度系数为 k、原长为 x_0 的弹簧一端与杆 EC 边中点连接、另一端与质量为 m、半径为 a 的均质圆盘中心 A 连接，弹簧中心线平行于杆 EB 边。设重力加速度为 g，仅考虑圆盘 A 沿杆 EB 边纯滚动阶段，(1) 以 θ 和 x_r 为广义坐标，建立系统的运动微分方程；(2) 求杆与圆盘接触点 D 处的摩擦力和正压力表达式（用广义坐标、广义速度和广义加速度表达）。（取材于清华大学 2018—2019 秋季学期期末考试试题）

解　分析动力学方法结合牛顿动力学方法

求解思路：首先应用第二类拉格朗日方程建立系统运动微分方程，再利用质点系动量定理和动量矩定理求解约束反力。

(1) 应用第二类拉格朗日方程建立系统运动微分方程。

以系统为研究对象，系统为理想完整约束系统，具有两个自由度。系统所受主动力为重力和弹簧力，均为有势力，可以应用以拉格朗日函数（动势）表达的第二类拉格朗日方程。

根据题目给定的广义坐标（注：若题目未给定广义坐标，可自行选定两个独立的运动学参数作为广义坐标，选取原则是：尽可能使系统动能和势能的表达简单方便）。圆盘作平面运动，其动能由柯尼希定理给出：

$$T_{盘}=\frac{1}{2}mv_A^2+\frac{1}{2}J_{A盘}\omega_{盘}^2=\frac{1}{2}mv_A^2+\frac{1}{2}(\frac{1}{2}ma^2)\omega_{盘}^2 \tag{C-40}$$

由点的复合运动和刚体复合运动分析可知：

$$v_A^2 = \dot{x}_r^2 + x_r^2\dot{\theta}^2 \tag{C-41}$$

$$\omega_{盘} = \dot{\theta} + \frac{\dot{x}_r}{a} \tag{C-42}$$

把式 (C-41) 和式 (C-42) 代入式 (C-40)，得

$$T_{盘} = \frac{3}{4}m\dot{x}_r^2 + \frac{1}{2}m\dot{\theta}^2 x_r^2 + \frac{1}{2}ma\dot{\theta}\dot{x}_r + \frac{1}{4}ma^2\dot{\theta}^2 \tag{C-43}$$

L 形杆作定轴转动，其动能为

$$T_{杆} = \frac{1}{2}J_{O杆}\dot{\theta}^2 = \frac{1}{2}(\frac{8}{3}ma^2)\dot{\theta}^2 \tag{C-44}$$

系统的总动能为

$$T = T_{盘} + T_{杆} = \frac{3}{4}m\dot{x}_r^2 + \frac{1}{2}m\dot{\theta}^2 x_r^2 + \frac{1}{2}ma\dot{\theta}\dot{x}_r + \frac{19}{12}ma^2\dot{\theta}^2 \tag{C-45}$$

以转轴 O 处水平面为零势能参考面，系统的总势能为

$$V = -mgx_r \sin\theta - mga(\cos\theta + \sin\theta) + \frac{1}{2}k(x_r - x_0)^2 \tag{C-46}$$

系统拉格朗日函数 $L = T - V$，将其代入第二类拉格朗日方程，整理后可得系统运动微分方程：

$$\frac{3}{2}m\ddot{x}_r + \frac{1}{2}ma\ddot{\theta} - m\dot{\theta}^2 x_r + k(x_r - x_0) - mg\sin\theta = 0 \tag{C-47}$$

$$(x_r^2 + \frac{19}{6}a^2)\ddot{\theta} + \frac{1}{2}a\ddot{x}_r + 2\dot{\theta}x_r\dot{x}_r - gx_r\cos\theta - ga(\cos\theta - \sin\theta) = 0 \tag{C-48}$$

根据系统拉格朗日函数的特点，可对系统首次积分做分析和讨论。注意到本问题中系统所受主动力都为有势力，且系统拉格朗日函数不显含时间，故存在广义能量守恒：

$$T + V = \frac{3}{4}m\dot{x}_r^2 + \frac{1}{2}m\dot{\theta}^2 x_r^2 + \frac{1}{2}ma\dot{\theta}\dot{x}_r + \frac{19}{12}ma^2\dot{\theta}^2$$

$$- mgx_r\sin\theta - mga(\cos\theta + \sin\theta) + \frac{1}{2}k(x_r - x_0)^2 = C$$

因为系统约束均为定常约束，上述广义能量守恒的物理意义是系统机械能守恒。

(2) 应用质点系动量定理求解约束力。

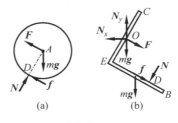

图 C-9

设杆与圆盘接触点 D 处的摩擦力为 f、正压力为 N。如图C-9所示，首先以圆盘为分析对象，以圆盘质心为矩心列写动量矩定理：

$$fa = \frac{1}{2}ma^2\left(\frac{\ddot{x}_r}{a} + \ddot{\theta}\right) \tag{C-49}$$

解得摩擦力：

$$f = \frac{1}{2}ma\left(\frac{\ddot{x}_r}{a} + \ddot{\theta}\right) \tag{C-50}$$

再以 L 形杆为分析对象，以固定转轴 O 为矩心列写动量矩定理：

$$Nx_r + mga(-\sin\theta + \cos\theta) - fa = \frac{8}{3}ma^2\ddot{\theta} \tag{C-51}$$

把式 (C-50) 代入式 (C-51)，解得正压力：

$$N = \frac{\frac{19}{6}ma^2\ddot{\theta} + \frac{1}{2}ma\ddot{x}_r + mga(\sin\theta - \cos\theta)}{x_r} \tag{C-52}$$

思考题 参照例C-1，同学们考虑一下本题还可以采用哪些解法？请自行练习。

例 C-4　如图C-10所示,铅垂面内有质量为 m,长为 $2l$ 的均质细杆 AB, A 端靠在光滑墙面, B 端铰接半径为 r、质量为 $M = 2m/9$ 的圆盘放置于粗糙地面上。杆与盘从 $\cos\theta = 13/16$ 静止释放,盘始终作纯滚动。(1) 给出杆脱离墙面前系统的运动微分方程;(2) 证明当杆运动到 $\theta = 60°$ 时,杆脱离墙面;计算杆脱离墙面时,盘质心速度、杆角速度和地面对盘的摩擦力; (3) 计算杆脱离墙面后,杆第一次处于水平状态($\theta = 90°$)时 B 点速度。(假设从杆脱离墙面到杆运动至水平状态,杆与盘均不与墙接触。精确计算表明该假设成立,解题时无须证明该假设。) (取材于清华大学 2018—2019 秋季学期期末考试试题)

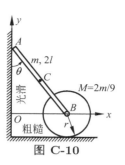

图 C-10

解　求解思路:本题涉及两个不同阶段的具有不同自由度的动力学问题的求解。第一个阶段:杆脱离墙壁前,系统为单自由度理想完整约束系统,主动力皆有势,可以首先应用动能定理或机械能守恒(注:也可以应用第二类拉格朗日方程)建立系统运动微分方程。考虑到脱离条件分析涉及墙面约束反力的计算,需要引入质点系动量定理和/或动量矩定理对墙面的约束反力进行求解。第二个阶段:杆脱离墙面以后,系统为两自由度系统。此时,动能定理或机械能守恒只能给出一个系统方程(不含未知约束反力),其单独应用无法完全求解系统运动。因此对第二阶段的求解,可以考虑以下两种思路:**(a)** 分析动力学方法:应用第二类拉格朗日方程建立系统运动微分方程,再应用首次积分求解运动学参数(注:如果仅需求解速度和角速度参数,可以考虑直接从拉格朗日函数出发分析首次积分,建立适当的广义守恒方程进行求解);**(b)** 牛顿动力学方法:应用动能定理或机械能守恒给出一个系统方程(不含未知约束反力),应用质点系动量定理或动量矩定理补充适当的动力学方程(可以根据解题需要以系统或系统中的某个刚体为分析对象),联立消去未知约束反力,最后得到完整的系统运动微分方程,并应用分离变量法进行积分求解。下面进行具体求解。

(1) 建立杆脱离墙面前系统的运动微分方程。

注意到系统为单自由度系统且机械能守恒,可以直接通过机械能守恒建立系统运动微分方程。选取 θ 为广义坐标,利用柯尼希定理写系统动能:

$$
\begin{aligned}
T &= \frac{1}{2}\cdot\frac{1}{2}Mr^2\cdot\left(\frac{2l\dot\theta\cos\theta}{r}\right)^2 + \frac{1}{2}M\cdot\left(2l\dot\theta\cos\theta\right)^2 + \frac{1}{2}\cdot\frac{1}{12}m\cdot(2l)^2\dot\theta^2 + \frac{1}{2}m\cdot(l\dot\theta)^2 \\
&= \frac{2}{3}ml^2\dot\theta^2 + \frac{2}{3}ml^2\dot\theta^2\cos^2\theta \\
&= \frac{2}{3}ml^2\dot\theta^2(1+\cos^2\theta)
\end{aligned} \tag{C-53}
$$

取盘心所在水平面为零势能参考面,系统势能为

$$
V = mgl\cos\theta \tag{C-54}
$$

系统机械能守恒,即: $T + V = \frac{2}{3}ml^2\dot\theta^2(1+\cos^2\theta) + mgl\cos\theta = C$,方程两端同时对时间求导,可得杆脱离墙面前的系统运动微分方程:

$$
\frac{4}{3}l\ddot\theta(1+\cos^2\theta) - \frac{2}{3}l\dot\theta^2\sin2\theta - g\sin\theta = 0 \tag{C-55}
$$

本问也可以应用第二类拉格朗日方程建立系统运动微分方程,请自行练习。

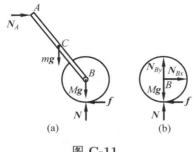

图 C-11

(2) 脱离条件分析和脱离时刻运动学参数和约束力计算。

要证明 $\theta = 60°$ 时，杆脱离墙面，也即要证明：$\theta = 60°$ 时，墙面对杆的约束反力（正压力）$N_A = 0$。由于涉及约束力求解，因此需要应用质点系动量定理或动量矩定理。

如图C-11(a) 所示，首先以系统为对象进行分析，系统在水平方向受到墙面正压力 N_A 和地面摩擦力 f 作用，应用质点系动量定理建立包含墙面约束力的动力学方程：

$$m\ddot{x}_C + M\ddot{x}_B = N_A - f \tag{C-56}$$

其中 $x_C = l\sin\theta$，$\dot{x}_C = l\cos\theta\dot{\theta}$，$\ddot{x}_C = l\cos\theta\ddot{\theta} - l\sin\theta\dot{\theta}^2$，$x_B = 2x_C$。为了消去未知的摩擦力，再以圆盘为分析对象（图C-11(b)），以盘心 B 为矩心应用动量矩定理，得

$$J_B\varepsilon_B = \frac{1}{2}Mr^2\frac{\ddot{x}_B}{r} = fr \tag{C-57}$$

把式 (C-57) 代入式 (C-56)，得墙面正压力表达：

$$N_A = \frac{5}{3}m\ddot{x}_C = \frac{5}{3}m(l\cos\theta\ddot{\theta} - l\sin\theta\dot{\theta}^2) \tag{C-58}$$

由于 N_A 表达式中还含有广义速度 $\dot{\theta}$ 和广义加速度 $\ddot{\theta}$，需要进一步求解。广义速度的求解可以利用系统机械能守恒 $T + V = T_0 + V_0$。其中初始时刻系统机械能为

$$T_0 + V_0 = mgl\cos\theta_0 = \frac{13}{16}mgl \tag{C-59}$$

$\theta = 60°$ 时系统机械能为

$$T + V = \frac{2}{3}ml^2\dot{\theta}^2(1 + \cos^2\theta) + mgl\cos\theta = \frac{5}{6}ml^2\dot{\theta}^2 + \frac{1}{2}mgl \tag{C-60}$$

由 $T + V = T_0 + V_0$ 可以解得杆角速度（$\theta = 60°$）：

$$\dot{\theta} = \sqrt{\frac{3g}{8l}} = \frac{1}{4}\sqrt{\frac{6g}{l}} \tag{C-61}$$

把式 (C-61) 代入系统运动微分方程 (C-55)，可以解得（$\theta = 60°$）

$$\ddot{\theta} = \frac{3\sqrt{3}g}{8l} \tag{C-62}$$

把式 (C-61) 和式 (C-62) 代入墙面正压力表达式 (C-58)（$\theta = 60°$），得：$N_A = 0$，得证。由前述结果不难得到：在脱离时刻（$\theta = 60°$）的盘质心速度

$$\dot{x}_B = 2l\cos\theta\dot{\theta} = \frac{1}{4}\sqrt{6gl} \tag{C-63}$$

地面对盘的摩擦力

$$f = \frac{1}{2} M \ddot{x}_B = 0 \tag{C-64}$$

(3) 计算杆脱离墙面后，杆第一次处于水平状态（$\theta = 90°$）时 B 点速度。

杆脱离墙面后，系统具有两自由度，虽然系统仍有机械能守恒，但该守恒定理只能提供一个方程，其单独应用无法完全求解问题。参考解题思路 **(a)**，可以应用分析动力学方法即第二类拉格朗日方程建立两自由度系统的运动微分方程，再应用首次积分求解速度或角速度参数。

取盘心 B 的 x 坐标分量 x_B 以及杆与竖直方向的夹角 θ 为广义坐标，以盘心所在水平面为零势能参考面，系统拉格朗日函数 L 为

$$
\begin{aligned}
L = T - V &= \frac{1}{2} m (\dot{x}_B^2 + l^2 \dot{\theta}^2 - 2l \dot{\theta} \dot{x}_B \cos\theta) + \frac{1}{2} \left(\frac{1}{12} m (2l)^2 \right) \dot{\theta}^2 + \\
&\quad \frac{1}{2} M \dot{x}_B^2 + \frac{1}{2} \left(\frac{1}{2} M r^2 \right) \left(\frac{\dot{x}_B}{r} \right)^2 - mgl \cos\theta \\
&= \frac{2}{3} m \dot{x}_B^2 + \frac{2}{3} m l^2 \dot{\theta}^2 - m l \dot{\theta} \dot{x}_B \cos\theta - mgl \cos\theta
\end{aligned}
\tag{C-65}
$$

由于本问仅需求解速度参数 $\dot{x}_B$，可以尝试直接利用拉格朗日函数 L 分析首次积分，建立适当的广义守恒方程（关于速度、角速度的方程），对问题直接进行求解。注意到拉格朗日函数不显含广义坐标 x_B 和时间，因此系统存在一个广义动量守恒方程和一个广义能量守恒方程（由约束定常知其物理意义为机械能守恒）：

$$\frac{\partial L}{\partial \dot{x}_B} = \frac{4}{3} m \dot{x}_B - m l \dot{\theta} \cos\theta = C_1 \tag{C-66}$$

$$T + V = \frac{2}{3} m \dot{x}_B^2 + \frac{2}{3} m l^2 \dot{\theta}^2 - m l \dot{\theta} \dot{x}_B \cos\theta + mgl \cos\theta = C_2 \tag{C-67}$$

把脱离时刻（$\theta = 60°$）的 $\dot{x}_B$ 和 $\dot{\theta}$ 的值（参见式 (C-61) 和式 (C-63)）代入上方程，不难解出杆第一次处于水平状态（$\theta = 90°$）时 B 点速度：

$$\dot{x}_B = \frac{5}{32} \sqrt{6gl}, \quad (\theta = 90°) \tag{C-68}$$

思考题 如果应用牛顿动力学方法求解本题，应该如何做？请同学们自行练习（可参考解题思路 **(b)**）。

C.3　平面组合杆系平衡问题求解

平面组合杆系平衡问题是理论力学静力学部分刚体系平衡问题中的十分有代表性的一类问题，就理论体系而言，此类问题的求解也有两套体系可供选择：(1) 分析静力学理论体系；(2) 几何静力学理论体系。

一般而言，分析静力学体系比较适合于求解复杂机构系统在主动力作用下的平衡问题，具体问题包括求系统平衡时主动力之间的关系或者给定主动力求系统的平衡位置。而本节要讨论的平面组合杆系平衡问题主要指平面静定杆系结构（理论力学仅处理静定结构）的平衡问题，具体问题包括求平面组合杆系结构的约束力（包括系统外部约束反力和系统内部各杆件间的约束力）和/或结构内力，此类问题采用几何静力学体系进行处理更为直接和方便。本节主要讨论应用几何静力学方法求解平面组合杆系结构平衡问题。

C.3.1　平面组合杆系平衡问题的几何静力学解题思路和步骤

几何静力学方法从静力学公理和刚化原理出发，通过建立并求解系统整体、特定子系统和/或特定刚体的平衡方程（力系主向量方程或主矩方程），使问题得到解决。组合杆系平衡问题的主要难点在于入手阶段，如何寻找最佳的突破口往往因题而异，具有较强的技巧性，以下仅给出指导性的解题思路，对具体问题不一定是最佳方案，但通常是有效方案。具体如下：

(1) 杆系结构简化：对平面组合杆系中各个杆件的约束和受力特点进行分析，根据二力杆和零杆有关概念，识别出系统中的二力杆（杆件两端为光滑铰接且杆件仅在端点处受集中力外力作用，此时杆件任一截面处的内力均沿杆轴方向，杆件即为二力杆）以及二力杆中的零内力杆（简称零杆），将零杆从系统中去除使系统得到简化。

(2) 注意到对于一组一般的平面力系，最多可以列写 3 个独立的平衡方程（两力一矩式、一力两矩式或者三矩式），解 3 个未知数（约束力）。可以考虑从两个层次进行平衡分析，其目的是：每一层次的平衡分析都能求解出分析对象所受的全部或者部分未知的约束反力，使得系统的未知数（未知约束力）个数减少，如此则有助于问题的全面突破。以下两个层次分析的先后顺序可根据题目的具体特点和解题者的个人习惯进行调整。

(3) 第一层次分析——整体层次平衡分析：以系统整体为对象进行受力分析和平衡分析，看是否能求出系统的全部或部分外约束反力。一般而言，如果系统外约束反力不超过 3 个且为平面一般力系，则可通过建立系统整体平衡方程解出系统全部外约束反力；如果系统外约束反力超过 3 个，则可观察一下是否能通过把力系的主向量方程向适当方向投影，或者选取特定的点（多个约束反力的汇交点）为矩心列写主矩平衡方程，尝试求解部分外约束反力。

(4) 第二层次分析——特定的杆件或子系统隔离体的平衡分析：把特定的杆件或子系统从系统中隔离出来，以该杆件或子系统为对象进行受力分析和平衡分析，看是否能求出该杆件或子系统的全部或部分外约束反力。具体过程同 (3)。选取杆件或子系统隔离体的一个原则是：该杆件或子系统隔离体的外约束反力尽可能少，不超过 3 个最好（因此，要重点观察那些外部约束较简单的杆件或子系统）；若超过 3 个，则最好有多个约束反力汇交到一点，以该点为矩心列写主矩平衡方程，能解出某约束反力。

(5) 一般而言，通过上述两个层次的反复分析，可以解出分析对象的全部或者部分未知约束力，直至形成全面突破（全面突破的含义是：每个所关心的对象的未知的外部约束力一般均不超过 3 个，对其进行平衡分析可实现完全求解）。最后则可根据问题的具体求解需求，选取所关心的对象进行受力分析和平衡分析，完成题目的求解。

在上述思路的实现过程中，受力分析是最基础也是十分重要的一环，无论对系统整体、特定子系统隔离体还是特定杆件隔离体，都要能正确地进行受力分析并画出受力图。其要点是学生要熟练掌握常见约束的约束反力画法。此外，如果需要分析多个彼此间有相互作用的子系统或杆件时，要能清晰分辨施力体和受力体，准确判断并合理利用作用力和反作用力关系对问题进行简化。最后，在列写平衡方程时，要灵活运用力系主矩平衡方程（例如：选取合适的点为矩心，让尽可能多的未知约束力汇交到矩心）以及力系主向量平衡方程向特定方向的投影方程，最理想的情况是每列一个方程，只包含一个未知数，从而可以逐个进行求解，避免联立方程求解，既可提高计算效率，又不容易出错。

平面组合杆系平衡问题的几何静力学解题的主要步骤如下：

(1) 识别系统中的二力杆。

(2) 识别二力杆中的零杆，将零杆从系统中去除。

(3) 观察系统整体、各个子系统以及各杆件的受力特点，选取合适的对象进行分析和求解。其中，重点观察那些外部约束较简单的杆件或子系统。（注：以下 (4)、(5) 两个步骤的执行顺序可以根据需要前后交换，基本原则是尽可能优先列出只包含一个未知数的平衡方程，逐个求解，使未知数逐渐减少，最终形成问题的全面突破。）

(4) 系统整体受力分析和平衡分析：尝试解出系统整体的全部或者部分外约束反力。

(5) 选取特定的子系统或者杆件隔离体作为分析对象，进行受力分析和平衡分析：尝试解出分析对象的全部或者部分外约束反力。

(6) (4)、(5) 两个步骤可以反复执行（次序可交换），当未知数逐渐减少并形成全面突破后，最后根据问题的具体求解需求，选取所关心的特定对象进行受力分析和平衡分析，完成整个题目的求解。

(7) 平衡校核：取系统整体，或者任取一子系统或杆件，进行平衡校核。

C.3.2　典型例题

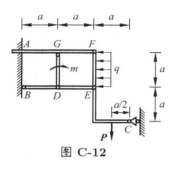

图 C-12

例 C-5　结构载荷和尺寸如图C-12所示，不计自重。(1) 求 C 处约束反力；(2) 求 BD, DE 的内力；(3) 求 A 处的约束反力。（取材于清华大学 2019—2020 秋季学期期末考试试题）

解　求解思路：本题首先根据各个杆件的约束和受力特点对二力杆进行识别。接下来可以分别观察系统整体、各杆件或子系统的受力特点，选取合适的对象从系统中隔离出来进行分析（受力分析和平衡分析），优先选取未知外部约束反力个数不超过 3 个的对象进行分析，或者选取那些虽然未知约束反力个数超过 3 个，但通过选取适当的平衡方程能求解部分未知数的对象进行分析。上述过程可以反复进行，直至对问题形成全面突破。具体如下：

(1) **二力杆和零杆判断**：根据系统中各杆件受力特点，不难发现杆件 BD 和 DE 为二力杆（杆件两端为光滑铰接且杆件仅在端点处受集中力外力作用），其内力分别沿杆件轴线方向（均假定为拉力）。根据零杆判断的有关规则，目前尚无法确定这两根杆件是否零杆。

接下来将进行以系统整体或单个杆件或局部子系统为对象的多层次分析，根据分析对象选取次序不同，可以有多种不同的解法。

解法 1　求解思路：优先选取能完全求解的对象进行分析（例如：对于研究对象受平面一般力系作用的情况，未知的外部约束反力个数不超过 3 个）。

(2) **系统整体观察**：观察系统整体的受力特点，可以发现，系统整体外约束情况复杂，未知数较多，直接分析整体难以解出所有未知约束反力。

(3) **系统中各杆件或子系统的观察和分析对象选择**：系统可以分拆出的单独杆件和子系统有很多，注意到系统右下的约束为辊轴支座约束，只提供一个约束反力，十分简单，因此可以从系统右下的部分开始分拆，选择合适的分析对象：

(a) 经观察，如图C-13(a) 所示，不难看出 L 形杆 EC 仅受 3 个外部约束反力（即支座 C 的 1 个水平约束反力和铰链 E 的 2 个分别沿水平和竖直方向的约束反力），这 3 个约束反力可以通过 L 形杆 EC 的平衡分析完全求解。

　　(b) 一旦支座 C 的约束反力得到求解，则可看出，如图C-13(b) 所示，由杆件 EF 和 L 形杆 EC 构成的子系统所受的外部约束反力也仅有 3 个是未知的，分别是沿杆 DE 轴线方向的 1 个支持力（大小同 DE 杆内力）以及铰 F 提供的 2 个分别沿水平和竖直方向的约束反力，以该子系统为分析对象进行平衡分析不难解出 DE 杆内力。

　　(c) 一旦确定了 DE 杆内力，则可进一步看出，如图C-13(c) 所示，杆件 GD 的外部约束反力也仅有 3 个是未知的，类似 (b) 中的分析，不难解出杆件 BD 的内力。

　　(d) 至此，问题已得到全面突破，最后根据求解需求，如图C-13(d) 所示，以系统整体（杆 BD 视为提供水平约束力）为对象进行分析，只包含固定支座 A 处的 3 个未知的约束反力，通过列写适当的平衡方程，可以解出固定支座 A 处的全部约束反力。以下给出具体求解过程。

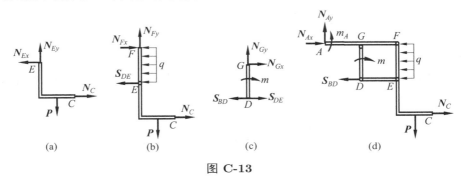

图 C-13

系统中杆件 BD 和 DE 为二力杆，其内力沿各自杆件轴线方向。

以 L 形杆 EC 为分析对象，受力分析如图C-13(a) 所示。以 E 点为矩心列主矩平衡方程：

$$N_C a - P\frac{a}{2} = 0 \tag{C-69}$$

解得

$$N_C = \frac{P}{2} \tag{C-70}$$

以杆 EF 和 L 形杆 EC 构成的子系统为分析对象，受力分析如图C-13(b) 所示。以 F 点为矩心列主矩平衡方程：

$$N_C 2a - P\frac{a}{2} - S_{DE}a - \frac{1}{2}qa^2 = 0 \tag{C-71}$$

解得杆 DE 内力（正值为拉力）：

$$S_{DE} = \frac{1}{2}P - \frac{1}{2}qa \tag{C-72}$$

再以杆 GD 为分析对象，受力分析如图C-13(c) 所示。以 G 点为矩心列主矩平衡方程：

$$S_{DE}a - S_{BD}a - m = 0 \tag{C-73}$$

解得杆 BD 内力（正值为拉力）：

$$S_{BD} = \frac{1}{2}P - \frac{1}{2}qa - \frac{m}{a} \tag{C-74}$$

最后以系统整体（杆 BD 视为提供水平约束力）为对象，受力分析如图C-13(d) 所示。列平面力系平衡方程（两力一矩式，其中力系主向量方程分别沿水平和竖直方向投影，主矩方程以 A 点为矩心）：

$$N_{Ax} + N_C - qa - S_{BD} = 0 \tag{C-75}$$

$$N_{Ay} - P = 0 \tag{C-76}$$

$$m_A - m + N_C 2a - P\frac{5a}{2} - S_{BD}a - \frac{1}{2}qa^2 = 0 \tag{C-77}$$

解得

$$N_{Ax} = \frac{1}{2}qa - \frac{m}{a} \tag{C-78}$$

$$N_{Ay} = P \tag{C-79}$$

$$m_A = 2Pa \tag{C-80}$$

最后以系统为对象，以 E 点为矩心列主矩平衡方程进行校核（略）。

解法 2　求解思路：选取适当的分析对象，快速求解部分未知约束反力。要点是把力系的主向量方程向合适的方向投影，或选取合适的矩心列写主矩方程，使方程只包含单个未知数，从而得以求解。

如图C-13(d) 所示，以系统为对象，考虑力系的主向量方程沿竖直方向的投影，解得

$$N_{Ay} = P \tag{C-81}$$

如图C-13(c) 所示，以杆 GD 为对象，考虑力系的主向量方程沿竖直方向的投影，解得

$$N_{Gy} = 0 \tag{C-82}$$

以 D 为矩心，列写主矩平衡方程，解得（负号表示实际方向与图示方向相反）

$$N_{Gx} = -\frac{m}{a} \tag{C-83}$$

以杆 EF 为对象（参考图C-13(b)），以 E 为矩心，列写主矩平衡方程，解得

$$N_{Fx} = \frac{1}{2}qa \tag{C-84}$$

最后以杆 AF 为对象（参考图C-13(d)），可以看出，此时杆 AF 所受的未知约束反力仅有 3 个，即固支端 A 处的水平约束反力 N_{Ax} 和约束力偶 m_A，以及在 F 端所受的竖直约束反力 N_{Fy}，可以得到完全求解。至此问题得到突破，以下则不难进一步得到杆 BD，DE 的内力，同学们可自行练习。

例 C-6　如图C-14所示，组合结构中弯杆 CDE 的 DE 段作用有竖直向下的均布力 q，杆 EF 上作用有力偶 $M = qa^2$。求：杆 AC 在 A 处受到的全部约束反力（不计所有杆件自重）。（取材于清华大学 2015—2016 秋季学期期末考试试题）

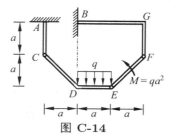
图 C-14

解　求解思路：初步观察各个杆件的约束和受力特点可以看出，本题中不存在二力杆。接下来观察系统整体，由于存在两个固支端约束，未知的外部约束反力较多（共 6 个），不易直接整体求解。因此考虑选取合适的杆件或子系统进行分析。

快速观察系统中的每个杆件，可以看出每个杆件都至少包含 4 个未知的约束反力，难以单独求解。对不同子系统进行快速分析，也有类似情况。以下可以考虑两种方法：

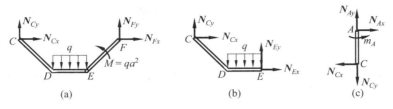

图 C-15

解法 1 选取适当的杆件或子系统，列写特定的力投影方程或者以特定点为矩心的主矩方程，求解部分未知数。重复此过程直至形成突破。具体如下：

如图C-15(a) 所示，以弯杆 CDE 和杆 EF 构成的子系统为对象，注意到 4 个未知约束反力中有 3 个力汇交于 F 点，则以 F 点为矩心列写主矩平衡方程：

$$-N_{Cy}3a + \frac{3}{2}qa^2 + M = 0 \tag{C-85}$$

可解得第 4 个约束力 N_{Cy}：

$$N_{Cy} = \frac{5}{6}qa \tag{C-86}$$

类似的，再以弯杆 CDE 为对象（如图C-15(b) 所示），以 E 点为矩心列写主矩平衡方程：

$$-N_{Cx}a - N_{Cy}2a + \frac{1}{2}qa^2 = 0 \tag{C-87}$$

解得（负号表示实际方向与图示方向相反）

$$N_{Cx} = -\frac{7}{6}qa \tag{C-88}$$

至此，问题已得到突破。最后根据解题需求，以杆 AC 为对象（受力分析如图C-15(c) 所示），列平面力系平衡方程（两力一矩式，其中力系主向量方程分别沿水平和竖直方向投影，主矩方程以 A 点为矩心）：

$$N_{Ax} - N_{Cx} = 0 \tag{C-89}$$

$$N_{Ay} - N_{Cy} = 0 \tag{C-90}$$

$$m_A - N_{Cx}a = 0 \tag{C-91}$$

解得

$$N_{Ax} = -\frac{7}{6}qa \tag{C-92}$$

$$N_{Ay} = \frac{5}{6}qa \tag{C-93}$$

$$m_A = -\frac{7}{6}qa^2 \tag{C-94}$$

解法 2 注意到题目待求的固支端 A 处的未知约束反力共有 3 个，可以分别选取包含杆件 AC 在内的多个子系统为对象，针对每个子系统列写适当的平衡方程，使每个方程的未知数仅包含 3 个待求的约束反力，列满 3 个方程即可使问题得到求解。具体如下：

首先选取杆 AC 为对象（如图C-15(c) 所示），以 C 点为矩心列写主矩平衡方程：

$$m_A - N_{Ax}a = 0 \tag{C-95}$$

再以杆 AC 和弯杆 CDE 构成的子系统为对象（如图C-16(a) 所示），以 E 点为矩心列写主矩平衡方程：

$$m_A - N_{Ax}2a - N_{Ay}2a + \frac{1}{2}qa^2 = 0 \tag{C-96}$$

最后以杆 AC、弯杆 CDE 和杆 EF 构成的子系统为对象（如图C-16(b) 所示），以 F 点为矩心列写主矩平衡方程：

$$m_A - N_{Ax}a - N_{Ay}3a + \frac{3}{2}qa^2 + M = 0 \tag{C-97}$$

方程式 (C-95)、式 (C-96) 和式 (C-97) 仅包含固支端 A 处的 3 个未知约束反力，联立求解线性方程组即可（过程略）。

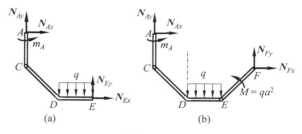

图 C-16

讨论 分别对弯杆 CDE 和杆 EF 进行受力分析，可以看出一共有 6 个独立的未知约束反力，针对每个杆件（受平面一般力系作用）可列 3 个独立的平衡方程，一共可列 6 个独立的方程，刚好可以解出 6 个未知数。实际求解过程不一定要列满 6 个方程，列出部分方程，求解出部分需要的未知数即可形成突破即可。具体实现过程请同学们自行练习。

理论力学主要处理静定结构平衡问题。对于静定结构系统，系统的总的独立的未知约束力个数（包括系统外部约束反力和系统内部各刚体间的约束力）和能列出的全部的独立方程总数应该相等。请同学们针对例C-5和例C-6对上述结论进行验证。

例 C-7 如图C-17所示，组合结构承受集中力 P，力偶 M 和均布压力载荷 q，求 A，B 处的全部约束反力及杆 1，2，3 和 4 的内力。（取材于清华大学 2014—2015 秋季学期期末考试试题）

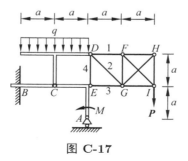

图 C-17

解 求解思路： 观察系统中各个杆件的约束和受力特点可以看出，本题中杆 1 ~ 4 及其右边部分各杆件均为二力杆，其内力沿杆轴方向（均假定为拉力）。根据零杆判断的有关规则，目前尚无法直接判定这些杆件是否零杆。

观察系统整体，系统整体所受的未知的外部约束反力共有 4 个（固支端 B 处有 3 个约束反力，辊轴支座 A 处有一个约束反力），无法直接全部求解（注：系统整体水平方向只有一个未知约束反力，该力可求）。因此需考虑选取合适的杆件或子系统进行分析。

接下来将进行以局部子系统或单个杆件为对象的多层次分析，根据分析对象选取次序不同，可以有多种不同的解法。举例如下：

(1) 求解 1，2 和 3 号杆件内力：注意到系统右半部分为桁架（杆件均为二力杆），因此可以采用截面法分析，根据题目求解需求，可以从杆 1，2 和 3 处进行截断，取截断后的右半部分进行分析，仅包含 3 个未知的杆件内力，对于平面一般力系平衡问题，可以完全求解。

(2) 求解 4 号杆件内力：4 号杆件两端分别连接 T 形杆 CD 和 L 形杆 ACE，可以尝试取两者之一进行分析，如果取 L 形杆 ACE 分析，将有 4 个未知的约束反力，难以完全求解，因此考虑取 T 形杆 CD 分析，此时仅有 3 个未知的约束反力（含 4 号杆提供的沿杆轴线的约束力，其大小等于杆件内力），可以解出 4 号杆内力。

(3) 求解支座 A 处约束反力：可以有两种隔离体选取方法，方法 (i) 选取 L 形杆 ACE 进行分析，由于前面已解出 3 号杆和 4 号杆内力，仅有 3 个未知的约束反力，可以完全求解；方法 (ii) 选取去除 BC 杆后系统剩余部分构成的子系统进行分析，显然该子系统仅有 3 个未知的约束反力，可以完全求解。（注：方法 (ii) 不依赖于其他杆件的求解结果，可独立于步骤 (1) 和 (2) 实施）。

(4) 求解支座 B 处约束反力：在求出支座 A 处的约束反力后，问题已得到突破，可以直接以系统为对象，求解固定支座 B 处的 3 个约束反力（两个约束力和一个约束力偶）。以下给出具体求解过程。

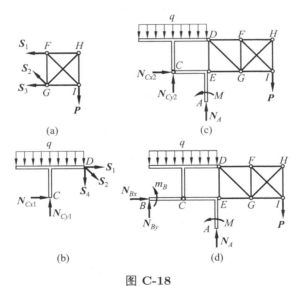

图 C-18

系统右半部分为桁架，各杆件均为二力杆。如图C-18(a) 所示，将系统从杆 1，2，3 处进行截断，取截断后的右半部分进行分析。

以 G 点为矩心列主矩平衡方程：

$$S_1 a - Pa = 0 \tag{C-98}$$

解得

$$S_1 = P \quad (\text{拉力}) \tag{C-99}$$

力系主向量方程沿竖直方向投影：

$$\frac{\sqrt{2}}{2}S_2 - P = 0 \tag{C-100}$$

解得

$$S_2 = \sqrt{2}P \quad (\text{拉力}) \tag{C-101}$$

力系主向量方程沿水平方向投影：

$$-S_1 - S_3 - \frac{\sqrt{2}}{2}S_2 = 0 \tag{C-102}$$

解得

$$S_3 = -2P \quad (\text{压力}) \tag{C-103}$$

再以 T 形杆 CD 为对象进行分析（如图C-18(b) 所示），以 C 点为矩心列主矩平衡方程：

$$S_1 a + S_2 \sqrt{2}a + S_4 a = 0 \tag{C-104}$$

解得

$$S_4 = -S_1 - \sqrt{2}S_2 = -3P \quad (\text{压力}) \tag{C-105}$$

接下来选取去除 BC 杆后系统剩余部分构成的子系统进行分析（如图C-18(c) 所示），以 C 点为矩心列主矩平衡方程：

$$N_A a - P \cdot 3a + M = 0 \tag{C-106}$$

解得

$$N_A = 3P - \frac{M}{a} \tag{C-107}$$

最后以系统整体为对象进行分析（如图C-18(d) 所示），力系主向量方程沿水平方向投影：

$$N_{Bx} = 0 \tag{C-108}$$

力系主向量方程沿竖直方向投影：

$$N_{By} - 2qa - P + N_A = 0 \tag{C-109}$$

解得

$$N_{By} = 2qa - 2P + \frac{M}{a} \tag{C-110}$$

以 B 点为矩心列主矩平衡方程：

$$m_B + M - P \cdot 4a - 2qa^2 + N_A \cdot 2a = 0 \tag{C-111}$$

解得

$$m_B = 2qa^2 + M - 2Pa \tag{C-112}$$

C.4 清华大学期末考试试卷样卷（2018—2020）

C.4.1 2020—2021 秋季学期期末考试样卷 (考试时间：180 分钟)

一、填空题（28 分）（请将答案写在答题纸上，否则不得分）

(1) 如第一 (1) 题图所示，质量忽略不计、长度为 l 的梯子 AB 的一端 B 靠在 光滑 竖直墙面、另一端 A 置于粗糙水平地面，梯子和地面间的静滑动摩擦系数 $f = 1/3$。(i) 若重量为 P 的人位于 $|AD| = l/2$ 处，则 A 点的全约束反力大小为_____(**2 分**)，B 点的全约束反力大小为_____(**2 分**)；(ii) 若人从 A 点沿着梯子上爬，人能在梯子上保持平衡的最大长度 $AD =$_____(**2 分**)（用梯子长度 l 表示）。

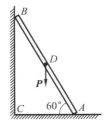

第一 (1) 题图

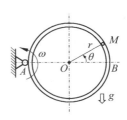

第一 (2) 题图

(2) 如第一 (2) 题图所示，质量为 M 的小球位于半径 r 的光滑圆管 AB 中，圆管在光滑水平桌面（平行于纸面）上绕 A 轴转动，角速度为 ω。取 θ 为广义坐标。小球的科氏加速度大小为_____(**2 分**)、牵连加速度大小为_____(**2 分**)；小球相对于管的运动微分方程为_____(**2 分**)；在图示平面内管壁对小球的支持力大小为_____(**2 分**)。（用 θ, $\dot{\theta}$ 和 $\ddot{\theta}$ 表达）。

(3) 如第一 (3) 题图所示，平面机构中质量同为 m 的均质圆盘和均质杆 AO 在盘心 O 处铰接。杆 BC 以匀角速度 ω 作定轴转动。圆盘与杆 BC 保持接触且相对该杆作纯滚动。如图时刻，杆 BC 位于竖直位置，杆 AO 和水平方向的夹角为 $45°$。不计杆 BC 质量，(i) 系统的总动量大小 $p =$_____(**2 分**)，(ii) 系统的总动能 $T =$_____(**2 分**)，(iii) 系统对 A 点的总动量矩大小 $L_A =$_____(**2 分**)。

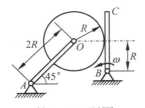

第一 (3) 题图

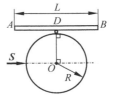

第一 (4) 题图

(4) 如第一 (4) 题图所示，平面机构中质量同为 m 的均质杆 AB 与均质圆盘在杆中点 D 处铰接，系统初始平置于光滑水平桌面（平行于纸面）上并保持静止，杆 AB 与 OD 垂直。不计各处摩擦。(i) 系统的自由度 $n =$_____；设有一大小为 S、作用线平行于杆 AB 且过盘心 O 的冲量作用于盘的边缘，碰撞后瞬时 (ii) 杆 AB 的角速度大小 $\omega_{AB} =$_____(**2 分**)、(iii) 圆盘的角速度大小 $\omega_O =$_____(**2 分**)；(iv) 整个碰撞过程铰链 D 对盘的约束冲量大小 $S_D =$_____(**2 分**)。

二、计算题（20 分）如第二题图所示，求平面组合杆件系统在 A，B 处的约束反力，以及杆 BD，CE，DE 的内力。

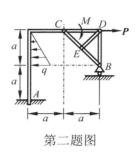
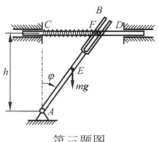

第二题图　　　　　　　　　　　　　第三题图

三、计算题（12 分）如第三题图所示，摆杆机构位于铅垂面内。质量为 m 的摆杆 AB 绕 A 作定轴转动，杆的重心为 E，$|AE| = 2h/3$。CD 杆沿水平槽滑动，CD 杆上的销钉 F 沿 AB 杆上的 U 形叉滑动。销钉 F 连接一弹簧，弹簧原长为零，刚度系数 $k = mg/(12h)$，弹簧另一端固定在 C 点。不计各处摩擦。(1) 求系统<u>所有的</u>平衡位置 φ（**8 分**）；(2) 并判断平衡位置的稳定性（**4 分**）。

四、计算题（20 分）如第四题图所示，铅垂面内平面机构由质量同为 m 的均质杆和均质圆盘在盘心 O 处铰接而成，不计铰链处摩擦。圆盘在粗糙水平地面纯滚动。一刚度系数为 k 的弹簧一端连于杆端 A 点，另一端可沿光滑导槽滑动。设 $\theta = 60°$ 时弹簧处于原长。设重力加速度为 g。以 x_O 和 θ 为广义坐标，(1) 写出系统的动能和势能（**6 分**）；(2) 建立系统运动微分方程（**4 分**）；(3) 分析系统的所有首次积分并解释其物理意义（**4 分**）；(4) 若弹簧处于原长（$\theta = 60°$）时，将系统由静止释放，求释放后初始瞬时地面对圆盘的正压力和摩擦力（**6 分**）。

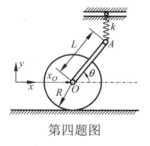
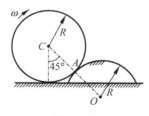

第四题图　　　　　　　　　　　　　第五题图

五、计算题（20 分）如第五题图所示，铅垂面内质量为 m、半径为 R 的均质圆盘初始以匀角速度 ω 沿粗糙水平地面纯滚动。若圆盘突然撞上半径为 R 的粗糙固定圆弧形障碍物，撞击点 A 和圆盘中心 C 点及障碍物圆心 O 点的连线和竖直方向呈 45° 角，设撞击为<u>完全非弹性碰撞且无相对滑动</u>。(1) 求碰撞后瞬时圆盘的角速度（**6 分**）；(2) 碰撞后，以 OC 连线和竖直方向的夹角 φ 为广义坐标，建立圆盘以纯滚动方式越过障碍物的运动微分方程（**6 分**）；(3) 设圆盘和障碍物间的静滑动摩擦系数为 μ，不计滚动摩阻。求使圆盘能以纯滚动方式（不打滑、不脱离）越过障碍物最高点的碰撞前的初始角速度 ω 的范围以及摩擦系数 μ 值的下限（**8 分**）。

C.4.2   2019—2020 秋季学期期末考试样卷 (考试时间：180 分钟)

一、填空题（24 分）（请将答案写在答题纸上，否则不得分）

(1) 如第一 (1) 题图所示，重量为 P、边长为 a 的均质正方形平板 $ABCD$ 位于铅垂面内，其两个角点 B 和 C 分别靠在粗糙竖直墙面和光滑水平地面上。在 AD 边中点 E 作用有大小为 P 的水平力。若平板保持平衡，则 (i) 墙面的静摩擦系数最小值为_____（**2 分**）；(ii) 平板所受的墙面的摩擦力大小为_____（**2 分**）。

(2) 如第一 (2) 题图所示，半径为 r 的无质量圆盘在圆心为 O_1、半径为 $4r$ 的固定圆槽内纯滚动，圆盘的角速度为 ω，盘心 O 处铰接质量为 m、长为 $5r$ 的均质杆 OA，且 A 点一直保持与固定圆槽内表面接触。(i) 系统的自由度为_____（**2 分**）；(ii) OA 杆动量的大小为_____（**2 分**）；(iii) OA 杆的动能为_____（**2 分**）；(iv) OA 杆对 O_1 点的动量矩大小为_____（**2 分**）。

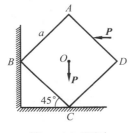

第一 (1) 题图

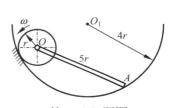

第一 (2) 题图

(3) 如第一 (3) 题图所示，光滑水平面上放置质量为 m、半径为 r 的均质圆盘，初始时刻处于静止，现在圆盘边缘 B 点作用有冲量 I，A 为圆盘边缘上另一点，且与盘心 C 点的连线 AC 垂直于 I。冲量作用后 (i) A 点的速度大小为_____（**2 分**）；(ii) 圆盘的角速度大小为_____（**2 分**）。

(4) 如第一 (4) 题图所示，水平面内半径为 R 的圆盘以匀角速度 ω 绕其中心 C 作定轴转动，距离圆盘中心 C 为 d 处有一细长滑槽 AB。滑槽内一刚度系数为 k 的无质量弹簧一端固定于 A 端、另一端连接一质量为 m 的小球。当小球位于滑槽中点 O 时，弹簧处于原长。不计所有摩擦。建立固接于滑槽的动系 Oxy，以小球的相对位置 x 为广义坐标，则 (i) 小球所受的牵连惯性力为_____（**2 分**）；(ii) 小球所受的科氏惯性力为_____（**2 分**）；(iii) 滑槽对小球的压力为_____（**2 分**）（以上结果用单位矢量 i, j 表达）；(iv) 小球的相对运动微分方程为_____（**2 分**）（用 $x, \dot{x}$ 和 $\ddot{x}$ 表达）。

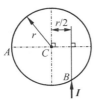

第一 (3) 题图

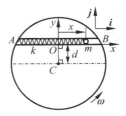

第一 (4) 题图

二、计算题（16 分）如第二题图所示，铅垂面内 4 根长度均为 $2l$ 的杆 AD，BC，CF 和 DE，分别铰接于杆中点 H 和 J，铰点 CD 之间连接有原长为零的弹簧，不计各处重量及摩擦。若 F 点作用有集中力 P 时，系统在 $\theta = \pi/6$ 处平衡，(1) 求弹簧的刚度系数 k (**10 分**)；(2) 判断此平衡位置的稳定性 (**6 分**)。

三、计算题（16 分）结构载荷和尺寸如第三题图所示，不计自重。求：(1) C 处约束反力 (**4 分**)；(2) BD，DE 的内力 (**6 分**)；(3) A 处的约束反力 (**6 分**)。

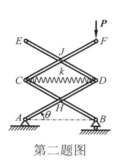

第二题图

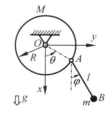

第三题图

四、计算题（24 分）如第四题图所示，铅垂面内平面运动机构由质量均为 m，半径均为 r 的圆盘 A、圆盘 B 以及质量为 m、长为 l 的匀质细杆铰接而成，各铰的摩擦不计。圆盘 A 在墙面上纯滚动、圆盘 B 在地面上纯滚动。杆 AB 与地面的夹角用 θ 表示。(1) 写出系统的动能（用 θ 和 $\dot{\theta}$ 表达）(**6 分**)。(2) 若将系统从 $\theta = \theta_0$ 由静止释放，试求系统在释放后的初始瞬时，(2a) 杆 AB 的角加速度及其中心 C 的加速度（(**8 分**)；(2b) 圆盘 A 在 D 处受到的摩擦力 (**6 分**)；(2c) 圆盘 B 在 E 处受到的法向支持力 (**4 分**)。

五、计算题（20 分）如第五题图所示，铅垂面内，质量为 M、半径为 R 的均质圆盘可绕自己的水平轴 O 转动。质量为 m 的质点挂在长为 l 的无质量杆 AB 上，并与圆盘铰接。已知重力加速度为 g，不计摩擦，取 θ 和 φ 为广义坐标，求：

(1) 系统的动能和势能 (**8 分**)；

(2) 系统的运动微分方程 (**6 分**)；

(3) 系统的所有首次积分并解释其物理意义 (**6 分**)。

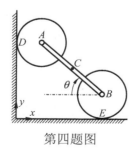

第四题图

第五题图

C.4.3 2018—2019 秋季学期期末考试样卷 (考试时间：180 分钟)

一、填空题（25 分）（请将答案写在答题纸上，否则不得分）

(1) 如第一 (1) 题图所示，铅垂面内，重物 A 和 B 通过铰接的水平轻质杆连接。重物 B 重为 P，始终与斜面保持面接触，与斜面的摩擦角 $\theta_{mB} = 15°$；重物 A 始终与水平面保持面接触，与水平面的摩擦角 $\theta_{mA} = 45°$，不计其他各处摩擦。将两重物均视为质点，欲使 B 不下滑，则 A 的最小重量为＿＿＿＿＿＿（**3 分**）；若所有接触面均光滑，欲使 B 不滑动，则应在 A 左端施加的水平力大小为＿＿＿＿＿＿（**2 分**）。

(2) 如第一 (2) 题图所示，均质杆 AB 分别铰接在均质轮 I, II 的轮心 A, B 处。两轮在水平面上纯滚动，则系统自由度数为＿＿＿＿＿＿（**2 分**）；如图瞬时：设轮 I 角速度为 ω_1，则系统动量大小为＿＿＿＿＿＿（**2 分**）、系统动能大小为＿＿＿＿＿＿（**2 分**）、系统对 A 点的动量矩大小为＿＿＿＿＿＿（**2 分**）。

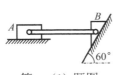
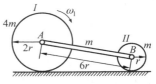

第一 (1) 题图　　　　　　　第一 (2) 题图

(3) 如第一 (3) 题图所示，光滑水平桌面上，放置质量为 m、长为 l 的均质细杆，初始静止；质量为 m 的小球以速度 v（垂直于杆）撞击杆右端，撞击过程完全非弹性。则撞击后杆的角速度大小为＿＿＿＿＿＿（**2 分**）、撞击后杆质心速度大小为＿＿＿＿＿＿（**2 分**）、撞击过程系统动能损失量为＿＿＿＿＿＿（**2 分**）。

(4) 如第一 (4) 题图所示，T 形杆绕竖直轴以角速度 ω 匀速转动，长度为 l、不计质量的轻杆一端铰接于 T 形杆 C 点，另一端固接质量为 m 的小球 D。CD 杆只能在 T 形杆的面内运动。铰接点 C 到竖直转轴的距离为 a，设 CD 杆与竖直方向的夹角 θ 和 $\dot\theta$，$\ddot\theta$ 均已知，以 T 形杆为动系，则小球的科氏加速度大小为＿＿＿＿＿＿（**2 分**）；设重力加速度为 g，求杆 CD 相对 T 形杆保持相对静止时，角速度 ω 和夹角 θ 的关系为 ＿＿＿＿＿＿＿＿＿＿＿（**2 分**）。

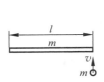
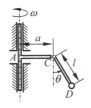

第一 (3) 题图　　　　　　　第一 (4) 题图

二、计算题（15 分） 如第二题图所示，铅垂面内，用 4 根等长均质连杆和弹簧支承刚性平台，连杆与平台、地面以及连杆之间均为铰接。平台上放置的重物与平台共重 P = 500N，弹簧原长为 1.5m，刚度系数 k = 1000N/m，不计连杆和弹簧重量及各处摩擦。试求广义坐标 θ 对应的广义力，并求系统的平衡位置及判断平衡位置是否稳定，其中 $0 \leqslant \theta \leqslant \pi/2$。

三、计算题（15 分） 如第三题图所示，结构载荷、结构尺寸均已知，DE 为细绳，一端连在 CD 杆上，不计任何摩擦及自重。试求 A 处约束反力、DE 绳的拉力和 1，2 号杆的内力。

四、计算题（20 分） 如第四题图所示，平面机构位于铅垂面内，L 形均质细杆被铰接在 O

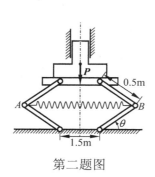

第二题图

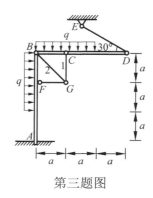

第三题图

上定轴转动，其中 O 为 EC 中点，EC 和 EB 长均为 $2a$，质量均为 m。刚度系数为 k、原长为 x_0 的弹簧一端与杆 EC 边中点连接、另一端与质量为 m、半径为 a 的均质圆盘中心 A 连接，弹簧中心线平行于杆 EB 边。设重力加速度为 g，仅考虑圆盘 A 沿杆 EB 边纯滚动阶段，

(1) 求 L 形均质杆对 O 点的转动惯量 J（后续若使用该转动惯量，直接用 J 表示）；

(2) 请以图示 θ 和 x_r 为广义坐标，建立系统的运动微分方程；

(3) 请给出系统的首次积分并解释其物理意义；

(4) 求杆与圆盘接触点 D 处的摩擦力和正压力表达式。（用广义坐标、广义速度和广义加速度表达）

五、计算题（25 分）如第五题图所示，铅垂面内有质量为 m，长为 $2l$ 的均质细杆 AB，A 端靠在光滑墙面，B 端铰接半径为 r、质量为 $M = 2m/9$ 的圆盘，圆盘放置于粗糙地面。杆与盘从 $\cos\theta = 13/16$ 静止释放，盘始终纯滚动。

(1) 给出杆脱离墙面前系统的运动微分方程；

(2) 证明当杆滑动到 $\theta = 60°$ 时，杆离开墙面；

(3) 计算杆脱离墙面时，轮质心速度，杆角速度，地面对轮的摩擦力；

(4) 计算杆脱离墙面后，杆第一次处于水平状态（$\theta = 90°$）时 B 点速度。（假设从杆脱离墙面到杆运动至水平状态，杆与盘均不与墙接触。精确计算表明该假设成立，解题时无须证明该假设。）

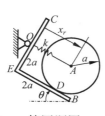

第四题图

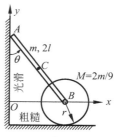

第五题图

C.5 清华大学期末考试试卷样卷参考答案（2018—2020）

C.5.1 2020—2021 秋季学期期末考试样卷参考答案

一、(1) $\sqrt{\dfrac{13}{12}}P$, $\dfrac{\sqrt{3}}{6}P$, $\dfrac{\sqrt{3}}{3}l$；(2) $2r\omega\dot{\theta}$, $2\omega^2 r\cos\dfrac{\theta}{2}$, $\ddot{\theta}=-\omega^2\sin\theta$, $M(2\omega r\dot{\theta}+2\omega^2 r\cos^2\dfrac{\theta}{2}+r\dot{\theta}^2)$；

(3) $\dfrac{3\sqrt{2}}{2}m\omega R$, $\dfrac{19}{12}m\omega^2 R^2$, $\dfrac{16\sqrt{2}-3}{6}m\omega R^2$；(4) 4, 0, $\dfrac{S}{2mR}$, $\dfrac{S}{4}$

二、$N_{Ax}=\dfrac{1}{2}aq-P$（向右为正），$N_{Ay}=\dfrac{M}{a}$（向下），$N_B=\dfrac{M}{a}$（向上），$N_{BD}=\dfrac{M}{a}$（受压），杆 CE 和 DE 均为零杆

三、$\varphi=\dfrac{\pi}{3}$（稳定），$\varphi=0$（不稳定）

四、参考例C-1解答

五、参考例C-2解答

C.5.2 2019—2020 秋季学期期末考试样卷参考答案

一、(1) $\dfrac{1}{2}$, $\dfrac{P}{2}$；(2) 1, $\dfrac{5}{6}m\omega r$, $\dfrac{25}{54}m\omega^2 r^2$, $\dfrac{25}{9}m\omega r^2$；

(3) 0, $\dfrac{I}{mr}$；(4) $m\omega^2 x\boldsymbol{i}+m\omega^2 d\boldsymbol{j}$, $-2m\omega\dot{x}\boldsymbol{j}$, $m(2\omega\dot{x}-\omega^2 d)\boldsymbol{j}$, $m\ddot{x}+(k-m\omega^2)x=0$

二、(1) $k=\dfrac{2P}{l}$；(2) 不稳定

三、参考例C-5解答

四、(1) $T=\dfrac{11}{12}ml^2\dot{\theta}^2$；(2) $\varepsilon_{AB}=\dfrac{9g\cos\theta_0}{11l}$, $a_{Cx}=\dfrac{9}{22}g\sin\theta_0\cos\theta_0$, $a_{Cy}=-\dfrac{9}{22}g\cos^2\theta_0$,

$f_A=\dfrac{9}{22}mg\cos^2\theta_0$, $N_B=3mg-\dfrac{18}{11}mg\cos^2\theta_0$

五、$T=\left(\dfrac{1}{4}MR^2+\dfrac{1}{2}mR^2\right)\dot{\theta}^2+\dfrac{1}{2}ml^2\dot{\varphi}^2+mRl\cos(\theta-\varphi)\dot{\theta}\dot{\varphi}$, $V=-mg(R\cos\theta+l\cos\varphi)$,

$\left(\dfrac{1}{2}M+m\right)R^2\ddot{\theta}+mRl\cos(\theta-\varphi)\cdot\ddot{\varphi}+mRl\dot{\varphi}\left(\dot{\varphi}-\dot{\theta}\right)\sin(\theta-\varphi)+mRl\dot{\theta}\dot{\varphi}\sin(\theta-\varphi)+$

$mgR\sin\theta=0$,

$ml^2\ddot{\varphi}+mRl\cos(\theta-\varphi)\cdot\ddot{\theta}+mRl\dot{\theta}\left(\dot{\varphi}-\dot{\theta}\right)\sin(\theta-\varphi)-mRl\dot{\theta}\dot{\varphi}\sin(\theta-\varphi)+mgl\sin\varphi=0$

C.5.3 2018—2019 秋季学期期末考试样卷参考答案

一、(1) P, $\sqrt{3}P$；(2) 1, $12m\omega_1 r$, $17m\omega_1^2 r^2$, $6m\omega_1 r^2$；

(3) $\dfrac{6v}{5l}$, $\dfrac{v}{5}$, $\dfrac{1}{10}mv^2$；(4) $2\omega l\dot{\theta}\cos\theta$, $g\tan\theta=\omega^2(a+l\sin\theta)$

二、$Q=-2Pl\cos\theta+4kl^2\cos\theta\sin\theta=500\cos\theta(-1+2\sin\theta)$ N·m, $\theta=\dfrac{\pi}{2}$（稳定），

$\theta=\dfrac{\pi}{6}$（不稳定）

三、$N_{Ax}=(\dfrac{\sqrt{3}}{4}-2)qa$, $N_{Ay}=\dfrac{7}{4}qa$, $M_A=\dfrac{21-3\sqrt{3}}{4}qa^2$, $T_{DE}=\dfrac{1}{2}qa$（受拉），

$N_1=\dfrac{5}{4}qa$（受压），$N_2=\dfrac{5\sqrt{2}}{4}qa$（受拉）

四、参考例C-3解答

五、参考例C-4解答

附录 D

利用 MATLAB 求解理论力学问题

内容提要　在传统理论力学教学中，运动学强调求特定位置某点的速度和加速度，系统整体运动的特点、某些点的运动轨迹有时难以想象；而采用 MATLAB 处理，可以求出系统任意点在任意时刻的速度和加速度等运动量，特别是其画图和动画演示功能，可以快速直观地显示系统的整个运动过程、给出任意点的运动轨迹。

静力学对于复杂系统的受力分析通常要适当取分离体，有时需要高度的技巧；同时由于传统计算能力的限制，往往只要求解出某些部件的受力；而采用 MATLAB 处理，可以采用统一的处理方式：把系统全部拆开，快速求出所有部件的受力。

动力学绝大部分问题都只能列写动力学方程，通常没有解析解，系统丰富复杂的动力学现象很难从方程中看出；而采用 MATLAB 处理，可以获得系统整个运动过程中的受力、速度和加速度等量，还可以快速直观地演示系统的运动过程。

考虑到目前理论力学教学中对于数值计算、符号推导很少介绍，本附录通过案例的形式介绍如何利用 MATLAB 处理理论力学问题。

(1) 运动学部分通过典型机构的运动分析，着重介绍 MATLAB 中非线性方程组的求解、动画显示、微分的符号推导。

(2) 静力学部分通过典型刚体系统及桁架的受力问题，着重介绍 MATLAB 中代数方程的数值求解、代数方程的符号推导。

(3) 动力学部分通过单摆运动和乒乓球滚动问题，着重介绍 MATLAB 中微分方程的数值求解、计算可靠性、分段积分的处理方法。

D.1　MATLAB 中的命令及处理方法

MATLAB(Matrix laboratory，矩阵实验室) 是美国 MathWorks 公司出品的商业数学软件，用于算法开发、数据可视化、数据分析以及数值计算的高级技术计算语言和交互式环境。

MATLAB 和 Mathematica、Maple 并称为三大数学软件。MATLAB 可以进行矩阵运算、绘制函数和数据、实现算法、创建用户界面、连接其他编程语言的程序等，主要应用于工程计算、控制设计、信号处理与通信、图像处理、信号检测、金融建模设计与分析等领域。

MATLAB 的基本数据单位是矩阵，它的指令表达式与数学、工程中常用的形式十分相似，故用 MATLAB 来解算问题要比用 C，FORTRAN 等语言完成相同的事情简捷得多。

D.1.1　基本语法

变量命名原则：(1) 以字母开头；(2) 后面可跟字母，数字和下划线；(3) 长度不超过 63 个字符；(4) 区分字母大小写。

系统预留的关键词会自动变蓝色，如 for、end、if、else、while、global 等，变量命名时应避开这些关键词。程序中"%"为注释符号，注释的文字自动变绿。

语句的写法：变量 = 表达式，如"x=1"。分号使结果不在屏幕上输出。

定义矩阵：(1) 采用英文输入法；(2) 矩阵中同一行中的元素之间用逗号或者空格分隔；(3) 矩阵行与行之间用分号隔开；(4) 矩阵用方括号 [ ] 表示，如A=[1 2;3 4;5 6]；(5) 矩阵元素可以是任何数值表达式，如x=[-1 sqrt(3) 4/5]；(6) 矩阵元素可以单独赋值，如x(5)=abs(x(4))。(7) 矩阵的转置：A=B'；求逆：A=inv(B)。

矩阵中元素的提取：(1) 单个元素的引用，如x(5)、A(2,2)。其中x(i)表示向量 x 中的第 i 个元素；A(i,j)表示矩阵 A 中的第 i 行，第 j 列元素；(2) 冒号的特殊用法，如 a:b:c 产生一个由等差数列组成的向量；a 是首项，b 是公差，c 确定最后一项。若b=1，则 b 可以省略；(3) A(i:j,m:n)表示由矩阵 A 的第 i 行到第 j 行及第 m 列到第 n 列交叉线上组成的子矩阵。只有一个冒号表示输出的是整行或者是整列。

注：上述规则说明及后面的源代码均在 MATLAB R2016 版本运行过。

D.1.2　线性代数方程组的求解

线性代数方程组为

$$\begin{cases} a_{11}x_1 + a_{12}x_2 + \cdots a_{1n}x_n = b_1 \\ a_{21}x_1 + a_{22}x_2 + \cdots a_{2n}x_n = b_2 \\ \vdots \\ a_{n1}x_1 + a_{n2}x_2 + \cdots a_{nn}x_n = b_n \end{cases} \tag{D-1}$$

可以写为 $\boldsymbol{AX} = \boldsymbol{B}$ 的形式，其中

$$\boldsymbol{A} = \begin{bmatrix} a_{11} & a_{12} & \cdots & a_{1n} \\ a_{21} & a_{22} & \cdots & a_{2n} \\ \vdots & \vdots & & \vdots \\ a_{n1} & a_{n2} & \cdots & a_{nn} \end{bmatrix}, \boldsymbol{X} = \begin{bmatrix} x_1 \\ x_2 \\ \vdots \\ x_n \end{bmatrix}, \boldsymbol{B} = \begin{bmatrix} b_1 \\ b_2 \\ \vdots \\ b_n \end{bmatrix} \tag{D-2}$$

则解为 $\boldsymbol{X} = \boldsymbol{A}^{-1}\boldsymbol{B}$。

例如，求解

$$\begin{cases} x_1 + x_2 = 3 \\ x_1 + 2x_2 = 5 \end{cases}$$

的 MATLAB 命令为

```
>> A=[1 1;1 2];
>> B=[3;5];
>> X=inv(A)*B
```

屏幕上显示出解为

```
X =
   1
   2
```

以上案例代码比较少，可以直接在 MATLAB 主页空白区运行，如果内容较多，可以存在 m 文件中运行。

D.1.3 非线性方程组的求解

考虑非线性方程组

$$\boldsymbol{f}(x_1, x_2, \cdots x_n) = 0 \tag{D-3}$$

式中 $\boldsymbol{f} = [f_1, f_2, \cdots, f_n]^{\mathrm{T}}$。非线性方程组(D-3)可用不同的数值计算方法求解，这里以"牛顿-拉普森"（Newton-Raphson）方法为例，其主要步骤如下：

步骤 (1)：给定计算中的允许误差 ε，给出一组粗略的估计值 $\boldsymbol{x}^* = [x_1^*, x_2^*, ..., x_n^*]^{\mathrm{T}}$。

步骤 (2)：计算 $f_i(\boldsymbol{x}^*)$，判断 $|f_i(\boldsymbol{x}^*)| \leqslant \varepsilon$ 是否成立，若成立，当前估计值即为一组数值解，求解结束。若不成立，转到步骤 (3)。

步骤 (3)：计算非线性方程组的雅可比矩阵（Jacobian Matrix）$J(\boldsymbol{x})$，代入当前估计值得到 $\boldsymbol{J}(\boldsymbol{x}^*)$。雅可比矩阵为

$$\boldsymbol{J}(\boldsymbol{x}) = \begin{bmatrix} \partial f_1/\partial x_1 & \partial f_1/\partial x_2 & \cdots & \partial f_1/\partial x_n \\ \partial f_2/\partial x_1 & \partial f_2/\partial x_2 & \cdots & \partial f_2/\partial x_n \\ \vdots & \vdots & & \vdots \\ \partial f_n/\partial x_1 & \partial f_n/\partial x_2 & \cdots & \partial f_n/\partial x_n \end{bmatrix} \tag{D-4}$$

步骤 (4)：类似一元函数的泰勒展开式 $f(x) = f(x_0) + f'(x)(x - x_0) + O(x - x_0)$，多元函数 $\boldsymbol{f}(\boldsymbol{x})$ 在 $\boldsymbol{x}^*$ 处的展开式为

$$\boldsymbol{f}(\boldsymbol{x}) = \boldsymbol{f}(\boldsymbol{x}^*) + J(\boldsymbol{x}^*)\mathrm{d}\boldsymbol{x} + O(\mathrm{d}\boldsymbol{x}) \tag{D-5}$$

略去小量，得到关于修正值 $\mathrm{d}\boldsymbol{x} = [\mathrm{d}x_1, \mathrm{d}x_2, \cdots, \mathrm{d}x_n]^{\mathrm{T}}$ 的一组线性方程组

$$J(\boldsymbol{x}^*)\mathrm{d}\boldsymbol{x} = -\boldsymbol{f}(\boldsymbol{x}^*) \tag{D-6}$$

步骤 (5)：解关于 $\mathrm{d}\boldsymbol{x}$ 的线性方程组(D-6)，得到修正值 $\mathrm{d}\boldsymbol{x}$。

步骤 (6)：得到新的估计值 $\boldsymbol{x}^* = \boldsymbol{x}^* + \mathrm{d}\boldsymbol{x}$，返回到步骤 (2)。

例 D-1 求解非线性方程组

$$\begin{cases} \sin\alpha + 3\sin\beta = 2.9873 \\ \cos\alpha + 2\cos\beta = 1.9142 \end{cases}$$

解 雅克比矩阵为

$$\boldsymbol{J} = \begin{bmatrix} \cos\alpha & 3\cos\beta \\ -\sin\alpha & -2\sin\beta \end{bmatrix}$$

迭代求解的源代码（m 文件）如下：

```
%%%%%%%%%%%%%%%%%%%%%%%%%%%%%%%%%
%%    非线性方程组的数值求解   %%
%%%%%%%%%%%%%%%%%%%%%%%%%%%%%%%%%

clc;        % 清除干净屏幕
clear all;  % 清除内存

alpha = 1;  % 初值1估计值
beta = 1;   % 初值2估计值
eps = 1e-5;   % 计算允许误差

for jj=1:100
    f1=sin(alpha)+3*sin(beta)-2.9873;  % 方程1
    f2=cos(alpha)+2*cos(beta)-1.9142;  % 方程2

    if(abs(f1)<eps && abs(f2)<eps)    % 如果解满足，&&表示并且
        alpha    % 在屏幕显示解1
        beta     % 在屏幕显示解2
        break;   % 终止计算
    else    % 否则转入下面的修正计算
        J=[ cos(alpha)  3*cos(beta);
            -sin(alpha) -2*sin(beta)];  % 雅可比矩阵
        dx=-inv(J)*[f1;f2];    % 计算修正值
        alpha=alpha+dx(1);     % 解1进行修正
        beta=beta+dx(2);       % 解2进行修正
    end  % 结束if
end  % 结束for
```

运行后屏幕上显示

```
alpha =
    1.047280258361119e+00

beta =
    7.853571047852306e-01
```

D.1.4 常微分方程的求解

下面以单摆运动为例介绍微分方程的数值求解。单摆的运动微分方程为

$$ml\ddot{\theta} = -mg\sin\theta - nl\dot{\theta} \tag{D-7}$$

其中 m 为质量，l 为长度，n 为空气阻力系数。

在进行数值求解时，先要把二阶微分方程转换为一阶微分方程组。设 $y_1 = \theta$，$y_2 = \dot{\theta}$，得到一阶微分方程组和初始条件为

$$\begin{cases} \dot{y}_1 = y_2 \\ \dot{y}_2 = -g\sin y_1/l - ny_2/m \end{cases}, \quad \begin{cases} y_1(0) = \theta(0) \\ y_2(0) = \dot{\theta}_0 \end{cases} \tag{D-8}$$

然后直接调用 ode45 函数求解。下面是单摆动力学方程求解的主程序（放在 m 文件中，文件名自定），源代码如下：

```
%%%%%%%%%%%%%%%%%%%%%%%%%
%%   单摆的数值求解   %%
%%%%%%%%%%%%%%%%%%%%%%%%%

clc;         % 清除屏幕
clear all;   % 清除内存

global mass g length0 n   % 全局变量

%-------系统参数（参数取名尽量容易识别）
mass=1;      % 质量m[kg]
length0=1;   % 长度l[m]
g=9.8;       % 重力加速度g[m/s^2]

n=0.5;       % 阻力系数n[kg/s]
alltime=10;  % 积分时间[s]
hh=0.01;     % 步长[s]

%-------初始条件
y0(1)=30*pi/180;  % 初始条件，角度
y0(2)=0;          % 初始条件，角速度

%-------积分
options=odeset('RelTol',1e-8,'AbsTol',1e-10);  % 积分的误差选项
[t,iy]=ode45('rg_kt_pendulum',[0:hh:alltime],y0,options);  % 积分结果
```

其中global表示全局变量，质量等参数在主程序中赋值后，在其他子程序中可以直接调用。源代码中积分的核心部分是

```
options=odeset('RelTol',number1,'AbsTol',number2);
[t,y]=ode45('file_name',[start_time:step_time:end_time],y0,options);
```

其中options用以控制积分精度，RelTol表示积分的相对误差，AbsTol是积分的绝对误差。在MATLAB 数值积分计算中，通常number1和number2取为 $10^{-8} \sim 10^{-6}$ 即可（精度太高会花费更多计算时间，也没有必要），如果 options 省略则误差默认为 10^{-3}。ode45是求解常微分方程的一种常用函数，其中[t,y]是积分的时间和结果，动力学方程在子程序file_name中描述，y0是初始条件，[start_time:step_time:end_time]表示积分时按等步长step_time从开始积分到结束（等步长积分是为了后面动画演示方便）。

积分结束后，数据在iy数组中，后续可以利用它画图、做动画。

动力学方程在文件rg_kt_pendulum.m中定义，源代码如下：

```
%%%%%%%%%%%%%%%%%%%%%%%%%%%%%%%%%%%%%%
%%% 求解微分方程的子程序          %%
%%% 输入参数：时间t，方程的解y    %%
%%% 计算公式：微分方程的具体表达式 %%
%%%%%%%%%%%%%%%%%%%%%%%%%%%%%%%%%%%%%%

function ydot=rg_kt_pendulum(t,y)
global mass g length0 n   % 全局变量global

ydot=zeros(2,1);    % 赋值为零zeros

%-----动力学方程
```

```
ydot(1)=y(2);      % 方程1
ydot(2)=-g*sin(y(1))/length0-n*y(2)/mass;    % 方程2
```

　　子程序用function开头，注意在 MATLAB 中子程序文件名与函数名相同（本例函数名为rg_kt_pendulum，则子程序名为rg_kt_pendulum.m）；其中zeros(2,1)表示生成一个 2*1 的列阵，其元素都是 0；动力学方程直接按照一阶微分方程形式的动力学方程录入。

D.1.5　符号推导

　　如果代数方程中含有参数，可以利用符号推导功能求解。

　　例 D-2　求解方程

$$\begin{cases} ax + by = 1 \\ cx + dy = 2 \end{cases}$$

　　解　先把方程改写成**AX = B**的形式，再调用**X=inv(A)*B**求解，源代码为

```
%%%%%%%%%%%%%%%%%%%%
%%     符号推导     %%
%%%%%%%%%%%%%%%%%%%%

clc;        % 清除屏幕
clear all;  % 清除内存

syms a b c d     % 定义运算中的符号

A=[a b;c d];    % A矩阵
B=[1;2];        % B列阵
X=inv(A)*B      % 求解
```

其中符号定义用syms表示，参数定义后才可以进行符号推导。运行后屏幕上显示

```
X =
 d/(a*d - b*c) - (2*b)/(a*d - b*c)
 (2*a)/(a*d - b*c) - c/(a*d - b*c)
```

　　如果涉及求导数，可以调用 diff 函数。

　　例 D-3　已知

$$\begin{cases} x = v_0 t \\ y = x^2 + \sin x \end{cases}$$

求 x 和 y 的一阶导数和二阶导数。

　　解　源代码如下：

```
%%%%%%%%%%%%%%%%%%%%
%%     符号推导     %%
%%%%%%%%%%%%%%%%%%%%

clc;        % 清除屏幕
clear all;  % 清除内存
```

```
syms v0 t    % 定义运算中的符号

x=v0*t;          % x的表达式
y=x^2+sin(x);    % y的表达式
dx_dt=diff(x,'t')      % x对t的一阶导数
dy_dt=diff(y,'t')      % y对t的一阶导数
ddx_ddt=diff(dx_dt,'t')  % x对t的二阶导数
ddy_ddt=diff(dy_dt,'t')  % y对t的二阶导数
```

其中求导的格式是 diff(function,'variable')，表示函数对某个变量求导。运行后屏幕上显示

```
dx_dt =
v0

dy_dt =
v0*cos(t*v0) + 2*t*v0^2

ddx_ddt =
0

ddy_ddt =
2*v0^2 - v0^2*sin(t*v0)
```

根据上面的例子可以看出 diff 可以处理复合函数的求导。

D.1.6 画图

在 MATLAB 中，可以用 plot 命令画出曲线。其格式为

```
plot(x,y,'color','Line Style','Marker','LineWidth',number)
```

其中 x 和 y 是数据，也可以理解为 xy 坐标系中的点，plot 命令把这些点按顺序连接起来。颜色可以是：'c'（青）、'm'（洋红）、'y'（黄）、'r'（红）、'g'（绿）、'b'（蓝）、'w'（白）、'k'（黑）；线形可以是：'-'（实线）、'--'（虚线）、':'（点连线）、'-.'（点划线）、'none'（无线）；符号可以是：'+'（十字）、'o'（圆圈）、'*'（星号）、'.'（小黑点）、'x'（叉号）、'square'（正方形）、'diamond'（菱形）、'^'（上三角）、'v'（下三角）、'>'（大于）、'<'（小于）、'pentagram'（五角星）、'hexagram'（六角星）、'none'（无标记）。

例 D-4 用不同的颜色、线形画出不同的曲线。

解 源代码为

```
%%%%%%%%%%%%%%%%%%%%%%%%%
%%       不同的曲线       %%
%%%%%%%%%%%%%%%%%%%%%%%%%

clc;       % 清除屏幕
clear all; % 清除内存

for ii=1:21
    x(ii)=2*pi*(ii-1)/20;     % 水平x轴0-2 分为20份
    y1(ii)=sin(x(ii));        % y1: 正弦曲线
```

```
    y2(ii)=x(ii)^2/20-0.5;        % y2: 抛物线
    y3(ii)=(cos(x(ii)))^2/2;      % y3: 余弦曲线的平方
end

figure(1);     % 图1
% 同时画出不同的曲线
plot(x,y1,'r--',x,y2,'b-.',x,y3,'ko-','LineWidth',1,'MarkerSize',3);
grid on;       % 出现网格
title('不同的曲线','FontSize',10)    % 图的名称
xlabel('x','FontSize',9);            % x轴的标注
ylabel('y','FontSize',9);            % y轴的标注
legend({'y1','y2','y3'},'FontSize',8);  % 曲线的标注
set(gcf, 'Units', 'centimeters', 'Position', [0, 0, 7, 5.5]);
set(gca, 'FontName', 'Times New Roman', 'FontSize', 8)
print('Example_D_4_Figure_1.eps','-depsc')

figure(2); % 图2
plot(x,y1,'r','LineWidth',2);        % 画出y1
hold on    % 保留
plot(x,y2,'b:^','LineWidth',1,'MarkerSize',3);  % 画出y2
hold on    % 保留
plot(x,y3,'k-.','LineWidth',2);      % 画出y3
grid on;   % 出现网格
title('不同的曲线','FontSize',10)    % 图的名称
xlabel('x','FontSize',9);            % x轴的标注
ylabel('y','FontSize',9);            % y轴的标注
legend({'y1','y2','y3'},'FontSize',10);  % 标注曲线
set(gcf, 'Units', 'centimeters', 'Position', [0, 0, 7, 5.5]);
set(gca, 'FontName', 'Times New Roman', 'FontSize', 8)
print('Example_D_4_Figure_2.eps','-depsc')
```

其中图D-1中曲线是在同一个命令中画出的（线条的粗细统一），图D-2中曲线是先后画出的（线条的属性更容易控制），但需要用hold on命令保证已画曲线不被后面的覆盖；grid on/off表示是否在图中显示网格；title标注图的名称，里面用FontSize控制字体大小；xlabel和ylabel是标注x，y坐标轴的名称及单位；legend 方便区别多条曲线；set命令设置图形的大小和图中使用的字体；print将图形保存为 eps 格式。运行后的结果如下。

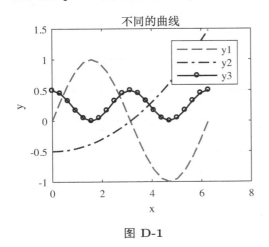

图 D-1

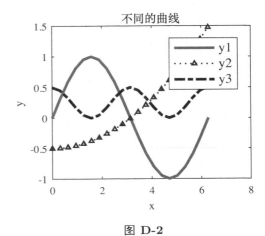

图 D-2

D.1.7　动画

动画是一系列静止的图案依次出现，由于视觉残留形成动态图案。通过一系列命令组合可以获得动画。以单摆运动为例，源代码如下：

```
% ...前面略

[t,iy]=ode45('rg_kt_pendulum',[0:hh:alltime],y0,options);  % 积分结果

theta=iy(:,1);  % 把iy中的第1列取出放到角度数组中

%--------计算单摆的位置（悬挂点、小球）
for ii=1:361
    x(ii,1)=length0*sin(theta(ii));   %% 摆的位置x
    y(ii,1)=-length0*cos(theta(ii));  %% 摆的位置y
    x(ii,2)=0;    %% 悬挂点位置x
    y(ii,2)=0;    %% 悬挂点位置y
end

h1=line('Color','r','LineStyle','-','Marker','o','Markersize',1);   % 摆球的属性
h2=line('Color','r','LineStyle','-','Marker','.','Markersize',1);   % 摆线的属性

for kk=1:361
    set(h1,'XData',x(kk,1),'YData',y(kk,1));   %% 小球
    set(h2,'XData',x(kk,:),'YData',y(kk,:));   %% 摆线
    drawnow;       %% 画出当前帧
    pause(0.01)  %% 画面停留时间（s）
end
```

其中h1是句柄，定义动画中每一帧图的特性，如颜色、线型、宽度等；set函数读取数据；drawnow函数画出当前帧的图案；pause函数表示暂停，让每一帧停留一定时间。

有了以上的基础，就可以处理理论力学中的题目或问题。

D.2　运动学问题的数值求解及演示

利用数值计算及动画演示，可以把机构整个运动过程直观地展示出来，同时可以获得任意位置的速度、加速度等运动量。

工程中的机构运动问题可以从不同的角度来分类。

1. 从结构特点分类

（1）环状系统：系统中的部件可构成一个或多个封闭的环路。如曲柄连杆机构和四连杆机构等。

（2）树状系统：系统中的部件不构成封闭的环路。如椭圆摆、双复摆和机械臂等。

2. 从问题的提法分类

（1）正问题：已知机构的参数和给定的运动条件，求机构上点的运动，包括轨迹、速度、加速度等。

（2）逆问题：给定机构中某些构件和点的运动，求机构的参数，包括设计机构，确定尺寸，等等。与正问题相比，逆问题的解通常不是唯一的，因而更具有挑战性。

在具体计算时，对于不同的系统或问题提法，有不同的处理方式。

1. 树状系统的正问题

以机械臂为例，若已知机械臂各部件的运动规律，求机械臂自由端的运动轨迹。这是典型的树状系统的正问题。求解这类问题的关键步骤是：在各部件上建立结体坐标系；写出各部件转角的表达式；形成各部件之间的坐标转换矩阵；求出端部的位置。

2. 树状系统的逆问题

以机械臂为例，若已知机械臂自由端的位置，求机械臂各部件的转角。这是典型的树状系统的逆问题。这类问题可能没有解，也可能有多组解。求解步骤为：在各部件上建立坐标系；写出各部件转角的表达式；形成各部件之间的坐标转换矩阵；根据运动学关系形成关于各个转角的非线性方程组；求解此方程，得到各转角的值。

3. 环状系统的正问题

以四连杆机构为例，若已知某一杆件的运动规律，求其余杆件的运动规律。这是典型的环状系统的正问题。求解这类问题的关键步骤是：用位形坐标表示系统的位置；写出约束方程；把已知的位形坐标代入约束方程，得到关于其余位形坐标的非线性方程组；求解此方程，得到其余位形坐标的值。

4. 环状系统的逆问题

具体问题具体分析，例如要求系统某点的运动轨迹是特定曲线，涉及机构设计以及非线性方程组的求解。

可以看出求解非线性方程组是机构运动中比较常见的运算。下面专门进行介绍。

D.2.1 典型四连杆机构的运动

例 D-5 已知四连杆机构 $ABCD$，AB 杆长 $a_1 = 15$，BC 杆长 $a_2 = 28$，CD 杆长 $a_3 = 32$，AD 距离 $a_4 = 30$。若 AB 杆以匀角速度 ω_0 转动，初始 $\theta_0 = 0$，求 BC，CD 杆的角度、角速度变化规律。

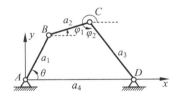

图 D-3 四连杆机构 $ABCD$

解 建立坐标系 AXY，$\theta = \omega_0 t$ 已知，广义坐标为 φ_1，φ_2。系统的约束方程为

$$\begin{cases} a_1 \cos \theta + a_2 \cos \varphi_1 + a_3 \cos \varphi_2 - a_4 = 0 \\ a_1 \sin \theta + a_2 \sin \varphi_1 + a_3 \sin \varphi_2 = 0 \end{cases} \tag{D-9}$$

方程(D-9)是关于转角 φ_1 和 φ_2 的非线性方程组，将其改写为

$$\begin{cases} f_1(\varphi_1, \varphi_2) = a_2 \cos \varphi_1 + a_3 \cos \varphi_2 + a_1 \cos \theta - a_4 \\ f_2(\varphi_1, \varphi_2) = a_2 \sin \varphi_1 + a_3 \sin \varphi_2 + a_1 \sin \theta \end{cases} \tag{D-10}$$

其中 a_1, a_2, a_3, a_4 已知，任意时刻 θ 已知，设转角 φ_1 和 φ_2 的估计值是 $(\varphi_1^*, \varphi_2^*)$。计算雅可

比矩阵，并代入当前估计值

$$\boldsymbol{J}\left(\varphi_1^*, \varphi_2^*\right) = \left[\begin{array}{cc} -a_2 \sin \varphi_1^* & -a_3 \sin \varphi_2^* \\ a_2 \cos \varphi_1^* & a_3 \cos \varphi_2^* \end{array}\right] \tag{D-11}$$

得到一组关于修正值 $[\mathrm{d}\varphi_1, \ \mathrm{d}\varphi_2]^{\mathrm{T}}$ 的线性方程组

$$\left[\begin{array}{cc} -a_2 \sin \varphi_1^* & -a_3 \sin \varphi_2^* \\ a_2 \cos \varphi_1^* & a_3 \cos \varphi_2^* \end{array}\right] \left[\begin{array}{c} \mathrm{d}\varphi_1 \\ \mathrm{d}\varphi_2 \end{array}\right] + \left[\begin{array}{c} f_1\left(\varphi_1^*, \varphi_2^*\right) \\ f_2\left(\varphi_1^*, \varphi_2^*\right) \end{array}\right] = \left[\begin{array}{c} 0 \\ 0 \end{array}\right] \tag{D-12}$$

利用前面介绍的计算方法可以求解(D-9)，然后对时间进行循环，就可以获得机构在整个运动过程的结果。利用画图功能，可以获得 BC 杆上不同点的运动轨迹（图D-5）。

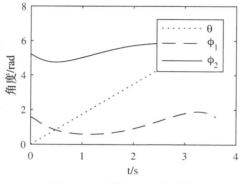

图 D-4　时间与角度的关系

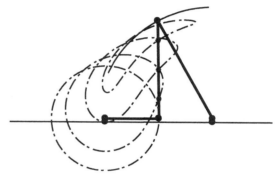

图 D-5　BC 杆上不同点的运动轨迹

下面是本例的部分源代码，完整代码可在本书网站[①]上下载。

```
%%%%%%%%%%%%%%%%%%%%%%%%%%%%%%
%% 运动学非线性方程求解+动画 %%
%%%%%%%%%%%%%%%%%%%%%%%%%%%%%%

clc;        % 清除屏幕
clear all;  % 清除内存

a1=15; a2=28; a3=32; a4=30;    % 机构尺寸参数
estimate_phi10=pi/4;    % 估计初值1
estimate_phi20=3*pi/2;  % 估计初值2
eps=1e-5;               % 允许误差
omega0=100*pi/180;      % AB杆角速度

for ii=1:361
    t(ii)=(ii-1)/100;    % t时刻
    theta(ii)=omega0*t(ii);          % t时刻AB杆的角度
    estimate_phi1=estimate_phi10;  % t时刻角度1的估计值
    estimate_phi2=estimate_phi20;  % t时刻角度2的估计值

%----下面求非线性方程组获得角度
    for jj=1:100
        f1=a1*cos(theta(ii))+a2*cos(estimate_phi1)+a3*cos(estimate_phi2)-a4; % 方程1
        f2=a1*sin(theta(ii))+a2*sin(estimate_phi1)+a3*sin(estimate_phi2);    % 方程2
```

```
        if(abs(f1)<eps && abs(f2)<eps)  % 如果误差满足要求
            phi1(ii)=estimate_phi1;  % 获得t时刻角度1
            phi2(ii)=estimate_phi2;  % 获得t时刻角度2
            estimate_phi10=estimate_phi1;  % 下一时刻的估计值1
            estimate_phi20=estimate_phi2;  % 下一时刻的估计值2
            break;  % 终止t时刻角度的计算
        else  % 否则
            J=[-a2*sin(estimate_phi1)  -a3*sin(estimate_phi2);
                a2*cos(estimate_phi1)   a3*cos(estimate_phi2)];   % 计算雅克比矩阵

            dx=-inv(J)*[f1;f2];   % 计算修正值
            estimate_phi1=estimate_phi1+dx(1);  % 修正估值1
            estimate_phi2=estimate_phi2+dx(2);  % 修正估值2
        end  % 结束if
    end  % 结束jj
end  % 结束ii

%---下面根据角度求各铰点的位置
for ii=1:361
    x(ii,1)=0;  y(ii,1)=0;
    x(ii,2)=x(ii,1)+a1*cos(theta(ii));
    y(ii,2)=y(ii,1)+a1*sin(theta(ii));
    x(ii,3)=x(ii,2)+a2*cos(phi1(ii));  y(ii,3)=y(ii,2)+a2*sin(phi1(ii));
    x(ii,4)=a4;  y(ii,4)=0;
end

%---下面求各杆角速度
for ii=1:361
    A=[-a2*sin(phi1(ii))  -a3*sin(phi2(ii));
        a2*cos(phi1(ii))   a3*cos(phi2(ii))];
    B=[a1*omega0*sin(theta(ii));-a1*omega0*cos(theta(ii))];
    X=inv(A)*B;
    dphi1_dt(ii)=X(1);  dphi2_dt(ii)=X(2);
end

%---下面画图
figure(1)
plot(t,theta,'k:',t,phi1,'k--',t,phi2,'k-');   % 时间与角度的关系
xlabel('\fontsize{16}t/s');
ylabel('\fontsize{16}角度/rad');
legend(' ',' _1',' _2');

figure(2)
plot(theta,phi1,'k--',theta,phi2,'k-');  % 角度与角度分关系
xlabel('\fontsize{16} /rad');
ylabel('\fontsize{16} 1 and  2 /rad');
legend(' 1',' 2');
axis('equal');   % xy轴尺度等比例

figure(3)
set(gcf,'Color',[1,1,1]);
gx(1)=-30; gy(1)=0; gx(2)=50; gy(2)=0;  % 地面参数
plot(gx,gy,'k','LineWidth',1); hold on; % 地面
axis off; % 不显示坐标
h1=line('Color','b','LineStyle','-','LineWidth',2,'Marker','o','Markersize',3);
```

```
for ii=1:361
    set(h1,'XData',x(ii,:),'YData',y(ii,:));
    axis([-30,40,-20,40]);  axis equal
    drawnow;
    pause(0.05);
end
```

采用上述方法，任意机构的运动轨迹、刚体的角速度和角加速度、某点的速度和加速度都可以类似求出。

D.2.2　MATLAB 中的符号推导

如果运动学问题中没有具体数值，全是参数，用 MATLAB 也可以处理。

例 D-6　半径为 r 的圆轮在水平桌面上作直线纯滚动，轮心速度 v_0 的大小为常数。摇杆 AB 与桌面铰接，并靠在圆轮上（图D-6(a)）。当摇杆与桌面夹角 $\varphi = 60$ 时，试求摇杆的角速度和角加速度。

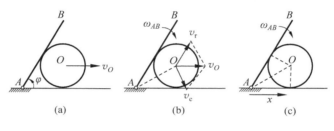

图 **D-6**

解　传统处理方法：取 AB 杆为动系，O 为动点（图D-6(b)）。通过速度和加速度分析（具体过程略），可以得到

$$\omega_{AB} = \frac{v_O}{2r}(\text{顺时针}) , \varepsilon_{AB} = \sqrt{3}v_O^2/4r^2(\text{逆时针}) \tag{D-13}$$

利用 MATLAB 处理本问题时，只需要把一般位置角度的表达式写出来，然后利用符号求导的方法，就可以得到角速度和角加速度。设角度以逆时针方向为正，设初始时刻 AB 杆垂直，根据图D-6(c) 有

$$\begin{cases} x = r + v_o t \\ \tan\left(\dfrac{1}{2}\varphi\right) = r/x \end{cases} \tag{D-14}$$

根据式(D-14)对角度求一阶导数获得角速度，求二阶导数获得角加速度。如果要求特定位置的值，只需要把具体值代入，这部分程序的源代码如下。

```
%%%%%%%%%%%%%%%%%%%%%%%%%
%%   机构运动的符号推导  %%
%%%%%%%%%%%%%%%%%%%%%%%%%

clc;        % 清除屏幕
clear all; % 清除内存

syms r phi v0 x t  % 定义符号
```

```
x=r+v0*t;              % 圆心的运动学关系
phi=2*atan(r/x);       % 角度的表达式
dphi_dt=diff(phi,'t');         % 对t求一阶导数
ddphi_dt2=diff(dphi_dt,'t');   % 对t求二阶导数
disp(['角速度=',char(dphi_dt)])        % 显示角速度
disp(['角加速度=',char(ddphi_dt2)])    % 显示角加速度

phi60=60*pi/180;               % 特定角度
distance=r/tan(phi60/2)-r;     % 特定位置时圆心位移
ts=distance/v0;                % 到特定位置需要的时间
new1=subs(dphi_dt,t,ts);       % 把特定时间代入角速度

new2=subs(ddphi_dt2,t,ts);     % 把特定时间代入角加速度
disp(['φ=60°时角速度=',char(new1)])    % 显示
disp(['φ=60°时角加速度=',char(new2)])  % 显示
```

其中 subs(function,old,new) 表示用新的变量替换老的变量。运行后屏幕显示结果为

```
角速度=-(2*r*v0)/((r^2/(r + t*v0)^2 + 1)*(r + t*v0)^2)
角加速度=(4*r*v0^2)/((r^2/(r + t*v0)^2 + 1)*(r + t*v0)^3) -
        (4*r^3*v0^2)/((r^2/(r + t*v0)^2 + 1)^2*(r + t*v0)^5)
φ=60°时角速度=-v0/(2*r)
φ=60°时角加速度=(3^(1/2)*v0^2)/(4*r^2)
```

注意负号表示顺时针方向，因此计算机推导出的结果与传统方法相同。

D.3 静力学问题的数值求解

静力学问题的本质是求解代数方程组。刚体系统和桁架的受力分析比较灵活，通常要适当拆开，否则解不出来。而利用 MATLAB 可以采用统一的方法求解（全部拆开），降低了解题的技巧，但是得到的解答更全面。

D.3.1 静力学问题的数值求解

静力学问题的求解一般可以化为代数方程的求解，代数方程可以写为

$$AX = B \tag{D-15}$$

其中 A 是 $n \times n$ 阶的矩阵，由系统的位置、尺寸等参数构成，X 是 $n \times 1$ 阶的列阵，由系统中待求解的未知数构成，B 是 $n \times 1$ 阶的列阵，由系统中已知载荷、尺寸等参数构成。因此求解静力学问题，关键是确定 A 矩阵和 B 列阵。

例 D-7 图示桁架系统中（图D-7(a)），ABC 是正三角形，边长为 1m，DEF 也是正三角形，且 $\angle ACD = \angle BAE = \angle CBF = 15°$，水平力 $P = 10\text{N}$，垂直力 $Q = 20\text{N}$，求 1，2 和 3 杆的内力。

解 从理论力学教学的角度，希望学生采用**特殊截面法**，把 1，2 和 3 杆截断，把三角形 DEF "挖出来"（图D-7(b)），把 DEF 看作刚体，三个未知数正好可以求解（求解过程略）。但是这个特殊截面如何选取，每个桁架都可能有特殊性，需要一定的经验和技巧。

而采用**节点法**就不需要什么技巧：把所有的杆件都编号（图D-8(a)），全部拆开，设杆件受拉为正，对各节点列写平衡方程（为节省篇幅只以 A，E 节点为例，见图D-8(b) 和图D-8(c)）。

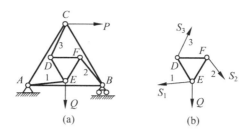

图 D-7

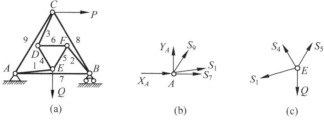

图 D-8

对节点 A 和 E，根据水平和竖直方向力的平衡方程，分别有

$$S_1 \cdot \cos 15° + S_7 + S_9 \cdot \cos 60° + X_A = 0$$
$$S_1 \cdot \sin 15° + S_9 \cdot \sin 60° + Y_A = 0$$

(D-16)

$$-S_1 \cdot \cos 15° - S_4 \cdot \cos 60° + S_5 \cdot \cos 60° = 0$$
$$-S_1 \cdot \sin 15° + S_4 \cdot \sin 60° + S_5 \cdot \sin 60° - Q = 0$$

(D-17)

其他节点的平衡方程类似，最后合在一起，写为 $\boldsymbol{AX} = \boldsymbol{B}$ 的形式，有

$$
\begin{bmatrix}
\cos 15° & 0 & 0 & 0 & 0 & 0 & 1 & 0 & \cos 60° & 1 & 0 & 0 \\
\sin 15° & 0 & 0 & 0 & 0 & 0 & 0 & 0 & \sin 60° & 0 & 1 & 0 \\
0 & -\cos 45° & 0 & 0 & 0 & 0 & -1 & -\cos 60° & 0 & 0 & 0 & 0 \\
0 & \sin 45° & 0 & 0 & 0 & 0 & 0 & \sin 60° & 0 & 0 & 0 & 1 \\
0 & 0 & -\cos 75° & 0 & 0 & 0 & 0 & \cos 60° & -\cos 60° & 0 & 0 & 0 \\
0 & 0 & -\sin 75° & 0 & 0 & 0 & 0 & -\sin 60° & -\sin 60° & 0 & 0 & 0 \\
0 & 0 & \cos 75° & \cos 60° & 0 & 1 & 0 & 0 & 0 & 0 & 0 & 0 \\
0 & 0 & \sin 75° & -\sin 60° & 0 & 0 & 0 & 0 & 0 & 0 & 0 & 0 \\
-\cos 15° & 0 & 0 & -\cos 60° & \cos 60° & 0 & 0 & 0 & 0 & 0 & 0 & 0 \\
-\sin 15° & 0 & 0 & \sin 60° & \sin 60° & 0 & 0 & 0 & 0 & 0 & 0 & 0 \\
0 & \cos 45° & 0 & 0 & -\cos 60° & -1 & 0 & 0 & 0 & 0 & 0 & 0 \\
0 & -\sin 45° & 0 & 0 & -\sin 60° & 0 & 0 & 0 & 0 & 0 & 0 & 0
\end{bmatrix}
\begin{bmatrix}
S_1 \\ S_2 \\ S_3 \\ S_4 \\ S_s \\ S_b \\ S_7 \\ S_s \\ S_y \\ X_A \\ Y_A \\ Y_n
\end{bmatrix}
=
\begin{bmatrix}
0 \\ 0 \\ 0 \\ 0 \\ 0 \\ -P \\ 0 \\ 0 \\ 0 \\ 0 \\ 0 \\ 0
\end{bmatrix}
$$

(D-18)

本例的部分源代码如下，完整代码可在本书网站①上下载。

```
%%%%%%%%%%%%%%%%%%%%%%%%%%%%%%%
%% 刚体系统受力分析+符号推导 %%
%%%%%%%%%%%%%%%%%%%%%%%%%%%%%%%

clc;        % 清除屏幕
clear all;  % 清除内存

P=10; Q=20; % 载荷
theta15=15*pi/180;theta45=45*pi/180;   % 角度
theta60=60*pi/180;theta75=75*pi/180;   % 角度
A=zeros(12,12);                 % A矩阵清零
B=[0;0;0;0;-P;0;0;0;0;Q;0;0]; % B矩阵

%----下面是A矩阵中非0元素
A(1,1)=cos(theta15); A(1,7)=1; A(1,9)=cos(theta60); A(1,10)=1;

%%其他非零元素略去
A(12,2)=-sin(theta45); A(12,5)=-sin(theta60);
X=inv(A)*B;    % 求解

disp(['S1=',num2str(X(1)),'N'])  % 在屏幕上显示结果

%%其他结果类似格式，略

disp(['YB=',num2str(X(12)),'N']) % 在屏幕上显示结果
```

其中disp在屏幕上显示特定的文字，num2str命令把具体数值转换为符号。运行后显示

```
S1=-3.4509N
S2=-9.4281N
...
XA=-10N
YA=1.3397N
YB=18.6603N
```

D.3.2 静力学带参数问题的求解

某些静力学问题没有具体数值，可以进行符号求解。

例 D-8 横梁桁架结构由横梁 AC，BC 及五根细支撑杆组成，所受载荷及尺寸如图D-9(a)所示。求 1，2 和 3 杆的内力。

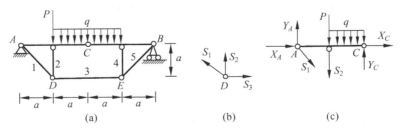

图 D-9

解 传统方法是适当地取分离体（有一定的技巧），解出的答案是（具体分析过程略）

$$
\begin{aligned}
S_1 &= \frac{\sqrt{2}}{2}(P + 3qa) \\
S_2 &= -\frac{1}{2}(P + 3qa) \\
S_3 &= \frac{1}{2}(P + 3qa)
\end{aligned}
\tag{D-19}
$$

如果采用 MATLAB 处理，则全部拆开，对节点和刚体分别列写平衡方程，然后获得 A 和 B 矩阵。为节省篇幅只画出 D 节点和 AC 杆件的受力图，见图D-9(b) 和图D-9(c)。

对 D 节点列写水平和竖直方向力的平衡方程，有

$$
\begin{aligned}
-\frac{\sqrt{2}}{2}S_1 + S_3 &= 0 \\
\frac{\sqrt{2}}{2}S_1 + S_2 &= 0
\end{aligned}
\tag{D-20}
$$

对 AC 部件列写水平和竖直方向力的平衡方程，再对 A 点取矩，有

$$
\begin{aligned}
\frac{\sqrt{2}}{2}S_1 + X_A + X_C &= 0 \\
-\frac{\sqrt{2}}{2}S_1 - S_2 + Y_A + Y_C - P - qa &= 0 \\
-S_2 a + 2Y_C a - Pa - qa \cdot \frac{3}{2}a &= 0
\end{aligned}
\tag{D-21}
$$

其他杆件和节点的平衡方程类似，最后合在一起，把未知数放在方程一侧，把已知载荷有关的量放在方程另一侧，写为 $\boldsymbol{AX} = \boldsymbol{B}$ 的形式，有

$$
\begin{bmatrix}
-\dfrac{\sqrt{2}}{2} & 0 & 1 & 0 & 0 & 0 & 0 & 0 & 0 & 0 \\[2mm]
\dfrac{\sqrt{2}}{2} & 1 & 0 & 0 & 0 & 0 & 0 & 0 & 0 & 0 \\[2mm]
0 & 0 & -1 & 0 & \dfrac{\sqrt{2}}{2} & 0 & 0 & 0 & 0 & 0 \\[2mm]
0 & 0 & 0 & 1 & \dfrac{\sqrt{2}}{2} & 0 & 0 & 0 & 0 & 0 \\[2mm]
\dfrac{\sqrt{2}}{2} & 0 & 0 & 0 & 0 & 1 & 0 & 0 & 1 & 0 \\[2mm]
-\dfrac{\sqrt{2}}{2} & -1 & 0 & 0 & 0 & 0 & 1 & 0 & 0 & 1 \\[2mm]
0 & -a & 0 & 0 & 0 & 0 & 0 & 0 & 0 & 2a \\[2mm]
0 & 0 & 0 & 0 & -\dfrac{\sqrt{2}}{2} & 0 & 0 & 0 & -1 & 0 \\[2mm]
0 & 0 & 0 & -1 & -\dfrac{\sqrt{2}}{2} & 0 & 0 & 1 & 0 & -1 \\[2mm]
0 & 0 & 0 & a & 0 & 0 & 0 & 0 & 0 & 2a
\end{bmatrix}
\begin{bmatrix}
S_1 \\ S_2 \\ S_3 \\ S_4 \\ S_5 \\ X_A \\ Y_A \\ Y_B \\ X_C \\ Y_C
\end{bmatrix}
=
\begin{bmatrix}
0 \\ 0 \\ 0 \\ 0 \\ 0 \\ P + qa \\ Pa + \dfrac{3}{2}qa^2 \\ 0 \\ qa \\ -\dfrac{3}{2}qa^2
\end{bmatrix}
\tag{D-22}
$$

本例的部分源代码如下，完整代码可在本书网站[①]上下载。

[①]http://lllx.comdyn.cn

```
%%%%%%%%%%%%%%%%%%%%%%%%%%%%%%
%% 刚体系统受力分析+符号推导 %%
%%%%%%%%%%%%%%%%%%%%%%%%%%%%%%

clc;        % 清除屏幕
clear all; % 清除内存

syms P q a A B X   % 定义参数
B=[0;0;0;0;0;P+q*a;P*a+3*q*a*a/2;0;q*a;-3*q*a*a/2]; % B矩阵

%----下面是A矩阵中非0元素
A(1,1)=-sqrt(2)/2; A(1,3)=1; A(2,1)=sqrt(2)/2; A(2,2)=1;
%%其他非零元素略去

A(10,4)=a; A(10,10)=2*a;

X=simplify(inv(A)*B); % 求解

disp(['S1=',char(X(1))])   % 在屏幕上显示结果

%%其他结果类似格式，略

disp(['YC=',char(X(10))])  % 在屏幕上显示结果
```

其中simplify是化简命令，可以自动化简、合并表达式，例如 simplify((cos(y))^2+ (sin(y))^2) 会自动化简为 1；disp中的char表示字符串。运行后屏幕上显示

```
S1=(2^(1/2)*(P + 3*a*q))/2
S2=- P/2 - (3*a*q)/2
S3=P/2 + (3*a*q)/2
S4=- P/2 - (3*a*q)/2
S5=(2^(1/2)*(P + 3*a*q))/2
XA=0
YA=(3*P)/4 + a*q
YB=P/4 + a*q
XC=- P/2 - (3*a*q)/2
YC=P/4
```

　　数值计算看起来输入的工作量较大，却是一种通用的方法，关键是可以获得系统所有部件的受力（包含数值解和符号解），为后续进一步分析打下了基础。

　　传统的建模方法，都需要针对具体问题，按一定的步骤推导才能得到静力学方程。每遇到一个新的问题，由于系统的结构不一样，要按相同的步骤重复一遍。是否有一种方法可建立一个适合于任意系统的一般公式，只要把系统的最基本的一些参数，如刚体数目、连接类型、连接点位置、受力情况等代入公式，就可以展开得到系统的动力学方程？即系统的 A，B 矩阵能否自动生成？从图论的角度引入通路矩阵和联通矩阵后，可以自动获得系统的 A，B 矩阵，而这正是一些商业力学软件（例如 Adams[①]）的处理思路。有兴趣的同学可以在熟悉具体问题处理的基础上，参考图论的知识，编写一个比较通用的静力学软件。

[①]https://www.mscsoftware.com/product/adams

D.4　动力学问题的数值求解

一般来说，理论力学的动力学问题只需要列写出动力学运动微分方程，并不要求进一步具体求解，因为通常动力学方程没有解析解。

随着计算软件的发展，目前已经可以轻松地求出动力学运动微分方程的数值解，获得运动和力随时间的变化关系，也很容易在屏幕上进行相关的动画演示。

例 D-9　椭圆摆（图D-10(a)）由质量为 m_A 的滑块 A 和质量为 m_B 的单摆 B 构成。滑块可沿光滑水平面滑动，AB 杆长为 l，质量不计。试建立系统的运动微分方程，并求水平面对滑块 A 的约束力。

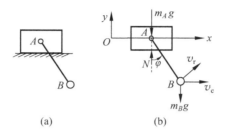

(a)　　　　　　(b)

图 D-10

解　系统有 2 个自由度，建立 Oxy 坐标系，取 A 点位移 x 和 AB 杆的相对转角 φ 为广义坐标（图D-10(b)），利用动量定理和机械能守恒，传统方法可得到系统的运动微分方程以及压力的表达式（过程略），为

$$\begin{cases} (m_A + m_B)\ddot{x} + m_B l\left(\ddot{\varphi}\cos\varphi - \dot{\varphi}^2\sin\varphi\right) = 0 \\ m_B l\ddot{\varphi} + m_B\ddot{x}\cos\varphi + m_B g\sin\varphi = 0 \end{cases} \tag{D-23}$$

$$N = (m_A + m_B)g + m_B l\left(\ddot{\varphi}\sin\varphi + \dot{\varphi}^2\cos\varphi\right) \tag{D-24}$$

通常教材或教学到了这一步就算结束了。如果想知道椭圆摆在运动过程中 A 滑块和 AB 杆是否为周期运动，是否为正弦运动，压力是如何变化的，类似这样的问题传统方法都不好回答。

系统的运动是周期的吗？在公式(D-23)中消去，有

$$\left(m_A + m_B\sin^2\varphi\right)l\ddot{\varphi} + m_B l\dot{\varphi}^2\sin\varphi\cos\varphi + (m_A + m_B)g\sin\varphi = 0 \tag{D-25}$$

可以看出，摆角的方程(D-25)在小角度、线性化后是周期的；但大角度情况下是非线性方程，摆动周期与初始条件有关。在利用计算机进行数值求解时，可以先求解微分方式(D-23)，再根据式(D-24)计算压力，但这样需要把角加速度求出来。在一些动力学问题中，角加速度可能不容易直接求出，这时可以联立式(D-23)和式(D-24)，求解微分-代数混合方程。

在本问题中，先把式(D-23)和式(D-24)合并改写为

$$\begin{bmatrix} (m_A + m_B) & m_B l\cos\varphi & 0 \\ 0 & -m_B l\sin\varphi & 1 \\ m_B\cos\varphi & m_B l & 0 \end{bmatrix} \begin{bmatrix} \ddot{x} \\ \ddot{\varphi} \\ N \end{bmatrix} = \begin{bmatrix} m_B l\dot{\varphi}^2\sin\varphi \\ (m_A + m_B)g + m_B l\dot{\varphi}^2\cos\varphi \\ -m_B g\sin\varphi \end{bmatrix} \tag{D-26}$$

把二阶微分方程转换为一阶微分方程组，设

$$y_1 = x, y_2 = \dot{x}, y_3 = \varphi, y_4 = \dot{\varphi} \tag{D-27}$$

得到

$$
\begin{cases}
\dot{y}_1 = y_2 \\
\dot{y}_3 = y_4 \\
(m_A + m_B)\,\dot{y}_2 + m_B l \dot{y}_4 \cos y_3 = m_B l y_4^2 \sin y_3 \\
\dot{y}_2 \cos y_3 + l \dot{y}_4 = -g \sin y_3
\end{cases}
\tag{D-28}
$$

以及初始条件

$$
y_1 = x_0, y_2 = \dot{x}_0, y_3 = \varphi_0, y_4 = \dot{\varphi}_0
\tag{D-29}
$$

式(D-28)还不是标准的一阶微分方程，不过某一时刻都是已知的数值，可以把 $\ddot{x}$，$\ddot{\varphi}$ 和 N 作为未知量，式(D-26)按线性方程求出

$$
\begin{bmatrix} \dot{y}_2 \\ \dot{y}_4 \end{bmatrix} = \begin{bmatrix} \dot{y}_2^* \\ \dot{y}_4^* \end{bmatrix}
\tag{D-30}
$$

从而获得标准的一阶微分方程组，为

$$
\begin{cases}
\dot{y}_1 = y_2 \\
\dot{y}_2 = \dot{y}_2^* \\
\dot{y}_3 = y_4 \\
\dot{y}_4 = \dot{y}_4^*
\end{cases}
\tag{D-31}
$$

对式(D-31)进行积分可以获得运动过程的解。下面的计算只改变椭圆摆的初始角度，其他参数均不变，可以把不同情况的结果画在一起。

$$
m_1 = 8 \text{ kg}, m_2 = 2 \text{ kg}, x_0 = 0, \dot{x}_0 = 0, \dot{\varphi}_0 = 0
\tag{D-32}
$$

图D-11显示了初始条件对摆角的影响，看起来不同条件下摆角都是周期函数，但是周期不同。图D-12表明位移也是周期函数，但是初始大角度时位移曲线已经明显偏离标准正弦曲线了。如果没有数值计算，这些细节不容易获得。

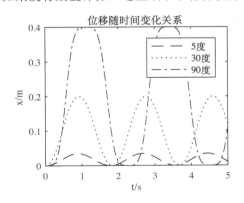

图 D-11 椭圆摆的摆角曲线

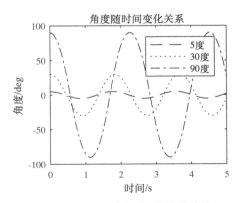

图 D-12 椭圆摆的位移曲线

本例的部分源代码如下（只计算一种情况），完整代码可在本书网站[1]上下载。

---

[1]http://lllx.comdyn.cn

```
%%%%%%%%%%%%%%%%%
%%    椭圆摆    %%
%%%%%%%%%%%%%%%%%

clc;          % 清除屏幕
clear all;  % 清除内容

global length0 m1 m2 g H a b  % 全局变量

%---系统参数
length0=1; H=2; a=0.2; b=0.1; m1=8;
m2=2; g=10; hh=0.01; alltime=5;

%---积分
theta0=60*pi/180; iy0(1)=0; iy0(2)=0; iy0(3)=theta0; iy0(4)=0;  % 初始条件

options=odeset('RelTol',1e-8,'AbsTol',1e-10);  % 积分的误差选项

[t,iy]=ode45('rg_kt_pend',[0:hh:alltime],iy0,options);  %  积分的结果

%---计算压力
NUM=length(t);  % t数组的长度

for jj=1:NUM
    ts=t(jj); ys=iy(jj,:);       % 某一时刻的系统运动参数
    xy(jj,:)=fun_pend(ts,ys);  % 计算加速度和压力的子程序，即解方程（4.4）
end

% ---画图
figure(1)  % 图1
plot(t,iy(:,1),'k--');   % 画图
title('位移随时间变化关系') % 标题
xlabel('t/s')   % x轴含义和单位
ylabel('x/m')   % y轴含义和单位

figure(2)  % 图2
plot(t,iy(:,3)*180/pi,'k--');  % 画图
title('角度随时间变化关系')        % 标题
xlabel('时间/s')   % x轴含义和单位
ylabel('角度/deg') % y轴含义和单位

figure(3)  % 图3
plot(t,xy(:,3),'k--');   % 画图
title('压力随时间变化关系') % 主题
xlabel('时间/s')   % x轴含义和单位
ylabel('压力/N')   % y轴含义和单位

%%---主程序源代码结束---%%
```

　　主程序中调用了 2 个子程序，一个是求解加速度、压力的子程序，另一个是积分中的动力学方程子程序。下面是子程序源代码。

```
%%%%%%%%%%%%%%%%%%
%% 积分的子程序 %%
%%%%%%%%%%%%%%%%%%

function dy=rg_kt_pend(t,y)
dy=zeros(4,1);   % 定义4维数组

%--组成标准的一阶微分方程组
xx=fun_pend(t,y);   %根据微分-代数方程求加速度和压力，方程（4.4）
dy(1)=y(2);
dy(2)=xx(1);
dy(3)=y(4);
dy(4)=xx(2);

%%--子程序源代码结束--%%

%%%%%%%%%%%%%%%%%%%%%%
%% 代数方程的子程序 %%
%%%%%%%%%%%%%%%%%%%%%%

function XX=fun_pend(t,iy)
global length0 m1 m2 g   % 全局变量，子程序中可以直接调用

xc=iy(1); dxc=iy(2); theta=iy(3); dtheta=iy(4);

AA=[m1+m2 m2*length0*cos(theta) 0;
    0 m2*length0*sin(theta) -1;
    m2*cos(theta) m2*length0 0];     % 代数方程的A矩阵

    b1=m2*length0*dtheta^2*sin(theta);
b2=-(m1+m2)*g-m2*length0*dtheta^2*cos(theta);
b3=-m2*g*sin(theta);

BB=[b1;b2;b3];  % 代数方程的B矩阵
XX=inv(AA)*BB;  % 解代数方程
%%---子程序源代码结束---%%
```

附录 E

课外阅读

内容提要 基于相关参考文献，本附录改编了一些跟课程内容相关的课外阅读材料，为有兴趣的同学提供扩展阅读和深入探索的引导。

这些阅读材料，多为关于实际工程或生活中的某个现象或问题的完整分析过程，即：(1) 利用力学和工程经验，从工程问题中抽象出力学模型；(2) 利用力学知识对力学模型进行分析，得到数学模型；(3) 利用力学知识和数学工具，对数学模型进行分析；(4) 分析结果得到结论、解决工程问题。以上步骤是研究和解决实际力学问题的一般过程。

阅读材料和课程的主要内容基本对应。运动学部分包括："多点追逐问题"对应点的运动学、"寻找玫瑰线"对应点的复合运动、"车辆转弯时内轮差"对应刚体的平面运动、"指南车与齿轮系"对应刚体的复合运动等。静力学部分包括："铁丝爬绳"和"如何推动箱子更省力"对应摩擦力、"神奇的欹器"对应分析静力学中平衡位置的稳定性等。动力学部分包括："微型陀螺仪与科氏惯性力""恢复系数的不同定义""太空中的悠悠球""扁担的动力学""飞车走壁与达朗贝尔原理""蚱蜢与拉格朗日方程"等。

学习"理论力学"课程的同学，多数已经习惯于解出教师给定的题目。而实际工程中，是需要自行综合利用各种知识简化和提炼出模型，然后分析模型并解决问题的。希望这种尝试，能开阔同学的思路，并为后续独立解决工程问题、从事科学研究提供启发。

E.1 多点追逐问题

点的运动问题看似简单，实则千变万化，奇妙无穷，下面通过一个有趣的问题体验一下吧！

三名舞蹈演员在舞台上（当作平面上 3 个点）组成一个边长为 l 的正三角形。音乐开始时，记当前时刻为 $t = 0$，每名演员即刻朝向右侧另一位演员以常速 v 靠近，如果音乐时间足够长，请问三位演员有无可能相遇？如相遇，每位演员走过的轨迹是什么曲线？

我们已经知道，根据选择的坐标系不同，点运动的描述方法有矢量描述法、直角坐标描述法、自然坐标描述法、极坐标描述法等。不同坐标系的选择使得问题求解的难易程度也不同。对于本问题来说，三个舞蹈演员相互追逐，看似很复杂，需要研究三个点的运动方程，但简单分析可知，在平面内三个点的位置呈 120° 对称性，即任意时刻都组成一个正三角形。这提示着我们，可以选取极坐标描述法来求出演员（以下简称点）的轨迹。

如图E-1所示，以三角形的几何中心为原点，以水平向右为 $\theta = 0$ 轴建立极坐标系 (r, θ)。由

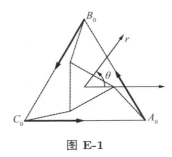

图 E-1

对称性可知，每个点和原点 O 的连线与其速度方向的夹角均为 $30°$，极坐标下的速度描述为

$$\boldsymbol{v} = \dot{r}\boldsymbol{e}_r + r\dot{\theta}\boldsymbol{e}_\theta \tag{E-1}$$

则根据上述分析可知：

$$\begin{cases} \dot{r} = -v\cos 30° \\ r\dot{\theta} = v\sin 30° \end{cases} \Rightarrow \frac{\dot{r}}{r} = -\dot{\theta}\cot 30° \tag{E-2}$$

这是每个点运动的微分方程，需要由初始条件进行积分。三个点的初始条件分别为

$$r_{10} = \frac{\sqrt{3}}{3}l, \ \theta_{10}=90°; \ r_{20} = \frac{\sqrt{3}}{3}l, \ \theta_{20}=210°; \ r_{30} = \frac{\sqrt{3}}{3}l, \ \theta_{30}=330° \tag{E-3}$$

三个点的运动轨迹为

$$\begin{cases} r_1 = \dfrac{\sqrt{3}}{3}le^{\sqrt{3}(\pi/2-\theta)} \\ r_2 = \dfrac{\sqrt{3}}{3}le^{\sqrt{3}(7\pi/6-\theta)} \\ r_3 = \dfrac{\sqrt{3}}{3}le^{\sqrt{3}(11\pi/6-\theta)} \end{cases} \tag{E-4}$$

它们是幅角相差 $30°$ 的对数螺线，当 θ 趋于无穷时，在原点处相遇。相遇的时间也可以求出：

$$t = \frac{s}{v} = \frac{1}{v}\int_{\pi/2}^{+\infty}\sqrt{r_1(\theta)^2 + \left(\frac{\mathrm{d}r_1}{\mathrm{d}\theta}\right)^2}\mathrm{d}\theta = \frac{2l}{3v} \tag{E-5}$$

其中 s 为相遇时的总路程。

同样的，利用上述方法，还可以研究 n 名舞蹈演员在位于正 n 边形的 n 个顶点上的追逐问题。可以证明，它们的轨迹仍是对数螺线，相遇时需要的时间为

$$t = \frac{l}{2v}\csc^2\frac{\pi}{n} \tag{E-6}$$

感兴趣的同学可以自己尝试证明。

E.2　寻找玫瑰线

在学习了点的运动学知识后，我们除了会做习题，能否发挥创意，去解决一些问题呢？

玫瑰线是一种具有周期性且包络线为圆的曲线。其外形像一朵花，特别是五叶玫瑰线极像玫瑰花，玫瑰线的名字也由此而来。同理，还有像螺旋桨的双叶玫瑰线，像三叶草、四叶草的三叶、四叶玫瑰线（图E-2）等。那么能否利用点的运动学知识，设计一种装置画出玫瑰线呢？

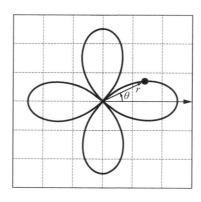

图 E-2

下面以四叶玫瑰线为例，设计一种装置。设四叶玫瑰线的每瓣最大尺寸为 a，在极坐标中（图E-2），其方程为

$$r = a\cos 2\theta \tag{E-7}$$

上述方程在直角坐标中可以表示为

$$x = \frac{a}{2}\left(\cos 3\theta + \cos(-\theta)\right), y = \frac{a}{2}\left(\sin 3\theta + \sin(-\theta)\right) \tag{E-8}$$

上式表明四叶玫瑰线是两个圆周运动叠加的结果。从运动学角度看，该式中角度的不同倍数表示转动的快慢，而角度的正负号表示转动的方向。有一种曲线板玩具（图E-3），笔放在小齿轮孔中，小齿轮圆心绕大齿轮中心作圆周运动，而笔绕小齿轮圆心也作圆周运动。物理模型如图E-4所示，当小圆盘在大圆盘内转动时，若 OO_1 逆时针转动到 OO_1' 时，$O_1 P$ 会顺时针转动到 $O_1' P'$，且转动角度与具体尺寸有关，只要适当调整参数就可以画出我们想要的曲线。

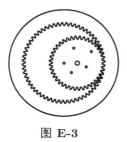

图 E-3

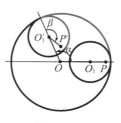

图 E-4

给定四叶玫瑰线的花瓣最大尺寸 a 后，重要的就是要确定具体齿轮的大小 R，r 和小孔 P 与 O_1 的距离 e。从运动学角度进行分析，初始时假设两圆在 A 点接触，AOP 水平（图E-5）。由于小圆在大圆内作纯滚动，有

$$R\alpha = r\beta \tag{E-9}$$

P 点坐标为

$$\begin{cases} x = (R-r)\cos\alpha + e\cos(\beta - \alpha) \\ y = (R-r)\sin\alpha - e\sin(\beta - \alpha) \end{cases} \tag{E-10}$$

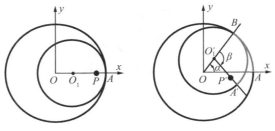

图 E-5

把式(E-9)代入式(E-10)后，有

$$\begin{cases} x = (R-r)\cos\alpha + e\cos\left(\dfrac{R-r}{r}\alpha\right) \\ y = (R-r)\sin\alpha - e\sin\left(\dfrac{R-r}{r}\alpha\right) \end{cases} \tag{E-11}$$

对比式(E-8)和式(E-11)，有

$$R - r = \frac{1}{2}a, \quad e = \frac{1}{2}a, \quad \frac{R-r}{r} = \frac{1}{3} \tag{E-12}$$

从而解出

$$R = 2a, \quad r = \frac{3}{2}a, \quad e = \frac{1}{2}a \tag{E-13}$$

利用以上参数，可利用激光切割加工出实际的装置，按住大齿轮，把笔放在小齿轮上适当的孔中，转动小齿轮，就可以画出标准的四叶玫瑰线了（图E-6）。

图 E-6

读者还可以参考本文的推导及文献 [15]，自己设计出能够绘制诸如双叶、三叶、五叶玫瑰线的装置。

E.3 车辆转弯时内轮差

进行平面运动的速度分析时，需要知道基点法、瞬心法、速度投影定理等方法，都是针对某一个瞬时的。在真实情况中，如果考虑时间的变化，分析刚体上不同点的运动轨迹会有有趣的发现。

例如，车辆自身是有体积的，因此可以看作一个刚体。在转弯时，其前后轮的运行轨迹并不相同，内后轮的轨迹半径要小于内前轮的轨迹半径，车辆内前轮的转弯半径与内后轮的转弯

图 E-7

半径之差，通常被称为内轮差。如图E-7所示，由于内轮差的存在，前后内车轮轨迹之间会形成一个危险区域，进入这个区域的行人和非机动车很容易被车身后半部卷入。

运用刚体运动学的知识，可以建立内轮差问题的分析模型，如图E-8所示。取车辆底盘的工字型钢架为研究对象，研究车辆右转弯时的运动状态时，可以将车辆简化成绕瞬时速度中心 O 的平面定轴转动。设车的前后轮间距（轴距）为 l，A 点代表内前轮，其运动轨迹假设为圆心角为 $\pi/2$，半径为 R 的圆弧，速率恒定为 v_A，B 点代表内后轮。θ 角处的内轮差可以定义为 A 点轨迹和 B 点轨迹沿 θ 方向的半径之差，即

$$d\left(\theta\right)=R-R_B\left(\theta\right) \tag{E-14}$$

定义车辆转弯过程中的最大内轮差为

$$d_{\max}=\max\left(d\left(\theta\right)\right)\quad\left(0\leqslant\theta\leqslant\pi/2\right) \tag{E-15}$$

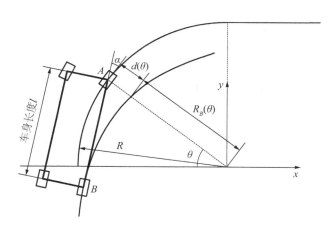

图 E-8

通过分析 A，B 两点的运动状态可知，A 点的速度方向沿其轨迹切向，B 点的速度方向沿 AB 连线方向（后轮不转向），根据速度投影定理可得 B 点速度的分量形式：

$$\begin{pmatrix}\mathrm{d}x_B/\mathrm{d}t\\\mathrm{d}y_B/\mathrm{d}t\end{pmatrix}=\frac{v_A}{l^2}\left(x_B\sin\theta+y_B\cos\theta\right)\begin{pmatrix}R\cos\theta+x_B\\-R\sin\theta+y_B\end{pmatrix},\quad\theta=\frac{v_At}{R} \tag{E-16}$$

利用初始条件进行积分可得 B 点轨迹，同时可求得内轮差。对于轴距 $l=2\mathrm{m}$ 的汽车，在不同内前轮轨迹半径 R 下，计算得到的最大内轮差的数据列在表E-1中。由表中的数据可知，随

表 E-1

内前轮轨迹半径 R/m	3.0	3.5	4.0	4.5	5.0	5.5	6.0
最大内轮差 d_{max}/m	0.730	0.616	0.532	0.467	0.417	0.376	0.343

着转弯半径 R 的增大，最大内轮差 d_{max} 单调降低。可见，为减小内轮差，驾驶员应尽量转大弯，而不应转小弯。图E-9画出了不同轴距 l 的车辆转弯时 A 点和 B 点的轨迹 ($R = 4$ m)，可以发现，车身轴距 l 也是影响内轮差大小的一个重要因素，当转弯半径相同时，轴距较长的车内轮差明显更大。

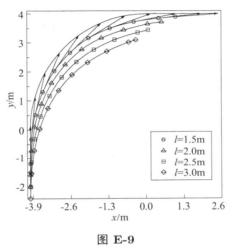

图 E-9

对于市面上常见的一些车型，可以通过以上分析得到车辆转弯时的行人和非机动车的安全距离。无量纲化内轮差和转弯半径的关系图绘制在图E-10中。根据有关资料，典型车型的最小转弯半径与轴距之比都约为 2，从图E-10发现此时典型车型最大内轮差均小于 1/3 轴距。那么行人和非机动车要保证自身安全，需要与汽车保持车长 1/3 以上的距离。

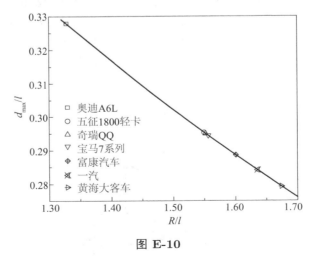

图 E-10

此外，利用上述的建模思路，还可以分析大货车、水泥搅拌车等半挂车的内轮差大小，感兴趣的读者可以参阅参考文献 [17]。

E.4　指南车与齿轮系

相传黄帝大战蚩尤时,蚩尤放出大雾,使黄帝的军队迷失前进的方向。黄帝十分着急,经过几天几夜奋战,终于造出了一个能指引方向的小车,车上安装了一个假人,伸手指着南方。然后黄帝告诉所有的军队,打仗时一旦被大雾迷住,只要一看指南车上的假人指着什么方向,马上就可辨认出东南西北。黄帝的故事有理由认为是传说,指南车最早的确切记载在三国时期。从三国时开始,历代史书几乎都有指南车的记载,《宋史·舆服志》详细地记载了燕肃和吴德仁所造指南车的结构和技术规范,对指南车的结构和各齿轮大小和齿数都有详细记载。指南车利用齿轮传动系统和离合装置来指示方向,显示了古代机械技术的卓越成就。

依据齿轮的不同特性,指南车可以分为"定轴轮系指南车"与"差速轮系指南车"两类。

(1) 定轴轮系指南车

所谓定轴轮系,是指轮子的转轴都是固定在车上的,利用车身旋转时齿轮间的自动离合来确定方向,如图E-11所示。

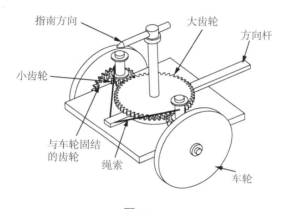

图 E-11

它的要点是走直线时,两边的小齿轮与大齿轮不接触。而小车向左转弯时 (逆时针转弯),方向杆偏向左边,通过绳子让右边小齿轮与大齿轮接触,使大齿轮相对小车向右转动 (顺时针转动),从而保证车上小人方向不变,齿轮离合示意图如图E-12所示。这种指南车有个缺点:转弯时必须固定其中一个轮子,并以车轮与地面接触点为圆心旋转。因此不好操作,容易有误差。

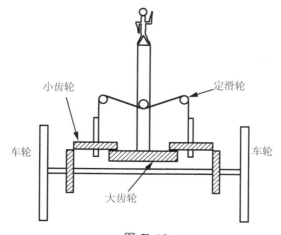

图 E-12

(2) 差速轮系指南车

所谓差速轮系，就是两边轮子的转速可以有差别。图E-13是差速轮系指南车内部齿轮系的俯视图和后视图，两侧为车轮，中间方框是车体，车体内部是差动齿轮。图E-14是装置中的差动齿轮的放大图，由于车身在转动，连杆 IV 必须带动中间轴反向转动相同的速度，才能保证中间轴上面的小木人相对地面不转。这样通过调节车身的尺寸和内部齿轮大小的关系，可以让差动齿轮中连杆的绝对角速度为零，这样便可以实现指南。定量的分析过程可以参阅参考文献 [16]，图E-15是根据该机构作出的实物，需要指出的是，在实际演示时，要注意两侧轮子不能打滑。

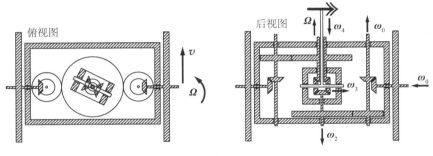

图 E-13

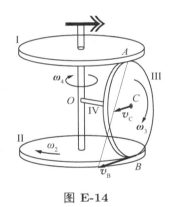

图 E-14

图 E-15

E.5 铁丝爬绳

在理论力学教学中，摩擦角和摩擦自锁是重要的概念，而多点摩擦问题又是其中的难点。下面通过对一种装置的分析，带领大家体验神奇的摩擦现象。

首先尝试用细铁丝做一个装置，如图E-16所示 (可以借助铅笔把铁丝绕出小圆圈)，注意小圆圈与梯形垂直，然后把细绳如图E-17穿过装置上的圆孔，挂在钉子上 (也可以用手握铅笔代替钉子)，再把绳子两端打结，手抓住绳结且左右来回摆动，同时让绳子保持一定的张力，这时你会看到铁丝慢慢向上爬升！如何简单直观地说明其中的道理呢？

下面给出一个基于摩擦的分析。如图E-18所示，设开始时装置水平，当手掌抓住绳子逆时针转动时，左边绳子 AB 段下降，右边绳子 CD 段上升。由于铁丝与绳子之间有摩擦，装置跟随绳子作逆时针转动 (A 点下降 D 点上升，此阶段装置中心基本不动)。当装置转动至 A, B 两圆环接近垂直位置时，A, B 处的绳子夹角近似为 180°，由图E-18可知，在 A, B 处圆环对绳的支持力将接近为零，则摩擦力也必然接近为零，绳子在 AB 段将与铁丝产生相对运动。同

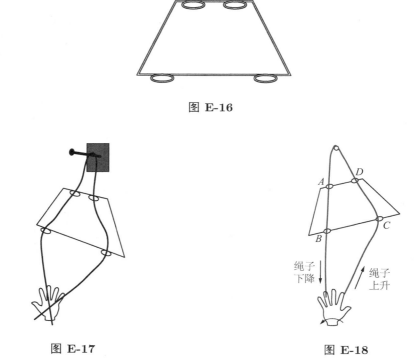

图 E-16

图 E-17   图 E-18

理分析可知,在 CD 段,D 点处同样无法提供足够的摩擦力,但在 C 点,绳子与圆环的夹角相对较小,这样由图E-18可知,C 处的支持力将与绳子拉力是同阶的,便能够提供足够的摩擦力使绳子在 C 处卡住,从而铁丝被绳子带动上升。

CD 段绳子上升带动铁丝上升,而 AB 段绳子下降不妨碍铁丝上升。当手掌抓住绳子顺时针转动时,情况正好相反,AB 段绳子的上升将带着铁丝上升,这样铁丝上升的原理就定性地分析清楚了,感兴趣的读者可以通过力学建模的方式进行定量分析,详见参考文献 [18],这里就不再赘述。

E.6 如何推动箱子更省力

生活中要想将一个箱子搬动到别处,在只能依靠人力的情况下,大部分人都会选择直接在地面上推动箱子。考虑一个长方体形状的均质箱子放在粗糙水平面上,摩擦系数为 μ,如果想用一个力推在箱子上,使其从静止开始运动的临界情况有哪些?哪种情况比较省力呢?我们可以通过摩擦知识给出答案。

简单分析可知,箱子(设质量为 m)由静止开始运动的临界情况有 3 种:(1) 箱子底面不离开水平面,开始作刚体平动 (以下简称平动);(2) 箱子底面不离开水平面,开始作刚体平面运动,可以看作绕某个铅垂轴的瞬时转动 (以下简称转动);(3) 箱子底面部分脱离水平面,开始绕箱子某个棱边作刚体定轴转动 (以下简称翻倒)。

(1) 平动情况

平动的分析比较简单,设推力水平分量为 F_{1h},,竖直分量为 F_{1v},如图E-19所示。由竖直和水平方向受力平衡可得 $F_{1\min} = \dfrac{\mu}{\sqrt{\mu^2+1}}mg$,这个推力大小显然只与摩擦系数有关而和箱子尺寸无关。

(2) 转动情况

此时考虑到为了理论分析的方便，不妨把箱子简化为一个放置于水平面的长条状物体，水平推力垂直于箱子，如图E-20所示。此时假设杆长为 l，摩擦力方向的切换点 O 距离施力点的距离为 x，那么 O 两端受到方向相反的摩擦力作用，其合力分别为 $f_1 = \mu m(l-x)g/l$ 和 $f_2 = \mu mxg/l$，由受力平衡及力矩平衡可得 $F_2 = (\sqrt{2}-1)\,\mu mg$，和平动一样，这个推力大小与箱子尺寸无关。

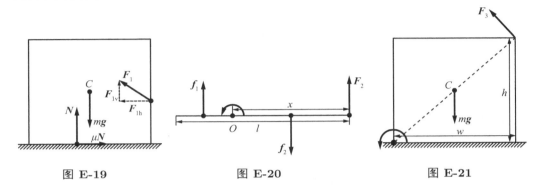

图 E-19   图 E-20   图 E-21

(3) 翻倒情况

同样为简化分析，把箱子简化为一个竖直平面，宽为 ω，高为 h，如图E-21所示。那么由力矩平衡可解得 $F_3 = \dfrac{mg}{2\sqrt{1+(h/\omega)^2}}$，而这个大小就与箱子的高宽比有关，与摩擦系数无关。

同样可以通过分析摩擦系数进一步比较三种情况所需临界力的大小，易得当 $\mu \leqslant \sqrt{2+2\sqrt{2}}$ 时，$F_{1\min} \geqslant F_2$；当 $\mu > \sqrt{2+2\sqrt{2}}$ 时，$F_3 < mg/2 < F_{1\min} < F_2$，即无论摩擦系数多大，都有 $F_{1\min} \geqslant \min\{F_2, F_3\}$。这样可以得出 3 个结论：(1) 平动情况总是比转动情况更费力；(2) 如果摩擦系数和箱子高宽比同时都比较小，即较光滑地面上放置矮箱子，使其转动更省力；(3) 如果摩擦系数和箱子高宽比同时都比较大，即较粗糙地面上放置高箱子，使其翻倒更省力。如果读者有兴趣，也可以通过数值计算的方法验证以上结果，可参阅文献 [31]。

E.7 神奇的欹器

欹器是中国古代的一种神奇的容器，具有一种奇特的性能："虚而欹，中而正，满而覆"，即空的时候是倾斜的，加了一半水后是直立的，加满水后即翻倒。由于这些特点，三皇五帝都把它作为警诫之器，鲁国国君更是把它作为圣物放在庙中祭祀。在《孔子家语》及《荀子》中就有关于孔子参观鲁庙时用欹器教育学生的记载："恶有满而不覆者哉？"。令人惋惜的是，这种欹器今天已经失传。

欹器的特性显然与平衡稳定性有关，利用稳定性的知识，我们有可能重现欹器的设计，下面简要介绍一种触地式欹器的设计方案。

图E-22是触地式欹器的模型，平衡于桌面上，OXY 和 Bxy 分别是定系和与欹器固连的结体坐标系。M 和 P 分别为平衡时的接触点和重心 C 在 X 轴上的投影点，底部轮廓线在 Bxy 中为 $y = ax^2$，重心 C 在 y 轴上，定义 θ 角为欹器的倾斜角。为求平衡位置，设 $PC=Y$，则平衡时重力势能为

$$V = mgY \tag{E-17}$$

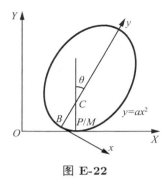

图 E-22

X 轴在 Bxy 坐标系中表示为

$$y - y_M = 2ax_M(x - x_M) \tag{E-18}$$

PC 与 X 轴垂直，在 Bxy 坐标系中表示为

$$y - y_C = -x/2ax_M \tag{E-19}$$

联立上述方程，可求出 P 的表达式，进而得出重心高度 Y

$$Y = \frac{y_C + ax_M}{\sqrt{1 + 4a^2 x_M^2}} \tag{E-20}$$

在平衡位置处，应有 $\mathrm{d}V/\mathrm{d}x_M = 0$，则可求出两组平衡位置：

$$\begin{cases} x_M = 0 \\ y_M = 0 \\ \theta = 0 \end{cases} \tag{E-21}$$

$$\begin{cases} x_M = \sqrt{\dfrac{1}{a}\left(y_C - \dfrac{1}{2a}\right)} \\ y_M = \left(y_C - \dfrac{1}{2a}\right) \\ \theta = \arctan 2\sqrt{a\left(y_C - \dfrac{1}{2a}\right)} \end{cases} \tag{E-22}$$

两组平衡位置中，一组是直立的（$\theta = 0$），另一组是倾斜的（$\theta \neq 0$）。那么这两个位置的稳定性如何，能否满足"虚而敧，中而正，满而覆"的特点呢？稳定性与重力势能的二阶导数 $\mathrm{d}V^2/\mathrm{d}x_M^2$ 有关，计算可得

$$\begin{cases} \dfrac{\mathrm{d}^2 V}{\mathrm{d}x_M^2}\bigg|_{\theta=0} = 2mga\left(1 - 2ay_C\right) \\ \dfrac{\mathrm{d}^2 V}{\mathrm{d}x_M^2}\bigg|_{\theta\neq 0} = 4mga\left(1 - 2ay_C\right)\left(1 - 4ay_C\right)\left(1 + 4a^2 x_M^2\right)^{-5/2} \end{cases} \tag{E-23}$$

通过以上的分析，可以有以下结论：

（1）敧器空时，若让其重心位置 $y_C > 1/2a$，则倾斜的平衡位置是稳定的，而直立的平衡位置是不稳定的。

（2）加水时，总的重心位置 y_C 在结体系 Bxy 中是变化的，若加了一半水时有 $y_C < 1/2a$，则两组平衡位置退化成一组直立的平衡位置，且直立的平衡位置是稳定的。

（3）继续加水时，总的重心位置继续变化，若加满水时 $y_C = 1/2a$，则平衡位置仍是直立的，但不稳定，外界的细微干扰就会使敧器倾倒。当水流出后，由于敧器上部的形状也是经过特殊设计的，它不能在上部的任何位置平衡，又回到倾斜的状态。

综合上述 3 点，可以发现，总重心 y_C 的变化是平衡稳定的关键。而加水的多少可影响 y_C 的变化，且 y_C 与加水量 W（$W = 1$ 表示加满水）大致的关系应是如图E-23所示的曲线。其中，y_C 具体如何变化无关紧要，但一定要满足以下几点：

（1）$W \in [0, 0.5]$，$y_C > 1/2a$

（2）$W = 0.5$ 或 $W = 1$，$y_C = 1/2a$

（3）$W \in [0.5,\ 1]$，$y_C < 1/2a$

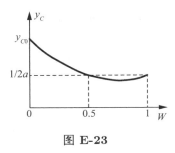

图 E-23

上述条件的实现可通过调整敧器空质量 m_0，重心位置 y_{C0}，装水的内管截面积 S 以及曲线参数 a 来实现，详细的分析过程可参见参考文献 [19]。

除了触地式敧器外，敧器的可能构型还有悬挂式、悬浮式等，它们都与平衡稳定性有关，感兴趣的读者可以参见参考文献 [19–22]。

E.8 微型陀螺仪与科氏惯性力

在我们日常使用的手机中，不少功能与手机的姿态和运动有关，如图像随手机转动的功能。为了实现这些功能，手机的姿态或角速度是必不可少的信息，它们是如何量测出来的呢？在飞机或导弹等飞行器的导航系统里，量测姿态或角速度的核心元件是陀螺仪。传统陀螺仪就是一个旋转轴能自由改变方向的转子。转子高速旋转时可出现独特的动力学现象：无力矩作用时旋转轴在惯性空间中指向不变，有力矩作用时旋转轴朝力矩矢量的方向进动。陀螺仪的量测功能即来源于此动力学特性。但手机的体积相比于飞机要小很多，对应的陀螺仪也要缩小上千倍。不过转子的动量矩随几何尺度的缩小以 4 次方比例减弱，而且高速旋转转子的缩微加工也难度太大。因此缩微成功的陀螺仪仅限于无转动部件的陀螺仪，即振动陀螺仪。

振动陀螺仪是一种非传统陀螺仪，它利用质点振动因载体转动产生的科氏惯性力来确定载体的角速度。将图E-24所示音叉形装置固定在载体上，两臂的质量集中为两个质点 A 和 B。激励音叉的两臂产生持续的振动，振型保持对称，A 和 B 的相对速度 $\boldsymbol{v}_A$ 和 $\boldsymbol{v}_B$，方向相反。当载体以角速度 $\boldsymbol{\omega}$ 转动时，质点 A，B 上产生方向相反的科氏惯性力 $\boldsymbol{F}_A = -2m\boldsymbol{\omega} \times \boldsymbol{v}_A$ 和 $\boldsymbol{F}_B = -2m\boldsymbol{\omega} \times \boldsymbol{v}_B$，它们组成交变的力偶作用在音叉的立柱上，使其作扭转振动。其幅值与科氏惯性力成正比，也与载体角速度 $\boldsymbol{\omega}$ 大小成正比。

比音叉构造更简单的振动陀螺是一个由弹簧支承可沿 x 轴和 y 轴两个方向振动的单个质点

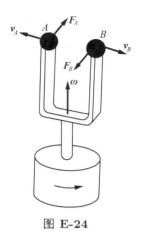

图 E-24

(图E-25)。对质点沿 x 轴施加与固有频率 ν 接近的周期激励，使质点维持接近谐振的周期运动。当载体绕 z 轴转动时，产生沿 y 轴的科氏惯性力，使质点出现沿 y 轴的振动，振幅与载体角速度 ω 大小成正比。这种装置由于构造简单，更适合微缩加工，制造出的微型陀螺元件可缩小到毫米尺度。

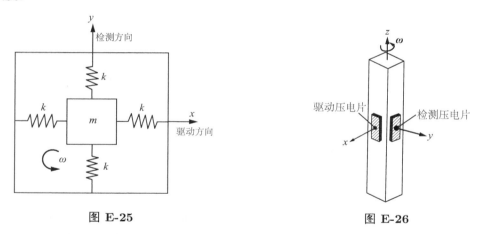

图 E-25　　　　　　　　　　　　图 E-26

　　基于相同原理，将一个弹性柱体的侧面贴上压电基片，沿 x 轴方向施加交变激励使柱体产生弯曲振动。在相隔 90° 的另一侧面也贴上压电基片，当载体绕 z 轴转动时，量测科氏惯性力激起的沿 y 轴的弹性位移以提供角速度信息（图E-26）。

　　上述几种振动陀螺仪均可用于制成微型惯性元件，其优势是成本低廉可批量生产，与导航系统的精密陀螺仪相比，精度虽低但能满足民用要求，因此是广泛用于民用产品的惯性元件，详见参考文献 [23]。

E.9　恢复系数的不同定义

　　恢复系数是弹塑性体碰撞的一个重要的指标，在许多学科中都有广泛的应用。如常被用做交通事故控制和校验的标准；被用来研究岩土体物理力学性质等。恢复系数有几种不同的定义方式，但各自的适用范围较为模糊，容易产生误用。有必要对恢复系数的不同定义方式进行归纳。

恢复系数的初始定义是用来表征两个质点碰撞时能量耗散的程度，后来也被广泛用来描述刚体和弹性体的碰撞。恢复系数有如下 3 种定义方式：

（1）**速度定义**

恢复系数的速度定义始于牛顿对质点碰撞的研究，其定义为碰撞后法向相对分离速度 v_{nr} 和碰撞前相对接近速度 v_{n0} 的比值：

$$e = v_{nr}/v_{n0} \tag{E-24}$$

按选取的速度参考点不同，此定义细分为两小类：

（a）以物体质心为速度参考点。

（b）以碰撞接触点为速度参考点。

（2）**冲量定义**

恢复系数的冲量定义是 19 世纪初由 Poisson 提出的，其定义为恢复阶段法向冲量 I_r 与压缩阶段的法向冲量 I_0 的比值：

$$e = I_r/I_0 \tag{E-25}$$

（3）**能量定义**

恢复系数的能量定义由 Stronge 于 1990 年给出。在能量定义中，恢复系数的平方 e^2 为恢复阶段弹性变形所释放的能量 E_r 与压缩阶段储存的能量 E_0 之比：

$$e = \sqrt{E_r/E_0} \tag{E-26}$$

可以证明，以上 3 种恢复系数的定义方式在质点的碰撞中是相互等价的。在实际应用中，考虑到测量的简便，质心速度定义的恢复系数通常是最容易被采用的方式，但要特别注意恢复系数定义的使用需要与采用的力学模型相匹配，否则容易引起误用。这是因为在实际问题中，参与碰撞的对象常常不能被简化为质点，对于刚体、质点系的碰撞，接触点速度、冲量、能量的定义方式都适用，但质心速度的定义方式一般不再适用，只可作为弹簧刚度系数很大、物体尺寸可忽略时的近似。对于弹性体的碰撞，用能量和冲量方式定义的恢复系数仍然适用，而由于弹性体自身的变形，无论参考点是质心还是接触点，速度定义的恢复系数都有局限性，接触点定义的局限性体现于无法获得准确的接触点速度，质心的定义只能针对变形很小的情况适用。关于以上结论的详细讨论，读者可参阅参考文献 [24]。

E.10 太空中的悠悠球

悠悠球 (Yo-yo) 又称"溜溜球"，是人类最古老的玩具之一。这个忽上忽下的缠线小圆轮，曾有过显赫的发展历史。早在公元前 500 年，希腊出土的陶盘上已出现年轻人玩悠悠球的绘画。古埃及神庙的壁画里也出现过悠悠球的形象。玩具悠悠球的构造十分简单，木制或塑料制的两个厚圆盘中间以短轴相连，缠绕在短轴上的绳索一端与轴固定，另一端绕在手指上。松手后圆盘沿绳自由下落同时产生旋转，转速不断加快，在最低点处转速到达最大值，然后圆盘在另一侧沿绳向上滚动，转速渐缓，回到最高点时转速减为零。

在漫长的发展岁月中，悠悠球的玩耍技巧不断翻新，爱好者俱乐部的各种竞赛年年举行，悠悠球现已成为风靡世界的大众化玩具。

悠悠球的角色可不只是玩具，它还能和太空产生联系。一种称为"悠悠消旋"（yo-yo despin）技术使卫星成为太空中的大号悠悠球。在卫星发射过程中，当卫星与运载火箭分离以后，必须采取措施使卫星停止旋转, 才能保证卫星维持相对地球的正确姿态。利用喷气技术可以做到消旋, 但要消耗宝贵的能源。所谓悠悠消旋技术是在卫星的 A, B 两处对称固定两根细索, 端部系质量块, 令其与旋转方向相反地缠绕在圆柱形星体上。质量块起先锁定在星体的 C, D 处, 星箭分离后打开锁定装置, 质量块在离心力作用下向外运动, 绕在星体上的细索逐渐释放, 卫星的转动惯量随之增大, 转速也随之减小 (图E-27)。这种消旋方案不消耗能源, 是航天技术中普遍采用的可行方案。

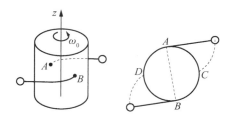

图 E-27

卫星作为一个大悠悠球, 在消旋过程中的表现却与玩具悠悠球不同。悠悠球的绳索自由段越长转速越大, 而悠悠消旋的绳索自由段越长却转速越小, 原因在于影响这两种悠悠球转速变化的机理是不同的。玩具悠悠球的转速变化是由于势能与动能之间的能量转换。太空中的卫星如忽略微弱的重力梯度力矩, 其势能保持常值, 不存在能量的转换。玩具悠悠球在重力矩作用下动量矩不断改变, 而无力矩状态下的卫星动量矩守恒, 消旋过程是转动惯量不断变大的结果。设星体的半径为 R, 绕旋转轴 z 的转动惯量为 J, 起始角速度为 ω_0, 质量块的质量为 m, 利用动量矩守恒和动能守恒可以导出为保证完全消旋所需的绳索长度 l:

$$l = \sqrt{R^2 + \frac{J}{2m}} \tag{E-27}$$

感兴趣的读者可以自己尝试推导, 详见参考文献 [25]。

近年来出现对开采近地小行星矿产资源可能性的探索, 上述悠悠消旋技术未来还可以用在对小行星的消旋上, 那将是一个多么蔚为壮观的计划啊。

E.11 扁担的动力学

作为中国自古以来的普及工具, 扁担为农业生产和运输创造了无以计数的价值。岁月流逝, 交通运输日益现代化, 农民结束了肩挑运送的苦力活, 现代化的生产方式逐渐替代了古老的农业生产, 但扁担这一古老而简陋的负重工具仍然没被这个时代抛弃。在短程运输、负重攀登的过程中, 扁担依然是成本低且有效的选择。之所以人们不淘汰这种古老工具, 是因为它方便耐用, 挑东西不吃力, 而且行进快捷。有人说, 用不用扁担, 人最后的负重是相同的, 因此其实没有 "省力"。那么扁担到底是不是真的 "省力" 呢?

利用动力学知识, 可以通过分析扁担在行进过程中施加给人体的动反力找到扁担 "省力" 的奥秘。扁担在行走过程中是有变形的, 因此是一个弹性体, 其可以看成是由两个振动子系统复合而成的。如图E-28所示, 考虑对称性, 扁担可以简化为端部有集中质量的悬臂梁, 扁担末端重物偏离平衡位置的垂直位移 y 满足方程:

$$m\ddot{y} + K(y - y_{\mathrm{J}}) = 0 \tag{E-28}$$

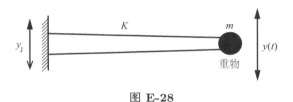

图 E-28

式中，$m = G/g$ 为重物的质量，K 为悬臂梁的刚度，$y_J = h\sin\omega t$ 是肩部 (悬臂端) 的垂直位移。因此"扁担-载荷"系统的固有频率为 $\omega_B = \sqrt{K/m}$，通过求解式(E-28)，可得当 $\omega \leqslant \omega_B$ 时扁担引起的肩部附加动反力为

$$F = 2K(y - y_J) = 2m\lambda\omega^2 \sin\omega t \tag{E-29}$$

特别需指明的是：相对于恒定不变的静载荷，人体更适应周期性变化的动载荷。例如现代医学证明，心脏其实是周期性工作的，首先心脏主动收缩泵出血液，然后自然舒张并回吸血液。因此，在一个心跳周期中，需要心肌用力的时间只占约 1/3，其他 2/3 时间是在放松和休息。与此类似，运用扁担挑重物是同样的道理，虽然动载荷的峰值是大于静载荷的，但由于载荷是周期性变化的，每个周期总有 50% 以上的时间是在放松和休息。对于扁担问题，放松的阶段正好用于前进。这可以认为是挑担时，人感觉"省力"的重要原因。需要注意的是，人的步行频率不能太高，否则动反力幅值将会增加。

此外，从静力学及材料力学的角度分析也可以得到扁担"省力"的其他因素，感兴趣的读者可以参阅参考文献 [26–28]。

E.12 飞车走壁与达朗贝尔原理

与具有古老历史和传统的其他杂技项目不同，飞车走壁是和自行车、摩托车和汽车等现代交通工具相关，极具时代特征的杂技项目，如图E-29所示。随着时代的发展，走壁的飞车从自行车发展成摩托车和小汽车，原始的大木桶也发展成钢制的圆球形网状结构。

图 E-29

在接近圆柱形的木桶内，车手在与地面接近平行的平面内能紧贴桶壁完成圆周运动。木桶发展成钢制圆球时，车手沿球面内的任意圆弧运动都有离心惯性力存在，它不仅产生正压力和摩擦力，而且沿铅垂轴的分量直接参与了重力的平衡。由于摩擦力和离心惯性力共同分担车的重力，车手甚至可在过顶点的垂直平面内飞驰而获得更大的自由度。

以上是定性分析，可否利用达朗贝尔原理进行一下定量分析，计算出飞车走壁所需的最低车速呢？下面以飞车沿圆筒形木桶的运动为例，进行理论分析。用于飞车的圆筒形木桶相对垂直轴通常有 $\gamma=10°$ 左右的倾角而略带锥度。设飞车在桶内作半径为 R 的水平圆周运动。以圆心 O 为原点，Z 轴为垂直轴，O 点至车的质心 P 的连线为水平轴 X。令（$OXYZ$）绕 Y 轴转过 γ 角，使 X 轴和 Z 轴到达的新位置平行于接触点 Q 处桶壁的法线轴 x 和切线轴 z，y 轴沿飞车前进方向。参照图E-30表示的受力状况，为方便起见，仅保留 γ 的一次项，由达朗贝尔原理不难列出车体的平衡方程：

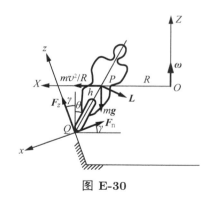

图 E-30

$$\begin{cases} F_n - mg\left[(v^2/gR)\cos\gamma + \sin\gamma\right] = 0 \\ F_z + mg\left[(v^2/gR)\sin\gamma - \cos\gamma\right] = 0 \end{cases} \tag{E-30}$$

γ 角在 $0°\sim90°$ 范围内变化时，为保证车轮紧贴球壁滚动的 $F_n > 0$ 条件可自动满足。从另一条件 $|F_z| < fF_n$ 可导出飞车的最低速度：

$$v_{\min} = \sqrt{gR\left(\frac{\cot\gamma - f}{1 + f\cot\gamma}\right)} \tag{E-31}$$

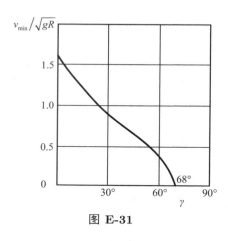

图 E-31

图E-31为 $f=0.4$ 时，飞车的最低速度 $v_{\min}$ 随 γ 角的变化曲线。当 γ 增大，桶壁趋于平坦时，最低速度随之降低。对 $\cot\gamma = f$ 的特殊情形，即 $\gamma = 68°$，或桶壁相对地面坡度为 $22°$ 的特殊情形，$v_{\min} = 0$。此时重力的切向分量等于最大摩擦力而产生自锁，即使车速接近零也不会下滑。当车在此位置以任意速度行驶时，所产生的离心惯性力均能推动车向上方移动。

以上在列写力平衡方程时并未考虑力矩的平衡，实际上在运动过程中离心惯性力与支承力构成一对力偶，车体必须向一侧倾斜，使重力与摩擦力构成方向相反的力偶与之平衡。关于这种平衡的定量分析，读者可参见文献 [29]。

E.13 蚱蜢与拉格朗日方程

从能量的角度对动力学分析是拉格朗日方程的优点之一。拉格朗日方程的建立是基于对模型的动能和势能的求解，再对其进行微分求解，给复杂动力学系统的分析带来了极大的方便，下面以一个蚱蜢机器人的动力学分析为例进行简要介绍。

蚱蜢、蝗虫、跳蚤、袋鼠、松鼠等生物因表现出了优秀的运动性能，常被作为跳跃机器人的仿生对象。在这些生物中，蚱蜢的跳跃性能更为优异，其跳跃距离能达到自身长度的 15~30 倍。加之蚱蜢在空中可以通过翅膀调整姿态，并且落地时的缓冲性能良好，因而成为众多学者的研究对象。

一种蚱蜢机器人的结构如图E-32所示，主要包括弹簧装置、减震系统、三连杆和曲柄滑块结构 4 部分。在起跳阶段，通过拉动曲柄滑块结构使弹簧装置蓄力，并拉动胫节完成蓄力阶段，随后释放弹簧，依靠弹簧的瞬间释放使模型对地面产生极大的作用力，从而使模型获得最大的起跳速度。在落地阶段，通过减震系统，缓冲对地面的冲击力，并且为第二次起跳积蓄能量。

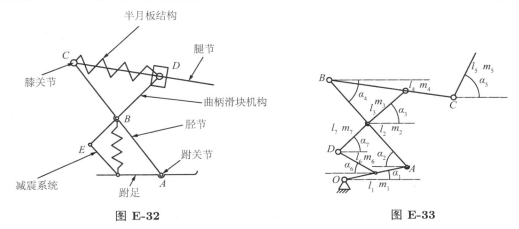

图 E-32　　　　　　　　　　　图 E-33

如图E-33所示，可以根据拉格朗日方程建立动力学模型。首先写出系统的动能与势能。系统的总动能 T 由如下两部分组成：连杆质心角速度产生的动能 E_k 和连杆质心线速度产生的动能 E_p，即

$$T=E_k + E_p = \frac{1}{2}\sum_{i=1}^{7} I_i\dot{\alpha}_i^2 + \frac{1}{2}\sum_{i=1}^{7} m_i\dot{r}_i^2 = \frac{1}{2}\sum_{i=1}^{7} I_i\dot{\alpha}_i^2 + \sum_{i=1}^{7} Q_i \tag{E-32}$$

式中，m_i 为各连杆的质量，$\dot{r}_i$ 为各连杆的质心速度，I_i 为各连杆的质心转动惯量，$\dot{\alpha}_i$ 为各关节的转动角速度，Q_i 代表各杆件的平动动能，且

$$\begin{cases}
Q_1 = \frac{1}{2}I_1\dot{\alpha}_1^2 + \frac{1}{8}m_1 l_1^2\dot{\alpha}_1^2 \\
Q_2 = \frac{1}{2}I_2\dot{\alpha}_2^2 + \frac{1}{2}m_2\left[l_1^2\dot{\alpha}_1^2 + \frac{1}{4}l_2^2\dot{\alpha}_2^2 + l_1 l_2\dot{\alpha}_1\dot{\alpha}_2\cos(\alpha_1-\alpha_2)\right] \\
Q_3 = \frac{1}{2}I_3\dot{\alpha}_3^2 + \frac{1}{2}m_3\left[l_1^2\dot{\alpha}_1^2 + \frac{1}{4}l_2^2\dot{\alpha}_2^2 + \frac{1}{4}l_3^2\dot{\alpha}_3^2 + l_1 l_2\dot{\alpha}_1\dot{\alpha}_2\cos(\alpha_1-\alpha_2)\right. \\
\qquad\left. + l_1 l_3\dot{\alpha}_1\dot{\alpha}_3\cos(\alpha_1-\alpha_3) + \frac{1}{4}l_2 l_3\dot{\alpha}_2\dot{\alpha}_3\cos(\alpha_2-\alpha_3)\right] \\
Q_4 = \frac{1}{2}I_4\dot{\alpha}_4^2 + \frac{1}{2}m_4\left[l_1^2\dot{\alpha}_1^2 + l_2^2\dot{\alpha}_2^2 + \frac{1}{4}l_4^2\dot{\alpha}_4^2 + 2l_1 l_2\dot{\alpha}_1\dot{\alpha}_2\cos(\alpha_1-\alpha_2)\right. \\
\qquad\left. + l_1 l_4\dot{\alpha}_1\dot{\alpha}_4\cos(\alpha_1-\alpha_4) + l_2 l_4\dot{\alpha}_2\dot{\alpha}_4\cos(\alpha_2-\alpha_4)\right] \\
Q_5 = \frac{1}{2}I_5\dot{\alpha}_5^2 + \frac{1}{2}m_5\left[l_1^2\dot{\alpha}_1^2 + l_2^2\dot{\alpha}_2^2 + l_4^2\dot{\alpha}_4^2 + \frac{1}{4}l_5^2\dot{\alpha}_5^2 + 2l_1 l_2\dot{\alpha}_1\dot{\alpha}_2\cos(\alpha_1-\alpha_2)\right. \\
\qquad + 2l_1 l_4\dot{\alpha}_1\dot{\alpha}_4\cos(\alpha_1-\alpha_4) + l_1 l_5\dot{\alpha}_1\dot{\alpha}_5\cos(\alpha_1-\alpha_5) + 2l_2 l_4\dot{\alpha}_2\dot{\alpha}_4\cos(\alpha_2-\alpha_4) \\
\qquad\left. + l_2 l_5\dot{\alpha}_2\dot{\alpha}_5\cos(\alpha_2-\alpha_5) + l_4 l_5\dot{\alpha}_4\dot{\alpha}_5\cos(\alpha_4-\alpha_5)\right] \\
Q_6 = \frac{1}{2}I_6\dot{\alpha}_6^2 + \frac{1}{2}m_6\left[\frac{1}{4}l_1^2\dot{\alpha}_1^2 + \frac{1}{4}l_6^2\dot{\alpha}_6^2 + \frac{1}{2}l_1 l_6\dot{\alpha}_1\dot{\alpha}_6\cos(\alpha_1-\alpha_6)\right] \\
Q_7 = \frac{1}{2}I_7\dot{\alpha}_7^2 + \frac{1}{2}m_7\left[\frac{1}{4}l_1^2\dot{\alpha}_1^2 + l_6^2\dot{\alpha}_6^2 + \frac{1}{4}l_7^2\dot{\alpha}_7^2 + l_1 l_6\dot{\alpha}_1\dot{\alpha}_6\cos(\alpha_1-\alpha_6)\right. \\
\qquad\left. + \frac{1}{4}l_1 l_7\dot{\alpha}_1\dot{\alpha}_7\cos(\alpha_1-\alpha_7) + l_6 l_7\dot{\alpha}_6\dot{\alpha}_7\cos(\alpha_6-\alpha_7)\right]
\end{cases}$$

$$\tag{E-33}$$

以机构跗足与大地接触点 O 点为零势能点，系统的总势能 V 由各杆件的重力势能和弹性势能 P_s 组成，令储能弹簧弹性系数为 K_1，减震弹簧弹性系数为 K_2，求得系统势能为

$$V = \frac{1}{2} K_1 \Delta x_1^2 + \frac{1}{2} K_2 \Delta x_2^2 + \sum_{i=1}^{7} m_i g h_i = P_s + \sum_{i=1}^{7} P_i \tag{E-34}$$

式中：Δx_1，Δx_2 分别为两弹簧的形变量；g 为重力加速度；h_i 为各连杆质心垂直坐标位置；P_i 代表各杆件的重力势能，为了节省篇幅，其表达式不在此列出，可参见参考文献 [30]。

拉格朗日函数 $L = T - V$ 可根据势能和动能得出，将 L 代入拉格朗日方程，则各关节的输出力矩为

$$M_i = \frac{\mathrm{d}}{\mathrm{d}t} \left(\frac{\partial L}{\partial \dot{\alpha}_i} \right) - \frac{\partial L}{\partial \alpha_i} \tag{E-35}$$

通过分析运动学关系，可以得到角度随时间的变化曲线，具体细节可参见参考文献 [30]，如图 E-34 所示。将角度变化代入拉格朗日方程，可求得弯矩变化，"蚱蜢"跳跃过程中的动力学关系便迎刃而解了，感兴趣的同学可参见参考文献 [30] 将求解过程补充完整。

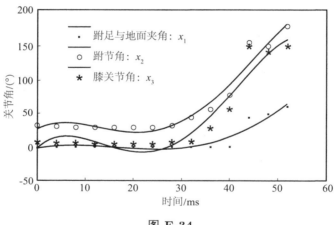

图 E-34

习题答案

第 1 章

1-1　轨迹是平行 $\boldsymbol{c}$ 的直线段，在其上往复，两端点为 $\boldsymbol{r}_0 - \boldsymbol{c}$ 和 $\boldsymbol{r}_0 + \boldsymbol{c}$，速度方向平行 $\boldsymbol{c}$，大小在 $[-c, c]$ 内变化

1-2　都为零

1-3　$x = 200 \cos \dfrac{\pi}{5} t \, \mathrm{mm}, \quad y = 100 \sin \dfrac{\pi}{5} t \, \mathrm{mm}, \quad \dfrac{x^2}{40000} + \dfrac{y^2}{10000} = 1$

1-4　$\dfrac{(x-a)^2}{(b+l)^2} + \dfrac{y^2}{l^2} = 1$

1-5　$v_M = \sqrt{3} v_0, \quad a_M = \dfrac{8 v_0^2}{r}$

1-6　$v_{M'} = v_0 \sec^2 \dfrac{v_0}{R} t, \quad a_{M'} = \dfrac{2 v_0^2}{R} \dfrac{\sin \dfrac{v_0}{R} t}{\cos^3 \dfrac{v_0}{R} t}$

1-7　$v_D = l \omega_0, \quad a_D = 2 l \omega_0^2$

1-8　$v_B = 0.5 \mathrm{m/s}, \quad a_B = 0.045 \mathrm{m/s}^2$

1-9　$v = \dfrac{u}{\sin \varphi}, \quad a = \dfrac{u^2}{r} \dfrac{1}{\sin^3 \varphi}$

1-10　$t = \dfrac{R}{v_0}(1 - \mathrm{e}^{-2\pi}), \quad v = v_0 \mathrm{e}^{2\pi}, \quad a_\mathrm{r} = a_\mathrm{n} = \dfrac{v_0^2}{R} \mathrm{e}^{4\pi}$

1-11　略

1-12　$s = 2\pi t \, \mathrm{cm}, \quad \boldsymbol{v} = 2\pi \boldsymbol{e}_\mathrm{t} \, \mathrm{cm/s}, \quad \boldsymbol{a} = 0.4\pi^2 \boldsymbol{e}_\mathrm{n} \, \mathrm{cm/s}^2$

1-13　$\boldsymbol{v} = (7\boldsymbol{i} + 6\boldsymbol{j} + 9\boldsymbol{k}) \mathrm{m/s}, \quad a_\tau = 5.12 \mathrm{m/s}^2, \quad a_\mathrm{n} = 3.71 \mathrm{m/s}^2$

1-14　$\boldsymbol{v} = \dfrac{\omega \rho^2 \sin \varphi}{2b} \boldsymbol{e}_\rho + \rho \omega \boldsymbol{e}_\varphi, \quad \boldsymbol{a} = \rho \omega^2 \left(\dfrac{\rho^2 \sin^2 \varphi}{2b^2} + \dfrac{\rho \cos \varphi}{2b} - 1 \right) \boldsymbol{e}_\rho + \dfrac{\rho^2 \omega^2 \sin \varphi}{b} \boldsymbol{e}_\varphi$

1-15　$r = b + 2a \cos \omega t, \quad \varphi = \omega t; \quad r = b + 2a \cos \varphi;$
　　　　$v = \omega \sqrt{4a^2 + b^2 + 4ab \cos \omega t}, \quad a = \omega^2 \sqrt{16a^2 + b^2 + 8ab \cos \omega t}$

1-16　$v = \dfrac{v_A}{a} \sqrt{a^2 \sin^2 \varphi + \rho^2 \cos^4 \varphi}, \quad a = \dfrac{b v_A^2}{a^2} \cos^3 \varphi \sqrt{1 + 3 \sin^2 \varphi}$

1-17　$\boldsymbol{v} = (19.9596 \boldsymbol{e}_\theta + 1.27 \boldsymbol{e}_z) \mathrm{m/s}, \quad \boldsymbol{a} = -795.13 \boldsymbol{e}_\tau \mathrm{m/s}^2$

1-18　$a_r = -\dfrac{R k^2}{4} \left(1 + \cos^2 \theta \right), a_\varphi = -\dfrac{R k^2}{2} \sin \theta, a_\theta = \dfrac{R k^2}{4} \sin \theta \cos \theta, a = \dfrac{R k^2}{4} \sqrt{4 + \sin^2 \theta}$

1-19　　$v_r = 0 \; v_\psi = (a + R\cos\varphi)\,\omega, \; v_\varphi = Rk$

　　　　$a_r = -\left[(a + R\cos\varphi)\,\omega^2\cos\varphi + Rk^2\right], \; a_\psi = -2R\omega k\sin\varphi, \; a_\varphi = \omega^2\,(a + R\cos\varphi)\sin\varphi$

第 2 章

2-1　　8s

2-2　　$356.3\mathrm{m/s}$，$0.0260\mathrm{m/s^2}$

2-3　　$x_A = (R + r)\cos\dfrac{\varepsilon_0 t^2}{2}$，　$y_A = (R + r)\sin\dfrac{\varepsilon_0 t^2}{2}$，　$\varphi_1 = \left(\dfrac{R}{r} + 1\right)\dfrac{\varepsilon_0 t^2}{2}$

2-4　　$v_A = 50\mathrm{cm/s}$，　$v_B = 0$，　$v_D = 100\mathrm{cm/s}$，　$v_C = v_E = 70.7\mathrm{cm/s}$

2-5　　$v_C = 0$，　$v_A = 6\mathrm{m/s}$，　$v_B = 4\mathrm{m/s}$，　$v_O = 2\mathrm{m/s}$，　$v_E = 4.46\mathrm{m/s}$，　$\omega = 20\mathrm{rad/s}$

2-6　　$v_E = 80\mathrm{cm/s}$，　$v_C = 0$，　$v_D = v_B = 40\sqrt{2}\mathrm{cm/s}$

2-7　　只有 (g) 可能

2-8　　$\omega = \dfrac{v\sin^2\theta}{R\cos\theta}$

2-9　　$\omega_{O_1B} = 5.2\mathrm{rad/s}$，　$\omega_{AB} = 3\mathrm{rad/s}$

2-10　　$v_C = \dfrac{v_A}{2\cos\theta}\;\left(\theta < \dfrac{\pi}{2}\right)$，　$\omega_{AB} = -\dfrac{v_A}{l\cos\theta}$

2-11　　当 $\varphi = 0°$ 时，$\boldsymbol{v}_B = 0, \boldsymbol{v}_M = \dfrac{1}{2}r\omega_0\boldsymbol{j}$；　　当 $\varphi = \dfrac{\pi}{2}$ 时，$\boldsymbol{v}_B = -r\omega_0\boldsymbol{i}, \boldsymbol{v}_M = -r\omega_0\boldsymbol{i}$

2-12　　动瞬心轨迹和定瞬心轨迹均为椭圆

2-13　　(1) $\omega_{AB} = \dfrac{v_0}{3R}$，　$v_B = 2v_0$；

　　　　(2) $\varepsilon_{AB} = \dfrac{2\sqrt{3}v_0^2}{27R^2}$，　$a_B = \dfrac{5\sqrt{3}v_0^2}{9R}$

2-14　　(1) 定瞬心轨迹方程：$x^4 - r^2\left(x^2 + y^2\right) = 0$；　　动瞬心轨迹方程：$y_1^2 = rx_1$；

　　　　(2) $\omega = \dfrac{v_A}{r}\sin\theta\tan\theta$，　$v_{Cx} = v_A\cos^2\theta$，　$v_{Cy} = -\dfrac{v_A}{2}\sin 2\theta$；

　　　　(3) $\varepsilon = -\dfrac{v_A^2}{r^2}\sin^2\theta\tan\theta\left(1 + \sec^2\theta\right)$，　$a_{Cx} = \dfrac{v_A^2}{r}\sin^3\theta\left(2 + \sec^2\theta\right)$，

　　　　　　$a_{Cy} = \dfrac{2v_A^2}{r}\sin^2\theta\cos\theta$

2-15　　(1) $\boldsymbol{\omega}_B = -0.96\boldsymbol{e}_3\mathrm{rad/s}$，　$\boldsymbol{v}_B = (6.75\boldsymbol{e}_1 - 9\boldsymbol{e}_2)\mathrm{cm/s}$；

　　　　(2) $\boldsymbol{\varepsilon}_{AB} = 2.02\boldsymbol{e}_3\mathrm{rad/s^2}$，　$\boldsymbol{a}_B = (-31.45\boldsymbol{e}_1 - 12\boldsymbol{e}_2)\mathrm{cm/s^2}$

2-16　　$\omega_B = 10\mathrm{rad/s}$，　$\varepsilon_B = -16\sqrt{15}/3\mathrm{rad/s^2}$

2-17　　$a_C = a_D = 10\mathrm{cm/s^2}$，瞬时加速度中心位于正方形对角线的交点上。

2-18　　$\omega_{O_1B} = 0$，　$\varepsilon_{O_1B} = -\dfrac{\sqrt{3}}{2}\omega_O^2$，　$\boldsymbol{a}_M = \dfrac{9}{8}r\omega_O^2\boldsymbol{i}_1 + \dfrac{5\sqrt{3}}{8}r\omega_O^2\boldsymbol{j}_1$

2-19　　$\boldsymbol{v}_B = -40\boldsymbol{k}\mathrm{cm/s}$，　$\boldsymbol{v}_C = 0$，　$\boldsymbol{a}_B = -60\sqrt{2}\boldsymbol{i} - 20\sqrt{2}\boldsymbol{j}$，　$\boldsymbol{a}_C = 20\sqrt{2}\boldsymbol{i} + 20\sqrt{2}\boldsymbol{j}$

2-20　　(1) $\boldsymbol{\omega} = (5\sqrt{3}\boldsymbol{i} - 15\boldsymbol{k})\mathrm{rad/s}$，　$\boldsymbol{\varepsilon} = -50\sqrt{3}\boldsymbol{j}\mathrm{rad/s^2}$；

　　　　(2) $\boldsymbol{v}_F = -300\boldsymbol{j}\mathrm{cm/s}$，　$\boldsymbol{a}_F = (-500\sqrt{3}\boldsymbol{k} - 4500\boldsymbol{i})\mathrm{cm/s^2}$

2-21　　$\boldsymbol{\omega}_B = 25(-\sqrt{3}\boldsymbol{j} + 2\boldsymbol{k})\mathrm{rad/s}$，　$\boldsymbol{\varepsilon}_B = 625\sqrt{3}\boldsymbol{i}\mathrm{rad/s^2}$

2-22 $\omega_x = \dfrac{p}{\omega_y}$, $\omega_y = \sqrt{\dfrac{q + \sqrt{q^2 + 4p^2}}{2}}$, $\omega_z = \sqrt{\dfrac{a_{1x} - a_{3x}}{r_{13x}} - \dfrac{q + \sqrt{q^2 + 4p^2}}{2}}$

2-23   转轴为 $-\begin{bmatrix} \dfrac{\sqrt{3}}{3}, & \dfrac{\sqrt{3}}{3}, & \dfrac{\sqrt{3}}{3} \end{bmatrix}^{\mathrm{T}}$，转角为 $120°$，或者转轴为 $\begin{bmatrix} \dfrac{\sqrt{3}}{3}, & \dfrac{\sqrt{3}}{3}, & \dfrac{\sqrt{3}}{3} \end{bmatrix}^{\mathrm{T}}$，转角为 $240°$

第 3 章

3-1 $y = a \sin \dfrac{\omega_1 x}{\omega_0 r}$

3-2   螺线，方程为 $x = \dfrac{zd}{r} \cos \dfrac{\omega_1}{\omega_2}$, $y = \dfrac{zd}{r} \sin \dfrac{\omega_1}{\omega_2}$

3-3   椭圆，方程为 $\dfrac{x^2}{a^2} + \dfrac{y^2}{b^2} - \dfrac{2xy}{ab} \cos(\alpha - \beta) = \sin^2(\alpha - \beta)$

3-4   (1) $0.7 \begin{bmatrix} -\sin(0.35t) \\ \cos(0.35t) \end{bmatrix}$ m/s；

       (2) $-1.3 \begin{bmatrix} \sin(0.65t) \\ \cos(0.65t) \end{bmatrix}$ m/s；

       (3) $-1.3 \begin{bmatrix} \sin(0.65t) \\ \cos(0.65t) \end{bmatrix}$ m/s

3-5   (1) $-v \sin\varphi \boldsymbol{i} - \omega_e R \cos\varphi \boldsymbol{j} + v \cos\varphi \boldsymbol{k}$；

       (2) $-\left(\dfrac{v^2}{R} + \omega_e^2 R \right) \cos\varphi \boldsymbol{i} + 2\omega_e v \sin\varphi \boldsymbol{j} - \dfrac{v^2}{R} \sin\varphi \boldsymbol{k}$

3-6   略

3-7 $v_0 \arcsin\left(\dfrac{y}{l} \right) - \omega_0 \sqrt{l^2 - y^2} - \omega_0 x + \omega_0 l = 0$

3-8 $v_C = \dfrac{au}{2l}$

3-9 $v_{\mathrm{a}} = 0.17 \mathrm{m/s}$, $a_{\mathrm{a}} = 0.35 \, \mathrm{m/s^2}$

3-10 $v_{\mathrm{r}} = 30 \mathrm{mm/s}$, $v_{\mathrm{a}} = 50 \mathrm{mm/s}$, $a_{\mathrm{a}} = a_{\mathrm{r}} = 7.5 \, \mathrm{mm/s^2}$

3-11 $\omega_1 = \dfrac{\omega}{2}$, $\varepsilon_1 = \dfrac{\omega^2}{4\sqrt{3}}$

3-12 $\omega = \dfrac{1}{3} \mathrm{rad/s}$, $\varepsilon = \dfrac{\sqrt{3}}{27} \, \mathrm{rad/s^2}$

3-13 $a_{\mathrm{r}} = 20\sqrt{3} \, \mathrm{mm/s^2}$, $a_{\mathrm{a}} = 20 \, \mathrm{mm/s^2}$

3-14   略

3-15 $v_B = 3\sqrt{2} r \omega$

3-16 $v_{\mathrm{e}} = e\omega$

3-17   (1) $v_M = r\omega$；(2) $a_M = \dfrac{\sqrt{21}}{3} r\omega^2$

3-18   (1) $v_M = 10\sqrt{3} \mathrm{cm/s}$；(2) $a_M = \dfrac{197}{3} \sqrt{3} \, \mathrm{cm/s^2}$

3-19　(1) $\boldsymbol{v} = [l\omega_1 + R(\omega_1 + \omega_2)]\boldsymbol{j}$；(2) $\boldsymbol{a} = -[l\omega_1^2 + R(\omega_1 + \omega_2)^2]\boldsymbol{i}$

3-20　(1) $\boldsymbol{v}_M = (v_0 - \dfrac{3\sqrt{3}}{2}r\omega_1)\boldsymbol{i}_1 + \dfrac{3}{2}r\omega_1\boldsymbol{j}_1$；

　　　(2) $\boldsymbol{a}_M = (a_0 + 2\sqrt{3}v_0\omega_1 - \dfrac{57}{2}r\omega_1^2)\boldsymbol{i}_1 - (2v_0\omega_1 - \dfrac{7\sqrt{3}}{2}r\omega_1^2)\boldsymbol{j}_1$

3-21　(1) $v_M = \sqrt{v_0^2 + L^2\omega_0^2}$；(2) $a_M = \sqrt{a_0^2 + 4\omega_0^2 v_0^2}$

3-22　(1) $\omega_{AB} = v_0/l - 2\omega_1$；(2) $\varepsilon_{AB} = 8\sqrt{3}\dfrac{v_0}{l}\omega_1 - 8\sqrt{3}\omega_1^2 - \sqrt{3}\dfrac{v_0^2}{l^2}$

3-23　(1) $\omega_{O_1 B} = 2\omega_0$，$\omega_{轮} = -3\omega_0$，$\boldsymbol{v}_P = \sqrt{3}r\omega_0\boldsymbol{j}_1$；

　　　(2) $\varepsilon_{O_1 B} = \dfrac{2\sqrt{3}}{3}\omega_0^2$，$\varepsilon_{轮} = 0$，$\boldsymbol{a}_P = r\omega_0^2(-\sqrt{3}\boldsymbol{i}_1 + 16\boldsymbol{j}_1)$

3-24　$\omega_4 = \dfrac{z_1}{z_1 + z_3}\omega_1$

3-25　$n_3 = -2n_0 = -60\mathrm{r/min}$ （（负号表示与 n_0 转向相反）

3-26　$r_1 = \dfrac{1}{11}r_3$

3-27　(a) $\omega_2 = \left(\dfrac{r_1 + r_2}{r_2}\right)\omega_3$，$\omega_{23} = \dfrac{r_1}{r_2}\omega_3$，

　　　(b) $\omega_2 = \left(\dfrac{r_2 - r_1}{r_2}\right)\omega_3$，$\omega_{23} = -\dfrac{r_1}{r_2}\omega_3$

3-28　$i = 0.09$

3-29　$\omega_2 = 1.155\omega_1$，$\omega = 1.155\omega_1$

3-30　$\omega_{\mathrm{II}} = 43.3\mathrm{rad/s}$，$\omega_3 = 65\mathrm{rad/s}$

3-31　$\omega_3 = 7\mathrm{rad/s}$，$\omega_{43} = 5\mathrm{rad/s}$

3-32　$\omega = 0.39\mathrm{rad/s}$，$\varepsilon = 0.031\,\mathrm{rad/s^2}$

3-33　$v_M = \sqrt{10}R\omega_0$，$a_M = \sqrt{10}R\omega_0^2$

3-34　$\boldsymbol{v}_M = R\omega_0\boldsymbol{i}_1 - 3R\omega_0\boldsymbol{j}_1$，$\boldsymbol{a}_M = R(\varepsilon_0 - 3\omega_0^2)\boldsymbol{i}_1 - R(3\varepsilon_0 - \omega_0^2)\boldsymbol{j}_1$

3-35　$\omega_{II} = 0$，$\varepsilon_{II} = 0$，$v_M = l\omega_0$，$a_M = l\omega_0^2$

3-36　(1) $v_H = 0.5\mathrm{m/s}$；(2) $\omega_r = 70\mathrm{rad/s}$；(3) $\omega_{\mathrm{a}} = 70.03\mathrm{rad/s}$，$\varepsilon_{\mathrm{a}} = 140\,\mathrm{rad/s^2}$

3-37　$\boldsymbol{\omega} = \omega_2\boldsymbol{i} + \omega_1\boldsymbol{j} + \omega_3\boldsymbol{k}$

　　　$\boldsymbol{\varepsilon} = \omega_1\omega_3\boldsymbol{i} - \omega_2\omega_3\boldsymbol{j} - \omega_1\omega_2\boldsymbol{k}$

　　　$\boldsymbol{v}_D = (a\omega_1 - R\omega_3)\boldsymbol{i} + [-b\omega_1 + (c + R)\omega_2]\boldsymbol{k}$

　　　$\boldsymbol{a}_D = [-b\omega_1^2 + 2(c + R)\omega_1\omega_2]\boldsymbol{i} + [-(c + R)\omega_2^2 - R\omega_3^2]\boldsymbol{j} + (-a\omega_1^2 + 2R\omega_1\omega_3)\boldsymbol{k}$

3-38　$\boldsymbol{\omega}_{\mathrm{a}} = (-25.13\boldsymbol{j} - 17.8\boldsymbol{k})\mathrm{rad/s}$

　　　$\boldsymbol{\varepsilon}_{\mathrm{a}} = 26.32\boldsymbol{i}\,\mathrm{rad/s^2}$

　　　$\boldsymbol{v}_C = (-197\boldsymbol{i} - 12.57\boldsymbol{j})\mathrm{cm/s}$

　　　$\boldsymbol{a}_C = (13.16\boldsymbol{i} + 3143.66\boldsymbol{j} - 4723.78\boldsymbol{k})\,\mathrm{cm/s^2}$

3-39　$\omega_{\mathrm{a}} = \sqrt{\left(\dfrac{1}{2}\sin\dfrac{\pi}{5}t - 30\pi\right)^2 + \dfrac{3}{4}\sin^2\dfrac{\pi}{5}t}\,\mathrm{rad/s}$，

$$\varepsilon_{\mathrm{a}} = \sqrt{675\pi^2 \sin^2 \frac{\pi}{5}t + \frac{\pi^2}{25}\cos^2 \frac{\pi}{5}t}\, \mathrm{rad/s^2}$$

3-40 $\boldsymbol{\omega} = (5\boldsymbol{i} + 3\boldsymbol{k})\mathrm{rad/s}, \ \boldsymbol{\varepsilon} = 15\boldsymbol{j}\,\mathrm{rad/s^2}$

3-41 $\boldsymbol{v}_C = (5\boldsymbol{i} + 1.4\boldsymbol{j} + 12.75\boldsymbol{k})\mathrm{m/s}, \ \boldsymbol{v}_D = (19\boldsymbol{i} + 0.35\boldsymbol{j} - 1.25\boldsymbol{k})\mathrm{m/s},$
$\boldsymbol{a}_C = (1414\boldsymbol{i} + 16.875\boldsymbol{j})\,\mathrm{m/s^2}, \ \boldsymbol{a}_D = (7\boldsymbol{i} - 333.13\boldsymbol{j} - 1400.88\boldsymbol{k})\,\mathrm{m/s^2}$

3-42 $\boldsymbol{\varepsilon}_{\mathrm{a}} = 0.125\boldsymbol{i}\,\mathrm{rad/s^2}, \ \boldsymbol{a}_A = (0.094\boldsymbol{i} - 0.73\boldsymbol{j} - 0.033\boldsymbol{k})\,\mathrm{m/s^2}$

3-43 $\boldsymbol{\omega} = \dot{\boldsymbol{\alpha}} + \dot{\boldsymbol{\beta}} + \dot{\boldsymbol{\varphi}}, \ \boldsymbol{\varepsilon} = \ddot{\boldsymbol{\alpha}} + \ddot{\boldsymbol{\beta}} + \ddot{\boldsymbol{\varphi}} + \dot{\boldsymbol{\alpha}} \times \dot{\boldsymbol{\beta}} + \dot{\boldsymbol{\alpha}} \times \dot{\boldsymbol{\varphi}} + \dot{\boldsymbol{\beta}} \times \dot{\boldsymbol{\varphi}}$

3-44   (1) $v_B = 0.817\mathrm{m/s}, \ a_B = 0.37\,\mathrm{m/s^2};$
       (2) $v_B = 1.17\mathrm{m/s}, \ a_B = 2.00\,\mathrm{m/s^2};$
       (3) $v_B = 0.2\mathrm{m/s}, \ a_B = 5.27\,\mathrm{m/s^2}$

3-45 $\boldsymbol{a}_C = (-80\boldsymbol{i} - 30\boldsymbol{j} - 160\boldsymbol{k})\,\mathrm{m/s^2}$

3-46   (1) $\boldsymbol{v}_D = \omega a\boldsymbol{k}, \boldsymbol{a}_D = \omega^2 a(\boldsymbol{i} - 2\boldsymbol{k});$
       (2) $\boldsymbol{v}_D = -2\omega a\boldsymbol{i}, \boldsymbol{a}_D = \omega^2 a(-3\boldsymbol{j} + \boldsymbol{k})$

3-47 $\boldsymbol{a}_{\mathrm{e}} = \dfrac{4\sqrt{2}}{27}\boldsymbol{i} - \dfrac{2\sqrt{2}}{3}\boldsymbol{j} - \dfrac{2\sqrt{2}}{3}\boldsymbol{k}, \boldsymbol{a}_C = 2\boldsymbol{\omega}_A \times \boldsymbol{v}_{\mathrm{r}} = \dfrac{16\sqrt{2}}{27}\boldsymbol{i}$

3-48   (1) $\boldsymbol{a}_E = -\varepsilon a\boldsymbol{j};$ (2) $\boldsymbol{\varepsilon}_{CD} = \dfrac{1}{2}\left(\varepsilon - \omega^2\right)\boldsymbol{k};$
       (3) $\boldsymbol{a}_{Ar} = \left(\dfrac{3}{4}\omega^2 a - \dfrac{1}{2}\varepsilon a\right)\boldsymbol{i} + \left(\dfrac{1}{2}\varepsilon a - \dfrac{1}{4}\omega^2 a\right)\boldsymbol{j}$

3-49   (1) $\boldsymbol{\omega} = [0, 0, 2\dot{\varphi}]^{\mathrm{T}}, \boldsymbol{\varepsilon} = [0, 0, 0]^{\mathrm{T}};$
       (2) $\boldsymbol{v}_{\mathrm{r}} = [0, \dot{\varphi}, -1]^{\mathrm{T}}, \boldsymbol{a}_{\mathrm{r}} = [2, 0, 0]^{\mathrm{T}};$
       (3) $a_{\tau} = 0, a_n = 2$

3-50   (1) $\boldsymbol{\omega} = \left[\omega, \dfrac{v}{r}, -\dfrac{v}{r}\right]^{\mathrm{T}}, \boldsymbol{\varepsilon} = \left[\left(\dfrac{v}{r}\right)^2, \dfrac{\omega v}{r}, \dfrac{\omega v}{r}\right]^{\mathrm{T}};$
       (2) $\boldsymbol{a}_B = \left[0, -\omega^2 r - 3\dfrac{v^2}{r}, -\omega^2\left(R + r\right) - \dfrac{v^2}{r}\right]^{\mathrm{T}}$

3-51   (1) $\boldsymbol{\omega}_{BC} = -\dfrac{\sqrt{3}}{2}\omega\boldsymbol{k}, \boldsymbol{\omega}_2 = -3\omega\boldsymbol{k};$
       (2) $\boldsymbol{\varepsilon}_{BC} = \left[\left(\dfrac{7\sqrt{3}}{4} - \dfrac{3}{2}\right)\omega^2 - \dfrac{\sqrt{3}}{2}\varepsilon\right]\boldsymbol{k}, \boldsymbol{\varepsilon}_2 = -3\omega^2\boldsymbol{k}$

第 4 章

4-1   建立右手坐标系 $Axyz$，x 轴从 A 点指向 B 点，单位向量记为 $\boldsymbol{i}$，y 轴平行于 BC，单位向量记为 $\boldsymbol{i}$，z 轴竖直向上，单位向量记为 $\boldsymbol{k}$。该力系等效为一个力偶，其力偶矩为
$\boldsymbol{M} = (-32\boldsymbol{i} - 30\boldsymbol{j} + 24\boldsymbol{k})\mathrm{N\cdot m}$

4-2   力系向 O 点简化得到一个力和一个力偶，力的大小和方向表示为向量 $(-300\boldsymbol{i} - 200\boldsymbol{j} + 300\boldsymbol{k})\mathrm{N}$，力偶矩向量为 $(200\boldsymbol{i} - 300\boldsymbol{j})\mathrm{N\cdot m}$

4-3   这个力偶系的合力偶矩为零，是平衡力系

4-4 $\boldsymbol{M} = (-160\boldsymbol{i} + 213\boldsymbol{k})\mathrm{N\cdot m}$

4-5 力螺旋。$\boldsymbol{R} = P\boldsymbol{k}$，$\boldsymbol{M} = -aP\boldsymbol{k}$，力螺旋中心轴上一点的坐标为 $(a, 0, 0)$

4-6 略

4-7 略

4-8 略

4-9 $S = 0.136P$

4-10 $T = 200\text{N}$，$X_A = 86.6\text{N}$，$Y_A = 150\text{N}$，$Z_A = 100\text{N}$，$X_B = Z_B = 0$

4-11 $X_A = 8660\text{N}$，$Y_A = 0$，$Z_A = 250\text{N}$，$S_{BD} = S_{BE} = -3712\text{N}$

4-12 $x = \dfrac{k_1 x_1 + k_2 x_2 + k_3 x_3}{k_1 + k_2 + k_3}$，$y = \dfrac{k_1 y_1 + k_2 y_2 + k_3 y_3}{k_1 + k_2 + k_3}$

4-13 $\beta = \arctan\left(\dfrac{1}{2}\tan\theta\right)$

4-14 $Q = P\cot\alpha$，$Q = \dfrac{1}{2}P\cot\alpha$

4-15 $R_A = \dfrac{\sqrt{5}}{3}P$，方向沿着 CA 向左下，$R_B = \dfrac{2\sqrt{2}}{3}P$，方向沿着 BC 向左上

4-16 $R_A = 53.8\text{N}$，$R_D = 43.9\text{N}$

4-17 $M_2 = 4M_1$

4-18 $R_A = 4\sqrt{2}\text{kN}$，$R_B = 4\text{kN}$

4-19 $P_B = 5P_A$

4-20 $F_B = 2F_C$

4-21 椭圆，方程为 $\dfrac{x^2}{4l^2} + \dfrac{y^2}{l^2} = 1$

4-22 $\theta = \arccos\sqrt[3]{2a/l}$

4-23 $\theta = \arctan\dfrac{1}{2}$

4-24 $F_{N0} = \dfrac{mg}{c} = 11.601mg$，$\theta_n = 76.937°$

4-25 $Q = P\dfrac{\sin(\alpha + \varphi)}{\cos(\theta - \varphi)}$，当 $\theta = \varphi$ 时，$Q_{\min} = P\sin(\alpha + \varphi)$

4-26 $\theta = \arcsin\left(\dfrac{3\pi f}{4 + 3\pi f}\right)$

4-27 $90° > \alpha \geqslant \arctan\left(\dfrac{P + 2Q}{2f(P + Q)}\right)$

4-28 $P = 500\text{N}$

4-29 （1）$W_{\min} = 455\text{N}$；（2）$F = 289\text{N}$

4-30 （1）$P = 140\text{N}$；（2）$P = 265\text{N}$

4-31 $\varphi = \arcsin\sqrt{\dfrac{fr}{(1 + f^2)b}}$

4-32 21 本

4-33 $\mu = \dfrac{1}{2\sqrt{3}}$

4-34 $x = \dfrac{b}{2\tan\varphi}$

4-35 $b \leqslant 11\text{cm}$

4-36   1110N

4-37 $d - \dfrac{b}{f} < l \leqslant \dfrac{d}{2}$

4-38   先滑动

4-39 $f \geqslant \sqrt{\dfrac{r}{R}}$

4-40   （1）$\mu = 0.311$；（2）$T_{\max} = 52.73\text{kN}$

4-41   下面的每个圆柱对平面的压力为 $P + Q/2$，上面圆柱对下面每个圆柱的压力为 $\dfrac{Q(R+r)}{2\sqrt{R^2 + 2rR}}$，绳子的张力为 $\dfrac{Qr}{2\sqrt{R^2 + 2rR}}$

4-42 $S_1 = S_2 = S_3 = \dfrac{2M}{3a}$，$S_4 = S_5 = S_6 = -\dfrac{4M}{3a}$

4-43 $X_A = -q_2 a$，$Y_A = \dfrac{3}{2}q_1 a$，$M_A = q_1 a^2 + \dfrac{2}{3}q_2 a^2$，$N_B = \dfrac{1}{2}q_1 a$，

      $X_C = 0$，$Y_C = \dfrac{1}{2}q_1 a$

4-44 $X_A = \dfrac{M}{a} + \dfrac{\sqrt{3}}{2}P$，$Y_A = \dfrac{1}{2}qa + \dfrac{1}{2}P$，$M_A = M + \sqrt{3}Pa - \dfrac{1}{2}qa^2$，$N_B = \dfrac{1}{2}qa$，

      $X_C = \dfrac{M}{a}$

4-45 $X_A = -\dfrac{P}{2}$，$Y_A = -P$，$X_B = -\dfrac{P}{2}$，$Y_B = P$

4-46 $X_A = 2qa$，$Y_A = P - qa$，$M_A = Pa - 6qa^2$，$N_B = qa$，$X_C = P - 4qa$，

      $Y_C = qa - P$，$S_1 = 2qa - P$，$S_2 = P - 2qa$，$S_3 = -\sqrt{2}(P - 2qa)$

4-47 $5\cos\alpha\sin(\beta + \gamma) = 2\cos\beta\sin(\alpha - \gamma) + 2\cos\gamma\sin(\alpha + \beta)$

4-48 $Y_A = P_1 - P_2 h/l$

4-49 $X_A = -\dfrac{P}{2}$，$Y_A = -\dfrac{P}{2}$，$X_B = -\dfrac{P}{2}$，$Y_B = \dfrac{P}{2}$

4-50 $M_A = 7\text{kN·m}$

4-51 $S_{AB} = 0$，$S_{AD} = S_{CD} = S_{CB} = P$，$S_{DB} = -\sqrt{2}P$

4-52 $S_1 = S_5 = 0$，$S_2 = S_3 = P$，$S_4 = \sqrt{2}P$

4-53 $S = -0.866P$

4-54 $S = 0.43P$

4-55 $S_1 = -\dfrac{4}{9}P$，$S_2 = -\dfrac{2}{3}P$，$S_3 = 0$

4-56 $S_1 = -0.293P$，$S_2 = -P$，$S_3 = -1.207P$

4-57 $S_3 = P$

4-58　　$S_1 = -\dfrac{2}{3}\sqrt{3}P$,　$S_2 = 0$

4-59　　$R_{Ax} = P$,　$R_{Ay} = P$,　$R_{Bx} = -P$,　$R_{By} = 0$,　$R_{Dx} = 2P$,　$R_{Dy} = P$

4-60　　$T = P\tan\alpha\left(\dfrac{a}{2l}\csc^3\alpha - 1\right)$

4-61　　$Q = \dfrac{b}{a}P$

4-62　　$Q = \dfrac{3}{2}P\cot\theta$

4-63　　$M = 450\dfrac{\sin\theta(1-\cos\theta)}{\cos^3\theta}\text{N·m}$

4-64　　$|AC| = a + \dfrac{F}{k}\left(\dfrac{l}{b}\right)^2$

4-65　　$\theta = 60°$

4-66　　$P = 125\text{N}$

4-67　　$\theta_1 = \arccos\dfrac{2M}{3mgl}$,　$\theta_2 = \arccos\dfrac{2M}{mgl}$

4-68　　nQ

4-69 $\sim$ 4-77　　略

第 5 章

5-1　　(1) $\sqrt{x^2+y^2} + \sqrt{(a-x)^2+y^2} = l$, 双面定常几何约束；

　　　(2) $y \geqslant 0$, 单面定常几何约束；

　　　(3) $\dot{x}_O = r\dot{\varphi}$ (取轮滚动角度 φ 为广义坐标), 双面定常完整约束；

　　　(4) $\dot{x}_O = R\dot{\varphi}$ (取轮滚动角度 φ 为广义坐标), 双面定常完整约束；

　　　(5) $(\sqrt{r^2-y_A^2} - x_B)^2 + y_A^2 = l^2$, 双面定常几何约束

5-2　　不是

5-3　　真实位移是虚位移之一

5-4　　$\mathrm{d}'W = -F_f\,|v - \omega R|\,\mathrm{d}t < 0$

5-5　　(1)、(2)、(3)、(6) 是理想约束，(4)、(5) 为非理想约束

5-6 $\sim$ 5-8　　略

5-9　　$M = 2P\sqrt{a^2-b^2}$

5-10　　$5\cos\alpha\sin(\beta+\gamma) = 2\cos\beta\sin(\alpha-\gamma) + 2\cos\gamma\sin(\alpha+\beta)$

5-11　　略

5-12　　$T = P\tan\alpha\left(\dfrac{a}{2l}\csc^3\alpha - 1\right)$

5-13　　$S_3 = P$

5-14　　$Y_A = P_1 - P_2h/l$

5-15 $S_1 = -2\sqrt{3}P/3$, $S_2 = 0$

5-16 $X_A = -P/2$, $Y_A = -P/2$, $X_B = -P/2$, $Y_B = P/2$

5-17 $M_A = 7\text{kN} \cdot \text{m}$

5-18 略

5-19 略

5-20 略

5-21 （1）1，（2）2，（3）1，（4）2，（5）5，（6）2

5-22 $\theta = \arccos \sqrt[3]{\dfrac{l}{2L}}$

5-23 $\theta = \arcsin \dfrac{M}{kb^2}$

5-24 ∼ 5-33 略

5-34 $r_1 = \dfrac{2ak_1}{k_1 + k_2}$, $r_2 = \dfrac{2ak_2}{k_1 + k_2}$

5-35 略

5-36 $\cos \varphi = \dfrac{1}{8R}\left[a + \sqrt{a^2 + 32R^2}\right]$，稳定

5-37 $k > \dfrac{mga}{2b^2}$

5-38 $\theta = 0°$, $\theta = 180°$, $\theta = 68.67°$

第 6 章

6-1 $v_{1\,\max} = 29.73\text{m/s}$，速度增加到 $v_{2\,\max} = 30.55\text{m/s}$

6-2 $v = \dfrac{p}{kS}\left(1 - \mathrm{e}^{-\frac{kS}{M}t}\right)$

6-3 (1) $v = \dfrac{70v_0 + 20\left(v_0 + 50\right)\left(\mathrm{e}^{0.056t} - 1\right)}{70 + \left(v_0 + 50\right)\left(\mathrm{e}^{0.056t} - 1\right)}$;

(2) $x = 893\ln\dfrac{v_0 + 50}{v + 50} + 357\ln\dfrac{v_0 - 20}{v - 20}$ (m);

(3) $x = 1250\ln\dfrac{6\mathrm{e}^{0.056t} + 1}{7} - 50t$ (m)

6-4 (1) $\boldsymbol{r} = \dfrac{c}{c_1}\boldsymbol{r}_0 + \dfrac{\boldsymbol{v}_0}{\sqrt{c_1}}\sin\left(\sqrt{c_1}t\right) + \left(1 - \dfrac{c}{c_1}\right)\boldsymbol{r}_0\cos\left(\sqrt{c_1}t\right)$;

(2) 椭圆，$\left[\dfrac{x - \dfrac{c}{c_1}r_0}{r_0\left(1 - \dfrac{c}{c_1}\right)}\right]^2 + \left(\dfrac{y\sqrt{c_1}}{v_0}\right)^2 = 1$;

(3) 2;

(4) 在 $t = \pi/\sqrt{c_1}$ 时以 $-\boldsymbol{v}_0$ 通过

6-5 $F_T = W\cos\alpha$; $F_T = W(3 - 2\cos\alpha)$

6-6 $\varphi = 48.2°$

6-7 $F_{AB} = \dfrac{ml}{2a}(\omega^2 a + g)$，$F_{AC} = \dfrac{ml}{2a}(\omega^2 a - g)$

6-8   (1) $F_{N\max} = m(g + e\omega^2)$；(2) $\omega_{\max} = \sqrt{\dfrac{g}{e}}$

6-9 $s = l(2 - \cos\omega t)$

6-10 $x = \dfrac{l\omega^2}{p^2}(1 - \cos pt)$，$S = \dfrac{2ml\omega^3}{p}\sin pt$，$p = \sqrt{\dfrac{k}{m} - \omega^2}$

6-11   当 $k > \dfrac{m\omega^2}{3} + \dfrac{mg}{2l}$ 时，有两个平衡位置，$\alpha = 0$ 稳定，另一个不稳定；

       当 $k < \dfrac{m\omega^2}{3} + \dfrac{mg}{2l}$ 时，只有一个不稳定平衡位置 $\alpha = 0$。在稳定平衡位置微振动的

       周期为 $T = 2\pi\sqrt{\dfrac{2ml}{6kl - 3mg - 2ml\omega^2}}$

6-12 $v = \omega\sqrt{L^2 - x_0^2}$

6-13   投射物相对于卫星的轨迹方程为 $\dfrac{1}{4}\left(x - \dfrac{2v_0}{\omega}\right)^2 + y^2 = \dfrac{v_0^2}{\omega^2}$，$\omega$ 是飞船的转动角速

       度，x 为飞船飞行方向，y 指向地心

6-14   轨迹为一圆周，圆心坐标 $\left(\dfrac{v_{0x}}{2\omega\sin\varphi}, \dfrac{v_{0y}}{2\omega\sin\varphi}\right)$，半径 $\left(\dfrac{v_0}{2\omega\sin\varphi}\right)$

6-15   偏西 $\dfrac{4}{3}\omega\cos\varphi\sqrt{\dfrac{8h^3}{g}}$，$\varphi$ 为当地纬度

6-16   南半球，纬度 $\varphi = 59°$

6-17 $s = \omega v_0 t^2 \sin(\varphi - \alpha) + \dfrac{1}{3}\omega g t^3 \cos\varphi$

第 7 章

7-1 $\boldsymbol{p} = \dfrac{v_B}{2g}[\sqrt{3}(P + 2Q)\boldsymbol{i} - P\boldsymbol{j}]$

7-2 $N = (m_1 + m_2 + m_3)g + \dfrac{1}{2}(m_2 + 2m_3)r\omega^2\cos\omega t$

7-3 $F = -(m_1 + m_2)e\omega^2\cos\omega t$，$\quad N = -m_1 e\omega^2\sin\omega t$

7-4   椭圆：$\dfrac{x^2}{\left(\dfrac{m_1(R+r)}{m_1+m_2}\right)^2} + \dfrac{y^2}{(R+r)^2} = 1$

7-5 $\begin{cases} (m + M)\ddot{x} - m\ddot{s}\cos\alpha = 0 \\ m\ddot{s} - m\ddot{x}\cos\alpha + ks = 0 \end{cases}$

7-6   略

7-7   0.5m

7-8   (1) $p = \dfrac{R+e}{R}mv_A$，$L_B = [J_A - me^2 + m(R+e)^2]\dfrac{v_A}{R}$；

       (2) $p = m(v_A + e\omega)$，$L_B = (J_A + meR)\omega + (R+e)mv_A$

7-9　(1) $\left(\dfrac{1}{2}mR^2 + ml^2\right)\omega$;　(2) $ml^2\omega$;　(3) $(ml^2 + mR^2)\omega$

7-10　$\omega = \dfrac{mv_0 l(1 - \cos\varphi)}{J_z + m(l^2 + r^2 + 2rl\cos\varphi)}$

7-11　$X_O = 0$, $Y_O = 449\text{N}$, $M_A = 273\text{N·m}$

7-12　$b = \dfrac{\sqrt{2}}{2}r$, $T_{\min} = 2\pi\sqrt{\sqrt{2}r/g}$

7-13　(1) $\dfrac{1}{2}m(e^2 + \rho_C^2)\omega_0^2$;　(2) $\dfrac{1}{12}m(8l^2 + 3r^2)\omega_0^2$;

　　　(3) $\dfrac{1}{2}(m_1 + m_2)v_1^2 + \dfrac{1}{2}m_2 v_2^2 - \dfrac{\sqrt{3}}{2}m_2 v_1 v_2$;　(4) $\left(\dfrac{1}{2}M + m\right)v_0^2$

7-14　$x_O = \dfrac{TR(R\cos\alpha - r)t^2}{2m(R^2 + \rho_0^2)}$

7-15　$a = \dfrac{mg\,(R - r)^2}{M\,(r^2 + \rho^2) + m\,(R - r)^2}$,　方向向下

7-16　$t = 0.0816\text{s}$, $v = 0.2\text{m/s}$

7-17　$a_A = \dfrac{4\sin\theta}{1 + 3\sin^2\theta}g$

7-18　$a_A = \dfrac{m_1 g\tan^2\alpha}{m_1\tan^2\alpha + m_2}$,　$a_B = \dfrac{m_1 g\tan\alpha}{m_1\tan^2\alpha + m_2}$,　$N = \dfrac{m_2 + m_1\sec^2\alpha}{m_2 + m_1\tan^2\alpha}m_2 g$

7-19　$\omega = \dfrac{2}{r}\sqrt{\dfrac{M - m_2 gr(\sin\alpha + \mu\cos\alpha)}{m_1 + 2m_2}\varphi}$

7-20　$\varepsilon = \dfrac{(Mi - mgR)R}{J_1 i^2 + J_2 + mR^2}$

7-21　$a_D = \dfrac{m\cos\alpha(m\sin\alpha - m_C)}{(m_C + 2m)(m_C + 2m + M) - m^2\cos^2\alpha}g$

7-22　$\omega = \sqrt{\dfrac{3m_1 + 6m_2}{m_1 + 3m_2}\dfrac{g}{l}\sin\theta}$;　$\varepsilon = \dfrac{(3m_1 + 6m_2)g\cos\theta}{(2m_1 + 6m_2)l}$

7-23　$a = \dfrac{m_2\sin 2\theta}{3m_1 + m_2 + 2m_2\sin^2\theta}g$

7-24　$\ddot{\theta} = -\dfrac{3\sqrt{3}}{25}\dfrac{g}{l}$

7-25　$\left[P_1\left(1 + \dfrac{\rho^2}{R^2}\right) + 4P\right]\ddot{x} + kg\left(1 + \dfrac{r}{R}\right)^2 x = 0$,　x 为重物 P 的位移

7-26　$x = \rho_{O'}$, $\omega_{\max} = \sqrt{g/\rho_{O'}}$

7-27　$6g/5l$

7-28　$0.79\sqrt{lg}$

7-29　$\alpha = \arccos(4/7) \approx 55°9'$, $\omega = 2\sqrt{g/7r}$

7-30　$\dot{x} = \sqrt{(x^2 - x_0^2)g/l}$

7-31　$\varphi_{\max} = 2\varphi_0$

7-32　(1) $a_A = \dfrac{1}{6}g$;　(2) $F = \dfrac{4}{3}mg$;　(3) $X_K = 0$, $Y_K = 4.5mg$, $M_K = 13.5mgR$

7-33　(1) $\begin{cases} \ddot{x} - 2\dot{y} - x - 1 = -\dfrac{1+x}{\left[(1+x)^2 + y^2\right]^{3/2}} \\[4mm] \ddot{y} + 2\dot{x} - y = -\dfrac{y}{\left[(1+x)^2 + y^2\right]^{3/2}} \end{cases}$；

$\quad$ (2) $\begin{cases} \ddot{x} - 2\dot{y} - 3x = 0 \\[1mm] \ddot{y} + 2\dot{x} = 0 \end{cases}$；

$\quad$ (3) $\dot{y}_0 + 2x_0 = 0$

7-34　(1) 6;　(2) $v_O = 4/7$ m/s，$\omega_z = 1$ rad/s，$v_A = 10/7$ m/s，$a_A = -20/7$ m/s^2；

$\quad$ (3) $\boldsymbol{\omega}$ 在 $Ox'y'z$ 中的列阵 $[1, 0, 0.4]^{\mathrm{T}}$rad/s，$\boldsymbol{\varepsilon}$ 在 $Ox'y'z$ 中的列阵 $[0, 1, 0]^{\mathrm{T}}$rad/s^2

7-35　(1) $M_1 = m_1 gs \sin\theta$，$F = 0$；

$\quad$ (2) ① 圆盘纯滚动，此时 $\mu_0 \geqslant \dfrac{RM_2}{\left[J_2 + (m_1 + m_2)\, R^2\right] g}$，

$$\beta = \arctan\left(\dfrac{RM_2}{\left[J_2 + (m_1 + m_2)\, R^2\right] g}\right),\quad \varepsilon = \dfrac{M_2}{\left[J_2 + (m_1 + m_2)\, R^2\right]},$$

$$F = \dfrac{(m_1 + m_2)\, M_2 R}{\left[J_2 + (m_1 + m_2)\, R^2\right]};$$

$\quad\quad$ ② 圆盘又滚又滑，此时 $\mu_0 < \dfrac{RM_2}{\left[J_2 + (m_1 + m_2)\, R^2\right] g}$，$\beta = \arctan(\mu)$，

$$\varepsilon = \dfrac{M_2 - \mu\,(m_1 + m_2)\, gR}{J_2},\quad F = \mu\,(m_1 + m_2)\, g$$

7-36　(1) $\begin{cases} 4\ddot{x} + \ddot{x}_r \cos a = 0, \\[1mm] \ddot{x}\cos a + \ddot{x}_r - g\sin a = 0; \end{cases}$　(2) $s = \dfrac{1}{4}(a - b)$；　(3) $N = \dfrac{12 m_B g}{4 - \cos^2 a}$

7-37　(1) $\boldsymbol{a}_C = 4\boldsymbol{i}$m/s^2；　(2) $\boldsymbol{a}_C = -1.88\boldsymbol{i}$m/s^2

7-38　$a_{Dx} = 4.06$m/s^2，$a_{Dy} = -7.19$m/s^2

7-39　B 端向左滑，$\varepsilon = 14.7$rad/s^2，$N = 35$N，$F = 10.5$N

7-40　(1) $T = \dfrac{1}{2}(M + m)\dot{x}^2 + \dfrac{1}{3}mR^2\dot{\varphi}^2 + \dfrac{\sqrt{2}}{2}mR\dot{\varphi}\dot{x}\cos\varphi$，$V = -\dfrac{\sqrt{2}}{2}mgR\cos\varphi$；

$\quad$ (2) $\begin{cases} (M + m)\ddot{x} + \dfrac{\sqrt{2}}{2}mR\ddot{\varphi}\cos\varphi - \dfrac{\sqrt{2}}{2}mR\dot{\varphi}^2\sin\varphi = 0, \\[3mm] \dfrac{2}{3}mR^2\ddot{\varphi} + \dfrac{\sqrt{2}}{2}mR\ddot{x}\cos\varphi + \dfrac{\sqrt{2}}{2}mgR\sin\varphi = 0 \end{cases}$

7-41　$v = 2.45$m/s，$\alpha = 54.72°$

7-42　(1) $\Delta p = \dfrac{3M}{2l}t$，$\Delta L = Mt$，$\Delta T = \dfrac{3M^2 t^2}{2ml^2}$；

$\quad$ (2) $X_C = X_D = \dfrac{3M}{4l}$，$Y_C = Y_D = \dfrac{9M^2 t^2}{4ml^3}$

7-43　(1) $\omega = \sqrt{\dfrac{3g}{l}}$；　(2) $X_O = \dfrac{1}{6}kl - \dfrac{3}{2}mg$，$Y_O = \dfrac{1}{4}mg$

7-44　$v_1 = 3.175$m/s，$\theta_1 = 19.1°$；$v_2 = 4.157$m/s，沿撞击点法线方向

7-45　$v_A = 0$，$v_B = 3$m/s

7-46　$u_C = \dfrac{3 - 4e}{7}v_C$，$\omega = \dfrac{12(1 + e)}{7l}v_C$

7-47 $h = \dfrac{7}{5}r$

7-48 $\omega_{ab} = \dfrac{2Sh}{3ml^2}$

7-49 $\alpha = 2\arcsin\left[\dfrac{m_1(1+e)}{m_1+m_2} \cdot \sqrt{\dfrac{l_1}{l_2}} \cdot \sin\dfrac{\theta}{2}\right]$

7-50   略

7-51   略

7-52   (1) $e=0.75$；(2) $v_C = \left(\dfrac{6}{5} + \dfrac{5\sqrt{2}\pi}{48}\right)\sqrt{gL} \approx 1.6628\sqrt{gL}$

第 8 章

8-1   （1）$a = g/4$；（2）$T = P/2$

8-2 $a = \dfrac{Pg\sin 2\alpha}{2(Q + P\sin^2\alpha)}$

8-3 $\alpha = \arccos\dfrac{Qg}{4aP\omega^2}$

8-4   重物 M_1 能下降的条件：$m_1 > \dfrac{4m_2m_3}{m_2+m_3}$ 此时 $T = \dfrac{8m_1m_2m_3g}{m_1(m_2+m_3)+4m_2m_3}$

8-5 $\omega = \sqrt{\dfrac{kg(\varphi - \varphi_0)}{Wl^2\sin 2\varphi}}$

8-6 $\beta = \arccos\left(\dfrac{3g}{2l\omega^2}\right)$

8-7 $\omega^2 = 3g\dfrac{b^2\cos\varphi - a^2\sin\varphi}{(b^3 - a^3)\sin 2\varphi}$

8-8 $\omega^2 = 12g\dfrac{\sin\varphi + \tan\varphi}{(3 + 8\sin\varphi)l}$

8-9 $\omega^2 = 4\sqrt{3}g/l$

8-10 $\omega = \sqrt{2ra}/\rho$

8-11 $\varepsilon = 47\text{rad/s}^2$

8-12 $\varepsilon_{OA} = \dfrac{18g}{55l}$, $\varepsilon_{AB} = \dfrac{69g}{55l}$

8-13 $\ddot{x} + p^2 x = 0$, $p^2 = \dfrac{k}{M} - \omega^2$, $T = \dfrac{2\pi}{\sqrt{\dfrac{k}{M} - \omega^2}}$, $\omega_{\max} = \sqrt{\dfrac{k}{M}}$

8-14 $\ddot{\theta} + \dfrac{g}{l}\sin\theta = \dfrac{r\omega^2}{l}\sin(\omega t)\cos\theta$

8-15 $\ddot{\theta}_1 = \dfrac{2P_2 g}{(3P_1 + 2P_2)R_1}$, $\ddot{\theta}_2 = \dfrac{2P_1 g}{(3P_1 + 2P_2)R_2}$

8-16 $\begin{cases} 2(W_1 + W_2)\ddot{x} + W_2 l\ddot{\theta}\cos(\theta - \alpha) + W_2 l\dot{\theta}^2\sin(\theta - \alpha) + 2gkx = 0 \\ 2l\ddot{\theta} - 3\ddot{x}\cos(\theta - \alpha) + 3g\sin\theta = 0 \end{cases}$

8-17 $\begin{cases} m\ddot{r} - mr\dot{\theta}^2 - mR\omega^2\cos(\varphi - \theta) + k(r - r_0) = 0 \\ r\ddot{\theta} + 2\dot{r}\dot{\theta} - R\omega^2\sin(\varphi - \theta) = 0 \end{cases}$

8-18 $(l + R\varphi)\ddot{\varphi} + R\dot{\varphi} + g\sin\varphi = 0$

8-19 $\ddot{x}_1 = 26g/31, \quad \ddot{x}_2 = 25g/31$

8-20 $\begin{cases} \dfrac{1}{3}ml\ddot{\theta}_1 + \dfrac{1}{2}mg\sin\theta_1 - \dfrac{1}{4}kl(\theta_2 - \theta_1) = 0 \\ \dfrac{1}{3}ml\ddot{\theta}_2 + \dfrac{1}{2}mg\sin\theta_2 + \dfrac{1}{4}kl(\theta_2 - \theta_1) = 0 \end{cases}$

8-21 $mr^2\ddot{\varphi} = \dfrac{18}{275}M(t)$

8-22 $(m_1 + m_2)l^2\ddot{\varphi} - (m_1 - m_2)Rl\omega^2\cos(\varphi - \omega t) = 0$

8-23 $\begin{cases} (m_1 + m_2)\ddot{x} + m_2(R - r)(\ddot{\varphi}\cos\varphi - \dot{\varphi}^2\sin\varphi) + kx = F_0\cos\omega t \\ \dfrac{7}{5}(R - r)\ddot{\varphi} + \ddot{x}\cos\varphi + g\sin\varphi = 0 \end{cases}$

8-24 $\begin{cases} 2l^2(m + 2M\sin^2\varphi)\ddot{\varphi} + 2Ml^2\dot{\varphi}^2\sin 2\varphi - m\dot{\theta}^2l^2\sin 2\varphi + 2(m + M)gl\sin\varphi = 0 \\ \dot{\theta}\dot{\varphi}\sin 2\varphi + \ddot{\theta}\sin^2\varphi = 0 \end{cases}$

首次积分: $\begin{cases} 2ml^2\dot{\theta}\sin^2\varphi = C \\ m(l^2\dot{\varphi}^2 + l^2\dot{\theta}^2\sin^2\varphi) + 2Ml^2\dot{\varphi}^2\sin^2\varphi - 2(m + M)gl\cos\varphi = E \end{cases}$

8-25 $\begin{cases} 6\ddot{\theta} - (1 + \cos\varphi)\ddot{\varphi} + \dot{\varphi}^2\sin\varphi = 0 \\ 4\ddot{\varphi} - 3(1 + \cos\varphi)\ddot{\theta} + \dfrac{g}{R}\sin\varphi = 0 \end{cases}$

首次积分: $\begin{cases} 6\dot{\theta} - (1 + \cos\varphi)\dot{\varphi} = C \\ 9R\dot{\theta}^2 - 3R(1 + \cos\varphi)\dot{\theta}\dot{\varphi} + 2R\dot{\varphi}^2 - g\cos\varphi = 0 \end{cases}$

8-26 $\begin{cases} 3R\ddot{\varphi} - (R + r)\ddot{\theta} = 0 \\ 11(R + r)\ddot{\theta} - 3R\ddot{\varphi} + 9g\sin\theta = 0 \end{cases}$

首次积分: $3R\dot{\varphi} - (R + r)\dot{\theta} = C_1$
$\dfrac{3}{4}mR^2\dot{\varphi}^2 + \dfrac{11}{12}m(R + r)^2\dot{\theta}^2 - \dfrac{1}{2}mR(R + r)\dot{\theta}\dot{\varphi} - \dfrac{3}{2}mg(R + r)\cos\theta = C_2$

8-27 $v_C = 4\sqrt{gl(1 - \cos\theta_0)/10}$

8-28 $\theta = \theta_0 + C\arctan\left[\dfrac{ut}{\sqrt{R^2 - a^2 + \dfrac{M}{m}\left(R^2 - \dfrac{2}{3}a^2\right)}}\right]$，其中 θ_0，C 是积分常数，由

初始条件决定

8-29 (1) 圆环角加速度 $\dfrac{3m}{(16M + 5m)}\dfrac{g}{R}$，直杆角加速度 $\dfrac{3\sqrt{2}(2M + m)}{(16M + 5m)}\dfrac{g}{l}$;

(2) B 的加速度水平分量 $\dfrac{3mg}{16M + 5m}$，竖直分量 $\dfrac{6(2M + m)g}{16M + 5m}$;

(3) $\dfrac{\sqrt{2}}{2}mg + \dfrac{(3\sqrt{2} - 3)(2M + m)mg}{8M + m}$

8-30 (1) $\begin{cases} \dfrac{5}{2}m\ddot{x}+\dfrac{1}{2}ml\cos\theta\ddot{\theta}-\dfrac{1}{2}ml\sin\theta\dot{\theta}^2=0 \\ \dfrac{1}{3}ml^2\ddot{\theta}+\dfrac{1}{2}ml\cos\theta\ddot{x}-\dfrac{mgl}{2}\sin\theta=0 \end{cases}$;

(2) 广义动量 $\dfrac{5}{2}m\dot{x}+\dfrac{1}{2}ml\cos\theta\dot{\theta}$ 守恒, 机械能 $\dfrac{5}{4}m\dot{x}^2+\dfrac{1}{6}ml^2\dot{\theta}^2+\dfrac{1}{2}ml\cos\theta\dot{\theta}\dot{x}+mg\dfrac{l}{2}\cos\theta$ 守恒;

(3) $\sqrt{\dfrac{3g}{l}}$

8-31 $\omega_1=\dfrac{9(3h-l)v}{48h^2+38l^2-60hl}$, $\omega_2=\dfrac{9(5l-8h)v}{48h^2+38l^2-60hl}$

8-32 $\omega=5.95\mathrm{rad/s}$

8-33 略

8-34 $\omega_1=\omega_3=\omega$, $\omega_2=\omega_4=2\omega/5$

8-35 (1) 略; (2) $\dfrac{13I^2}{30m}$

8-36 (1) $15\cos^4\theta-66\cos^3\theta+\dfrac{48}{5}\cos^2\theta-\dfrac{22}{5}\cos\theta+\dfrac{121}{25}=0$, 不稳定;

(2) $\begin{cases} \dfrac{7}{3}\ddot{\theta}+\cos(\alpha-\theta)\ddot{\alpha}-\sin(\alpha-\theta)\dot{\alpha}^2+2\cos\theta=\lambda\sin\theta \\ \cos(\alpha-\theta)\ddot{\theta}+\dfrac{4}{3}\ddot{\alpha}+\sin(\alpha-\theta)\dot{\theta}^2+\cos\alpha=2\lambda\sin\alpha \\ \lambda\left(\dfrac{11}{5}-\cos\theta-2\cos\alpha\right)=0 \end{cases}$,

α 为 CD 杆与水平方向的夹角;

(3) CD 杆的加速度瞬心距左墙水平 1.5, 距地面 2, 角加速度 $300/1111$, D 点加速度为 $210/1111$, A 点的约束反力 $1922/1111$;

(4) 方向水平向左, 大小 $5/12$

第 9 章

9-1 $mh^2/18$

9-2 $J_z=5ml^2/12$

9-3 $J_x=\dfrac{ml^2}{3}\cos^2\alpha$, $J_y=\dfrac{ml^2}{3}\sin^2\alpha$, $J_{xy}=\dfrac{ml^2}{6}\sin2\alpha$

9-4 $J_{yz}=-\dfrac{m}{12}\dfrac{ab(a^2-b^2)}{a^2+b^2}$

9-5 (a) $T=\dfrac{1}{2}mb^2\Omega^2$, $\boldsymbol{L}_O=mb^2\Omega\boldsymbol{j}-\dfrac{1}{2}mbl\Omega\boldsymbol{k}$;

(b) $T=\dfrac{1}{6}ml^2\Omega^2\sin^2\theta$, $\boldsymbol{L}_O=\dfrac{1}{3}ml^2\Omega\sin^2\theta\boldsymbol{j}-\dfrac{1}{3}ml^2\Omega\sin\theta\cos\theta\boldsymbol{k}$

9-6 $L=\dfrac{ma^2}{48}\sqrt{49\Omega^2+36\dot{\theta}^2}$, $T=\dfrac{ma^2}{192}(13\Omega^2+12\dot{\theta}^2)$

9-7 $1742\mathrm{rad/s}$

9-8 $\Omega=0.2437\mathrm{rad/s}$

9-9   2.43

9-10 $N_E = N_F = \dfrac{\sqrt{2}mr^2\omega\omega_1}{4l}$

9-11 $T = 65.3\text{N}$

9-12 $N_x = 0,\quad N_z = -\dfrac{\sqrt{3}}{12}ma\Omega^2,\quad M_x = -\dfrac{\sqrt{3}}{36}ma(3l+a)\Omega^2,\quad M_z = 0$

9-13 $N_A = N_B = \dfrac{m(a^2-b^2)ab\Omega^2}{12(a^2+b^2)^{3/2}}$ N_A 向下，N_B 向上。$d = \dfrac{\sqrt{3}}{6}\sqrt{a^2-b^2}$

9-14 $\Omega^2 = \dfrac{8\sqrt{3}}{13\pi}\dfrac{g}{r}$

9-15   挂在 A 处，重为 $\dfrac{1}{a}J\omega\Omega\sin\varphi$

9-16   略

第 10 章

10-1 $P = 3.12\text{N},\quad F = 6.24\text{N}$

10-2 $R = 15.8\text{N}$

10-3 $v = 559.2\text{m/s}$

10-4   (1) $v = \dfrac{\sqrt{2g(m^2x - \rho^2x^3/3)}}{m+\rho x}$;

      (2) $x = \sqrt{3}m/\rho$

10-5   略

10-6 $S = \dfrac{g}{2}\left[\dfrac{1}{2}t^2 + \dfrac{M}{C}t - \dfrac{M^2}{C^2}\ln\left(1 + \dfrac{Ct}{M}\right)\right]$

10-7 $v = \dfrac{g}{4\lambda}\left[a + \lambda t - \dfrac{a^4}{(a+\lambda t)^3}\right]$，其中 λ 是单位时间内雨滴半径的增量

10-8 $z(t) = \dfrac{1}{2}(av_{\mathrm{r}} - g)t^2,\quad z_{\max} = \dfrac{av_{\mathrm{r}}}{2g}(av_{\mathrm{r}} - g)t_0^2$

10-9   略

10-10 $\ddot{\varphi} + \dfrac{\beta}{m(t)}\dot{\varphi} + \dfrac{g}{l}\sin\varphi = 0$

第 11 章

11-1 $\zeta = 0.5$

11-2 $\delta = 0.391$

11-3 $A_{200} = \dfrac{1}{\mathrm{e}^4}A_1 = \dfrac{1}{54.6}A_1$

11-4   略

11-5 $T = 2\pi\sqrt{\dfrac{ml}{2S}}$

11-6　(1) $\omega = 21.7\mathrm{rad/s}$；(2) $B = 0.0084\mathrm{mm}$

11-7　$x = 0.04\sin 7t\mathrm{m}$

11-8　$T = 2\pi\sqrt{\dfrac{hl}{ag}}$

11-9　$T = \dfrac{2\pi}{\sqrt{\dfrac{2ka^2}{ml^2} + \dfrac{g}{l}}}$

11-10　$T = 2\pi\sqrt{\dfrac{3Ml}{(3M + 2m)\,g}}$

11-11　$\omega_{\mathrm{n}} = 2\left(1 + \dfrac{2a}{D}\right)\sqrt{\dfrac{k}{3m}}$

11-12　$T = 2\pi\sqrt{\dfrac{l\delta_{\mathrm{st}}\,(2m + 9M)}{3ag\,(m + 2M)}}$

11-13　$kb^2 - mgl > 0$，$T = 0.638\mathrm{Hz}$

11-14　略

11-15　$\varphi = \dfrac{P_0}{4cl}\sqrt{\dfrac{m}{k}}$

索引

参考文献

[1] 《数学手册》编写组. 数学手册 [M]. 北京：高等教育出版社，1979.

[2] 张三慧. 大学物理学 [M].2 版. 北京：清华大学出版社，1999.

[3] 武际可. 力学史 [M]. 重庆：重庆出版社，1999.

[4] 李俊峰，张雄，任革学，高云峰. 理论力学 [M]. 北京：清华大学出版社，2001.

[5] 贾书惠，李万琼. 理论力学 [M]. 北京：高等教育出版社，2002.

[6] А. П. 马尔契夫著. 理论力学 [M]. 李俊峰，译. 北京：高等教育出版社，2006.

[7] 同济大学航空航天与力学学院基础力学教学研究部. 理论力学 [M]. 上海：同济大学出版社，2005.

[8] 刘延柱，杨海兴. 理论力学 [M]. 北京：高等教育出版社，1991.

[9] 朱照宣，周起钊，殷金生. 理论力学 [M]. 北京：北京大学出版社，1982.

[10] 周培源. 理论力学 [M]. 北京：科学出版社，2012.

[11] 洪嘉振，刘铸永，杨长俊. 理论力学 [M].4 版，北京：高等教育出版社，2015.

[12] И. В. 密歇尔斯基著. В. А. 帕利莫夫，Д. Р. 麦尔金校订. 理论力学习题集 [M].50 版. 李俊峰，译. 北京：高等教育出版社，2013.

[13] 梅凤翔编著. 分析力学（上卷）[M]. 北京：北京理工大学出版社，2013.

[14] 张雄，王天舒，刘岩. 计算动力学 [M].2 版. 北京：清华大学出版社，2015.

[15] 高云峰. 寻找四叶草：STEAM 案例的设计 [J]. 物理教学，2020，42(01)：2-4+18.

[16] 高云峰. 理论力学习题背后的故事 (3)：指南车和差动齿轮 [J]. 力学与实践，2018，40(5)：553-557.

[17] 李逸良，邱信明. 车辆转弯时内轮差的运动学理论模型 [J]. 力学与实践，2017，39(1)：94-99.

[18] 高云峰. 理论力学教具动手制作系列 (一) 小熊爬绳——摩擦自锁与解锁 [J]. 力学与实践，2020，42(3)：344-346.

[19] 高云峰. 欹器的原理及设计 [J]. 力学与实践，1999(2)：76-79.

[20] 王大钧. 半坡的尖底红陶瓷 [J]. 力学与实践，1990(3)：71-80.

[21] 尤明庆. 触地式欹器的结构特征及盈虚瓶的设计 [J]. 力学与实践，2016，38(1)：105-108.

[22] 王永礼，张秉伦. 悬挂式欹器的静力学分析及简化设计 [J]. 力学与实践，2003，25(5)：52-55.

[23] 刘延柱，杨晓东. 藏在手机里的微型陀螺仪 [J]. 力学与实践，2017，39(5)：506-508.

[24] 李逸良，邱信明，张雄. 恢复系数的不同定义及其适用性分析 [J]. 力学与实践，2015，37(6)：773-777.

[25] 刘延柱. 太空中的悠悠球 [J]. 力学与实践，2006(06)：94-95.

[26] 邱信明. 扁担是否真的省力？ [J]. 力学与实践，2018，40(1)：108-111.

[27] 张以同，张岚. 关于扁担的力学 [J]. 力学与实践，2002，24(5)：76-78.

[28] 尤明庆. 关于扁担挑运力学原理的注记 [J]. 力学与实践，2011，24(4)：87-88.

[29] 刘延柱. 飞车走壁的动力学 [J]. 力学与实践，2014(36)：246-248.

[30] 熊勇刚，成威，龚琦，田万鹏. 仿蚱蜢跳跃机器人腿部结构设计与性能分析 [J]. 湖南工业大学学报，2021，35(01)：48-55.

[31] 李俊峰，马曙光. 如何推动箱子更省力？ [J]. 力学与实践，2018，40(3)：337-338.